# 伺服控制系[illegible]
# PLC、变[illegible]触摸屏
## 应用技术



杨 博 主编

周哲帅 贺 静 副主编

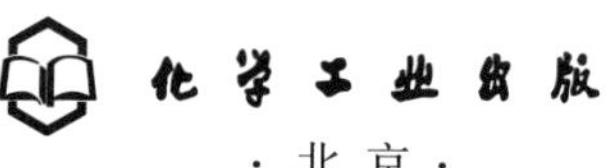


· 北 京 ·

## 内容简介

PLC、变频器、触摸屏、伺服系统（电机）是当前自动化设备经常用到的核心产品，通过以上产品可以实现多样化的智能控制，如生产流水线、机械手、自动包装机等的智能控制。伴随工业自动化的发展与升级，伺服/步进控制以及PLC、变频器、触摸屏等人机交互控制系统的应用会更加广泛。本书全面介绍了伺服控制系统、PLC、变频器、触摸屏实现电气控制的全部基础知识与控制应用技术。书中既有基本电路识读讲解，又有电气控制与原理以及组装调试、编程、检修的步骤，同时兼顾智能控制新型电气设备的应用，可以帮助读者全面掌握伺服控制系统、PLC、变频器、触摸屏相关的知识和实用技术。

本书内容全面、视频直观，可供电气控制技术人员，电工、电气技术人员阅读，也可供相关专业的师生学习参考。

**图书在版编目（CIP）数据**

伺服控制系统与PLC、变频器、触摸屏应用技术/杨博主编. —北京：化学工业出版社，2021.5（2023.4重印）

ISBN 978-7-122-38618-2

Ⅰ.①伺… Ⅱ.①杨… Ⅲ.①伺服系统②PLC技术③变频器④触摸屏 Ⅳ.①TP275②TM571.6③TN773④TP334.1

中国版本图书馆CIP数据核字（2021）第035968号

---

责任编辑：刘丽宏　　文字编辑：师明远
责任校对：杜杏然　　装帧设计：王晓宇

---

出版发行：化学工业出版社（北京市东城区青年湖南街13号　邮政编码100011）
印　　装：三河市延风印装有限公司
787mm×1092mm　1/16　印张23½　字数365千字　2023年4月北京第1版第3次印刷

---

购书咨询：010-64518888　　售后服务：010-64518899
网　　址：http://www.cip.com.cn
凡购买本书，如有缺损质量问题，本社销售中心负责调换。

---

**定　　价：99.00元**

# 前 言

传统的低压电器控制电机启动电路结构复杂、功能单一，保护功能不完善，尤其是大电流启动电路启动困难情况更突出，因此新的启动电路应运而生，软启动、变频启动、步进伺服控制使运动更精确，且各种控制电路凭借其电路简单、功能齐全的优势，逐步取代了普通低压电器的启动电路。加之可以方便地与 PLC、触摸屏相结合，轻松实现智能自动控制，因此变频启动、软启动、PLC/ 触摸屏及步进伺服的应用会越来越广泛。电工及电气技术人员必须提高自己的工作能力，学习掌握新型的控制技术与启动运行技术。为了满足广大读者全面学习伺服控制、PLC、变频器、触摸屏应用技术的需要，我们编写了本书。

本书从基本的电气自动控制知识开始，带领读者对电气控制轻松入门；然后采用图解形式，列举典型控制案例，讲解伺服控制系统、PLC、变频器、触摸屏实现电气控制的全部基础知识与控制应用技术。全书综合性强、知识点全面，既有基本电路识读讲解，又有电气控制与原理以及组装调试、编程、检修的步骤，同时兼顾智能控制新型电气设备的应用。在介绍 PLC 应用与编程时，配有清晰视频教学，方便电气控制技术人员，电工、电子技术人员直观、系统学习。

全书内容具有以下特点：

① **伺服控制、PLC、变频器、触摸屏应用技术知识点全面：**从工业自动控制系统实际需要出发，在介绍电气控制基本知识的基础上，提供大量典型的伺服驱动控制系统、PLC、触摸屏、变频器实例讲解，读者可以举一反三，直接用于工控系统的设计以及解决工作岗位现场安装、操作、控制等方面遇到的问题。

② **配套视频演示与讲解：**精要分析各类型电气控制原理，展示具体电气控制细节与控制操作、接线、安装、检修技巧，直观、易懂。

本书由杨博主编，周哲帅、贺静副主编，参加本书编写的还有曹振华、张伯龙、曹祥、王桂英、张振文、赵书芬、张校铭、张校珩、张书敏、路朝、蔺书兰、焦凤敏、孔凡桂，全书由张伯虎统稿。本书的编写得到许多同志的帮助和支持，在此，一并表示感谢！

由于水平所限，书中不足之处难免，恳请读者批评指正（欢迎关注下方二维码交流）。

编　者

# 目录

## 第一章 伺服控制与伺服电机应用入门

## 第二章 典型伺服驱动器和智能伺服驱动器及应用



## 第三章 三菱步进伺服系统的控制与应用技术

## 第四章　可编程控制器（PLC）及应用技术

## 第五章 变频器控制技术及应用

## 第六章 触摸屏及应用



## 第七章 PLC、变频器、触摸屏、伺服控制综合应用实例



## 参考文献

# 第一章 伺服控制与伺服电机应用入门

## 第一节 伺服控制基础

### 一、什么是伺服系统

伺服系统又称随动系统，是用来精确地跟随或复现某个过程的反馈控制系统。伺服系统是使物体的位置、方位、状态等输出被控量能够跟随输入目标（或给定值）任意变化的自动控制系统。它的主要任务是按控制命令的要求对功率进行放大、变换与调控等处理，使驱动装置输出的转矩、速度和位置控制非常灵活方便。在实际应用中，伺服系统的结构组成和其他形式的反馈控制系统没有原则上的区别。例如多轴数控机床工业机器人伺服系统，如图 1-1 所示。

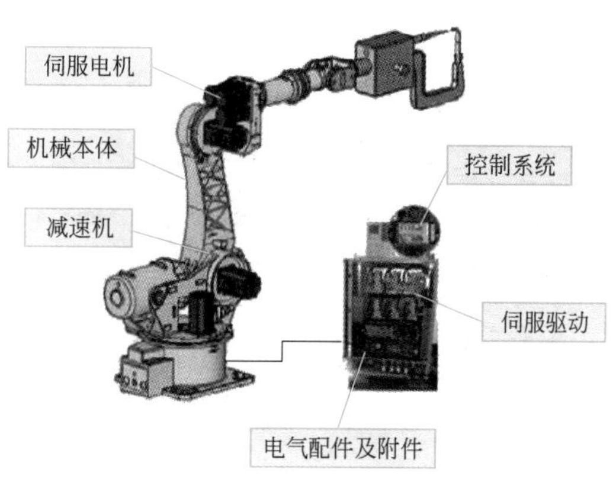

图 1-1 工业机器人关节部分伺服系统

### 二、什么是伺服电机

伺服电机是指在伺服系统中控制机械元件运转的电机。伺服电机可使控制速度、位置精度非常准确，可以将电压信号转化为转矩和转速以驱动控制对象。伺服电机转子转速受输入信号控制，并能快速反应，在自动控制系统中，用作执行元件，且具有机电时间常数小、线性度高等特性，可把所收到的电信号转换成电机轴上的角位移或角速度输出。伺服电机分为直流伺服电机和交流伺服电机两大类，伺服电机主要特点是：当信号电压为零时无自转现象，转速随着转矩的增加而匀速下降。

伺服电机各部分名称如图 1-2 所示。

伺服电机主要靠脉冲来定位，基本上可以这样理解，伺服电机接收到 1 个脉冲，就会旋转 1 个脉冲对应的角度，从而实现位移，因为伺服电机本身具备发出脉冲的功能，所以伺服电机每旋转一个角度，都会发出对应数量的脉冲，这样和伺服电机接收的脉冲形成了呼应，或者叫闭环，如此一来，系统就会知道发了多少脉冲给伺服电机，同时又收了多少脉冲回来，这样，就能够很精确地控制电机的转动，从而实现精确的定位。目前伺服电机的定位精度可以达到0.001mm。

伺服电机拆装与测量技术

伺服电机与编码器结构

伺服电机与编码器测量

图1-2　伺服电机各部分名称

图1-3　伺服驱动器外形

## 三、什么是伺服控制器

伺服控制器又称为“伺服驱动器”“伺服放大器”，是用来控制伺服电机的一种控制器，其作用类似于变频器作用于普通交流电机，属于伺服系统的一部分，主要应用于高精度的定位系统。一般是通过位置、速度和转矩三种方式对伺服电机进行控制，属于目前实现高精度的传动系统定位的高端产品。伺服驱动器外形如图1-3所示。

## 四、伺服系统控制三种工作模式

伺服系统控制三种工作模式如图1-4所示。

### 1. 转矩控制模式

转矩控制模式是通过外部模拟量的输入或直接的地址的赋值来设定电机轴对外的输出转矩的大小，具体表现为例如10V对应5N·m的话，当外部模拟量设定为5V时电机轴输出为2.5N·m: 电机轴负载低于2.5N·m时电机正转，外部负载等于2.5N·m时电机不转，大于2.5N·m时电机反转（通常在有重力负载情况下产生）。可以通过即时地改变模拟量来改变设定的转矩大小，也可通过通信方式改变对应的地址的数值来实现。

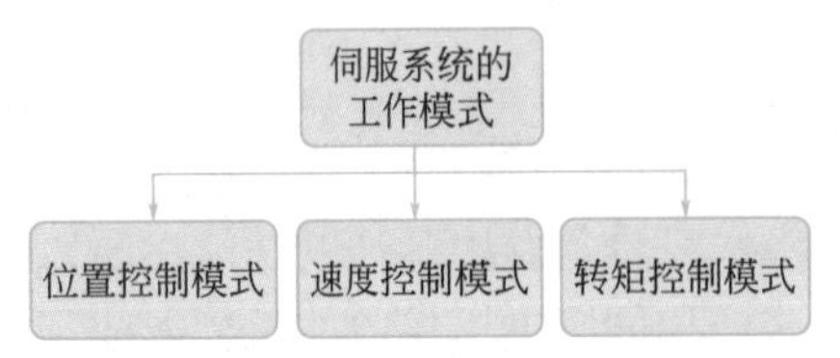


图1-4　伺服系统控制三种工作模式

转矩控制模式主要应用在对材质的受力有严格要求的缠绕和放卷的装置中，例如绕线装置或拉光纤设备，转矩的设定要根据缠绕的半径的变化随时更改，以确保材质的受力不会随着缠绕半径的变化而改变。

以收卷控制为例，转矩控制模式如图 1-5 所示，进行恒定的张力控制时，由于负载转矩会因收卷滚筒半径的增大而增加，因此，需据此对伺服电机的输出转矩进行控制。同时在转矩控制卷绕过程中材料断裂时，将因负载变轻而高速旋转，因此必须设定速度限制值。

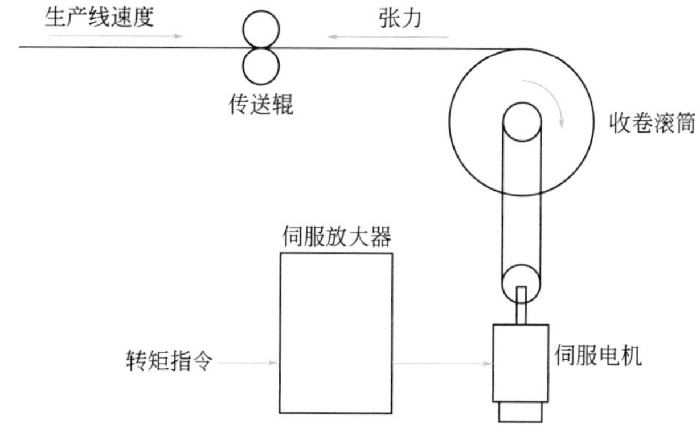


图 1-5 收卷机转矩控制模式

## 2. 位置控制模式

位置控制模式一般是通过外部输入的脉冲的频率来确定转动速度的大小，也有些伺服驱动可以通过通信方式直接对速度和位移进行赋值。由于位置模式可以对速度和位置都有很严格的控制，故一般应用于定位装置。应用领域如数控机床、印刷机械等。

伺服驱动的位置控制模式特点：

❶ 位置控制模式是利用上位机产生脉冲来控制伺服电机，脉冲的个数决定伺服电机转动的角度（或者是工作台移动的距离），脉冲频率决定电机转速。如数控机床的工作台控制属于位置控制模式。

❷ 对伺服驱动器来说，最高可以接收 500kHz 的脉冲（差动输入），集电极输入是 200kHz。

❸ 电机输出的转矩由负载决定，负载越大，电机输出转矩越大，当然不能超出电机的额定负载。

❹ 急剧地加减速或者过载而造成主电路过流会影响功率器件，因此伺服放大器钳位电路用以限制输出转矩，转矩的限制可以通过模拟量或者参数设置来进行。

位置控制模式如图 1-6 所示。

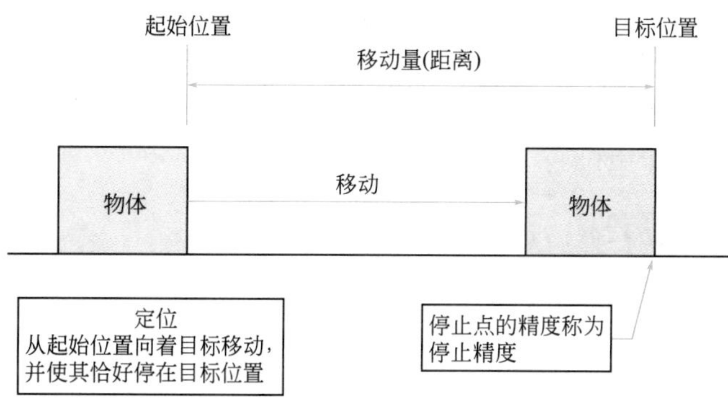


图 1-6 伺服驱动的位置控制模式

### 3. 速度控制模式

通过模拟量的输入或脉冲的频率都可以进行转动速度的控制，在有上位控制装置的外环 PID 控制时速度模式也可以进行定位，但必须把电机的位置信号或直接负载的位置信号给上位控制器反馈以做运算用。位置模式也支持直接负载外环检测位置信号，此时的电机轴端的编码器只检测电机转速，位置信号就直接由最终负载端的检测装置来提供，这样的优点在于可以减少中间传动过程中的误差，增加了整个系统的定位精度。

速度控制模式是维持电机的转速保持不变。当负载增大时，电机输出的转矩增大。负载减小时，电机输出的转矩减小。

速度控制模式速度的设定可以通过模拟量（0 ～ ±10V DC）或通过参数来调整，最多可以设置 7 速。控制方式和变频器相似。

伺服系统的速度控制特点是可实现“精细、速度范围宽、速度波动小”的运行。

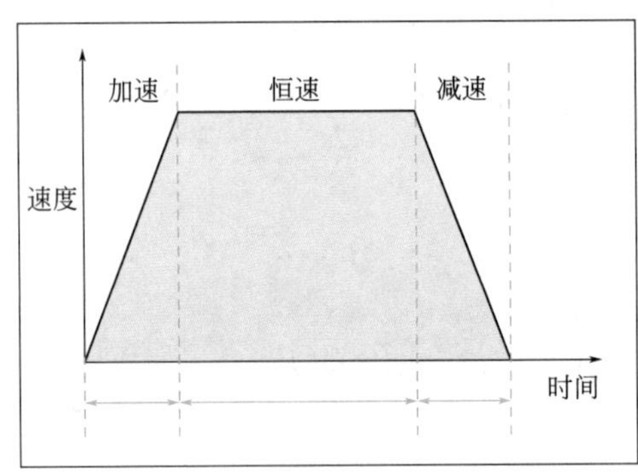

图 1-7　速度控制模式软启动、软停止功能

（1）软启动、软停止功能　可调整加减速运动中的加减速度，避免加速、减速时的冲击。如图 1-7 所示。

（2）速度控制范围宽　可进行从微速到高速的宽范围的速度控制［1 ：（1000 ～ 5000）左右］，速度控制范围为恒转矩特性。

（3）速度变化率小　即使负载有变化，也可进行小速度波动的运行。

### 4. 伺服系统三种控制模式比较

如果对电机的速度、位置都没有要求，只要输出一个恒转矩，当然是用转矩模式。

如果对位置和速度有一定的精度要求，而对实时转矩不是很关心，用转矩模式不太方便，用速度或位置模式比较好。如果上位控制器有比较好的闭环控制功能，用速度控制效果会好一点。如果本身要求不是很高，或者基本没有实时性的要求，用位置控制方式对上位控制器没有很高的要求。

就伺服驱动器的响应速度来看，转矩模式运算量最小，驱动器对控制信号的响应最快；位置模式运算量最大，驱动器对控制信号的响应最慢。

对运动中的动态性能有比较高的要求时，需要实时对电机进行调整。那么如果控制器本身的运算速度很慢（比如 PLC 或低端运动控制器），就用位置方式控制。如果控制器运算速度比较快，可以用速度方式，把位置环从驱动器移到控制器上，减少驱动器的工作量，提高效率（比如大部分中高端运动控制器）；如果有更好的上位控制器，还可以用转矩方式控制，把速度环也从驱动器上移开，这一般只是高端专用控制器才能这么干，而且这时完全不需要使用伺服电机。

## 五、伺服系统的位置环、速度环、电流环

伺服系统的三环结构如图 1-8 所示。

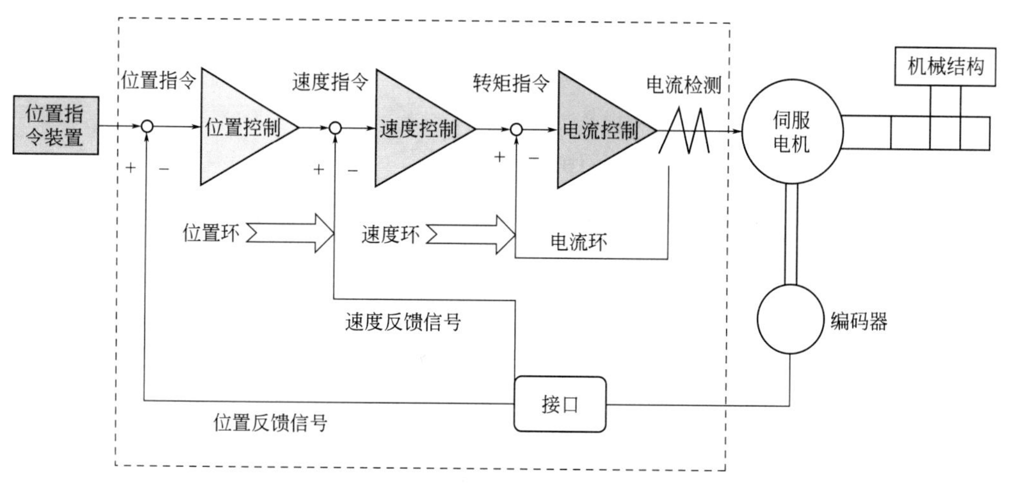


图 1-8　伺服系统的三环结构

（1）位置环　位置环也称为外环，其输入信号是计算机给出的指令和位置检测器反馈的位置信号。这个反馈是负反馈，也就是说与指令信号相位相反。

指令信号是向位置环送去加数，而反馈信号是送去减数。位置环的输出是速度环的输入。

（2）速度环　速度环也称为中环，这个环是一个非常重要的环，它的输入信号有两个：一个是位置环的输出，作为速度环的指令信号送给速度环；另一个是由电机带动的测速发电机经反馈网络处理后的信息，作为负反馈送给速度环。速度环的两个输入信号也是反相的，一个是加，一个是减。

速度环的输出就是电流环的指令输入信号。

（3）电流环　电流环也叫做内环。电流环也有两个输入信号，一个是速度环输出的指令信号，另一个是经电流互感器并经处理后得到的信号，它代表电机电枢回路的电流，它送入电流环的也是负反馈。

电流环的输出是一个电压模拟信号，用它来控制 PWM 电路，产生相应的占空比信号去触发功率变换单元电路，伺服驱动系统的各环都朝着使指令信号与反馈信号之差为零的目标进行控制，各环的响应速度按照下述顺序渐高：位置环 < 速度环 < 电流环。

各控制模式中使用的环如表 1-1 所示。

表1-1　各控制模式中使用的环

| 控制模式 | 使用的环 |
|---|---|
| 位置控制模式 | 位置环、速度环、电流环 |
| 速度控制模式 | 速度环、电流环 |
| 转矩控制模式 | 电流环（但是空载状态下必须限制速度） |

## 六、伺服系统的分类

（1）伺服系统按照调节理论分类　分为开环伺服系统、闭环伺服系统、半闭环伺服系统，如图 1-9 所示。

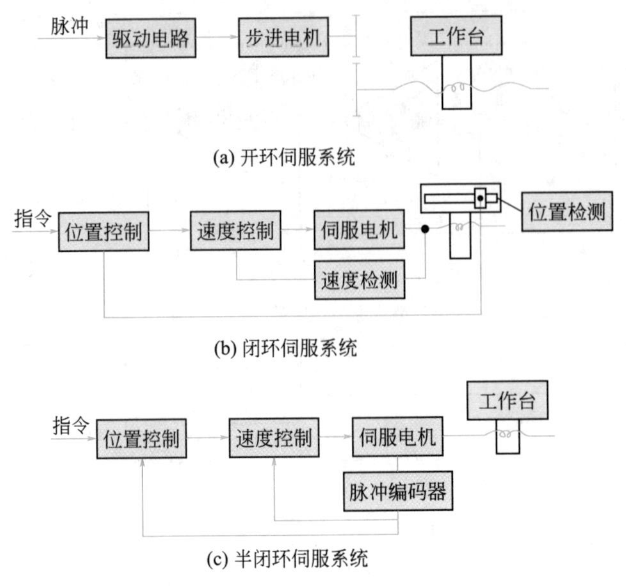


图 1-9　伺服系统按照调节理论分类

❶ 开环伺服系统　没有位置测量装置，信号流是单向的（数控装置—进给系统），故系统稳定性好，如图 1-10 所示。

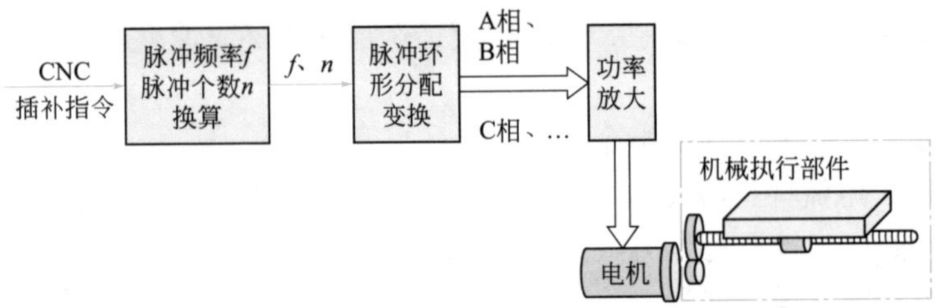


图 1-10　开环伺服系统

开环伺服系统的特点：无位置反馈，精度相对闭环系统来讲不高，其精度主要取决于伺服驱动系统和机械传动机构的性能和精度。一般以功率步进电机为伺服驱动元件。这类系统具有结构简单、工作稳定、调试方便、维修简单、价格低廉等优点，在精度和速度要求不高、驱动转矩不大的场合得到广泛应用，一般用于经济型数控机床。

❷ 半闭环伺服系统　半闭环伺服系统的位置采样点如图 1-11 所示，是从驱动装置（常用伺服电机）或丝杠引出，采样旋转角度进行检测，不是直接检测运动部件的实际位置。

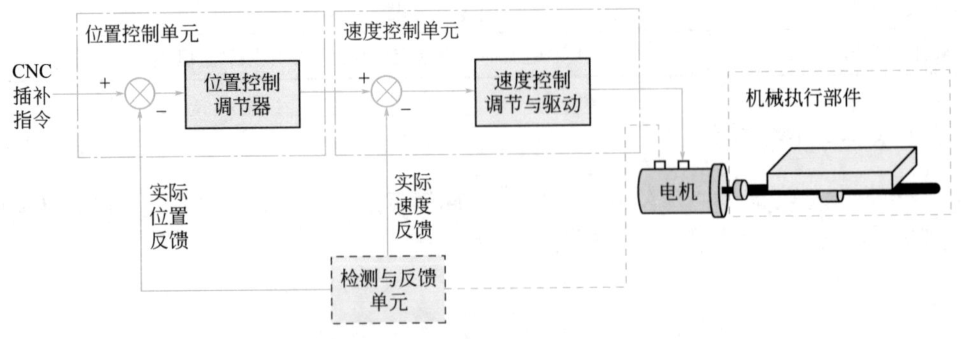


图 1-11　半闭环伺服系统

半闭环伺服系统特点：半闭环环路内不包括或只包括少量机械传动环节，因此可获得稳定的控制性能，其系统的稳定性虽不如开环系统，但比闭环要好；由于丝杠的螺距误差和齿轮间隙引起的运动误差难以消除，因此，其精度较闭环差，较开环好，但可对这类误差进行补偿，因而仍可获得满意的精度。

半闭环数控系统结构简单，调试方便，精度也较高，因而在现代 CNC 机床中得到了广泛应用。

❸ 闭环伺服系统　闭环伺服系统的位置采样点如图 1-12 的虚线所示，直接对运动部件的实际位置进行检测。

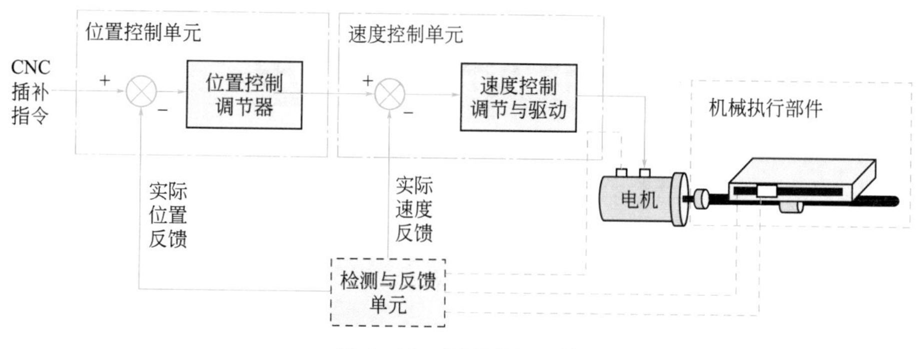


图 1-12　闭环伺服系统

闭环伺服系统特点：从理论上讲，可以清除整个驱动和传动环节的误差、间隙和失动量，具有很高的位置控制精度；由于位置环内的许多机械传动环节的摩擦特性、刚性和间隙都是非线性的，故很容易造成系统的不稳定，使闭环系统的设计、安装和调试都相当困难。

该系统主要用于精度要求很高的镗铣床、超精车床、超精磨床以及较大型的数控机床等。

（2）伺服控制系统按使用的执行元件分类

❶ 电液伺服系统：电液脉冲电机和电液伺服电机。

优点：在低速下可以得到很高的输出转矩，刚性好，时间常数小，反应快，速度平稳。

缺点：液压系统需要供油系统，体积大，噪声大，漏油。

❷ 电气伺服系统、伺服电机（步进电机、直流电机和交流电机）。

优点：操作维护方便，可靠性高。

❸ 直流伺服系统：进给运动系统采用大惯量宽调速永磁直流伺服电机和中小惯量直流伺服电机；主运动系统采用他励直流伺服电机。

优点：调速性能好。

缺点：有电刷，速度不高。

❹ 交流伺服系统：交流感应异步伺服电机（一般用于主轴伺服系统）和永磁同步伺服电机（一般用于进给伺服系统）。

优点：结构简单，不需维护，适合于在恶劣环境下工作，动态响应好，转速高，容量大。

（3）伺服系统按照被控制对象分类

❶ 进给伺服系统：指一般概念的位置伺服系统，包括速度控制环和位置控制环。

❷ 主轴伺服系统：只是一个速度控制系统。

（4）伺服系统按照反馈比较控制方式分类

❶ 脉冲、数字比较伺服系统。

❷ 相位比较伺服系统。

❸ 幅值比较伺服系统。

❹ 全数字伺服系统。

## 第二节 伺服系统执行元件及其作用

### 一、伺服驱动器各基本构成单元的作用

伺服驱动器外形和各部分接口作用如图 1-13 所示，伺服驱动器各基本构成单元作用如图 1-14 所示。

伺服驱动器结构与端子

伺服驱动器端子与外设连接

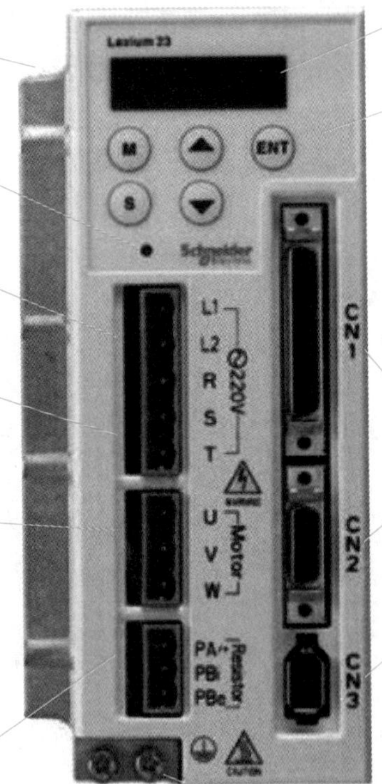


Lexium 23C系列伺服驱动器

图 1-13 伺服驱动器外形和各部分接口作用

伺服驱动器同变频器单元比较作用如下：

❶ 整流器部　将工频电源从交流转换为直流（与变频器相同）；

❷ 平滑回路部　使直流中的波动成分变得平滑（与变频器相同）；

❸ 逆变器部　将直流转换为频率可调的交流，与变频器的区别在于伺服驱动器中增加了称为动态制动器的部件；

❹ 控制回路部　主要控制逆变器部，与变频器相比，伺服驱动器的构成相当复杂，因为伺服机构需要反馈、控制模式切换、限制（电流 / 速度 / 转矩）等功能。

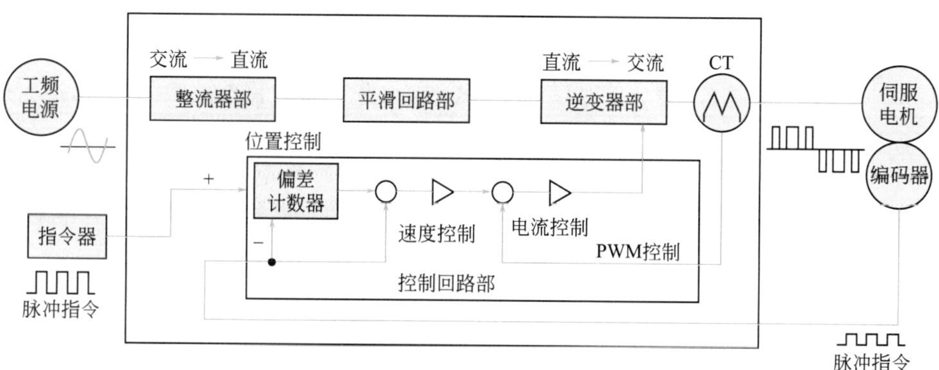


图 1-14　伺服驱动器各基本构成单元作用

## 二、伺服系统常用位置检测装置

组成：位置测量装置是由检测元件（传感器）和信号处理装置组成的。

作用：实时测量执行部件的位移和速度信号，并变换成位置控制单元所要求的信号形式，将运动部件现实位置反馈到位置控制单元，以实施闭环控制。它是闭环、半闭环进给伺服系统的重要组成部分。

闭环数控机床的加工速度在很大程度上是由位置检测装置的精度决定的，在设计数控机床进给伺服系统尤其是高精度进给伺服系统时，必须精心选择位置检测装置。

### 1. 进给伺服系统对位置测量装置的要求

❶ 高可靠性和高抗干扰性；

❷ 受温度、湿度的影响小，工作可靠，精度保持性好，抗干扰能力强；

❸ 能满足精度和速度的要求：位置检测装置分辨率应高于数控机床的分辨率（一个数量级），位置检测装置最高允许的检测速度应小于数控机床的最高运行速度；

❹ 使用维护方便，适应机床工作环境；

❺ 成本低。

### 2. 位置检测装置的分类

❶ 按输出信号的形式分类：数字式和模拟式。

❷ 按测量基点的类型分类：增量式和绝对式。

❸ 按位置检测元件的运动形式分类：回转式和直线式。

位置检测装置的分类如表 1-2 所示。

表1-2 常用位置检测装置分类

| 类型 | 数字式 | | 模拟式 | |
|---|---|---|---|---|
| | 增量式 | 绝对式 | 增量式 | 绝对式 |
| 回转式 | 脉冲编码盘<br>圆光栅 | 绝对式脉冲编码盘 | 旋转变压器<br>圆感应同步器<br>圆磁尺 | 三速圆感应同步器 |
| 直线式 | 直线光栅<br>激光干涉仪 | 多通道透射光栅 | 直线感应同步器<br>磁尺 | 三速感应同步器<br>绝对磁尺 |

### 3. 脉冲编码器

脉冲编码器又称码盘，是一种回转式数字测量元件，通常装在被检测轴上，随被测轴一起转动，可将轴的角位移转换为增量脉冲形式或绝对式的代码形式。根据内部结构和检测方式码盘可分为接触式、光电式和电磁式 3 种。其中，光电码盘在数控机床上应用较多，而由霍尔效应构成的电磁码盘则可用作速度检测元件。另外，它还可分为绝对式和增量式两种。

旋转编码器是集光、机、电技术于一体的速度位移传感器。

❶ 增量式编码器　增量式编码器轴旋转时，有相应的相位输出。其旋转方向的判别和脉冲数量的增减，需借助后部的判向电路和计数器来实现。其计数起点可任意设定，并可实现多圈的无限累加和测量。还可以把每转发出一个脉冲的 Z 信号作为参考机械零位。当脉冲已固定，而需要提高分辨率时，可利用带 90° 相位差的 A、B 两路信号，对原脉冲数进行倍频。

增量式编码器结构如图 1-15 所示，外形如图 1-16 所示。

光电码盘随被测轴一起转动，在光源的照射下，透过光电码盘和光板形成忽明忽暗的光信号，光敏元件把此信号转换成电信号，通过信号处理装置的整形、放大等处理后输出。输出的波形有六路：A、$\bar{A}$　B、$\bar{B}$　Z、$\bar{Z}$，其中 $\bar{A}$、$\bar{B}$、$\bar{Z}$ 是 A、B、C 的取反信号。输出的波形如图 1-17 所示。

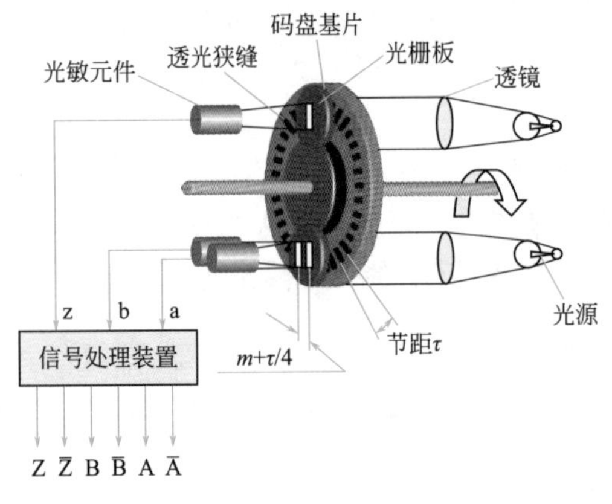


图 1-15　增量式编码器结构

图 1-16　增量式编码器外形

a. 输出信号作用和处理：

A、B 两相的作用——根据脉冲的数目可得出被测轴的角位移；根据脉冲的频率可得被测轴的转速；根据 A、B 两相的相位超前滞后关系可判断被测轴旋转方向。后续电路可利用 A、B 两相的 90° 相位差进行细分处理。

Z 相的作用——被测轴的周向定位基准信号；被测轴的旋转圈数计数信号。

$\bar{A}$、$\bar{B}$、$\bar{Z}$ 的作用——后续电路可利用 A、$\bar{A}$ 两相实现差分输入，以消除远距离传输的共模干扰。

b. 增量式码盘的规格及分辨率：

- 规格。增量式码盘的规格是指码盘每转一圈发出的脉冲数；现在市场上提供的规格从 36 线 / 转到 10 万线 / 转都有；选择：伺服系统要求的分辨率，考虑机械传动系统的参数。
- 分辨率（分辨角）$\alpha$。设增量式码盘的规格为 $n$ 线 / 转：$\alpha=360°/n$。

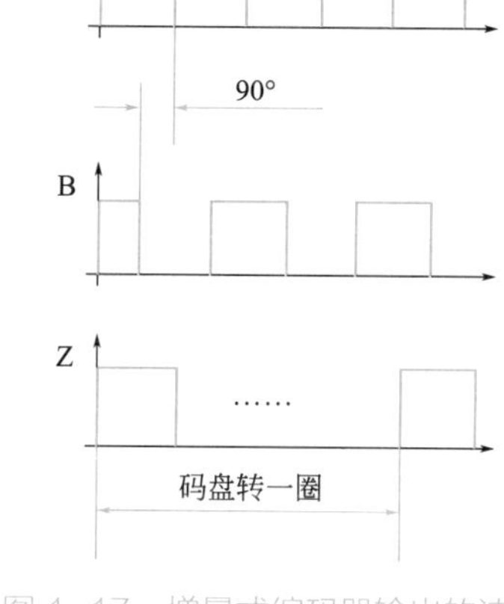


图 1-17 增量式编码器输出的波形

❷ 绝对式编码器 旋转增量式编码器在转动时输出脉冲，通过计数设备来计算其位置，当编码器不动或停电时，依靠计数设备的内部记忆来记住位置。这样，当停电后，编码器不能有任何的移动，当来电工作时，编码器输出脉冲过程中，也不能有干扰而丢失脉冲，不然计数设备计算并记忆的零点就会偏移，而且这种偏移的量是无从知道的，只有错误的生产结果出现后才能知道。

为解决这个问题，专家们解决的方法是增加参考点，编码器每经过参考点，将参考位置修正进计数设备的记忆位置。在参考点以前，是不能保证位置的准确性的。为此，在工控中就有每次操作先找参考点、开机找零等方法。

这样的方法对有些工控项目比较麻烦，甚至不允许开机找零（开机后就要知道准确位置），于是就有了绝对式编码器的出现。

绝对式编码器轴旋转时，有与位置一一对应的代码（二进制、BCD 码等）输出，从代码大小的变更即可判别正反方向和位移所处的位置，而无需判向电路。它有一个绝对零位代码，当停电或关机后再开机重新测量时，仍可准确地读出停电或关机位置的代码，并准确地找到零位代码。一般情况下绝对式编码器的测量范围为 0～360°，但特殊型号也可实现多圈测量。

绝对式编码器光码盘（格雷码）结构如图 1-18 所示，内部结构和外形如图 1-19 所示。

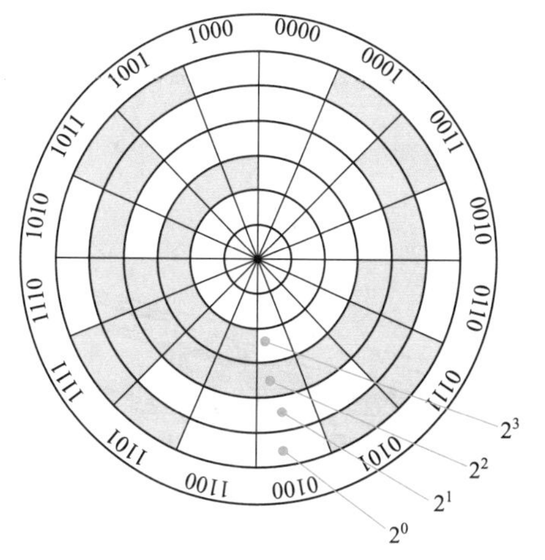


图 1-18 绝对式编码器光码盘

图 1-19 绝对式编码器内部结构和外形

绝对式编码器光码盘上有许多道光通道刻线，每道刻线依次以 2 线、4 线、8 线、16 线编排，在编码器的每一个位置，通过读取每道刻线的通、暗，获得一组 2° ～ $2^{n-1}$ 的唯一的二进制编码（格雷码），这就称为 *n* 位绝对编码器。这样的编码器是由光电码盘的机械位置决定的，它不受停电、干扰的影响。绝对式编码器由机械位置确定编码，它无须记忆，无须找参考点，而且不用一直计数，什么时候需要知道位置，什么时候就去读取它的位置。这样，编码器的抗干扰特性、数据的可靠性大大提高了。

格雷码的编码方法：它是从二进制码转换而来的，转换规则为将二进制在与其本身右移一位后并舍去末位的数码作不进位加法，得出的结果即为格雷码（循环码）。

例：将二进制码 0101 转换成对应的格雷码，如图 1-20 所示。

旋转单圈绝对式编码器，在转动中测量光电码盘各道刻线，以获取唯一的编码，当转动超过 360° 时，编码又回到原点，这样就不符合绝对编码唯一的原则，这样的编码只能用于旋转范围 360° 以内的测量，称为单圈绝对式编码器。

0101(二进制码)
⊕ 010(右移一位并舍去末位)
0111(格雷码)

图 1-20　将二进制码 0101 转换成对应的格雷码

测量旋转超过 360° 范围时，用到多圈绝对式编码器，编码器运用钟表齿轮机械原理，当中心码盘旋转时，通过齿轮传动另一组码盘（或多组齿轮，多组码盘），在单圈编码的基础上再增加圈数的编码，以扩大编码器的测量范围，这样的绝对式编码器就称为多圈绝对式编码器，它同样是由机械位置确定编码，每个位置编码唯一，而无须记忆。

多圈编码器另一个优点是由于测量范围大，使用时往往富裕较多，这样在安装时不必费劲找零点，将某一中间位置作为起始点就可以了，大大简化了安装调试难度。

绝对式码盘的规格及分辨率：

a. 规格。绝对式码盘的规格与码盘码道数 *n* 有关；现在市场上提供的有 4 ～ 18 道；选择：伺服系统要求的分辨率，考虑机械传动系统的参数。

b. 分辨率（分辨角）$\alpha$。设绝对式码盘的规格为 *n* 线 / 转：$\alpha$=360° /（2*n*）。

③ 光电编码器的优缺点　优点：非接触测量，无接触磨损，码盘寿命长，精度保证性好；允许测量转速高，精度较高；光电转换，抗干扰能力强；体积小，便于安装，适合于机床运行环境。缺点：结构复杂，价格高，光源寿命短；码盘基片为玻璃，抗冲击和抗振动能力差。

### 4. 感应同步器

感应同步器的结构如图 1-21 所示，其中直线感应同步器由定尺和滑尺组成，测量直线位移，用于闭环直线系统。

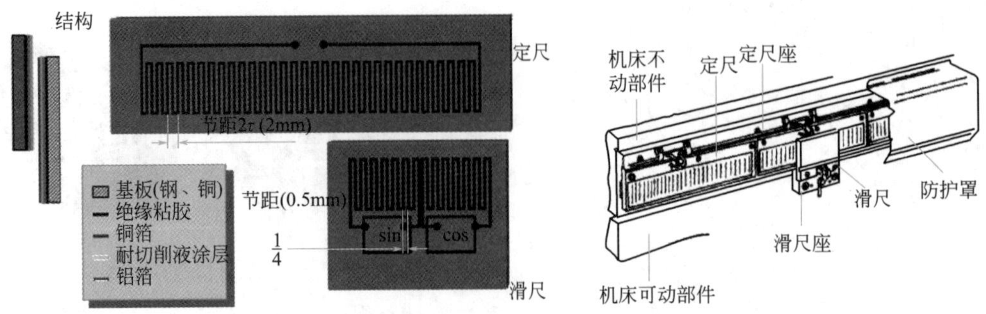


图 1-21　直线式感应同步器结构

❶ 感应同步器的工作原理　感应同步器是利用励磁绕组与感应绕组间发生相对位移时，由于电磁耦合的变化，感应绕组中的感应电压随位移的变化而变化，借以进行位移量的检测。感应同步器滑尺上的绕组是励磁绕组，定尺上的绕组是感应绕组。其原理如图1-22所示。

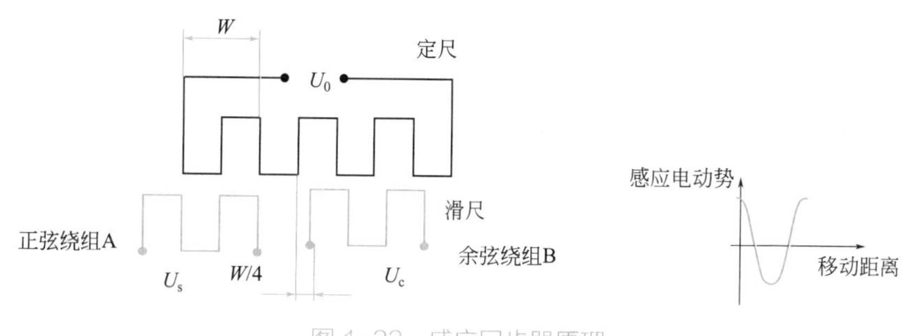


图 1-22　感应同步器原理

在数控机床应用中，感应同步器定尺固定在床身上，滑尺则安装在机床的移动部件上。通过对感应电压的测量，可以精确地测量出位移量。

在励磁绕组上加上一定的交变励磁电压，定尺绕组中就产生相同频率的感应电动势，其幅值大小随滑尺移动呈余弦规律变化。滑尺移动一个节距，感应电动势变化一个周期。

❷ 感应式同步器的分类　根据滑尺正、余旋绕组上励磁电压 $U_s$、$U_c$ 供电方式的不同可构成不同检测系统——鉴相型系统和鉴幅型系统。

a. 鉴幅型　通过检测感应电动势的幅值测量位移。只要能测出 $U_s$ 与 $U_c$ 相位差 $\theta_1$，就可求得滑尺与定尺相对位移量 $x$。

b. 鉴相型　通过检测感应电动势的相位测量位移。相对位移量 $x$ 与相位角 $\theta$ 呈线性关系，只要能测出相位角 $\theta$，就可求得位移量 $x$。

## 5. 旋转变压器

旋转变压器（resolver/transformer）是一种电磁式传感器，又称同步分解器。它是一种测量角度用的小型交流电动机，用来测量旋转物体的转轴角位移和角速度，由定子和转子组成。其中定子绕组作为变压器的原边，接受励磁电压，励磁频率通常用400Hz、3000Hz及5000Hz等。转子绕组作为变压器的副边，通过电磁耦合得到感应电压。

旋转变压器实物（包括信号解码板）如图1-23所示。

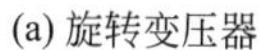

(a) 旋转变压器　　(b) 信号解码板

图 1-23　旋转变压器

❶ 旋转变压器的工作原理　旋转变压器的本质是一个变压器，关键参数也与变压器

类似，比如额定电压、额定频率、变压比。

它与变压器不同之处是，它的一次侧与二次侧不是固定安装的，而是有相对运动。随着两者相对角度的变化，在输出侧就可以得到幅值变化的波形。如图 1-24 所示。

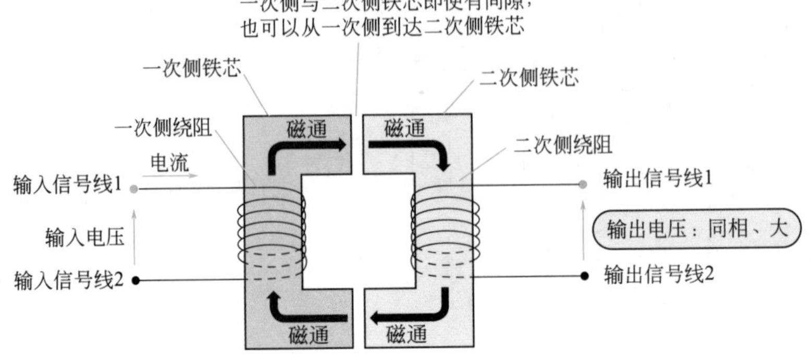


图 1-24　旋转变压器线圈结构示意图

旋转变压器就是基于以上原理设计的，输出信号幅值随位置变化而变化，但频率不变。旋转变压器在实际应用中，设置了两组输出线圈，两者相位差 90°，从而可以输出幅值为正弦与余弦变化的两组信号。旋转变压器内部原理和结构图如图 1-25 所示。

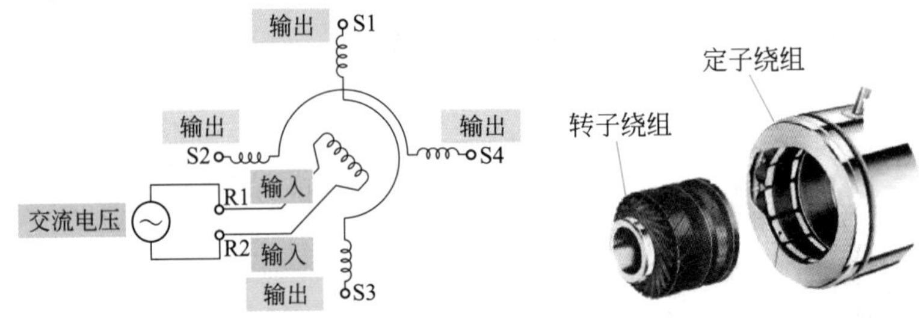


图 1-25　旋转变压器内部原理和结构图

旋转变压器转子绕组输出电压幅值与励磁电压的幅值成正比，对励磁电压的相位移等于转子的转动角度 $\theta$，检测出相位 $\theta$，即可测量旋转物体的转轴角位移和角速度。

❷ 旋转变压器的种类　旋转变压器按结构差异可分为有刷式旋转变压器和无刷式旋转变压器。

有刷式旋转变压器由于它的转子绕组通过滑环和电刷直接引出，其特点是结构简单，体积小，但因电刷与滑环是机械滑动接触的，所以旋转变压器的可靠性差，寿命也较短，目前这种结构形式的旋转变压器应用得很少。而目前使用广泛的是无刷式旋转变压器。有刷式旋转变压器和无刷式旋转变压器结构如图 1-26 所示。

❸ 旋转变压器与编码器的区别　旋转变压器是一种输出电压随转子转角变化的信号元件。它采用电磁感应原理工作，随着旋转变压器的转子和定子角位置不同，输出信号可以实现对输入正弦载波信号的相位变换和幅值调制，最终由专用的信号处理电路或者某些具备一定功能接口的 DSP 和单片机根据输出信号的幅值和相位与正弦载波信号的关系解析出转子和定子间的角位置关系。

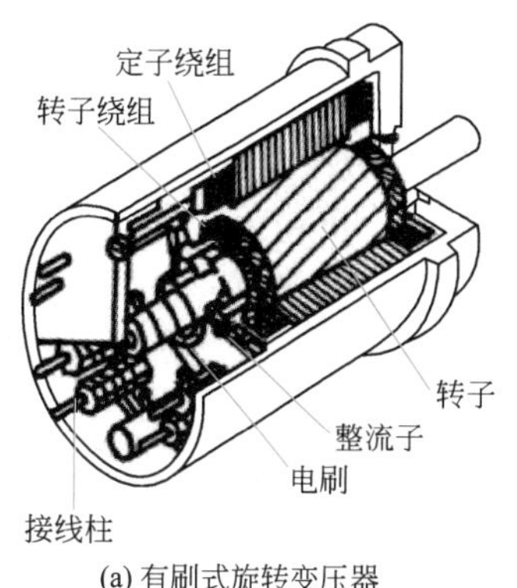

(a) 有刷式旋转变压器

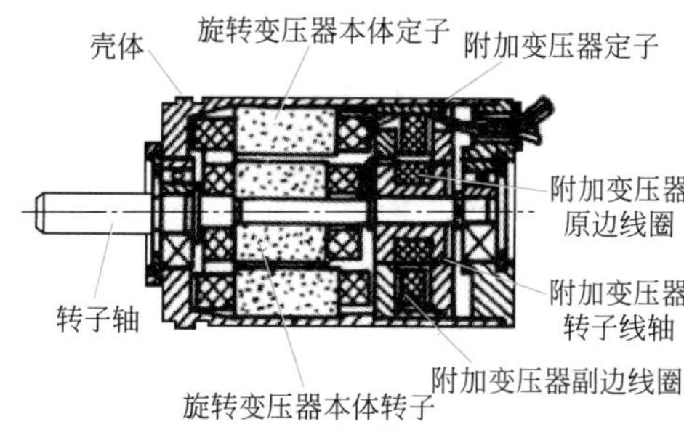

(b) 无刷式旋转变压器

图 1-26 有刷式旋转变压器和无刷式旋转变压器结构

旋转变压器和编码器的主要区别如下：

a. 编码器更精确，采用的是脉冲计数；旋转变压器不是脉冲计数，而是模拟量反馈。

b. 编码器多是方波输出的，旋转变压器是正余弦的，通过芯片解算出相位差。

c. 旋转变压器的转速比较高，可以达到上万转，编码器就没那么高了。

d. 旋转变压器的应用环境温度是 -55 ～ +155℃，编码器是 -10 ～ +70℃。

e. 旋转变压器一般是增量的。

两者的根本区别在于数字信号和模拟正弦或余弦信号的区别。

### 6. 光栅尺

光栅尺也称为光栅尺位移传感器（光栅尺传感器），是利用光栅的光学原理工作的测量反馈装置。光栅尺实物如图 1-27 所示。

光栅尺经常应用于数控机床的闭环伺服系统中，可用作直线位移或者角位移的检测。其测量输出的信号为数字脉冲，具有检测范围大、检测精度高、响应速度快的特点。例如，在数控机床中常用于对刀具和工件的坐标进行检测，来观察和跟踪走刀误差，以起到补偿刀具的运动误差的作用。光栅尺按照制造方法和光学原理的不同，分为透射光栅和反射光栅。

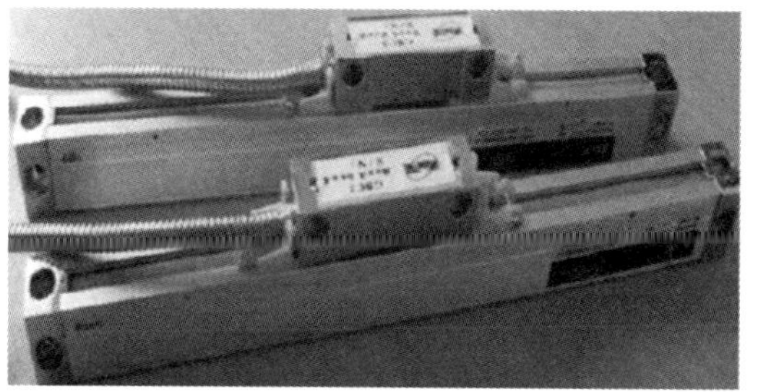
图 1-27 光栅尺实物

光栅尺由标尺光栅和光栅读数头两部分组成：标尺光栅一般固定在机床固定部件上，光栅读数头装在机床活动部件上，指示光栅装在光栅读数头中。图 1-28 所示的就是光栅尺的结构。

光栅检测装置的关键部分是光栅读数头，它由光源、会聚透镜、指示光栅、光电元件及调整机构等组成。光栅读数头结构形式很多，根据读数头结构特点和使用场合分为直接接收式读数头、分光镜式读数头、金属光栅反射式读数头等。

光栅尺的工作原理：常见光栅尺都是根据物理上莫尔条纹的形成原理进行工作的。

读数头通过检测莫尔条纹个数，来“读取”光栅刻度，然后根据驱动电路的作用，计算出光栅尺的位移和速度。如图 1-29 所示是国内某公司光栅尺的应用原理。

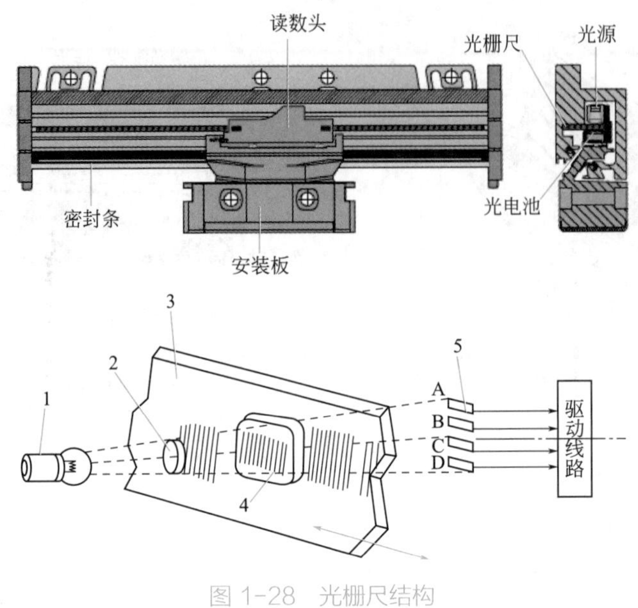


图 1-28 光栅尺结构

1—光源；2—透镜；3—标尺光栅；4—指示光栅；5—光电元件

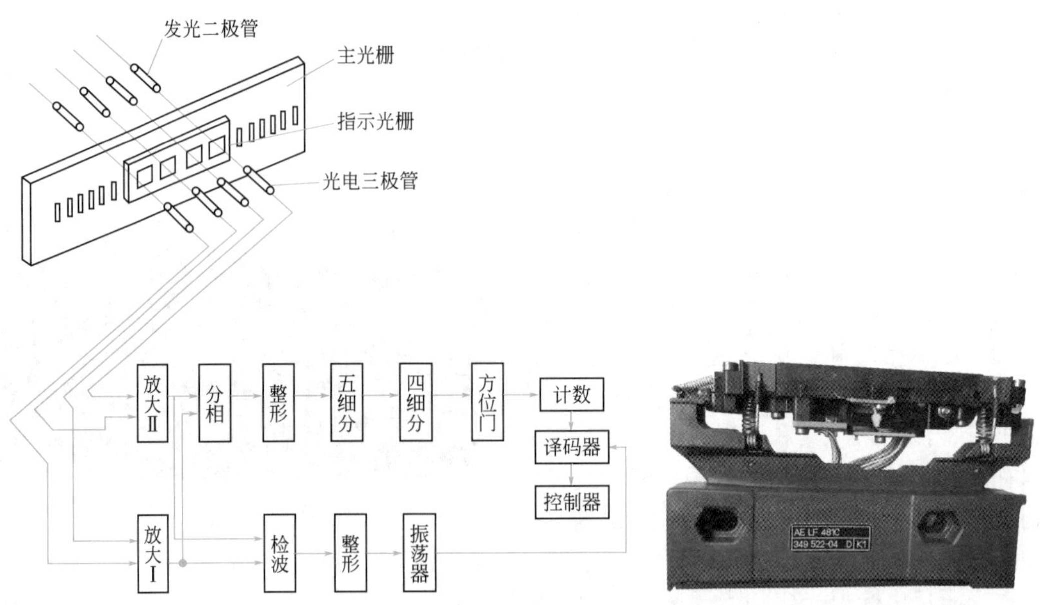


图 1-29 某公司光栅尺应用原理

## 7. 电子手轮

电子手轮即手摇脉冲发生器（也称为手轮、手脉、手动脉波发生器等），用于教导式 CNC 机械工作原点设定、步进微调与中断插入等动作，目前在数控机械上广泛使用电子手轮，其实物如图 1-30 所示。

电子手轮在数控机床中的用途：

❶ 示教式 CNC 机械工作原点的设定；

❷ 手动方式的步进微调；

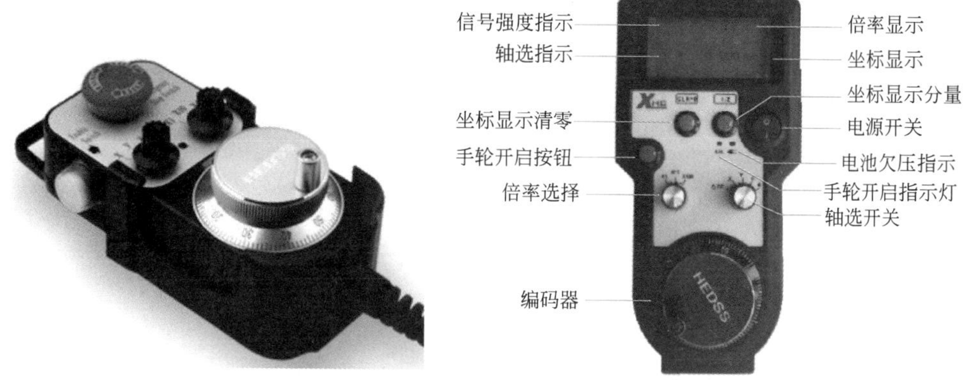


图 1-30　电子手轮实物

③ 加工中的中断插入。

电子手轮用于数控机床、印刷机械等的零位补正和信号分割。当手轮旋转时，编码器产生与手轮运动相对应的信号。通过数控系统选定坐标并对坐标进行定位。

通俗地讲，电子手轮的原理和我们常用的鼠标滚轮是一样的，轴心上固定有一个分成很多格窗口的码盘，在外围固定有两个光电开关，当码盘旋转时，光电开关被码盘漏空或挡住，产生的编码信号实际也就是通断信号，记为 1 或 0，后端电路处理后产生一个标准的方波，两个光电开关的安装位置成为互补，相位错 90° 输出，而机床通过比对两组脉冲的先后顺序，就能控制机床电机正转或反转并对坐标进行定位。

## 第三节　伺服进给系统执行元件——步进电机

### 一、步进电机

步进电机是将电脉冲信号转变为角位移或线位移的开环控制电机，步进电机在非超载的情况下，其转速、停止的位置只取决于脉冲信号的频率和脉冲数，而不受负载变化的影响，当步进驱动器接收到一个脉冲信号时，它就驱动步进电机按设定的方向转动一个固定的角度，称为“步距角”，它的旋转是以固定的角度一步一步运行的。可以通过控制脉冲个数来控制角位移量，从而达到准确定位的目的；同时可以通过控制脉冲频率来控制电机转动的速度和加速度，从而达到调速的目的。步进电机外形如图 1-31 所示。

步进电机的检测

图 1-31　步进电机的外形

### 1. 步进电机的原理

步进电机是利用电磁铁原理，将脉冲信号转换成线位移或角位移的电机，每来一个电脉冲，电机转动一个角度，带动机械移动一小段距离。

### 2. 步进电机的特点

❶ 来一个脉冲，转一个步距角。

❷ 控制脉冲频率，可控制电机转速。

❸ 改变脉冲顺序，改变转动方向。

❹ 角位移量或线位移量与电脉冲数成正比。

### 3. 步进电机的结构

步进电机主要由两部分构成——定子和转子。它们均由磁性材料构成。其结构如图1-32所示。

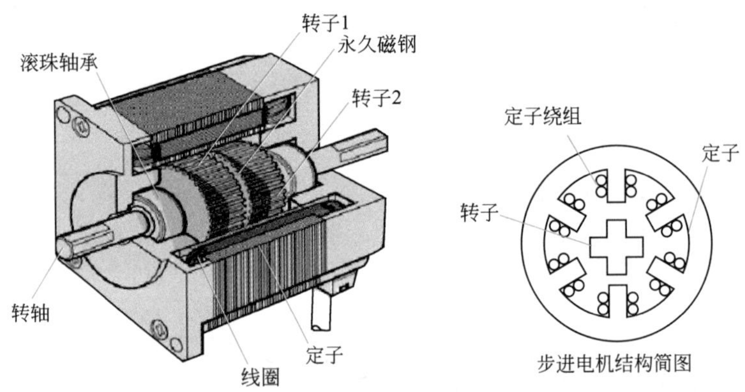


图 1-32　步进电机的结构

### 4. 步进电机名词解释

（1）步距角　步进电机通过一个电脉冲转子转过的角度，称为步距角。

$$\theta_S = \frac{360°}{Z_r N}$$

$N$ 为一个周期的运行拍数，即通电状态循环一周需要改变的次数；$Z_r$ 为转子齿数。

如：$Z_r$=40，$N$=3 时，$\theta_S = \frac{360°}{40 \times 3} = 3°$

拍数：$N = km$。$m$ 为相数；$k = 1$ 时为半拍制，$k = 2$ 时为双拍制。

（2）转速　每输入一个脉冲，电机转过

$$\theta_S = \frac{360°}{Z_r N}$$

即转过整个圆周的 1/（$Z_r N$），也就是 1/（$Z_r N$）转，因此每分钟转过的圆周数，即转速为

$$n = \frac{60f}{Z_r N} = \frac{60f \times 360°}{360° Z_r N} = \frac{\theta_S}{6°} f \text{ (r/min)}$$

步距角一定时，通电状态的切换频率越高，即脉冲频率越高，步进电机的转速越高。脉冲频率一定时，步距角越大（即转子旋转一周所需的脉冲数越少），步进电机的转速越高。

步进电机的“相”：这里的相和三相交流电中的“相”的概念不同。步进电机通的是直流电脉冲，这主要是指线路的连接和组数的区别。

### 5. 步进电机的工作过程

以三相步进电机为例。三相步进电机的工作方式可分为三相单三拍、三相单双六拍、三相双三拍等。

#### （1）三相单三拍工作方式

❶ 三相绕组连接方式：Y 形。

❷ 三相绕组中的通电顺序为：A相—B相—C相（循环回到A相）。

A 相通电，A 方向的磁通经转子形成闭合回路。若转子和磁场轴线方向原有一定角度，则在磁场的作用下，转子被磁化，吸引转子，使转子的位置力图使通电相磁路的磁阻最小，使转子、定子的齿对齐停止转动。

A 相通电使转子 1、3 齿和 AA′ 对齐。如图 1-33 所示。

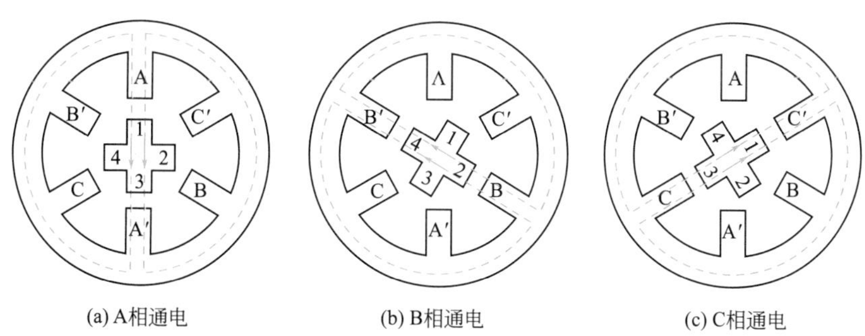


图 1-33　步进电机三相单三拍通电运动过程

这种工作方式因三相绕组中每次只有一相通电，而且一个循环周期共包括三个脉冲，所以称三相单三拍。

B 相和 C 相通电和上述相似。

每来一个电脉冲，转子转过 30° 。此角称为步距角，用 $\theta_S$ 表示。

转子的旋转方向取决于三相线圈通电的顺序，改变通电顺序即可改变转向。

正转：A相—B相—C相（循环回到A相）　　　反转：A相—C相—B相（循环回到A相）

**（2）三相单双六拍工作方式**　三相绕组的通电顺序为：A—AB—B—BC—C—CA—A 共六拍。如图 1-34 所示。

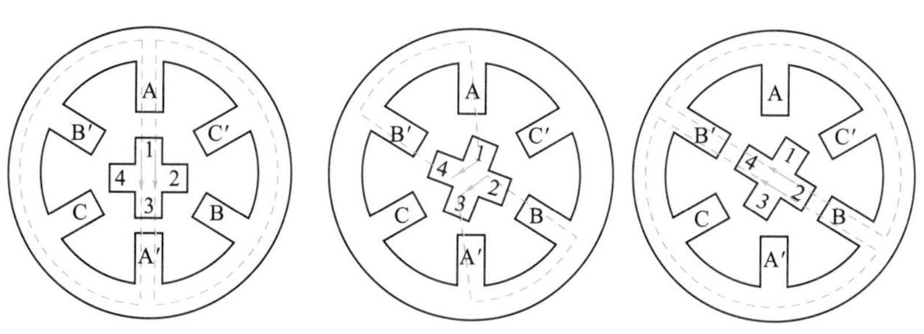


图 1-34　步进电机三相单双六拍通电过程

A 相通电，转子 1、3 卡脖子和 A 相对齐。

A、B 相同时通电，BB′ 磁场对 2、4 齿有磁拉力，该拉力使转子顺时针方向转动。AA′ 磁场继续对 1、3 齿有拉力。所以转子转到两磁拉力平衡的位置上。相对 AA′ 通电，转子转了 15°。

B 相通电，转子 2、4 齿和 B 相对齐，又转了 15°。

总之每个循环周期，有六种通电状态，所以称为三相六拍，步距角为 15°。

（3）三相双三拍工作方式　三相绕组的通电顺序为 AB—BC—CA—AB 共三拍。通电顺序如图 1-35 所示。

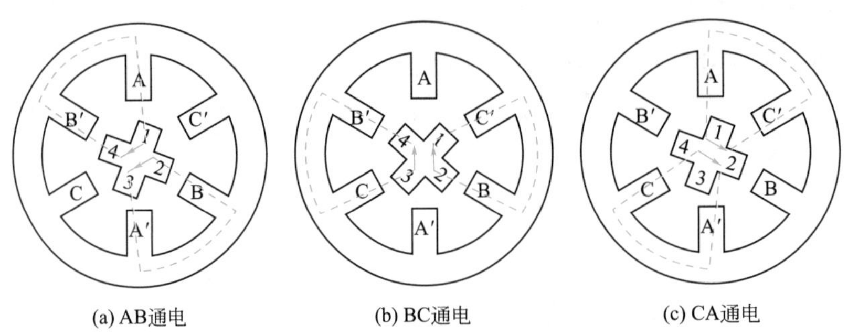


图 1-35　步进电机三相双三拍通电顺序

工作方式为三相双三拍时，每通入一个电脉冲，转子也是转 30°，即 $\theta_S$=30°。

以上三种工作方式中，三相双三拍和三相单双六拍较三相单三拍稳定，因此较常采用。

## 二、永磁直流无刷伺服电机

永磁直流无刷伺服电机主要由机壳、永磁材料、定子、转子、极靴、霍尔元件等组成。如图 1-36 所示。

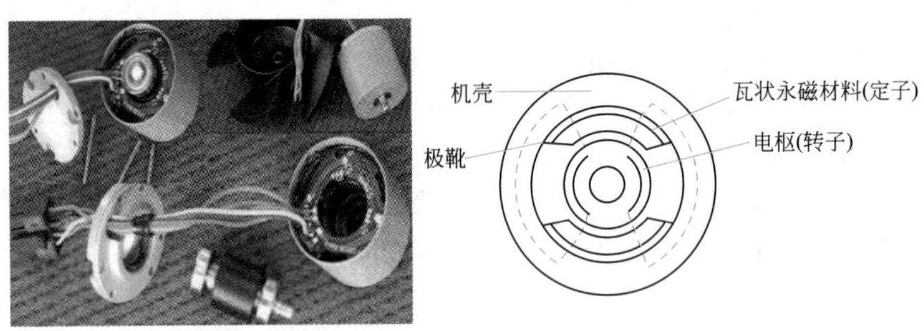


图 1-36　永磁直流无刷伺服电机外形和结构

### 1. 直流伺服电机的结构和分类

直流伺服电机分为有刷电机和无刷电机。

有刷电机成本低，结构简单，启动转矩大，调速范围宽，控制容易，需要维护，但维护不方便（换电刷），产生电磁干扰，对环境有要求。因此它可以用于对成本敏感的普通工业和民用场合，目前应用较少。

无刷电机体积小，重量轻，出力大，响应快，速度高，惯量小，转动平滑，转矩稳定，控制复杂，容易实现智能化，其电子换相方式灵活，可以方波换相或正弦波换相。电机免维护，效率很高，运行温度低，电磁辐射很小，寿命长，可用于各种环境，所以应用广泛。

这里我们只介绍直流无刷伺服电机。

永磁直流无刷伺服电机是将传统的直流电机的整流部分（电刷及换向器）以电子方式进行代替且保留直流电机可急剧加速、转速和外加电压成正比、转矩和电枢电流成正比等优点。直流无刷伺服电机最大的特征为无刷构造，原则上不会产生噪声。

有刷电机与无刷电机区别如图 1-37 所示。

内转子型永磁直流无刷伺服电机定子是 2 ～ 8 对永磁体按照 N 极和 S 极交替排列在转子周围构成的（如果是外转子型永磁直流无刷伺服电机就是贴在转子内壁）。因此永磁直流无刷伺服电机不需要电刷传导电流。其驱动电路一般均使用 PWM 型变频器，再配合霍尔组件或磁极检测组件，可得到圆滑且稳定的转矩，常用于需要高速及高精度控制的系统中。其结构示意图如图 1-38 所示。

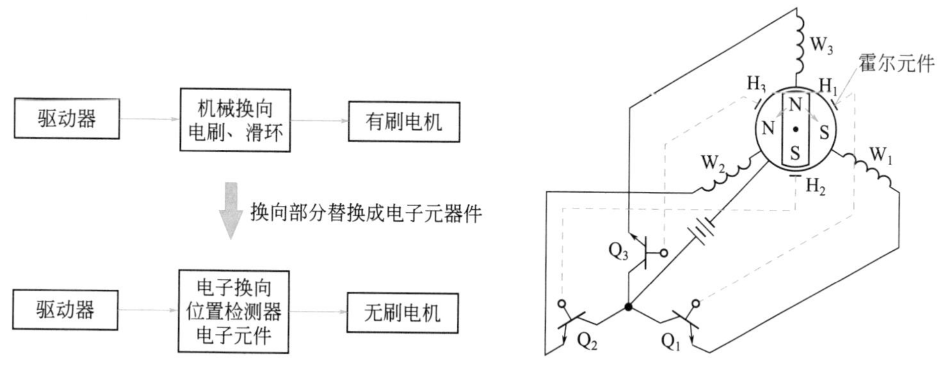


图 1-37 有刷电机和无刷电机区别　　图 1-38 永磁直流无刷伺服电机结构示意图

图 1-39 所示为其中一种小功率三相、星形连接、单副磁对极的直流无刷伺服电机的模型图，它的定子在内，转子在外。另一种永磁直流无刷电机的结构和这种刚刚相反，它的定子在外，转子在内，即定子是线圈绕组组成的机座，而转子用永磁材料制造。

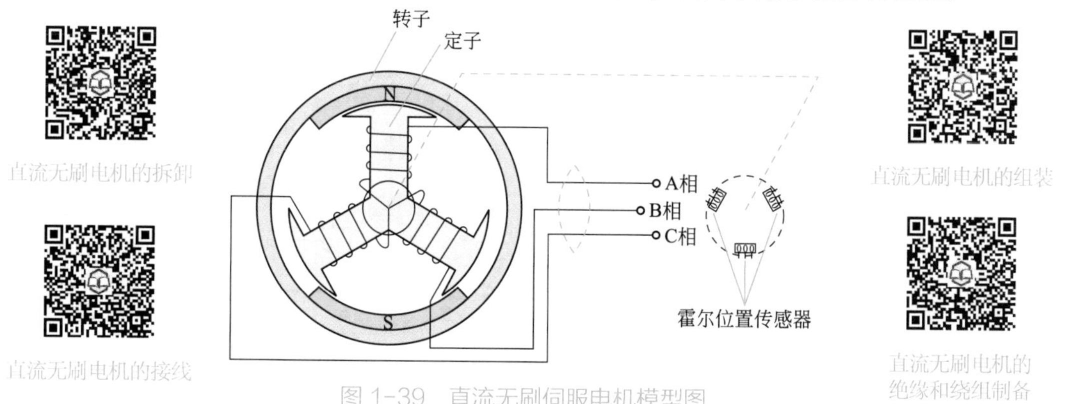


图 1-39 直流无刷伺服电机模型图

## 2. 永磁直流无刷伺服电机的优缺点

电机体积小，重量轻，出力大，响应快，速度高，惯量小，转动平滑，转矩稳定，容易实现智能化，其电子换相方式灵活，可以方波换相或正弦波换相。电机免维护，不存在电刷损耗的情况，效率很高，运行温度低，噪声小，电磁辐射很小，寿命长，可用于各种环境。

缺点是永磁直流无刷伺服电机无刷的成本高，而且随着科技进步，更多使用交流伺服了。

### 3. 永磁直流无刷伺服电机的动作原理

**（1）永磁直流无刷伺服电机霍尔组件** 霍尔传感器是永磁直流无刷伺服电机最重要的主动组件，它用来感应磁场的变化以送出电动机控制信号，使电机得以持续而稳定地运转。永磁直流无刷伺服电机霍尔传感器安装示意图如图 1-40 所示。

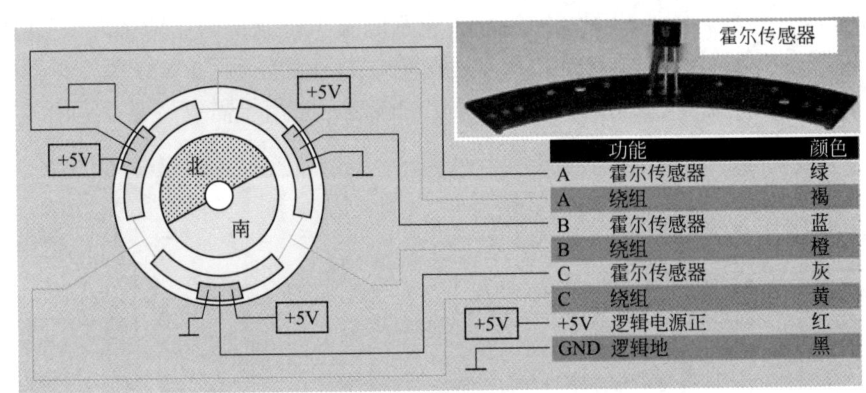


图 1-40 永磁直流无刷伺服电机霍尔传感器安装示意图

实际的霍尔组件中，可将霍尔系数及电子移动度大的材料加工成薄的十字形。

图 1-41 表示 3 ～ 5 端子的霍尔组件的使用方法，3 端子霍尔元件的输出端电压为输入端子电压的一半与输出信号电压之和的电压，而在 4 端子及 5 端子霍尔组件中，在原理上虽然可以免除输入端子电压的影响，但实际上即使在无磁场时，也有由于组件形状不平衡等因素使不平衡电压存在。

**（2）霍尔组件的工作原理** 霍尔组件是利用霍尔效应原理制成的组件，检测转子的磁极，侦测转子位置，以其输出信号来引导定子电流相互切换，共有 4 个端子，2 个端子控制输入电流，若外界给予垂直磁场则另外 2 个端子输出霍尔电压 $U_H$。如图 1-42 所示。

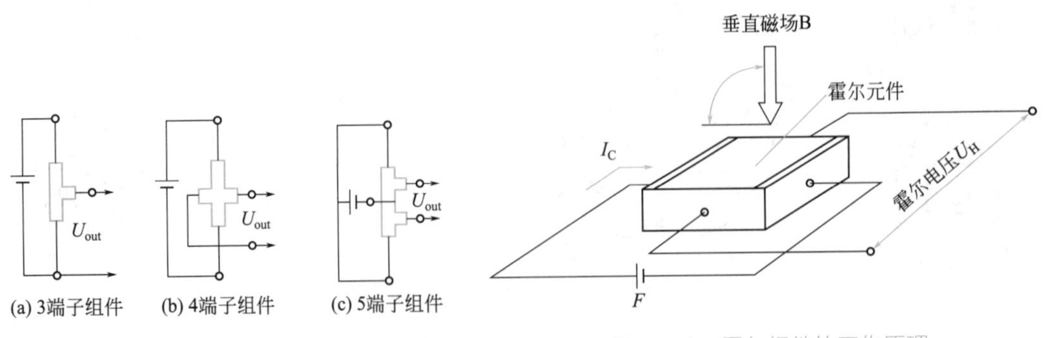


图 1-41 霍尔组件的使用方法

图 1-42 霍尔组件的工作原理

$$U_H = KI_cB\cos\theta$$

式中，$K$ 为灵敏度或积感度，与材质有关；$I_C$ 为输入组件电流，大约数毫安到数十毫安；$B$ 为外加的磁通密度，若组件感测面与外加磁场并非垂直，则乘上 $\cos\theta$。

与有刷直流电机不同，无刷直流电机使用电子方式换向。要使无刷直流电机转起来，必须要按照一定的顺序给定子通电，那么我们就需要知道转子的位置以便按照通电次序给相应的定子线圈通电。定子的位置是由嵌入到定子的霍尔传感器感知的。通常会安排 3 个霍尔传感器在转子的旋转路径周围。无论何时，只要转子的磁极掠过霍尔元件，根据转子当前磁极的极性霍尔元件会输出对应的高或低电平，这样只要根据 3 个霍尔元件产生的电平的时序就可以判断当前转子的位置，并相应地对定子绕组进行通电。如图 1-43 所示。

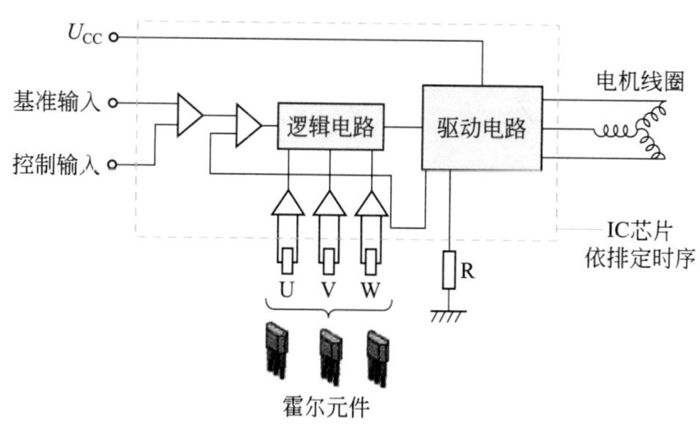


图 1-43 霍尔元件应用示意图

图 1-44 是霍尔组件产生脉冲驱动信号的原理。

状态一：当转子 S 极与霍尔组件距离最短时，此时磁通密度最高（方向向上），造成霍尔组件 A 端子电压较大，使得晶体管 $Q_1$ 导通，则线圈 $L_1$ 内有 $i_1$ 电流流通，因此线圈 $L_1$ 呈励磁状态，依右手定则得知线圈 $L_1$ 右侧为 S 极，故转子逆时针旋转。

状态二：当转子 S 极远离霍尔组件时造成磁通密度下降，因此 A、B 端不再产生霍尔电压，晶体管 $Q_1$、$Q_2$ 呈 OFF 状态。转子因受惯性作用继续旋转。

状态三：当转子 N 极转至霍尔组件时，造成霍尔元件 B 端子电压较大，使得 $Q_2$ 导通，则线圈 $L_2$ 内有 $i_2$ 电流流通，因此线圈 $L_2$ 呈励磁状态，转子再度受磁力作用逆时针旋转，依照如此程序转子持续转动。

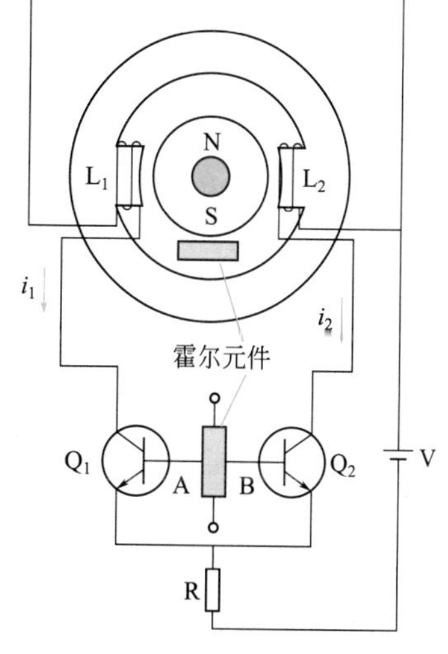


图 1-44 霍尔组件产生脉冲驱动信号的原理

（3）无刷直流电机的工作原理 无刷直流电机的定子是线圈绕组电枢，转子是永磁体。如果只给电机通以固定的直流电流，则电机只能产生不变的磁场，电机不能转动起来，只有实时检测电机转子的位置，再根据转子的位置给电机的各相绕组通以对应的电流，使定子产生方向均匀变化的旋转磁场，电机才可以跟着磁场转动起来。

如图 1-45 所示为无刷直流电机的转动原理示意图，为了方便描述，电机定子的线圈中心抽头接电机电源 POWER，各相的端点接功率管，位置传感器导通时使功率管的 G 极接 12V，功率管导通，对应的相线圈被通电。由于 3 个位置传感器随着转子的转动，会依次导通，使得对应的相线圈也依次通电，从而定子产生的磁场方向也不断地变化，电机转子也跟着转动起来，这就是无刷直流电机的基本转动原理——检测转子的位置，依次给各相通电，使定子产生的磁场的方向连续均匀地变化。

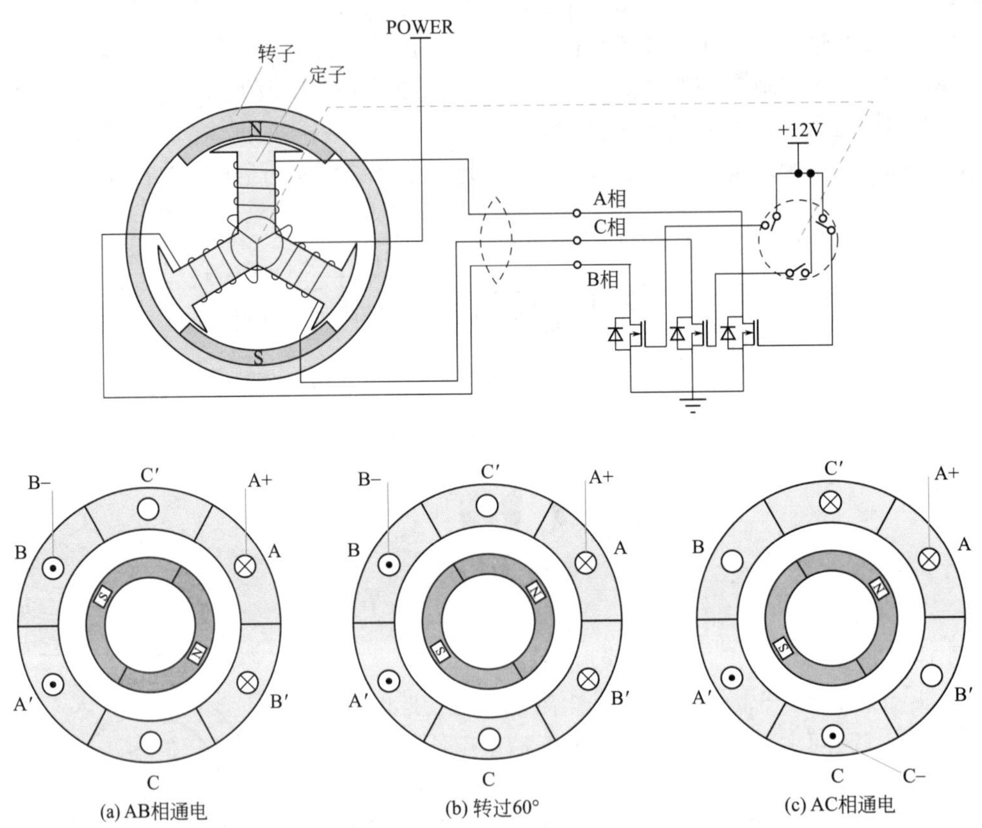


图 1-45　无刷直流电机的转动原理示意图

**注意：**霍尔元件的电压范围为 4 ~ 24V，电流范围为 5 ~ 15mA，所以在选择控制器时要考虑到霍尔元件的电流和电压要求。另外，霍尔元件输出集电极开路，使用时需要接上拉电阻。

❶ 无刷直流电机换向原理　每一次换向都会有一组绕组处于正向通电，第二组反相通电，第三组不通电。转子永磁体的磁场和定子钢片产生的磁场相互作用就产生了转矩，理论上，当这两个磁场夹角为 90° 时会产生最大的转矩，当这两个磁场重合时转矩变为 0。为了使转子不停地转动，就需要按顺序改变定子的磁场，就像转子的磁场一直在追赶定子的磁场一样。如图 1-46 所示为典型的“六步电流换向”顺序图，展示了定子内绕组的通电次序。

图中画出了 6 种两相通电的情形，可以看出，尽管绕组和磁极的数量可以有许多种变化，但从调制控制的角度看，其通电次序其实是相同的，也就是说，不管外转子还是内转子电机，都遵循 AB → AC → BC → BA → CA → CB 的顺序进行通电换相。当然，如果想让电机反转的话，电子方法是按倒过来的次序通电；物理方法是直接对调任意两根线，假设 A 和 B 对调，那么顺序就是 BA → BC → AC → AB → CB → CA，这里顺序就完全倒过来了。

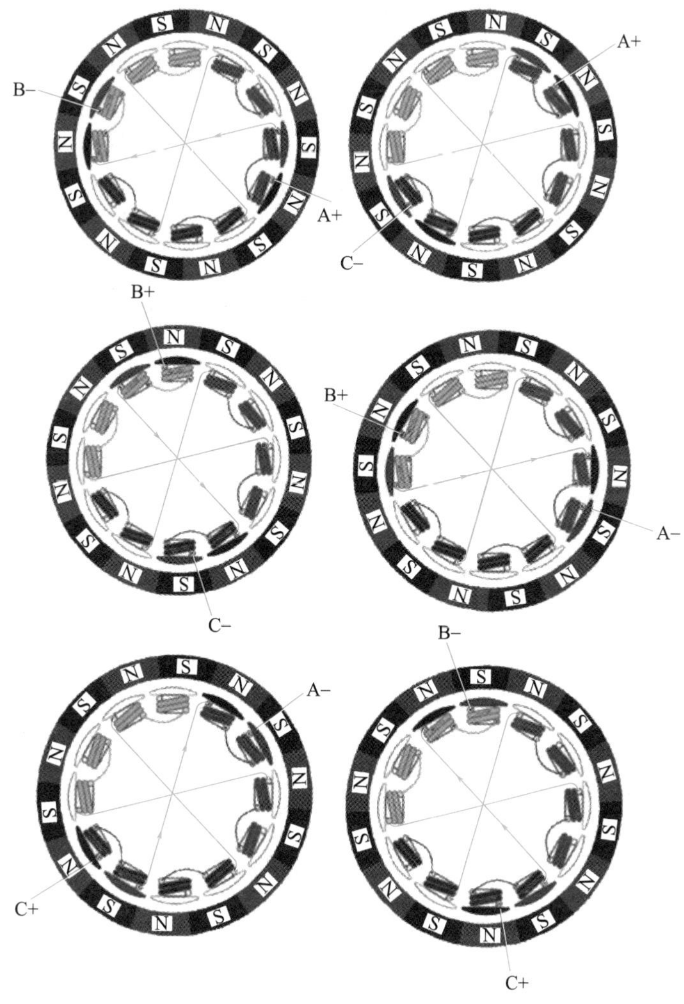


图 1-46　“六步电流换向”顺序图

要说明一下的是，由于每根引出线同时接入两个绕组，故电流是分两路走的。这里为使问题尽量简单化，图 1-46 中只画出了一路的电流方向，还有一路电流未画出。

电机的定子绕组多作成三相对称星形接法，同三相异步电机十分相似。电机的转子上粘有已充磁的永磁体，为了检测电机转子的极性，在电机内装有位置传感器。驱动器由功率电子器件和集成电路等构成，其功能是：接收启动、停止、制动信号，以控制电机的启动、停止和制动；接收位置传感器信号和正反转信号，用来控制逆变桥各功率管的通断，产生连续转矩；接收速度指令和速度反馈信号，用来控制和调整转速；提供保护和显示等。

❷ 无刷直流电机的驱动方法　无刷直流电机的驱动方式按不同类别可分为多种驱动方式，它们各有特点。

a. 方波驱动：这种驱动方式实现方便，易于实现电机无位置传感器控制。

b. 正弦驱动：这种驱动方式可以改善电机运行效果，使输出转矩均匀，但实现过程相对复杂。同时，这种方法又有 SPWM 和 SVPWM（空间矢量 PWM）两种方式，SVPWM 的效果好于 SPWM。

换向（相）又可以称为“换流”。在无刷直流永磁电机中，来自转子位置转速器的信号，经处理后按一定的逻辑程序，驱使定子绕组与电枢绕组相连接的功率开关晶体管在某一瞬间导通或截止，迫使某些没有电流的电枢绕组内开始流通电流，某些原来有电流的电枢绕组内开始关断电流或改变电流的流通方向，从而迫使定子磁状态产生变化。我们把这种利用电子电路来驱动电枢绕组内电流变化的物理过程称为电子换向（相）或“换流”。每“换流”一次，定子磁状态就改变一次，连续不断地“换流”，就会在工作气隙内产生一个跳跃式的旋转磁场。

以三相星形桥式连接为例按照换向顺序分析如下：AB→AC→BC→BA→CA→CB。

永磁无刷伺服电机两相导通三相六状态电子换向电路如图 1-47 所示。

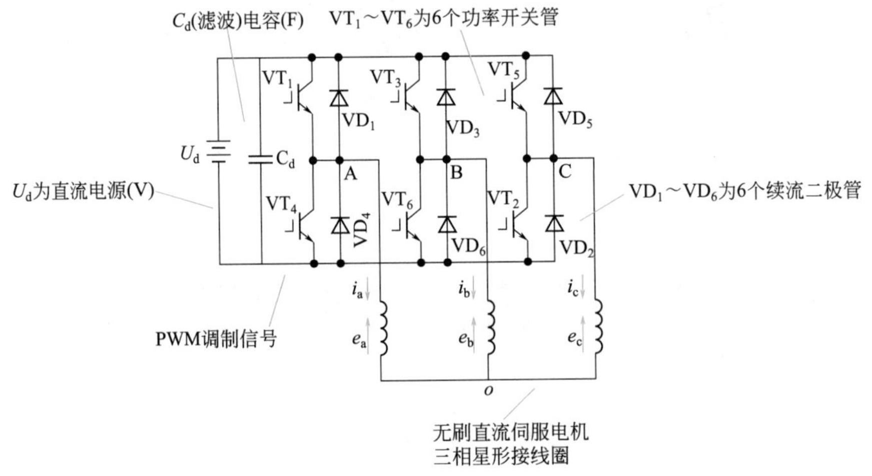


图 1-47　永磁无刷伺服电机两相导通三相六状态电子换向电路

两相导通三相六状态电子换向过程如下：

第一步：当 $T$=0° 时，图中的功率开关晶体管 $VT_1$、$VT_6$ 导通，即电源正极→$VT_1$→A 相绕组→B 相绕组→$VT_6$→电源负极。

第二步：当 $T$=60° 时，图中的功率开关晶体管 $VT_1$、$VT_2$ 导通，即电源正极→$VT_1$→A 相组→C 相绕组→$VT_2$→电源负极。

第三步：当 $T$=120° 时，图中的功率开关晶体管 $VT_3$、$VT_2$ 导通，即电源正极→$VT_3$→B 相绕组→C 相绕组→$VT_2$→电源负极。

第四步：当 $T$=180° 时，图 1-47 中的功率开关晶体管 $VT_3$、$VT_4$ 导通，即电源正极→$VT_3$→B 相绕组→A 相绕组→$VT_4$→电源负极。

第五步：当 $T$=240° 时，图中的功率开关晶体管 $VT_5$、$VT_4$ 导通，即电源正极→$VT_5$→C 相绕组→A 相绕组→$VT_4$→电源负极。

第六步：当 $T$=300° 时，图中的功率开关晶体管 $VT_5$、$VT_6$ 导通，即电源正极→$VT_5$→C 相绕组→B 相绕组→$VT_6$→电源负极。

第七步：当 $T$=360° 时，又重复 $T$=0° 时的状态。

❸ 无刷直流电机的驱动实例　两相导通星形三相六状态无刷直流伺服电机的驱动原理如图 1-48 所示。

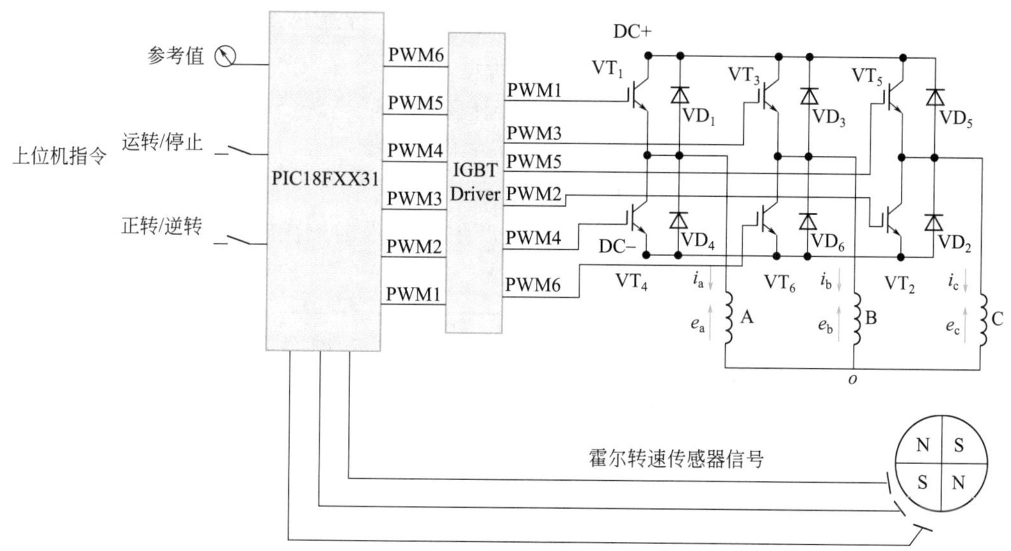


图 1-48　两相导通星形三相六状态无刷直流伺服电机的驱动原理

本例中的霍尔转子位置传感器采用三个霍尔器件，它们沿定子圆周可以相互间隔 60° 电角度配置，也可以相互间隔 120° 电角度配置，本例子是相互间隔 60° 电角度配置的。

每旋转 60° 电角度，就有一个霍尔器件改变其状态，逆变器内与之相对应的某一相的开关状态也将更新变化一次，这样开关状态变化六次（或称六步）就完成一个电气工作过程。

逆变器是六个（$VT_1 \sim VT_6$）功率开关元件所组成的星接电路，霍尔转子的位置传感器输出的 A、B 和 C 三个信号馈送至 PIC18FXX31 微控制器，作为 PIC18FXX31 微控制器的输入信号。然后，PIC18FXX31 微控制器根据两相导通三相六状态 AB → AC → BC → BA → CA → CB 对逆变器中六个功率开关器件的导通和截止状态进行电子换向过程控制。

## 三、交流伺服电机

### 1. 异步交流伺服电机

异步交流伺服电机定子的构造基本上与电容分相式单相异步电机相似。但是，异步交流伺服电机必须具备一个性能，就是能克服交流伺服电机的所谓“自转”现象，即无控制信号时，它不应转动，特别是当它已在转动时，如果控制信号消失，它应能立即停止转动。而普通的感应电机转动起来以后，如控制信号消失，往往仍在继续转动。

当伺服电机原来处于静止状态时，如控制绕组不加控制电压，此时只有励磁绕组通电产生脉动磁场。可以把脉动磁场看成两个圆形旋转磁场。这两个圆形旋转磁场以同样的大小和转速，向相反方向旋转，所建立的正、反转旋转磁场分别切割笼型绕组（或杯形壁）并感应出大小相同、相位相反的电动势和电流（或涡流），这些电流分别与各自的磁场作用产生的转矩也大小相等、方向相反，合成转矩为零，伺服电机转子转不起来。一旦控制系统有偏差信号，控制绕组就要接收与之相对应的控制电压。

对于异步交流伺服电机，其定子上装有两个位置互差 90° 的绕组，一个是励磁绕组

$R_f$，它始终接在交流电压 $U_f$ 上；另一个是控制绕组 L，连接控制信号电压 $U_c$。所以异步交流伺服电机又称两相伺服电机。如图 1-49 所示。

励磁绕组串联电容 C，是为了产生两相旋转磁场。适当选择电容的大小，可使通入两个绕组的电流相位差接近 90° ，从而产生所需的旋转磁场。

交流伺服电机控制电压 $U_c$ 与电源电压 $U_f$ 频率相同，相位相同或相反。工作时，两个绕组中产生的电流相位差接近 90° ，因此便产生旋转磁场，在旋转磁场的作用下，转子转动起来。

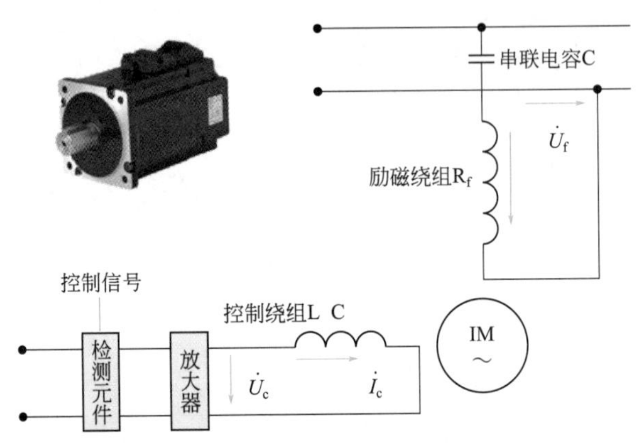


图 1-49　异步交流伺服电机原理示意图

为了使交流伺服电机具有较宽的调速范围、线性的机械特性，无“自转”现象和快速响应的性能，交流伺服电机与普通电机相比，应具有转子电阻大和转动惯量小这两个特点。

异步交流伺服电机的转子结构有两种形式：一种是采用高电阻率的导电材料做成的高电阻率导条的笼型转子，为了减小转子的转动惯量，转子做得细长；另一种是采用铝合金制成的空心杯形转子，杯壁很薄，仅 0.2 ～ 0.3mm，为了减小磁路的磁阻，要在空心杯形转子内放置固定的内定子，如图 1-50 所示。空心杯形转子的转动惯量很小，反应迅速，而且运转平稳，因此被广泛采用。

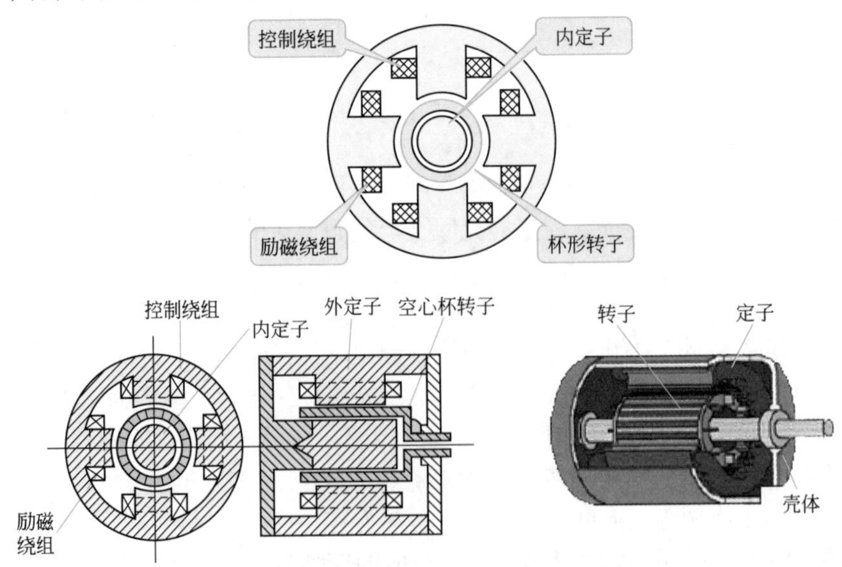


图 1-50　空心杯形转子伺服电机的结构示意图

## 2. 同步交流伺服电机

同步交流伺服电机虽比感应电机复杂，但比直流电机简单。它的定子与感应电机一样，都在定子上装有对称三相绕组。而转子却不同，按不同的转子结构又分电磁式及非电磁式两大类。非电磁式又分为磁滞式、永磁式和反应式多种。其中磁滞式和反应式同步电机存在效率低、功率因数较差、制造容量不大等缺点。数控机床中多用永磁式同步伺服电机。与电磁式相比，永磁式优点是结构简单、运行可靠、效率较高；缺点是体积大、启动特性欠佳。

交流永磁式同步伺服电机采用高剩磁感应、高矫顽力的稀土类磁铁后，可比直流伺服电机外形尺寸约小 1/2，质量减轻 60%，转子惯量减到直流伺服电机的 1/5。它与异步电机相比，由于采用了永磁铁励磁，消除了励磁损耗及有关的杂散损耗，故效率高。又因为没有电磁式同步电机所需的集电环和电刷等，其机械可靠性与感应（异步）电机相同，而功率因数却大大高于异步电机，从而使永磁同步伺服电机的体积比异步电机小些。这是因为在低速时，感应（异步）电机由于功率因数低，输出同样的有功功率时，它的视在功率却要大得多，而电机主要尺寸是据视在功率而定的。永磁同步伺服电机外形结构如图 1-51 所示。

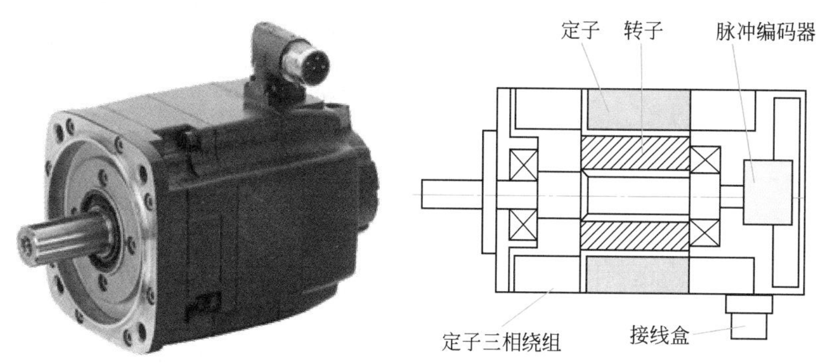


图 1-51　永磁同步伺服电机外形结构

现在常见的交流伺服电机大部分是永磁同步电机，其采用矢量控制，定子上的绕组既是励磁绕组也是控制绕组。

交流伺服电机定子三相绕组的控制和普通三相电机的区别在于，它不能用单纯的励磁电还是控制电来解释，它的输入是一个由三相电合成的矢量。这些矢量是由伺服驱动器进行计算得出的，它可以分解为励磁矢量和转矩矢量，其实质也就是励磁矢量和转矩矢量的合成。其三相绕组模拟结构图如图 1-52 所示。

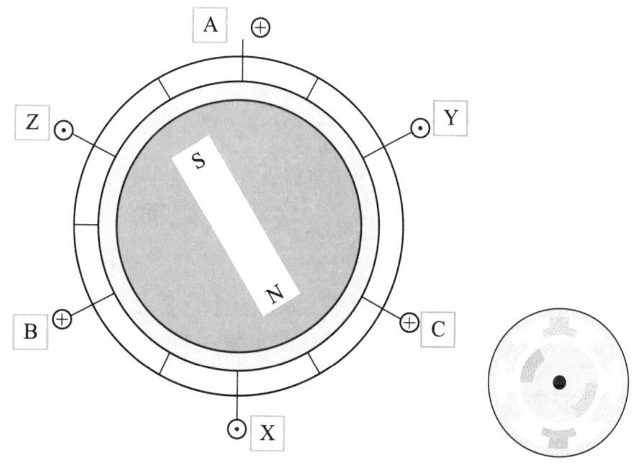


图 1-52　交流伺服电机定子三相绕组模拟结构图

伺服电机比普通异步电机性能优越的地方简单点说就是转子惯性小，保持力矩大，低速性能好。伺服电机不必担心堵转问题，因为出现堵转问题时，伺服驱动器会报警断开输出。

永磁同步交流伺服电机受工艺限制，很难做到很大的功率，几十千瓦以上的同步伺服电机价格很贵，在这样的现场应用，多采用交流异步伺服电机，或采用变频器驱动。

（1）永磁同步伺服电机的基本结构　永磁同步伺服电机的基本结构由定子和转子及位置传感器（编码器、霍尔元件）、附属的电子换向开关组成。如图 1-53 所示。

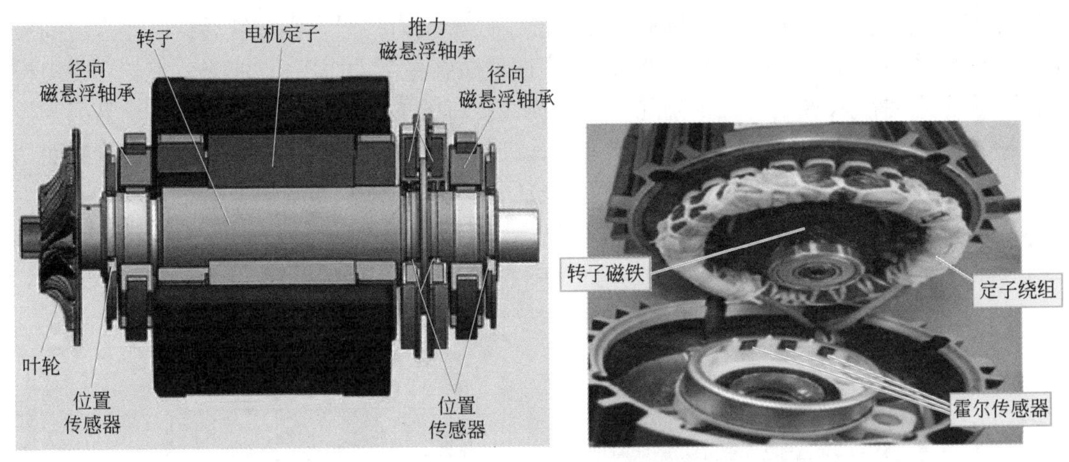


图 1-53　永磁同步伺服电机的基本结构

在图 1-53 中永磁同步伺服电机的定子与传统电机类似，但是其槽数经过严格的计算用于安放矢量控制绕组，这与传统三相电机不同。其三相绕组沿定子铁芯对称分布，在空间互差 120° 电角度，定子由正弦波脉宽调制的电压型逆变器为其供电，当通入经矢量控制三相电流为正弦波电流时，产生旋转磁场。永磁同步伺服电机在伺服驱动器控制下开始旋转。

需要说明的是永磁同步伺服电机有独特的转子结构，其转子上安装有永磁体磁极。

永磁体根据安装方式的不同，又分为凸装式、嵌入式（或称表面式、内置式）等，不同的转子结构如图 1-54 所示。

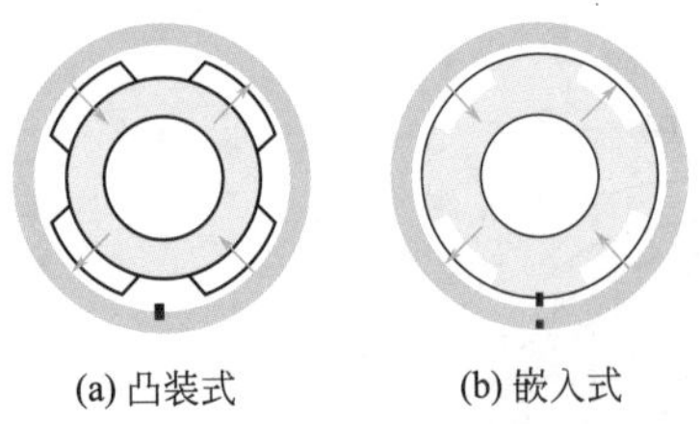


图 1-54　永磁体安装方式

在永磁同步伺服电机驱动过程中，矢量变换要求知道电机定子三相电流，实际检测时只要检测其中两相即可，另外一相可以计算出来。

电流检测可采用霍尔传感器实现，霍尔传感器检测的电流经电路放大后送到控制部分对伺服电机进行矢量控制。

编码器是一种位置传感器，目前用得比较多的有三种不同的信号输出方式：脉冲串形式的光电编码器、模拟量形式的旋转变压器和正余弦编码器以及数据通信形式的新型编码器。编码器是一个十分易碎的精密光学器件或是一个精密的旋转件，过大的冲击力会使其损坏，所以在装配和连接伺服电机时要注意避免出轴端受冲击力。

**提示**：普通的两相和三相异步电动机正常情况下都是在对称状态下工作，不对称运行属于故障状态。而交流伺服电机则可以靠不同程度的不对称运行来达到控制目的。这是交流伺服电机在运行上与普通异步电机的根本区别。

（2）永磁同步伺服电机的工作原理　伺服电机内部的转子是永磁铁，驱动器控制的U/V/W三相电形成旋转电磁场，转子在此磁场的作用下转动，同时电机自带的编码器反馈信号给驱动器，驱动器根据反馈值与目标值进行比较，调整转子转动的角度。伺服电机的精度取决于编码器的精度（线数）。

在控制策略上，基于电机稳态数学模型的电压频率控制方法和开环磁通轨迹控制方法都难以达到良好的伺服特性，当前普遍应用的是基于永磁电机动态解耦数学模型的矢量控制方法，这是现代伺服系统的核心控制方法。

矢量控制的基本思想是在三相永磁同步电机上设法模拟直流电机转矩控制的规律，在磁场定向坐标上，将电流矢量分量分解成产生磁通的励磁电流分量 $i_d$ 和产生转矩的转矩电流 $i_q$ 分量，并使两分量互相垂直，彼此独立。给定 $i_d$=0，这时根据电机的转矩公式可以得到转矩与主磁通和 $i_q$ 乘积成正比。由于给定 $i_d$=0，那么主磁通就基本恒定，这样只要调节电流转矩分量 $i_q$ 就可以像控制直流电机一样控制永磁同步电机。

交流伺服电机磁场矢量控制原理如下：为了得到电机转子的位置、电机转速、电流大小等信息作为反馈，首先需要采集电机相电流，对其进行一系列的数学变换和估算算法后得到解耦了的用于控制的反馈量。然后，根据反馈量与目标值的误差进行动态调节，最终输出三相正弦波驱动交流伺服电机旋转。

交流伺服电机磁场矢量控制中需要测量的量为定子电流和转子位置。

（3）交流永磁同步伺服电机 PWM 控制开关　交流永磁同步伺服电机 PWM 控制开关由三组六个开关（$S_A$，$\bar{S}_A$，$S_B$，$\bar{S}_B$，$S_C$，$\bar{S}_C$）组成。由于 $S_A$ 与 $\bar{S}_A$、$S_B$ 与 $\bar{S}_B$、$S_C$ 与 $\bar{S}_C$ 之间互为反向，即一个接通，另一个断开，因此三组开关有 $2^3$=8 种可能的开关组合。如图 1-55 所示。

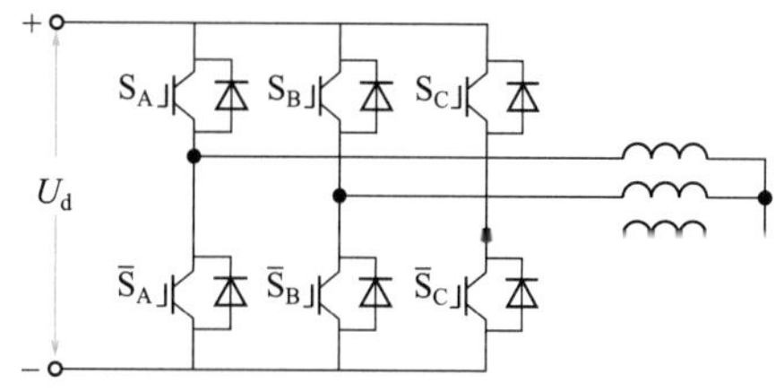

图 1-55　PWM 控制开关模型

（4）交流永磁同步伺服电机矢量控制原理　交流永磁同步伺服电机矢量控制原理如图 1-56 所示。

❶ 图 1-56 中电流传感器测量出定子绕组电流 $i_a$、$i_b$ 作为 Clarke 变换的输入，$i_c$ 可由三相电流对称关系 $i_a+i_b+i_c=0$ 求出。

❷ Clarke 变换的输出 $i_\alpha$、$i_\beta$ 与由编码器测出的转角 $\theta$ 作为 Park 变换的输入，其输出 $i_d$ 与 $i_q$ 作为电流反馈量与指令电流 $i_{dref}$ 及 $i_{qref}$ 比较，产生的误差在转矩回路中经 PI 运算后输出电压值 $U_d$、$U_q$。

❸ 再经 Park 逆变换将这 $U_d$，$U_q$ 变换成坐标系中的电压 $U_\alpha$，$U_\beta$。

❹ SVPWM 算法将 $U_\alpha$，$U_\beta$ 转换成逆变器中六个功放管的开关控制信号以产生三相定子绕组电流，形成交流伺服同步电机的矢量控制的旋转磁场。

Position_Ref 是位置设定值，Position（$\theta$）是电机的当前位置，可以通过电机编码器得知，位置控制可以分为电角度位置控制和机械角度位置控制。

将得到的当前位置 Position（$\theta$）和位置设定值 Position_Ref 计算误差值代入 P 环，输出作为速度环的输入 $I_{qref}$，实现位置、速度、电流三闭环控制。

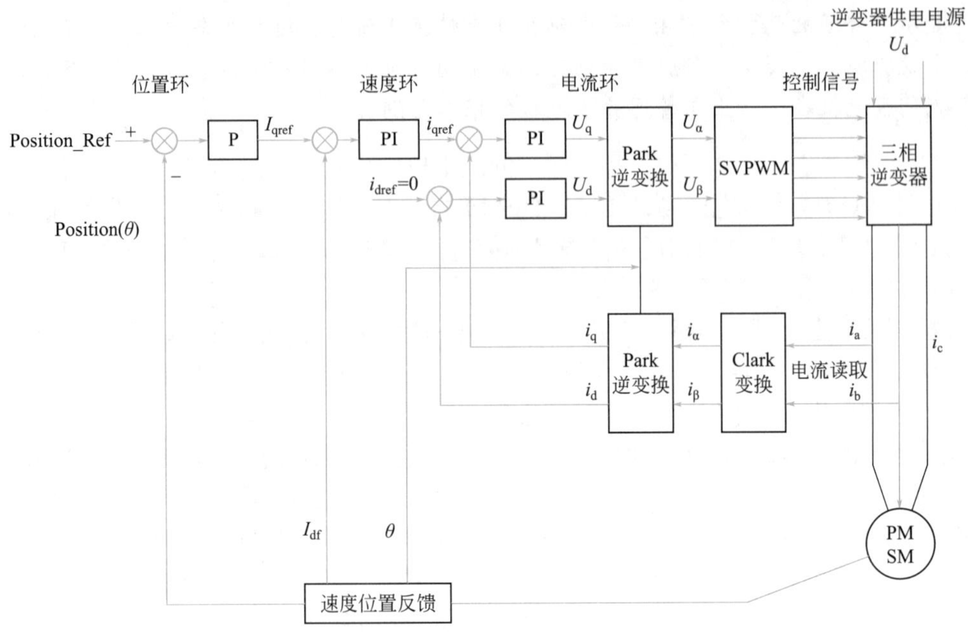

图 1-56　交流永磁同步伺服电机矢量控制原理

（5）永磁同步伺服电机（PMSM）驱动器基本原理

❶ 交流永磁伺服系统的基本组成单元　交流永磁同步伺服驱动器主要由伺服控制单元、功率驱动单元、通信接口单元、伺服电动机及相应的反馈检测器件组成，其组成单元如图 1-57 所示。其中伺服控制单元包括位置控制器、速度控制器、转矩和电流控制器等。

目前主流的伺服驱动器均采用数字信号处理器（DSP）作为控制核心，其优点是可以实现比较复杂的控制算法，使驱动控制数字化、网络化和智能化。功率器件普遍采用以智能功率模块（IPM）为核心设计的驱动电路，IPM 内部集成了驱动电路，同时具有过电压、过电流、过热、欠压等故障检测保护电路，在主回路中还加入软启动电路，以减小启动过程对驱动器的冲击。

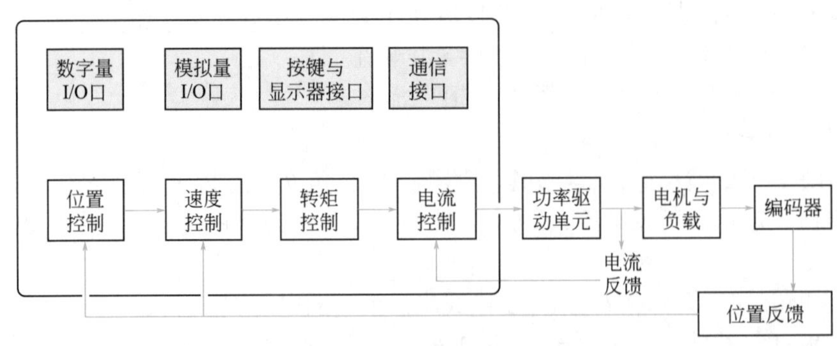

图 1-57　交流永磁同步伺服驱动器组成单元

伺服驱动器大体可以划分为功能比较独立的功率板和控制板两个模块。如图 1-58 所示是功率板（驱动板）强电部分，其中包括两个单元，一是功率驱动单元 IPM，用于电机的驱动；二是开关电源单元，为整个系统提供数字和模拟电源。

控制板是弱电部分，是电机的控制核心，也是伺服驱动器技术核心控制算法的运行载体。控制板通过相应的算法输出 PWM 信号，作为驱动电路的驱动信号，来改变逆变器的输出功率，以达到控制三相永磁式同步交流伺服电机的目的。

❷ 功率驱动单元　功率驱动单元首先通过三相全桥整流电路对输入的三相电或者市电进行整流，得到相应的直流电。经过整流好的三相电或市电，再通过三相正弦 PWM 电压型逆变器变频来驱动三相永磁式同步交流伺服电机。功率驱动单元的整个过程简单地说就是 AC-DC-AC 的过程。整流单元（AC-DC）主要的拓扑电路是三相全桥整流电路。逆变部分（DC-AC）采用的功率器件是集驱动电路、保护电路和功率开关于一体的智能功率模块（IPM），利用了脉宽调制技术（即 PWM），通过改变功率晶体管交替导通的时间来改变逆变器输出波形的频率，改变每半周期内晶体管的通断时间比，也就是说通过改变脉冲宽度来改变逆变器输出电压副值的大小以达到调节功率的目的。三相逆变电路如图 1-59 所示。

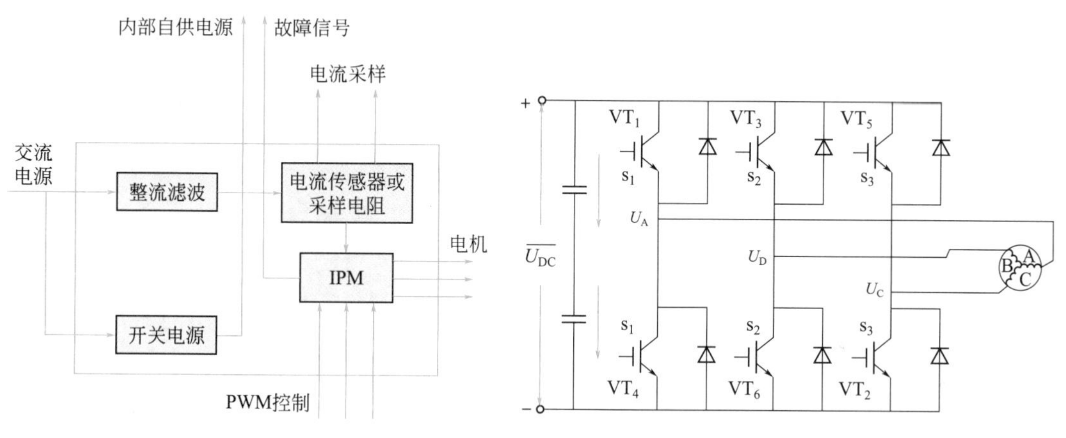


图 1-58　伺服驱动器功率板单元

图 1-59　三相逆变电路

❸ 控制单元　控制单元是整个交流伺服系统的核心，可对系统位置控制、速度控制、转矩和电流控制器进行控制。所采用的数字信号处理器（DSP）除具有快速的数据处理能力外，还集成了丰富的用于电机控制的专用集成电路，如 A/D 转换器、PWM 发生器、定时 / 计数器电路、异步通信电路、CAN 总线收发器以及高速的可编程静态 RAM 和大容量的程序存储器等。伺服驱动器通过采用磁场定向的控制原理（FOC）和坐标变换，实现矢量控制（VC），同时结合正弦波脉宽调制（SPWM）控制模式对电机进行控制。永磁同步电机的矢量控制一般通过检测或估计电机转子磁通的位置及幅值来控制定子电流或电压，这样，电机的转矩便只和磁通、电流有关，与直流电机的控制方法相似，可以得到很高的控制性能。对于永磁同步电机，转子磁通位置与转子机械位置相同，这样通过检测转子的实际位置就可以得知电机转子的磁通位置，从而使永磁同步电机的矢量控制比起异步电机的矢量控制有所简化。

伺服驱动器控制交流永磁伺服电机可分别工作在电流（转矩）、速度、位置控制方式下。系统的控制结构总体框图如图 1-60 所示。原理如前述交流同步伺服电机矢量控制。

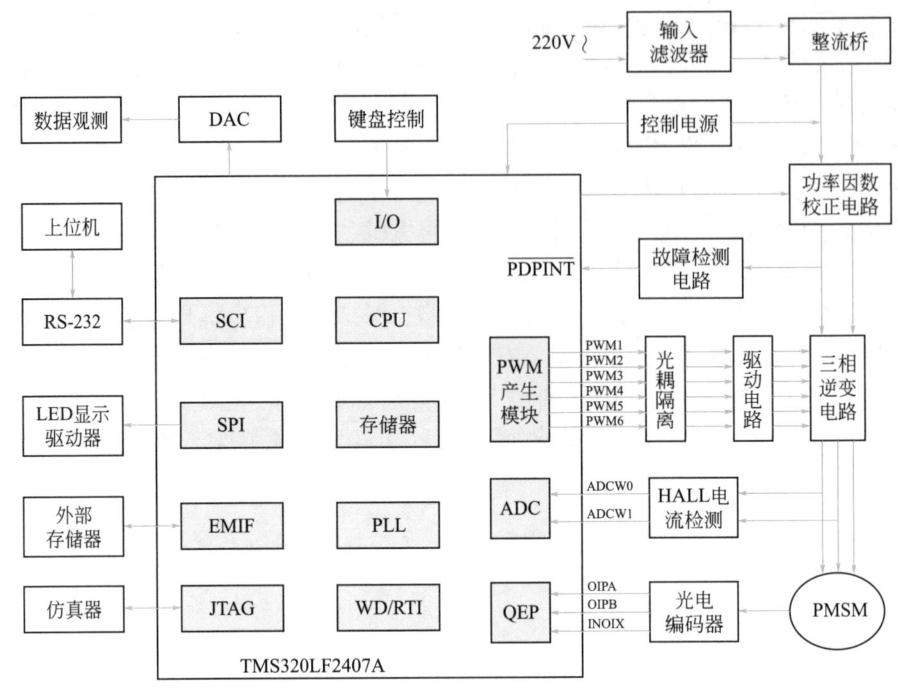


图 1-60 永磁同步伺服电机驱动器总体控制结构

## 四、直线电机

用旋转的电机驱动的机器的一些部件也要做直线运动，如用旋转的电机驱动的交通工具（比如电动机车和城市中的电车等）需要做直线运动，这就需要增加把旋转运动变为直线运动的一套装置，能不能直接运用直线运动的电机来驱动，从而省去这套装置？人们就提出了这个问题，现在已制成了直线运动的电机，即直线电机。

### 1. 什么是直线电机

直线电机是一种将电能直接转换成直线运动机械能而不需通过中间任何转换装置的新颖电机，它具有系统结构简单、磨损少、噪声低、组合性强、维护方便等优点。旋转电机所具有的品种，直线电机几乎都有相对应的品种。

直线电机也称线性电机、线性马达。最常用的直线电机类型是平板式、U形槽式和管式。线圈的典型组成是三相，用霍尔元件实现无刷换相。图 1-61为常用的直线电机外形和典型结构。

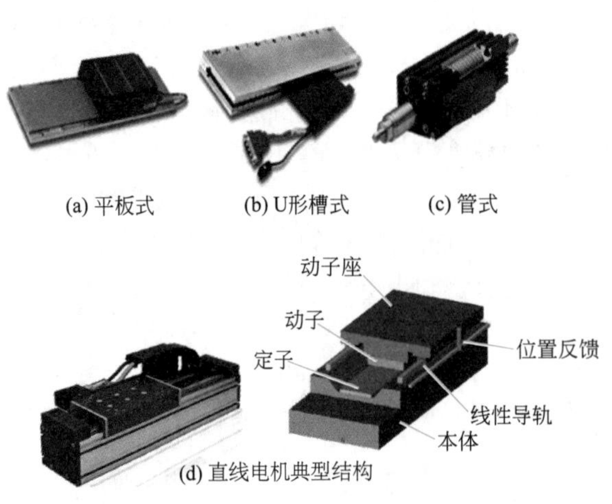


图 1-61 常用的直线电机外形和典型结构

### 2. 直线电机的工作原理

直线电机是一种将电能直接转换成直线运动机械能的设备，它不需要任何中间转换机构的传动装置，可看成是一台旋转电机按径向剖开，并展成平面而成。对应旋转电机定子的部分叫初级，对应转子的部分叫次级。在初级绕组中通多相交流电，便产生一个平移交变磁场。在交变磁场与次级永磁体的作用下产生驱动力，从而便于运动部件的直线运动。如图 1-62 所示。

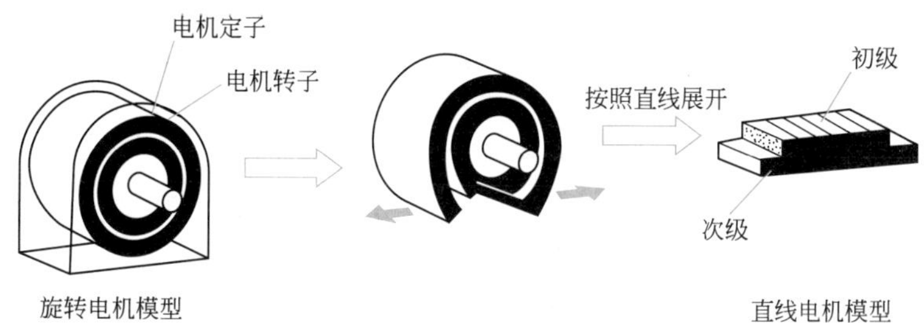


图 1-62 直线电机结构图

旋转电机和直线电机基本工作原理如图 1-63 所示。与旋转电机相似，在直线电机的三相绕组中通入三相对称正弦电流后，也会产生气隙磁场。这个气隙磁场的分布情况与旋转电机相似，即可看成沿展开的直线方向呈正弦形分布。

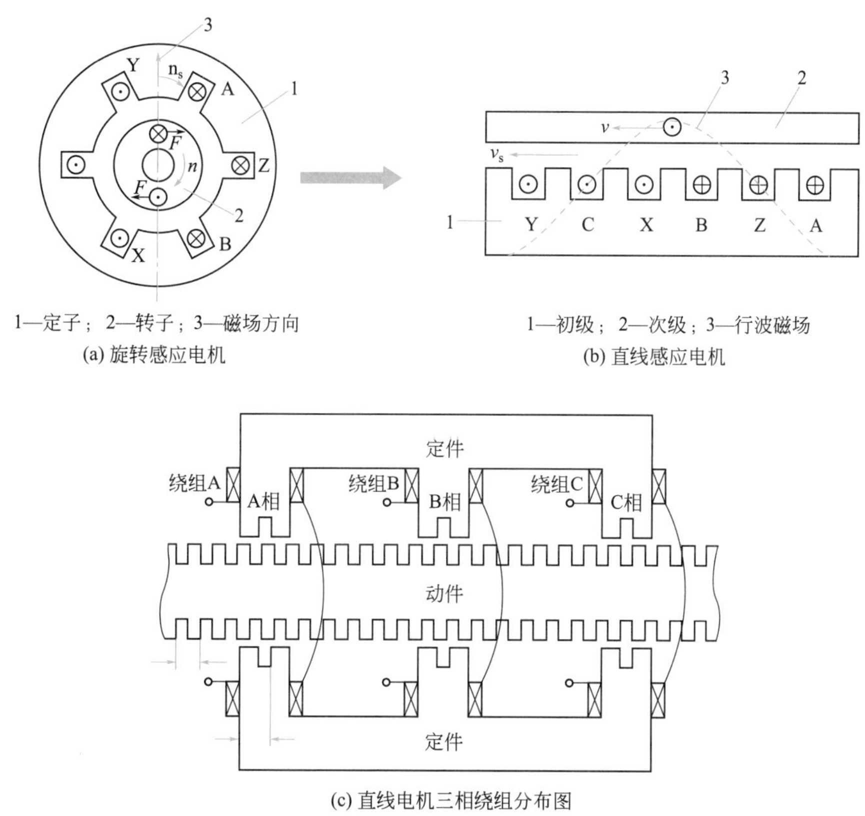


图 1-63 旋转电机和直线电机基本工作原理

三相电流随时间变化时，气隙磁场将按 A、B、C 相序沿直线移动。这个原理与旋转电机的相似。差异是：这个磁场平移，而不是旋转，因此称为行波磁场，如图 1-63（b）所示。

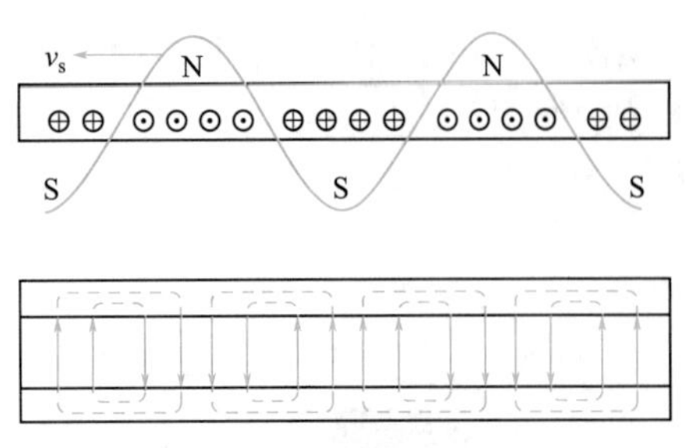

图 1-64　假想导条中的感应电流及金属板内电流分布示意图

工作原理：当初级绕组通入交流电源时，便在气隙中产生行波磁场，次级在行波磁场切割下，将感应出电动势并产生电流，该电流与气隙中的磁场相作用就产生电磁推力。如果初级固定，则次级在推力作用下做直线运动；反之，则初级做直线运动。

直线电机的次级大多采用整块金属板或复合金属板，并不存在明显导条。可看成无限多导条并列安置进行分析。图 1-64 为假想导条中的感应电流及金属板内电流的分布情况。

直线电机次级的两种结构类型：栅型结构和实心结构。

栅型结构相当于旋转电机的笼型结构。次级铁芯上开槽，槽中放置导条，并在两端用端部导条连接所有槽中导条。

实心结构采用整块均匀的金属材料，又可分为非磁性次级和钢次级。

从电动机的性能来说，采用栅型结构时，效率和功率因数最高，非磁性次级次之，钢次级最差。从成本来说，相反。

旋转电机通过对换任意两相的电源线，可以实现反向旋转。直线电机也可以通过同样的方法实现反向运动。根据这一原理，可使直线电机做往复直线运动。

### 3. 直线电机的分类与结构

直线电机主要有扁平型、圆筒型和圆盘型 3 种类型，其中扁平型应用最为广泛。

（1）扁平型　扁平型电机可以看作是由普通的旋转异步电机直接演变而来的。图 1-65（a）表示一台旋转的感应电机，设想将它沿径向剖开，并将定、转子圆周展成直线，如图 1-65（b）所示，这就得到了最简单的平板型直线感应电机。 在旋转电机中转子是绕轴做旋转运动的，见图 1-65（a）中的箭头线；在直线电机中动子是做直线移动的，见图 1-65（b）中的箭头线。

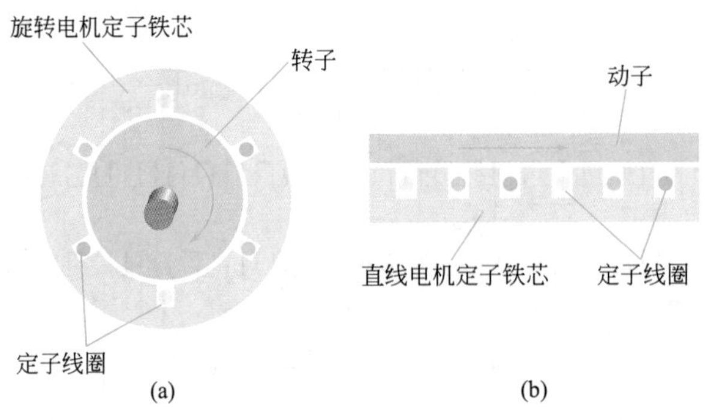

图 1-65　旋转电机与直线电机

对应于旋转电机定子的一边嵌有三相绕组，称为初级（定子）；对应于旋转电机转子的一边称为次级（动子）。直线电机的运动方式可以是固定初级，让次级运动，此称为动次级；相反，也可以固定次级而让初级运动，则称为动初级。

显然初级与次级长度相同是不能正常运行的，实际扁平型直线感应电机初级长度和动子长度并不相等，如图 1-66 所示。

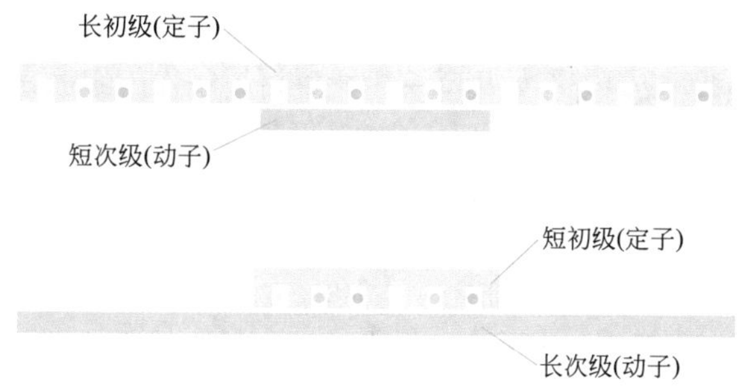


图 1-66 扁平型直线电机

为了抵消定子磁场对动子的单边磁吸力，平板型直线感应电机通常采用双边结构，即用两个定子将动子夹在中间的结构型式。如图 1-67 所示。

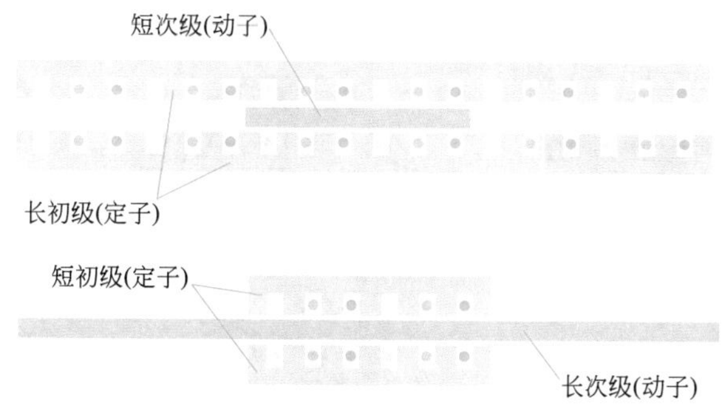


图 1-67 双边扁平型直线电机

扁平型直线感应电机的一次侧铁芯由硅钢片叠成，与二次侧相对的一面开有槽，槽中放置绕组。绕组可以是单相、两相、三相或多相的。二次侧有两种结构类型：一种是栅型结构，另一种是实心结构，采用整块均匀的金属材料，可分为非磁性二次侧和钢二次侧。非磁性二次侧的导电性能好，一般为铜或铝。

（2）圆筒型　圆筒型直线电机也称为管型直线电机，把平板型直线电机沿着直线运动相垂直的方向卷成筒形，就形成了圆筒型直线电动机，如图 1-68 所示。

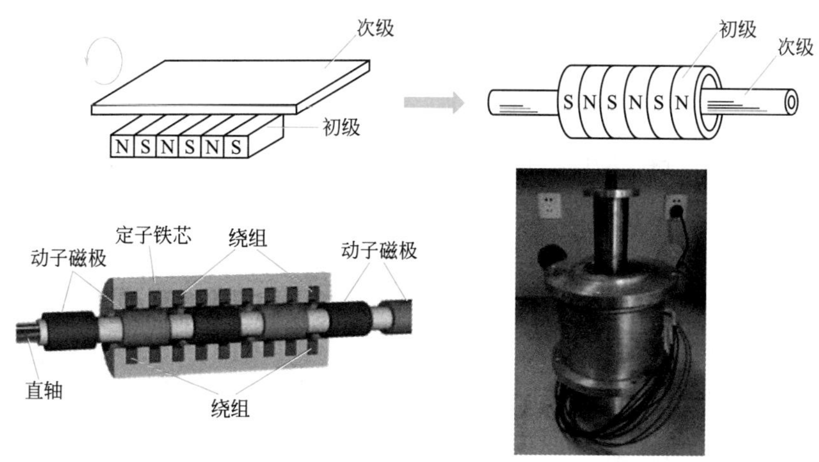


图 1-68 圆筒型直线电机

旋转直线的运动体可以是一次侧，也可以是二次侧。圆筒型直线电机动子多采用厚壁钢管，在管外壁覆盖铜管或铝管。如果动子由永磁材料制作就组成直线同步电机。

（3）圆盘型　圆盘型直线电机的次级（转子）做成扁平的圆盘形状，能围绕通过圆心的轴自由转动：将两个初级放在圆盘靠外边缘的平面上，使圆盘受切向力做旋转运动。由于其运行原理和设计方法与平板型直线感应电机相同，故仍属直线电机。

圆盘型直线感应电机如图 1-69 所示，它的次级侧做成扁平的圆盘形状，能绕通过圆心的轴自由转动：将初级侧放在次级侧圆盘靠外边缘的平面上，使圆盘受切向力作旋转运动。但其运行原理和设计方法与扁平型直线感应电机相同，故仍属直线电机范畴。与普通旋转电机相比，转矩与旋转速度可以通过初级侧在圆盘上的径向位置来调节。另外无需经过齿轮减速箱就能得到较低的转速，因而电动机的振动和噪声很小。

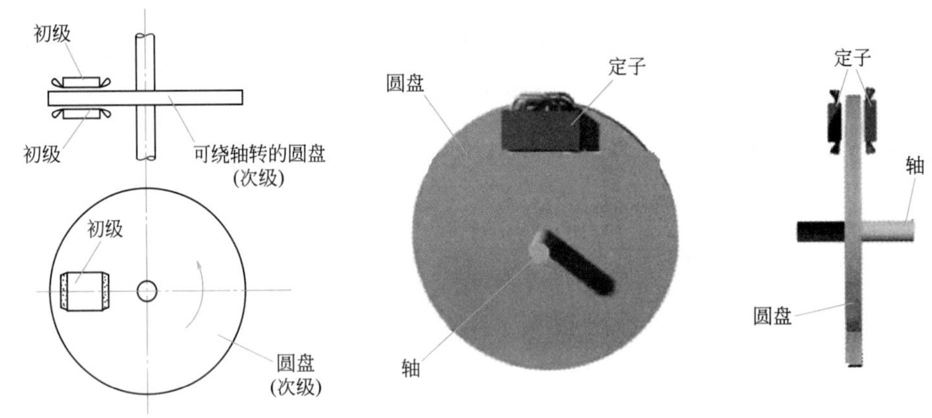


图 1-69　圆盘型直线感应电机

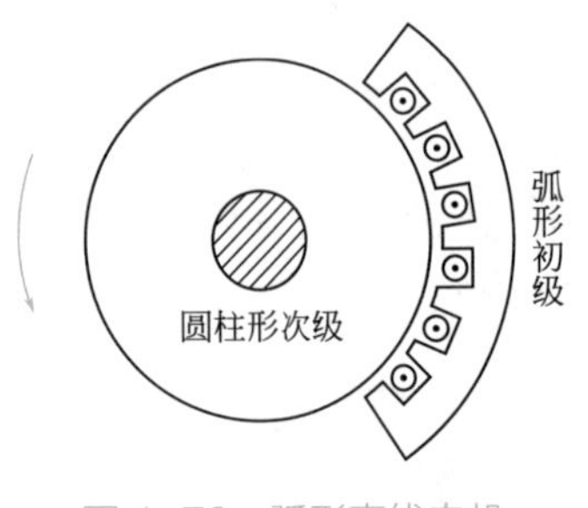


图 1-70　弧形直线电机

此外，直线电机还有弧形结构。所谓弧形结构，就是将平板型直线电机的初级沿运动方向改成弧形，并安放于圆柱形次级的柱面外侧，如图 1-70 所示。

## 4. 直线电机的特点

❶ 结构简单。由于直线电机不需要把旋转运动变成直线运动的附加装置，因而使得系统本身的结构大为简化，重量和体积大大地下降。

❷ 定位准确度高。在需要直线运动的地方，直线电机可以便于直接传动，因而可消除中间环节所带来的各种定位误差，故定位准确度高。如采用微机控制，则还可大大地提高整个系统的定位准确度。

❸ 反应速度快、灵敏度高，随动性好。直线电机容易做到其动子用磁悬浮支撑，因而使得动子和定子之间始终保持一定的空气隙而不接触，这就消除了定、动子间的接触摩擦阻力，因而大大地提高了系统的灵敏度、快速性和随动性。

❹ 工作安全可靠、寿命长。直线电机可以便于无接触传递力，机械摩擦损耗几乎为零，所以故障少，免维修，因而工作安全可靠、寿命长。

❺ 高速度。直线电机通过直接驱动负载的方式，可以便于从高速到低速等不同范围的高准确度位置定位控制。直线电机的动子和定子之间无直接接触，定子及动子均为刚性

部件，从而保证直线电机运作的静音性以及整体机构核心运作部件的高刚性。直线电机的行程可通过拼接定子以便于行程的无限制，同时也可通过在同一个定子上配置多个动子来便于同一个轴向的多个独立运作控制。

### 5. 直线电机伺服驱动控制

直线电机的动子和工作台连接成为一个整体，中间没有任何传动环节，这种零传动方式最适合采用全闭环控制，其伺服驱动控制和交流永磁伺服电机控制原理基本相同。

在直线电机控制系统中，要实现对直线位移的精确控制，必须利用高精度的检测装置完成反馈，并将检测结果转换成数字信号传输给微处理器，在直线电机的位置检测和控制中一般使用高精度的光栅尺来完成此任务（这也是直线电机驱动和其他伺服电机检测信号源不同之处）。

如图 1-71 所示是使用直线电机的线切割机光栅尺安装。

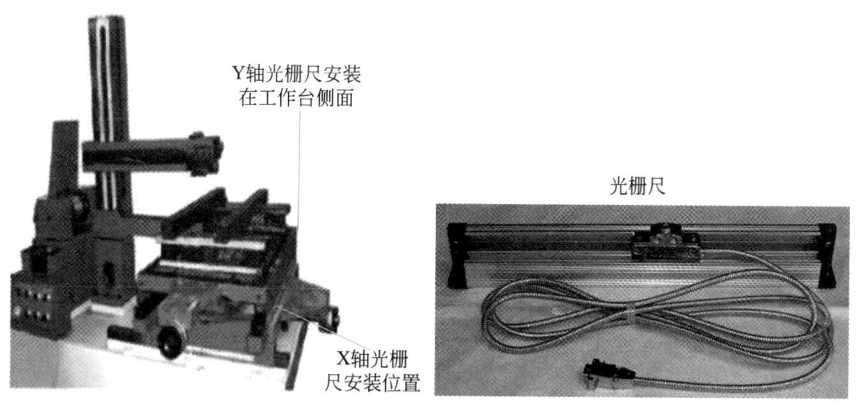


图 1-71 直线电机驱动的线切割机光栅尺安装

在线切割机的 X 轴和 Y 轴切割过程中，直线电机的伺服控制系统是一个闭环系统，在直线电机运动时，光栅传感器不断检测直线电机的位移，产生的正交编码脉冲信号作为位置反馈输入到 DSP 控制器中，DSP 控制器将直线电机预定位移 $S$ 和检测到的当前位移进行比较，由 PID 算法来给出相应的电压信号到功率放大器以驱动直线电机运动完成线切割动作。

其框图如图 1-72 所示，在直线电机控制过程中，需要实现直线电机的精确定位和一定范围响应频率，这就需要光栅尺对移动量的精确测量。

图 1-73 是上述线切割机采用 TMS320F2812 DSP 芯片控制直线电机系统框图，在该电路中直线感应电机位置伺服控制系统主要由功率电路部分、数字控制系统及辅助电路组成。功率电路部分包括整流电路、滤波电路、逆变电路、能耗制动电路以及保护电路。数字控制系统由 TMS320F2812 芯片及其外围电路组成，用来完成矢量控制核心算法、SVPWM 产生、相关电压电流，位置信号的处理等功能。辅助电路由辅助开关电源、电流传感器、位置传感器组成，主要负责给系统提供多路直流电源，完成电机初级电流检测、次级位置检测等功能。

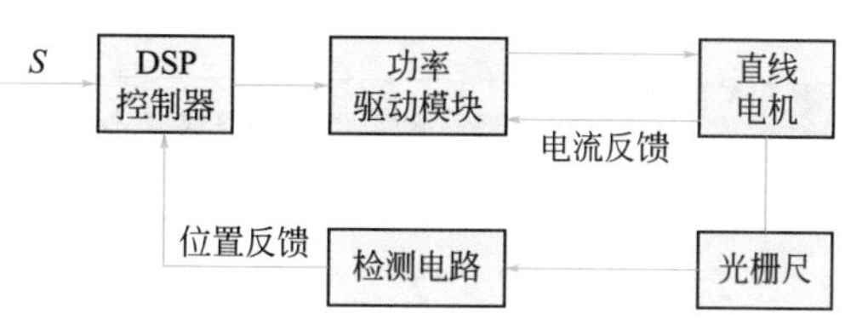


图 1-72 直线电机的闭环控制框图

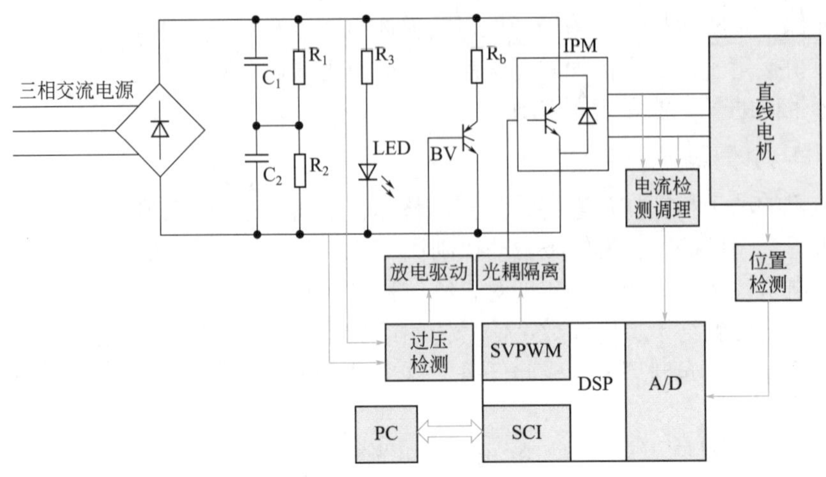


图 1-73 TMS320F2812 DSP 芯片组成的直线电机位置伺服控制系统框图

位置检测装置作为控制系统的重要组成部分，其作用就是检测位移量，并发出反馈信号与系统装置发出的指令信号相比较，若有偏差，经放大后控制执行部件使其向着消除偏差的方向运动，直至偏差等于零为止。为了提高控制系统的加工精度，必须提高检测元件和检测系统的精度。因此直线电机控制系统采用高精度光栅尺作为反馈环节的位置测量元件。

### 6. 直线电机的应用

直线电机主要应用于三个方面：应用于自动控制系统，这类应用场合比较多；作为长期连续运行的驱动电机；应用在需要短时间、短距离内提供巨大的直线运动能的装置中。实际应用部分领域如图 1-74 所示。

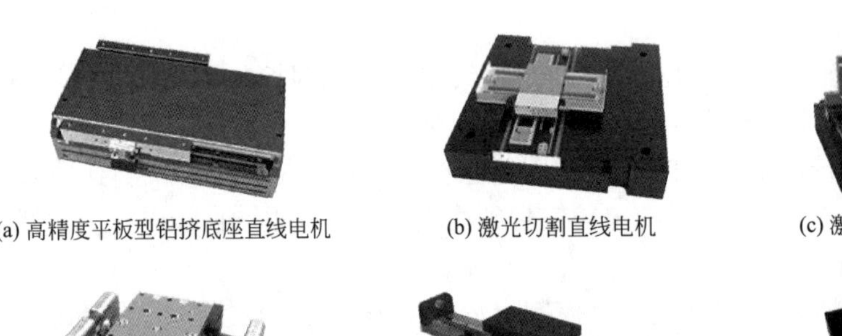

(a) 高精度平板型铝挤底座直线电机　(b) 激光切割直线电机

(c) 激光焊接-龙门单驱系统

(d) 手机屏幕和按键寿命检测设备　(e) 相机、光源、CCD检测

(f) 卷绕设备

图 1-74 直线电机实际应用领域

## 第四节 典型伺服系统的结构组成

伺服控制器按照数控系统的给定值和通过反馈装置检测的实际运行值的差来调节控制量；伺服电机常见的控制方式有单片机控制（DSP 控制）、PLC 控制、PC 机 + 运动控制

卡（运动控制器控制）等。

PLC 适用于工厂等环境比较恶劣的场所，而且 PLC 大部分用于运动过程比较简单、轨迹固定的工况。

运动控制卡是一种基于 PC 机更加柔性、更加开放式的控制方式，PC 机负责人机交互界面的管理和实时监控，而运动的所有细节都由运动控制卡来实现，充分地将 PC 机强大的数据处理功能、运动控制卡对电机的精确控制结合起来，大大提高了系统的可靠性和准确性，而且运动控制卡二次开发很方便，使得运动控制卡得到越来越广泛的应用。

简单来说，我们需要手动控制伺服电机选择伺服驱动器就可以了，但对于我们常用的自动控制我们要根据情况选择运动控制卡或 PLC。而在自动控制过程中运动控制卡与 PLC 都是控制器，主要负责工业自动化系统中运动轴控制、输入输出信号控制。

PLC 其实就是高可靠性的可重复编程的以单片机或者 DSP 为核心的控制系统。运动控制卡其实是利用 PC 强大的功能并利用 FPGA+DSP / ARM + DSP 芯片的功能实现高精度的运动控制。

究其根本，PLC 和运动控制卡都是 DSP 芯片控制的不同形式的产品代表。PLC 和运动控制卡对伺服系统控制如图 1-75 所示。

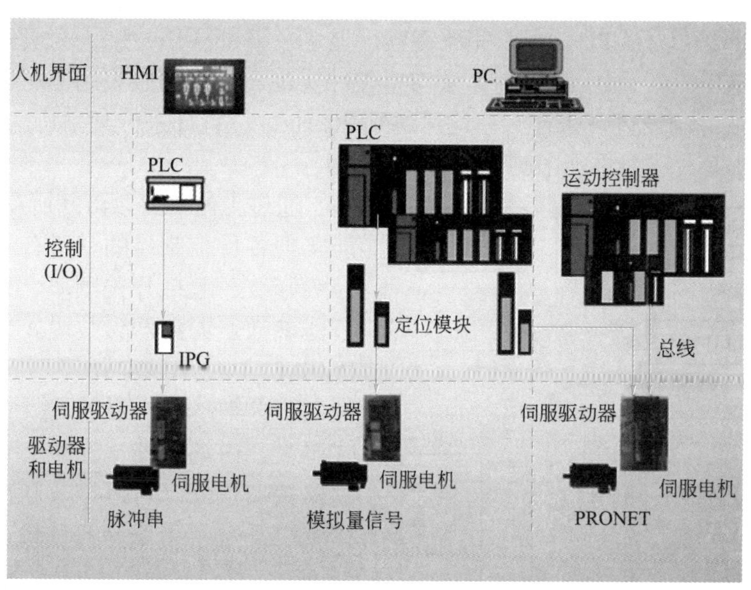


图 1-75　PLC 和运动控制卡对伺服系统控制

运动控制卡与 PLC 对伺服驱动控制系统控制的区别如下。

（1）运动控制卡伺服驱动系统　运动控制卡主要的优势是：利用 PC 强大的功能，比如 CAD 功能、机器视觉功能、软件高级编程等；利用 FPGA+DSP / ARM +DSP 芯片的功能实现高精度的运动控制（多轴直线、圆弧插补等，运动跟随，PWM 控制等）。

（2）PLC 伺服驱动系统　PLC（可编程逻辑控制器）主要功能是对开关量进行逻辑控制，并有简单的运动控制（直线轨迹控制）、运算、数据处理等功能，通常采用触摸屏作人机界面，具有工作可靠、编程简单等优点，但其运动控制功能相对简单。

PLC 的应用过程中主要通过 PLC+HMI，这就导致可视化界面受到极大地限制，实际应用过程中最大的问题就是不能实现导图功能；现在由于机器视觉的发展与应用，PLC 与机器视觉的结合难度很大；目前有部分厂商给 PLC 提供一种机器视觉方案，独立的 PC 机处理视觉部分，将处理的结果发送给 PLC，PLC 来应用所接收数据进行操作。这种方式提高了开发成本，一套控制系统需要两套软件来执行。

# 第五节 单芯片高精度运动控制系统

## 一、单芯片速率伺服控制系统

2003 年美国 IR 公司推出单芯片速率伺服控制系统，它内部包括电机矢量 FOC 控制器、电流 PI 调节器、速度 PI 调节器、SVPWM 调制器、传感器接口、SPI 和并行通信接口等。IR 公司推出的单芯片速率伺服控制系统的最重要特点是，允许用户对上百种参数进行实时的和初始化给定。该技术在一片 FPGA 中实现了 FOC 控制器、电流 PI 调节器、速度 PI 调节器、位置 PID 调节器、速度前馈控制器、IIR 滤波器、SVPWM 调制器、梯形速度轨迹生成器、位置指令处理器、监控与保护环节、通信模块、寄存器堆等所有伺服控制模块，并且在内部集成了 CPU，可以完成键盘、显示及外部通信控制，为真正的数字可编程片上系统（SOPC）。因所有控制算法均用硬件实现，所以伺服控制器可以达到相当高的性能，其电流环与速度环采样频率均可达到 20kHz，位置环采样频率可达 10kHz 以上，频率指标主要由芯片本身性能限制。

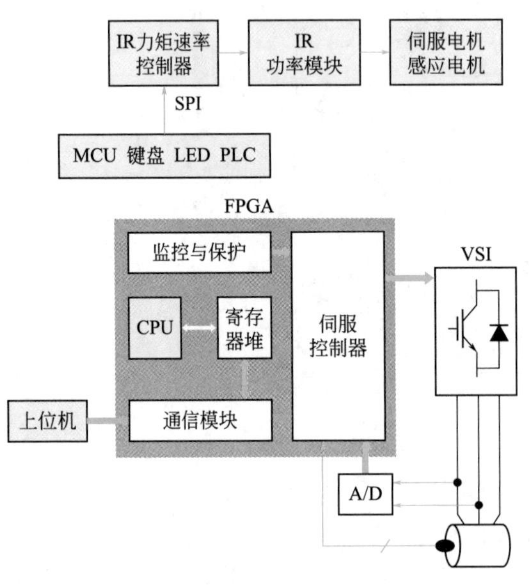


图 1-76 单芯片高精度运动控制系统框图

通过上位机可以访问所有内部寄存器，能实现各种控制目的。所有参数可以进行在线修改，包括开关频率、死区时间、调节器参数、滤波器参数等。该系统适应于 PMSM、IM、BLDCM 等不同电机的驱动控制，并兼容霍尔传感器、增量式 / 绝对式码盘、磁编码器、旋转编码器等各类传感器接口信号，可以接收脉冲指令、模拟指令以及数字指令等各种输入信号，并可通过上位机或控制面板完成所有操作功能，具有控制器识别码接口，易于实现多轴控制。这种单片控制器大大减小了系统体积，提高了抗干扰性，加上完善的保护措施，保证了系统运行的可靠性。单芯片高精度运动控制系统如图 1-76 所示。

## 二、基于PIC18F4520单片机和IRMCK201芯片控制的伺服驱动系统

基于 PIC18F4520 单片机和 IRMCK201 芯片控制的伺服驱动系统结构简图如图 1-77 所示。

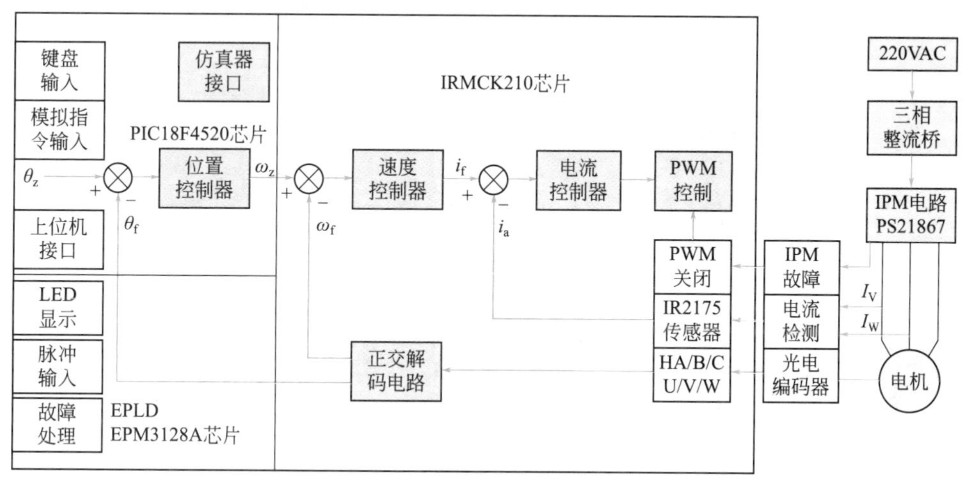


图 1-77　基于 PIC18F4520 单片机和 IRMCK201 芯片控制的伺服驱动系统结构简图

### 1.PIC18F4520 单片机

PIC18F4520 是 Microchip 公司推出的一种新型处理器，有高达 2MB 的程序存储器、4KB 的数据存储器、10M IPS 的执行速度、10MHz 带锁相有源晶振时钟输入。芯片外接 10MHz 的晶振，经内部锁相环倍频，最高时钟频率可达 40MHz（25ns）。PIC18F4520 单片机运算能力虽然不如 DSP，但因其主要是作位置运算和 IRMCK201 的初始化的配置，运算量不太大，所以 PIC 单片机完全能满足要求。PIC18F4520 单片机处理器外形如图 1-78 所示。

图 1-78　PIC18F4520 单片机处理器外形

PIC18F4520 单片机仅有 35 条单字节指令，采用 10 位 8 通道 A/D 转换 40 引脚增强型闪存，抗干扰能力强。PIC18F4520 单片机相比 DSP 价格便宜得多。以 PIC18F4520 和 IRMCK201 为核心的全数字控制器硬件结构如图 1-77 所示。PIC18F4520 单片机只需外接晶振和复位电路即可工作。PIC18F4520 单片机实现的功能主要包括接收键盘输入，接收模拟指令输入，接收上位机信号输入，接收位置反馈信号进行位置控制功能。

## 2.EPM3128A（EPLD）芯片扩展接口

EPM3128A 灵活的可编程功能在很大程度上节省了硬件空间，为系统的开放性设计带来了便利。系统利用 EPM3128A 来完成显示电路、串行外设的分时管理、位置指令脉冲信号的处理以及故障信号的处理。EPM3128A（EPLD）芯片外形如图 1-79 所示。其实现的主要功能包括：

图 1-79　EPM3128A（EPLD）芯片外形

❶ 显示电路与串行外设的分时管理。驱动器面板上有 6 个 LED 数码管显示器，用来显示系统各种状态值及参数。对输入脉冲的计数、IRMCK201 内部寄存器的配置、数据显示位及所显示的数据，它们复用 SPI 控制及数据总路线端口，由 EPM3128A 译码完成分时控制。

❷ 位置指令脉冲信号的处理。在该伺服驱动系统中，位置脉冲输入采用两种形式：脉冲 + 方向；正、负脉冲计数。根据位置指令脉冲输入的形式，经 EPM3128A 快速地增减计数后（能采样到的最高脉冲频率可达 500kHz），送给 PIC 单片机完成可逆计数。为了能准确地传送脉冲量数据，采用差分驱动输入，差分输入电路如图 1-80 所示。

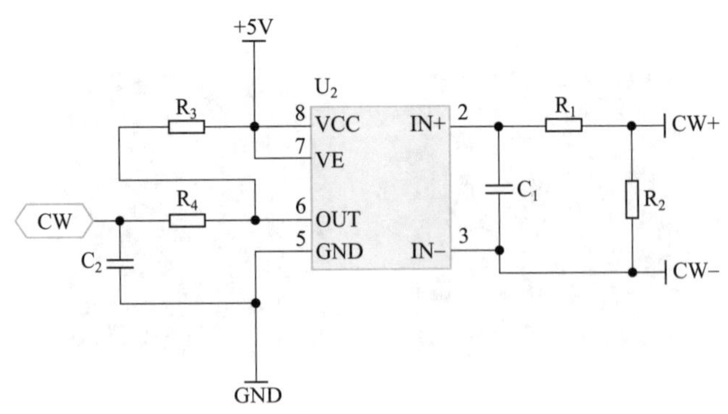


图 1-80　脉冲量差分输入电路

❸ 故障处理。检测保护电路：由于存在频率波动太大、负载过重和传动受阻等产生过压或过流的原因，因此为使系统连续稳定运行，设计了保护电路。当电压或电流超过允许的范围时，应立即关闭输出信号，并同时报警。系统实时采样控制母线电压或电流值，经过比例换算后的信号与参考信号做比较，产生高电平信号，进入到 EPM3128A 芯片进行

编码，产生相应的控制信号，CPU 检测到 EPM3128A 的相应端口电平为高时，立即封锁相关的控制信号输出。

# 第六节　伺服驱动器的安装、接线及调试与维修

## 一、汇川IS600P伺服驱动器接口

汇川 IS600P 伺服驱动器接口部分如图 1-81 所示。

| 名称 | 用途 |
|---|---|
| CN5<br>模拟量监视信号端子 | 调整增益时为方便观察信号状态<br>可通过此端子连接示波器等测量仪器 |
| 数码管显示器 | 5位7段LED数码管用于显示伺服的运行状态及参数设定 |
| 按键操作器 | MODE ▲ ▼ ◀◀ SET<br>SET：保存修改并进入下一级菜单<br>◀◀：当前闪烁位左移<br>长按：显示多于5位时翻页<br>▼：减少当前闪烁位设置值<br>▲：增加当前闪烁位设置值<br>MODE：依次切换功能码 |
| CHARGE<br>母线电压指示灯 | 用于指示母线电容处于有电荷状态。指示灯亮时，即使主回路电源OFF，伺服单元内部电容器可能仍存有电荷。因此，灯亮时请勿触摸电源端子，以免触电 |
| L1C、L2C<br>控制回路电源输入端子 | 参考铭牌额定电压等级输入控制回路电源 |
| R、S、T<br>主回路电源输入端子 | 参考铭牌额定电压等级输入主回路电源 |
| P⊕、⊖<br>伺服母线端子 | 直流母线端子，用于多台伺服共直流母线 |
| P⊕、D、C<br>外接制动电阻连接端子 | 默认在P⊕-D之间连接短接线。外接制动电阻时，拆除该短接线，使P⊕-D之间开路，并在P⊕-C之间连接外置制动电阻 |
| U、V、W<br>伺服电机连接端子 | 连接伺服电机U、V、W相 |
| ⊜<br>PE接地端子 | 与电源及电机接地端子连接，进行接地处理 |
| CN2<br>编码器连接用端子 | 与电机编码器端子连接 |
| CN1<br>控制端子 | 指令输入信号及其他输入输出信号用端口 |
| CN3、CN4<br>通信端子 | 内部并联，与RS-232、RS-485通信指令装置连接 |

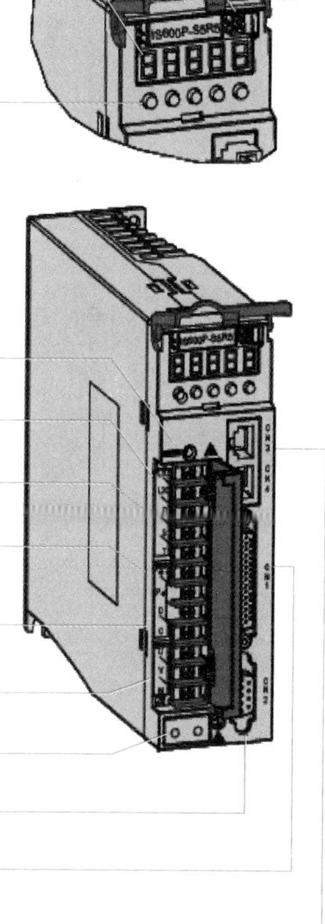

图 1-81　汇川 IS600P 伺服驱动器接口部分

## 二、汇川IS600P伺服驱动器组成的伺服系统

汇川 IS600P 伺服驱动器组成的伺服系统基本配线如图 1-82 所示。

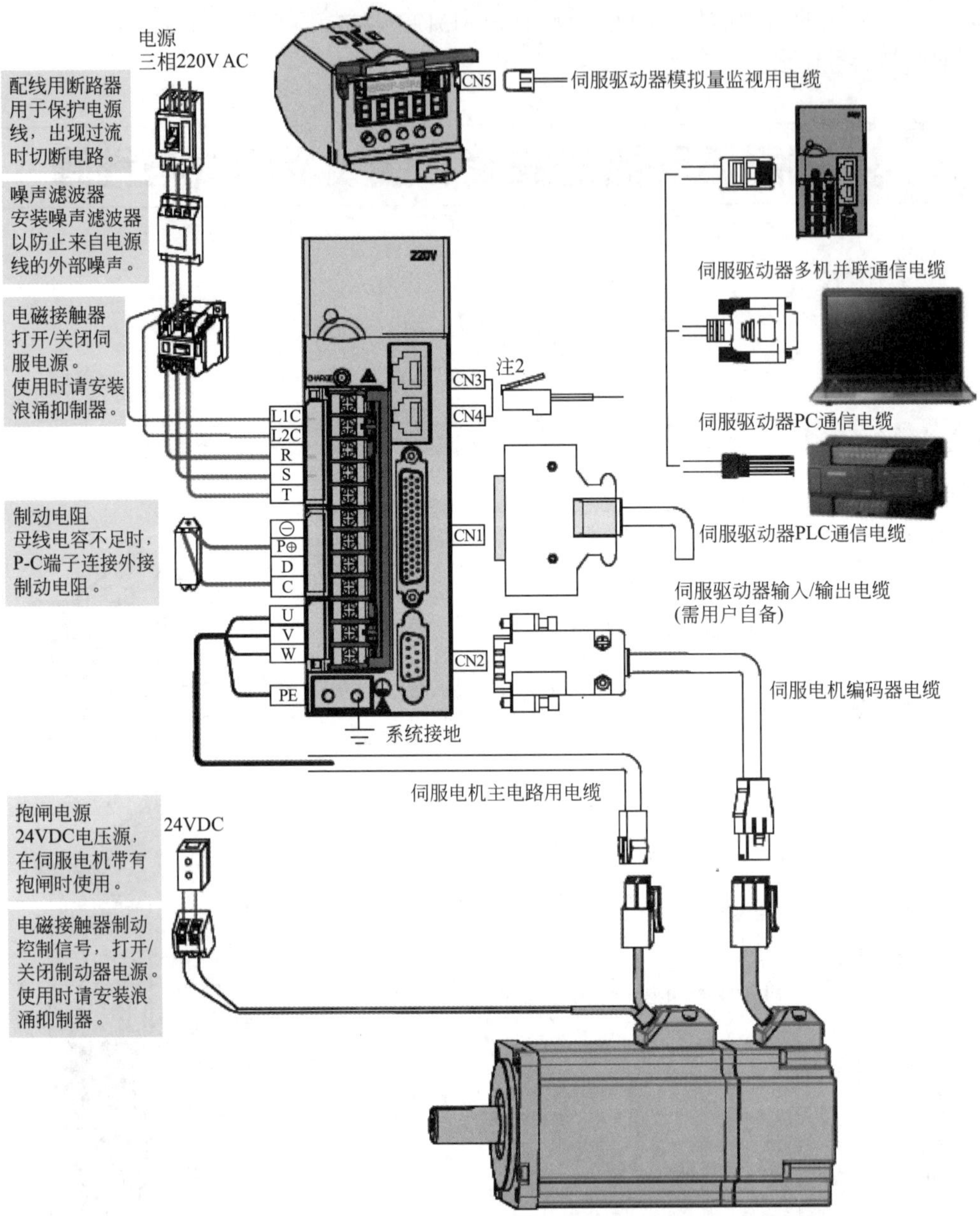

图 1-82　三相 220V 汇川 IS600P 伺服驱动器系统配线

## 三、伺服系统配线注意事项

在伺服驱动器接线过程中，如果未使用变压器等隔离电源，为防止伺服系统产生交叉触电事故。需要注意，在输入电源上要使用配电用的断路器或专用漏电保护器。

在伺服驱动器接线过程中，严禁将电磁接触器用于电机的运转、停止操作。主要是因为电机是大电感元件组成的，瞬间高压可能会击穿接触器，从而造成事故。

对于伺服驱动器接线中使用外界控制直流电源时，应注意电源容量，尤其是同时为几个伺服驱动器供电或者多路抱闸供电电路，如电源功率不够，会导致供电电流不足，驱动抱闸失效。

外接制动电阻时，需要拆下伺服驱动器 P⊕-D 端子间短路线后再进行连接。在单相 220V 配线中，主回路端子为 L1、L2 千万不能接错。

**提示：**伺服电机和伺服驱动器型号配套需要注意的是，由于每个品牌伺服电机的控制算法都不一样，伺服控制单元功能设计不同，在伺服电机使用中一般需要采用配套的伺服驱动器才能发挥伺服驱动的优势，特别是日本品牌系列伺服系统，目前实际使用中的欧美品牌系列伺服电机驱动，因为其控制算法很多是开放式设计，所以在使用中可以考虑同参数接口相同通用驱动控制器和伺服电机的互换使用。

图 1-83 和图 1-84 分别是汇川 IS600P 伺服驱动器及其配套伺服电机型号介绍。

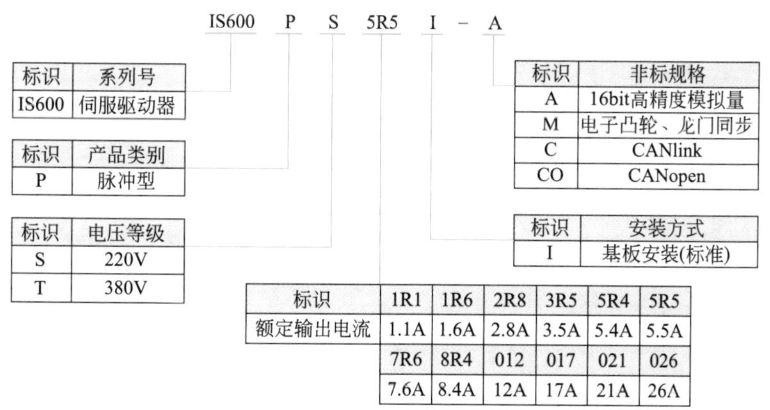


图 1-83　IS600P 伺服驱动器型号说明

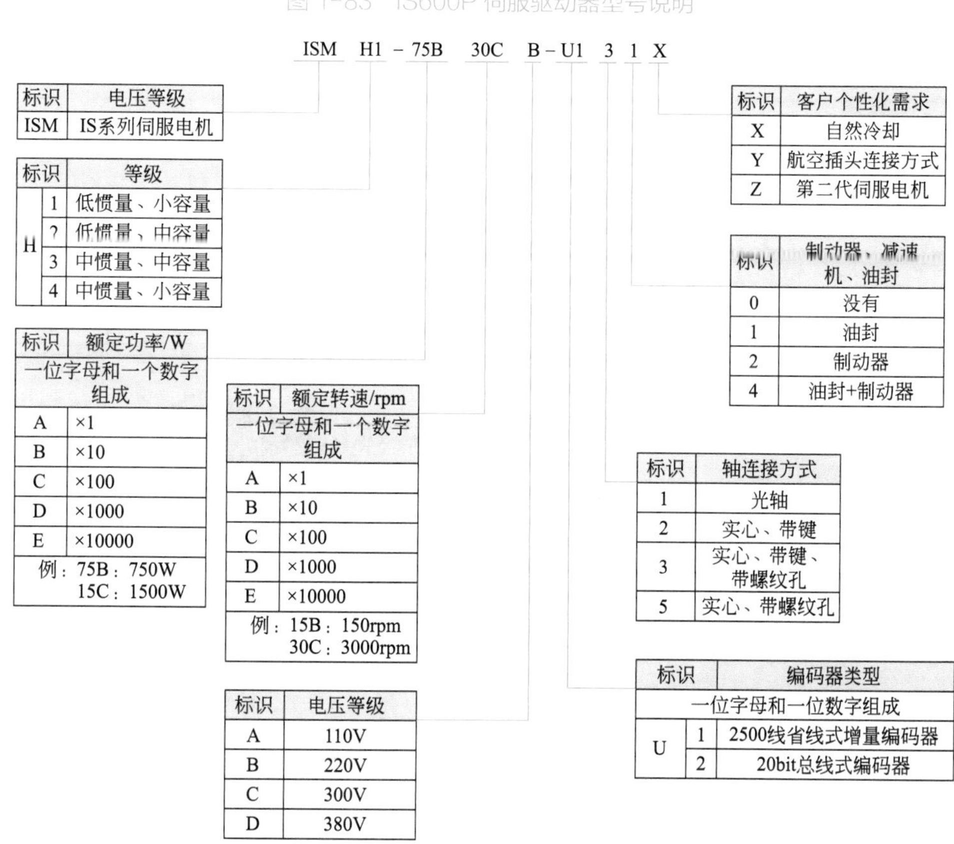


图 1-84　IS600P 伺服电机型号说明

## 四、伺服电机的安装

### 1. 伺服电机的安装场所

❶ 禁止在密闭环境中使用电机。封闭环境会导致电机高温，缩短使用寿命。

❷ 在有磨削液、油雾、铁粉、切削等的场所请选择带油封伺服电机。

❸ 请勿在有硫化氢、氯气、氨、氯化性气体、酸、碱、盐等腐蚀性及易燃性气体环境、可燃物等附近使用伺服电机。

❹ 伺服电机应远离火炉等热源的场所。

### 2. 伺服电机的安装环境

伺服电机安装环境一般要求如表 1-3 所示。

表1-3　伺服电机安装环境一般要求

| 项目 | 描述 |
|---|---|
| 使用环境温度 | 0 ～ 40℃（不冻结） |
| 使用环境湿度 | 20% ～ 90%RH（不结露） |
| 储存温度 | -20 ～ 60℃（最高温度保证：80℃ 72h） |
| 储存湿度 | 20% ～ 90%RH（不结露） |
| 振动 | 49m/s² 以下 |
| 冲击 | 490m/s² 以下 |
| 防护等级 | 遵照伺服电机厂家要求防护等级要求 |
| 海拔 | 1000m 以下，1000m 以上请降额使用 |

### 3. 伺服电机安装的注意事项

伺服电机安装注意事项如表 1-4 所示。

表1-4　伺服电机安装注意事项

| 项目 | 描述 |
|---|---|
| 防锈处理 | 安装前请擦拭干净伺服电机轴伸端的“防锈剂”，再做相关的防锈处理 |
| 编码器注意 | 安装过程禁止撞击轴伸端，否则会造成内部编码器碎裂 |
|  | • 当在有键槽的伺服电机轴上安装滑轮时，在轴端使用螺孔。为了安装滑轮，首先将双头钉插入轴的螺孔内，在耦合端表面使用垫圈，并用螺母逐渐锁入滑轮<br>• 对于带键槽的伺服电机轴，使用轴端的螺孔安装。对于没有键槽的轴，则采用摩擦耦合或类似方法<br>• 当拆卸滑轮时，采用滑轮移出器防止轴承受负载的强烈冲击<br>• 为确保安全，在旋转区安装保护盖或类似装置，如安装在轴上的滑轮<br>螺钉<br>垫片<br>法兰联轴器、带轮等 |

续表

| 项目 | 描述 |
| --- | --- |
| 定心 | 在与机械连接时，请使用联轴器，并使伺服电机的轴心与机械的轴心保持在一条直线上。安装伺服电机时，使其符合右图所示的定心精度要求。如果定心不充分，则会产生振动，有时可能损坏轴承与编码器等<br>在整个圆周的四处位置上进行测量，最大值与最小值之差保证在0.03mm以下 |
| 安装方向 | 伺服电机可安装在水平方向或者垂直方向上 |
| 油水对策 | 在有水滴滴下的场所使用时，请在确认伺服电机防护等级的基础上进行使用（但轴贯通部除外）<br>在有油滴会滴到轴贯通部的场所使用时，请指定带油封的伺服电机<br>带油封的伺服电机的使用条件：<br>● 使用时请确保油位低于油封的唇部<br>● 请在油封可保持油沫飞溅程度良好的状态下使用<br>● 在伺服电机垂直向上安装时，请注意勿使油封唇部积油<br>法兰面<br>轴贯通部<br>是指轴从电机端面伸出部分的间隙<br>传动轴 |
| 电缆的应力状况 | 不要使电线“弯曲”或对其施加“张力”，特别是信号线的芯线为 0.2mm 或 0.3mm，非常细，所以配线（使用）时，请不要使其张拉过紧 |
| 连接器部分的处理 | 有关连接器部分，请注意以下事项：<br>● 连接器连接时，请确认连接器内没有垃圾或者金属片等异物<br>● 将连接器连到伺服电机上时，请务必先从伺服电机主电路电缆一侧连接，并且主电缆的接地线一定要可靠连接。如果先连接编码器电缆一侧，那么编码器可能会因 PE 之间的电位差而产生故障<br>● 接线时，请确认针脚排列正确无误<br>● 连接器是由树脂制成的，请勿施加冲击以免损坏连接器<br>● 在电缆保持连接的状态下进行搬运作业时，请务必握住伺服电机主体。如果只抓住电缆进行搬运，则可能会损坏连接器或者拉断电缆<br>● 如果使用弯曲电缆，则应在配线作业中充分注意，勿向连接器部分施加应力。如果向连接器部分施加应力，则可能会导致连接器损坏 |

## 五、伺服驱动器的安装

### 1. 伺服驱动器的安装场所

❶ 安装在无日晒雨淋的安装柜内；

❷ 不要安装在高温、潮湿、有灰尘、有金属粉尘的环境下；

❸ 应安装在无振动场所；

❹ 禁止在有硫化氢、氯气、氨、氯化性气体、酸、碱、盐等腐蚀性及易燃性气体环境、可燃物等附近使用伺服驱动器。

### 2. 伺服驱动器的安装环境

伺服驱动器安装环境如表 1-5 所示。

表1-5　伺服驱动器安装环境

| 项目 | 描述 |
|---|---|
| 使用环境温度 | 0 ～ +55℃（环境温度在 40 ～ 55℃，平均负载率请勿超过 80%）(不冻结) |
| 使用环境湿度 | 90%RH 以下（不结露） |
| 储存温度 | -20 ～ 85℃（不冻结） |
| 储存湿度 | 90%RH 以下（不结露） |
| 振动 | 4.9m/s² 以下 |
| 冲击 | 19.6m/s² 以下 |
| 防护等级 | 防护等级遵照伺服驱动器说明书 |
| 海拔 | 一般为 1000m 以下，特殊情况可以和伺服驱动厂家定制 |

### 3. 伺服驱动器安装的注意事项

（1）伺服驱动器的安装方法　伺服驱动器安装时安装方向与墙壁垂直。使用自然对流或风扇对伺服驱动器进行冷却。通过 2 ～ 4 处（根据容量不同，安装孔的数量不同）安装孔，将伺服驱动器牢固地固定在安装面上。安装时，请将伺服驱动器正面（操作人员的实际安装面）面向操作人员，并使其垂直于墙壁。如图 1-85 所示。

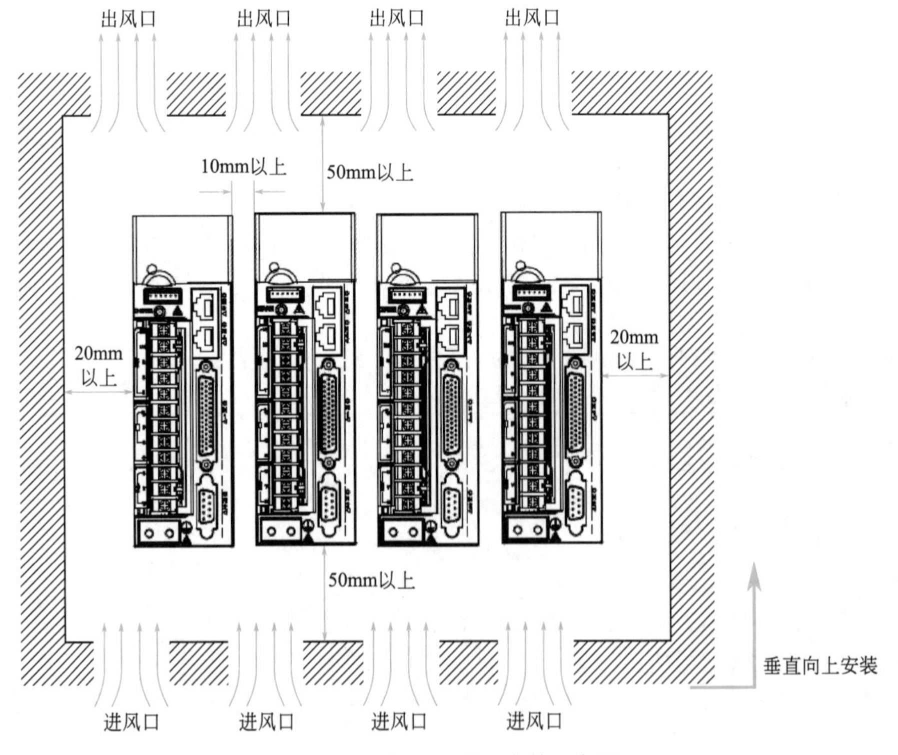


图 1-85　伺服驱动器安装示意图

（2）伺服驱动器冷却　为了保证能够通过风扇以及自然对流进行冷却，在伺服驱动器的周围留有足够的空间。为了不使伺服驱动器的环境温度出现局部过高的现象，需使电柜内的温度保持均匀，可以在伺服驱动器的上部安装冷却用风扇。

（3）伺服驱动器并排安装　并排安装时，横向两侧建议各留 10mm 以上间距（若受安装空间限制，可选择不留间距），纵向两侧各留 50mm 以上间距。

（4）伺服驱动器接地　在伺服驱动器安装过程中，我们必须将接地端子接地，否则，可能有触电或者干扰而产生误动作的危险。

## 六、伺服驱动器和伺服电机的连接

以汇川 IS600P 伺服驱动器为例（注意不同厂家的接口不同，但主要接口与图 1-86 类似），伺服驱动器接线端口引脚说明如图 1-86 所示。

伺服驱动器主电路回路的连接如下所述。

（1）主回路端子　汇川 IS600P 伺服驱动器主回路端子台排布如图 1-87 所示。

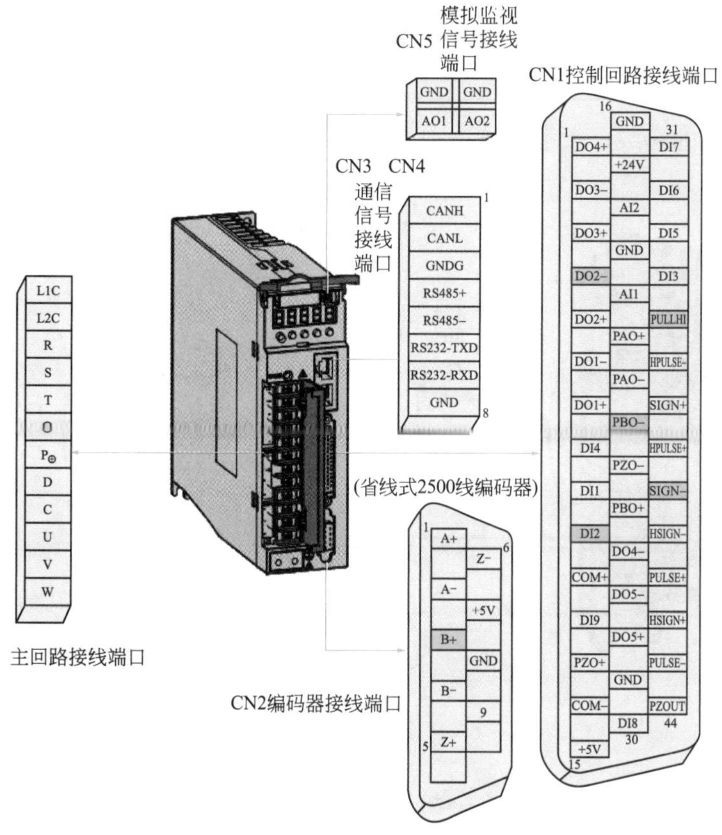

图 1-86　汇川 IS600P 伺服驱动器接线端口引脚说明

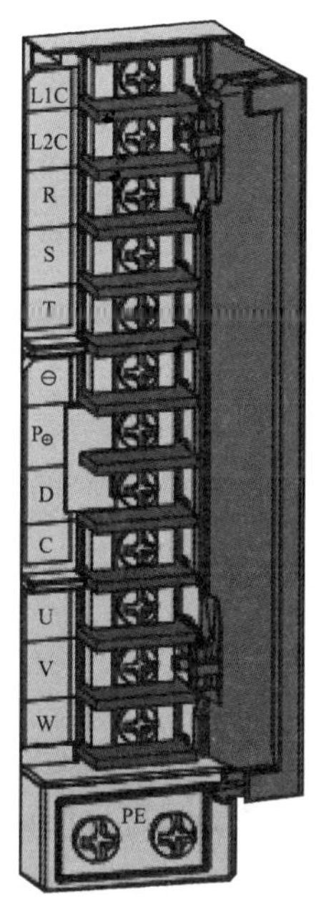

图 1-87　伺服驱动器主回路端子台排布

伺服驱动器主回路端子台功能如表 1-6 所示。

表1-6　汇川IS600P伺服驱动器主回路端子台功能

<table>
<tr><th>端子记号</th><th>端子名称</th><th colspan="2">端子功能</th></tr>
<tr><td>L1、L2</td><td rowspan="3">主回路电源输入端子</td><td rowspan="3">不同型号伺服驱动器按照使用说明书</td><td>主回路单相电源输入，只有 L1、L2 端子。L1、L2 间接入 AC 220V 电源</td></tr>
<tr><td rowspan="2">R、S、T</td><td>主回路三相 220V 电源输入</td></tr>
<tr><td>主回路三相 380V 电源输入</td></tr>
<tr><td>L1C、L2C</td><td>控制电源输入端子</td><td colspan="2">控制回路电源输入，需要参考铭牌的额定电压等级</td></tr>
<tr><td rowspan="2">P⊕、D、C</td><td rowspan="2">外接制动电阻连接端子</td><td rowspan="2">不同型号伺服驱动器按照使用说明书</td><td>制动能力不足时，在 P⊕、C 之间连接外置制动电阻</td></tr>
<tr><td>默认在 P⊕-D 之间连接短接线。制动能力不足时，请使 P⊕-D 之间为开路（拆除短接线），并在 P⊕-C 之间连接外置制动电阻</td></tr>
<tr><td>P⊕、⊖</td><td>共直流母线端子</td><td colspan="2">伺服的直流母线端子，在多机并联时可进行共母线连接</td></tr>
<tr><td>U、V、W</td><td>伺服电机连接端子</td><td colspan="2">伺服电机连接端子，和电机的 U、V、W 相连接</td></tr>
<tr><td>PE</td><td>接地</td><td colspan="2">两处接地端子，与电源接地端子及电机接地端子连接。请务必将整个系统进行接地处理</td></tr>
</table>

对于伺服驱动器制动电阻的接线，大家在接线中需要注意，如图 1-88 所示是制动电阻接线和选型举例。

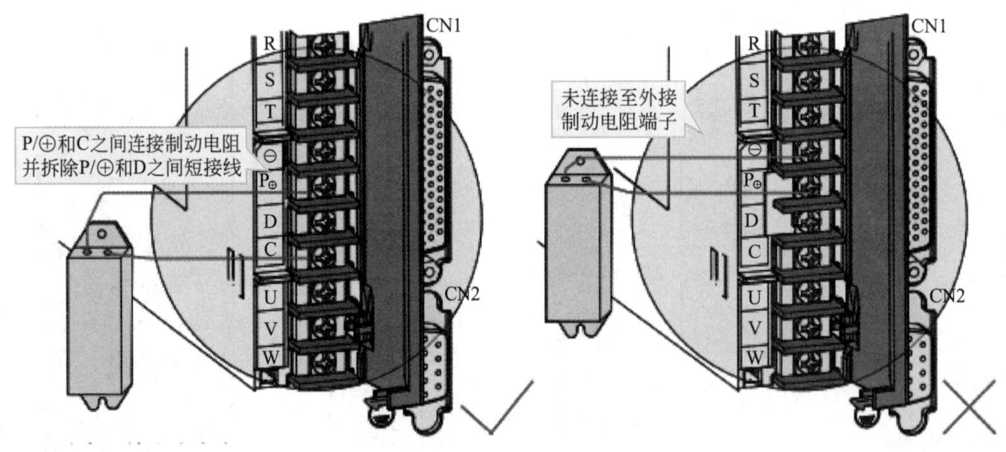


图 1-88　制动电阻接线和选型

制动电阻接线的注意事项：

❶ 请勿将外接制动电阻直接接到母线正负极 P⊕、⊖，否则会导致炸机和引起火灾；

❷ 使用外接制动电阻时请将 P⊕、D⊖之间短接线拆除，否则会导致制动管过流损坏；

❸ 外接制动电阻选型需要参考该型伺服驱动器使用说明书，否则会导致损坏；

❹ 伺服使用前请确认已正确设置制动电阻参数；

❺ 请将外接制动电阻安装在金属等不燃物上。

（2）汇川 IS600P 伺服驱动器电源配线实例　汇川 IS600P 伺服驱动器电源配线实例

如图 1-89 和图 1-90 所示。图中，1KM 为电磁接触器，1Ry 为继电器，1D 为续流二极管。连接主电路电源，DO 设置为警报输出功能（ALM+/−），当伺服驱动器报警后可自动切断动力电源，同时报警灯亮。

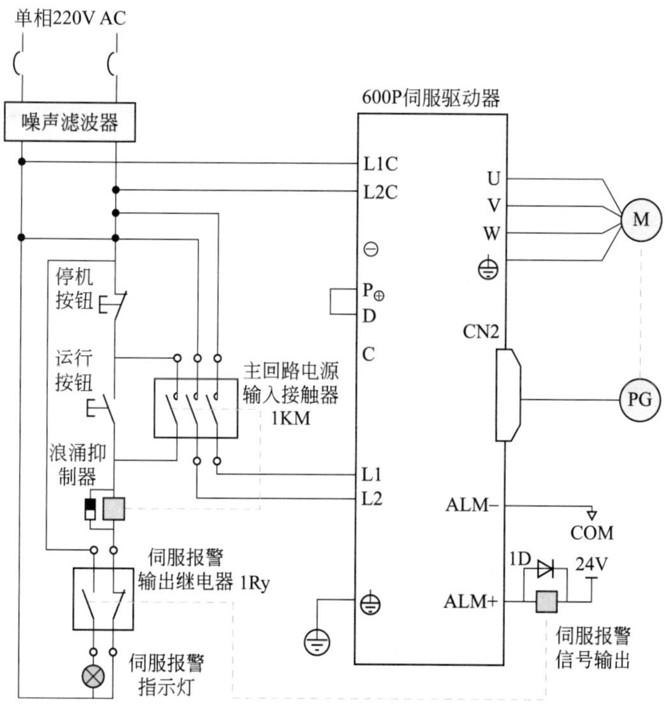


图 1-89　单相 220V 主电路配线

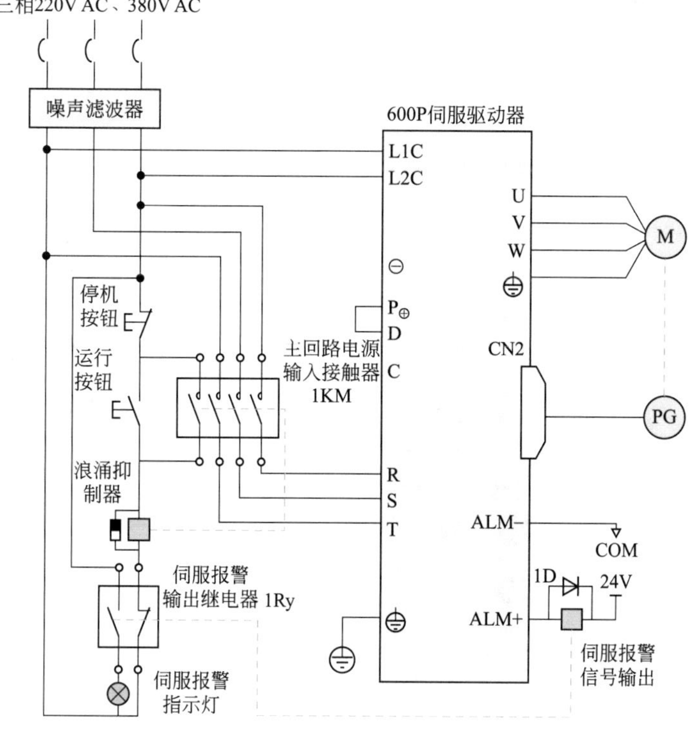


图 1-90　三相 220V、380V 主电路配线

伺服驱动器主电路配线注意事项：

❶ 不能将输入电源线连到输出端 U、V、W，否则引起伺服驱动器损坏。

❷ 将电缆捆束后于管道等处使用时，由于散热条件变差，请考虑容许电流降额使用。

❸ 周围高温环境时请使用高温电缆，一般的电缆热老化会很快，短时间内就不能使用；周围低温环境时请注意线缆的保暖措施，一般电缆在低温环境下表面容易硬化破裂。

❹ 电缆的弯曲半径请确保在电缆本身外径的 10 倍以上，以防止长期折弯导致线缆内部线芯断裂。

❺ 使用耐压 AC 600V 以上，温度额定 75℃以上的电缆，注意电缆散热条件。

❻ 制动电阻禁止接于直流母线 P ⊕、⊖端子之间，否则可能引起火灾。

❼ 请勿将电源线和信号线从同一管道内穿过或捆扎在一起，为避免干扰，两者距离应在 30cm 以上。

❽ 即使关闭电源，伺服驱动器内也可能残留有高电压。在 5min 之内不要接触电源端子。

❾ 在确认 CHARGE 指示灯熄灭以后，再进行检查作用。

❿ 勿频频 ON/OFF 电源，在需要反复地 ON/OFF 电源时，请控制在每次 1min 以下。由于在伺服驱动器的电源部分带有电容，在 ON 电源时，会流过较大的充电电流（充电时间 0.2s）。频繁地 ON/OFF 电源，则会造成伺服驱动器内部的主电路元件性能下降。

⓫ 使用与主电路电线截面积相同的地线，若主电路电线截面积为 $1.6mm^2$ 以下，请使用 $2.0mm^2$ 地线。

⓬ 将伺服驱动器与大地可靠连接。

（3）伺服驱动器与电机的连接　伺服驱动器与伺服电机连接如图 1-91 所示，一般它们之间使用厂家配送的接插件进行连接。不同的伺服驱动器根据现场使用条件接插件形状不同。如表 1-7 所示。

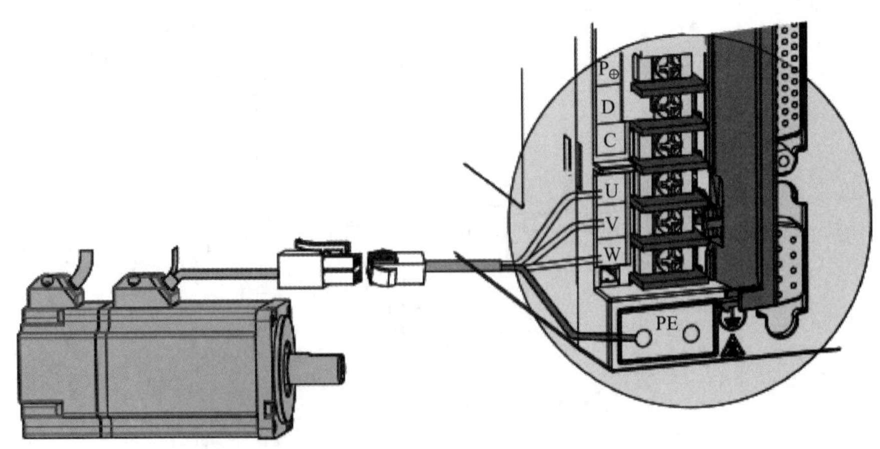


图 1-91　伺服驱动器与伺服电机连接

表1-7　不同伺服驱动器输出与电机连接接插件针脚号说明

| 连接器外形图 | 端子引脚分布 |
| --- | --- |
|  | 黑色 6 Pin 接插件<br>塑壳：MOLEX-50361736；端子：MOLEX-39000061 |
|  | MIL-DTL-5015 系列 3108E20-18S 军规航插<br>20-18航插 |

黑色 6 Pin 接插件：

| 针脚号 | 信号名称 |
| --- | --- |
| 1 | U |
| 2 | V |
| 4 | W |
| 5 | PE |
| 3 | 抱闸 |
| 6 | （无正负） |

塑壳：MOLEX-50361736；端子：MOLEX-39000061

MIL-DTL-5015 系列 3108E20-18S 军规航插（20-18航插：A H G / B I F / C D E）：

| 新结构 |  | 老结构 |  |
| --- | --- | --- | --- |
| 针脚号 | 信号名称 | 针脚号 | 信号名称 |
| B | U | B | U |
| I | V | I | V |
| F | W | F | W |
| G | PE | G | PE |
| C | 抱闸 |  |  |
| E | （无正负） |  |  |

## 七、伺服电机编码器的连接

伺服电机编码器的连接如图 1-92 所示。

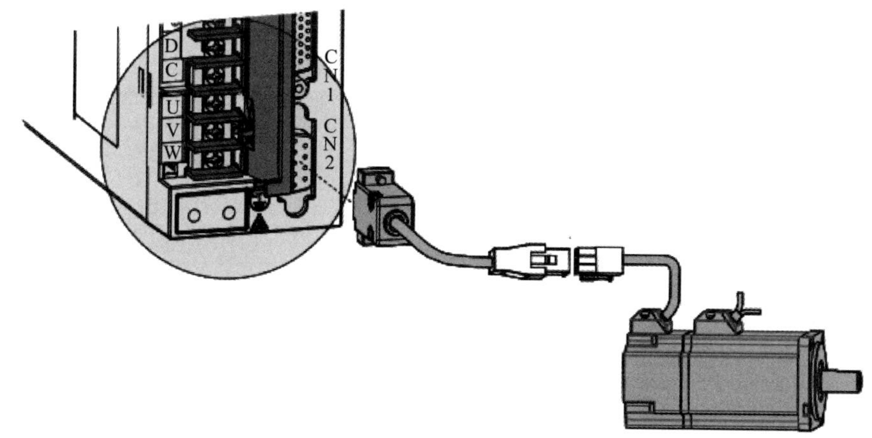


图 1-92　伺服电机编码器的连接

（1）伺服电机编码器的连接　同样使用专用连接插件，如表 1-8 所示。

表1-8　编码器线缆和伺服驱动器连接插件针脚号说明

| 连接器外形图 | 端子引脚分布 |
| --- | --- |
| 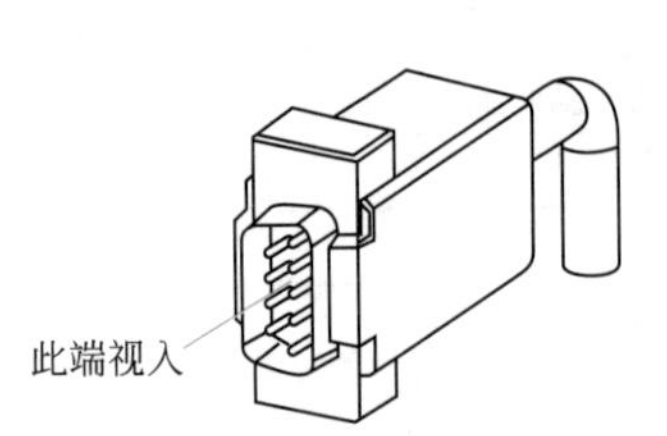 | 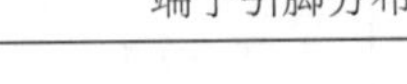 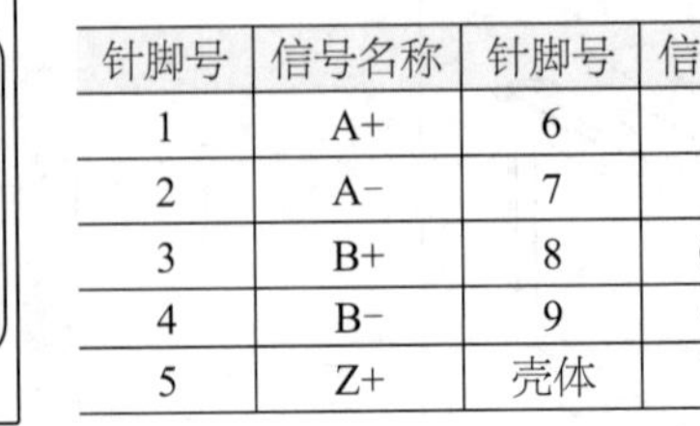  |
| 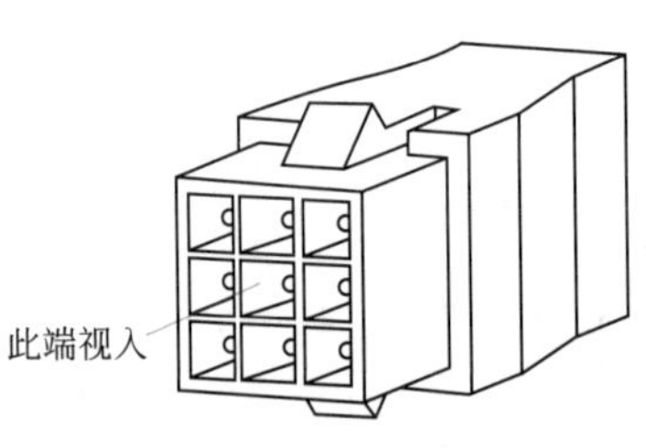 | 9Pin 接插件 |
| 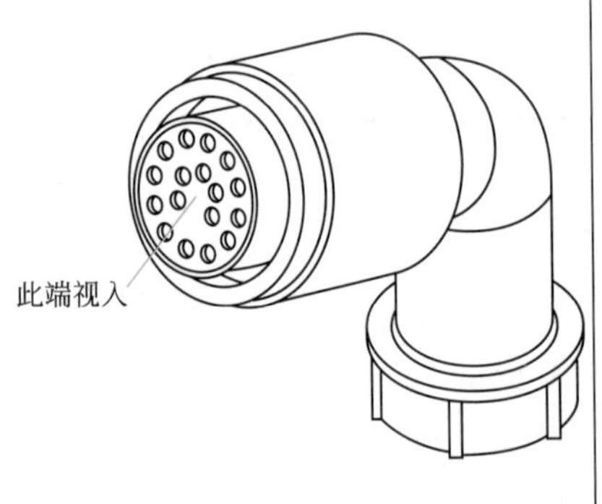 | MIL-DTL-5015 系列 3108E20-29S 军规航插  |



| 针脚号 | 信号名称 | 针脚号 | 信号名称 |
| --- | --- | --- | --- |
| 1 | A+ | 6 | Z− |
| 2 | A− | 7 | +5V |
| 3 | B+ | 8 | GND |
| 4 | B− | 9 | 保留 |
| 5 | Z+ | 壳体 | PE |

9Pin 接插件

| 针脚号 | 信号名称 | |
| --- | --- | --- |
| 3 | A+ | 对绞 |
| 6 | A− | |
| 2 | B+ | 对绞 |
| 5 | B− | |
| 1 | Z+ | 对绞 |
| 4 | Z− | |
| 9 | +5V | |
| 8 | GND | |
| 7 | 屏蔽 | |

塑壳：AMP 172161-1；端子：AMP 770835-1

MIL-DTL-5015 系列 3108E20-29S 军规航插



| 针脚号 | 信号名称 | |
| --- | --- | --- |
| A | A+ | 对绞 |
| B | A− | |
| C | B+ | 对绞 |
| D | B− | |
| E | Z+ | 对绞 |
| F | Z− | |
| G | +5V | |
| H | GND | |
| J | 屏蔽 | |

（2）编码器线缆引脚连接关系　编码器线缆引脚连接关系如表 1-9 所示。

表1-9　编码器线缆引脚连接关系

| 驱动器侧 DB9 | | 电机侧 | |
| --- | --- | --- | --- |
| | | 9PIN | 20～29 航插 |
| 信号名称 | 针脚号 | 针脚号 | 针脚号 |
| A+ | 1 | 3 | A |
| A− | 2 | 6 | B |
| B+ | 3 | 2 | C |
| B− | 4 | 5 | D |
| Z+ | 5 | 1 | E |

续表

| 驱动器侧 DB9 | | 电机侧 | |
|---|---|---|---|
| | | 9PIN | 20 ～ 29 航插 |
| 信号名称 | 针脚号 | 针脚号 | 针脚号 |
| Z– | 6 | 4 | F |
| +5V | 7 | 9 | G |
| GND | 8 | 8 | H |
| PE | 壳体 | 7 | J |

### （3）编码器与伺服驱动器接线注意事项

❶ 务必将驱动器侧及电机侧屏蔽网层可靠接地，否则会引起驱动器误报警。

❷ 使用双绞屏蔽电缆，配线长度 20m 以内。

❸ 勿将线接到“保留”端子。

❹ 编码器线缆屏蔽层需可靠接地，将差分信号对应连接双绞线中双绞的两条芯线。

❺ 编码器线缆与动力线缆一定要分开走线，间隔至少 30cm。

❻ 编码器线绞因长度不够续接电缆时，需将屏蔽层可靠连接，以保证屏蔽及接地可靠。

## 八、伺服驱动器控制信号端子的接线方法

以汇川 IS600P 伺服驱动器为例，控制信号接口引脚分布如图 1-93 所示。

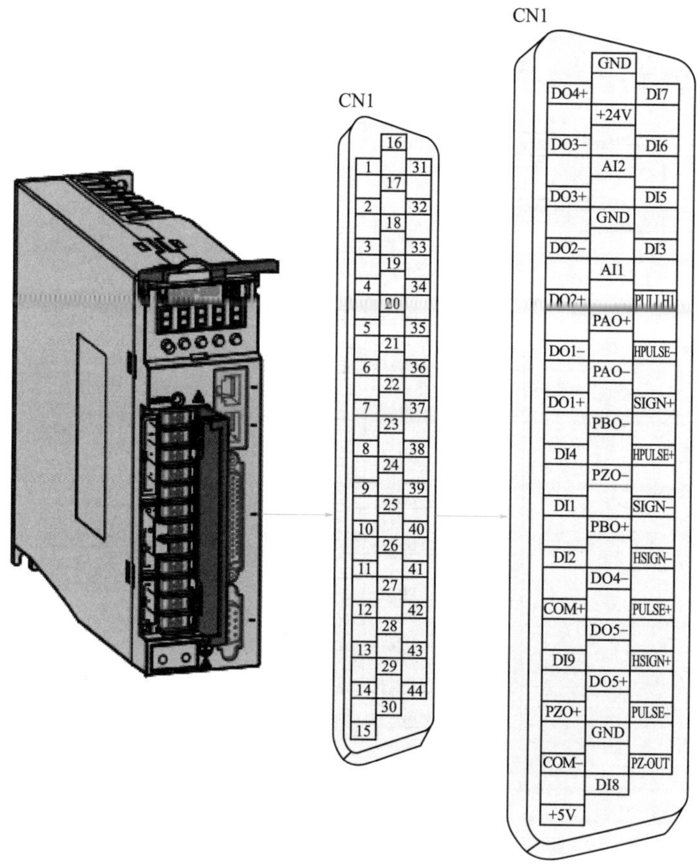


图 1-93　汇川 IS600P 伺服驱动器控制信号接口引脚分布

三种控制模式配线图如图 1-94 所示。

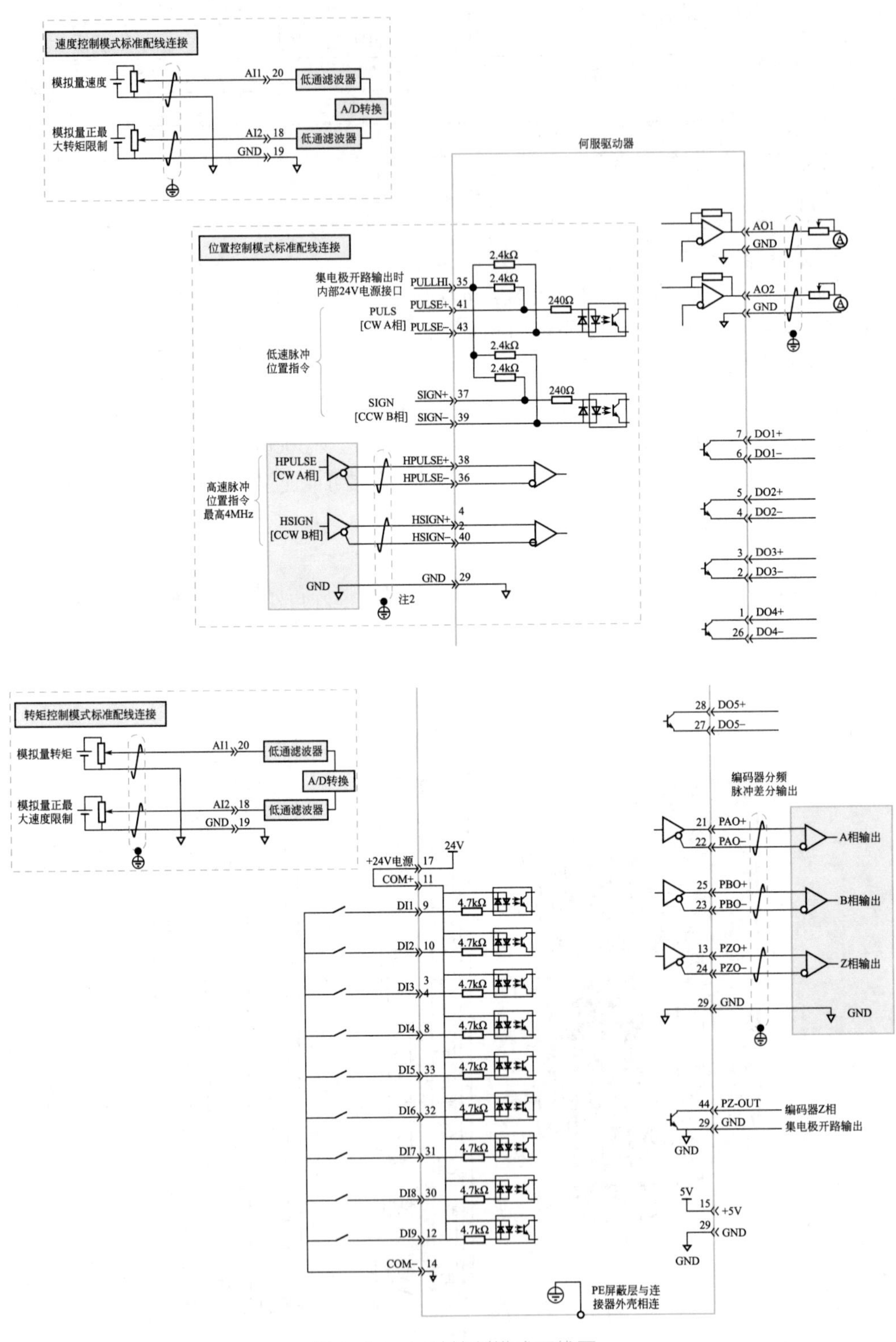


图 1-94 三种控制模式配线图

### 1. 位置指令输入信号

下面我们就对控制信号接口连接器的普通指令脉冲输入、指令符号输入信号及高速指令脉冲输入、指令符号输入信号端子进行介绍。

（1）位置指令输入信号说明　位置指令输入信号说明如表 1-10 所示。

表1-10　位置指令输入信号

| 信号名 | | 针脚号 | 功能 | |
|---|---|---|---|---|
| 位置指令 | PULSE+ | 41 | 低速脉冲指令输入方式：<br>差分驱动输入<br>集电极开路 | 输入脉冲形态： |
| | PULSE− | 43 | | 方向 + 脉冲 |
| | SIGN+ | 37 | | A、B 相正交脉冲 |
| | SIGN− | 39 | | CW/CCW 脉冲 |
| | HPULSE+ | 38 | 高速输入脉冲指令 | |
| | HPULSE− | 36 | | |
| | HSIGN+ | 42 | 高速位置指令符号 | |
| | HSIGN− | 40 | | |
| | PULLHI | 35 | 指令脉冲的外加电源输入接口 | |
| | GND | 29 | 信号地 | |

位置控制模式标准配线如图 1-95 所示。

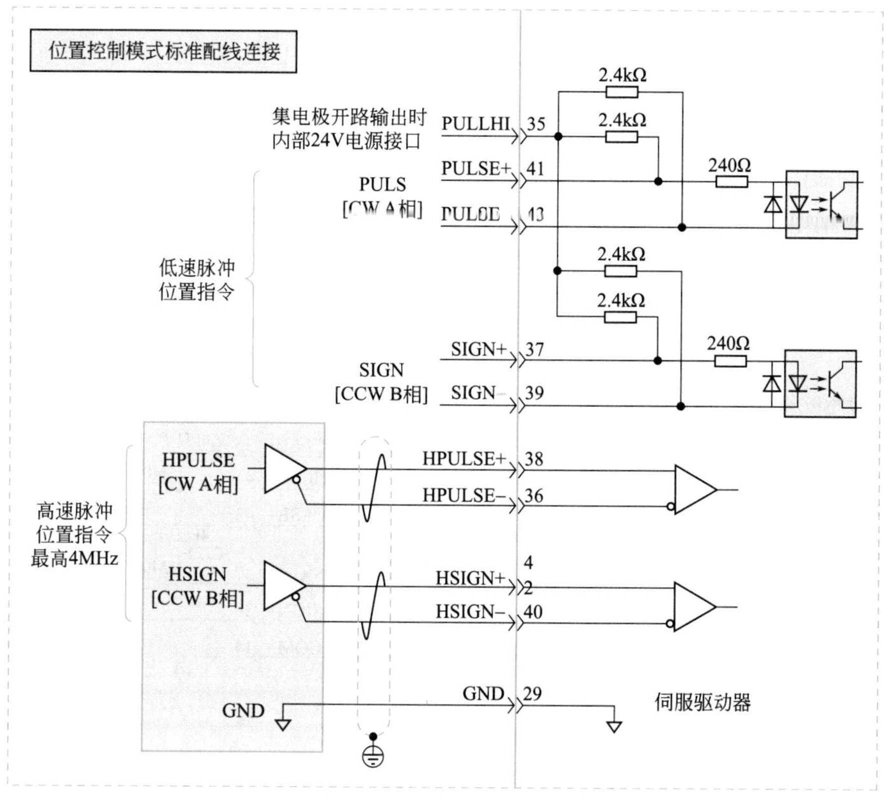


图 1-95　位置控制模式标准配线伺服驱动器部分示意图

上级装置侧指令脉冲及符号输出电路，可以从差分驱动器输出或集电极开路输出 2 种中选择，其最大输入频率及最小脉宽如表 1-11 所示。

表1-11　脉冲输入频率与脉宽对应关系

| 脉冲方式 | | 最大频率 /Hz | 最小脉宽 /μs |
|---|---|---|---|
| 普通 | 差分 | 500k | 1 |
| | 集电极开路 | 200k | 2.5 |
| 高速差分 | | 4M | 0.125 |

**注意：上级装置输出脉冲宽度小脉宽值，会导致驱动器接收脉冲错误。**

（2）低速脉冲指令输入

❶ 当为差分时，如图 1-96 所示。

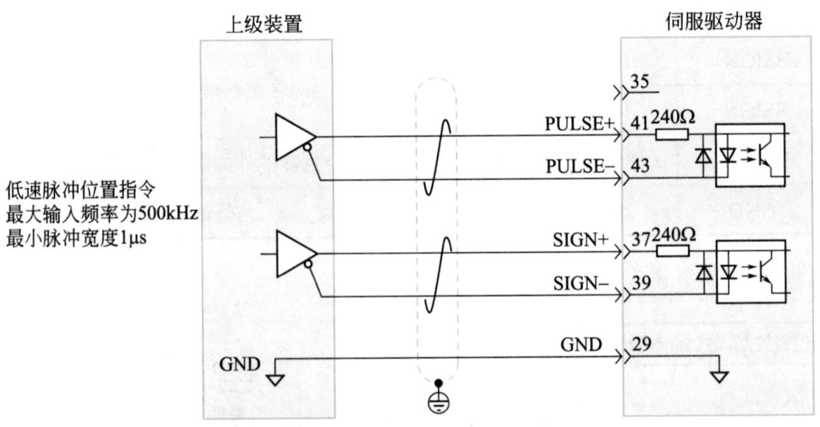


图 1-96　低速脉冲指令差分输入

❷ 当为集电极开路时，使用伺服驱动器内部 24V 电源，如图 1-97 所示。

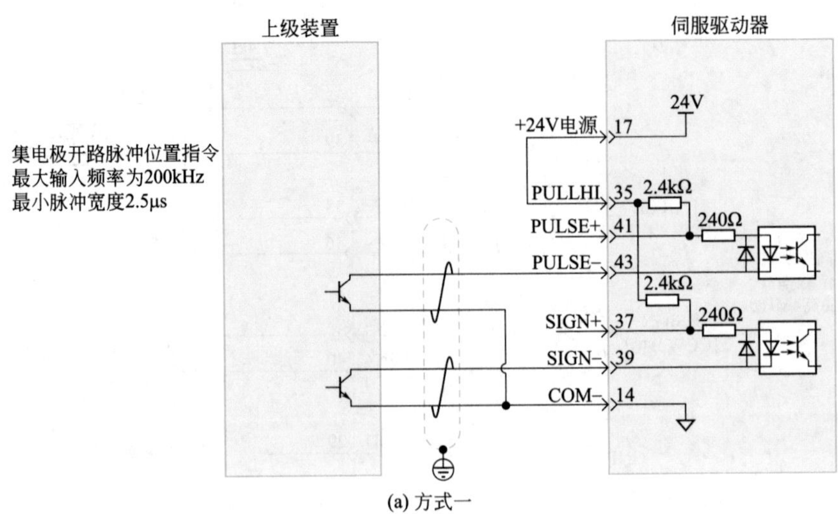


(a) 方式一

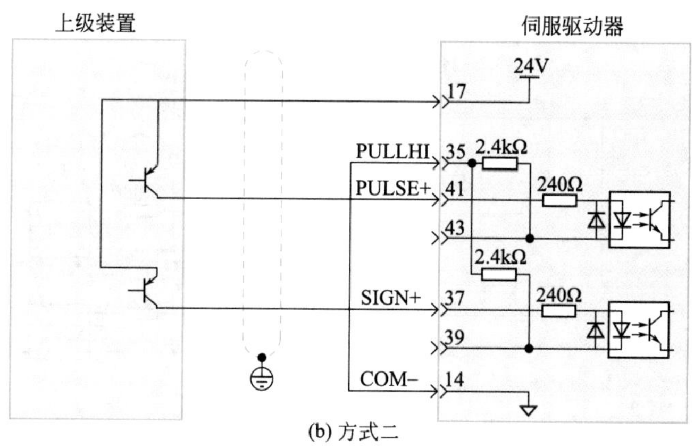


(b) 方式二

图 1-97 集电极开路时使用伺服驱动器内部 24V 电源

对于使用伺服驱动器内部 24V 电源接线，常犯错误如下。

错误接线：未接 14 端 COM- 无法形成闭合回路，如图 1-98 所示。

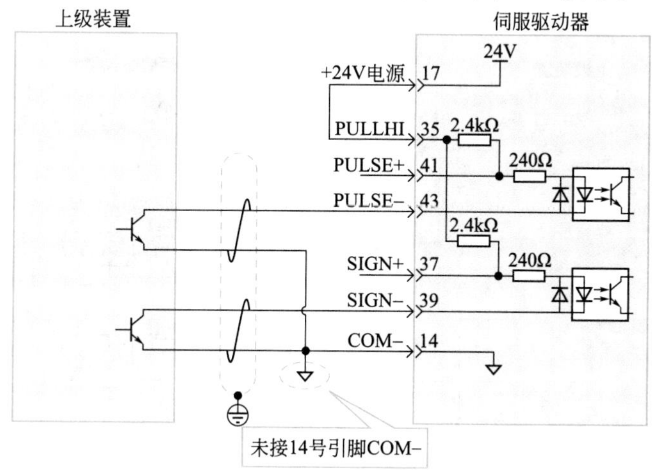


图 1-98 未接 14 端 COM- 错误接线

使用外部电源时：

方案一：使用驱动器内部电阻，如图 1-99 所示。

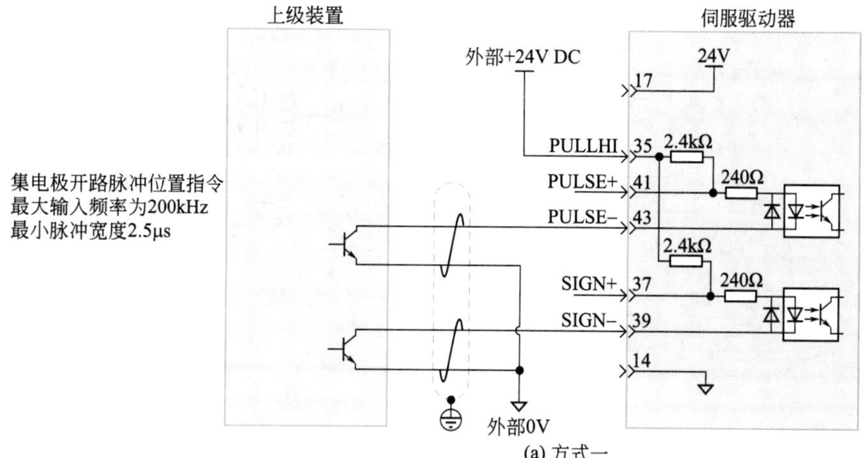


(a) 方式一

图 1-99

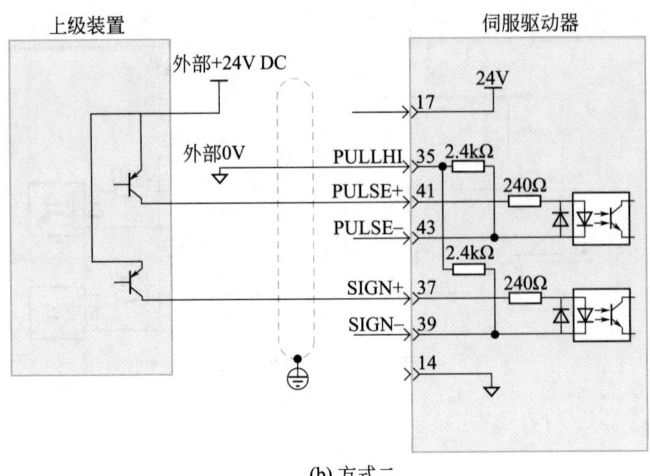


(b) 方式二

图 1-99 当使用外部电源时使用驱动器内部电阻接线

方案二：使用外接电阻，如图 1-100 所示。

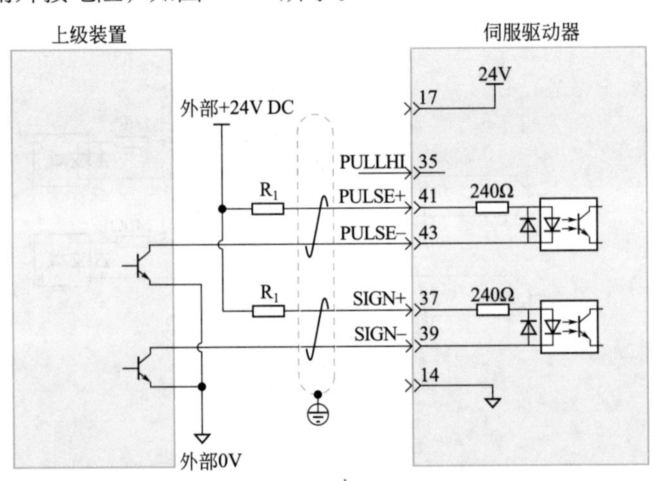


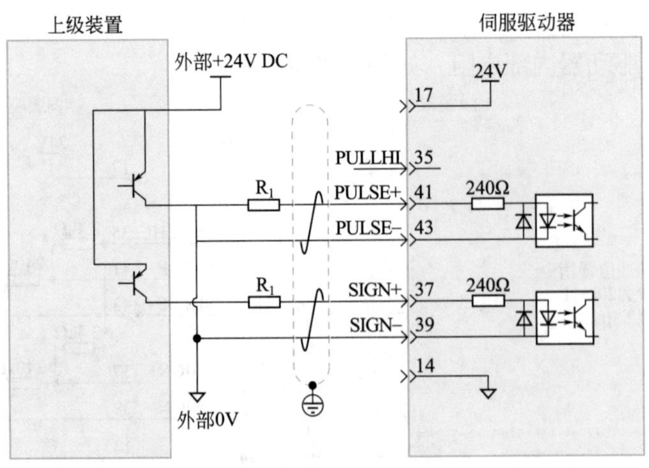


图 1-100 当使用外部电源时使用驱动器外接电阻接线

在这里 $R_1$ 阻值一般选取如表 1-12 所示。

表1-12 电阻$R_1$阻值选取

| VCC 电压 | $R_1$ 阻值 | $R_1$ 功率 |
|---|---|---|
| 24V | 2.4kΩ | 0.5W |
| 12V | 1.5kΩ | 0.5W |

使用外接电阻接线错误举例如图 1-101 所示。

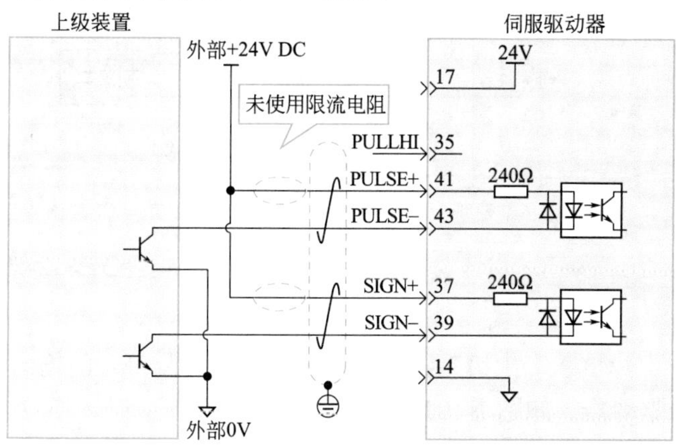


(a) 错误1：未接限流电阻，导致端口烧损

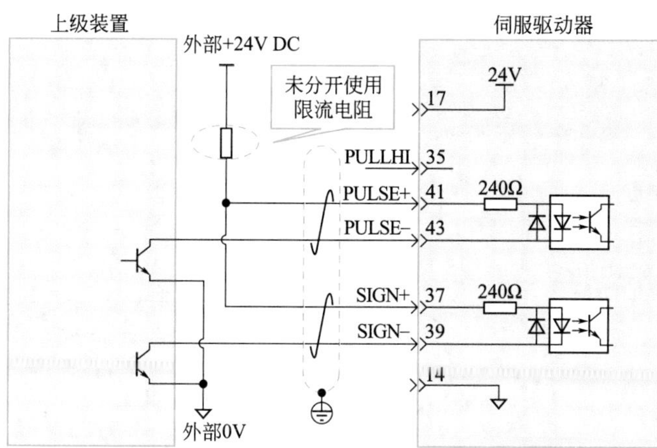


(b) 错误2：多个端口共用限流电阻，导致脉冲接收错误

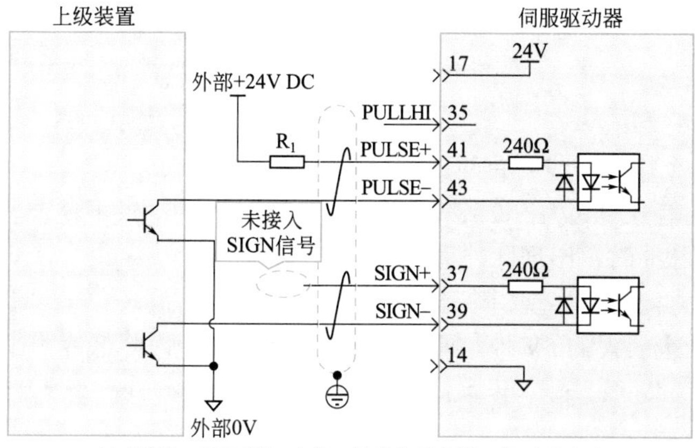


(c) 错误3：SIGN端口未接，导致这两个端口收不到脉冲

图 1-101

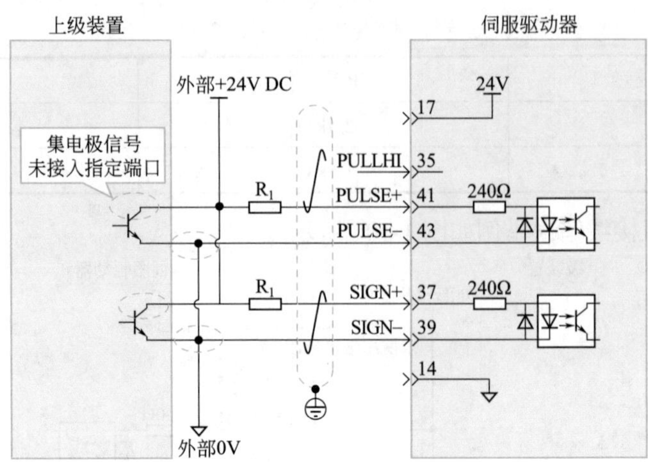


(d) 错误4：端口接错，导致端口烧损

图 1-101　使用外接电阻错误接线

（3）高速脉冲指令输入　上级装置侧的高速指令脉冲及符号的输出电路只能通过差分驱动器输出给伺服驱动器。如图 1-102 所示。

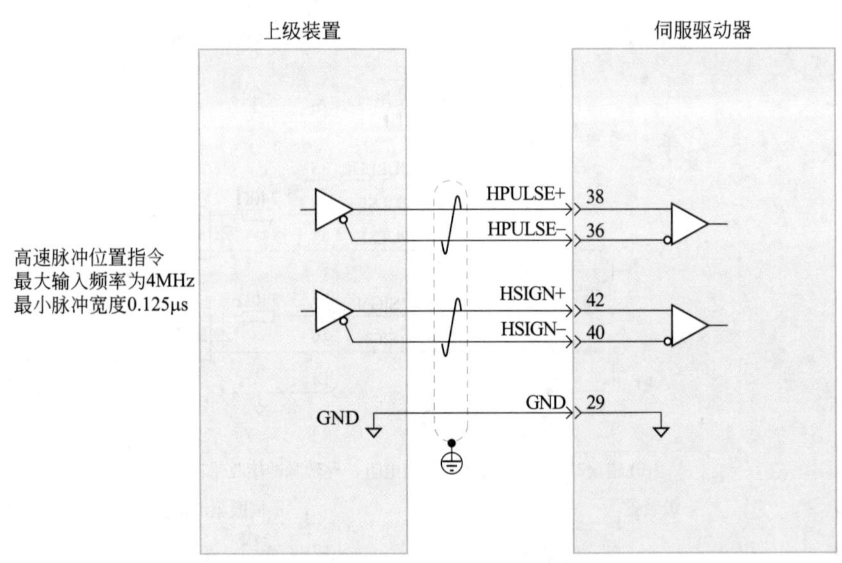


图 1-102　高速脉冲指令输入接线

在高速脉冲指令输入接线中有两点需要注意：

❶ 请务必保证差分输入为 5V 系统，否则伺服驱动器的输入不稳定。会导致以下情况：

- 在输入指令脉冲时，出现脉冲丢失现象。
- 在输入指令方向时，出现指令取反现象。

❷ 请务必将上级装置的 5V 地与驱动器的 GND 连接，以降低噪声干扰。

## 2. 伺服驱动器模拟量输入信号

模拟量输入信号引脚功能如表 1-13 所示。

表1-13 模拟量输入信号引脚功能

| 信号名 | 默认功能 | 针脚号 | 功能 |
|---|---|---|---|
| 模拟量 | AI2 | 18 | 普通模拟量输入信号，分辨率 12 位，输入电压：最大 ±12V |
| | AI1 | 20 | |
| | GND | 19 | 模拟量输入信号地 |

速度与转矩模拟量信号输入端口为 AI1、AI2，分辨率为 12 位，电压值对应命令由 H03 组设置。

电压输入范围：-10 ～ +10V，分辨率为 12 位；最大允许电压：±12V；输入阻抗：约 9kΩ。

模拟量输入信号如图 1-103 所示。

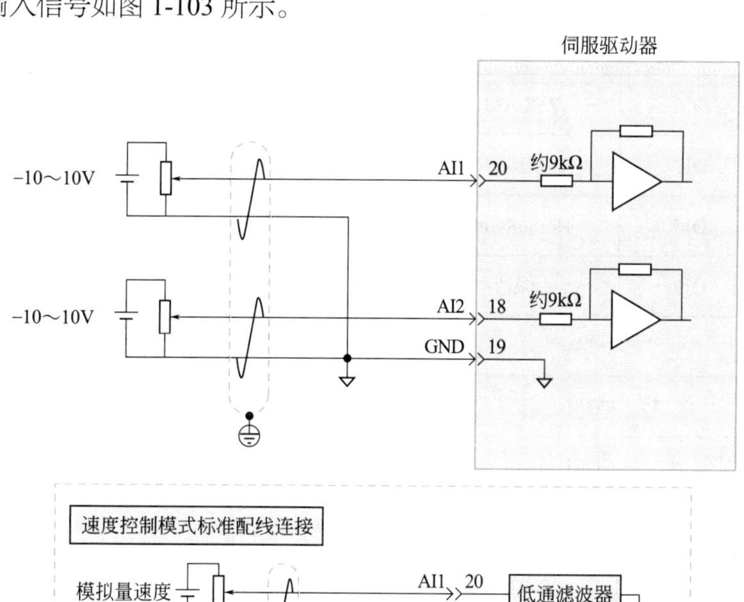


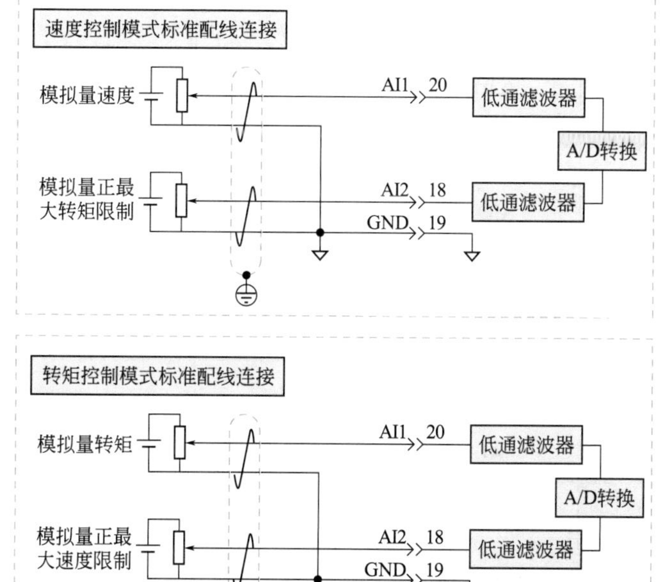


图 1-103 模拟量输入信号

### 3. 伺服驱动器数字量输入输出信号

数字量输入输出说明如表 1-14 所示。

表1-14 数字量输入输出信号引脚功能说明

<table>
<tr><th colspan="2">信号名</th><th>默认功能</th><th>针脚号</th><th>功能</th></tr>
<tr><td rowspan="22">通用</td><td>DI1</td><td>P-OT</td><td>9</td><td>正向超程开关</td></tr>
<tr><td>DI2</td><td>N-OT</td><td>10</td><td>反向超程开关</td></tr>
<tr><td>DI3</td><td>INHIBIT</td><td>34</td><td>脉冲禁止</td></tr>
<tr><td>DI4</td><td>ALM-RST</td><td>8</td><td>报警复位（沿有效功能）</td></tr>
<tr><td>DI5</td><td>S-ON</td><td>33</td><td>伺服使能</td></tr>
<tr><td>DI6</td><td>ZCLAMP</td><td>32</td><td>零位固定</td></tr>
<tr><td>DI7</td><td>GAIN-SEL</td><td>31</td><td>增益切换</td></tr>
<tr><td>DI8</td><td>HomeSwitch</td><td>30</td><td>原点开关</td></tr>
<tr><td>DI9</td><td>保留</td><td>12</td><td>—</td></tr>
<tr><td colspan="2">+24V</td><td>17</td><td rowspan="2">内部 24V 电源，电压范围 +20 ～ 28V，最大输出电流 200mA</td></tr>
<tr><td colspan="2">COM−</td><td>14</td></tr>
<tr><td colspan="2">COM+</td><td>11</td><td>电源输入端（12 ～ 24V）</td></tr>
<tr><td>DO1+</td><td>S-RDY+</td><td>7</td><td rowspan="2">伺服准备好</td></tr>
<tr><td>DO1−</td><td>S-RDY−</td><td>6</td></tr>
<tr><td>DO2+</td><td>COIN+</td><td>5</td><td rowspan="2">位置完成</td></tr>
<tr><td>DO2−</td><td>COIN−</td><td>4</td></tr>
<tr><td>DO3+</td><td>ZERO+</td><td>3</td><td rowspan="2">零速</td></tr>
<tr><td>DO3−</td><td>ZERO−</td><td>2</td></tr>
<tr><td>DO4+</td><td>ALM+</td><td>1</td><td rowspan="2">故障输出</td></tr>
<tr><td>DO4−</td><td>ALM−</td><td>26</td></tr>
<tr><td>DO5+</td><td>HomeAttain+</td><td>28</td><td rowspan="2">原点回零完成</td></tr>
<tr><td>DO5−</td><td>HomeAttain−</td><td>27</td></tr>
</table>

（1）数字量输入电路　以 DI1 为例说明，DI1 ～ DI9 接口电路相同。当上级装置为继电器输出时，如图 1-104 所示。当上级装置为集电极开路输出时，如图 1-105 所示。

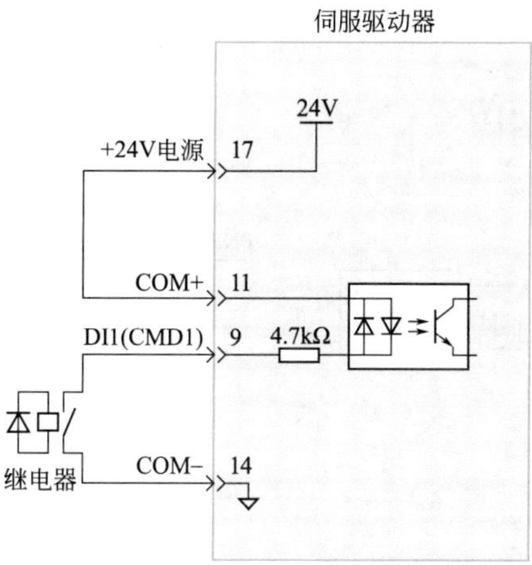


(a) 使用伺服驱动器内部24V电源

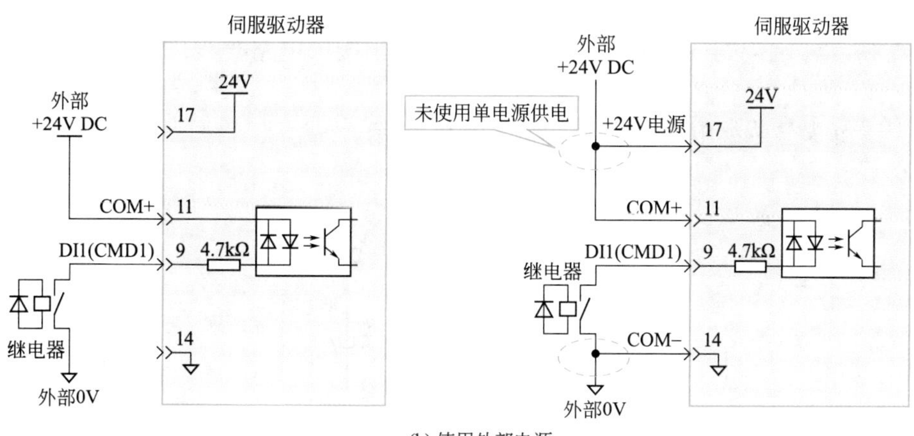


(b) 使用外部电源

图 1-104　上级装置为继电器输出

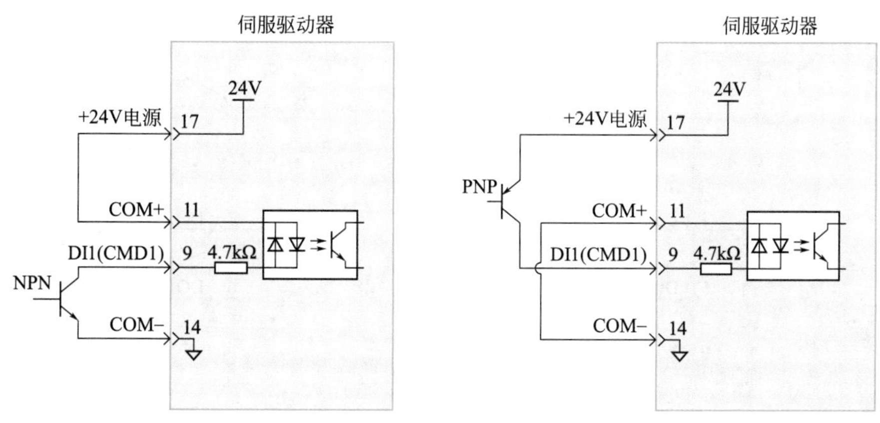


(a) 使用伺服驱动器内部24V电源

图 1-105

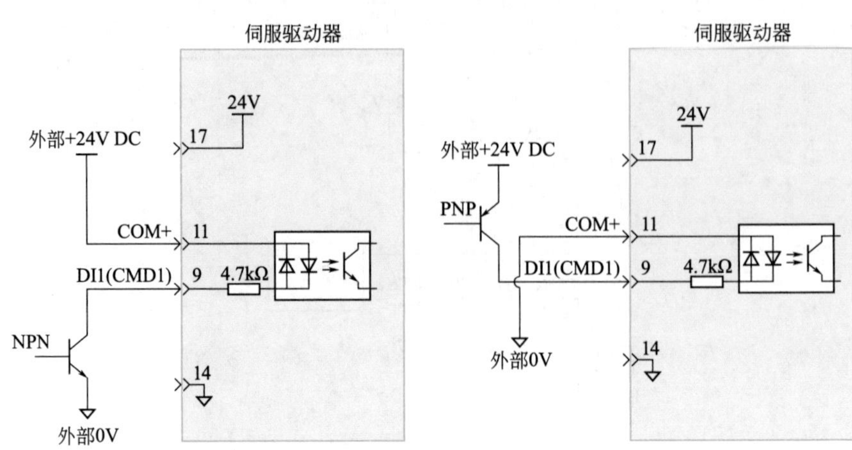


(b) 使用外部电源

图 1-105　上级装置为集电极开路输出

（2）数字输出电路　以 DO1 为例介绍数字输出接口电路接线，DO1 ～ DO5 接口电路相同。

❶ 当上级装置为继电器输入时，如图 1-106 所示。

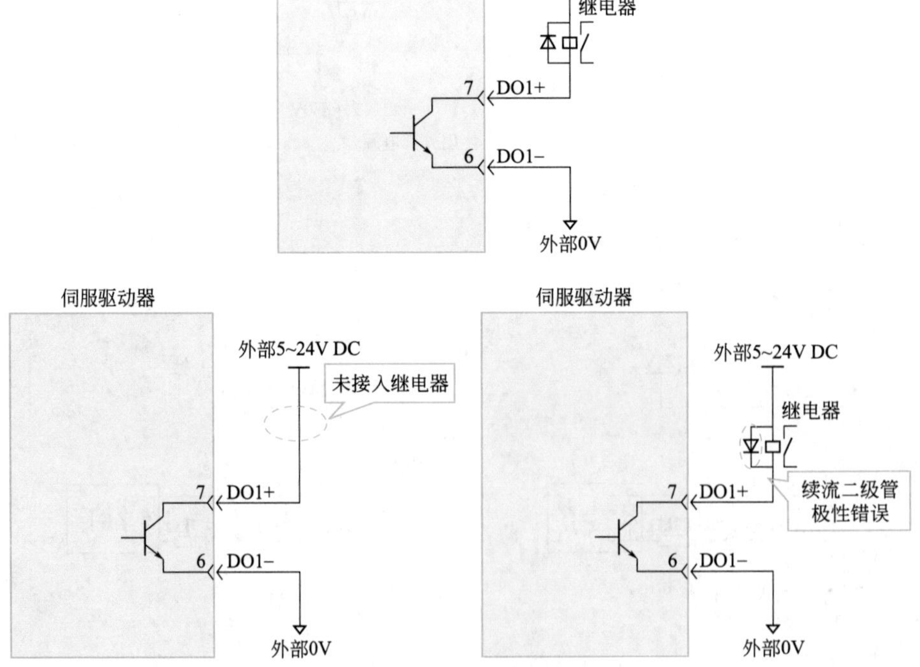


图 1-106　上级装置为继电器接口电路

**注意：**当上级装置为继电器输入时，请务必接入续流二极管，否则可能损坏 DO 端口。

❷ 当上级装置为光耦输入时，如图 1-107 所示。

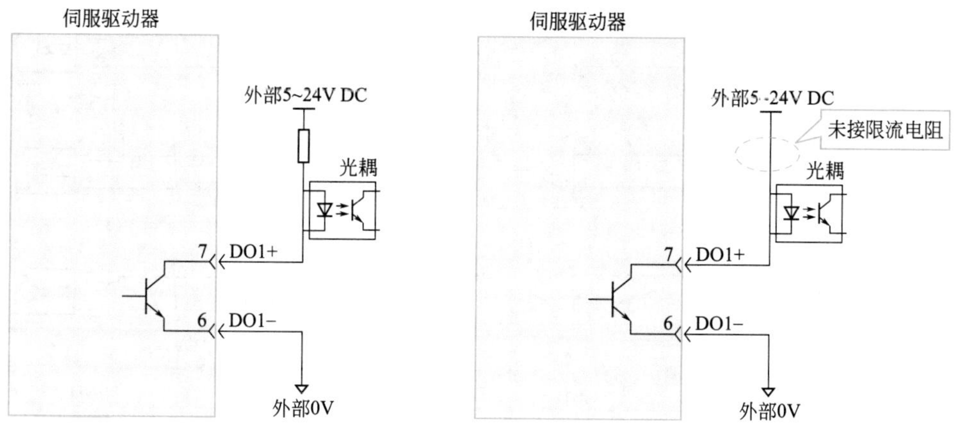


图 1-107　上级装置为光耦输入

**注意：伺服驱动器内部光耦输出电路最大允许电压、电流容量如下。**
**电压：DC 30V（最大）；电流：DC 50mA（最大）。**

## 4. 伺服驱动器编码器分频输出电路

表 1-15 为编码器分频输出信号引脚功能说明。

表1-15　编码器分频输出信号引脚功能说明

| 信号名 | 默认功能 | 针脚号 | 功能 | |
|---|---|---|---|---|
| 通用 | PAO+ | 21 | A 相分频输出信号 | A、B 的正交分频脉冲输出信号 |
| | PAO− | 22 | | |
| | PBO+ | 25 | B 相分频输出信号 | |
| | PBO | 23 | | |
| | PZO+ | 13 | Z 相分频输出信号 | 原点脉冲输出信号 |
| | PZO− | 24 | | |
| | PZ-OUT | 44 | Z 相分频输出信号 | 原点脉冲集电极开路输出信号 |
| | GND | 29 | 原点脉冲集电极开路输出信号地 | |
| | +5V | 15 | 内部 5V 电源，最大输出电流 200mA | |
| | GND | 16 | | |
| | PE | 机壳 | | |

编码器分频输出电路通过差分驱动器输出差分信号，通常，为上级装置构成位置控制系统时，提供反馈信号，在上级装置时，请使用差分或者光耦接收电路接收，最大输出电流为 20mA。如图 1-108 所示。

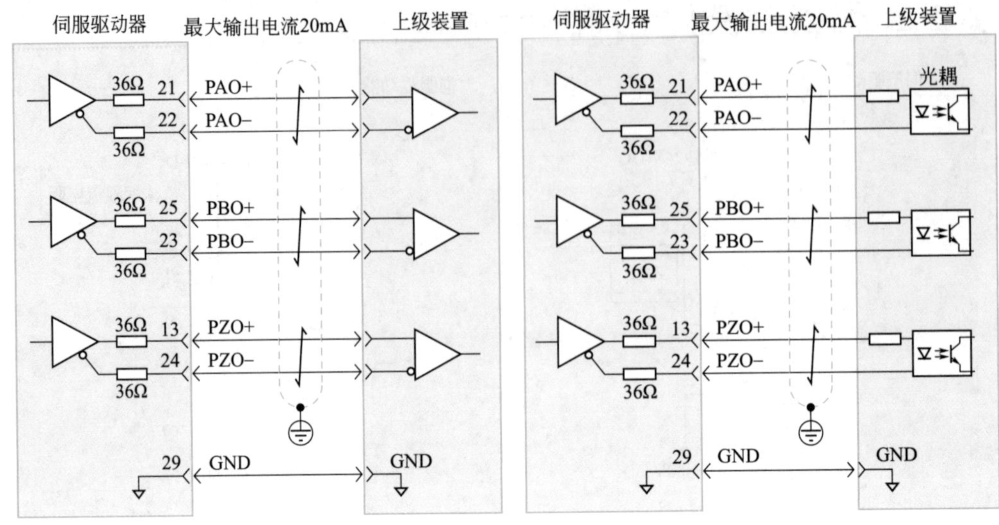


图 1-108 编码器分频电路接线

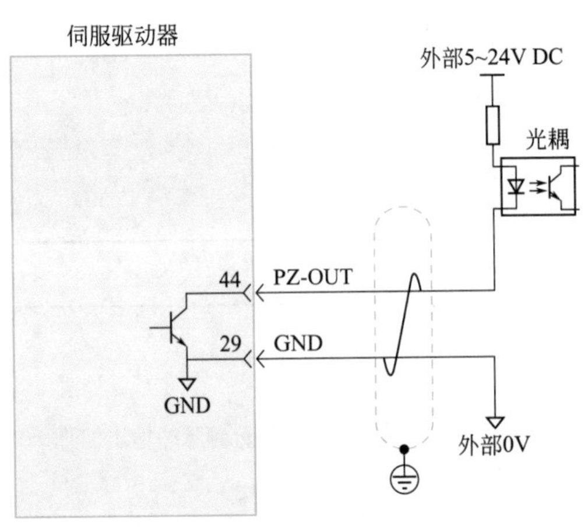


图 1-109 编码器 Z 相分频电路接线

编码器 Z 相分频输出电路可通过集电极开路信号。通常，在上级装置构成位置控制系统时，提供反馈信号。在上级装置侧，请使用光耦合器电路、继电器电路或总线接收器电路接收。如图 1-109 所示。

**注意：** 接线中应将上级装置的 5V 地与驱动器的 GND 连接，并采用双绞屏蔽线以降低噪声干扰。伺服驱动器内部光耦输出电路最大允许电压、电流容量如下：

电压：DC 30V（最大）；电流：DC 50mA（最大）。

## 九、伺服驱动器与伺服电机抱闸的配线

抱闸是在伺服驱动器处于非运行状态时，防止伺服电机轴运行，使电机保持位置锁定，以使机械的运动部分不会因为自重或外力移动的机构。抱闸应用示意图如图 1-110 所示。

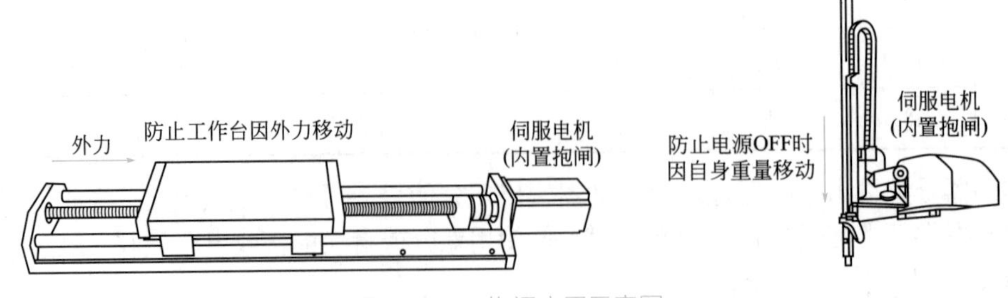


图 1-110 抱闸应用示意图

### 1. 伺服驱动系统使用抱闸时的注意事项

❶ 内置于伺服电机中的抱闸机构是非电动作型的固定专用机构，不可用于制动用途，仅在使伺服电机保持停止状态时使用。

❷ 抱闸线圈无极性。

❸ 伺服电机停机后，应关闭伺服使能（S-ON）。

❹ 内置抱闸的电机运转时，抱闸可能会发出咔嚓声，功能上并无影响。

❺ 抱闸线圈通电时（抱闸开放状态），在轴端等部位可能发生磁通泄漏。在电机附近使用磁传感器等仪器时，尤其要注意这一点。

### 2. 抱闸接线

抱闸输入信号的连接没有极性，需要伺服电机用户准备 24V 电源，抱闸信号 BK 和抱闸电源的标准连线如图 1-111 所示。

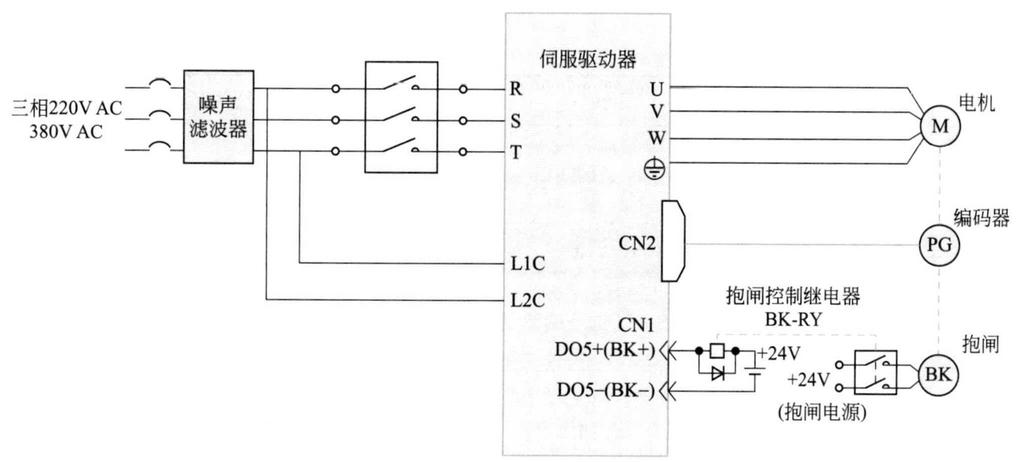


图 1-111　抱闸配线图

### 3. 抱闸配线注意事项

❶ 电机抱闸线缆长度要考虑线缆电阻导致的压降，抱闸工作需要保证输入电压至少 21.6V。

❷ 抱闸最好不要与其他电器共用电源，防止因为其他电器的工作导致电压或者电流降低最终导致抱闸误动作。

❸ 推荐用 0.5mm² 以上线缆。

❹ 对于带抱闸的伺服电机，必须按照驱动器的说明书，将抱闸输出端子在软件设置中配置为有效的模式。

❺ 伺服驱动器正常状态抱闸时序和故障状态抱闸时序要符合规定。

## 十、伺服驱动器通信信号的接线

伺服驱动器通信信号接线如图 1-112 所示。

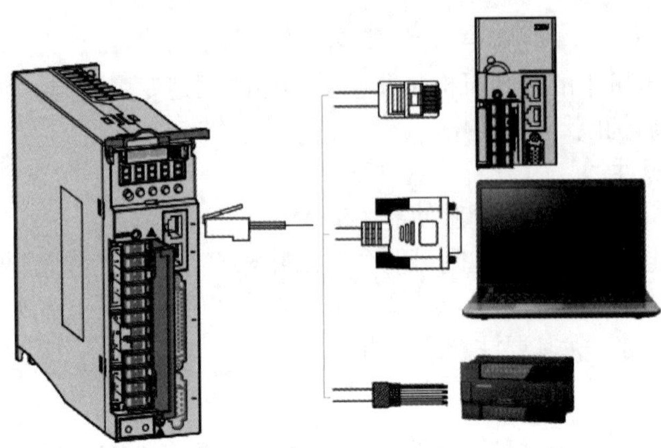

图1-112　通信信号接线示意图

IS600P 伺服驱动器通信信号连接器（CN3、CN4）为内部并联的两个同样的通信信号连接器。通信信号连接器引脚功能如表 1-16 所示。

表1-16　通信信号连接器引脚功能

| 针脚号 | 定义 | 描述 | 端子引脚分布 |
|---|---|---|---|
| 1 | CANH | CAN 通信端口 | |
| 2 | CANL | | |
| 3 | CGND | CAN 通信地 | |
| 4 | RS485+ | RS-485 通信端口 | |
| 5 | RS485- | | |
| 6 | RS232-TXD | RS-232 发送端，与上位机的接收端连接 | |
| 7 | RS232-RXD | RS-232 接收端，与上位机的发送端连接 | |
| 8 | GND | 地 | |
| 外壳 | PE | 屏蔽 | |

对应 PC 端 DB9 端子定义如表 1-17 所示。

表1-17　对应PC端DB9端子功能说明

| 针脚号 | 定义 | 描述 | 端子引脚分布 |
|---|---|---|---|
| 2 | PC-RXD | PC 接收端 | |
| 3 | PC-TXD | PC 发送端 | |
| 5 | GND | 地 | |
| 外壳 | PE | 屏蔽 | |

通信线缆示意图如图 1-113 所示。

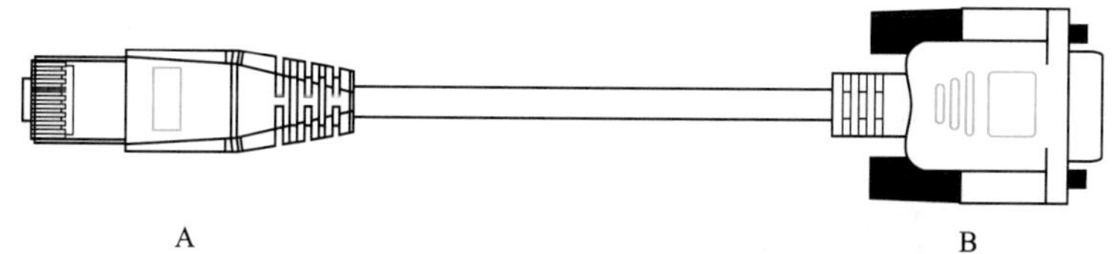


图 1-113　PC 通信线缆示意图

PC 通信线缆引脚连接关系如表 1-18 所示。

表1-18　PC通信线缆引脚连接关系

| 驱动器侧 RJ45（A 端） | | PC 端 DB9（B 端） | |
|---|---|---|---|
| 信号名称 | 针脚号 | 信号名称 | 针脚号 |
| GND | 8 | GND | 5 |
| RS232-TXD | 6 | PC-RXD | 2 |
| RS232-RXD | 7 | PC-TXD | 3 |
| PE（屏蔽网层） | 壳体 | PE（屏蔽网层） | 壳体 |

PLC 与通信电缆连接示意图如图 1-114 所示。

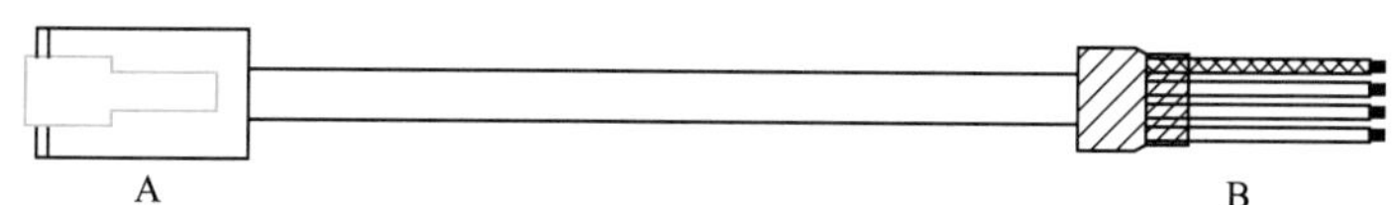


图 1-114　PLC 与通信电缆连接示意图

PLC 与伺服驱动电缆连接关系如表 1-19 所示。

表 1-19　PLC 与伺服驱动电缆连接关系

| A | | B | |
|---|---|---|---|
| 信号名称 | 针脚号 | 信号名称 | 针脚号 |
| GND | 8 | GND | 8 |
| CANH | 1 | CANH | 1 |
| CANL | 2 | CANL | 2 |
| CGND | 3 | CGND | 3 |
| RS-485+ | 4 | RS-485+ | 4 |
| RS-485− | 5 | RS-485− | 5 |
| PE（屏蔽网层） | 壳体 | PE（屏蔽网层） | 壳体 |

## 十一、伺服驱动器模拟量监视信号的接线

模拟量监视信号连接器（CN5）的端子排列如图 1-115 所示。

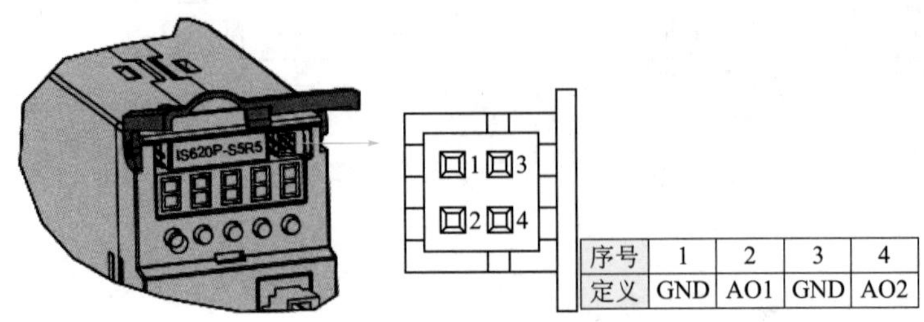


| 序号 | 1 | 2 | 3 | 4 |
|---|---|---|---|---|
| 定义 | GND | AO1 | GND | AO2 |

图 1-115　模拟量监视信号连接器（CN5）的端子排列

（1）模拟量监视信号连接器原理　模拟量输出：-10 ～ +10V。最大输出：1mA。接口电路如图 1-116 所示。

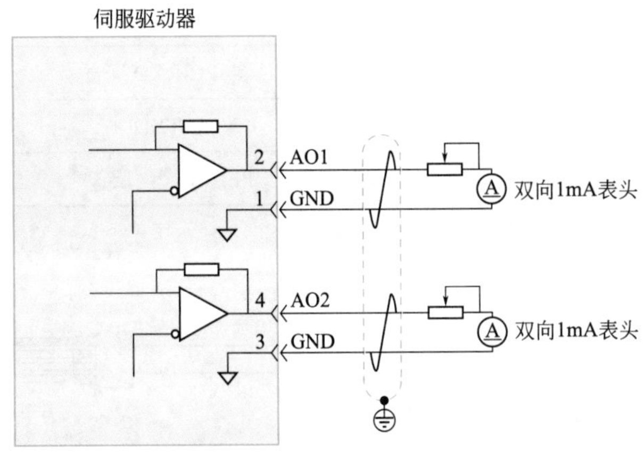


图 1-116　模拟量接口电路

（2）伺服驱动器模拟量接口可监视内容　如表 1-20 所示。

表1-20　模拟量接口可监视内容

| 信号 | 监视内容 |
|---|---|
| AO1 | 00：电机转速；01：速度指令；02：转矩指令；03：位置偏差；04：位置放大器偏差；05：位置指令速度；06：定位完成指令；07：速度前馈 |
| AO2 | |

## 十二、伺服驱动系统电气接线的抗干扰措施

（1）伺服系统接线为抑制干扰需要的措施

❶ 使用连接长度最短的指令输入和编码器配线等连接线缆。

❷ 接地配线尽可能使用粗线（2.0mm² 以上）。接地电阻值为 100Ω 以下。

❸ 在民用环境或在电源干扰噪声较强的环境下使用时，请在电源线的输入侧安装噪声滤波器。

❹ 为防止电磁干扰引起的误动作，可以采用下述处理方法：

• 尽可能将上级装置以及噪声滤波器安装在伺服驱动器附近。

• 在继电器、电磁接触器的线圈上安装浪涌抑制器。

• 配线时请将强电线路与弱电线路分开，并保持 30cm 以上的间隔，不要放入同一管道中捆扎在一起。

• 不要与电焊机、放电加工设备等共用电源。当附近有高频发生器时，请在电源线的输入侧安装噪声滤波器。

（2）伺服驱动系统抗干扰措施实例　噪声滤波器和接地线安装如图 1-117 所示。

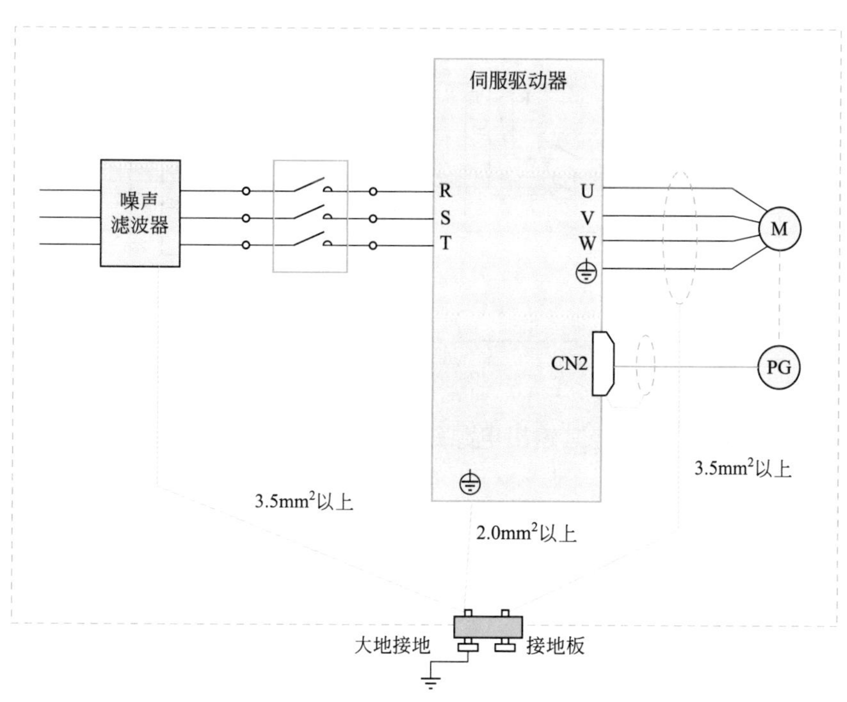


图 1-117　噪声滤波器和接地线安装

❶ 接地处理　为避免可能的电磁干扰问题，请按以下方法接地。

• 伺服电机外壳的接地。请将伺服电机的接地端子与伺服驱动器的接地端子 PE 连在一起，并将 PE 端子可靠接地，以降低潜在的电磁干扰问题。

• 功率线屏蔽层接地。请将电机主电路中的屏蔽层或金属导管在两端接地。建议采用压接方式以保证良好搭接。

• 伺服驱动器的接地。伺服驱动器的接地端子 PE 需可靠接地，并拧紧固定螺钉，以保持良好接触。

❷ 噪声滤波器使用方法　为防止电源线的干扰，削弱伺服驱动器对其他敏感设备的影响，请根据输入电流的大小，在电源输入端选用相应的噪声滤波器。另外，请根据需要在外围装置的电源线处安装噪声滤波器，噪声滤波器在安装、配线时，请遵守以下注意事项以免削弱滤波器的实际使用效果。

• 请将噪声滤波器输入与输出配线分开布置，勿将两者归入同一管道内或捆扎在一起。如图 1-118 所示。

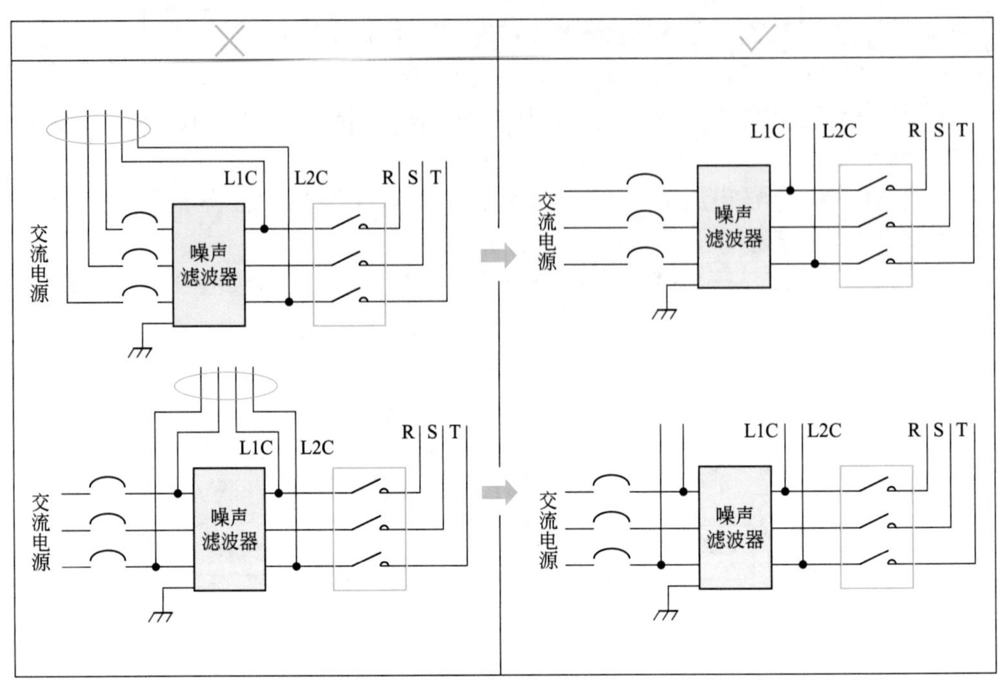


图 1-118　噪声滤波器输入与输出配线分离走线示意图

- 将噪声滤波器的接地线与其输出电源分开布置。如图 1-119 所示。

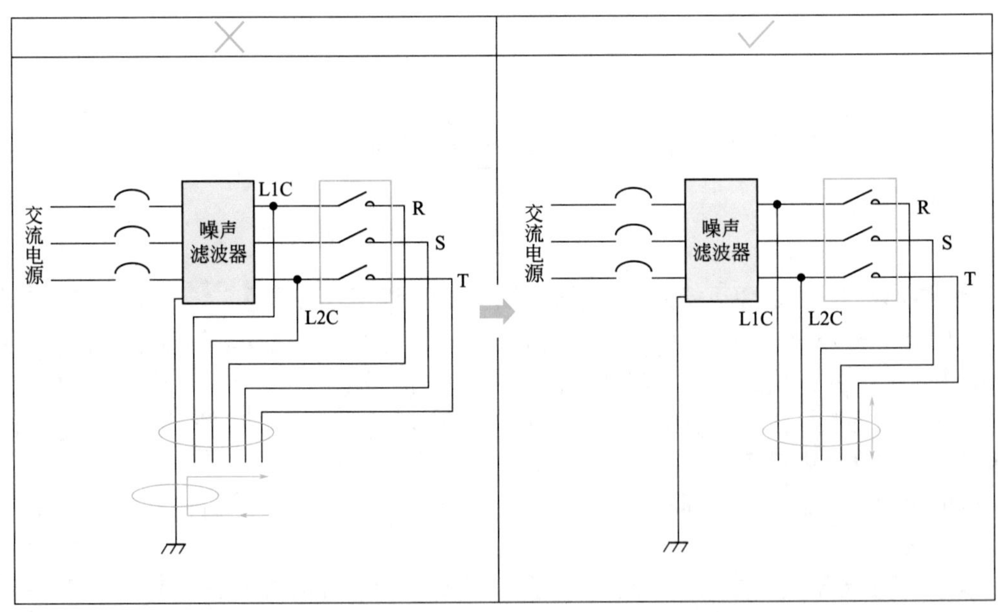


图 1-119　将噪声滤波器接地线与输出电源分开布置

- 噪声滤波器需使用尽量短的粗线单独接地，请勿与其他接地设备共用一根地线。如图 1-120 所示。

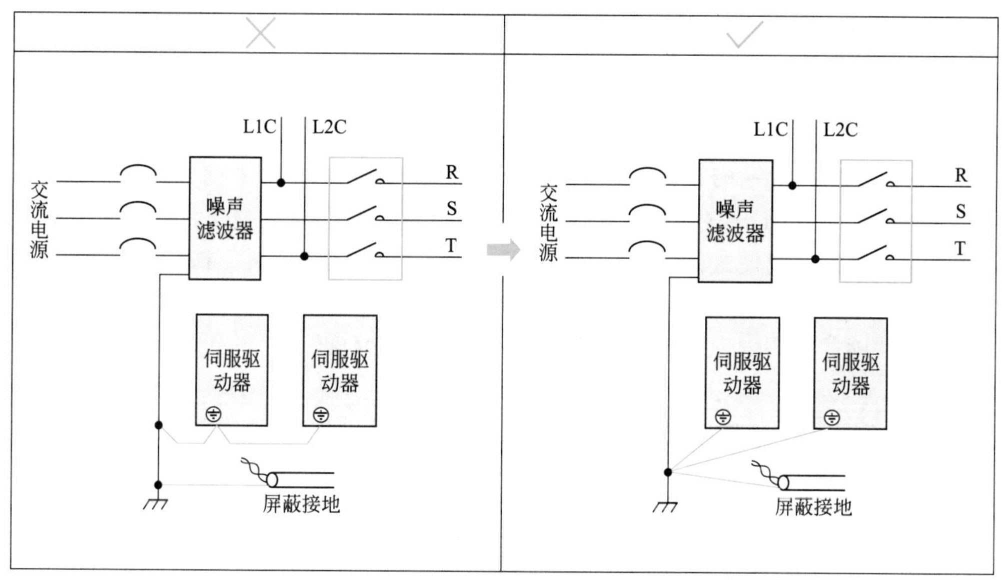


图 1-120　单独接地示意图

• 安装于控制柜内的噪声滤波器地线处理。当噪声滤波器与伺服驱动器安装在一个控制柜内时，建议将滤波器与伺服驱动器固定在同一金属板上，保证接触部分导电且搭接良好，并对金属板进行接地处理。如图 1-121 所示。

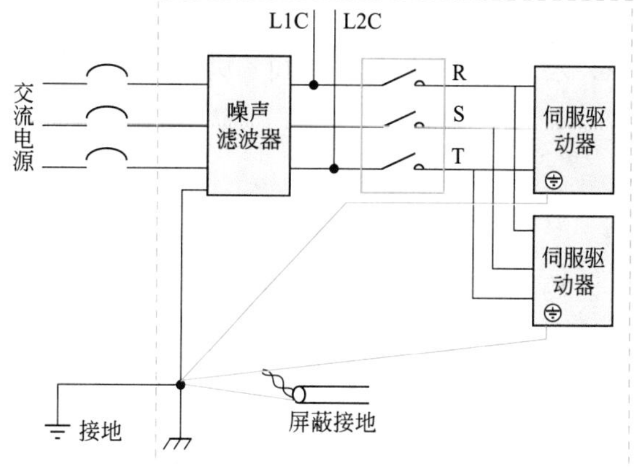


图 1-121　控制柜内滤波器接地处理

（3）伺服驱动系统电缆使用注意事项

❶ 请勿使电缆弯曲或承受张力。信号用电缆的芯线直径只有 0.2mm 或 0.3mm，容易折断，使用时请注意。

❷ 需移动线缆时，请使用柔性电缆线，普通电缆线容易在长期弯折后损坏。小功率电机自带线缆不能用于线缆移动场合。

❸ 使用线缆保护链时请确保：

• 电缆的弯曲半径在其外径的 10 倍以上；

• 电缆保护链内的配线请勿进行固定或者捆束，只能在电缆保护链的不可动的两个末端进行捆束固定；

• 勿使电缆缠绕、扭曲；

• 电缆保护链内的占空系统确保在 60% 以下；

• 外形差异太大的电缆请勿混同配线，防止粗线将细线压断，如果一定要混同配线请在线缆中间设置隔板装置。线缆保护链安装示意图如图 1-122 所示。

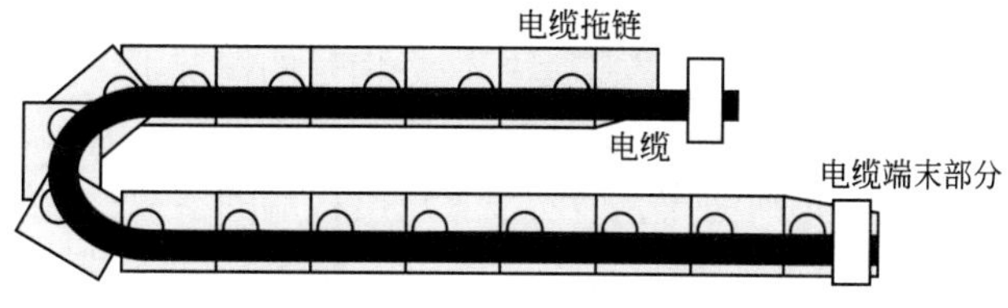


图 1-122　线缆保护链安装示意图

## 十三、伺服驱动器的三种控制运行模式

按照伺服驱动器的命令方式与运行特点，可分为三种运行模式，即位置控制运行模式、速度控制运行模式、转矩控制运行模式等。

位置控制运行模式一般是通过脉冲的个数来确定移动的位移，外部输入的脉冲频率确定转动速度的大小。由于位置模式可以对速度和位置严格控制，故一般应用于定位装置，是伺服应用最多的控制模式，主要用于机械手、贴片机、雕铣雕刻、数控机床等。

速度控制运行模式是通过模拟量输入或数字量给定、通信给定控制转动速度，主要应用于一些恒速场合。如模拟量雕铣机应用，上位机采用位置控制，伺服驱动器采用速度控制模式。

转矩控制运行模式是通过即时改变模拟量的设定或以通信方式改变对应的地址数值来改变设定的转矩大小。它主要应用在对材质的受力有严格要求的缠绕和放卷的装置中，例如绕线装置或拉光纤设备等一些张力控制场合，转矩的设定要根据缠绕半径的变化随时更改，以确保材质的受力不会随着缠绕半径的变化而改变。

其实对于初学者，伺服驱动器运行模式简单地理解就是伺服电机速度控制和转矩控制都是用模拟量来控制，位置控制是通过发脉冲来控制。具体采用什么控制方式要根据客户现场的要求以及满足何种运动功能来选择。运行模式不同，伺服驱动器有不同的设置方法，限于篇幅有限应用时可参阅相关说明书。

## 十四、伺服驱动器运行前的检查与调试

### 1. 伺服驱动器运行前检查工作

首先脱离伺服电机连接的负载、与伺服电机轴连接的联轴器及其相关配件。保证无负载情况下伺服电机可以正常工作后，再连接负载，以避免不必要的危险。

运行前请检查并确保：

❶ 伺服驱动器外观上无明显的毁损。

❷ 配线端子已进行绝缘处理。

❸ 驱动器内部没有螺钉或金属片等导电性物体、可燃性物体，接线端口处没有导电异物。

❹ 伺服驱动器或外部的制动电阻器未放置于可燃物体上。

❺ 配线完成及正确。

驱动器电源、电源、接地端等接线正确；各控制信号线缆接线正确、可靠；各限位开关、保护信号均已正确连接。

❻ 使能开关已置于 OFF 状态。

❼ 切断电源回路及急停报警回路保持通路。

❽ 伺服驱动器外加电压基准正确。

在控制器没有发送运行命令信号的情况下，给伺服驱动器上电，检查并保证伺服电机可以正常转动，无振动或运行声音过大现象；各项参数设置正确。根据机械特性的不同可能出现不预期动作，请勿设置过度极端的参数；母线电压指示灯与数码管显示器无异常。

### 2. 伺服驱动器负载惯量辨识和增益调整

得到正确负载惯量比后，建议先进行自动增益调整，若效果不佳，再进行手动增益调

整，通过陷波器抑制机械共振，可设置两个共振频率。一般调试流程如图 1-123 所示。

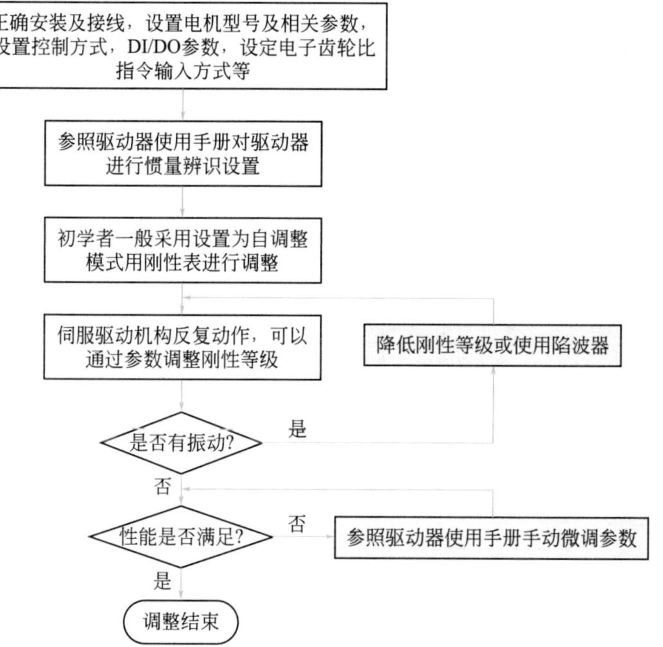


图 1-123　伺服驱动器负载惯量辨识和增益调整流程图

以 IS600P 为例，伺服驱动器设置流程图如图 1-124 所示。

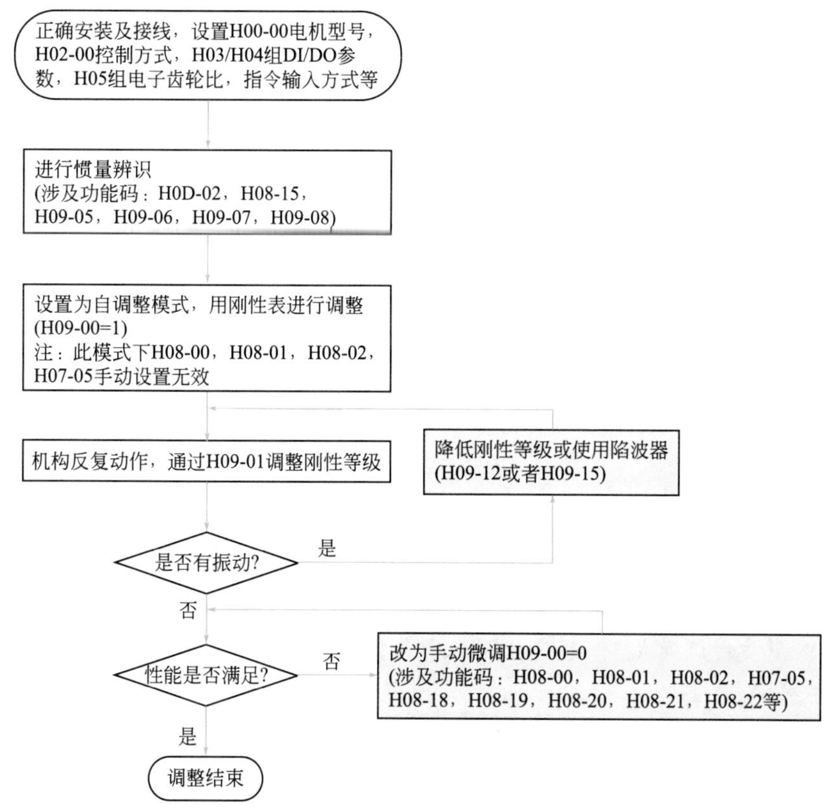


图 1-124　IS600P 伺服驱动器一般调试流程图

（1）惯量辨识　自动增益调整或手动增益调整前需进行惯量辨识，以得到真实的负载惯量比，惯量辨识的流程图如图1-125所示。

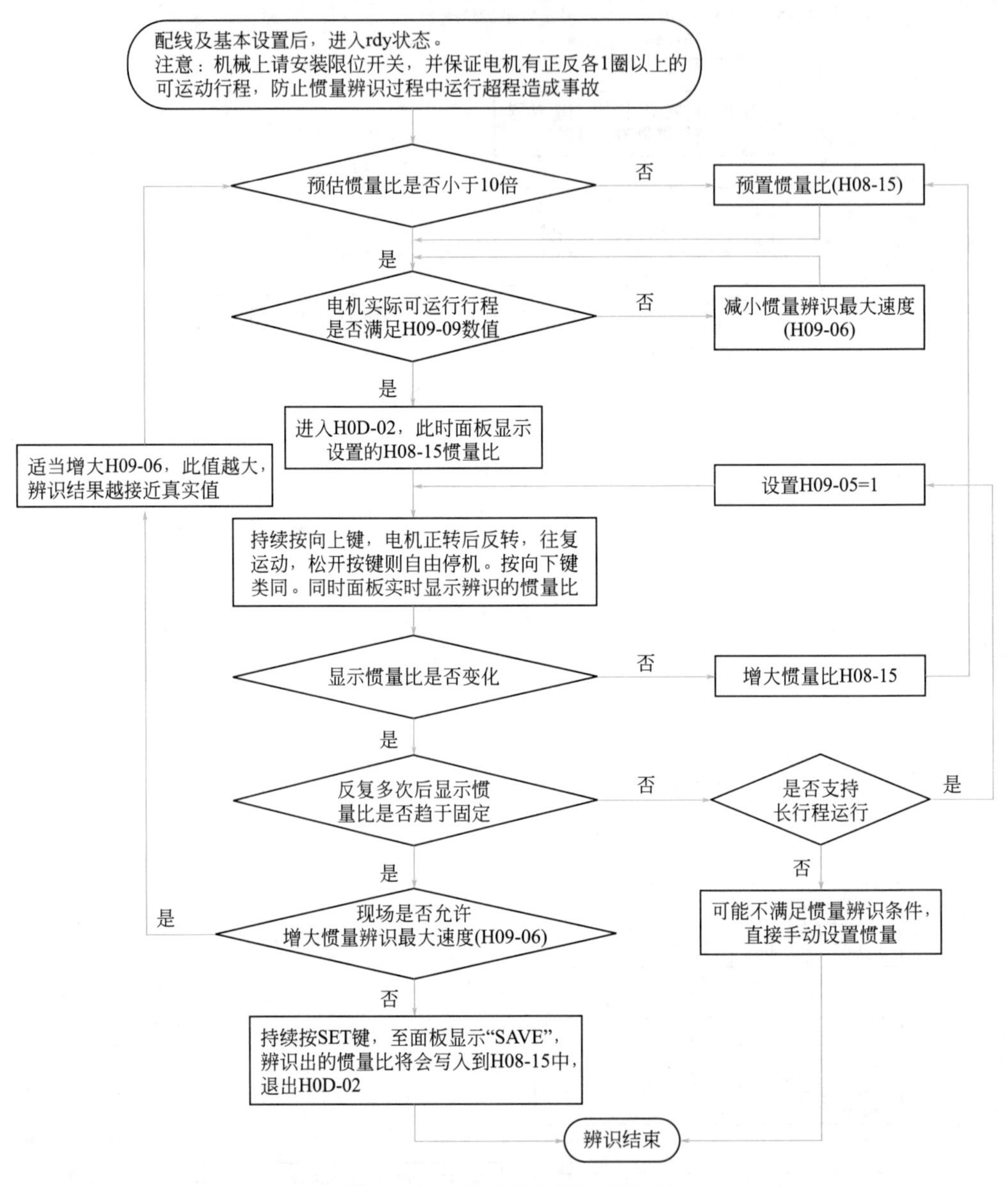


图1-125　惯量辨识调试流程图

**注意：**①若在负载转动惯量比默认值情况下，由于量比过小导致实际速度跟不上指令，使得辨识失败，此时需预置“惯量辨识最后输出平均值”，预置值建议以5倍为起始值，逐步递增至可正常辨识为止。

②离线惯量辨识模式，一般建议用三角波模式，如果碰到有辨识不好的场合用阶跃矩形波模式尝试。

③在点动模式的情况下注意机械行程，防止离线惯量辨识过程中超程造成事故。

IS600P伺服驱动器惯量自调整参数功能代码如表1-21所示。

表1-21　IS600P伺服驱动器惯量自调整参数功能代码

| 功能码 | | 名称 | 设定范围 | 单位 | 出厂设定 | 生效方式 | 设定方式 | 相关模式 |
|---|---|---|---|---|---|---|---|---|
| H09 | 05 | 离线惯量辨识模式选择 | 0：正反三角波模式 1：JOG 点动模式 | — | 0 | 立即生效 | 停机设定 | PST |
| H09 | 06 | 惯量辨识最大速度 | 100 ～ 1000 | rpm | 500 | 立即生效 | 停机设定 | PST |
| H09 | 07 | 惯量辨识时加速至最大速度时间常数 | 20 ～ 800 | ms | 125 | 立即生效 | 停机设定 | PST |
| H09 | 08 | 单次惯量辨识完成后等待时间 | 50 ～ 10000 | ms | 800 | 立即生效 | 停机设定 | PST |
| H09 | 09 | 完成单次惯量辨识电机转动圈数 | 0.00 ～ 2.00 | r | — | — | 显示 | PST |

（2）惯量辨识有效条件

❶ 实际电机最高转速高于 150rpm；

❷ 实际加减速时的加速度在 3000rpm/s 以上；

❸ 负载转矩比较稳定，不能剧烈变化；

❹ 最大可辨识 120 倍惯量；

❺ 机械刚性极低或传动机械背隙较大时可能会辨识失效。

## 3. 自动增益调整

自动增益调整的一般方法是，先设定成参数自调整模式，再施加指令使伺服电机运动起来，此时一边观察效果一边调整刚性等级的值，直到达到满意效果，如果始终不能满意则转为手动增益调整模式。

**注意：刚性调高后可能产生振动，推荐使用陷波器抑制，为避免因刚性等级突然增高产生振动，请逐渐增加刚性等级。请检查增益是否有裕量以避免伺服系统处于临界稳定状态。**

IS600P 伺服驱动器参数自调整模式和刚性等级参数如表 1-22 所示。

表1-22　IS600P伺服驱动器参数自调整模式和刚性等级参数

| 功能码 | | 名称 | 设定范围 | 单位 | 出厂设定 | 生效方式 | 设定方式 | 相关模式 |
|---|---|---|---|---|---|---|---|---|
| H09 | 00 | 自调整模式选择 | 0—参数自调整无效，手动调节增益参数<br>1—参数自调整模式，用刚性表自动调节增益参数<br>2—定位模式，用刚性表自动调节增益参数 | — | 0 | 立即生效 | 运行设定 | PST |
| H09 | 01 | 刚性等级选择 | 0 ～ 31 | — | 12 | 立即生效 | 运行设定 | PST |
| 推荐刚性等级 | | | 负载机构类型 | | | | | |
| 4 ～ 8 级 | | | 一些大型机械 | | | | | |
| 8 ～ 15 级 | | | 皮带等刚性较低的应用 | | | | | |
| 15 ～ 20 级 | | | 滚珠丝杠、直连等刚性较高的应用 | | | | | |

### 4. 伺服驱动器手动增益调整

手动增益调整时，需要将增益调整参数设置成手动增益调整模式，再单独调整几个增益相关的参数，加大位置环增益和速度环增益都会使系统的响应变快，但是太大的增益会引起系统不稳定。此外在负载惯量比基本准确的前提下，速度环增益和位置环增益应满足一定的关系，如下所示，否则系统也容易不稳定。

$$\frac{1}{3} \leqslant \frac{\text{H08-00[Hz]}}{\text{H08-02[Hz]}} \leqslant 1$$

加大转矩指令滤波时间，对抑制机械共振有帮助，但会降低系统的响应，相对速度环增益，滤波时间不能随意加大，应满足如下条件：

$$\text{H08-00} \leqslant \frac{1000}{2\text{H} \times \text{H07-05} \times 4}$$

手动增益调整功能代码如表 1-23 所示。

表1-23　手动增益调整功能代码

| 功能码 | | 名称 | 设定范围 | 单位 | 出厂设定 | 生效方式 | 设定方式 | 相关模式 |
|---|---|---|---|---|---|---|---|---|
| H08 | 00 | 速度环增益 | 0.1 ～ 2000.0 | Hz | 25.00 | 立即生效 | 运行设定 | PS |
| H08 | 01 | 速度环积分时间常数 | 0.15 ～ 512.00 | ms | 31.83 | 立即生效 | 运行设定 | PS |
| H08 | 02 | 位置环增益 | 0.0 ～ 2000.0 | Hz | 40.00 | 立即生效 | 运行设定 | P |
| H07 | 05 | 转矩指令滤波时间常数 | 0.00 ～ 30.00 | ms | 0.79 | 立即生效 | 运行设定 | PST |

### 5. 伺服驱动器陷波器

机械系统具有一定的共振频率，若伺服增益设置过高，则有可能在机械共振频率附近产生共振，此时可考虑使用陷波器，陷波器通过降低特定频率的增益达到抑制机械共振的目的，增益也因此可以设置得更高。

共有 4 组陷波器，每组陷波器均有 3 个参数，分别为频率、宽度等级和衰减等级。当频率为默认值 4000Hz 时，陷波器实际无效。其中第 1 和第 2 组陷波器为手动陷波器，各参数由用户手动设定。第 3 和第 4 组陷波器为自适应陷波器，当开启自适应陷波器模式时，由驱动器自动设置，如不开启自适应陷波器模式，也可以手动设置。

若使用陷波器抑制共振，优先使用自适应陷波器，如果自适应陷波器无效或效果不佳，可以使用手动陷波器。使用手动陷波器时，将频率参数设置为实际的共振频率。此频率可以由后台软件的机械特性分析工具得到。宽度等级建议保持默认值 2。深度等级根据情况进行调节，此参数设得越小，对共振的抑制效果越强，设得越大，抑制效果越弱，如果设为 99，则几乎不起作用。虽然降低深度等级会增强抑制效果，但也会导致相位滞后，可能使系统不稳定，因此不可随意降低。

以 IS600P 为例：自适应陷波器的模式由 H09-02 功能码进行控制。H09-02 设为 1 时，第 3 组陷波器有效，当伺服使能且检测到共振发生时参数会被自动设定以抑制振动。H09-02 设为 2 时，第 3 和第 4 组陷波器共同有效，两组陷波器都可以被自动设定。

陷波器只能在转矩模式以外的模式下使用：

❶ 如果 H09-02 一直设为 1 或 2，自适应陷波器更新的参数每隔 30min 自动写入 EEPROM 一次，在 30min 内的更新则不会存入 EEPROM。

❷ H09-02 设为 0 时，自适应陷波器会保持当前参数不再发生变化。在使用自适应陷波器正确抑制且稳定一段时间后，可以使用此功能将自适应陷波器参数固定。

❸ 虽然总共有 4 组陷波器，但建议最多 2 组陷波器同时工作，共振频率在 300Hz 以下时，自适应陷波器的效果会有所降低。

❹ 使用自适应陷波器的时候，如果振动长时间不能消除请及时关闭驱动器使能。

IS600P 伺服驱动器陷波器相关功能代码如表 1-24 所示。

表1-24　IS600P伺服驱动器陷波器相关功能代码

| 功能码 | | 名称 | 设定范围 | 单位 | 出厂设定 | 生效方式 | 设定方式 | 相关模式 |
|---|---|---|---|---|---|---|---|---|
| H09 | 02 | 自适应陷波器模式选择 | 0～4<br>0—自适应陷波器不再更新；<br>1—一个自适应陷波器有效：（第 3 组陷波器）<br>2—两个自适应陷波器有效：（第 3 组和第 4 组陷波器）<br>3—只检测共振频率，不更新陷波器参数，H09-24 显示共振频率；<br>4—恢复第 3 组和第 4 组陷波器的值到出厂状态 | 1 | 0 | 立即生效 | 运行设定 | PST |
| H09 | 12 | 第 1 组陷波器频率 | 50～4000 | Hz | 4000 | 立即生效 | 运行设定 | PS |
| H09 | 13 | 第 1 组陷波器宽度等级 | 0～20 | — | 2 | 立即生效 | 运行设定 | PS |
| H09 | 14 | 第 1 组陷波器深度等级 | 0～99 | — | 0 | 立即生效 | 运行设定 | PS |
| H09 | 15 | 第 2 组陷波器频率 | 50～4000 | Hz | 4000 | 立即生效 | 运行设定 | PS |
| H09 | 16 | 第 2 组陷波器宽度等级 | 0～20 | — | 2 | 立即生效 | 运行设定 | PS |
| H09 | 17 | 第 2 组陷波器深度等级 | 0～99 | — | 0 | 立即生效 | 运行设定 | PS |
| H09 | 18 | 第 3 组陷波器频率 | 50～4000 | Hz | 4000 | 立即生效 | 运行设定 | PS |
| H09 | 19 | 第 3 组陷波器宽度等级 | 0～20 | — | 2 | 立即生效 | 运行设定 | PS |
| H09 | 20 | 第 3 组陷波器衰减等级 | 0～99 | — | 0 | 立即生效 | 运行设定 | PS |
| H09 | 21 | 第 4 组陷波器频率 | 50～4000 | Hz | 4000 | 立即生效 | 运行设定 | PS |

续表

| 功能码 | | 名称 | 设定范围 | 单位 | 出厂设定 | 生效方式 | 设定方式 | 相关模式 |
|---|---|---|---|---|---|---|---|---|
| H09 | 22 | 第4组陷波器宽度等级 | 0～20 | — | 2 | 立即生效 | 运行设定 | PS |
| H09 | 23 | 第4组陷波器衰减等级 | 0～99 | — | 0 | 立即生效 | 运行设定 | PS |
| H09 | 24 | 共振频率辨识结果 | — | Hz | — | — | — | PS |

IS600P伺服驱动器功能参数表参数组概要如表1-25所示，限于篇幅详细内容可参照厂家配置说明书。

表1-25　IS600P伺服驱动器功能参数表参数组概要

| 功能码组 | 参数组概要 |
|---|---|
| H00组 | 伺服电机参数 |
| H01组 | 驱动器参数 |
| H02组 | 基本控制参数 |
| H03组 | 端子输入参数 |
| H04组 | 端子输出参数 |
| H05组 | 位置控制参数 |
| H06组 | 速度控制参数 |
| H07组 | 转矩控制参数 |
| H08组 | 增益类参数 |
| H09组 | 自调整参数 |
| H0A组 | 故障与保护参数 |
| H0B组 | 监控参数 |
| H0C组 | 通信参数 |
| H0D组 | 辅助功能参数 |
| H0F组 | 全闭环功能参数 |
| H11组 | 多段位置功能参数 |
| H12组 | 多段速度参数 |
| H17组 | 虚拟DIDO参数 |
| H30组 | 通信读取伺服相关变量 |
| H31组 | 通信给定伺服相关变量 |

# 第七节　伺服驱动器的故障处理

本节以 IS600P 伺服驱动器为例，对其典型故障及处理方法介绍，其他品牌思路大体相同。

## 一、伺服驱动器启动时的警告和处理

### 1. 位置控制模式（以 IS600P 伺服驱动器为例，电路请参阅前述）

**（1）IS600P 伺服驱动器故障检查**　如表 1-26 所示。

表1-26　IS600P伺服驱动器故障检查

<table>
<tr><th>启动过程</th><th>故障现象</th><th>原因</th><th>确认方法</th></tr>
<tr><td rowspan="6">接通控制电源（L1C、L2C）<br>主电源（L1、L2）（R、S、T）</td><td rowspan="4">数码管不亮或不显示“rdy”</td><td>控制电源电压故障</td><td>◆拔下 CN1、CN2、CN3、CN4 后，故障依然存在。<br>◆测量（L1C、L2C）之间的交流电压</td></tr>
<tr><td>主电源电压故障</td><td>◆单相 220V 电源机型测量（L1、L2）之间的交流电压。主电源电流母线电压幅值（P ⊕、⊖间电压）低于 200V 数码管显示“nrd”。<br>◆三相 220V/380V 电源机型测量（R、S、T）之间的交流电压。主电源直流母线电压幅值（P ⊕、⊖间电压）低于 460V 数码管显示“nrd”</td></tr>
<tr><td>烧录程序端子被短接</td><td>◆检查烧录程序的端子，确认是否被短接</td></tr>
<tr><td>伺服驱动器故障</td><td></td></tr>
<tr><td>面板显示“Er.xxx”</td><td colspan="2">查驱动器手册，按照手册说明进行故障排除</td></tr>
<tr><td colspan="3">■ 排除上述故障后，面板应显示“rdy”</td></tr>
<tr><td rowspan="4">伺服使能信号置为有效（S-ON 为 ON）</td><td>面板显示“Er.xxx”</td><td colspan="2">查驱动器手册，查找原因，排除故障</td></tr>
<tr><td rowspan="2">伺服电机的轴处于自由运行状态</td><td>伺服使能信号无效</td><td>◆将面板切换到伺服状态显示，查看面板是否显示为“rdy”，而不是“run”。<br>◆查看 H03 组和 H17 组，是否设置伺服使能信号（DI 功能 1：S-ON）。若已设置，则查看对应端子逻辑是否有效；若未设置，则进行设置，并使端子逻辑有效。<br>◆若 H03 组已设置伺服使能信号，且对应端子逻辑有效，但面板依然显示“rdy”，则检查该 DI 端子接线是否正确</td></tr>
<tr><td>控制模式选择错误</td><td>◆查看 H02-00 是否为 1，若误设为 2（转矩模式），由于默认转矩指令为零，电机轴也处于自由运行状态</td></tr>
<tr><td colspan="3">■ 排除上述故障后，面板应显示“run”</td></tr>
</table>

续表

| 启动过程 | 故障现象 | 原因 | 确认方法 |
| --- | --- | --- | --- |
| 输入位置指令 | 伺服电机不旋转 | 输入位置指令计数器（H0B-13）为 0 | ◆高 / 低速脉冲口接线错误 H05-00=0 脉冲指令来源时，查看高 / 低速脉冲口接线是否正确，同时查看 H05-01 设置是否匹配。<br>◆未输入位置指令<br>（1）是否使用 DI 功能 13( FunIN.13:Inhibit，位置指令禁止）或 DI 功能 37（FunIN.37:PulseInhibit，脉冲指令禁止）;<br>（2）H05-00=0 脉冲指令来源时，上位机或其他脉冲输出装置未输出脉冲，可用示波器查看高 / 低速脉冲口是否有脉冲输入；<br>（3）H05-00=1 步进量指令来源时，查看 H05-05 是否为 0，若不为 0，查看是否已设置 DI 功能 20（FunIN.20：PosStep，步进量指令使能）及对应端子逻辑是否有效；<br>（4）H05-00=2 多段位置指令来源时，查看 H11 组参数是否设置正确，若正确，查看是否已设置 DI 功能 28（FunIN.28:PosInSen，内部多段位置使能）及对应端子逻辑是否有效；<br>（5）若使用过中断定长功能，查看 H05-29 是否为 1（中断定长运行完成后，是否可以直接响应其他位置指令），若为 1，确认是否使用 DI 功能 29（FunIN.29:XintFree，中断定长状态解除）解除锁定状态 |
| | 伺服电机反转 | 输入位置指令计数器（H0B-13）为负数 | ◆ H05-00=0 脉冲指令来源时，查看 H05-15（脉冲指令形态）参数设置与实际输入脉冲是否对应，若不一致，则 H05-15 设置错误或者端子接线错误；<br>◆ H05-00=1 步进量指令来源时，查看 H05-05 数值的正负；<br>◆ H05-00=2 多段位置指令来源时，查看 H11 组每段移动位移的正负；<br>◆查看是否已设置 DI 功能 27（FunIN.27:PosDirSel，位置指令方向设置）及对应端子逻辑是否有效；<br>◆查看 H02-02 参数是否设置错误 |
| | ■排除上述故障后，伺服电机能旋转 | | |
| 低速旋转不平稳 | 低速旋转时速度不稳定 | 增益设置不合理 | ◆进行自动增益调整 |
| | 电机轴左右振动 | 负载转动惯量比（H08-15）太大 | ◆若可安全运行，则重新进行惯量辨识；<br>◆进行自动增益调整 |
| | ■排除上述故障后，伺服电机能正常旋转 | | |
| 正常运行 | 定位不准 | 产生不符合要求的位置偏差 | ◆确定输入位置指令计数器（H0B-13）、反馈脉冲计数器（H0B-17）及机械停止位置，确认步骤如下 |

（2）伺服驱动器定位不准故障原因和检查步骤　伺服驱动器定位原理框图如图 1-126 所示。对于伺服驱动器定位不准故障，在发生定位不准问题时主要检查图 1-126 中 4 个信号。

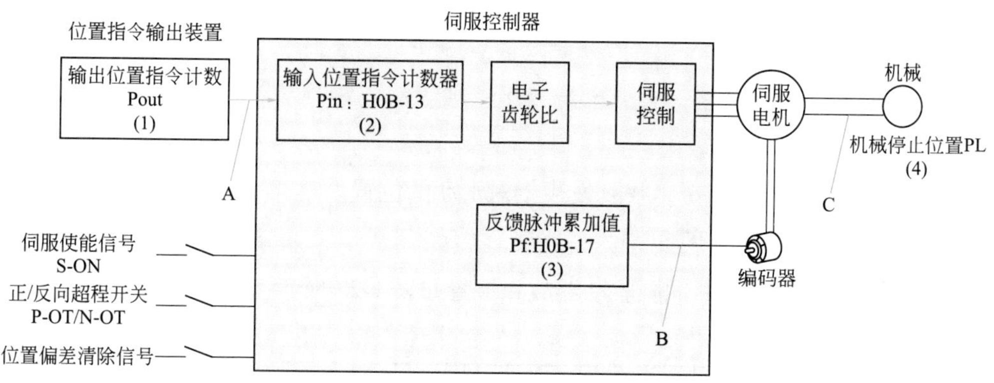


图 1-126　伺服驱动器定位原理框图

❶ 位置指令输出装置（上位机或者驱动器内部参数）中的输出位置指令计数值 Pout。

❷ 伺服控制器接收到的输入位置指令计数器 Pin，对应于参数 H0B-13。

❸ 伺服电机自带编码器的反馈脉冲累加值 Pf，对应于参数 H0B-17。

❹ 机械停止的位置 PL。

导致定位不准的原因有 3 个，对应图 1-126 中的 A、B、C，其中：

A 表示位置指令输出装置（专指上位机）和伺服驱动器的接线中由于噪声的影响而引起输入位置指令计数错误。

B 表示电机运行过程中输入位置指令被中断。原因：伺服使能信号被置为无效（S-ON 为 OFF），正向 / 反向超程开关信号（P-OT 或 N-OT）有效，位置偏差清除信号（ClrPosErr）有效。

C 表示机械与伺服电机之间发生了机械位置滑动。

在不发生位置偏差的理想状态下，以下关系成立：

- Pout=Pin，输出位置指令计数值 = 输入位置指令计数器。
- Pin× 电子齿轮比 Pf，输入位置指令计数器 × 电子齿轮比 = 反馈脉冲累加值。
- Pf×ΔL=PL，反馈脉冲累加值 ×1 个位置指令对应负载位移 = 机械停止的位置。

发生定位不准的状态下，检查方法：

❶ Pout ≠ Pin。

故障原因：A。

排除方法与步骤：

a. 检查脉冲输入端子是否采用双绞屏蔽线。

b. 如果选用的是低速脉冲输入端子中的集电极开路输入方式，应改成差分输入方式。

c. 脉冲输入端子的接线务必与主电路（L1C、L2C、R、S、T、U、V、W）分开走线。

d. 选用的是低速脉冲输入端子，增大低速脉冲输入引脚滤波时间常数（H0A-24）；反之，选用的是高速脉冲输入端子，增大高速脉冲输入引脚滤波时间常数（H0A-30）。

❷ Pin× 电子齿轮比≠ Pf。

故障原因：B。

排除方法与步骤：

a. 检查是否运行过程中发生了故障，导致指令未全部执行而伺服已经停机。

b. 若是由于位置偏差清除信号（ClrPosErr）有效，应检查位置偏差清除方式（H05-16）

是否合理。

③ Pf× ΔL ≠ PL。

故障原因：C。

排除方法与步骤：

逐级排查机械的连接情况，找到发生相对滑动的位置。

## 2. 速度控制模式（以 IS600P 伺服驱动器为例，电路请参阅前述）

在速度控制模式 IS600P 伺服驱动器故障检查如表 1-27 所示。

表1-27　在速度控制模式IS600P伺服驱动器故障检查

| 启动过程 | 故障现象 | 原因 | 确认方法 |
| --- | --- | --- | --- |
| 接通控制电源（L1C、L2C）<br>主电源（L1、L2）（R、S、T） | 数码管不亮或不显示“rdy” | 控制电源电压故障 | ◆拔下 CN1、CN2、CN3、CN4 后，故障依然存在。<br>◆测量（L1C、L2C）之间的交流电压 |
| | | 主电源电压故障 | ◆单相 220V 电源机型测量（L1、L2）之间的交流电压。主电源直流母线电压幅值（P ⊕、⊖间电压）低于 200V 数码管显示“nrd”。<br>◆三相 220V/380V 电源机型测量（R、S、T）之间的交流电压。主电源直流母线电压幅值（P ⊕、⊖间电压）低于 460V 数码管显示“nrd” |
| | | 烧录程序端子被短接 | ◆检查烧录程序的端子，确认是否被短接 |
| | | 伺服驱动器故障 | — |
| | 面板显示“Er.xxx” | 参考伺服驱动器使用手册，查找原因，排除故障 | |
| | 排除上述故障后，面板应显示“rdy” | | |
| 伺服使能信号置为有效（S-ON 为 ON） | 面板显示“Er.xxx” | 参考伺服驱动器使用手册 查找原因，排除故障 | |
| | 伺服电机的轴处于自由运行状态 | 伺服使能信号无效 | ◆将面板切换到伺服状态显示，查看面板是否显示为“rdy”，而不是“run”。<br>◆查看 H03 组和 H17 组，是否设置伺服使能信号（DI 功能 1：S-ON），若已设置，则查看对应端子逻辑是否有效；若未设置，则进行设置，并使端子逻辑有效。<br>◆若 H03 组已设置伺服使能信号，且对应端子逻辑有效，但面板依然显示“rdy”，则检查该 DI 端子接线是否正确 |
| | | 控制模式选择错误 | ◆查看 H02-00 是否为 0，若误设为 2(转矩模式)，由于默认转矩指令为零，电机轴也处于自由运行状态 |
| | 排除上述故障后，面板应显示“run” | | |

续表

| 启动过程 | 故障现象 | 原因 | 确认方法 |
| --- | --- | --- | --- |
| 输入速度指令 | 伺服电机不旋转或转速不正确 | 速度指令（H0B-01）为0 | ◆ AI接线错误<br>选用模拟量输入指令时，首先查看AI模拟量输入通道选择是否正确，然后查看AI端子接线是否正确。<br>◆速度指令选择错误<br>查看H06-02是否设置正确。<br>◆未输入速度指令或速度指令异常<br>（1）选用模拟量输入指令时，首先查看H03组AI相关参数设置是否正确；然后检查外部信号源输入电压信号是否正确，可用示波器观测或通过H0B-21或H0B-22读取；<br>（2）数字给定时，查看H06-03是否正确；<br>（3）多段速度指令给定时，查看H12组参数是否设置正确；<br>（4）通信给定时，查看H31-09是否正确；<br>（5）点动速度指令给定时，查看H06-04是否正确，是否已设置DI功能18或19，及对应端子逻辑是否有效；<br>（6）查看加减速时间H06-05和H06-06设置是否正确；<br>（7）零位固定功能是否被误启用，即查看DI功能12是否误配置，以及相应DI端子有效逻辑是否正确 |
| | 伺服电机反转 | 速度指令（H0B-01）为负数 | ◆选用模拟量输入指令时，查看输入信号正负极性是否反向；<br>◆数字给定时，查看H06-03是否小于0；<br>◆多段速度指令给定时，查看H12组每组速度指令的正负；<br>◆通信给定时，查看H31-09是否小于0；<br>◆点动速度指令给定时，查看H06-04数值、DI功能18、19的有效逻辑与预计转向是否匹配；<br>◆查看是否已设置DI功能26（FunIN.26:SpdDirSel，速度指令方向设置）及对应端子逻辑是否有效；<br>◆查看H02-02参数是否设置错误 |
| | 排除上述故障后，伺服电机能旋转 | | |
| 低速旋转不平稳 | 低速旋转时速度不稳定 | 增益设置不合理 | ◆进行自动增益调整 |
| | 电机轴左右振动 | 负载转动惯量比（H08-15）太大 | ◆若可安全运行，则重新进行惯量辨识；<br>◆进行自动增益调整 |

### 3. 伺服驱动器转矩模式（以IS600P伺服驱动器为例，电路请参阅前述）

在伺服驱动器转矩模式IS600P伺服驱动器故障检查如表1-28所示。

表1-28　在伺服驱动器转矩模式IS600P伺服驱动器故障检查

| 启动过程 | 故障现象 | 原因 | 确认方法 |
| --- | --- | --- | --- |
| 接通控制电源（L1C、L2C）主电源（L1、L2）（R、S、T） | 数码管不亮或不显示“rdy” | 控制电源电压故障 | ◆拔下 CN1、CN2、CN3、CN4 后，故障依然存在。<br>◆测量（L1C、L2C）之间的交流电压 |
| | | 主电源电压故障 | ◆单相 220V 电源机型测量（L1、L2）之间的交流电压。主电源直流母线电压幅值（P ⊕、⊖间电压）低于 200V 数码管显示“nrd”<br>◆三相 220V/380V 电源机型测量（R、S、T）之间的交流电压。主电源直流母线电压幅值（P ⊕、⊖间电压）低于 460V 数码管显示“nrd” |
| | | 烧录程序端子被短接 | ◆检查烧录程序的端子，确认是否被短接 |
| | | 伺服驱动器故障 | — |
| | 面板显示“Er.xxx” | 参考伺服驱动器使用手册查找原因，排除故障 | |
| | 排除上述故障后，面板应显示“rdy” | | |
| 伺服使能信号置为有效（S-ON 为 ON） | 面板显示“Er.xxx” | 参考伺服驱动器使用手册查找原因，排除故障 | |
| | 伺服电机的轴处于自由运行状态 | 伺服使能信号无效 | ◆将面板切换到伺服状态显示，查看面板是否显示为“rdy”，而不是“run”。<br>◆查看 H03 组和 H17 组，是否设置伺服使能信号（DI 功能 1：S-ON）。若已设置，则查看对应端子逻辑是否有效；若未设置，则进行设置，并使端子逻辑有效。<br>◆若 H03 组已设置伺服使能信号，且对应端子逻辑有效，但面板依然显示“rdy”，则检查该 DI 端子接线是否正确 |
| | 排除上述故障后，面板应显示“run” | | |
| 输入转矩指令 | 伺服电机不旋转 | 内部转矩指令（H0B-02）为 0 | ◆ AI 接线错误<br>选用模拟量输入指令时，查看 AI 端子接线是否正确。<br>◆转矩指令选择错误<br>查看 H07-02 是否设置正确。<br>◆未输入转矩指令<br>（1）选用模拟量输入指令时，首先查看 H03 组 AI 相关参数设置是否正确；然后查看外部信号源输入电压信号是否正确，可用示波器观测或通过 H0B-21 或 H0B-22 读取；<br>（2）数字给定时，查看 H07-03 是否为 0；<br>（3）通信给定时，查看 H31-11 是否为 0 |
| | 伺服电机反转 | 内部转矩指令（H0B-02）为负数 | ◆选用模拟量输入指令时，外部信号源输入电压极性是否反向，可用示波器或通过 H0B-21 或 H0B-22 查看；<br>◆数字给定时，查看 H07-03 是否小于 0；<br>◆通信给定时，查看 H31-11 是否小于 0；<br>◆查看是否已设置 DI 功能 25（FunIN.25：ToqDirSel，转矩指令方向设置）及对应端子逻辑是否有效；<br>◆查看 H02-02 参数是否设置错误 |
| | 排除上述故障后，伺服电机能旋转 | | |
| 低速旋转不平稳 | 低速旋转时速度不稳定 | 增益设置不合理 | ◆进行自动增益调整 |
| | 电机轴左右振动 | 负载转动惯量比（H08-15）太大 | ◆若可安全运行，则重新进行惯量辨识；<br>◆进行自动增益调整 |

## 二、伺服驱动器运行中的故障和警告处理

伺服驱动器运行中故障和警告代码（以 IS600P 伺服驱动器为例，电路请参阅前述）如下所述。

（1）故障和警告分类　伺服驱动器的故障和警告按严重程度分级，可分为三级：第 1 类、第 2 类、第 3 类，严重等级：第 1 类 > 第 2 类 > 第 3 类，具体分类如下。

- 第 1 类（简称 NO.1）：不可复位故障；
- 第 1 类（简称 NO.1）：可复位故障；
- 第 2 类（简称 NO.2）：可复位故障；
- 第 3 类（简称 NO.31）：可复位故障。

"可复位"是指通过给出"复位信号"使面板停止故障显示状态。以 IS600P 为例具体操作：

- 设置参数 H0D-01=1（故障复位）或者使用 DI 功能 2（FunIN.2：ALM-RST，故障和警告复位）且置为逻辑有效，可使面板停止故障显示。
- NO.1、NO.2 可复位故障的复位方法：先关闭伺服使能信号（S-ON 置为 OFF），然后置 H0D-01=1 或使用 DI 功能 2。
- NO.3 可复位警告的复位方法：置 H0D-01=1 或使用 DI 功能 2。

**注意：对于一些故障或警告，必须通过更改设置，将产生的原因排除后，才可复位，但复位不代表更改生效。对于需要重新上控制电（L1C、L2C）才生效的更改，必须重新上控制电；对于需要停机才生效的更改，必须关闭伺服使能，更改生效后，伺服驱动器才能正常运行。**

在操作中关联功能代码如表 1-29 所示。

表1-29　关联功能代码

| 功能码 | | 名称 | 设定范围 | 单位 | 出厂设定 | 设定方式 | 生效时间 | 相关模式 |
|---|---|---|---|---|---|---|---|---|
| H0D | 01 | 故障复位 | 0—无操作<br>1—故障和警告复位 | — | 0 | 停机设定 | 立即生效 | |

| 编码 | 名称 | 功能名 | 功能 |
|---|---|---|---|
| FunIN.2 | ALM-RST | 故障和警告复位信号 | 该 DI 功能为边沿有效，电平持续为高 / 低电平时无效。<br>按照报警类型，有些报警复位后伺服是可以继续工作的。<br>分配到低速 DI 时，若 DI 逻辑设置为电平有效，将被强制为沿变化有效，有效的电平变化务必保持 3ms 以上，否则将导致故障复位功能无效。请勿分配故障复位功能到快递 DI，否则功能无效。<br>无效，不复位故障和警告；<br>有效，复位故障和警告 |

（2）伺服驱动器故障和警告记录　伺服驱动器具有故障记录功能，可以记录最近 10 次的故障和警告名称及故障或警告发生时伺服驱动器的状态参数。若最近 5 次发生了重复的故障或警告，则故障或警告代码即驱动器状态仅记录一次。

故障或警告复位后，故障记录依然会保存该故障和警告：使用“系统参数初始化功能”IS600P 使用（H02-31=1 或 2）可清除故障和警告记录。

通过监控参数 H0B-33 可以选择故障或警告距离当前故障的次数 *n*，H0B-34 可以查看第 *n*+1 次故障或警告名称，H0B-35 ～ H0B-42 可以查看对应第 *n*+1 次故障或警告发生时伺服驱动器的状态参数，没有故障发生时面板上 H0B-34 显示“Er.000”。

通过面板查看 H0B-34（第 *n*+1 次故障或警告名称）时，面板显示“Et.xxx”，“xxx”为故障或警告代码；通过和驱动调试平台软件或者通信读取 H0B-34 时，读取的是代码的十进制数据，需要转化成十六进制数据以反映真实的故障或警告代码，如表 1-30 所示。

表1-30　面板显示故障或警告记录

| 面板显示故障或警告“Er.xxx” | H0B-34（十进制） | H0B-34（十六进制） | 说明 |
|---|---|---|---|
| Er.101 | 257 | 0101 | 0：第 1 类不可复位故障；101：故障代码 |
| Er.130 | 8496 | 2130 | 2：第 1 类可复位故障；130：故障代码 |
| Er.121 | 24865 | 6121 | 6：第 2 类可复位故障；121：故障代码 |
| Er.110 | 57616 | E110 | E：第 3 类可复位警告；110：警告代码 |

（3）故障和警告编码输出　伺服驱动器能够输出当前最高级别的故障或警告编码。“故障编码输出”是指将伺服驱动器的 3 个 DO 端子设定成 DO 功能 12、13、14，其中 FunOUT.12；ALM01（报警代码第 1 位，简称 AL1），FunOUT.13；ALM02（报警代码第 2 位，简称 AL2），FunOUT.14；ALM03（报警代码第 3 位，简称 AL3）。不同的故障发生时，3 个 DO 端子的电平将发生变化。

❶ 第 1 类（NO.1）不可复位故障，如表 1-31 所示。

表1-31　第1类不可复位故障

| 显示 | 故障名称 | 故障类型 | 能否复位 | 编码输出 | | |
|---|---|---|---|---|---|---|
| | | | | AL3 | AL2 | AL1 |
| Er.101 | H02 及以上组参数异常 | NO.1 | 否 | 1 | 1 | 1 |
| Er.102 | 可编程逻辑配置故障 | NO.1 | 否 | 1 | 1 | 1 |
| Er.104 | 可编程逻辑中断故障 | NO.1 | 否 | 1 | 1 | 1 |
| Er.105 | 内部程序异常 | NO.1 | 否 | 1 | 1 | 1 |
| Er.108 | 参数存储故障 | NO.1 | 否 | 1 | 1 | 1 |
| Er.111 | 内部故障 | NO.1 | 否 | 1 | 1 | 1 |

续表

| 显示 | 故障名称 | 故障类型 | 能否复位 | 编码输出 | | |
|---|---|---|---|---|---|---|
| | | | | AL3 | AL2 | AL1 |
| Er.120 | 产品匹配故障 | NO.1 | 否 | 1 | 1 | 1 |
| Er.136 | 电机 ROM 中数据校验错误或未存入参数 | NO.1 | 否 | 1 | 1 | 1 |
| Er.200 | 过流 1 | NO.1 | 否 | 1 | 1 | 0 |
| Er.201 | 过流 2 | NO.1 | 否 | 1 | 1 | 0 |
| Er.208 | FPGA 系统采样运算超时 | NO.1 | 否 | 1 | 1 | 0 |
| Er.210 | 输出对地短路 | NO.1 | 否 | 1 | 1 | 0 |
| Er.220 | 相序错误 | NO.1 | 否 | 1 | 1 | 0 |
| Er.234 | 飞车 | NO.1 | 否 | 1 | 1 | 0 |
| Er.430 | 控制电欠压 | NO.1 | 否 | 0 | 1 | 1 |
| Er.740 | 编码器干扰 | NO.1 | 否 | 1 | 1 | 1 |
| Er.834 | AD 采样过压 | NO.1 | 否 | 1 | 1 | 1 |
| Er.835 | 高精度 AD 采样故障 | NO.1 | 否 | 1 | 1 | 1 |
| Er.A33 | 编码器数据异常 | NO.1 | 否 | 0 | 1 | 0 |
| Er.A34 | 编码器回送校验异常 | NO.1 | 否 | 0 | 1 | 0 |
| Er.A35 | Z 信号丢失 | NO.1 | 否 | 0 | 1 | 0 |

注：“1”表示有效，“0”表示无效，不代表 DO 端子电平的高低。

❷ 第 1 类（NO.1）可复位故障，如表 1-32 所示。

表1-32　第1类可复位故障

| 显示 | 故障名称 | 故障类型 | 能否复位 | 编码输出 | | |
|---|---|---|---|---|---|---|
| | | | | AL3 | AL2 | AL1 |
| Er.130 | DI 功能重复分配 | NO.1 | 是 | 1 | 1 | 1 |
| Er.131 | DO 功能分配超限 | NO.1 | 是 | 1 | 1 | 1 |
| Er.207 | D/Q 轴电流溢出故障 | NO.1 | 是 | 1 | 1 | 0 |
| Er.400 | 主回路电过压 | NO.1 | 是 | 0 | 1 | 1 |
| Er.410 | 主回路电欠压 | NO.1 | 是 | 1 | 1 | 0 |
| Er.500 | 过速 | NO.1 | 是 | 0 | 1 | 0 |
| Er.602 | 角度辨识失败 | NO.1 | 是 | 0 | 0 | 0 |

❸ 第 2 类（NO.2）可复位故障，如表 1-33 所示。

表1-33　第2类可复位故障

| 显示 | 故障名称 | 故障类型 | 能否复位 | 编码输出 | | |
|---|---|---|---|---|---|---|
| | | | | AL3 | AL2 | AL1 |
| Er.121 | 伺服 ON 指令无效故障 | NO.2 | 是 | 1 | 1 | 1 |
| Er.410 | 主回路电欠压 | NO.2 | 是 | 1 | 1 | 0 |
| Er.420 | 主回路电缺相 | NO.2 | 是 | 0 | 1 | 1 |
| Er.510 | 脉冲输出过速 | NO.2 | 是 | 0 | 0 | 0 |
| Er.610 | 驱动器过载 | NO.2 | 是 | 0 | 1 | 0 |
| Er.620 | 电机过载 | NO.2 | 是 | 0 | 0 | 0 |
| Er.630 | 电机堵转 | NO.2 | 是 | 0 | 0 | 0 |
| Er.650 | 散热器过热 | NO.2 | 是 | 0 | 0 | 0 |
| Er.B00 | 位置偏差过大 | NO.2 | 是 | 1 | 0 | 0 |
| Er.B01 | 脉冲输入异常 | NO.2 | 是 | 1 | 0 | 0 |
| Er.B02 | 全闭环位置偏差过大 | NO.2 | 是 | 1 | 0 | 0 |
| Er.B03 | 电子齿轮比设定超限 | NO.2 | 是 | 1 | 0 | 0 |
| Er.B04 | 全闭环功能参数设置错误 | NO.2 | 是 | 1 | 0 | 0 |
| Er.D03 | CAN 通信连接中断 | NO.2 | 是 | 1 | 0 | 1 |

❹ 警告，可复位。如表 1-34 所示。

表1-34　警告，可复位

| 显示 | 警告名称 | 故障类型 | 能否复位 | 编码输出 | | |
|---|---|---|---|---|---|---|
| | | | | AL3 | AL2 | AL1 |
| Er.110 | 分频脉冲输出设定故障 | NO.3 | 是 | 1 | 1 | 1 |
| Er.601 | 回原点超时故障 | NO.3 | 是 | 0 | 0 | 0 |
| Er.831 | AI 零漂过大 | NO.3 | 是 | 1 | 1 | 1 |
| Er.900 | DI 紧急刹车 | NO.3 | 是 | 1 | 1 | 1 |
| Er.909 | 电机过载警告 | NO.3 | 是 | 1 | 1 | 0 |
| Er.920 | 制动电阻过载 | NO.3 | 是 | 1 | 0 | 1 |

续表

| 显示 | 警告名称 | 故障类型 | 能否复位 | 编码输出 | | |
|---|---|---|---|---|---|---|
| | | | | AL3 | AL2 | AL1 |
| Er.922 | 外接制动电阻过小 | NO.3 | 是 | 1 | 0 | 1 |
| Er.939 | 电机动力线断线 | NO.3 | 是 | 1 | 0 | 0 |
| Er.941 | 变更参数需重新上电生效 | NO.3 | 是 | 0 | 1 | 1 |
| Er.942 | 参数存储频繁 | NO.3 | 是 | 0 | 1 | 1 |
| Er.950 | 正向超程警告 | NO.3 | 是 | 0 | 0 | 0 |
| Er.952 | 反向超程警告 | NO.3 | 是 | 0 | 0 | 0 |
| Er.980 | 编码器内部故障 | NO.3 | 是 | 0 | 0 | 1 |
| Er.990 | 输入缺相警告 | NO.3 | 是 | 0 | 0 | 1 |
| Er.994 | CAN 地址冲突 | NO.3 | 是 | 0 | 0 | 1 |
| Er.A40 | 内部故障 | NO.3 | 是 | 0 | 1 | 0 |

## 三、伺服驱动器典型故障处理措施

### 1. Er.101: 伺服内部参数出现异常

产生机理：

- 功能码的总个数发生变化，一般在更新软件后出现；
- 功能码的参数值超出上下限，一般在更新软件后出现。

处理方法如表 1-35 所示。

表 1-35　Er.101 故障处理方法

| 原因 | 确认方法 | 处理措施 |
|---|---|---|
| 控制电源电压瞬时下降 | 确认是否处于切断控制电（L1C、L2C）过程中或者发生瞬间停电 | 系统参数恢复初始化后，重新写入参数 |
| | 测量运行过程中控制电线缆的非驱动器侧输入电压是否符合以下规格：<br>220V 驱动器：<br>有效值：220 ～ 240V<br>允许偏差：-10% ～ +10%（198 ～ 264V）<br>380V 驱动器：<br>有效值：380 ～ 440V<br>允许偏差：-10% ～ +10%（342 ～ 484V） | 提高电源容量或者更换大容量的电源，系统参数恢复初始化后，重新写入参数 |
| 参数存储过程中瞬间掉电 | 确认是否参数值存储过程发生瞬间停电 | 重新上电，系统参数恢复初始化后，重新写入参数 |

续表

| 原因 | 确认方法 | 处理措施 |
| --- | --- | --- |
| 一定时间内参数的写入次数超过了最大值 | 确认是否上位装置频繁地进行参数变更 | 改变参数写入方法，并重新写入。或是伺服驱动器故障，更换伺服驱动器 |
| 更新了软件 | 确认是否更新了软件 | 重新设置驱动器型号和电机型号，系统参数恢复初始化 |
| 伺服驱动器故障 | 多次接通电源，并恢复出厂参数后，仍报故障时，伺服驱动器发生了故障 | 更换伺服驱动器 |

## 2. Er.105: 内部程序异常

产生机理：

- EEPROM 读 / 写功能码时，功能码总个数异常；
- 功能码设定值的范围异常（一般在更新程序后出现）。

处理方法如表 1-36 所示。

表1-36　Er.105故障处理方法

| 原因 | 确认方法 | 处理措施 |
| --- | --- | --- |
| EEPROM 故障 | | 系统参数恢复初始化后，重新上电 |
| 伺服驱动器故障 | 多次接通电源后仍报故障 | 更换伺服驱动器 |

## 3. Er.108：参数存储故障

产生机理：

- 无法向 EEPROM 中写入参数值；
- 无法向 EEPROM 中计取参数值。

处理方法如表 1-37 所示。

表1-37　Er.108故障处理方法

| 原因 | 确认方法 | 处理措施 |
| --- | --- | --- |
| 参数写入出现异常 | 更改某参数后，再次上电，查看该参数值是否保存 | 未保存，且多次上电仍出现该故障，需要更换驱动器 |
| 参数读取出现异常 | | |

## 4. Er.201：过流 2

产生机理：硬件检测到过流。

处理方法如表 1-38 所示。

表1-38　Er.201故障处理方法

| 原因 | 确认方法 | 处理措施 |
| --- | --- | --- |
| 输入指令与接通伺服同步或输入指令过快 | 检查是否在伺服面板显示“rdy”前已经输入了指令 | 指令时序：伺服面板显示“rdy”后，先打开伺服使能信号（S-ON），再输入指令。允许情况下，加入指令滤波时间常数或加大加减速时间 |
| 制动电阻过小或短路 | ◆若使用内置制动电阻，确认P ⊕、D之间是否用导线可靠连接，若是，则测量C、D间电阻阻值；<br>◆若使用外接制动电阻，测量P ⊕、C之间外接制动电阻阻值；<br>◆制动电阻规格符合驱动器厂家要求 | 若使用内置制动电阻，阻值为“0”，则调整为使用外接制动电阻，并拆除P ⊕、D之间导线，电阻阻值与功率可选用与内置制动电阻规格一致；若使用外接制动电阻，阻值小于“制动电阻规格”，更换新的电阻，重新连接于P ⊕、C之间 |
| 电机线缆接触不良 | 检查驱动器动力线缆两端和电机线缆中驱动器U V W侧的连接是否松脱 | 紧固有松动、脱落的接线 |
| 电机线缆接地 | 确保驱动器动力线缆、电机线缆紧固连接后，分别测量驱动器U V W端与接地线（PE）之间的绝缘电阻是否为兆欧姆（MΩ）级数值 | 绝缘不良时更换电机 |
| 电机U V W线缆短路 | 将电机线缆拔下，检查电机线缆U V W间是否短路，接线是否有毛刺等 | 正确连接电机线缆 |
| 电机烧坏 | 将电机线缆拔下，测量电机线缆U V W间电阻是否平衡 | 不平衡则更换电机 |
| 增益设置不合理，电机振荡 | 检查电机启动和运行过程中，是否振动或有尖锐声音 | 进行增益调整 |
| 编码器接线错误、老化腐蚀，编码器插头松动 | 检查是否选用标配的编码器线缆，线缆有无老化腐蚀、接头松动情况 | 重新焊接、插紧或更换编码器线缆 |
| 驱动器故障 | 将电机线缆拔下，重新上电仍报故障 | 更换伺服驱动器 |

### 5. Er.210：输出对地短路

产生机理：驱动器上的检测器，检测到电机相电流或母线电压异常。

处理方法如表1-39所示。

表1-39　Er.210故障处理方法

| 原因 | 确认方法 | 处理措施 |
| --- | --- | --- |
| 驱动器动力线缆（U V W）对地发生短路 | 拔掉电机线缆，分别测量驱动器动力线缆U V W是否对地（PE）短路 | 重新接线或更换驱动器动力线缆 |
| 电机对地短路 | 确保驱动器动力线缆、电机线缆紧固连接后，分别测量驱动器U V W端与接地线（PE）之间的绝缘电阻是否为兆欧姆（MΩ）级数值 | 更换电机 |
| 驱动器故障 | 将驱动器动力线缆从伺服驱动器上卸下，多次接通电源后仍报故障 | 更换伺服驱动器 |

### 6. Er.234：飞车

产生机理：转矩控制模式下，转矩指令方向与速度反馈方向相反；位置或速度控制模式下，速度反馈与速度指令方向相反。

处理方法如表 1-40 所示。

表1-40　Er.234故障处理方法

| 原因 | 确认方法 | 处理措施 |
| --- | --- | --- |
| U V W 相序接线错误 | 检查驱动器动力线缆两端和电机线缆 U V W 端、驱动器 U V W 端的连接是否一一对应 | 按照正确 U V W 相序接线 |
| 上电时，干扰信号导致电机转子初始相位检测错误 | U V W 相序正确，但使能伺服驱动器即报初始相位检测错误 | 重新上电 |
| 编码器型号错误或接线错误 | 根据驱动器及电机铭牌，确认（电机编号）设置正确 | 更换为相互匹配的驱动器及电机 |
| 编码器接线错误、老化腐蚀，编码器插头松动 | 检查是否选用标配的编码器线缆，线缆有无老化腐蚀、接头松动情况 | 重新焊接、插紧或更换编码器线缆 |
| 垂直轴工况下，重力负载过大 | 检查垂直轴负载是否过大，调整抱闸参数，是否可消除故障 | 减小垂直轴负载，或提高刚性，或在不影响安全和使用的前提下，屏蔽该故障 |

### 7. Er.400：上回路电过压

产生机理：P ⊕、⊖之间直流母线电压超过故障值。

220V 驱动器：正常值 310V，故障值 420V ；

380V 驱动器：正常值 540V，故障值 760V。

处理方法如表 1-41 所示。

表1-41　Er.400故障处理方法

| 原因 | 确认方法 | 处理措施 |
| --- | --- | --- |
| 主回路输入电压过高 | 查看驱动器输入电源规格，测量主回路线缆驱动器侧（R、S、T）输入电压是否符合以下规格：<br>220V 驱动器：<br>有效值：220 ～ 240V<br>允许偏差：-10% ～ +10%（198 ～ 264V）<br>380V 驱动器：<br>有效值：380 ～ 440V<br>允许偏差：-10% ～ +10%（342 ～ 484V） | 按照左边规格，更换或调整电源 |
| 电源处于不稳定状态，或受到了雷击影响 | 监测驱动器输入电源是否遭受到雷击影响，测量输入电源是否稳定，满足上述规格要求 | 接入浪涌抑制器后，再接通控制电和主回路电，若仍然发生故障，则更换伺服驱动器 |

续表

| 原因 | 确认方法 | 处理措施 |
|---|---|---|
| 制动电阻失效 | ◆若使用内置制动电阻，确认 P ⊕、D 之间是否用导线可靠连接，若是，则测量 C、D 间电阻阻值；<br>◆若使用外接制动电阻，测量 P ⊕、C 之间外接制动电阻阻值 | 若阻值“∞”(无穷大)，则制动电阻内部断线；<br>若使用内置制动电阻，则调整为使用外接制动电阻，并拆除 P ⊕、D 之间导线，电阻阻值与功率可选为与内置制动电阻一致；<br>若使用外接制动电阻，则更换新的电阻，重新接于 P ⊕、C 之间 |
| 外接制动电阻阻值太大，最大制动能量不能完全被吸收 | 测量 P ⊕、C 之间的外接制动电阻阻值，与推荐值相比较 | 更换外接制动电阻阻值为推荐值，重新接于 P ⊕、C 之间 |
| 电机运行于急加减速时，最大制动能量超过可吸收值 | 确认运行中的加减速时间，测量 P ⊕、⊖之间直流母线电压，确认是否处于减速段时，电压超过故障值 | 首先确保主回路输入电压在规格范围内，其次在允许情况下增大加减速时间 |
| 母线电压采样值有较大偏差 | 测量 P ⊕、⊖之间直流母线电压数值是否处于正常值 | 咨询驱动器厂家正常值进行调整 |
| 伺服驱动器故障 | 多次下电后，重新接通主回路电，仍报故障 | 更换伺服驱动器 |

### 8. Er.410：主回路电欠压

产生机理：P ⊕、⊖之间直流母线电压低于故障值。

- 220V 驱动器：正常值 310V，故障值 200V；
- 380V 驱动器：正常值 540V，故障值 380V。

处理方法如表 1-42 所示。

表1-42 Er.410故障处理方法

| 原因 | 确认方法 | 处理措施 |
|---|---|---|
| 主回路电源不稳或者掉电 | 查看驱动器输入电源规格，测量主回路线缆非驱动器侧和驱动器侧（R、S、T）输入电压是否符合以下规格：<br>220V 驱动器：<br>有效值：220 ～ 240V<br>允许偏差：-10% ～ +10%（198 ～ 264V）<br>380V 驱动器：<br>有效值：380 ～ 440V<br>允许偏差：-10% ～ +10%（342 ～ 484V）<br>三相均需要测量 | 提高电源容量 |
| 发生瞬间停电 | | |
| 运行中电源电压下降 | 监测驱动器输入电源电压，查看同一主回路供电电源是否过多开启了其他设置，造成电源容量不足电压下降 | |
| 缺相，应输入 3 相电源运行的驱动器实际以单相电源运行 | 检查主回路接线是否正确可靠 | 更换线缆并正确连接主回路电源线：<br>三相：R、S、T<br>单相：L1、L2 |

续表

| 原因 | 确认方法 | 处理措施 |
| --- | --- | --- |
| 伺服驱动器故障 | 观察参数母线电压值是否处于以下范围：<br>220V 驱动器：< 200V<br>380V 驱动器：< 380V<br>多次下电后，重新接通主回路电（R、S、T）仍报故障 | 更换伺服驱动器 |

### 9. Er.420：主回路电缺相

产生机理：三相驱动器块 1 相或 2 相。

处理方法如表 1-43 所示。

表1-43　Er.420故障处理方法

<table>
<tr><th>原因</th><th>确认方法</th><th>处理措施</th></tr>
<tr><td>三相输入线接线不良</td><td>检查非驱动器侧与驱动器主回路输入端子（R、S、T）间线缆是否良好并紧固连接</td><td>更换线缆并正确连接主回路电源线</td></tr>
<tr><td>三相规格的驱动器运行在单相电源下</td><td rowspan="2">查看驱动器输入电源规格，检查实际输入电压规格，测量主回路输入电压是否符合以下规格：<br>220V 驱动器：<br>有效值：220 ～ 240V<br>允许偏差：-10% ～ +10%（198 ～ 264V）<br>380V 驱动器：<br>有效值：380 ～ 440V<br>允许偏差：-10% ～ +10%（342 ～ 484V）<br>三相均需要测量</td><td rowspan="2">若输入电压不符合左边规格，请按照左边规格，更换或调整电源</td></tr>
<tr><td>三相电源不平衡或者三相电压均过低</td></tr>
<tr><td>伺服驱动器故障</td><td>多次下电后，重新接通主回路电（R、S、T）仍报故障</td><td>更换伺服驱动器</td></tr>
</table>

### 10. Er.430 控制电欠压

产生机理：

- 220V 驱动器：正常值 310V，故障值 190V。
- 380V 驱动器：正常值 540V，故障值 350V。

处理方法如表 1-44 所示。

表1-44　Er.430故障处理方法

<table>
<tr><th>原因</th><th>确认方法</th><th>处理措施</th></tr>
<tr><td rowspan="2">控制电电源不稳或者掉电</td><td>确认是否处于切断控制电（L1C、L2C）过程中或发生瞬间停电</td><td>重新上电，若是异常掉电，需确保电源稳定</td></tr>
<tr><td>测量控制电线缆的输入电压是否符合以下规格：<br>220V 驱动器：<br>有效值：220 ～ 240V<br>允许偏差：-10% ～ +10%（198 ～ 264V）<br>380V 驱动器：<br>有效值：380 ～ 440V<br>允许偏差：-10% ～ +10%（342 ～ 484V）</td><td>提高电源容量</td></tr>
<tr><td>控制电线缆接触不好</td><td>检测线缆是否连通，并测量控制电线缆驱动器侧（L1C、L2C）的电压是否符合以上要求</td><td>重新接线或更换线缆</td></tr>
</table>

### 11. Er.500：过速

生产机理：伺服电机实际转速超过过速故障阈值。

处理方法如表 1-45 所示。

表1-45 Er.500故障处理方法

| 原因 | 确认方法 | 处理措施 |
| --- | --- | --- |
| 电机线缆 U V W 相序错误 | 检查驱动器动力线缆两端与电机线缆 U V W 端、驱动器 U V W 端的连接是否一一对应 | 按照正确 U V W 相序接线 |
| H0A-08 参数设置错误 | 检查过速故障阈值是否小于实际运行需达到的电机最高转速：<br>过速故障阈值 =1.2 倍电机最高转速 | 根据机械要求重新设置过速故障阈值 |
| 输入指令超过了过速故障阈值 | 确认输入指令对应的电机转速是否超过了过速故障阈值。<br>位置控制模式，指令来源为脉冲指令时：<br>$电机转速(rpm)=\frac{输入脉冲频率(Hz)}{编码器分辨率}\times 电子齿轮比 \times 60$ | 位置控制模式：<br>位置指令来源为脉冲指令时：在确保最终定位准确前提下，降低脉冲指令频率或在运行速度允许情况下，减小电子齿轮比；<br>速度控制模式：查看输入速度指令数值或速度限制值并确认其均在过速故障阈值之内；<br>转矩控制模式：将速度限制阈值设定在过速故障阈值之内 |
| 电机速度超调 | ◆查看“速度反馈”是否超过了过速故障阈值 | 进行增益调整或调整机械运行条件 |
| 伺服驱动器故障 | ◆重新上电运行后，仍发生故障 | 更换伺服驱动器 |

### 12. Er.A33：编码器数据异常

产生机理：编码器内总参数异常。

处理方法如表 1-46 所示。

表1-46 Er.A33故障处理方法

| 原因 | 确认方法 | 处理措施 |
| --- | --- | --- |
| 串行编码器线缆断线或松动 | 检查接线 | 确认编码器线缆是否有误连接或断线、接触不良等情况，如果电机线缆和编码器线缆捆扎在一起，则请分开布线 |
| 串行编码器参数读写异常 | 多次接通电源后，仍报故障时，编码器发生故障 | 更换伺服电机 |

### 13. Er.A35：编码器 Z 信号丢失

产生机理：2500 线增量式编码器 Z 信号丢失或者 AB 信号沿同时跳变。

处理方法如表 1-47 所示。

表1-47 Er.A35故障处理方法

| 原因 | 确认方法 | 处理措施 |
| --- | --- | --- |
| 编码器故障导致 Z 信号丢失 | ◆使用完好的编码器线缆且正确接线后，用手拧动电机轴，查看是否依然报故障 | 更换伺服电机 |
| 接线不良或接错导致编码器 Z 信号丢失 | ◆用手拧动电机轴，查看是否依然报故障 | 检查编码器线是否接触良好，重新接线或更换线缆 |

# 第二章 典型伺服驱动器和智能伺服驱动器及应用

## 第一节 伺服驱动器V80及应用

对于刚接触伺服驱动的读者，可以本着先易后难的原则，选用成本低的经济型伺服驱动器来自己动手学习应用实战知识。本节将以西门子公司的经济型伺服驱动器 V80 为例介绍。

西门子 V80 伺服驱动系统包括伺服驱动器和伺服电机两部分，伺服驱动器总是与其对应的同等功率的伺服电机一起配套使用。SINAMICS V80 伺服驱动器通过脉冲输入接口直接接收从上位控制器发来的脉冲序列，进行速度和位置控制，通过数字量接口信号来完成驱动器运行的控制和实时状态的输出。

### 一、SINAMICS V80 经济型伺服驱动器的特点与优势

SINAMICS V80 采用了全新的伺服驱动技术，无须设置任何参数，无须增益调节，便可以实现极高的定位精度。

SINAMICS V80 的调试很简单：组件连线工作完成之后，仅需采用旋转式开关选择设定点分辨率即可。系统集成有自动调节功能，可以根据所连接的机器，自动调整闭环控制器的参数设置，且对负载变化的响应极为快捷。系统还另外设计有一个旋转开关，可以根据具体应用，精细地调整驱动器的动态行为特性。

SINAMICS V80 集成的编码器接口，可直接实现闭环控制，SINAMICS V80 的通信连接采用标准的连接电缆，与 PLC 配套实现顺畅、可靠地连接。

### 二、SINAMICS V80 经济型伺服驱动器和配套伺服电机选型说明

SINAMICS V80 经济型伺服驱动器和配套伺服电机型号如图 2-1 所示。

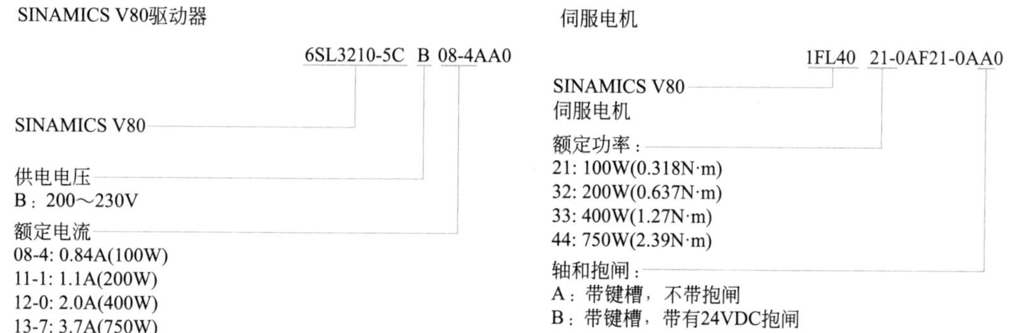


图 2-1　SINAMICS V80 经济型伺服驱动器和配套伺服电机型号

## 三、SINAMICS V80 经济型伺服驱动器通信电缆

SIMATIC PLC/SINAMICS V80 通信电缆是为 SIMATIC PLC 与 SINAMICS V80 之间进行信号交换定制的专用电缆。电缆中部的集成电路中包含了信号优化所需的电阻以及源型、漏型 PLC 选择电路。通过这根电缆，将 SIMATIC PLC 与 SINAMICS V80 组成一个全新的可靠的系统。其外形如图 2-2 所示。

SIMATIC PLC/SINAMICS V80 通信电缆信号针脚功能描述如表 2-1 所示。

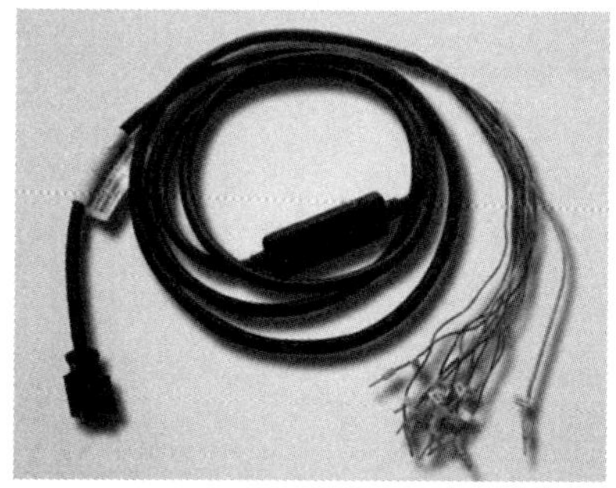

图 2-2　SIMATIC PLC/SINAMICS V80 通信电缆

表2-1　SIMATIC PLC/SINAMICS V80通信电缆信号针脚功能描述

| 信号 | 线色 | 描述 |
|---|---|---|
| P24V/M | 红 + 白 | 源型 / 漏型（PNP/NPN）选择 |
| PULS | 橙色 | 反向脉冲串，参考脉冲串 |
| SIGN | 蓝色 | 正向脉冲串，参考方向信号 |
| CLR | 褐色 | 停止脉冲串并且清除剩余脉冲 |
| ON/OFF | 白色 | 驱动器使能信号 |
| P24V | 红色 | 外部 24V 电源正 |
| M | 黑色 | 外部 24V 电源零 |
| Z | 绿色 | 输出编码器零脉冲（1 个脉冲 / 转） |
| Z_COM | 绿 + 白 | 零脉冲信号零 |
| Alarm | 蓝 + 白 | 驱动器报警 |
| BK | 橙 + 白 | 输出信号 ON 时释放抱闸 |
| POS_OK | 褐 + 白 | 定位完成 |
| Shield | 黄色 | 屏蔽线 |

注：1 号针（P24V/M），如果选用的 PLC 是源型（PNP），那么必须与 M 连接，如果选用的 PLC 是漏型（NPN），那么必须与 P24V 连接。

## 四、SINAMICS V80伺服驱动器接口

SINAMICS V80 伺服驱动器接口如图 2-3 所示。

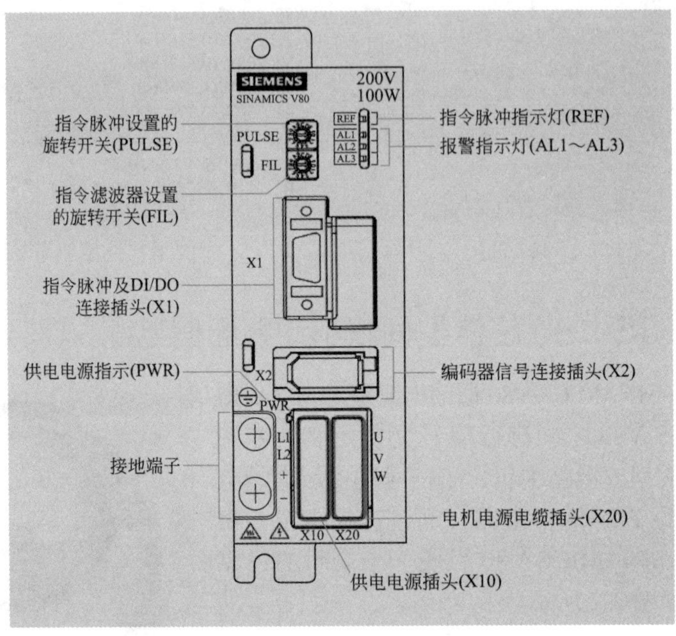


图 2-3 SINAMICS V80 伺服驱动器接口说明

### 1. 指令脉冲设置（PULSE）

指令脉冲设定必须在装置没有通电的情况下，来设定指令脉冲（出厂设置为 0）。指令脉冲旋转开关设置如表 2-2 所示。

表2-2 指令脉冲旋转开关设置

| 设置 | 指令脉冲分辨率 | 指令脉冲连接方式 | 指令脉冲类型 |
|---|---|---|---|
| 0 | 1000 | 集电极开路或者线驱动 | CW+CCW 正逻辑<br>CW<br>CCW |
| 1 | 2500 | | |
| 2 | 5000 | 线驱动 | |
| 3 | 10000 | | |
| 4 | 1000 | 集电极开路或者线驱动 | CW+CCW 负逻辑<br>CW<br>CCW |
| 5 | 2500 | | |
| 6 | 5000 | 线驱动 | |
| 7 | 10000 | | |
| 8 | 1000 | 集电极开路或者线驱动 | 方向 + 脉冲序列 正逻辑<br>PULS<br>SIGN |
| 9 | 2500 | | |
| A | 5000 | 线驱动 | |
| B | 10000 | | |

续表

| 设置 | 指令脉冲分辨率 | 指令脉冲连接方式 | 指令脉冲类型 |
|---|---|---|---|
| C | 1000 | 集电极开路或者线驱动 | 方向 + 脉冲序列 负逻辑<br>脉冲<br>方向 |
| D | 2500 | | |
| E | 5000 | 线驱动 | |
| F | 10000 | | |

### 2. 指令滤波设置（FIL）

对于指令滤波设置，只有在机器振动时才需要改变此值（出厂设置为 0）。如表 2-3 所示。

表2-3　对于指令滤波设置，只有在机器振动时才需要改变此值

| 设置 | 滤波时间常数 | 指令结束到定位完成时间 | 说明 |
|---|---|---|---|
| 0 | 45ms | 100 ～ 200 ms | 较短的滤波时间常数（高动态）<br>↕<br>较长的滤波时间常数（较稳定） |
| 1 | 50ms | 110 ～ 220 ms | |
| 2 | 60ms | 130 ～ 260 ms | |
| 3 | 65ms | 150 ～ 300 ms | |
| 4 | 70ms | 170 ～ 340 ms | |
| 5 | 80ms | 200 ～ 400 ms | |
| 6 | 85ms | 250 ～ 500 ms | |
| 7 | 170ms | 500 ～ 1000 ms | |
| 8 ～ F | 不要设定成该值 | | |

### 3. 指令脉冲指示（REF）

（1）指令脉冲指示　如表 2-4 所示。

表2-4　指令脉冲指示

| 指示灯① | 电机通电状态 | 指令脉冲 |
|---|---|---|
| 橙色亮 | 关 | — |
| 橙色闪 | 关 | 脉冲正在输入 |
| 绿色亮 | 开 | — |
| 绿色闪 | 开 | 脉冲正在输入 |

①当清除信号输入时黄色亮 1s。

（2）SINAMICS V80 伺服驱动器信号说明　如表 2-5 所示。

表2-5　SINAMICS V80伺服驱动器信号说明

<table>
<tr><th colspan="3">信号类型</th><th>技术规格</th><th>说明</th></tr>
<tr><td rowspan="2">指令脉冲输入<br>（通过脉冲开关可选择脉冲种类，脉冲分辨率）</td><td colspan="2">脉冲类型</td><td>·CW+CCW 脉冲序列<br>·方向 + 脉冲序列</td><td>SINAMICS V80 输入的脉冲序列类型<br>“CW+CCW”是指用正转和反转指令脉冲序列作为输入</td></tr>
<tr><td colspan="2">脉冲分辨率</td><td>·集电极开路：<br>1000 脉冲 / 秒（最大为 75k 脉冲 / 秒）<br>2500 脉冲 / 秒（最大为 187.5k 脉冲 / 秒）<br>·线驱动：<br>1000 脉冲 / 秒（最大为 75k 脉冲 / 秒）<br>2500 脉冲 / 秒（最大为 187.5k 脉冲 / 秒）<br>5000 脉冲 / 秒（最大为 375k 脉冲 / 秒）<br>10000 脉冲 / 秒（最大为 750k 脉冲 / 秒）</td><td>电机每秒的指令脉冲数</td></tr>
<tr><td rowspan="6">DI /D0 信号</td><td rowspan="2">输入</td><td>清除（CLR）</td><td>该信号的上升沿将停止指令脉冲，并删除剩余位置（）</td><td rowspan="2">线驱动输入：3V 时为 7mA<br>集电极开路：7 ～ 15mA</td></tr>
<tr><td>启动（ON/OFF）</td><td>驱动器的启动和停止（驱动器使能）</td></tr>
<tr><td rowspan="4">输出</td><td>报警（Alarm）</td><td>当报警时，驱动器没有输出。<br>注：接通电源后约 2s 为 OFF 状态</td><td rowspan="3">输出信号：最大电压为 30V<br>最大电流为 50mA</td></tr>
<tr><td>抱闸（BK）</td><td>控制电机抱闸</td></tr>
<tr><td>定位完成（POS_OK）</td><td>当位置偏差为 10% 的指令位置时，POS_OK 为 ON</td></tr>
<tr><td>编码器 Z 相信号（Phase Z）</td><td>电机零脉冲（宽度为 1/1000rev），用信号的下降沿（）</td><td>电机一圈只有一个零脉冲</td></tr>
<tr><td rowspan="4">内置功能</td><td colspan="2">动态制动（DB）</td><td>主电源关闭，驱动器报警及电机停止（电机停止后将关闭）</td><td>通过 SINAMICS V80 的内部保护使电机停车</td></tr>
<tr><td colspan="2">保护</td><td>速度异常，过载，编码器错误，电压异常，过流，驱动器内的冷却风扇停止，系统错误。<br>注意：驱动器内设有接地保护电路</td><td>—</td></tr>
<tr><td colspan="2">LED 显示</td><td>5 种（PWR，REF、AL1，AL2，AL3）</td><td>—</td></tr>
<tr><td colspan="2">指令滤波</td><td>用 FIL 开关来选择（共有 8 种选择）</td><td>—</td></tr>
</table>

## 4. I/O 信号连接器（X1）

SINAMICS V80 伺服驱动器 I/O 信号连接器端口说明如表 2-6 所示。

表2-6 SINAMICS V80伺服驱动器I/O信号连接器端口说明

| 端子号 | 输入 / 输出 | 信号 | 说明 |
|---|---|---|---|
| 1 | 输入 | +CW/PULS | 指令脉冲（反转） |
| 2 | 输入 | -CW/PULS | |
| 3 | 输入 | +CCW/SIGN | 指令脉冲（正转）/ 旋转方向 |
| 4 | 输入 | -CCW/SIGN | |
| 5 | 输入 | +24VIN | 外部 +24V 电源 |
| 6 | 输入 | ON/OFF | 伺服启动命令 |
| 7 | 输出 | M ground | 输出信号地 |
| 8 | 输入 | +CLR | 停止指令脉冲并删除剩余位置（ ） |
| 9 | 输入 | -CLR | |
| 10 | 输出 | Phase Z | 编码器 Z 相信号（1 脉冲 / 秒）<br>注意：该信号的下降沿有效（ ） |
| 11 | 输出 | Phase Z common | 编码器 Z 相信号地 |
| 12 | 输出 | Alarm | 驱动器报警 |
| 13 | 输出 | BK | 电机松闸 |
| 14 | 输出 | POS_OK | 定位完成 |
| 外壳 | — | — | 屏蔽 |

## 5. 编码器连接器（X2）

SINAMICS V80 伺服驱动器编码器连接器端口说明如表 2-7 所示。

表2-7 SINAMICS V80伺服驱动器编码器连接器端口说明

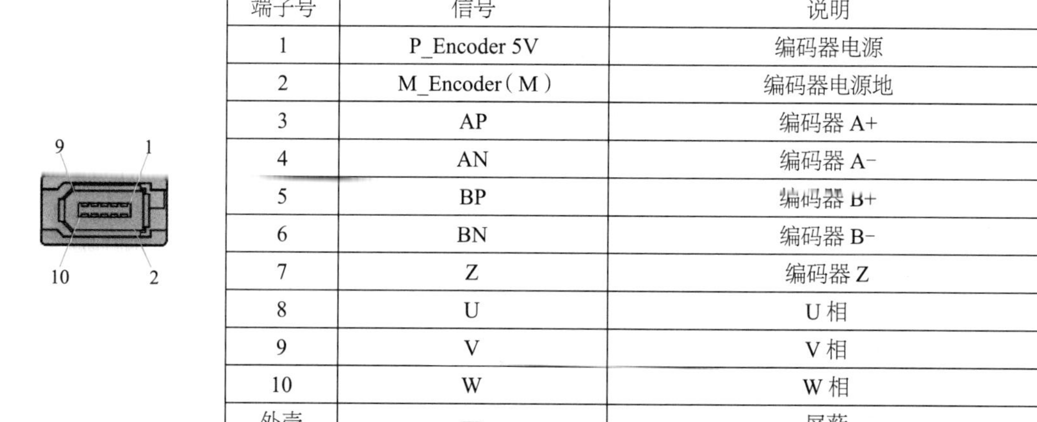

| 端子号 | 信号 | 说明 |
|---|---|---|
| 1 | P_Encoder 5V | 编码器电源 |
| 2 | M_Encoder（M） | 编码器电源地 |
| 3 | AP | 编码器 A+ |
| 4 | AN | 编码器 A- |
| 5 | BP | 编码器 B+ |
| 6 | BN | 编码器 B- |
| 7 | Z | 编码器 Z |
| 8 | U | U 相 |
| 9 | V | V 相 |
| 10 | W | W 相 |
| 外壳 | — | 屏蔽 |

## 6. 输入电源连接器（X10）

SINAMICS V80 伺服驱动器输入电源连接器说明如表 2-8 所示。

表2-8 SINAMICS V80伺服驱动器输入电源连接器说明

| 端子号 | 信号 | 说明 |
|---|---|---|
| 1 | L1 | 1AC 200 ～ 230V 输入电源端子 |
| 2 | L2 | |
| 3 | + | 备用 |
| 4 | - | |

### 7. 电机电源连接器（X20）

SINAMICS V80 伺服驱动器电机电源连接器说明如表 2-9 所示。

表2-9　SINAMICS V80伺服驱动器电机电源连接器说明

| 端子号 | 信号 | 说明 |
| --- | --- | --- |
| 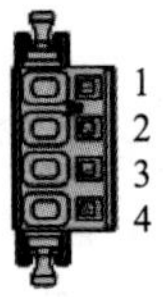 1 | U | U 相 |
| 2 | V | V 相 |
| 3 | W | W 相 |
| 4 | — | 备用 |

## 五、SINAMICS V80 驱动器系统接线

### 1. SINAMICS V80 驱动器标准接线示例

SINAMICS V80 驱动器标准接线示例如图 2-4 所示。

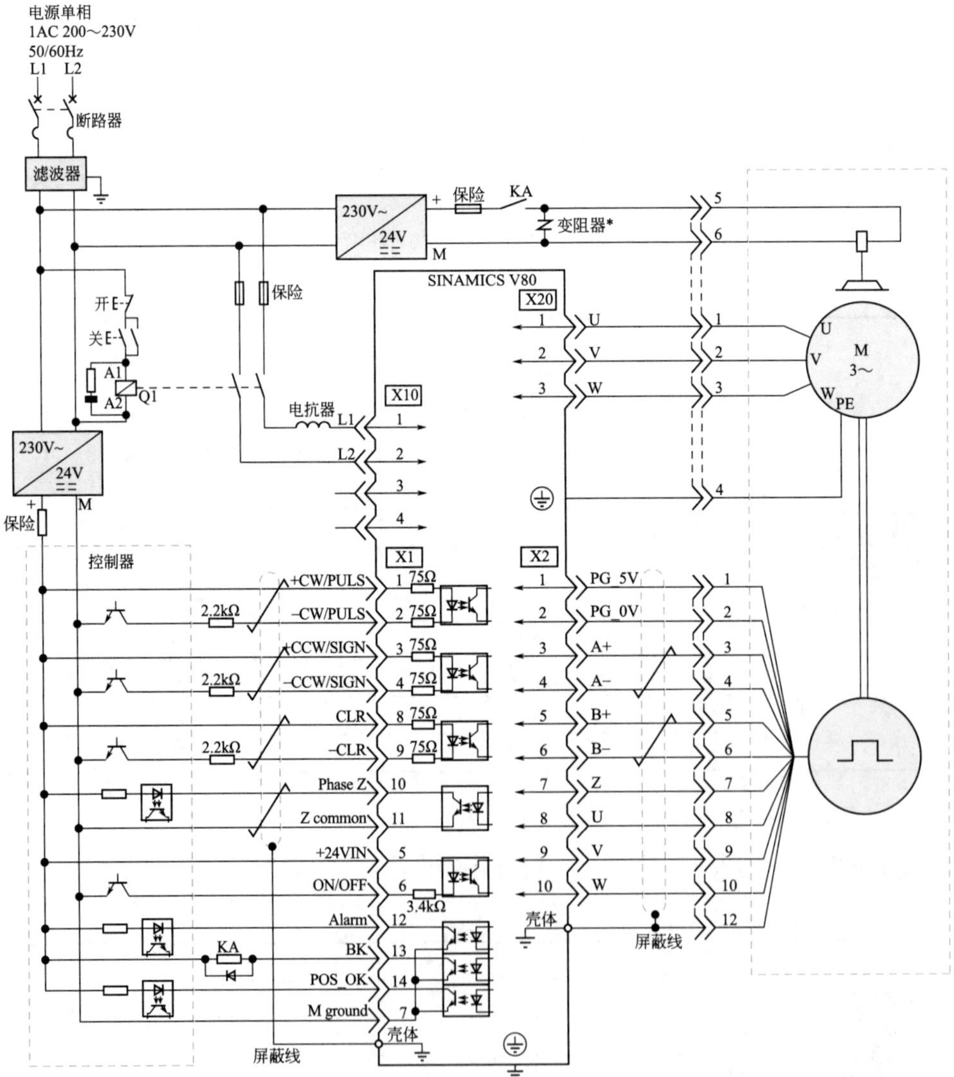

图 2-4　SINAMICS V80 驱动器标准接线

## 2. SINAMICS V80 驱动器 I/O 时序信号说明

SINAMICS V80 通过接收从上位控制器输出来的指令脉冲来控制电机的速度和位置，它能够支持下列指令脉冲类型的电路：

- 线路驱动器输出；
- +24 V 集电极开路输出；
- +12 V 集电极开路输出；
- +5 V 集电极开路输出。

输入输出信号的时序举例如图 2-5 所示。

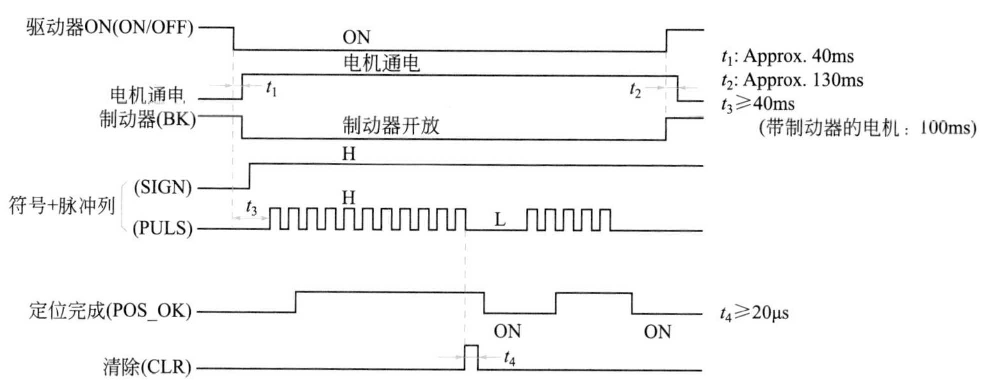


图 2-5　伺服驱动器输入输出信号的时序

在使用中注意以下方面：

❶ 开通驱动器 ON 信号到输入指令脉冲的时间间隔应设置为 40ms 以上。如果开通伺服 ON 信号后在 40ms 以内输入指令脉冲，SINAMICS V80 有可能无法接收指令脉冲。

使用带抱闸的电机时，由于抱闸松开还需要时间，因此应将时间间隔设定在 100ms 以上。

❷ 清除信号（CLR）的 ON 信号必须保持在 20μs 以上，当清除信号 ON 时，指令脉冲将被禁止，电机将停在该位置。

❸ 抱闸的延迟时间为 100ms。抱闸用的继电器推荐使用动作时间在 30ms 以下的继电器。

❹ 从检测到报警输出之间的延迟时间最大为 2ms。如图 2-6 所示。

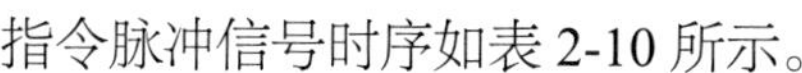

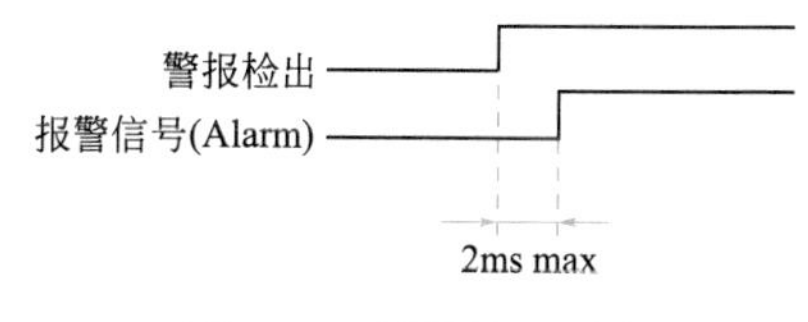


图 2-6　报警信号时序

指令脉冲信号时序如表 2-10 所示。

表2-10　指令脉冲信号时序

| 指令脉冲信号形态 | 电器规格 | 备注 |
|---|---|---|
| 符号 + 脉冲列输入<br>（SIGN+PULS 信号）<br>最大指令频率：750kHz<br>（集电极开路输出时：<br>187.5kHz） | SIGN<br>PULS<br>$t_1$　$\tau$　$T$　$t_2$　$t_3$<br>正转指令　逆转指令<br>$t_1$、$t_2$、$t_3$ > 3μs<br>$\tau \geqslant 0.65\mu$s<br>$(\tau/T) \times 100 \leqslant 50\%$ | 符号（SIGN）：<br>表示为<br>H= 正转指令<br>L= 逆转指令 |

续表

| 指令脉冲信号形态 | 电器规格 | 备注 |
|---|---|---|
| CW 脉冲 +CCW 脉冲<br>最大指令频率：750kHz<br>（集电极开路输出时：187.5kHz） | CCW　CW　$T$　$\tau$　$t_1$　正转指令　逆转指令<br>$t_1 > 3\mu s$<br>$\tau \geqslant 0.65\mu s$<br>$(\tau/T) \times 100 \leqslant 50\%$ | — |

3. 使用 SIMATIC PLC/SINAMICS V80 通信电缆举例

❶ 源型（PNP）PLC 与 SINAMICS V80 接线举例如图 2-7 所示。

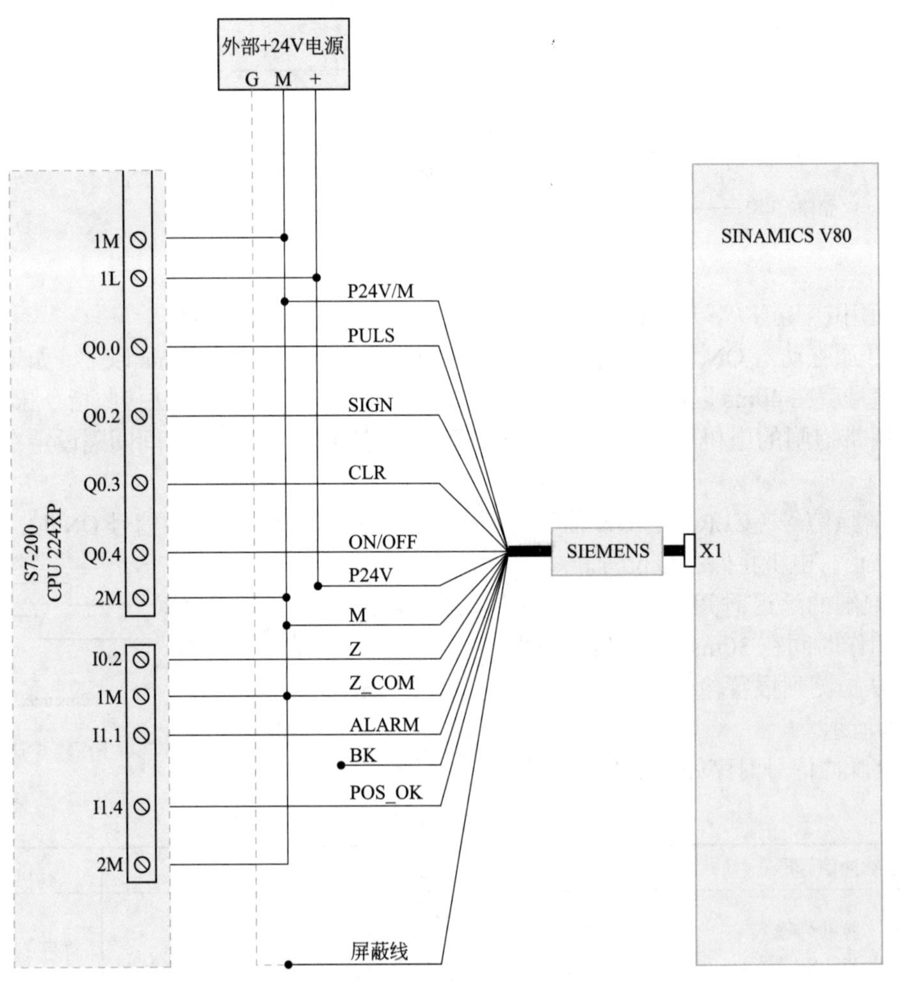


图 2-7　源型（PNP）PLC 与 SINAMICS V80 接线

❷ 漏型（NPN）PLC 与 SINAMICS V80 接线举例如图 2-8 所示。

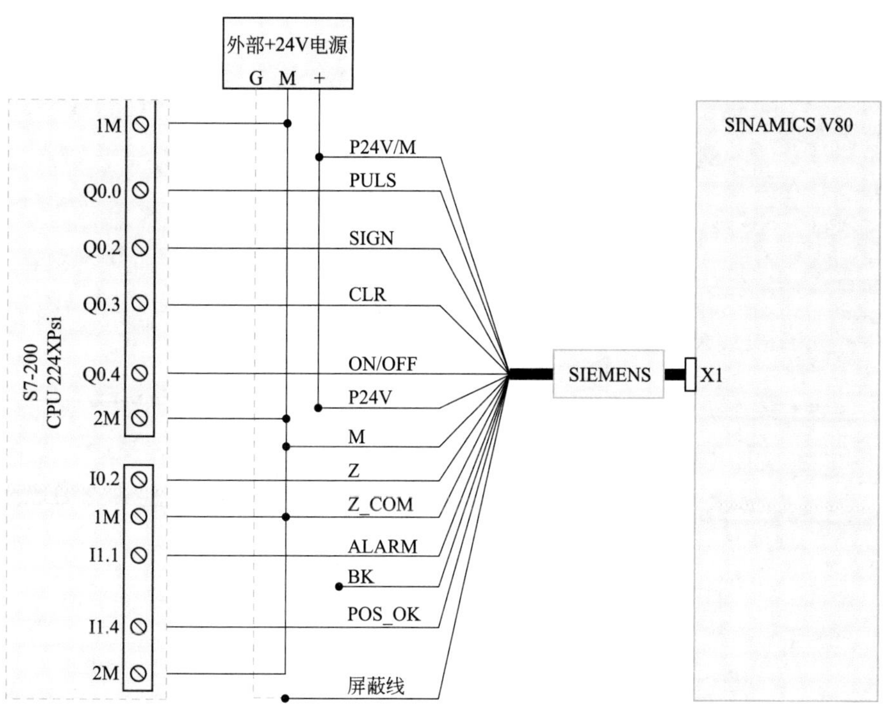


图 2-8　漏型（NPN）PLC 与 SINAMICS V80 接线

## 4.SINAMICS V80 输入信号接线举例

❶ 控制器集电极开路输出的接线举例如图 2-9 所示。在接线中我们需要选择 $R_1$、$R_2$、$R_3$，确保输入电流：7 ～ 15 mA。

- $U_{CC}$ = +24 V: $R_1$, $R_2$, $R_3$ = 2.2 kΩ ；
- $U_{CC}$ = +12 V: $R_1$, $R_2$, $R_3$ = 1 kΩ ；
- $U_{CC}$ = +5 V: $R_1$, $R_2$, $R_3$ = 180 Ω。

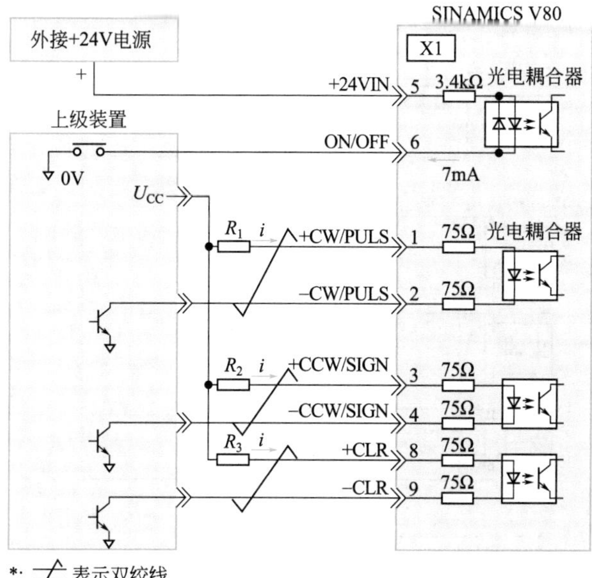


图 2-9　控制器集电极开路输出的接线

❷ 控制器线驱动器输出的接线举例如图 2-10 所示。

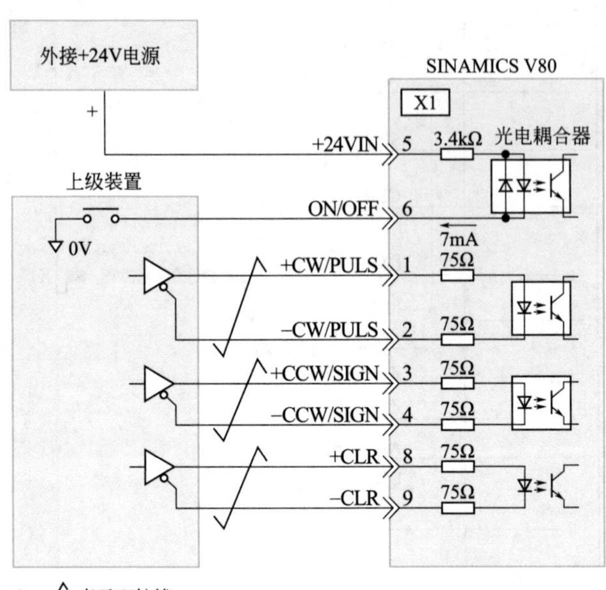


图 2-10 控制器线驱动器输出的接线举例

## 5. SINAMICS V80 输出信号接线举例

在输出信号接线中选择合适的负载，并满足：最大电压：30 V DC；最大电流：50 mA DC。如图 2-11 所示。

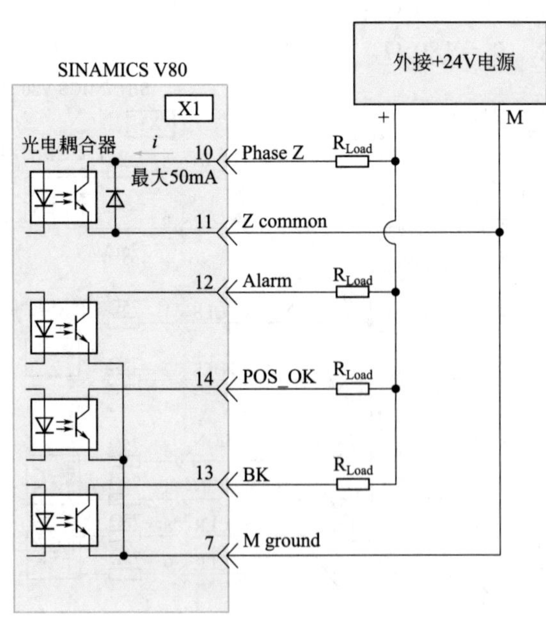


图 2-11 SINAMICS V80 输出信号接线

## 六、SINAMICS V80系统接线示意图

（1）系统接线　如图 2-12 所示。

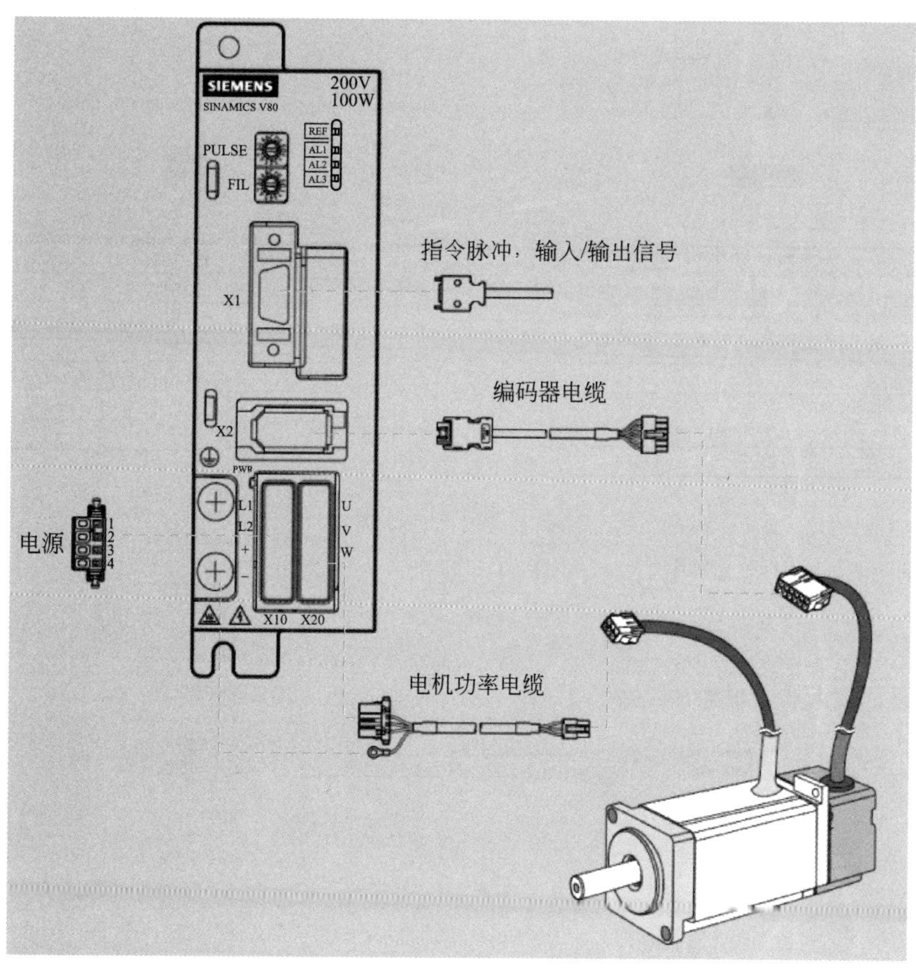


图 2-12　SINAMICS V80 系统接线图

（2）供电电源接线　如表 2-11 所示。

表2-11　供电电源接线

| | 端子号 | 信号名 | 技术规格 |
|---|---|---|---|
| 1 2 3 4 | 1 | L1 | 电源端子 |
| | 2 | L2 | 1AC 200 ～ 230V 50/60Hz |
| | 3 | + | 备用 |
| | 4 | - | |

（3）电机功率电缆连接。

❶ 不带抱闸的电机功率电缆接线如图 2-13 所示。

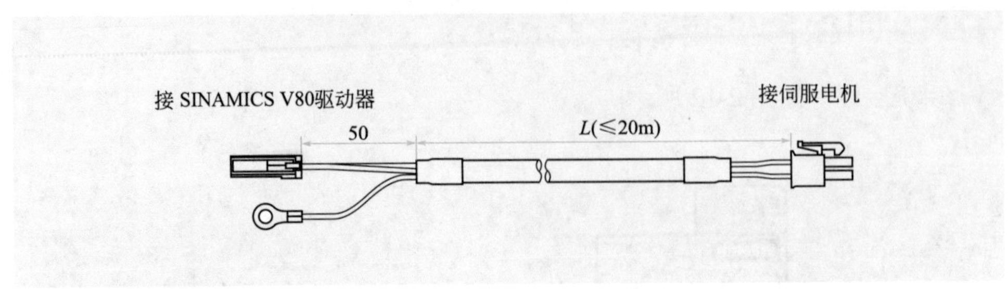

| 端子号 | 信号名 | 线色 |
|---|---|---|
| 1 | U相 | 红 |
| 2 | V相 | 白 |
| 3 | W相 | 蓝 |
| 4 | — | — |
| 压接端子 | PE | 绿/黄 |

| 端子号 | 信号名 | 线色 |
|---|---|---|
| 1 | U相 | 红 |
| 2 | V相 | 白 |
| 3 | W相 | 蓝 |
| 4 | PE | 绿/黄 |
| 5 | — | — |
| 6 | — | — |

图 2-13 不带抱闸的电机功率电缆接线

❷ 带抱闸的电机功率电缆接线如图 2-14 所示。

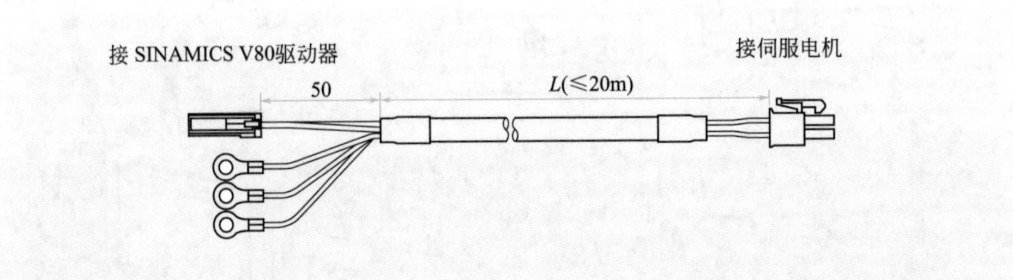


1 4

| 端子号 | 信号名 | 线色 |
|---|---|---|
| 1 | U相 | 红 |
| 2 | V相 | 白 |
| 3 | W相 | 蓝 |
| 4 | — | — |
| 压接端子 | PE | 绿/黄 |
| 压接端子 | 抱闸 | 黑 |
| 压接端子 | 抱闸 | 黑 |

| 端子号 | 信号名 | 线色 |
|---|---|---|
| 1 | U相 | 红 |
| 2 | V相 | 白 |
| 3 | W相 | 蓝 |
| 4 | PE | 绿/黄 |
| 5 | 抱闸 | 黑 |
| 6 | 抱闸 | 黑 |

图 2-14 带抱闸的电机功率电缆接线

(4)编码器信号电缆连接　如图 2-15 所示。

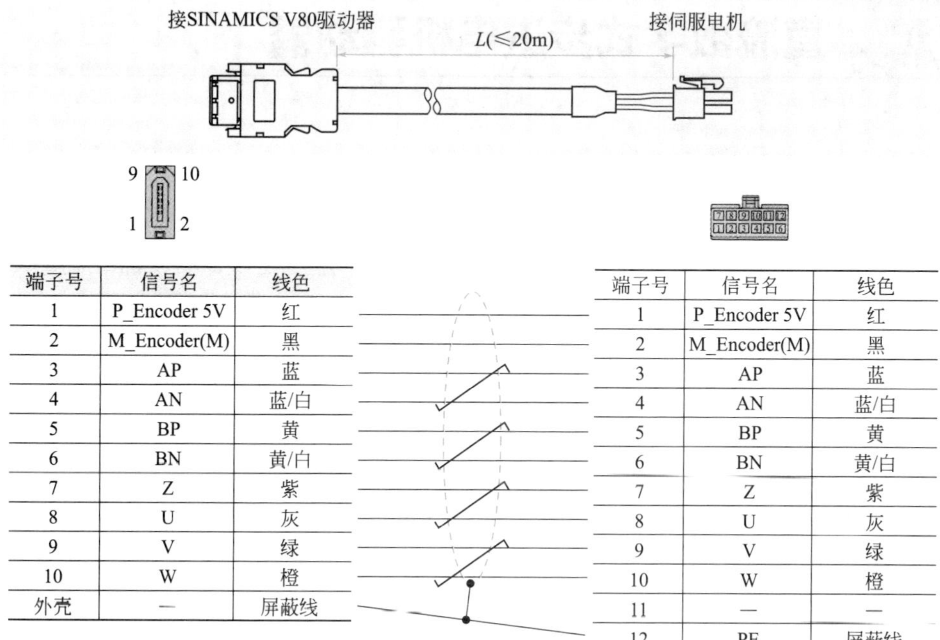


| 端子号 | 信号名 | 线色 |
|---|---|---|
| 1 | P_Encoder 5V | 红 |
| 2 | M_Encoder(M) | 黑 |
| 3 | AP | 蓝 |
| 4 | AN | 蓝/白 |
| 5 | BP | 黄 |
| 6 | BN | 黄/白 |
| 7 | Z | 紫 |
| 8 | U | 灰 |
| 9 | V | 绿 |
| 10 | W | 橙 |
| 外壳 | — | 屏蔽线 |

| 端子号 | 信号名 | 线色 |
|---|---|---|
| 1 | P_Encoder 5V | 红 |
| 2 | M_Encoder(M) | 黑 |
| 3 | AP | 蓝 |
| 4 | AN | 蓝/白 |
| 5 | BP | 黄 |
| 6 | BN | 黄/白 |
| 7 | Z | 紫 |
| 8 | U | 灰 |
| 9 | V | 绿 |
| 10 | W | 橙 |
| 11 | — | — |
| 12 | PE | 屏蔽线 |

图 2-15 编码器信号电缆连接

（5）DI/DO 信号电缆连接 如图 2-16 所示。

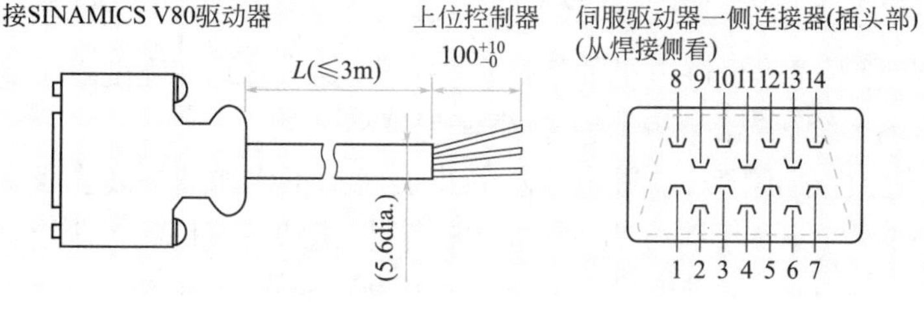


| 端子号 | 信号名 | 技术规格 |
|---|---|---|
| 1 | +CW/PULS | 指令脉冲(反转) |
| 2 | −CW/PULS | |
| 3 | +CCW/SIGN | 指令脉冲(正转)/旋转方向 |
| 4 | −CCW/SIGN | |
| 5 | +24VIN | 外部输入电源 |
| 6 | ON/OFF | 驱动器启动命令 |
| 7 | M ground | 输出信号接地 |
| 8 | +CLR | 清除指令脉冲和剩余距离(_↑‾) |
| 9 | −CLR | |
| 10 | Phase Z | 输出编码器的零脉冲(1脉冲/圈) |
| 11 | Phase Z common | 零脉冲地信号 |
| 12 | Alarm | 伺服警报 |
| 13 | BK | 抱闸信号，当该信号为ON时松开电机抱闸 |
| 14 | POS_OK | 定位完成 |
| 外壳 | — | 屏蔽 |

图 2-16 DI/DO 信号电缆连接

# 第二节 直流数字式步进电机驱动器

## 一、步进电机驱动器与伺服电机驱动器的区别

伺服电机又称执行电机，在自动控制系统中，用作执行元件，把收到的电信号转换成电机轴上的角位移或角速度输出。伺服电机内部的转子是永磁铁，驱动器控制的 U/V/W 三相电形成电磁场，转子在此磁场的作用下转动，同时电机自带的编码器反馈信号给驱动器，驱动器根据反馈值与目标值进行比较，调整转子转动的角度。伺服电机的精度决定于编码器的精度（线数），也就是说伺服电机本身具备发出脉冲的功能，它每旋转一个角度，都会发出对应数量的脉冲，这样伺服驱动器和伺服电机编码器的脉冲形成了呼应，所以它是闭环控制，而步进电机驱动系统大部分是开环控制。

步进电机是将电脉冲信号转变为角位移或线位移的开环控制器件，在非超载的情况下，电机的转速、停止的位置只取决于脉冲信号的频率和脉冲个数，而不受负载变化的影响，当步进驱动器接收到一个脉冲信号时，它就驱动步进电机按设定的方向转动一个固定的角度，称为“步距角”，它的旋转是以固定的角度一步一步运行的。可以通过控制脉冲个数来控制角位移量，从而达到准确定位的目的，同时可以通过控制脉冲频率来控制电机转动的速度和加速度，从而达到高速的目的。

## 二、步进电机和伺服电机的区别

❶ 控制精度不同。步进电机的相数和拍数越多，它的精确度就越高，伺服电机取决于自带的编码器，编码器的刻度越多，精度就越高。

❷ 速度响应性能不同。步进电机从静止加速到工作转速需要上百毫秒，而交流伺服系统的加速性能较好，一般只需几毫秒，可用于要求快速启停的控制场合。

❸ 低频特性不同。步进电机在低速时易出现低频振动现象，当它工作在低速时一般采用阻尼技术或细分技术来克服低频振动现象，伺服电机运转非常平稳，即使在低速时也不会出现振动现象。交流伺服系统具有共振抑制功能，可涵盖机械的刚性不足，并且系统内部具有频率解析机能（FFT），可检测出机械的共振点便于系统调整。

❹ 过载能力不同。步进电机一般不具有过载能力，而交流电机具有较强的过载能力。

❺ 矩频特性不同。步进电机的输出力矩会随转速升高而下降，交流伺服电机为恒力矩输出。

❻ 运行性能不同。步进电机的控制为开环控制，启动频率过高或负载过大易出现丢步或堵转的现象，停止时转速过高易出现过冲现象。交流伺服驱动系统为闭环控制，驱动器可直接对电机编码器反馈信号进行采样，内部构成位置环和速度环，一般不会出现步进电机的丢步或过冲的现象，控制性能更为可靠。

❼ 控制方式不同。步进电机是开环控制，伺服电机是闭环控制。

## 三、步进电机驱动器的工作原理

步进电机驱动控制器是一种能使步进电机运转的功率放大器，能把控制器发来的脉冲

信号转化为步进电机的角位移，电机的转速脉冲频率成正比，所以控制脉冲频率可以精确调速，控制脉冲数就可以精确定位。

步进电机必须有驱动器和控制器才能正常工作。驱动器的作用是对控制脉冲进行环形分配、功率放大，使步进电机绕组按一定顺序通电。

以两相步进电机为例，当给驱动器一个脉冲信号和一个正方向信号时，驱动器经过环形分配器和功率放大后，电机顺时针转动；方向信号变为负时，电机就逆时针转动。随着电子技术的发展，功率放大电路由单电压电路、高低压电路发展到现在的斩波电路。其基本原理是：在电机绕组回路中，串联一个电流检测回路，当绕组电流降低到某一下限值时，电流检测回路发出信号，控制高压开关管导通，让高压再次作用在绕组上，使绕组电流重新上升；当电流回升到上限值时，高压电源又自动断开。重复上述过程，使绕组电流的平均值恒定，电流波形的波峰维持在预定数值上，解决了高低压电路在低频段工作时电流下凹的问题，使电机在低频段力矩增大。

步进电机一定时，供给驱动器的电压值对电机性能影响较大，电压越高，步进电机转速越高，加速度越大；在驱动器上一般设有相电流调节开关，相电流设的越大，步进电机转速越高，转矩越大。如图 2-17 所示。

步进电机驱动器细分的作用是提高步进电机的精确度。

其中步进电机驱动器环形分配器作用是根据输入信号的要求产生电机在不同状态下的开关波形信号处理。步进电机步距角：控制系统每发一个步进脉冲信号，电机所转动的角度。

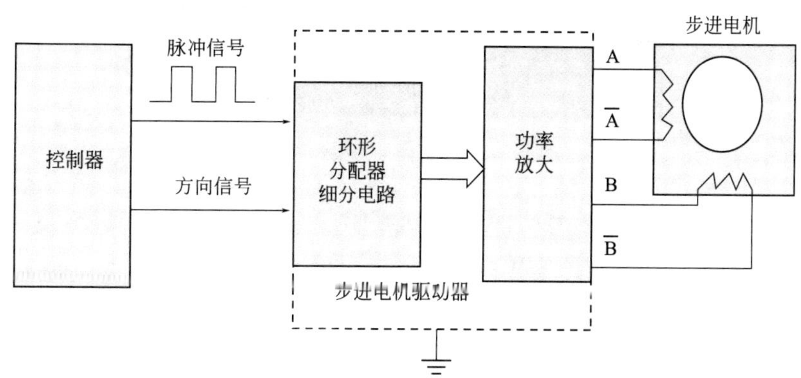


图 2-17　步进电机控制系统原理图

表 2-12 是常用步进电机步距角的细分状态。

表2-12　常用步进电机步距角的细分状态

| 电机固有步距角 | 所用驱动器类型及工作状态 | 电机运行时的真正步距角 |
|---|---|---|
| 0.9°　/1.8° | 驱动器工作在半步状态 | 0.9° |
| 0.9°　/1.8° | 驱动器工作在 5 细分状态 | 0.36° |
| 0.9°　/1.8° | 驱动器工作在 10 细分状态 | 0.18° |
| 0.9°　/1.8° | 驱动器工作在 20 细分状态 | 0.09° |
| 0.9°　/1.8° | 驱动器工作在 40 细分状态 | 0.045° |

## 四、DM432C数字式步进电机驱动器接口和接线

DM432C 数字式步进电机驱动器外形如图 2-18 所示。

图 2-18 DM432C 数字式步进电机驱动器外形

### 1. DM432C 数字式步进电机驱动器的接口

（1）控制信号接口 控制信号接口说明如表 2-13 所示。

表2-13 控制信号接口说明

<table>
<tr><th>名称</th><th>功能</th></tr>
<tr><td>PUL+（+5V）</td><td rowspan="2">脉冲控制信号：脉冲上升沿有效；PUL- 高电平时 4 ～ 5V，低电平时 0 ～ 0.5V。为了可靠响应脉冲信号，脉冲宽度应大于 1.2μs。如采用 +12V 或 +24V 需串电阻</td></tr>
<tr><td>PUL-（PUL）</td></tr>
<tr><td>DIR+（+5V）</td><td rowspan="2">方向信号：高 / 低电平信号，为保证电机可靠换向，方向信号应先于脉冲信号至少 5μs 建立。电机的初始运行方向与电机的接线有关，互换任一相绕组（如 A+、A- 交换）可以改变电机初始运行的方向，DIR- 高电平时 4 ～ 5V，低电平时 0 ～ 0.5V</td></tr>
<tr><td>DIR-（DIR）</td></tr>
<tr><td>ENA+（+5V）</td><td rowspan="2">使能信号：此输入信号用于使能或禁止。ENA+ 接 +5V，ENA- 接低电平（或内部光耦导通）时，驱动器将切断电机各相的电流使电机处于自由状态，此时步进脉冲不被响应。当不需用此功能时，使能信号端悬空即可</td></tr>
<tr><td>ENA-（ENA）</td></tr>
</table>

（2）强电接口　强电接口说明如表 2-14 所示。

表2-14　强电接口

| 名称 | 功能 |
|---|---|
| GND | 直流电源地 |
| +V | 直流电源正极，+20 ～ +40V 间任何值均可，但推荐值 +24VDC 左右 |
| A+、A- | 电机 A 相线圈 |
| B+、B- | 电机 B 相线圈 |

（3）232 通信接口　可以通过专用串口电缆连接 PC 机或 STU 调试器，禁止带电插拔。通过 STU 或在 PC 机软件 ProTuner 可以进行客户所需要的细分和电流值、有效沿和单双脉冲等设置，还可以进行共振点的消除调节。通信接口引脚外形如图 2-19 所示，引脚功能说明如表 2-15 所示。

图 2-19　RS-232 接口引脚排列

表2-15　引脚功能说明

| 端子号 | 符号 | 名称 | 说明 |
|---|---|---|---|
| 1 | NC | | |
| 2 | +5V | 电源正端 | 仅供外部 STU |
| 3 | TxD | RS-232 发送端 | |
| 4 | GND | 电源地 | 0V |
| 5 | RxD | RS-232 接收端 | |
| 6 | NC | | |

（4）状态指示　绿色 LED 为电源指示灯，当驱动器接通电源时，该 LED 常亮；当驱动器切断电源时，该 LED 熄灭。红色 LED 为故障指示灯，当出现故障时，该指示灯以 3s 为周期循环闪烁；当故障被用户清除时，红色 LED 常灭。红色 LED 在 3s 内闪烁次数代表不同的故障信息，具体关系如表 2-16 所示。

表 2-16　状态指示具体关系

| 序号 | 闪烁次数 | 红色 LED 闪烁波形 | 故障说明 |
|---|---|---|---|
| 1 | 1 | | 过流或相间短路故障 |
| 2 | 2 | | 过压故障（电压 > 40VDC） |
| 3 | 3 | | 无定义 |
| 4 | 4 | | 无定义 |

## 2. DM432C 驱动器控制信号接口电路

DM432C 驱动器采用差分式接口电路，可适用差分信号，单端共阴及共阳等接口，内置高速光电耦合器，允许接收长线驱动器、集电极开路和 PNP 输出电路的信号。现在以集电极开路和 PNP 输出为例，接口电路示意图如图 2-20 和图 2-21 所示。

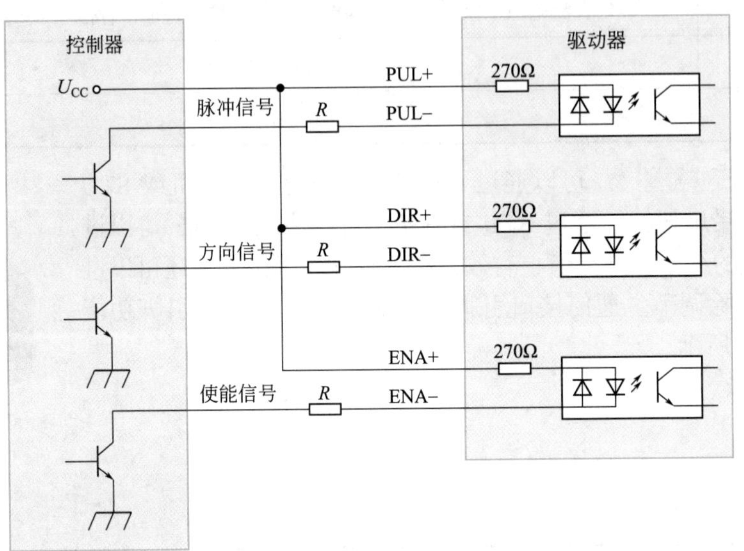


图 2-20 输入接口电路（共阳极接法）控制器集电极开路输出

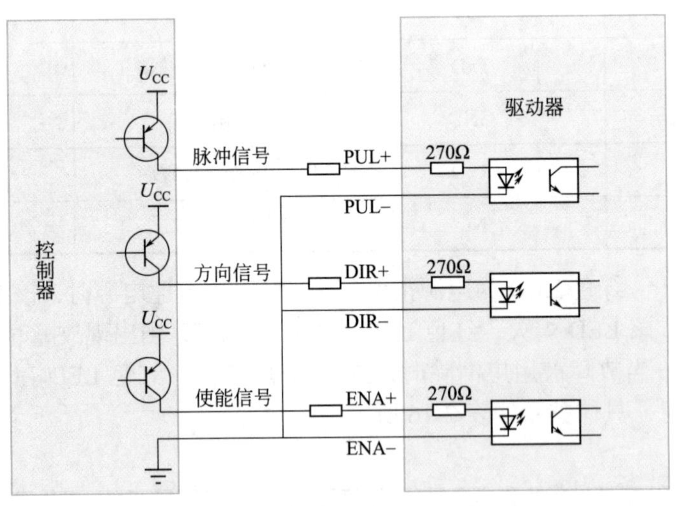


图 2-21 输入接口电路（共阴极接法）控制器 PNP 输出

**提示：**在接线中注意，$U_{CC}$ 值为 5V 时，$R$ 短接；$U_{CC}$ 值为 12V 时，$R$ 为 1kΩ，大于等于 1/4W 电阻；$U_{CC}$ 值为 24V 时，$R$ 为 2kΩ，大于等于 1/2W 电阻。$R$ 必须接在控制器信号端。

例如：西门子 PLC 系统和驱动器共阳极的连接如图 2-22 所示。

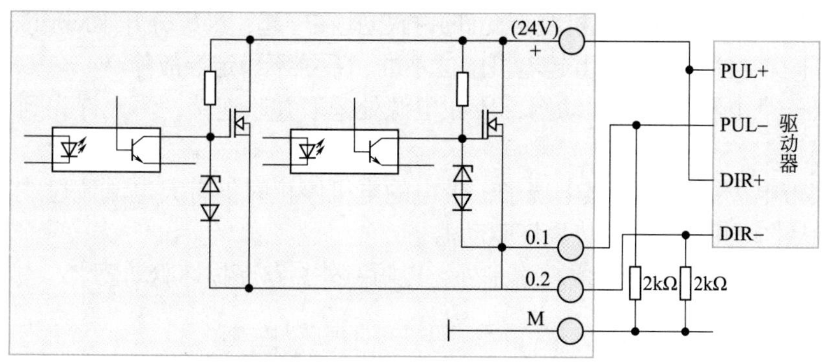


图 2-22　西门子 PLC 系统和驱动器共阳极的连接

## 3. 控制信号时序图

为了避免一些误动作和偏差，PUL、DIR 和 ENA 应满足一定要求，如图 2-23 所示。

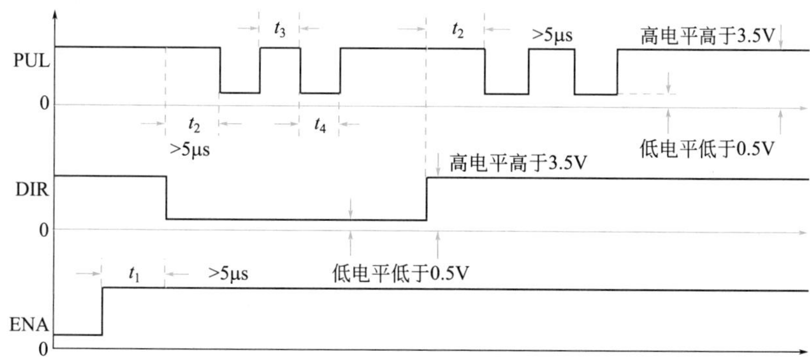


图 2-23　控制信号时序图

❶ $t_1$: ENA（使能信号）应提前 DIR 至少 5μs，确定为高。一般情况下建议 ENA+ 和 ENA- 悬空即可。

❷ $t_2$: DIR 至少提前 PUL 下降沿 5μs 确定其状态高或低。

❸ $t_3$：脉冲宽度不小于 2.5μs。

❹ $t_4$：低电平宽度不小于 2.5μs。

## 4. 控制信号模式设置

脉冲触发沿和单双脉冲选择：通过 PC 机软件 ProTuner 软件（一般在厂家随机文件内可以找到）或 STU 调试器设置脉冲上升沿或下降沿触发有效；还可以设置单脉冲模式或双脉冲模式。双脉冲模式时，另一端的信号必须保持在高电平或悬空。

## 5. DM432C 驱动器接线要求

❶ 为了防止驱动器受干扰，建议控制信号采用屏蔽电缆线，并且屏蔽层与地线短接，除特殊要求外，控制信号电缆的屏蔽线单端接地：屏蔽线的上位机一端接地，屏蔽线的驱动器一端悬空。同一机器内只允许在同一点接地，如果不是真实接地线，可能干扰严重，此时屏蔽层不接。

❷ 脉冲和方向信号线与电机线不允许并排包扎在一起，最好分开10cm以上，否则电机噪声容易干扰脉冲方向信号引起电机定位不准、系统不稳定等故障。

❸ 如果一个电源供多台驱动器，应在电源处采取并联连接，不允许先到一台再到另一台链状式连接。

❹ 严禁带电拔插驱动器强电端子，带电的电机停止时仍有大电流流过线圈，拔插端子将导致巨大的瞬间感生电动势烧坏驱动器。

❺ 接线时注意线头不能裸露在端子外，以防意外短路而损坏驱动器。

## 五、驱动器电流、细分拨码开关设定和参数自整定

DM432C驱动器采用八位拨码开关设定细分精度、动态电流、静止半流以及实现电机参数和内部调节参数的自整定。如图2-24所示详细描述如下。

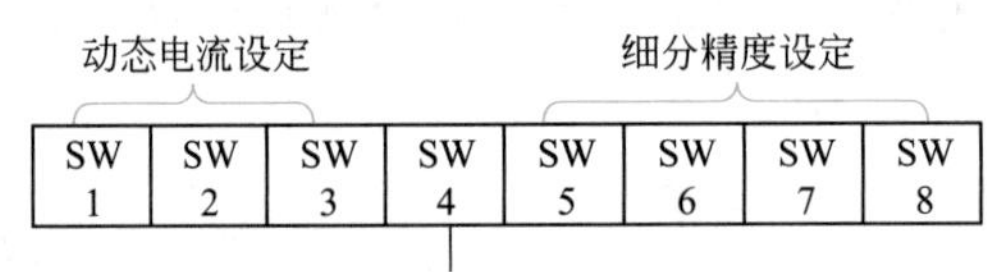


图2-24 参数自整定

### 1. 电流设定

（1）工作（动态）电流设定 电流设定如表2-17所示。

表2-17 电流设定

| 输出峰值电流 | 输出均值电流 | SW1 | SW2 | SW3 | 电流自设定 |
|---|---|---|---|---|---|
| Default | | on | on | on | 当SW1、SW2、SW3均设为on时，可以通过PC软件设定为所需电流，最大值为3.2A，分辨率为0.1A |
| 1.31A | 0.94A | off | on | on | |
| 1.63A | 1.16A | on | off | on | |
| 1.94A | 1.39A | off | off | on | |
| 2.24A | 1.60A | on | on | off | |
| 2.55A | 1.82A | off | on | off | |
| 2.87A | 2.05A | on | off | off | |
| 3.20A | 2.29A | off | off | off | |

（2）静止（静态）电流设定 静态电流可用SW4拨码开关设定，off表示静态电流设为动态电流的一半，on表示静态电流与动态电流相同。一般用途中应将SW4设成off，使得电机和驱动器的发热减少，可靠性提高。脉冲串停止后约0.4s电流自动减至一半左右（实际值的60%），发热量理论上减至36%。

### 2. 细分设定

驱动器细分设定如表2-18所示。

表2-18　驱动器细分设定

| 步数 / 转 | SW5 | SW6 | SW7 | SW8 | 微步细分说明 |
|---|---|---|---|---|---|
| Default | on | on | on | on | 当 SW5、SW6、SW7、SW8 都为 on 时，驱动器细分采用驱动器内部默认细分数：1（整步 =200 步 / 转）；用户通过 PC 机软件 ProTuner 或 STU 调试器进行细分数设置，最小值为 1，分辨率为 1，最大值为 512 |
| 400 | off | on | on | on | |
| 800 | on | off | on | on | |
| 1600 | off | off | on | on | |
| 3200 | on | on | off | on | |
| 6400 | off | on | off | on | |
| 12800 | on | off | off | on | |
| 25600 | off | off | off | on | |
| 1000 | on | on | on | off | |
| 2000 | off | on | on | off | |
| 4000 | on | off | on | off | |
| 5000 | off | off | on | off | |
| 8000 | on | on | off | off | |
| 10000 | off | on | off | off | |
| 20000 | on | off | off | off | |
| 25000 | off | off | off | off | |

### 3. 参数自整定功能

若 SW4 在 1s 内变化一次，驱动器便可自动完成电机参数和内部调节参数的自整定；在电机、供电电压等条件发生变化时请进行一次自整定，否则电机可能会运行不正常。注意此时不能输入脉冲，方向信号也不应变化。

参数自整定实现方法：

❶ SW4 由 on 拨到 off，然后在 1s 内再由 off 拨回到 on。

❷ SW4 由 off 拨到 on，然后在 1s 内再由 on 拨回到 off。

## 六、直流数字式步进电机驱动器供电电源的选择

电源电压在 DC 20 ～ 40V 之间都可以正常工作，对于 DM432C 驱动器最好采用非稳压型直流电源供电，也可以采用变压器降压 + 桥式整流 + 电容滤波，电容可取 6800μF 或 10000μF。但注意应使整流后电压纹波峰值不超过 40V。厂家一般建议用户使用 24 ～ 36V 直流供电，避免电网波动超过驱动器电压工作范围。如果使用稳压型开关电源供电，应注意开关电源的输出电流范围需设成最大。

对于供电电源接线时请注意：

❶ 接线时要注意电源正负极切勿反接；

❷ 最好用非稳压型电源；

❸ 采用非稳压电源时，电源电流输出能力应大于驱动器设定电流的 60% 即可；

❹ 采用稳压开关电源时，电源的输出电流应大于或等于驱动器的工作电流。

## 七、直流数字式步进电机驱动器电机的选配

以 DM432C 直流数字式步进电机驱动器为例，DM432C 可以用来驱动 4、6、8 线的两相、四相混合式步进电机，步距角为 1.8° 和 0.9° 的均可适用。选择电机时主要由电机的转矩和额定电流决定。转矩大小主要由电机尺寸决定。尺寸大的电机转矩较大；而电流大小主要与电感有关，小电感电机高速性能好，但电流较大。

❶ 确定负载转矩，传动比工作转速范围。

❷ 电机输出转矩的决定因素。对于给定的步进电机和线圈接法，输出转矩有以下特点：

- 电机实际电流越大，输出转矩越大，但电机铜损（$P=I^2R$）越多，电机发热偏多；
- 驱动器供电电压越高，电机高速转矩越大；
- 由步进电机的矩频特性图可知，高速比中低速转矩小。

❸ 电机接线。对于 6、8 线步进电机，不同线圈的接法电机性能有相当大的差别，如图 2-25 所示。

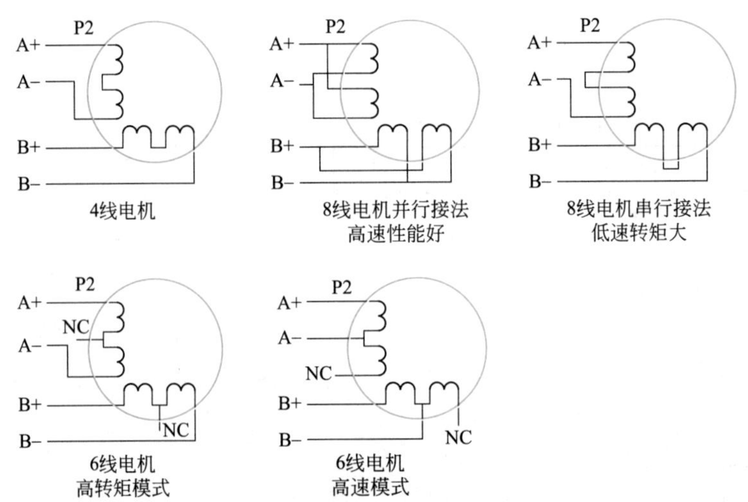


图 2-25　步进电机接线不同性能区别

❹ 输入电压和输出电流的选用。

- 供电电压的设定。一般来说，供电电压越高，电机高速时转矩越大，越能避免高速时掉步。但另一方面，电压太高会导致过压保护，电机发热较多，甚至可能损坏驱动器。在高电压下工作时，电机低速运动的振动会大一些。
- 输出电流的设定值。对于同一电机，电流设定值越大，电机输出转矩越大，但电流大时电机和驱动器的发热也比较严重。具体发热量的大小不单与电流设定值有关，也与运动类型及停留时间有关。我们在实际应用中以下的设定方式采用步进电机额定电流值作为参考，但实际应用中的最佳值应在此基础上调整。原则上如温度很低（<40℃）则可视需要适当加大电流设定值以增加电机输出功率（力矩和高速响应）。

a. 四线电机：输出电流设成等于或略小于电机额定电流值；

b. 六线电机高力矩模式：输出电流设成电机单极性接法额定电流的 50%；

c. 六线电机高速模式：输出电流设成电机单极性接法额定电流的 100%；

d. 八线电机串联接法：输出电流可设成电机单极性接法额定电流的 70%；
e. 八线电机并联接法：输出电流可设成电机单极性接法额定电流的 140%。

## 八、直流数字式步进电机驱动器典型接线举例

❶ DM432C 配 57HS09 串联、并联接法（若电机转向与期望转向不同，仅交换 A+、A- 的位置即可）如图 2-26 所示。

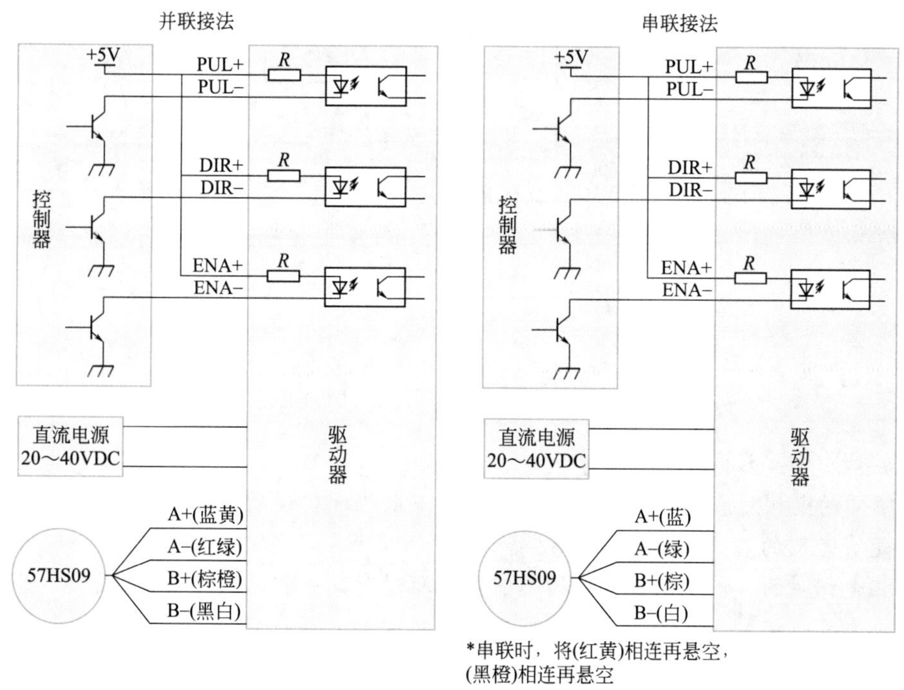


图 2-26　DM432C 配 57HS09 串联、并联接法

**注意：**a. 不同的电机对应的颜色不一样，使用时以电机资料说明为准，如 57HS22 与 86 型电机线颜色是有差别的。

b. 相是相对的，但不同相的绕组不能接在驱动器同一相的端子上（A+、A- 为一相，B+、B- 为另一相），57HS22 电机引线定义、串联、并联接法如图 2-27 所示。

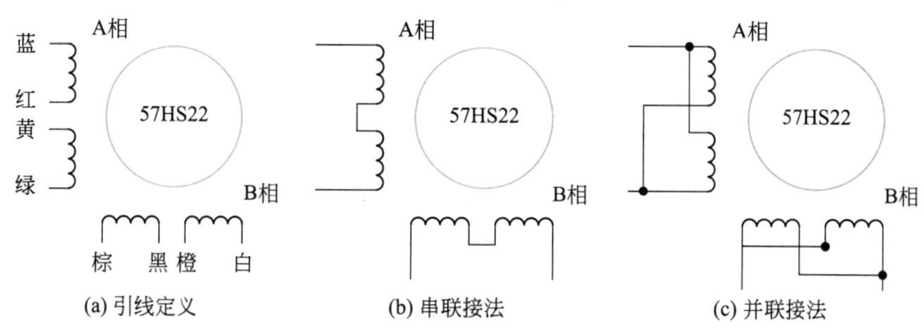


图 2-27　57HS22 电机引线定义、串联、并联接法

❷ DMA860H 配 86 系列电机串联、并联接法（若电机转向与期望转向不同，仅交换 A+、A- 的位置即可），DMA860H 驱动器能驱动四线、六线或八线的两相 / 四相电机。图

2-28 列出了其与 86HS45 电机的典型应用接法。

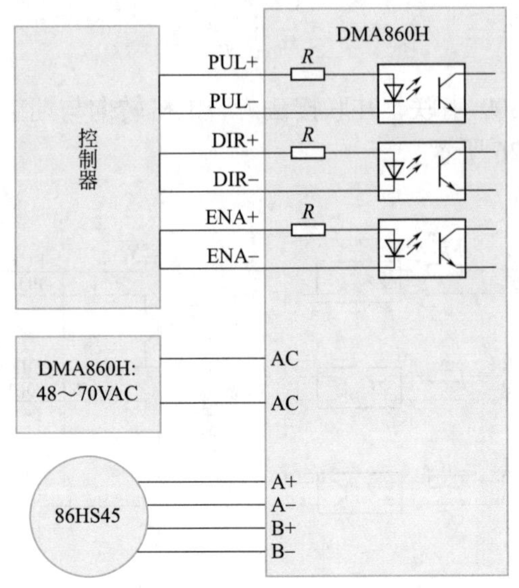


图 2-28　DMA860H 配 86HS45 电机典型接法

在接线中需要注意：

a. 不同的电机对应的颜色不一样，使用时以电机资料说明为准，如 57 与 86 型电机线颜色是有差别的。

b. 相是相对的，但不同相的绕组不能接在驱动器同一相的端子上（A+、A− 为一相，B+、B− 为另一相），86HS45 电机引线定义、串联、并联接法如图 2-29 所示。

c.DMA860H 驱动器只能驱动两相混合式步进电机，不能驱动三相和五相步进电机。

d. 判断步进电机串联或并联接法正确与否的方法：在不接入驱动器的条件下用手直接转动电机的轴，如果能轻松均匀地转动，则说明接线正确，如果遇到阻力较大和不均匀并伴有一定的声音，则说明接线错误。

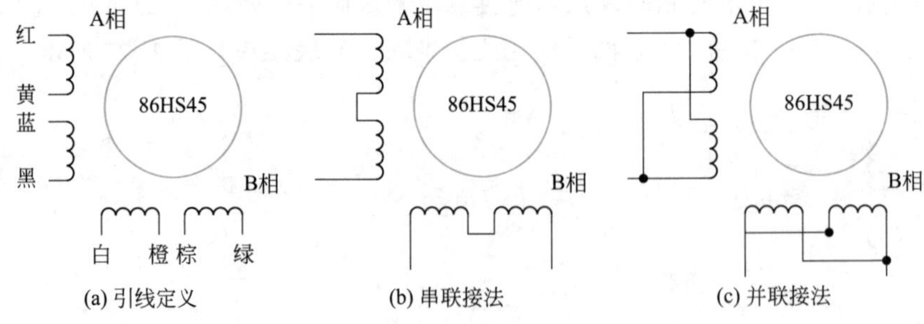


图 2-29　86HS45 电机引线定义、串联、并联接法

## 九、数字式步进电机驱动器常见问题和处理方法

数字式步进电机驱动器常见问题和处理方法如表 2-19 所示。

表 2-19　数字式步进电机驱动器常见问题和处理方法

| 现象 | 可能问题 | 解决措施 |
| --- | --- | --- |
| 电机不转 | 电源灯不亮 | 检查供电电路，正常供电 |
| | 电机轴有力 | 脉冲信号弱，信号电流加大至 7 ～ 16mA |
| | 细分太小 | 选对细分 |
| | 电流设定是否太小 | 选对电流 |
| | 驱动器已保护 | 重新上电 |
| | 使能信号为低 | 此信号拉高或不接 |
| | 对控制信号不反应 | 未上电 |
| 电机转向错误 | 电机线接错 | 任意交换电机同一相的两根线（例如 A+、A- 交换接线位置） |
| | 电机线有断路 | 检查并接对 |
| 报警指示灯亮 | 电机线接错 | 检查接线 |
| | 电压过高或过低 | 检查电源 |
| | 电机或驱动器损坏 | 更换电机或驱动器 |
| 位置不准 | 信号受干扰 | 排除干扰 |
| | 屏蔽地未接或未接好 | 可靠接地 |
| | 电机线有断路 | 检查并接对 |
| | 细分错误 | 设对细分 |
| | 电流偏小 | 加大电流 |
| 电机加速时堵转 | 加速时间太短 | 加速时间加长 |
| | 电机转矩太小 | 选大转矩电机 |
| | 电压偏低或电流太小 | 适当提高电压或电流 |

## 第三节　智能伺服驱动器

智能伺服驱动器是集伺服驱动技术、PLC 技术、运动控制技术于一体的全数字化驱动器。其功能也结合了 PLC、运动控制器以及伺服驱动器三者的优势。

❶ 智能伺服驱动器将传统 PLC 功能集成到伺服驱动器中，拥有完整的通用 PLC 指令，使用独立的编程软件进行编程，整个系统更加高效简洁。

❷ 智能伺服驱动器内置的运动指令，支持一轴闭环、三轴开环同步运动，开环轴滞后 1ms，即“四轴同步”。

❸ 智能伺服驱动器驱动支持瞬时最大 3 倍过载，速度环 400Hz，刚性 10 倍。位置环调节周期 1ms，动态跟随误差小于 4 个脉冲。

④ 在系统设计中，要用到三环切换时，智能伺服驱动器能做到三环无扰数字切换。在梯形图环境下重构伺服电流环、速度环、位置环结构参数，实现多模式动态切换工作。

⑤ 在梯形图的条件下可以完成数控插补运算，自动生成曲线簇算法，集成 G 代码运动功能（如 S 曲线、多项式曲线等）。例如：在背心袋制袋机中的加减速控制采用指数函数作为加速部分曲线和采用加速度平滑、柔性较好的四次多项式位移曲线作为减速部分曲线，从而使得机器更加快速、平稳。

⑥ 拥有完善的硬件保护和软件报警，可以方便地判断故障和避免危险。

## 一、智能伺服系统的构成

伺服系统由主电路、控制电路和辅助电路等构成。其中主电路由整流电路、逆变器和永磁同步电机等构成。控制电路选用 TI 公司的 TMS320F2810 芯片作为控制系统的核心。TMS320F2810 是美国德州仪器公司推出的新一代 32 位定点数字信号处理器（Digital Signal Processor，简称 DSP），该芯片每秒可执行 1.5 亿次指令（150MIPS），具有单周期 32 位 ×32 位的乘和累加器操作（MAC）功能，它把许多在电机控制中常用的硬件电路固化在芯片中，同时提供了充分的程序空间和各种外围接口。控制电路用来完成永磁同步电机的电流环、速度环调节器的算法实现，空间矢量 PWM 波（SVPWM）的产生等。辅助电路由光电编码器、电流检测电路、故障检测电路以及键盘、显示电路等组成，实现电机转速检测、电流检测和系统保护等。图 2-30 为系统的结构简图。

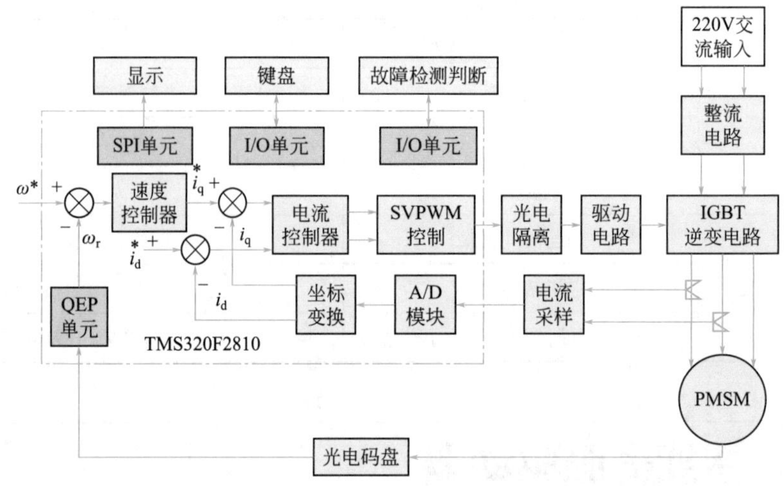


图 2-30　系统结构简图

## 二、系统主电路

系统主电路是进行能量交换、驱动电机工作的强电电路，采用交—直—交电压型三相逆变器拓扑结构，由不可控整流桥、滤波电容、逆变器、泄放电阻以及永磁同步电机等组成。它选用 IGBT 作为逆变电路的功率开关器件，IGBT 将 MOSFET 和 BJT 的优点集于一身，既具有输入阻抗高、速度快、热稳定性好和驱动电路简单的优点，又具有通态电压低、耐压高的优点，目前在电机驱动、中频和开关电源以及要求速度快、低损耗的领域占主导地位。主电路如图 2-31 所示。输入交流电压经过不可控全波整流桥，获得直流电压，整流电路完成工频电流到直流的转换。经整流器整流后的直流电存在脉动。滤波电容 $C_1$

起到稳压滤波的作用，滤波电路中的滤波电容值很大。通过对 IGBT 有规律地通断控制实现对输出电压和频率的控制，从而实现永磁同步电机的矢量控制。

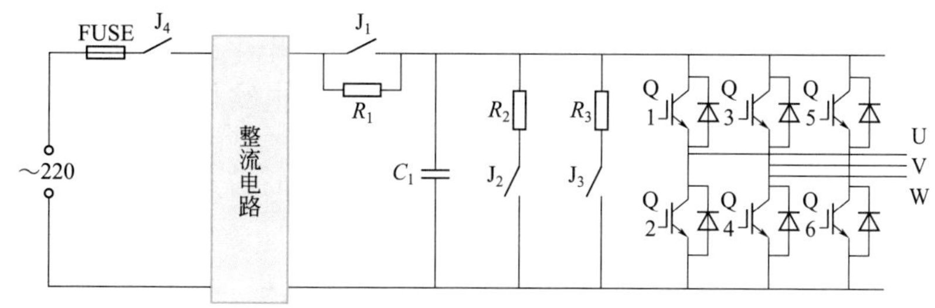


图 2-31 主电路结构简图

（1）主电路充电软启功能 由电阻 $R_1$ 和继电器 $J_1$ 构成软启动电路，为了防止储能电容 $C_1$ 在系统上电时刻突然加压充电时引起的冲击大电流，在直流母线上加入软启动电路。起始时刻，继电器 $J_1$ 开路，$C_1$ 经启动电阻 $R_1$ 充电，有效地限制充电电流值。待直流线电压为稳态值的 80% 时，驱动继电器 $J_1$，使其触点闭合将 $R_1$ 短路，$C_1$ 再充电至正常直流电压值，供给逆变器。

（2）泄放回路 由于采用了不可控整流电源，因此在电机减速过程中驱动在直流母线上的器件都有影响，必须通过由 $R_2$、$J_2$ 构成的能量泄放回路加以保护。在逆变器电路中二极管为超快恢复二极管，起到续流的作用，为负载的滞后电流提供一条反馈的通路。

（3）DSP 可靠复位保护 $J_4$ 继电器的控制信号由 DSP 发出，只有在 DSP 正常运行后，$J_4$ 才可以接通；如果 DSP 不能正常运行，则 $J_4$ 关断。这样就可以保证 DSP 在不能可靠上电复位时及时切断储能电容 $C_1$ 充电回路，从而避免功率开关管“直通”等故障的发生。

（4）停机保护 当系统停机或突然断电时，由于控制电路的时间常数大于主电路的时间常数，即当控制电路放电至零时，主电路 $C_3$ 仍然有较高电压，此时控制信号紊乱，有可能造成桥臂功率开关管“直通”现象。为了避免这一现象的发生，本系统设计了系统断电保护电路。图 2-31 中用 $J_3$、$R_3$ 来实现这一功能。$J_3$ 为常闭触点，其线圈由电网电压 220V 控制，系统上电时 $J_3$ 线圈通电，常闭触点打开；系统断电时，$J_3$ 常闭触点闭合，电阻 $R_4$ 并入放电回路，此时主电路的时间常数变小，通过对 $R_3$ 适当选取可以保证断电时系统的安全。系统储存的能量不能通过变流器回馈给电网，只能向滤波电容器充电。这种因回馈能量使电源瞬时升高的电压称“泵升电压”。

## 三、系统驱动电路

采用 IR2110 功率驱动集成芯片，IR（International Rectifier）公司提供了多种桥式驱动集成电路芯片。该芯片是一种双通道、栅极驱动、高压高速功率器件的单片式集成驱动模块，在芯片中采用了高度集成的电平转换技术，大大简化了逻辑电路对功率器件的控制要求，并提高了驱动电路的可靠性。尤其是上管采用外部自举电容上电，使得驱动电源数目较其他 IC 驱动大大减少。对于典型的 6 管构成的三相桥式逆变器，采用 3 片 IR2110 驱动 3 个桥臂，仅需 1 路 10 ～ 20V 电源。这样，在工程上大大减少了控制变压器体积和电源数目，降低了产品成本，提高了系统可靠性。

另外，IR2110 芯片前应接有光电耦合电路，这里选用高速型光耦芯片 6N137。驱动电

路如图 2-32 所示。

U1、U2 是起隔离作用的光耦 6N137。A 相驱动信号 AH、AL 经光耦到 Q1（IR2110）专用集成驱动电路来驱动功率管 IGBT。引脚 11（SD）为保护信号输入端，当该脚接高电平时，IR2110 的输出信号全被封锁，其对应输出端恒为低电平，而在本设计中该端接地，则 IR2110 的输出跟随引脚 10 与 12 而变化。另两相驱动电路与图 2-32 同理，故不重复画出。

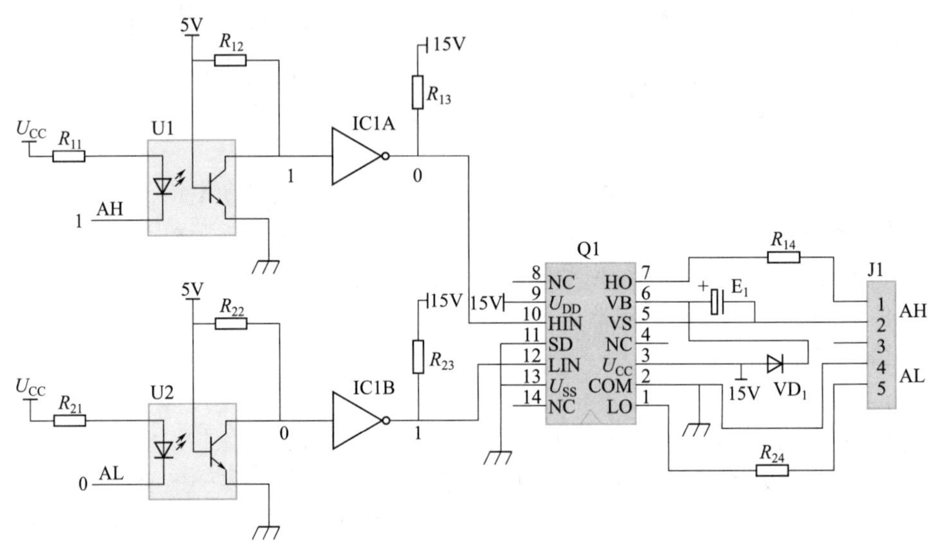


图 2-32　IR2110 专用集成驱动电路

## 四、系统检测电路

### 1. 电流检测电路

在永磁电机的高性能交流伺服系统控制中，为实现磁场定向控制，需要检测至少两相电机绕组的电流。电流采样必须实时、准确、可靠，这对实现控制性能是必须的。通常采用霍尔效应电流传感器和采样电阻来测量电流值。霍尔效应传感器是一种利用霍尔效应来工作的半导体器件，它是目前普遍采用的电流检测及过流保护元件，其特点是测量精度高、线性度好、响应速度快及电隔离性能好。其中磁补偿式霍尔效应传感器的工作是基于磁场补偿平衡原理，即初级电流所产生的磁场，通过一个次级线圈的电流产生磁场进行补偿，使霍尔元件始终处于零磁通的平衡工作状态。由于动态平衡过程极快，从宏观上看，次级电流通过测量电阻 $R$ 在任何时候都能检测出来。其大小及波形是与初级电流完全对应的。本电路采用磁场平衡式霍尔电流传感器模块，采样定子两相相电流，作为反馈电流。另外一相根据其余两相电流之间的计算可以得出。

图 2-33 为电流采样中的一相电路图，电路中的霍尔元件检测到电流，按 1000 ∶ 1 的比例变至副边，经过驱动板上的采样电阻，选取合适的参数和增益使得电流信号转化为 -1.5 ～ +1.5V 的电压信号。由于 TMS320F2810 片内 A/D 转换器的输入为 0 ～ 3V 电压信号，故在输出端再加上一个 1.5V 的直流偏置，变为 0 ～ 3V 的电压信号。电路输出端再经低通滤波后通过引脚 ADIN 进入 DSP 采样通道进行模数转换，从而获得定子电流反

馈信号。采用 $VD_1$、$VD_2$ 对输入到 A/D 转换口的电压信号进行限幅处理，防止过高电压击穿 DSP 的 A/D 口。

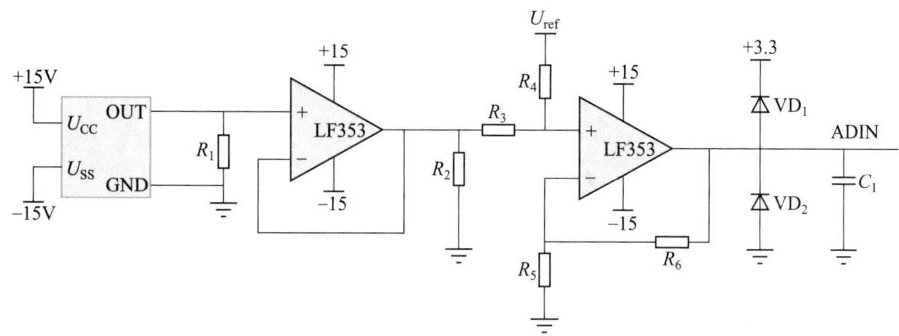

图 2-33　电流检测电路

## 2. 位置检测电路

永磁同步电机矢量控制系统需要精确的转子磁极位置和速度信息以进行控制电压的调整。目前，用于永磁同步电机矢量控制系统检测转子位置的方法主要有旋转变压器法、光电编码器（增量式和绝对式）、电机内置位置传感器法、无位置传感器位置检测法等。通用增量式光电编码盘的技术很成熟，价格比较低，使用很广泛。

增量式光电编码器输出两路 A、B 正交脉冲，一路零脉冲 Z，及 U、V、W 三路互差 120° 的脉冲。一般 A、B 端口每转输出 1000 ～ 5000 个脉冲，Z 端口每转输出 1 个脉冲，U、V、W 端口每转输出 $P$ 个周期的矩形脉冲，$P$ 为电机极对数。A、B 两路正交脉冲和 Z 脉冲经接口电路输入到位置信号处理电路，如图 2-34 所示。脉冲信号经过滤波电路和差分接收电路，起到信号整形放大的作用，提高抗干扰作用。差分电路输出信号，接入到 QEP 单元的 QEP0、QEP1 引脚，经过内部译码逻辑单元产生内部四倍频后的脉冲信号 CLK 和转向信号 DIR。对脉冲信号 CLK 的计数可由 T2、T3 或 T2 和 T3 相级联组成的 32 位计数器完成，如图 2-35 所示。

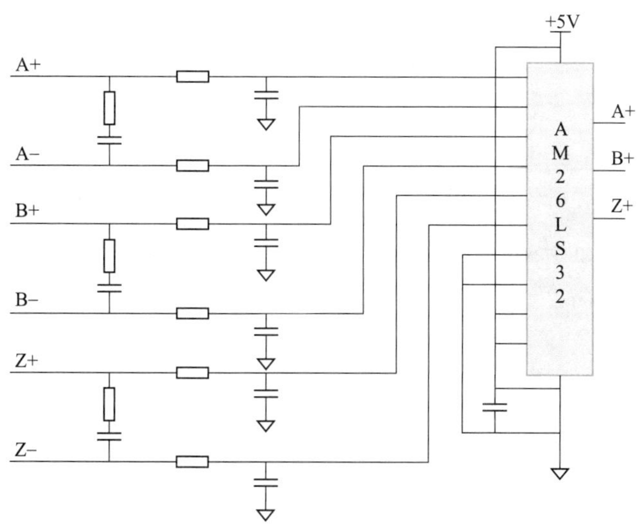

图 2-34　位置信号处理电路

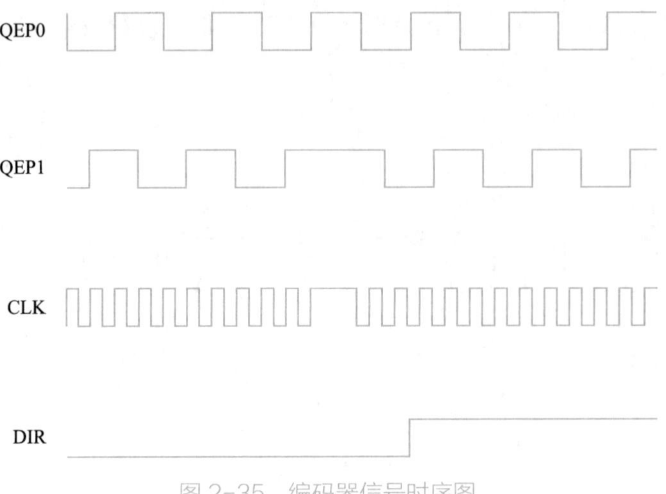


图 2-35　编码器信号时序图

## 五、系统显示电路

显示电路采用显示驱动智能控制芯片 ZLG7289。ZLG7289 是一片具有串行接口的可同时驱动 8 位共阴式数码管或 64 只独立 LED 的智能显示驱动芯片。该芯片同时还可连接多达 64 键的键盘矩阵，单片即可完成 LED 显示、键盘接口的全部功能，其内部含有译码器可直接接受 BCD 码或十六进制码并同时具有 2 种译码方式，此外还具有多种控制指令如消隐、闪烁、左移、右移、段寻址等。显示电路提供时钟信号，由 SPI 的数据输出口 SPISIMOA 提供数据信号。片选信号由 DSP 的 GPIO 产生。显示电路如图 2-36 所示，共有 6 个数码管，因电路相同，故只画出两个。

按键电路如图 2-37 所示，按键电路的 KEY1-4 端子连接到 DSP 的 GPIO 引脚。当按键断开时，GPIO 引脚输入高电平，当按键按下时，GPIO 引脚输入低电平。

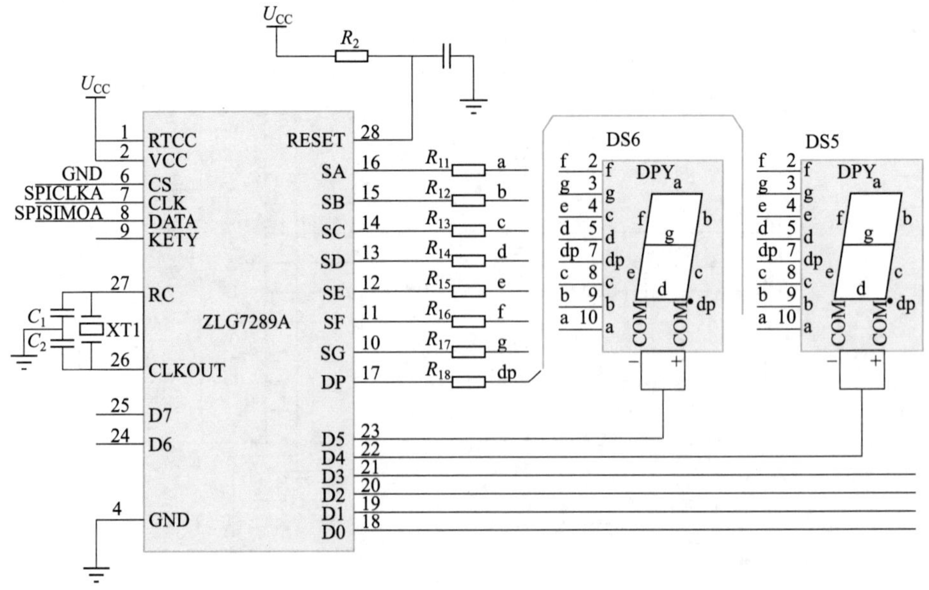


图 2-36　显示电路

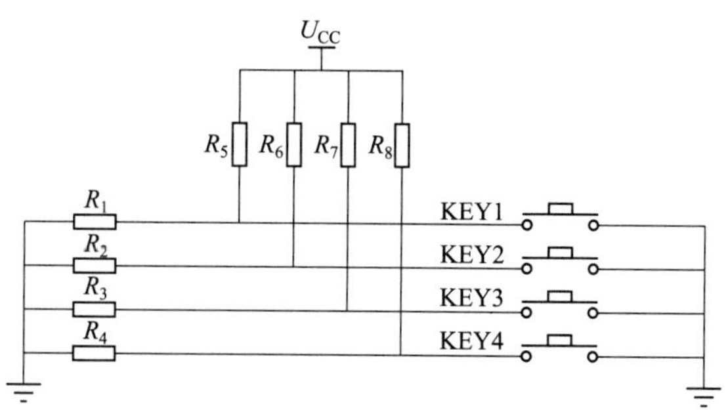


图 2-37 按键电路

## 六、系统保护电路

系统的保护电路是不可或缺的，主要设置了过压、欠压、过流、DSP 可靠复位、停机等保护电路。为保证系统中功率转换电路及电机驱动电路安全可靠地工作，TMS320F2810 还提供了 PDPINT 输入信号，利用它可方便地实现伺服系统的各种保护功能。

### 1. 过电压检测保护电路

当输入交流侧的电压过高，或电机制动时能量回馈到直流母线上，迫使电容两端的电压过高时，都会造成器件或电机定子绕组的烧坏，为使系统稳定运行，必须设计电压保护电路。当电压超过允许的范围时，必须立即关闭输出信号。直流电压保护信号取自主回路滤波电容器两端，经电阻分压后送入控制电路。光电耦合器是用来抑制输入信号的共模干扰。利用光电耦合器把各种模拟负载与数字信号源隔离开来，也就是把“模拟地”与“数字地”断开。被测信号通过光电耦合获得通路，而共模干扰由于不能形成回路而得到有效抑制。在过压保护中，当采样电压高于保护参考点电压时，光耦输出端输出低电平，与其他故障信号相与后送入 DSP 的 PDPINTA 中断口，当 DSP 的 PDPINTA 引脚接收到低电平信号，DSP 将做出相应的中断处理，立即封锁 PWM 输出及停止运行。电路如图 2-38 所示。

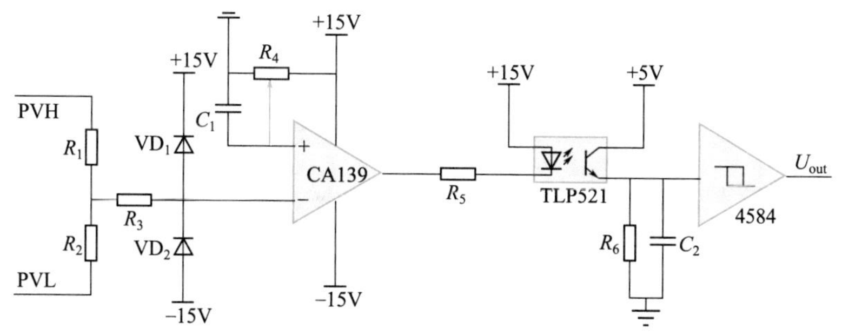


图 2-38 电压检测保护电路

### 2. 过电流检测保护电路

过流是引起驱动器被烧坏和损坏的主要原因之一。在主电路进行电流检测时，一旦检测到主电路的电流过流，应该立即封锁控制信号输出，通知 DSP 关断所有控制信号并报警。经过霍尔电流传感器检测的电枢瞬时电流（已转化为电压信号），与某一常值进行比较，电路在硬件上采用带回差的施密特触发器，当检测值超过上限时关断IGBT并采取相应的措施，图2-39为一相电流保护图。

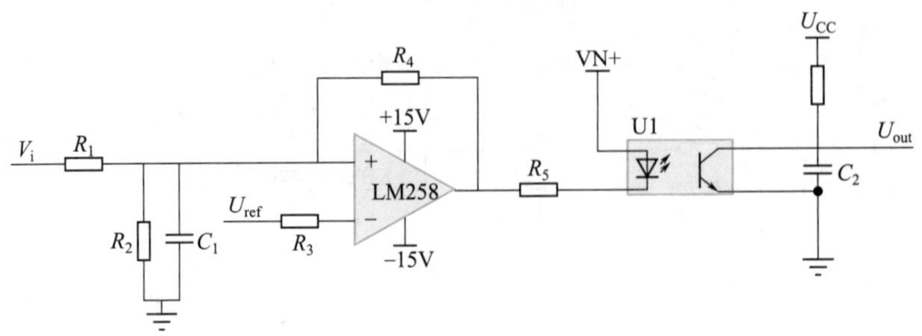


图2-39 电流检测保护电路

最后，各种故障信号，包括过压、欠压、过电流信号，经或门电路综合后，再经过光电隔离输入到PDPINT引脚。当有任何故障输入状态出现时，PDPINT引脚被拉为低电平，此时DSP内定时器立即停止计数，所有PWM输出引脚全部呈高阻状态，同时产生中断信号，通知CPU有异常情况发生。在整个过程不需要程序干预，全部自动完成，这对实现各种故障状态的快速处理非常有用。电路如图2-40所示。

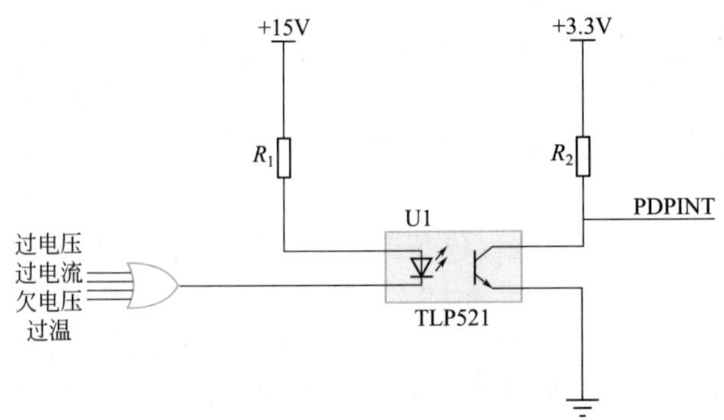


图2-40 系统保护电路

## 七、通信接口电路

控制器和上位机的通信是通过SCI串口来实现的，用一片MAX232构成串行通信模块。MAX232是双路驱动/接收器，内部包括电容型的电压生成器，可以将单3.3V电源转换成符合EIA/TIA-232-E的电压等级。接收器将EIA/TIA-232-E标准的输入电平转换成3.3V TTL/CMOS电平。接收器的典型临界值是1.3V，典型磁滞是0.5V，可以接收 ±30V的输入信号。驱动器（发送器）将TTL/CMOS输入电平转换成EIA/TIA-232-E电平。MAX 232E内具有两对接收和发送器，因此只用一片就可以完成通信电平转换。接口电路如图2-41所示。

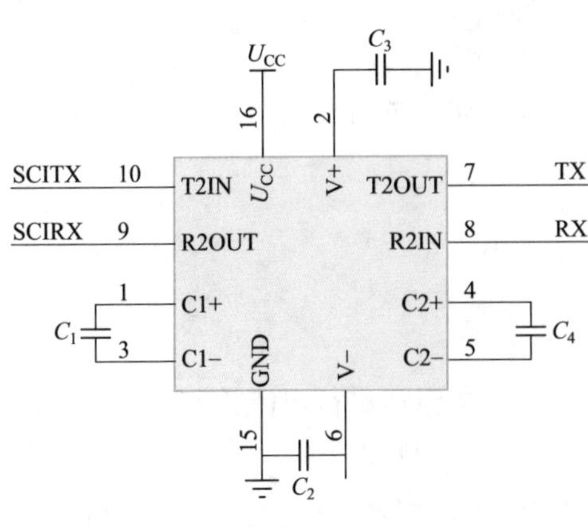


图2-41 串行口接口电路

## 八、伺服系统的软件控制

### 1. 定点 DSP 的书籍格式处理

由于 TMS320F2810 是一个定点 DSP，为了保证运算的精度，在调节器和控制算法中会涉及大量的浮点运算，因此要对系统的参数进行规格化处理。例如对于某个系统变量 $K$=3.999，可以用一个字来表示（3FFFH），其中高 4 位为整数部分，低 12 位为小数部分，最高位为符号位，这样的表示方法称为 Q 格式。

实质上，Q 格式是将一个数放大了 $2^x$ 倍，然后舍去了剩余小数，形成一个全是整数的替代数。这样，这个数才可以进行能够保证一定精度的定点运算。在最初设计时，一般的原则是先估计这个数的变化范围，然后去设计这个数的精度表示，如果精度不够，可以用扩大数的位数方法来弥补，最终给出一个满意的 Q 格式数据。

Q 格式数据间的运算遵循以下原则：加减运算必须保证参与运算的数据是相同的 Q 格式；不同 Q 格式的数可以进行乘运算，例如 $Q_A$ 格式的数乘 $Q_B$ 格式的数，运算结果的数为 $Q_{A+B}$；若 $Q_A$ 格式的数除以 $Q_B$ 格式的数，运算结果为 $Q_{A-B}$。

### 2. 系统中的主程序

主程序主要完成控制寄存器的初始化和相关参数变量的初始值的设定。初始化的寄存器主要有系统的状态寄存器、中断允许寄存器和事件管理器的控制寄存器等。初始化部分仅在计算开始时执行一次，系统初始化后，程序进入循环，等待中断的发生。主程序流程图如图 2-42 所示。

增量式光电编码器有三路彼此互差 120° 的 U、V、W 脉冲信号。U、V、W 脉冲信号在电机初始上电时，在每 360° 电角度每个脉冲周期给出六个状态信号，如图 2-43 所示，分别为：101，100，110，010，011，001，每个状态对应 60° 电角度，则由 U、V、W 的状态信号就可以判定电机转子所对应的空间位置的区间，如图 2-44 所示，然后根据所在的位置空间对绕组通电，这样通电就可以正确地判断电机的转向。其流程图如图 2-45 所示。

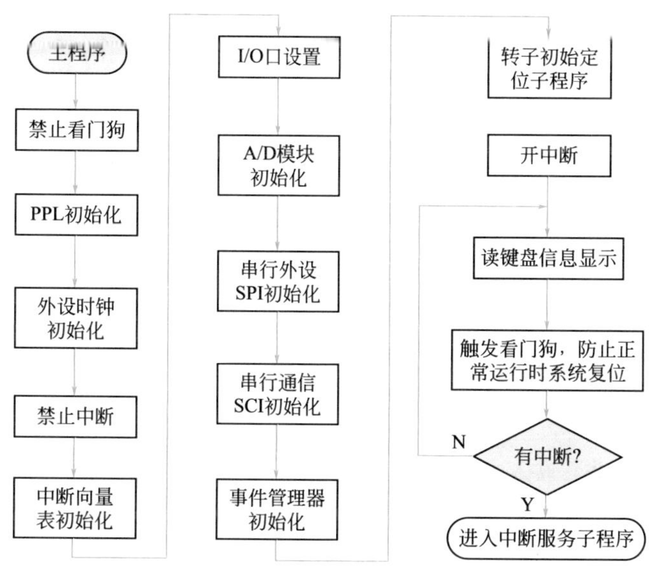


图 2-42　主程序流程图

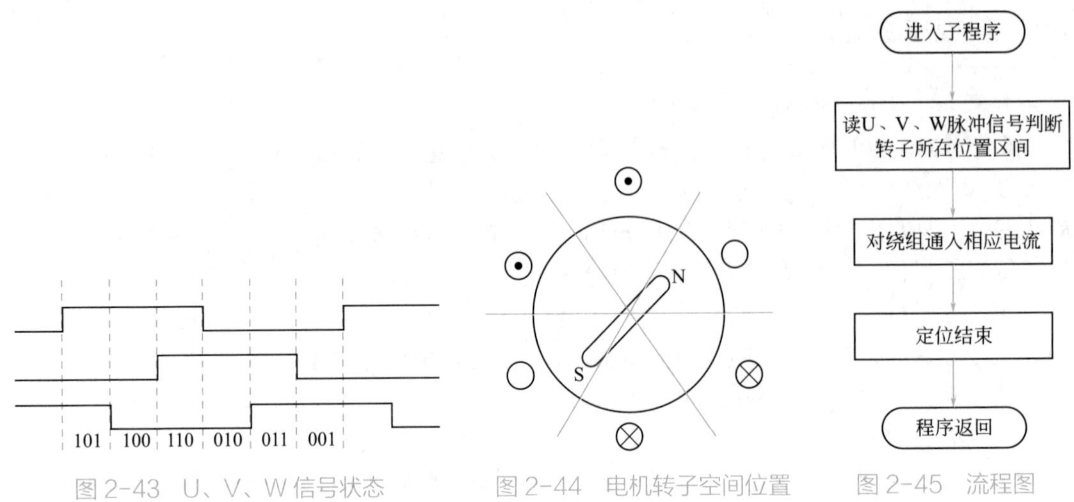


图 2-43　U、V、W 信号状态　　图 2-44　电机转子空间位置　　图 2-45　流程图

### 3. 定时器中断子程序

主程序在完成初始化之后进入一段循环执行的程序。当检测到外部中断时，系统马上进入中断服务子程序。定时器 T1 下溢中断服务子程序是整个控制算法的关键部分，它担当了系统的双闭环控制计算以及输出 PWM 波的任务。其程序流程图如图 2-46 所示。

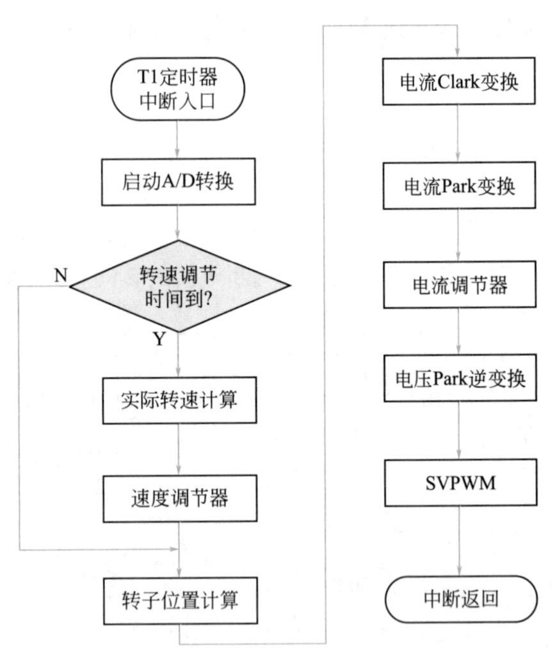


图 2-46　定时器 T1 中断服务子程序流程图

（1）SVPWM 子程序　程序采用目前流行的七段式 SVPWM 波形，它有三段零矢量和四段相邻的两个非零矢量组成。遵循在每个载波周期内功率管开关次数最少的原则产生 SVPWM 波形。图 2-47 为零扇区的 SVPWM 波形。比较寄存器 CMPR1、CMPR2 和 CMPR3 分别载入 $t_0/4$、$t_0/4+t_1/2$ 和 $t_0/4+t_1/2+t_2/2$，并在周期下溢中断子程序中进行更新，SVPWM 子程序流程图如图 2-48 所示。

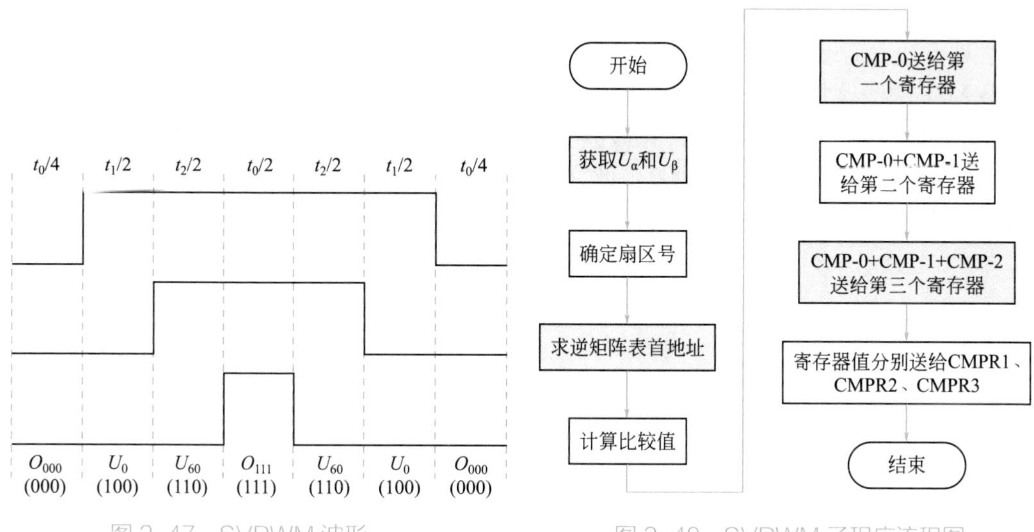


图 2-47　SVPWM 波形　　　　图 2-48　SVPWM 子程序流程图

（2）转子转速测量　常用测速方法有三种：M 法、T 法以及 M/T 法。

❶ M 法测速是在规定的检测时间 $T_0$ 内，对码盘输出的脉冲个数 $m_1$ 进行计数，也就是测量每个固定周期的位置差值。实际上在 $T_0$ 内的脉冲个数一般不是整数，而用微机中的定时计数器测得的脉冲个数只是整数部分，因而存在着量化误差。故 M 法测速适合于测量高转速，高转速时脉冲数较大，量化误差较小。转速的计算周期也就是定时器 $T_1$ 中断周期，设置定时器 $T_1$ 中断周期 $T_0$，设在 $T_0$ 时间内，正交编码定时器计数值变化量为 $\varDelta_0$，也就是光电码盘输出脉冲个数为 $\varDelta_0$，$P$ 为光电编码器 A 或 B 端口每转输出脉冲个数，则电机的转速为：

$$n=\frac{60\varDelta_0}{4PT_C} \tag{2-1}$$

若设 $K$=60/（$4PT_C$），则转速可以表示为：

$$n=K\varDelta_0 \tag{2-2}$$

这样避免了复杂的定点除法运算，只用四、五条语句即能实现转速的测量。

❷ T 法测速是在编码器输出的一个脉冲周期内对高频时钟脉冲的个数 $m_2$ 进行计数。为了减小量化误差，$m_2$ 不能太小，所以 T 法在测量低速时精度较高。T 法测速可以利用捕获单元 CAP3 的功能来实现。选择通用定时器 $T_2$ 时钟频率为 $f$ 作为计算转速的时钟基准。设当捕获引脚上发生上升或下跳沿时，均将计数器 $T_2$CNT 值捕获并锁存。在计算两个连续捕获发生的间隔时间 $T$ 时也必须考虑 16 位定时器翻转情况。不翻转时：

$$m_2=f(1)-f(0) \tag{2-3}$$

式中，$f$（1）为当前捕获发生时 16 位定时器的计数值；$f$（0）为前一捕获发生时 16 位定时器的计数值。

翻转时，只考虑一次翻转的情况：

$$m_2=f(1)-f(0)+\text{FFFFH} \tag{2-4}$$

那么转速为

$$n=\frac{60f}{2Pm_2} \tag{2-5}$$

以上分析可以看出，T 法测速含有定点除法运算，其计算过程较 M 法稍复杂一些，但该法对于低速测量的精度明显比 M 法高。

③ M/T 法测速按 M 法设置定时器 $T_1$，按 T 法设置定时器 $T_2$。当发生 $T_1$ 周期中断时（中断周期为 $T_C$），计算定时器 $T_4$ 计数值变化量 $\Delta_0$，读取此时定时器 $T_2$ 计数值 $T_2CNT(0)$，并允许捕获单元 CAP3 捕获中断。在此之后，当捕获单元 CAP3 捕获到第一个跳变沿时，向 CPU 申请中断。在捕获中断子程序中，根据捕获的计数值 $T_2CNT(0)$，得检测时间为

$$T=T_C+\frac{T_2CNT(1)-T_2CNT(0)}{20\times10^6/128} \tag{2-6}$$

则电机转速为

$$n=\frac{60\times(\Delta_0+1/2)}{4PT} \tag{2-7}$$

M/T 法综合了 M 法和 T 法的特点，能在很宽范围内按要求检测转速，但该方法占用了 DSP 较多的资源，而且需要精心设置很多个特殊寄存器，以免发生冲突。

（3）调节器子程序　调节器的算法采用遇限削弱积分控制算法。遇限削弱积分控制算法的基本思想是：当控制进入饱和区以后，便不再进行积分项的累加，而只执行削弱积分运算。这种算法可以避免控制量长时间停留在饱和区，其程序流程如图 2-49 所示。

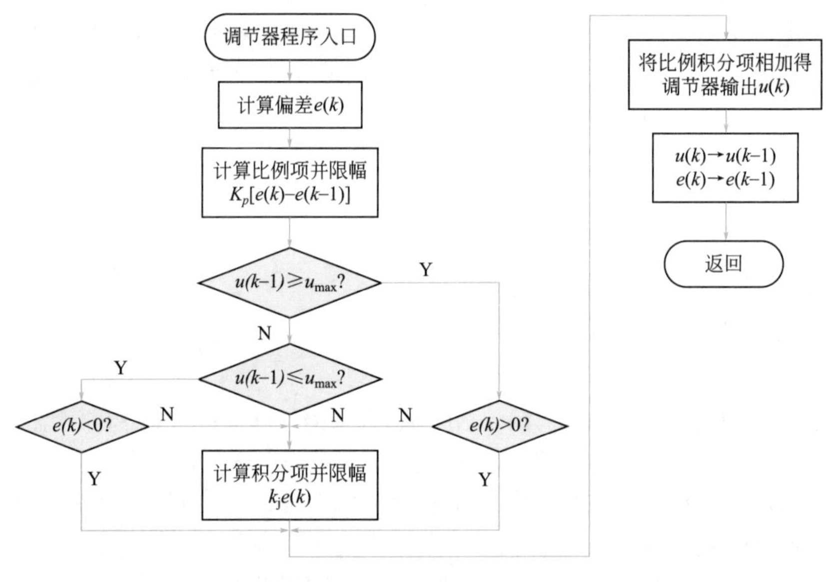


图 2-49　改进 PI 子程序流程

## 第四节　伺服与步进电机驱动电路

### 一、直流伺服步进电机驱动电路

#### 1. 步进电机控制集成电路 FT609 电路分析

FerretTronics 公司的 FT609 是一个步进电机逻辑控制器集成电路。它只需要一个驱动

电路和少量外部阻容元件就能通过一个2400bit/s串行线，提供丰富的控制功能，完全控制一台步进电机。因为FT609没有高的电流能力，不能直接驱动步进电机，因此需要使用例如L293（推挽式的两相驱动器）、UDN2544（四达林顿功率驱动器）芯片或一组晶体管电路作为驱动器。

（1）特点

- 只要一条串行输入线就能控制FT609所有方面的功能；
- 可变步进速度，每步从0.417ms～27.3s；
- 方向控制；
- 有单步模式；
- 有计数功能，使电机完成所需要精确数字的步数；
- 有一个Home脚，它的功能是使电机会自动地停止在Home点，或在停止之前走过某一预定数字的步；
- 有两个模态，当不步进时，能自动地关闭电机电流，或电流不变；
- 有自动提升和降低速度的功能，使电机能逐渐地增加或减少步进时间，以适应大的负载或高速情况；
- 有三种不同的通电顺序：WaveDrive、TwoPhase和HalfStep；
- 有一个专用于2544的指令Use2544，自动地将引脚2和3反相，允许FT609直接与UDN2544芯片配套工作。

（2）引脚功能说明 FT609采用DIP-8封装，其引脚功能见表2-20。

表2-20 FT609引脚功能说明

| 引脚号 | 符号 | 功能说明 | 引脚号 | 符号 | 功能说明 |
|---|---|---|---|---|---|
| 1 | $V_{++}$ | 电源 | 5 | A | 输出 |
| 2 | Com | 串行口 | 6 | B | 输出 |
| 3 | D | 输出 | 7 | C | 输出 |
| 4 | Home | 原点 | 8 | Gnd | 地 |

（3）应用技术 FT609使用电源电压$U_{++}$=3.0～5.5V，四引脚ABCD输出电流能力为25mA。串行线设置为2400bit/s，8位，无校验位，1为停止位。FT609工作指令功能见表2-21。

表2-21 FT609工作指令功能

| 十进制 | 指令名 | 功能 |
|---|---|---|
| 192 | Go | 步进电动机按预置模式开始步进 |
| 193 | WaveDrive | 设置为波形驱动方式 |
| 194 | TwoPhase | 设置为两相驱动方式 |
| 195 | HalfStep | 设置为半步驱动方式 |
| 196 | CCW | 设置为逆时针方向 |
| 197 | CW | 设置为顺时针方向 |
| 198 | Stop | 停止步进，但不清除原设定的模式 |

续表

| 十进制 | 指令名 | 功能 |
| --- | --- | --- |
| 199 | StepOne | 前进一步 |
| 200 | HomeOn | 在启动时，使步进电机停在原点 T 上 |
| 203 | HomeCountOn | 在 Home 脚为高电平时，使电机走过规定步数 |
| 204 | CountOn | 启动时，设置电机要走的步数 |
| 205 | LoadCount | 将步数装入计数器，2 字节 |
| 206 | Use2544 | 将引脚 2 和 3 反相，允许 FT609 直接与 2544 芯片配套工作 |
| 207 | StoreStepTime | 存储步与步之间的时间，2 字节 |
| 208 | StoreRampInterval | 存储斜坡时间间隔，1 字节 |
| 209 | StoreRampStepTime | 存储斜坡步时间，1 字节 |
| 210 | StoreRampStartTime | 存储斜坡开始时间，2 字节 |
| 213 | RampOn | 设置上斜坡模式 |
| 214 | HomeOff | 清除 Home 模式 |
| 215 | CountOff | 清除计数模式 |
| 217 | RampOff | 清除上斜坡模式 |
| 218 | KeepEnergized | 当电机无步进时，维持激励 |
| 219 | DeEnergize | 当电机无步进时，不激励 |
| 222 | StoreRampEndTime | 存储斜坡功能的快速时间 |
| 223 | Continue | 当停止指令已下达，继续步进 |

FT609 有三种步进通电顺序供选择：

❶ 波形驱动（WaveDrive）是 4 步驱动方式，每步都是单相通电，其通电顺序见表 2-22。

表2-22　波形驱动的通电顺序

| 步 | a | b | c | d | 步 | a | b | c | d |
| --- | --- | --- | --- | --- | --- | --- | --- | --- | --- |
| 1 | ON | OFF | OFF | OFF | 3 | OFF | OFF | ON | OFF |
| 2 | OFF | ON | OFF | OFF | 4 | OFF | OFF | OFF | ON |

❷ 两相驱动（TwoPhase）是 4 步驱动方式，每步都是两相通电，其通电顺序见表 2-23。

表2-23　两相驱动的通电顺序

| 步 | a | b | c | d | 步 | a | b | c | d |
| --- | --- | --- | --- | --- | --- | --- | --- | --- | --- |
| 1 | ON | ON | OFF | OFF | 3 | OFF | OFF | ON | ON |
| 2 | OFF | ON | ON | OFF | 4 | ON | OFF | OFF | ON |

❸ 半步驱动（HalfStep）是 8 步驱动方式，依次按单相 - 两相交替方式通电，其通电顺序见表 2-24。

表2-24　半步驱动的通电顺序

| 步 | a | b | c | d |
|---|---|---|---|---|
| 1 | ON | OFF | OFF | OFF |
| 2 | ON | ON | OFF | OFF |
| 3 | OFF | ON | OFF | OFF |
| 4 | OFF | ON | ON | OFF |
| 5 | OFF | OFF | ON | OFF |
| 6 | OFF | OFF | ON | ON |
| 7 | OFF | OFF | OFF | ON |
| 8 | ON | OFF | OFF | ON |

利用 FT609 可实现步进电机的下列几种运动控制：

- 单步模式；
- 连续步进模式；
- 步进规定的步数；
- Energize/DeEnergize 功能；
- Home 功能；
- 斜坡（ramp）模式。

用于四相步进电机单极性驱动的应用电路如图 2-50 所示，用于两相步进电机双极性驱动的应用电路如图 2-51 所示。

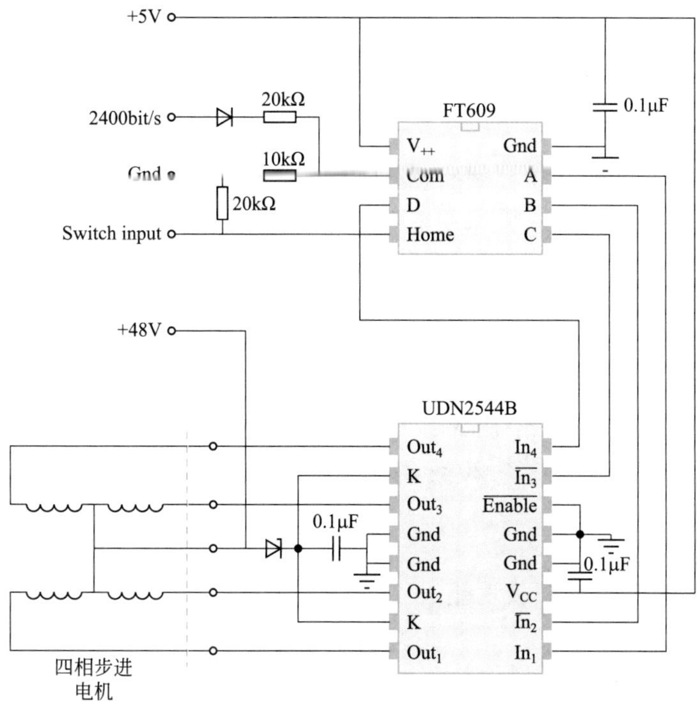


图 2-50　FT609 用于四相步进电机单极性驱动的应用电路

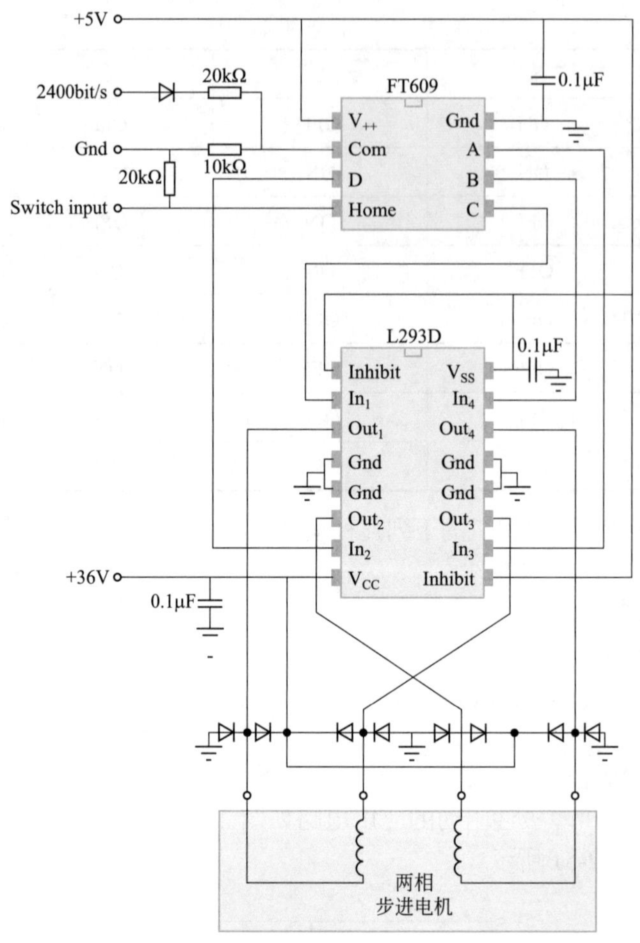


图 2-51　FT609 用于两相步进电机双极性驱动的应用电路

### 2. 四相步进电机驱动集成电路分析

新电元（SHINDENGEN）公司的 MTD1110 是一个单极性驱动器，适用于四相步进电机整步 / 半步、正 / 反转控制。它采用单列直插 ZIP-27 封装。

#### （1）主要应用参数

- 电动机电源电压　　$U_{mm}$：～ 32V；
- 输出耐压　　$U_{OUT}$：70V；
- 逻辑电源　　$U_{CC}$：4.75 ～ 5.25V；
- 最大输出电流　　$I_O$：1.5A；
- 斩波频率　　$f_{chop}$：20 ～ 27kHz。

#### （2）特点

- 四相输入控制信号；
- 固定 OFF 时间的恒流斩波功能；
- ENABLE 功能；
- 过热保护，报警输出；
- 内含续流二极管。

**（3）引脚功能说明** 见表2-25。

表2-25 MTD1110引脚功能说明

| 引脚号 | 符号 | 功能说明 | 引脚号 | 符号 | 功能说明 |
|---|---|---|---|---|---|
| 1 | $V_{CC}$ | 逻辑电源，5V | 15 | $R_SB$ | 接传感电阻 |
| 2 | ALARM | 保护报警 | 16 | Out B | 输出 |
| 3 | CR A | 接定时 $R_tC_t$ 网络 | 17 | NC | 空引脚 |
| 4 | $V_{ref}A$ | 参考电压 | 18 | Out $\overline{B}$ | 输出 |
| 5 | $V_sA$ | 电流传感输入 | 19 | NC | 空引脚 |
| 6 | IN $\overline{A}$ | 输入 | 20 | PG B | 功率地 |
| 7 | IN A | 输入 | 21 | IN B | 输入 |
| 8 | PGA | 功率地 | 22 | IN $\overline{B}$ | 输入 |
| 9 | NC | 空引脚 | 23 | $V_SB$ | 电流传感输入 |
| 10 | Out $\overline{A}$ | 输出 | 24 | $V_{ref}B$ | 参考电压 |
| 11 | NC | 空引脚 | 25 | CR B | 接定时 $R_tC_t$ 网络 |
| 12 | Out A | 输出 | 26 | EN A | 使能控制 |
| 13 | $R_S$ A | 接传感电阻 | 27 | LG | 逻辑地 |
| 14 | COM | 外接保护齐纳二极管 | | | |

**（4）应用电路说明** MTD1110内部电路框图和应用连接电路如图2-52所示。

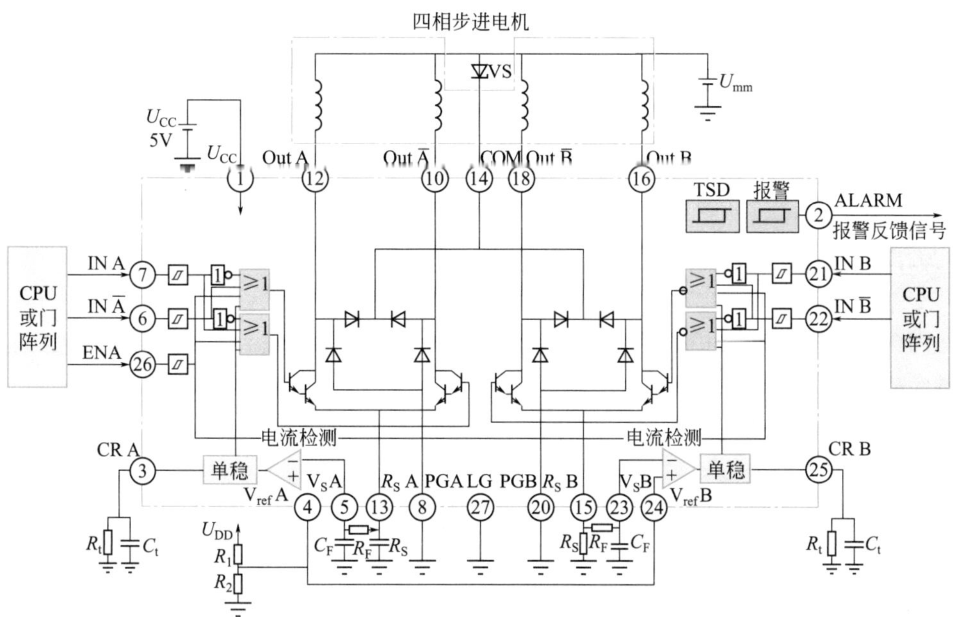


图2-52 MTD1110内部电路框图和应用连接电路

MTD1110的输出级是四个低侧驱动的达林顿晶体管，分别由四个输入INA、$IN\bar{A}$、INB、$IN\bar{B}$脚和一个使能输入ENA脚控制，如表2-26所示真值表，它们决定输出导通或关闭、导通电流方向，从而从外面的CPU或门阵列的时序得到步进电机的整步或半步、正/反转、启动和停止控制。由传感电阻、单稳电路组成固定OFF时间恒流斩波控制，利用参考输入$V_{ref}$设定输出电流值。OFF时间是由外接的$R_t$和$C_t$决定：

$$T_{OFF}=0.69R_tC_t$$

低侧驱动输出利用8个钳位二极管和一个外接齐纳二极管保护，使输出电压限制在输出达林顿晶体管的耐压70V之内。

表2-26　真值表

| ENA | INA（INB） | $IN\bar{A}$（$IN\bar{B}$） | OUTA（OUTB） | $OUT\bar{A}$（$OUT\bar{B}$） |
|---|---|---|---|---|
| L | L | L | OFF | OFF |
| L | L | H | OFF | ON |
| L | H | L | ON | OFF |
| L | H | H | OFF | OFF |
| H | × | × | OFF | OFF |

注：×—L或H。

### 3. 单极性步进电机双电压集成电路分析

新日本无线电公司（JRC）的NJM3517是一个步进电机控制器/驱动器集成电路，只需要少量外部元件即可完成一个四相步进电机的整步/半步控制。

NJM3517采用双电平驱动方式，在每步的开始以一个高电压脉冲施加到电机绕组，使绕组电流迅速地上升，提高电机的性能。

#### （1）推荐工作参数

- 逻辑电源电压　$U_{CC}$：4.75～5.25V；
- 高电源电压　$U_{SS}$：10～40V；
- 输出相电流　$I_P$：0～350mA。

#### （2）特点

- 内含完整的驱动器和相逻辑；
- 连续输出电流为350mA；
- 整步/半步控制方式；
- LS-TTL兼容的输入；
- 双电平驱动方式得到高步进速度；
- 加倍电压驱动可能；
- 半步定位显示输出；
- 最小的射频干扰（RFI）；
- 采用DIP16（NJM3517E2）和EMP16（NJM3517D2）两种封装方式。

（3）引脚功能说明 见表 2-27。

表2-27 NJM3517引脚功能说明

| 引脚号 | | 符号 | 功能说明 |
|---|---|---|---|
| DIP | EMP | | |
| 1 | 1 | $P_{B2}$ | B 相输出 |
| 2 | 2 | $P_{B1}$ | B 相输出 |
| 3 | 3 | GND | 地 |
| 4 | 4 | $P_{A1}$ | A 相输出 |
| 5 | 5 | $P_{A2}$ | A 相输出 |
| 6 | 6 | DIR | 方向输入 |
| 7 | 7 | $\overline{STEP}$ | 步进输入 |
| 8 | 8 | $\phi_B$ | B 相零电流半步位置指示输出 |
| 9 | 9 | $\phi_A$ | A 相零电流半步位置指示输出 |
| 10 | 10 | $\overline{HSM}$ | 整步 / 半步模式选择，低电平 - 半步模式 |
| 11 | 11 | INH | 禁止输入，高电平使所有输出关闭 |
| 12 | 12 | *RC* | 双电压驱动的脉冲定时端 |
| 13 | 13 | $L_A$ | 高电压输出，A 相 |
| 14 | 14 | $L_B$ | 高电压输出，B 相 |
| 15 | 15 | $V_{SS}$ | 高电压电源，+10 ～ +40V |
| 16 | 16 | $V_{CC}$ | 逻辑电源，+5V |

（4）内部电路框图 见图 2-53。

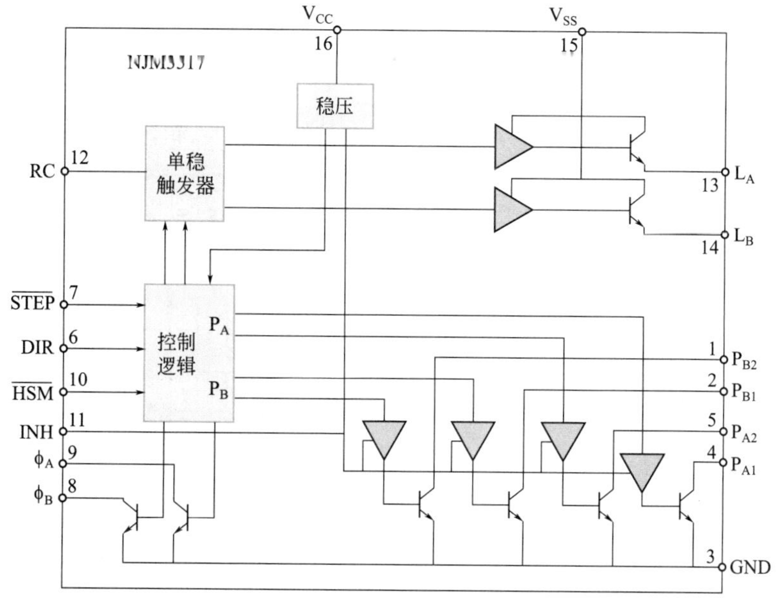


图 2-53 NJM3517 内部电路框图

（5）应用技术　NJM3517 以单极性、双电压方式驱动步进电机，获得高驱动性能。双电压驱动典型应用电路如图 2-54 所示。双电压驱动是在每步最初一段时刻给电机绕组施加一个第二电压（高电压）$U_{SS}$，为的是获得一个更迅速上升的绕组电流。这个短的时间 $t_{on}$ 是由内部一个单稳触发器（mono f-f）电路产生的，它由外接的电阻和电容设定：

$$t_{on}=0.55C_TR_T$$

在这段时间之后，高电压输出被断开，由正常电源电压 $U_{MM}$ 供给正常电流，它是被选择的额定电流。用户应按电动机的 L/R 时间常数和 $U_{SS}$ 电压来选择这个 $t_{on}$ 时间。

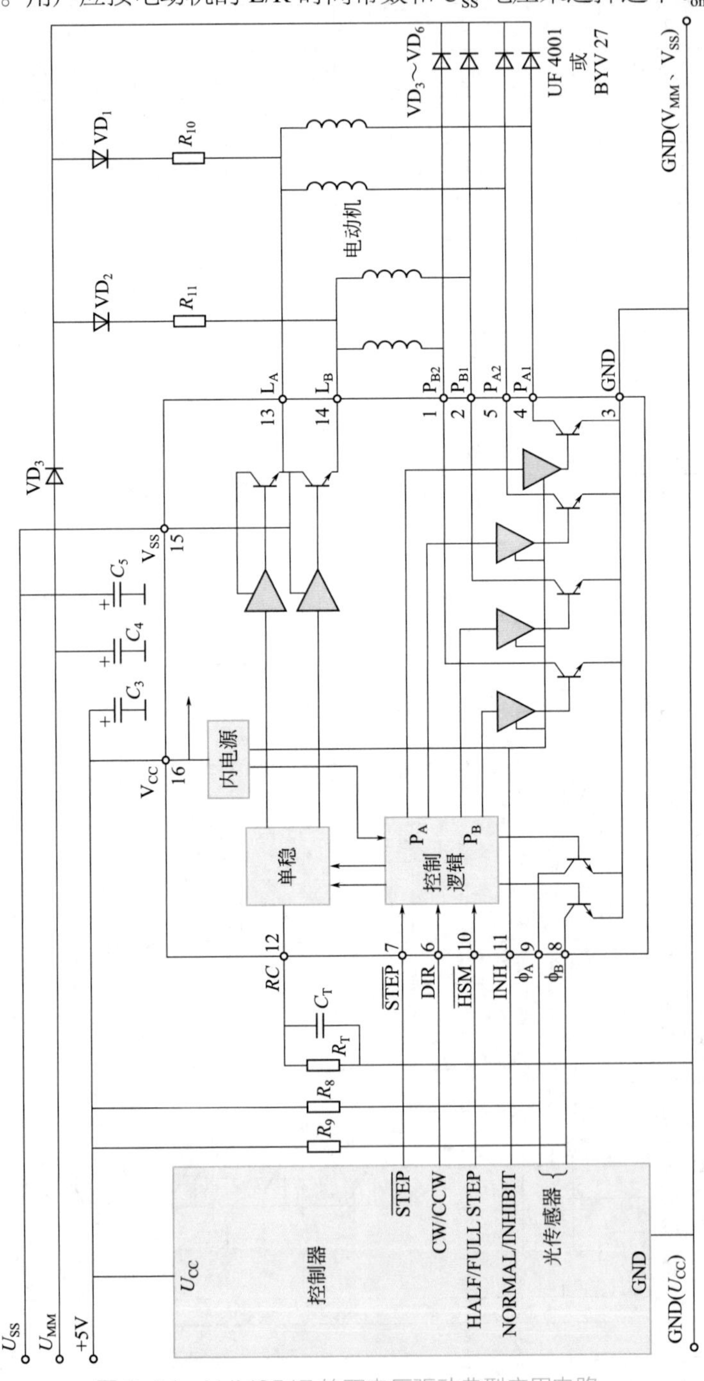


图 2-54　NJM3517 的双电压驱动典型应用电路

NJM3517 也可以按单电压（低电压）方式工作。外接晶体管双倍电压的单电压驱动应用电路如图 2-55 所示。为了提高性能，可使用加倍电压和一些少量外部元件扩大驱动电机电流能力。

禁止输入（INH）用来完全地关闭输出电流。

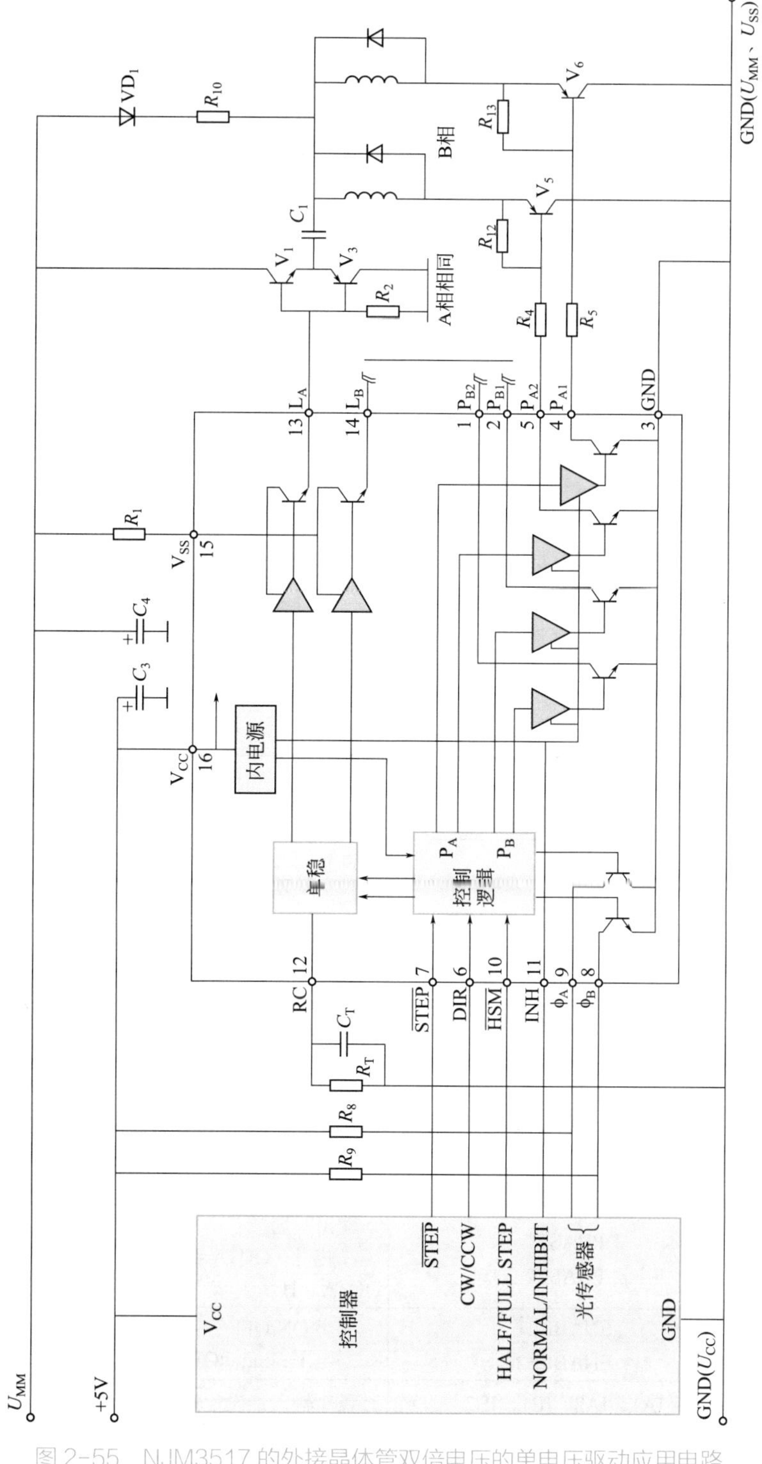


图 2-55　NJM3517 的外接晶体管双倍电压的单电压驱动应用电路

$\phi_A$和$\phi_B$脚是集电极开路输出，需要上拉电阻5kΩ接5V电源。它们由内部的相逻辑部分产生。在半步驱动方式时，有单相和两相通电交替出现，若它们是高电平，表示单相通电的有相应相输出被禁止。它们作为反馈信息提供给外控制器。

为控制NJM3517，外控制器的STEP、CW/CCW、HALF/FULL STEP、NORMAL/INHIBIT输出信号接NJM3517的$\overline{\text{STEP}}$、DIR、$\overline{\text{HSM}}$、INH脚。

### 4. 电流控制步进电机驱动集成电路

SANYO公司的LB1945H单片双H桥驱动器适用于驱动两相步进电机，采用PWM电流控制实现4步、8步通电方式的运转。封装方式为HSOP28H。

（1）主要工作参数：

- 电动机电源电压　$U_{BB}$：10～28V；
- 控制电源电压　$U_{CC}$：4.75～5.25V；
- 参考电压　$U_{REF}$：1.5～5.0V；
- 连续输出电流　$I_{Omax}$：0.8A。

（2）特点

- PWM电流控制；
- 负载电流数字选择；
- 内含续流二极管；
- 防止上下桥臂同时导通的功能；
- 内部过热关机电路；
- 内部降低噪声电路。

（3）引脚功能说明　见表2-28。

表2-28　LB1945H引脚功能说明

| 引脚号 | 符号 | 功能说明 |
| --- | --- | --- |
| 7 | $V_{BB1}$ | 输出级电源 |
| 24 | $V_{BB2}$ | 接高侧二极管阴极 |
| 5，23 | E1，E2 | 接电流传感电阻$R_E$ |
| 2，1，27，28 | OUTA，OUTA-，OUTB，OUTB- | 输出 |
| 14 | GND | 地 |
| 15 | S-GND | 传感电阻接地端 |
| 6，22 | D-GND | 低侧二极管接地 |
| 21 | $CR$ | 接三角波$CR$ |
| 13，16 | $V_{REF1}$<br>$V_{REF2}$ | 输出电流设定参考电压 |
| 9，20 | PHASE1<br>PHASE2 | 输出相选择<br>高电平：OUTA=H，OUTA-=L；低电平：OUTA=L，OUTA-=H |
| 10，19 | ENABLE1<br>ENABLE2 | 输出ON/OFF设定<br>高电平：outputOFF；低电平：outputON |
| 12，11，17，18 | IA1，IA2，IB1，IB2 | 逻辑输入，设定输出电流值 |
| 8 | $V_{CC}$ | 逻辑部分电源 |

（4）内部电路框图　见图 2-56。

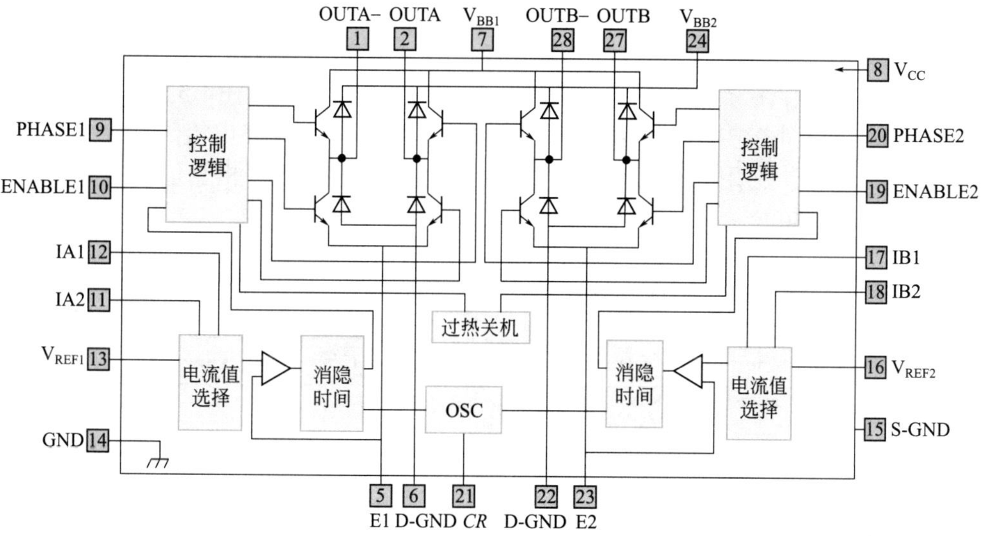


图 2-56　LB1945H 内部电路框图

（5）应用技术　LB1945H 的典型应用电路如图 2-57 所示。

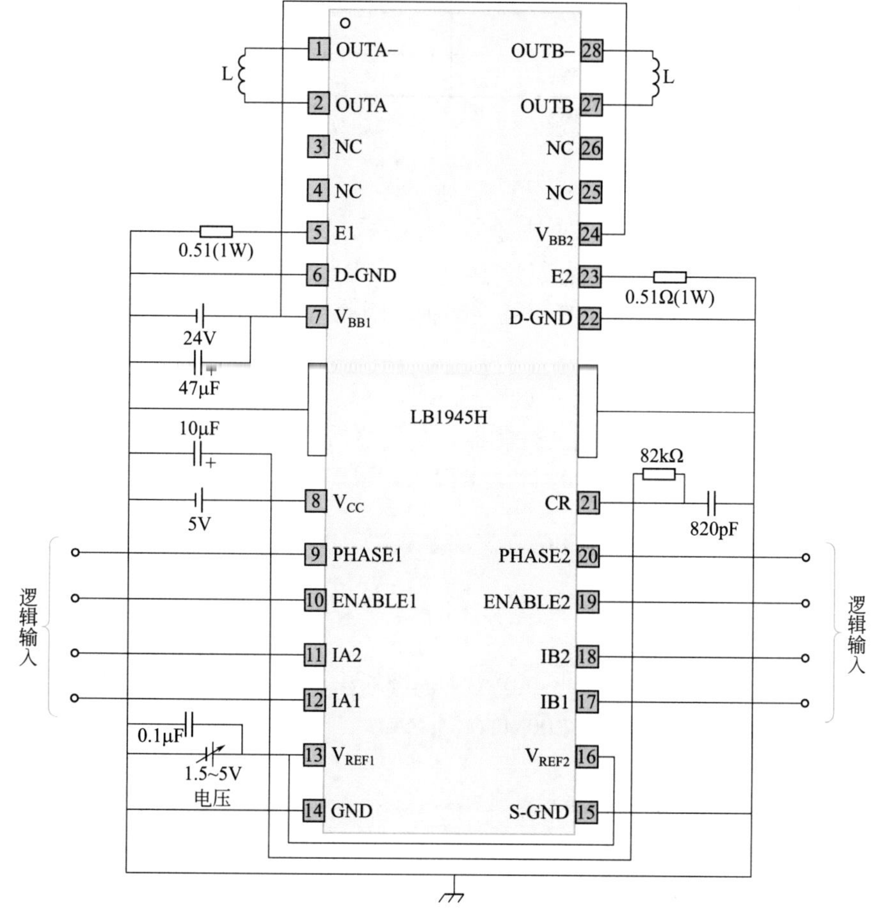


图 2-57　LB1945H 的典型应用电路

LB1945H 利用从上位机来的控制指令 PHASE、IA1、IA2（IB1、IB2）数字输入和 $V_{REF1}$（$V_{REF2}$）模拟电压输入的不同组合，可得到所需要的通电方式和预定的电流值。由 PHASE 控制 H 桥输出电流方向，由 IA1、IA2（IB1、IB2）数字输入得到输出电流值比例的四种选择：1、2/3、1/3、0。从 $V_{REF1}$（$V_{REF2}$）输入的模拟电压可在 1.5 ～ 5V 范围内连续变化。LB1945H 从外接传感电阻 $R_S$ 获得电流反馈信息，由 PWM 电流闭环控制使输出电流跟踪输入的要求。利用 ERNABLE 或 I1=I2=H 可使输出关闭，相真值表见表 2-29，电流值控制表见表 2-30。

表2-29　相真值表

| ENABLE | PHASE | OUTA | OUTA- |
|---|---|---|---|
| L | H | H | L |
| L | L | L | H |
| H | — | OFF | OFF |

表2-30　电流值控制表

| I1 | I2 | 输出 |
|---|---|---|
| L | L | $U_{REF}/(10R_E)=I_{OUT}$ |
| H | L | $U_{REF}/(15R_E)=2I_{OUT}/3$ |
| L | H | $U_{REF}/(30R_E)=I_{OUT}/3$ |
| H | H | 0 |

注：I1、I2 分别表示 IA1、IB1 和 IA2、IB2。

### 5. 低压步进电机驱动集成电路分析

FAIRCHILD SEMICONDUCTOR（快捷半导体公司）的 FAN8200/FAN8200D/FAN8200MTC 是一个为驱动两相低压步进电机而设计的单片集成电路。内部由垂直 PNP 晶体管组成的两个 H 桥，每个 H 桥有各自独立的使能控制脚，因此它也能应用于其他电机，例如直流电机、线圈的驱动。

典型的应用例子有通用的低压步进电机驱动、软盘驱动器、照相机步进电机驱动器，PC 照相机（摄像头）或安全仪器运动控制器，数码照相机（DSC）双通道直流电机驱动器，微处理器（MPU）通用功率驱动（缓冲）接口。

#### （1）特点

- 3.3V 和 5V MPU 接口；
- 双 H 桥驱动；
- 内部垂直 PNP 电力晶体管；
- 宽范围电源电压（$U_{CC}$：2.5 ～ 7.0V），连续输出电流能力 [$I_O$：0.65A（FAN8200）、0.4A（FAN8200D）、0.55A（FAN8200MTC）]；
- 低饱和电压 0.4V（0.4A）；
- 芯片中每个 H 桥有各自的使能端；
- 内部冲击电流保护；
- 内部过热关机（TSD）功能；
- 有三种封装方式可供选择：14-DIP-300（FAN8200），14-SOP-225（FAN8200D），

14-TSSOP（FAN8200MTC）。

（2）引脚功能说明　见表 2-31。

表2-31　FAN8200引脚功能说明

| 引脚号 | 符号 | 功能说明 | 引脚号 | 符号 | 功能说明 |
|---|---|---|---|---|---|
| 1 | $V_{CC}$ | 逻辑电源 | 8 | PGND | 功率地 |
| 2 | CE1 | 使能 1 | 9 | IN2 | 输入 2 |
| 3 | OUT1 | 输出 1 | 10 | OUT4 | 输出 4 |
| 4 | $V_{S1}$ | 功率电源 1 | 11 | $V_{S2}$ | 功率电源 2 |
| 5 | OUT2 | 输出 2 | 12 | OUT3 | 输出 3 |
| 6 | IN1 | 输入 1 | 13 | CE2 | 使能 2 |
| 7 | SGND | 信号地 | 14 | PGND | 功率地 |

（3）工作原理　FAN8200 系列内部电路框图和步进电机驱动典型应用电路如图 2-58 所示。

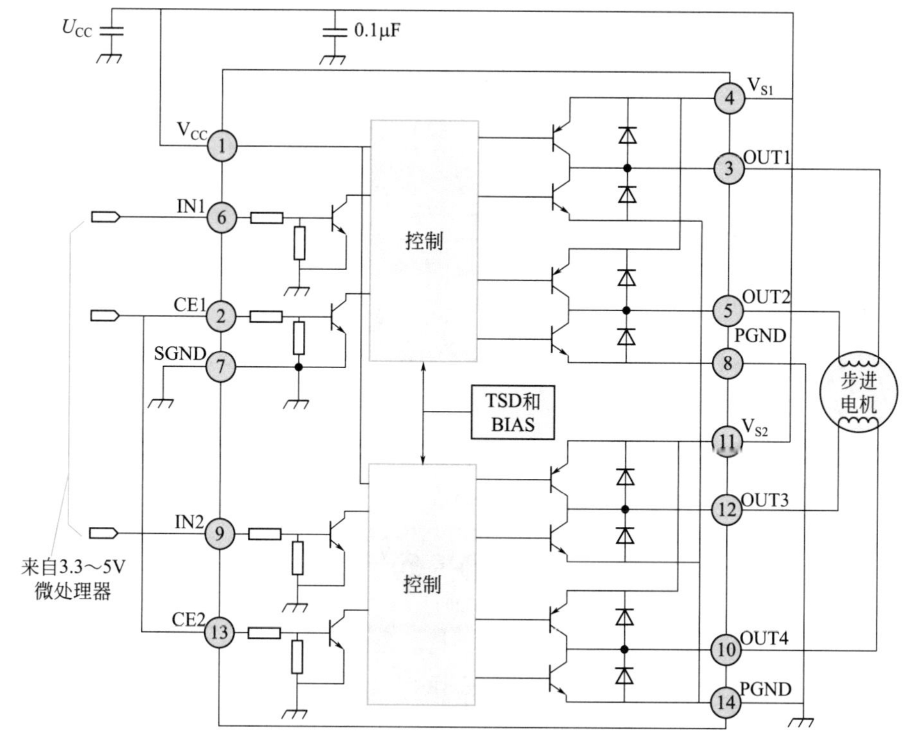


图 2-58　FAN8200 系列内部电路框图和步进电机驱动典型应用电路

FAN8200 内部有两路完全相同的部分，它们都由有两个输入端（CE、IN）的控制部分和有两个输出端的 H 桥组成，各驱动一个绕组双向通电。还有一个共用的过热关机与偏置电路。如果结温超过 150℃，输出被禁止。H 桥输出有低饱和压降，0.4A 输出电流时总压降典型值是 0.4V，使该芯片能在低达 2.5V 的低压电源下正常工作。

这两路的控制完全是独立的，如表 2-32 所示的真值表。用 IN 输入逻辑电平控制输出电流方向。实际使用时，可将 CE1 和 CE2 脚连在一起，作为电机启 / 停控制用：输入逻辑高电平，芯片使能，电机启动；输入逻辑低电平，双H桥输出为高阻态，电流自然衰减，直到电动机停止。在图2-59所示的输入输出控制波形给出的是两相步进电机整步通电方式的情况。每步都是有两相通电。

表2-32 真值表

| CE1 | IN1 | OUT1 | OUT2 | CE2 | IN2 | OUT3 | OUT4 |
|---|---|---|---|---|---|---|---|
| L | X | Z | Z | L | X | Z | Z |
| H | L | H | L | H | L | H | L |
| H | H | L | H | H | H | L | H |

注：Z—高阻态。

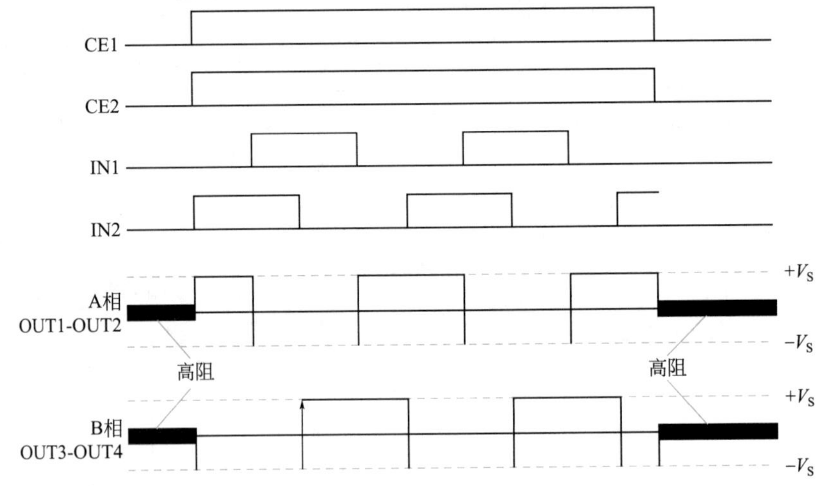


图2-59 输入输出控制波形

（4）应用技术 FAN8200双H桥可用于双直流电动机驱动，图2-60给出在数码照相机（DSC）应用的例子，它分别用来控制快门电动机和光圈电动机。使用3.3V或5V的低压电源，控制信号来自3.3V或5V的微处理器。

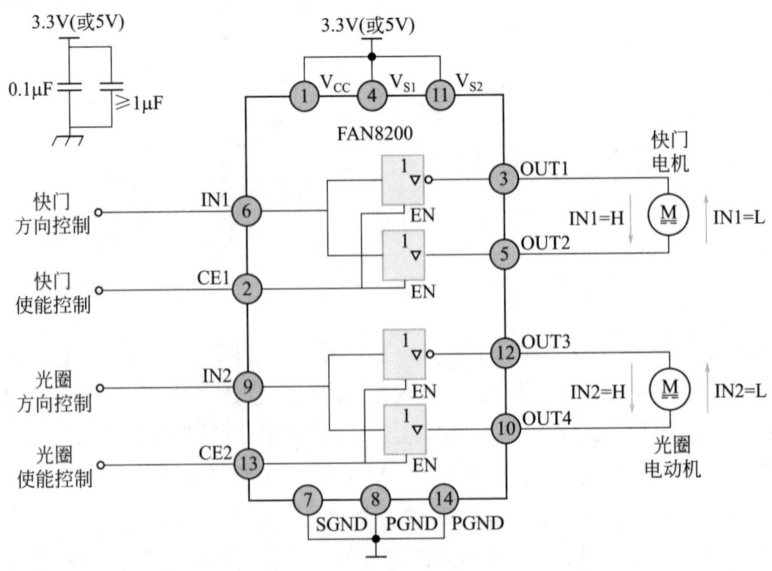


图2-60 FAN8200的驱动两个直流电动机的应用电路

### 6. 微步距步进电机控制集成电路分析

新日本无线电公司（JRC）的 NJU39612 是一个双 7bit 数 / 模转换器（DAC），和步进电机驱动器（例如 NJM3777）一起用于微步距驱动集成电路。NJU39612 内有一组输入寄存器连接到一个 8bit 的数据口，容易和微处理器直接接口。两个寄存器用来存储 7bit 的 DAC 数据，第 8bit 为符号位。

（1）特点

- 模拟控制电压达到 3V；
- 与高速微处理器接口；
- 最大标定值误差为 1LSB；
- 快速转换速度为 3μs；
- 可与步进电机驱动器集成电路配套使用；
- EMP20 平面封装。

（2）引脚功能说明　见表 2-33。

表2-33　NJU39612引脚功能说明

| 引脚号 | 符号 | 功能说明 |
| --- | --- | --- |
| 1 | $V_{REF}$ | 参考电压，正常为 2.5V（最大 3.0V） |
| 2 | $DA_1$ | D/A1 电压输出，输出范围为 0.0V ～（$U_{REF}$-1LSB） |
| 3 | $Sign_1$ | 符号 1，直接连接到 NJM377x 的 phase input，从输入的 D7 输入 |
| 4 | $V_{DD}$ | 逻辑电源电压 +5V |
| 5 | $\overline{WR}$ | 写输入到内部寄存器 |
| 6 | D7 | 数据 7 输入 |
| 7 | D6 | 数据 6 输入 |
| 8 | D5 | 数据 5 输入 |
| 9 | D4 | 数据 4 输入 |
| 10 | D3 | 数据 3 输入 |
| 11 | D2 | 数据 2 输入 |
| 12 | D1 | 数据 1 输入 |
| 13 | D0 | 数据 0 输入 |
| 14 | A0 | 地址 0，输入选择数据传输，A0 低电平选择通道 1，A0 高电平选择通道 2 |
| 15 | NC | 空引脚 |
| 16 | $\overline{CS}$ | 片选，低电平有效 |
| 17 | $V_{SS}$ | 地 |
| 18 | $Sign_2$ | 符号 2，直接连接到 NJM377x 的 phase input，从输入的 D7 来 |
| 19 | $DA_2$ | D/A2 电压输出，输出范围 0.0V ～（$U_{REF}$-1LSB） |
| 20 | RESET | 复位，高电平复位内部寄存器 |

（3）内部电路框图　见图 2-61。

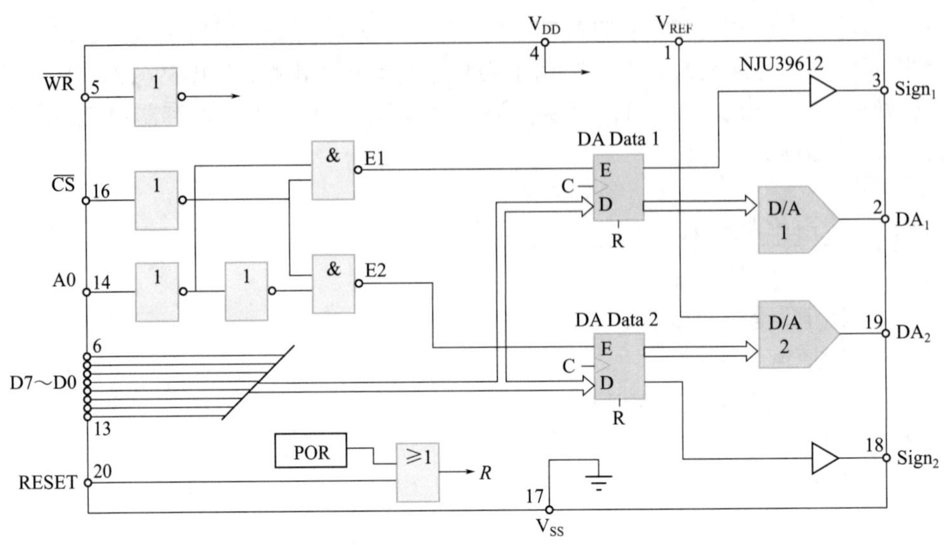


图 2-61　NJU39612 内部电路框图

（4）功能的描述　NJU39612 的每个 DAC 通道包含一个寄存器和一个 D/A 转换器。Sign 符号输出为 NJM377x 产生 phase 信号，用来控制绕组电流方向。NJU39612 设计的数据总线接口和 6800、6801、6803、6808、6809、8051、8050、Z80 及其他的流行类型 8 位微处理器兼容。数据总线接口由 8bit 数据、写信号、片选择和两个地址引脚所组成。除了 RESET 复位信号外，所有的输入是 TTL 兼容的。地址脚控制数据转移到两个内部的 D 型寄存器。两个 D/A 转换器的输出分别是 $DA_1$ 和 $DA_2$，它们的输入是内部数据总线 Q61 ～ Q01 和 Q62 ～ Q02。内部数据总线接各自的 D 寄存器。在写信号正跳沿时数据被传送见表 2-34。NJU39612 有自动上电复位功能，当芯片通电时，自动将全部寄存器复位。

表2-34　数据传输

| 片选 $\overline{CS}$ | 地址 A0 | 数据传输 |
|---|---|---|
| 0 | 0 | D7—> $Sign_1$，（D6 ～ D0）—>（Q61 ～ Q01） |
| 0 | 1 | D7—> $Sign_2$，（D6 ～ D0）—>（Q62 ～ Q02） |
| 1 | X | 不传输 |

实际可应用的微步距数由许多因素决定，例如数模转换器数据位数，转换器误差，可接收的转矩波动，单脉冲或双脉冲程序，电动机的电气、机械和磁特性等。在电动机能力方面也有许多限制，如电动机的运行性能、实际的摩擦力、转矩的线性程度等。因此，本芯片的电流值数字 128（$2^7$）并不就是实际可应用的微步数。

（5）应用技术　NJU39612 可以产生期望分辨率的微步距驱动，也可用于一般的整步、半步驱动方式。利用 NJU39612 组成微步距驱动系统的方案可分为无微处理器和有微处理器两种。

在没有微处理器的应用（见图 2-62）中，步进数据存储在 PROM 内，一个计数器（Counter）决定其地址。计数器输入的步（Step）和方向（Direction）信号是它的时钟（Clock）输入信号和加 / 减计数（Up/Down）信号。

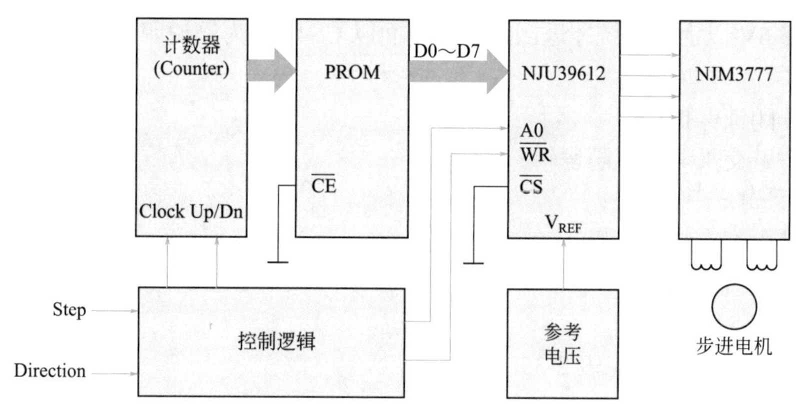


图 2-62　不用微处理器的 NJU39612 微步距驱动应用电路

在与一个微处理器接口的系统（见图 2-63）里，数据存储在 ROM/RAM 内，连续地计算每一步。NJU39612 像任何微处理器的外围设备一样被连接。所有与步进运动有关数据由微处理器专门设置。这个系统是理想的解决方案，它充分利用了微处理器的能力，而且费用低。

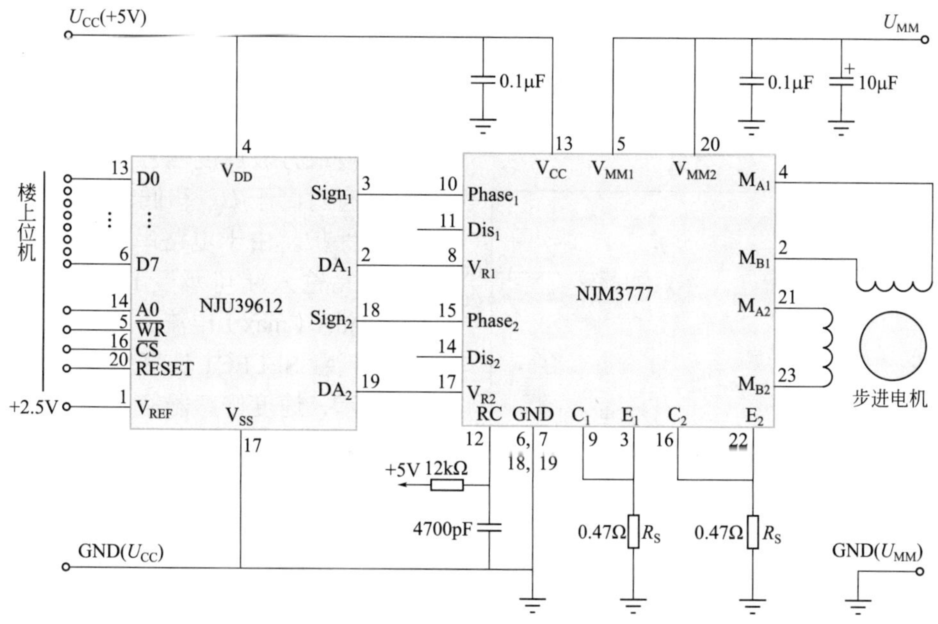


图 2-63　接微处理器的 NJU39612 微步距驱动应用电路

## 7. 双 H 桥步进电机驱动集成电路分析

ON Semiconductor 公司的 CS4161 和 CS8441 都是两相步进电机驱动器。它们是为汽车里程表驱动应用设计的，也可用于类似的小型两相步进电机驱动。它可选择两种工作模式：对应每转 8 个信号（模式 1）和 16 个信号（模式 2）。内部有两个 H 桥输出级，H 桥驱动能力为 85mA，推荐电源电压为 6.5 ～ 24V。内部逻辑顺序器的设计使上下桥臂不会同时发生导通。在芯片内部有钳位二极管对输出部分进行保护。

CS4161/CS8441 包括过电压和短路保护电路。它们的引脚是完全相同的，性能是相似的。但 CS4161 包括一个欠电压闭锁（UVLO）的附加功能，使输出极被禁止，直到电源电压恢复到 5.6V 以上，系统才返回正常。下面以 CS4161 为例说明。

(1) 特点

- 欠电压闭锁保护；
- 上下桥臂交叉导通预防逻辑；
- 两种可选择工作模式；
- 在芯片内部有续流二极管；
- 过电压和短路保护；
- DIP-8 封装。

(2) 引脚功能说明　见表 2-35。

表2-35　CS4161引脚功能说明

| 引脚号 | 符号 | 功能说明 | 引脚号 | 符号 | 功能说明 |
|---|---|---|---|---|---|
| 1 | GND | 地 | 5 | SELECT | 两种工作模式选择 |
| 2 | COILA+ | 输出极，接 A 相绕组 | 6 | COILB− | 输出极，接 B 相绕组 |
| 3 | COILA− | 输出极，接 A 相绕组 | 7 | COILB+ | 输出极，接 B 相绕组 |
| 4 | SENSOR | 速度信号输入 | 8 | $V_{CC}$ | 电源 |

(3) 工作原理　CS4161 内部电路框图如图 2-64 所示。

❶ SENSOR 速度传感器输入　SENSOR 是一个 PNP 比较器输入端，它接收外面的正弦波或方波速度信号输入。这个输入具有对高于 $U_{CC}$ 和低于地的电压的钳位保护。由于电路串接 100kΩ 电阻，使此输入端可承受 DC 150V 电压和 1.5mA (max) 电流。

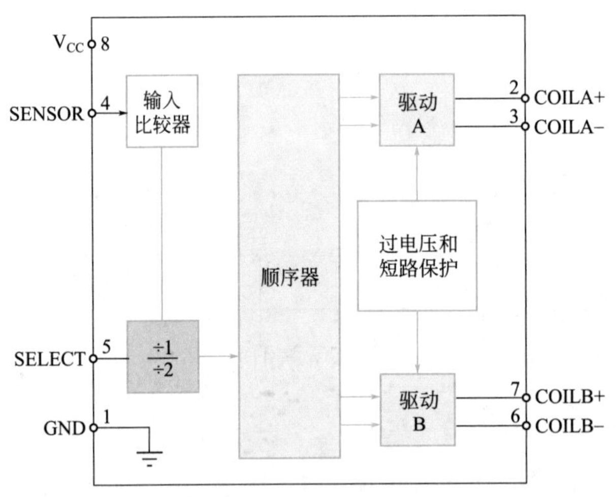


图 2-64　CS4161 内部电路框图

❷ SELECT 选择输入　如图 2-64 所示，速度传感器输入频率被内部分频器分频，由 SELECT 脚的电平决定分频系数是 1 或 2；

逻辑 1——分频系数 1；

逻辑 0——分频系数 2。

由于本芯片中，步进电机按准半步模式工作，即电机转一转走 8 步，有 8 个状态，输入 8 个脉冲，如表 2-36 所示的状态表。

表2-36　电机的状态和绕组电流

| 状态 | 绕组 A 电流 | 绕组 B 电流 | 状态 | 绕组 A 电流 | 绕组 B 电流 |
|---|---|---|---|---|---|
| 0 | + | + | 4 | − | − |
| 1 | OFF | + | 5 | OFF | − |
| 2 | − | + | 6 | + | − |
| 3 | − | OFF | 7 | + | OFF |

（4）应用技术　如果按里程计应用电路接法（见图 2-65），取 SELECT=1（分频系数 =1）时，SENSOR 速度传感器输入信号 SS1 的 8 个脉冲跳沿对应于电机 8 个状态（电机转一转），如图 2-66 所示。

如果取 SELECT=0（分频系数 =2）时，SENSOR 速度传感器输入信号 SS1 的 16 个脉冲跳沿才对应于电机 8 个状态（电机转一转），如图 2-67 所示。

SELECT 的不同选择决定了车轮的转数和里程计示数会有不同的比例关系。

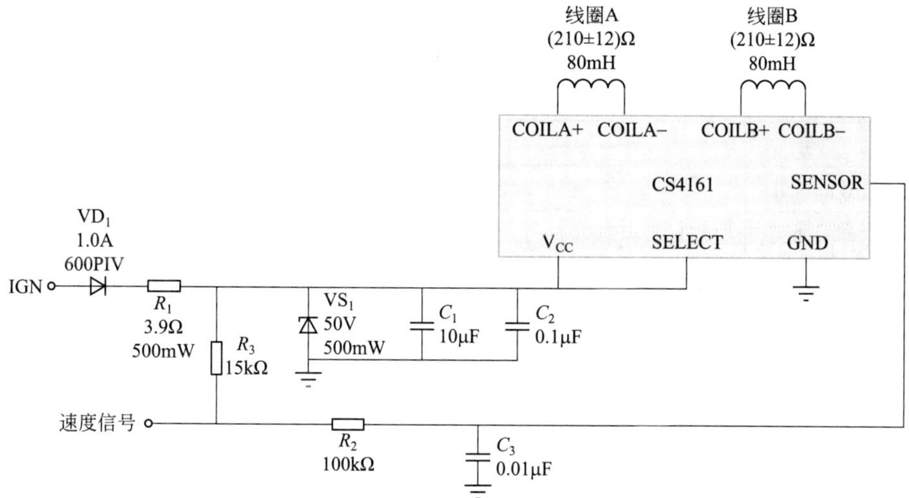


图 2-65　CS4161 在汽车里程计中的应用电路

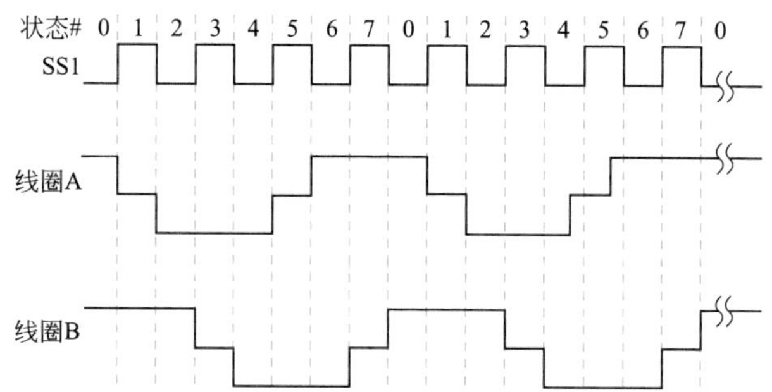


图 2-66　SELECT=1 时的两相电流与速度信号 SS1 关系

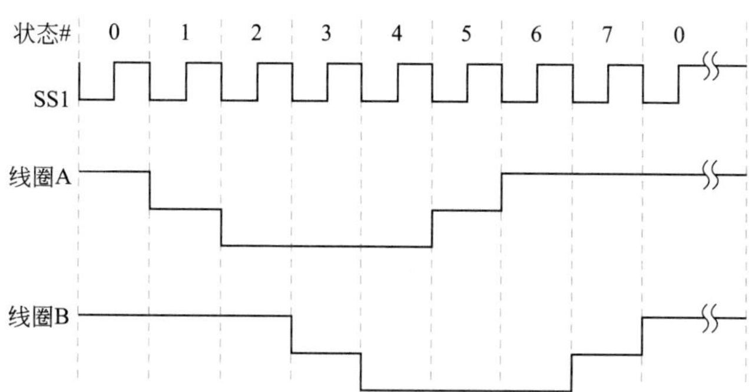


图 2-67　SELECT=0 时的两相电流与速度信号 SS1 关系

### 8. PWM 控制 DMOS 电机驱动集成电路分析

L6258 是利用 BCD 技术生产的双全桥电机驱动器集成电路，可用于一个两相步进电机双极性驱动或对两台直流电机的双向控制。用少量外部元件，L6258 可组成一个完整的电机控制和驱动电路。它以高效的 PWM 电流闭环控制，即使在最低的控制电流时，也能得到十分低的电流纹波，使得用这个芯片来驱动步进电机和直流电机都很理想。双 DMOS 全桥功率驱动级的工作电压达 34V，每相连续输出电流能力为 1.2A，峰值启动电流达 1.5A。如果芯片温度超过安全极限，过热保护电路使输出关闭。

（1）引脚功能说明　见表 2-37。

表2-37　L6258引脚功能说明

| 引脚号 | 符号 | 功能说明 |
|---|---|---|
| 1，36 | PWR_GND | 连接地，它们也用来导热到印制电路的铜板 |
| 2，17 | PH_1，PH_2 | TTL 兼容逻辑输入，设定流过负载的电流方向，高电平引起电流从 OUTA 到 OUTB 流动 |
| 3 | I1_1 | 内部 DAC（1）的逻辑输入，DAC 的输出电压依照电流真值表是 $V_{REF}$ 电压的一个百分数 |
| 4 | I0_1 | 内部 DAC（1）的逻辑输入 |
| 5 | OUT1A | 功率桥（1）输出 |
| 6 | DISABLE | 使桥输出失能 |
| 7 | TRI_CAP | 接三角波发生器电容，电容值决定输出开关的频率 |
| 8 | $V_{CC}$ | （5V）逻辑电源 |
| 9 | GND | 功率地，接内部充电泵电路 |
| 10 | VCP1 | 充电泵振荡器输出 |
| 11 | VCP2 | 外接充电泵电容 |
| 12 | $V_{BOOT}$ | 驱动高侧 DMOS 输入电压 |
| 13，31 | $V_S$ | 输出级电源 |
| 14 | OUT2A | 功率桥（2）输出 |
| 15 | I0_2 | 内部 DAC（2）的逻辑输入，DAC 的输出电压依照电流真值表是 $V_{REF}$ 电压的一个百分数 |
| 16 | I1_2 | 内部 DAC（2）的逻辑输入 |
| 18，19 | PWR_GND | 连接地，它们也用来导热到印制电路的铜板 |
| 20，35 | SENSE2，SENSE1 | 跨导放大器负输入端 |
| 21 | OUT2B | 功率桥（2）输出 |
| 22 | I3_2 | 内部 DAC（2）的逻辑输入 |
| 23 | I2_2 | 内部 DAC（2）的逻辑输入 |
| 24 | EA_OUT2 | 误差放大器（2）输出 |
| 25 | EA_IN2 | 误差放大器（2）负输入端 |

续表

| 引脚号 | 符号 | 功能说明 |
|---|---|---|
| 26，28 | $V_{REF2}$，$V_{REF1}$ | 内部 DAC 的参考电压，决定输出电流值。输出电流还取决于 DAC 的逻辑输入和检测电阻值 |
| 27 | SIG_GND | 信号地 |
| 29 | EA_IN1 | 误差放大器（1）负输入端 |
| 30 | EA_OUT1 | 误差放大器（1）输出 |
| 32 | I2_1 | 内部 DAC（1）的逻辑输入 |
| 33 | I3_1 | 内部 DAC（1）的逻辑输入 |
| 34 | OUT1B | 功率桥（1）输出 |

（2）工作原理　L6258 内部电路框图如图 2-68 所示。L6258 的功率级是 DMOS 组成的 H 桥结构，桥输出电流是以开关方式进行控制的，如图 2-69 所示。在这个系统里，负载电流的方向和幅值由电流控制环的两个输出之间的相位和占空比来决定。在 L6258 中，每个 H 桥的输出 OUT_A 和 OUT_B 分别由其输入 IN_A 和 IN_B 控制：当输入是高电平时，输出被驱动到电源电压 $U_S$；当输入是低电平时，输出被驱动到地。如果 IN_A 和 IN_B 同相，且占空比为 50%，功率桥输出电流为零。在 H 桥三种输出开关情况和负载电流关系示意图（见图 2-70）表示了负载电流 $I_{load}$ 分别为零、正、负的情况下，输出 OUT_A 和 OUT_B 占空比的变化。

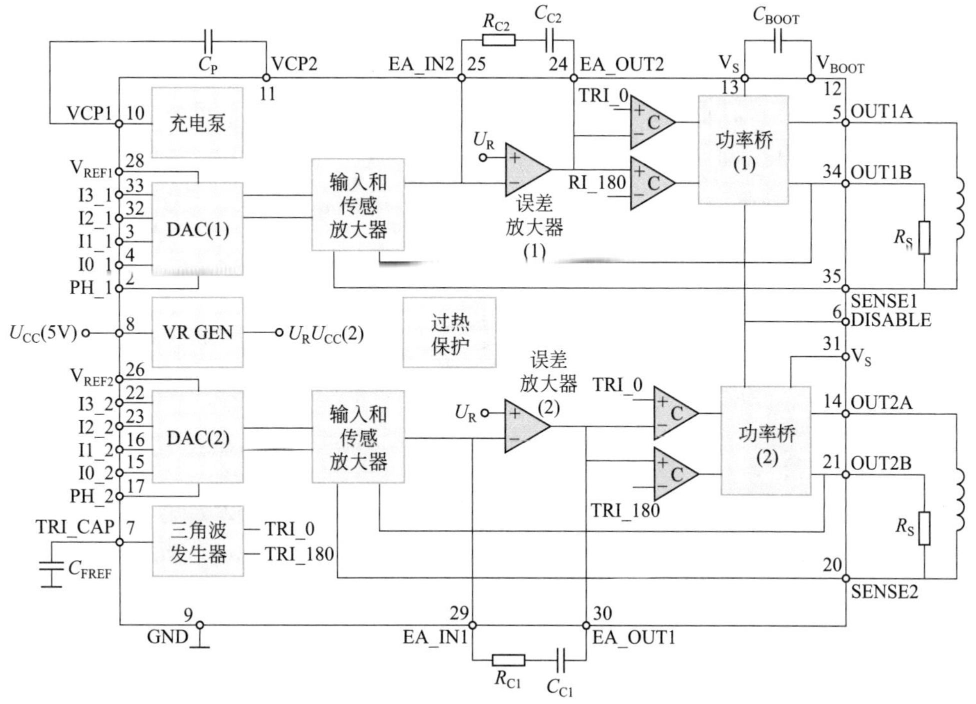


图 2-68　L6258 内部电路框图

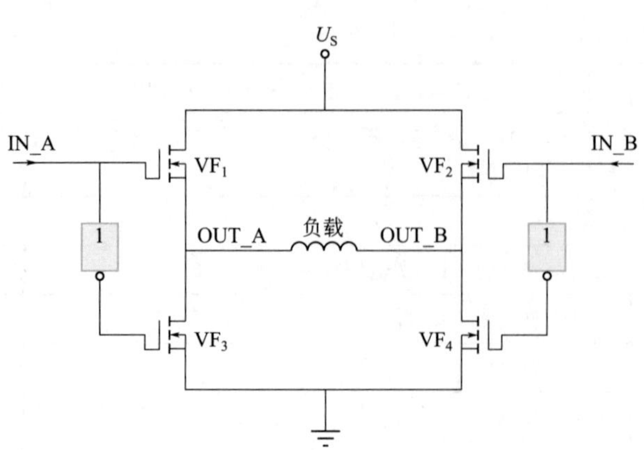


图 2-69　H 桥的输出和输入驱动信号

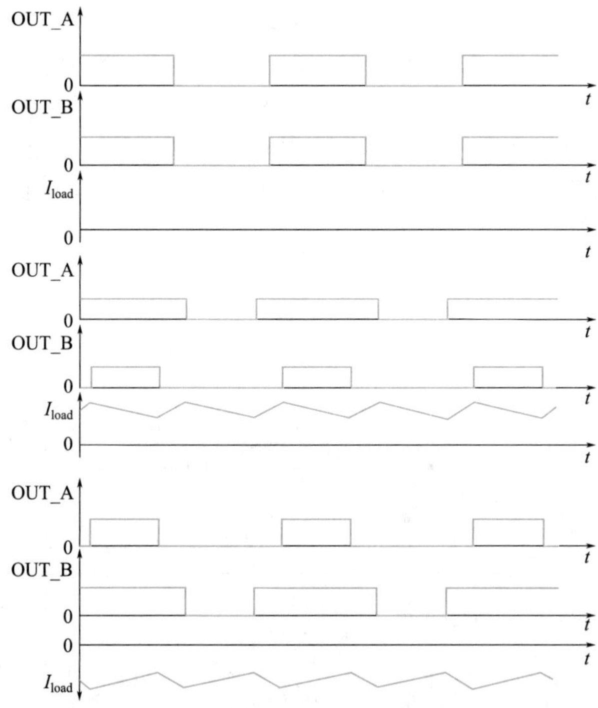


图 2-70　H 桥三种输出开关情况和负载电流关系示意图

为了实现微步距功能，电流精确控制是必需的，为此在 L6258 里，电流控制环是关键部分，如图 2-71 所示。该电路由 DAC、输入跨导放大器、传感跨导放大器、误差放大器、功率桥、电流传感电阻组成。从上位机输入的信号包括 $U_{REF}$、I0、I1、I2、I3、PH。

❶ 参考电压 $U_{REF}$　施加于 $V_{REF}$ 脚的电压是内部 DAC 的参考电压，它和传感电阻 $R_S$ 一起依照下式关系决定了流进电机绕组内电流的最大值：

$$I_{max}=\frac{0.5U_{REF}}{R_S}$$

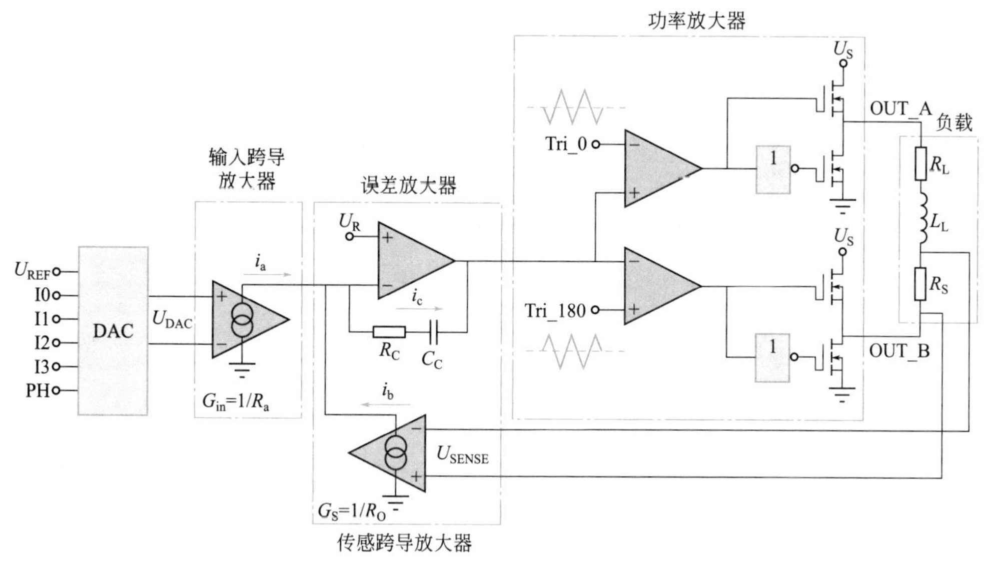


图 2-71 L6258 的完整电流控制环电路

❷ 逻辑输入（I0、I1、I2、I3） 它们决定负载电流的实际值系数，见表 2-38。负载电流等于最大值和系数的乘积。

表2-38 电流实际值系数表

| I3 | I2 | I1 | I0 | 系数 /% | I3 | I2 | I1 | I0 | 系数 /% |
|---|---|---|---|---|---|---|---|---|---|
| H | H | H | H | 0 | L | H | H | H | 71.4 |
| H | H | H | L | 9.5 | L | H | H | L | 77.8 |
| H | H | L | H | 19.1 | L | H | L | H | 82.5 |
| H | H | L | L | 28.6 | L | H | L | L | 88.9 |
| H | L | H | H | 38.1 | L | L | H | H | 92.1 |
| H | L | H | L | 47.6 | L | L | H | L | 95.2 |
| H | L | L | H | 55.6 | L | L | L | H | 98.4 |
| H | L | L | L | 63.5 | L | L | L | L | 100 |

❸ 相输入（PH）逻辑输入，其电平设定流过负载的电流方向，高电平引起电流从 OUT_A 到 OUT_B 流动。

❹ 电流控制环和调制波的产生 为了控制电流，用一个检测电阻和电机绕组串联，其上产生的反馈电压经传感跨导放大器后产生了反映绕组电流的信号，它在误差放大器中和 DAC 来的电流作指令信号比较。误差放大器输出在两个比较器中与两个三角波比较得到 OUT_A 和 OUT_B 调制波输出，如图 2-72 所示。这两个作为参考的三角波 Tri_0 和 Tri_180 有相同的幅值 $V_r$，相位差为 180° 。两个参考三角波分别接第一个比较器的反相输入端和第二个比较器的同相输入端。比较器的另外两个输入端一起连接到误差放大器输出。三角波的频率决定输出的开关频率，它可由在 TR1_CAP 脚连接的电容来调整。

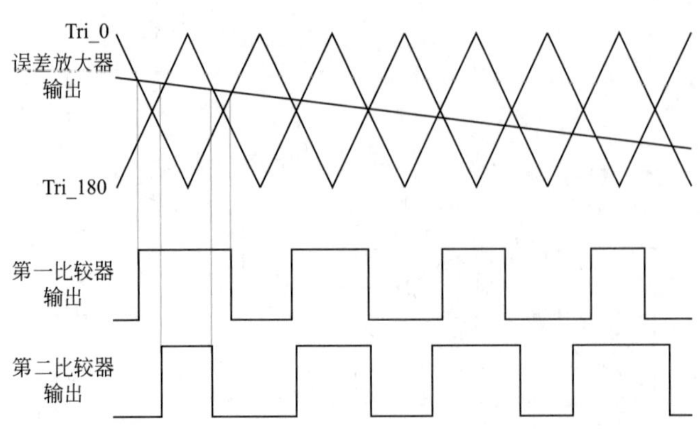


图 2-72　两个比较器产生两个调制波输出

为了让芯片系统能适应不同的电特性的电机，它具有一定的柔性，误差放大器的输出（EA_OUT）和反相输入端之间可外接 *RC* 补偿网络，用来调整电流控制环的增益和带宽。

❺ 充电泵电路　为了保证高侧 DMOS 的正确驱动，用充电泵电路方法在 $V_{BOOT}$ 脚提供一个相对高于电源 $U_S$ 的自举电压。它需要两个外接电容：一个连接到内部振荡器的 CP 脚的电容和另一个连接到 $C_{BOOT}$ 的蓄能电容，推荐值分别为 10nF 和 100nF。

（3）应用技术　步进电机典型应用电路如图 2-73 所示。由于电路是开关模式操作，为了减少配线的电感效应，一个好的电容器（100nF）接在电源线（13、31）和功率地（1、36、18、19）之间，吸收部分电感能量。在逻辑电源和地之间也需接一个 100nF 的去耦电容。检测电阻最好是无感的，使用几个相同数值金属膜电阻并联是一种实际有效的方法。检测电阻和 SENSE_A、SENSE_B 端的引线应尽可能短。

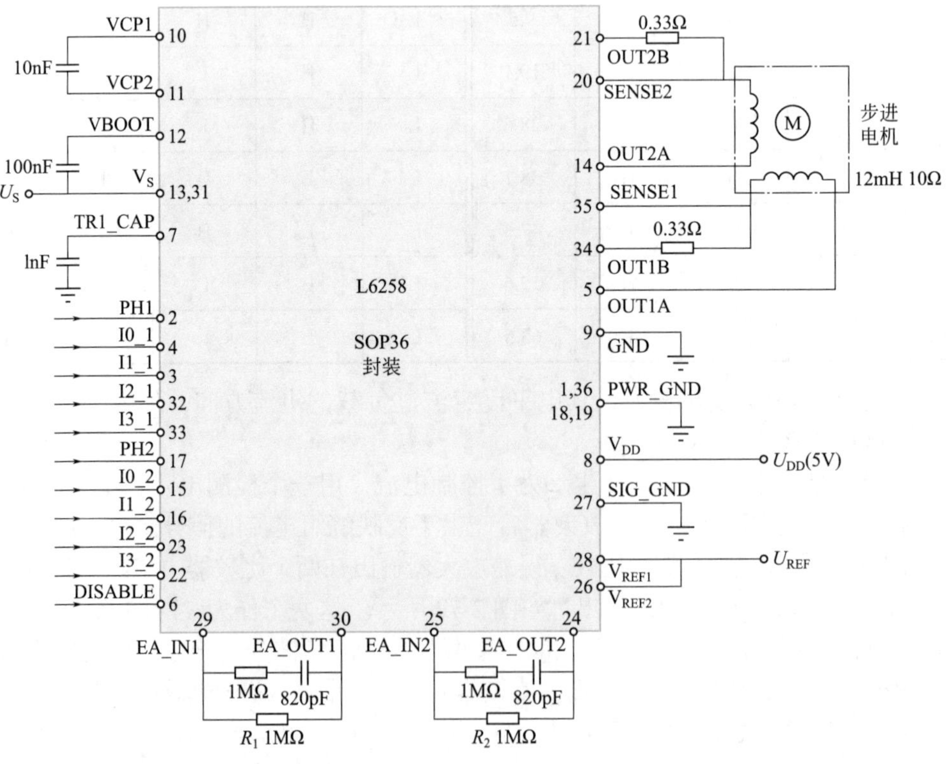


图 2-73　L6258 的步进电机典型应用电路

由上位机的接口信号 PH、I0、I1、I2、I3 设置步进电机工作于整步、半步、微步距方式。这里，给出一个 64 微步距的例子（见图 2-74）。微步距控制得到接近正弦和余弦函数的两相驱动电流，使电机得到均匀的微步。

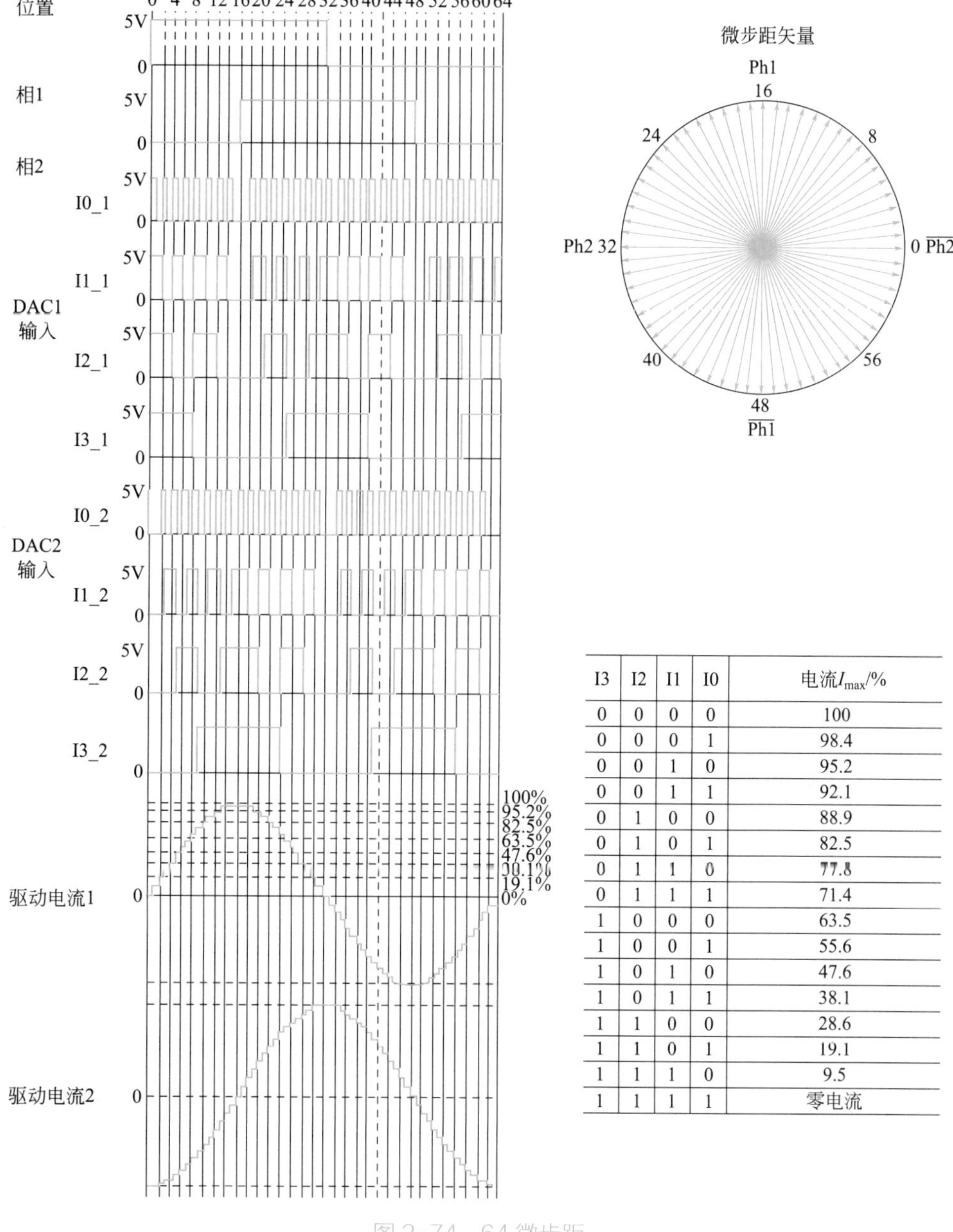


| I3 | I2 | I1 | I0 | 电流$I_{max}$/% |
|---|---|---|---|---|
| 0 | 0 | 0 | 0 | 100 |
| 0 | 0 | 0 | 1 | 98.4 |
| 0 | 0 | 1 | 0 | 95.2 |
| 0 | 0 | 1 | 1 | 92.1 |
| 0 | 1 | 0 | 0 | 88.9 |
| 0 | 1 | 0 | 1 | 82.5 |
| 0 | 1 | 1 | 0 | 77.8 |
| 0 | 1 | 1 | 1 | 71.4 |
| 1 | 0 | 0 | 0 | 63.5 |
| 1 | 0 | 0 | 1 | 55.6 |
| 1 | 0 | 1 | 0 | 47.6 |
| 1 | 0 | 1 | 1 | 38.1 |
| 1 | 1 | 0 | 0 | 28.6 |
| 1 | 1 | 0 | 1 | 19.1 |
| 1 | 1 | 1 | 0 | 9.5 |
| 1 | 1 | 1 | 1 | 零电流 |

图 2-74　64 微步距

## 9. MC33030 微型直流伺服驱动电路

Motorola 公司生产的 MC33030 是一种适用于微型直流伺服电机闭环位置控制和速度控制的单片专用集成电路。它包括了从接收反馈输入信号的误差放大器和参考输入端，直至末级 H 桥功率放大器，过电流和过电压保护在内的完整电路，只要少量外围元器件即

可构成整个系统，实现对直流伺服电机四象限开关式控制。

MC33030具有以下功能：

- 片上反馈监测误差放大器；
- 窗口探测器盲区和自我为中心。

参考输入：

- 驱动/制动逻辑记忆与方向；
- 1.0A 电源 H 型开关；
- 可编程的过电流检测；
- 可编程的过电流关断延迟；
- 过压关断。

MC33030自带H桥电路，但驱动能力不足，所以外接由分立构成的H桥电路（图2-75）。

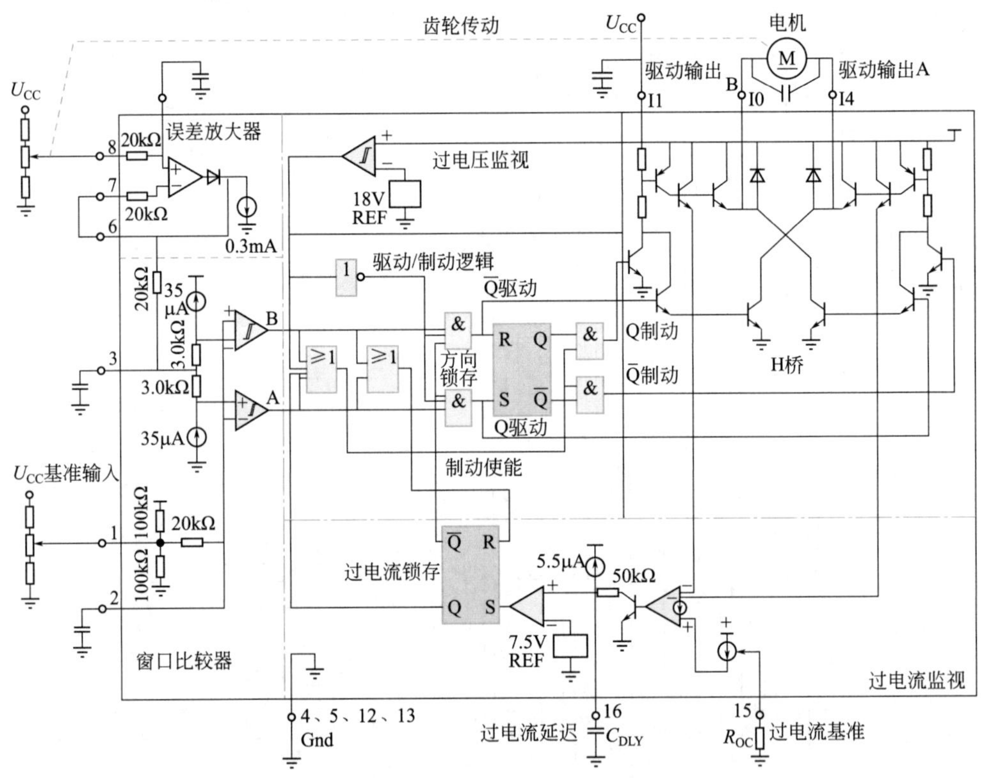


图2-75 MC33030微型直流伺服驱动电路

## 二、通用40V40A步进电机驱动器电路分析

步进电机驱动器由功放板、控制板两块电路板组成，功放板电路图见图2-76，控制板电路图见图2-77，从接线端子J11接入的24～40V直流电源经过熔断管后分为两部分，一部分为输出电路供电，一部分经过三端稳压电源U1、U2、U3产生控制用的+15V、+5V两种电源。U1的输出为+24V，对外没有用到，但7824三端稳压电源有较高的40V的输入耐压。增加U1为了减小U2的功耗，同时解决7815三端稳压电源的输入耐压只有35V，低于最高的电源电压的问题。

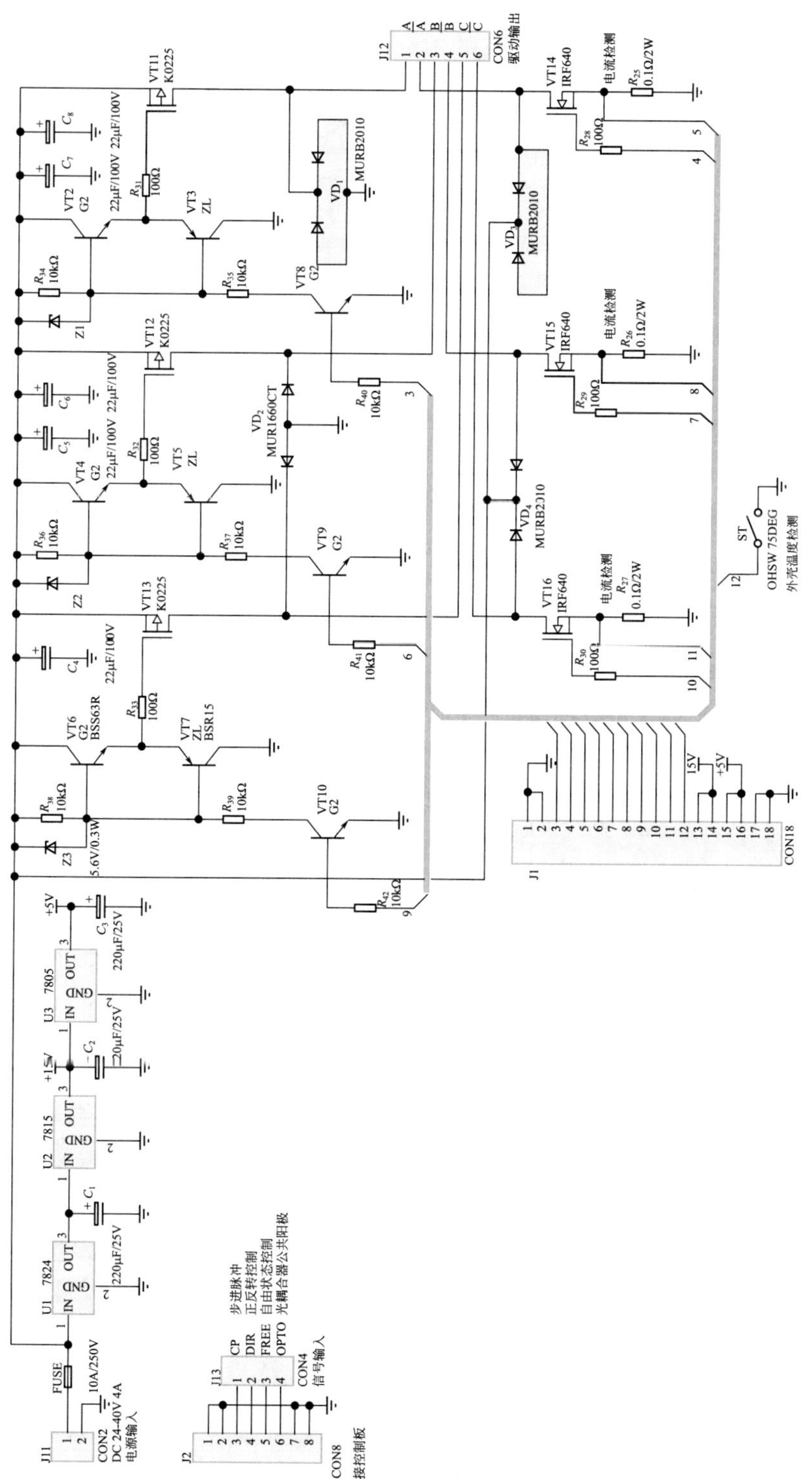


图 2-76　40V4A 步进电机驱动器功放板电路原理图

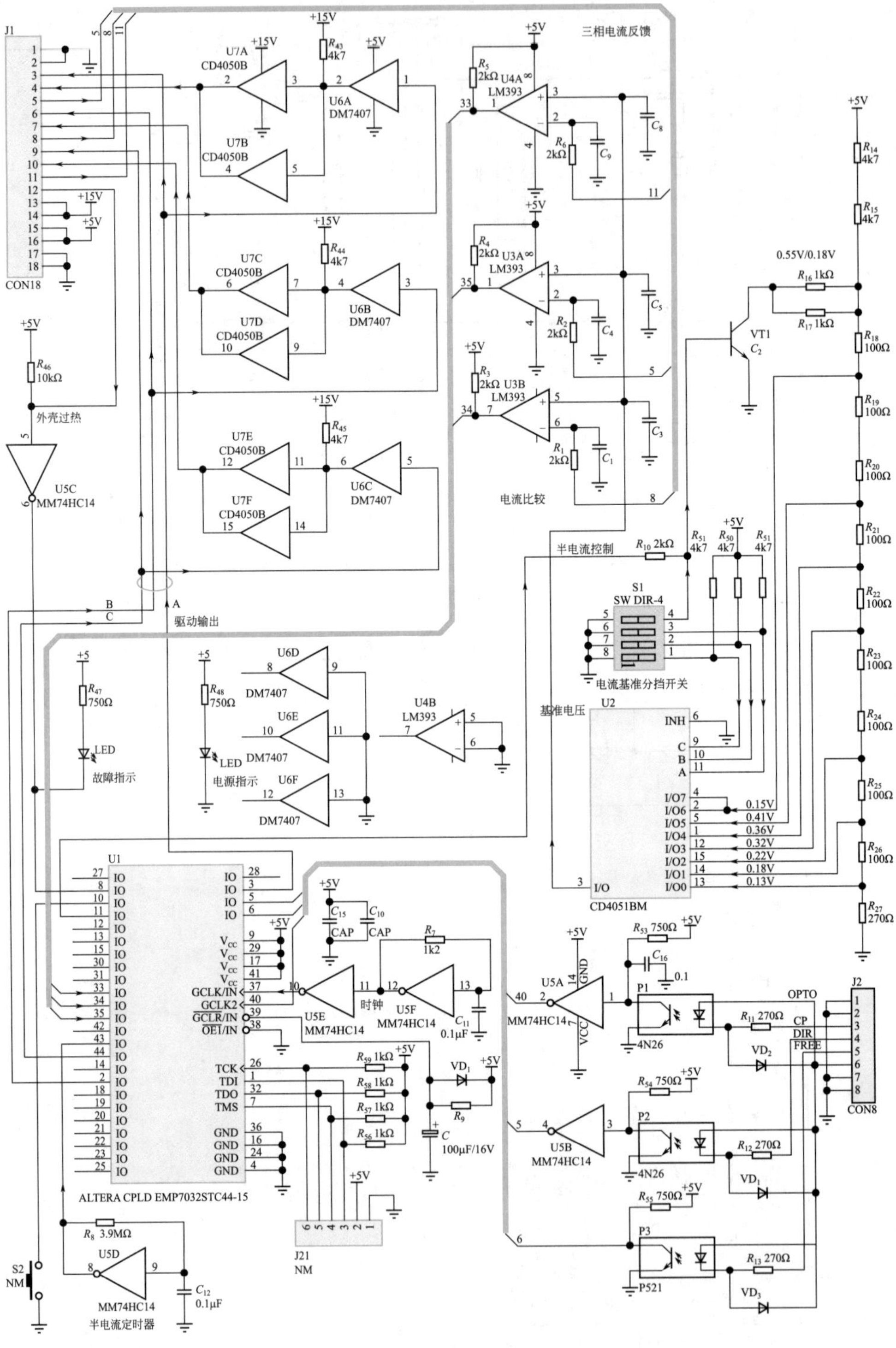

图 2-77　40V4A 步进电机驱动器控制板电路原理图

J12 接步进电机的三相绕组的六个端子，J11#1、#2 接 A 相绕组的首端和尾端，J11#3、#4 接 B 相绕组的首端和尾端，J11#5、#6 接 C 相绕组的首端和尾端。当 A 相绕组需要通电时，T11、T14 同时导通，因绕组为电感，所以 A 相绕组的电流近似呈直线上升。通过 $R_{25}$ 对该电流取样检测。当电流达到设定最大值时，T11、T14 同时关断，负载电感的感生电压使续流二极管 $VD_1$、$VD_3$ 导通，电感通过续流二极管对电源释放存储的能量，电感的电流和开通时相似直线下降。由于电源较高，故电流下降较快。经过一定时间 T11、T14 又同时导通，T11、T14 如此反复通断，A 相绕组的电流会在设定值附近小幅度波动，近似为恒流驱动。当 A 相绕组需要断电时，T11、T14 同时关断，不再导通。这种开关恒流驱动方式效率高，电流脉冲的前后沿很陡，符合步进电机绕组电流波形的要求。T14 的驱动信号为 0 ～ 15V 的矩形波，$R_{28}$ 为防振电阻，防止 T14 的绝缘栅电容和栅极导线电感组成的 $LC$ 电路在矩形波驱动信号的前后沿产生寄生振荡，增加 T14 的损耗。T11 是 P 沟道绝缘栅场效应管，驱动信号要求是相对于电源的 0 ～ −15V，即和电源电压相等时关断，比电源电压低 15V 时导通。

由于从控制电路来的控制信号是以低为参考的，因此控制信号需要电位偏移。VT8 的基极的驱动信号为 0 ～ 5V 的与 VT13 同步的矩形波，当 VT8 的电压基极为 0V 时，VT8 截止集电极电流为零，$R_{34}$ 无电流流过，VT2、VT3 的基极电压与电源电压相等，VT2 可以导通，VT3 不会导通，VT11 栅极和电源电压相等，栅极和源极的电压差为 0V，VT11 截止。当 VT8 的电压基极为 5V 时，VT8 导通，$R_{34}$、$R_{35}$ 有电流流过，VT2、VT3 的基极电压降低，由于稳压二极管 Z1 的反向击穿，VT2、VT3 的基极电压比电源电压低，Z1 击穿电压即低 15V，VT3 可以导通，VT2 不会导通，VT11 栅极电压比电源电压即源极电压低 15V，VT11 导通。另外两路绕组的驱动电路工作原理相同。本电路用绝缘栅场效应管（MOSFET）作功率开关管，可以工作在很高的开关频率上。续流二极管用肖特基二极管，有很短的恢复时间。ST 为温度开关，当温度高于极限值时断开，作为过热指示和保护的依据。

连接器 J1 与主控板，有三路高边驱动、三路低边驱动、三路电流检测、两路电源和地线。J13 为外接控制线，CP 是步进脉冲，平时为 +5V 高电压，每一个 0V 的脉冲，步进电机转一步。DIR 为正反转控制，+5V 时为正转，0V 为反转。FREE 为自由状态控制，平时为 +5V，0V 时步进电机处于自由状态，任何绕组都不通电，转子可以自由转动，这和停止状态不同，停止状态有一相或两相绕组通电，转子不能自由转动。OPTO 为隔离驱动光电耦合器的公共阳极，接 +5V 电源。这些驱动信号经过 J2 到主控板。

主控板的核心是 U1，U1 是复杂可编程逻辑器件（CPLD），与单片机、数字信号处理器（DSP）比速度要高很多，在 10ns 的数量级，适合于高速脉冲控制。U1#8 为外壳过热检测输入端，同时也是故障指示输出端，低电压表示有故障，外接的红色指示灯亮。外壳过热检测线高电压表示过热，该信号经过非门 U5C 反相接到 U1，$R_{46}$ 是上拉电阻，过热检测开关过热断开时，该线被拉成高电压，而不是悬空的高阻工作状态，U5C 是 CMOS 型集成电路，输入端是绝缘栅，不得悬空。U1#5、#6、#40 分别是正反转控制、自由状态控制、步进脉冲，都经过了光电耦合器隔离。正反转控制、步进脉冲还经过了非门 U5B、U5A 倒相。U1#37 是工作时钟，时钟振荡器由 U5F、$R_7$、$C_{11}$ 组成，U5E 提高振荡器的驱动能力。U5F 是有回差的反相器（施密特触发器），利用正负翻转的输入电压的回差和 $R_7$、$C_{11}$ 的充放电延时组成振荡器。U1#39 为复位输入端，低电压有效。开机上电时，由

于电容 $C$ 没充电，电容电压是 0V，U1 内部的状态为规定的初始状态。随着 $R_9$ 对 $C$ 的充电，经过几百毫秒，电压变高，复位完成，U1 开始以复位状态为起点正常工作。U1#1、U1#32、U1#26、U1#7 组成边界检测接口，通过串行总线用专业设备检测和对 U1 的在系统编程。U1#3、U1#2、U1#44 分别为三相脉宽调制（PWM）驱动信号。这三路信号直接输出驱动低边的三个输出场效应管。这三路信号还经过集电极开路的同相门 U6 将 0 ～ 5V 的信号变换为 0 ～ 15V，$R_{43}$ ～ $R_{45}$ 是集电极供电电阻。

## 三、松下MSD6P1E交流伺服驱动器电路分析

松下 AC 伺服驱动器接口接线、主控电路板原理分析可扫二维码学习。

松下交流伺服驱动器电路分析

# 第三章 三菱步进伺服系统的控制与应用技术

## 第一节 三菱伺服系统的组成

三菱伺服系统主要由伺服电机和伺服驱动器组成。主要系列有 MR-J 系列、MR-J2S 系列、MR-H 系列、MR-C 系列、MR-J3 系列、MR-J4 系列等。

其中 MR-J4 系列是三菱电机推出的与人、机器、环境完美和谐的新一代伺服系统。MR-J4 系列伺服安全、环保，它既是全数字化的先导，也与以往 MR-J2、MR-J3 技术一脉相承，所以本章主要以 MR-J4 系列对三菱伺服系统进行讲述，其主要特点如下：

通过一键式调整和即时自动调整功能，能够根据各种设备的特性简单调整伺服增益。在安全功能方面，MR-J4-A 伺服放大器能够通过提供 STO（Safe Torque Off）功能进行对应。

因为装备了 USB 通信接口，因此与安装 MR Configurator2 后的个人电脑连接后，能够进行数据设定和试运行以及增益调整等操作。

### 一、三菱通用AC伺服MR-J4系列的功能和配置

（1）MR-J4 系列伺服的功能逻辑框图　如图 3-1 所示。

标注解释：

❶ MR-J4-10A 没有内置再生制动选件。

❷ 使用单相 AC 200 ～ 240V 电源时，电源连接在 L1 和 L3 上，L2 不接线。

❸ MR-J4-70A3 及以上的伺服放大器上带有冷却风扇。

❹ MR-J4 伺服放大器的浪涌电流防止电路的前侧设有 P3、P4 端子。请注意其与 MR-J3 伺服放大器的 P1、P2 端子的位置不同。

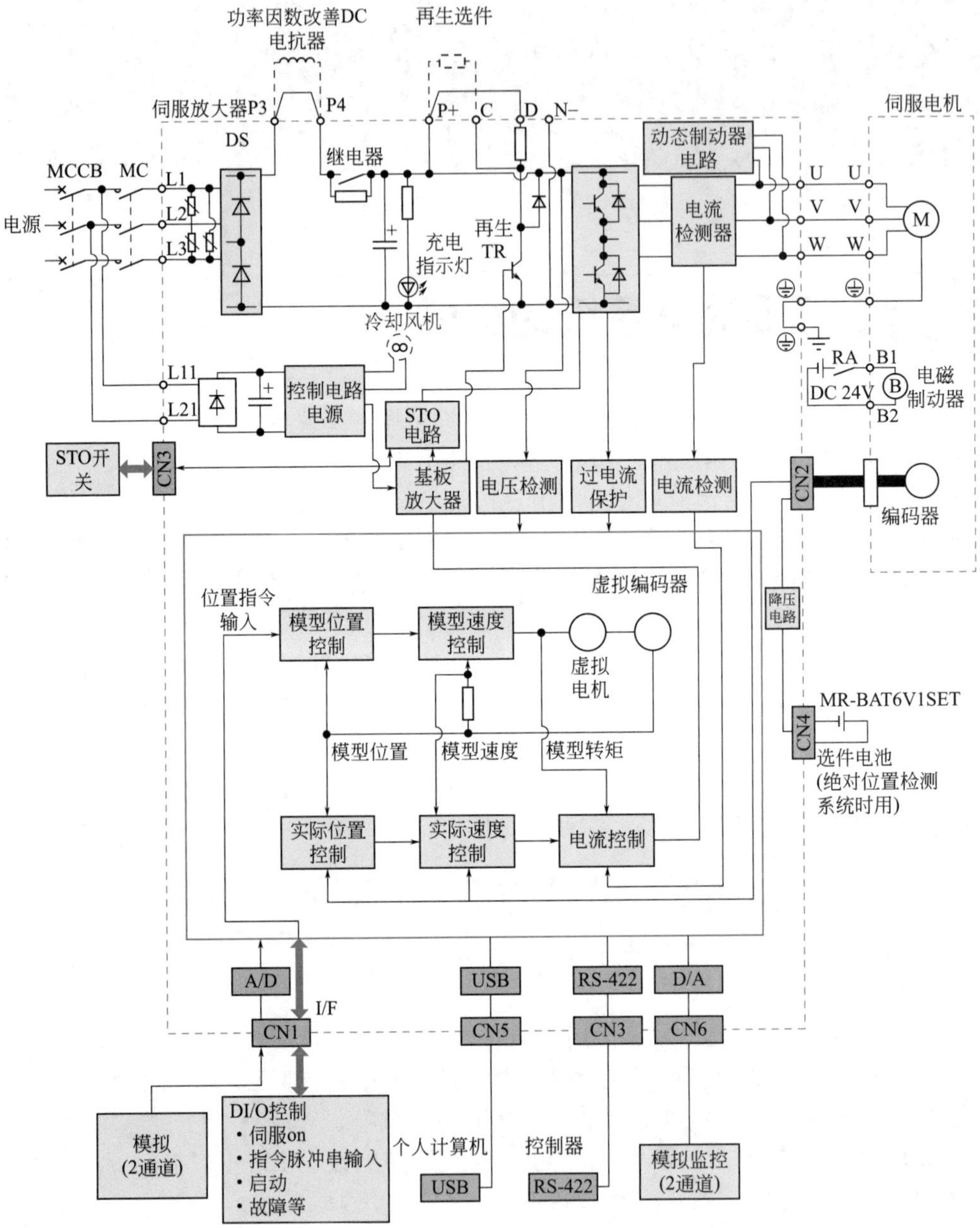

图 3-1　MR-J4 系列伺服的功能逻辑框图

（2）MR-J4 系列伺服驱动器的标准规格　如表 3-1 所示。

表3-1　MR-J4系列伺服驱动器的标准规格

| 型号 MR-J4 | | 10A | 20A | 40A | 60A | 70A | 100A | 200A | 350A | 500A | 700A |
|---|---|---|---|---|---|---|---|---|---|---|---|
| 输出 | 额定电压 | 三相 AC 170V | | | | | | | | | |
| | 额定电流 /A | 1.1 | 1.5 | 2.8 | 3.2 | 5.8 | 6.0 | 11.0 | 17.0 | 28.0 | 37.0 |
| 主电路电源输入 | 电源・频率 | 三相或者单相 AC 200 ～ 240V 50Hz/60Hz | | | | | 三相 AC 200 ～ 240V 50Hz/60Hz | | | | |
| | 额定电流 /A | 0.9 | 1.5 | 2.6 | 3.2 | 3.8 | 5.0 | 10.5 | 16.0 | 21.7 | 28.9 |
| | 允许的电压变动 | 三相或者单相 AC 170 ～ 264V | | | | | 三相 AC 170 ～ 264V | | | | |
| | 允许的频率变动 | ±5% 以内 | | | | | | | | | |
| | 电源设备容量 /（kV・A） | | | | | | | | | | |
| | 浪涌电流 /A | | | | | | | | | | |
| 控制电路电源输入 | 电源・频率 | 单相 AC 200 ～ 240V 50Hz/60Hz | | | | | | | | | |
| | 额定电流 /A | 0.2 | | | | | | | | 0.3 | |
| | 允许的电压变动 | 单相 AC 170 ～ 264V | | | | | | | | | |
| | 允许的频率变动 | ±5% 以内 | | | | | | | | | |
| | 消耗电量 | 30 | | | | | | | | 45 | |
| | 浪涌电流 /A | 20 ～ 30 | | | | | | | | 30 | |
| 接口用电源 | 电压・频率 | DC 24V±10% | | | | | | | | | |
| | 电源容量 /A | 0.5（包含 CN8 接头信号） | | | | | | | | | |
| 控制方式 | | 正弦波 PWM 控制电流控制方式 | | | | | | | | | |
| 动态制动器 | | 内置 | | | | | | | | | |
| 通信功能 | USB | 与个人电脑等的连接（对应 MR Configurator2） | | | | | | | | | |
| | RS-422 | 预计支持 | | | | | | | | | |
| 位置控制模式 | 最大输入脉冲频率 | 4MHz（差动输入时），200kHz（集电极开路输入时） | | | | | | | | | |
| | 定位反馈脉冲 | 编码器分辨率（伺服电机每旋转一周的分辨率）:22 位 | | | | | | | | | |
| | 指令脉冲倍率 | 电子齿轮 *A/B* 倍 *A*=1 ～ 16777216，*B*=1 ～ 16777216，1/10 < *A/B* < 4000 | | | | | | | | | |
| | 定位完成脉冲宽度设定 | 0pulse ～ ±65535pulse（指令脉冲单位） | | | | | | | | | |
| | 误差过大 | ±3 转 | | | | | | | | | |
| | 转矩限制 | 通过参数设定或者外部模拟量输入（DC 0 ～ +10V/ 最大转矩）进行设定 | | | | | | | | | |
| 速度控制模式 | 速度控制范围 | 模拟量速度指令 1：2000，内部速度指令 1：5000 | | | | | | | | | |
| | 模拟量速度指令输入 | DC 0 ～ ±10V/ 额定转速（通过 [Pr.PC12] 能够更改 10V 时的转速） | | | | | | | | | |
| | 速度变动率 | ±0.01% 以下（负载变化：0% ～ 100%），0%（电源变化：±10%）±0.2% 以下（环境温度：25℃ ±10℃）仅限模拟量速度指令时 | | | | | | | | | |
| | 转矩限制 | 通过参数设定或者外部模拟量输入（DC 0 ～ +10V/ 最大转矩）进行设定 | | | | | | | | | |
| 转矩控制模式 | 模拟量转矩指令输入 | DC 0 ～ ±8V/ 最大转矩（输入阻抗：10 ～ 12kΩ） | | | | | | | | | |
| | 速度限制 | 通过参数设定或者外部模拟量输入（DC 0 ～ ±10V/ 额定转速）进行设定 | | | | | | | | | |

（3）三菱伺服驱动器与伺服电机的组合　对于三菱伺服驱动系统的伺服驱动器我们需要选择配套的伺服电机。MR-J4 系列伺服系统伺服驱动器与伺服电机的组合如表 3-2 所示。

对于其他品牌伺服系统同样如此，为充分发挥伺服系统的优势和兼容性，在伺服系统中伺服驱动器和伺服电机一般选择厂家配套产品。

表3-2　MR-J4系列伺服系统伺服驱动器与伺服电机的组合

| 伺服放大器 3020 | 旋转型伺服电机 | 直线电机（一次侧） | 直驱电机 |
|---|---|---|---|
| MR-J4-10A | HG-KR053，HG-KR13<br>HG-MR053，HG-MR13 | 支持 | 支持 |
| MR-J4-20A | HG-KR23<br>HG-MR23 | | |
| MR-J4-40A | HG-KR43<br>HG-MR43 | | |
| MR-J4-60A | HG-SR51，HG-SR52 | | |
| MR-J4-70A | HG-KR73<br>HG-MR73 | | |
| MR-J4-100A | HG-SR81，HG-SR102 | | |
| MR-J4-200A | HG-SR121，HG-SR201，<br>HG-SR152，HG-SR202 | | |
| MR-J4-350A | HG-SR301，HG-SR352 | | |
| MR-J4-500A | HG-SR421，HG-SR502 | | |
| MR-J4-700A | HG-SR702 | | |

MR-J4 系列伺服系统伺服驱动器功能如表 3-3 所示。

表3-3　MR-J4系列伺服系统伺服驱动器功能

| 功能 | 内容 |
|---|---|
| 位置控制模式 | 伺服放大器工作在位置控制模式 |
| 速度控制模式 | 伺服放大器工作在速度控制模式 |
| 转矩控制模式 | 伺服放大器工作在转矩控制模式 |
| 位置 / 速度控制切换模式 | 能够通过外部输入信号进行位置控制和速度控制之间的切换 |
| 速度 / 转矩控制切换模式 | 能够通过外部输入信号进行速度控制和转矩控制之间的切换 |
| 转矩 / 位置控制切换模式 | 能够通过外部输入信号进行转矩控制和位置控制之间的切换 |
| 高分辨率编码器 | MELSERVO-J4 系列对应的旋转式伺服电机的编码器使用 4194304pulses/rev 高分辨率编码器 |
| 绝对位置系统 | 只要进行一次原点设置，在此后接通电源时不再需要进行原点复位操作 |
| 增益切换功能 | 切换伺服运行中和停止时的增益，能够使用外部输入信号在运行中进行增益的切换 |
| 高级振动抑制控制 Ⅱ | 抑制臂部前端的振动或者残留振动的功能 |
| 自适应性过滤器 Ⅱ | 检测出伺服放大器的机械共振后自动设定滤波器特性，抑制机械振动的功能 |
| 低通滤波器 | 伺服系统响应性过高时，拥有抑制高频率共振的效果 |
| 机械分析器功能 | 安装有 MR Configurator2 的 PC 与伺服放大器连接时，能够分析机械的频率特性。使用该功能时，需要 MR Configurator2 |

续表

| 功能 | 内容 |
|---|---|
| 强力过滤器 | 当因传输辊轴等负载惯量较大而不能提高响应性时，能够提高对扰动的响应 |
| 微振动抑制控制 | 在伺服电机停止时，抑制 ±1 脉冲信号的振动 |
| 电子齿轮 | 可将输入脉冲缩小或扩大 1/10 ～ 4000 倍 |
| S 字加减速时间常数 | 进行平稳加减速 |
| 自动调整 | 即使施加在伺服电机轴上的负载变化，也能将伺服放大器的增益自动调整到最优。与 MELSERVO-J3 系列伺服放大器相比，有更好的性能 |
| 制动单元 | 在再生选件的再生能力不足时使用。5kW 以上的伺服放大器可以使用 |
| 电源再生转换器 | 在再生选件的再生能力不足时使用。5kW 以上的伺服放大器可以使用 |
| 再生制动选件 | 发生的再生电力较大，伺服放大器的内置式再生电阻器的再生能力不足时使用 |
| 报警历史清零 | 消除报警历史 |
| 输入信号选择（针脚设定） | 能够将 ST1（正转启动）、ST2（反转启动）、SON（伺服启动）等输入功能定义到 CN1 接头的特定引脚 |
| 输出信号选择（针脚设定） | 能够将 ALM（故障）、DB（电磁制动联锁）等输出功能定义到 CN1 接头的特定引脚 |
| 输出信号（DO）强制输出 | 能够与伺服状态无关强制开 / 关输出信号。用于输出信号的接线确认 |
| 电源瞬时停电再启动 | 即使因为输入电压下降而发生报警，如果电源电压恢复正常，只要启动信号变 ON，就能够再启动 |
| 指令脉冲选择 | 支持从 3 种输入的指令脉冲串的类型中选择 |
| 转矩限制 | 能够限制伺服电机的输出转矩 |
| 速度限制 | 能够限制伺服电机的转速 |
| 状态显示 | 在 5 位 7 段 LED 中显示伺服的状态 |
| 外部输入输出信号显示 | 在显示部显示外部输入输出信号的 ON/OFF 状态 |
| VC 自动补偿 | VC（模拟量速度指令）或者 VLA（模拟量速度限制）输入即使是 0V 电机也不停止时，自动补偿输入电压以便使电机停止 |
| 报警代码输出 | 发生报警时，输出 3 位报警代码 |
| 试运行模式 | JOG 运行・定位运行・无电机运行・DO 强制输出・程序运行定位运行，进行程序运行时需要 MR Configurator2 |
| 模拟量监视器输出 | 伺服状态即时电压形式输出 |
| MR Configurator2 | 通过个人电脑能够进行参数设定、试运行和监视 |
| 一触式调整 | 伺服放大器的增益调整能够通过单击按键操作 MR Configurator2 的按键进行<br>使用该功能时，需要 MR Configurator2 |
| Tough drive 功能 | 一般能够在出现报警时不让装置停止，继续使其运行<br>Tough drive 功能有振动 Tough drive 和瞬间 Tough drive 两种 |

续表

| 功能 | 内容 |
|---|---|
| 驱动记录功能 | 持续监视伺服的状态，在报警发生后，记录报警前后一段时间伺服状态变化的功能。记录数据能够通过单击 MR Configurator2 的驱动记录画面上的波形显示按键进行确认。<br>但是在以下状态时，驱动记录不工作。<br>（1）使用 MR Configurator2 的趋势图功能时<br>（2）使用机械分析器时<br>（3）[Pr.PF21] 设定为“-1”时 |
| STO 功能 | IEC/EN 61800-5-2 的安全功能与 STO 功能相对应。能够简单构建装置的安全系统 |
| 放大器寿命诊断功能 | 能够确认累计通电时间和浪涌继电器的 ON/OFF 次数。为放大器的有寿命部件如电容器和继电器在故障前进行更换提供时间参考。<br>使用该功能时，需要 MR Configurator2 |
| 电力监视功能 | 根据伺服放大器内的速度和电流等数据计算日常使用电量和再生电量。MR Configurator2 能够显示消费电量等 |
| 机械诊断功能 | 通过伺服放大器的内部数据，能够推断设备驱动部分的摩擦和振动状态，检测出球形螺钉和轴承等机械部件的异常。<br>使用该功能时，需要 MR Configurator2 |

### （4）三菱系列伺服驱动器的铭牌型号

❶ MR-J4 系列伺服驱动器的铭牌型号如图 3-2 所示。

❷ 三菱系列伺服驱动器的型号如图 3-3 所示。

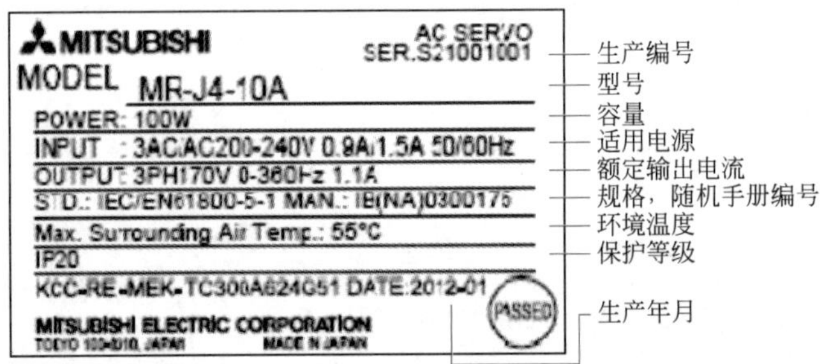


图 3-2　MR-J4 系列伺服驱动器铭牌型号

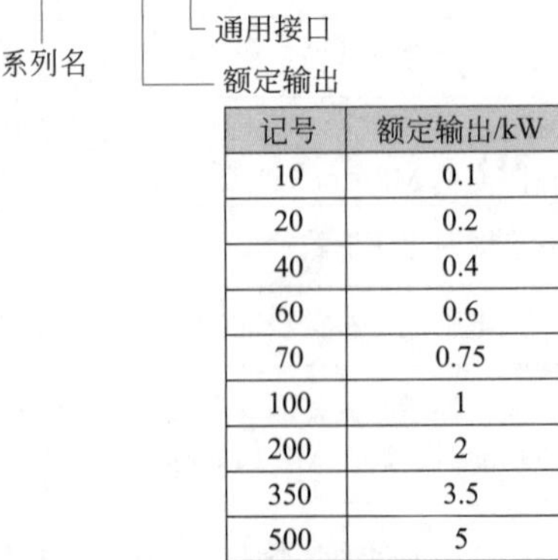


| 记号 | 额定输出/kW |
|---|---|
| 10 | 0.1 |
| 20 | 0.2 |
| 40 | 0.4 |
| 60 | 0.6 |
| 70 | 0.75 |
| 100 | 1 |
| 200 | 2 |
| 350 | 3.5 |
| 500 | 5 |
| 700 | 7 |

图 3-3　三菱系列伺服驱动器的型号

## 二、MR-J4系列伺服驱动器面板结构和配套设备的构成

MR-J4-10A 系列伺服驱动器面板结构示意图如图 3-4 所示（其他型号外形不同但名称用途类似，如图 3-5 所示）。

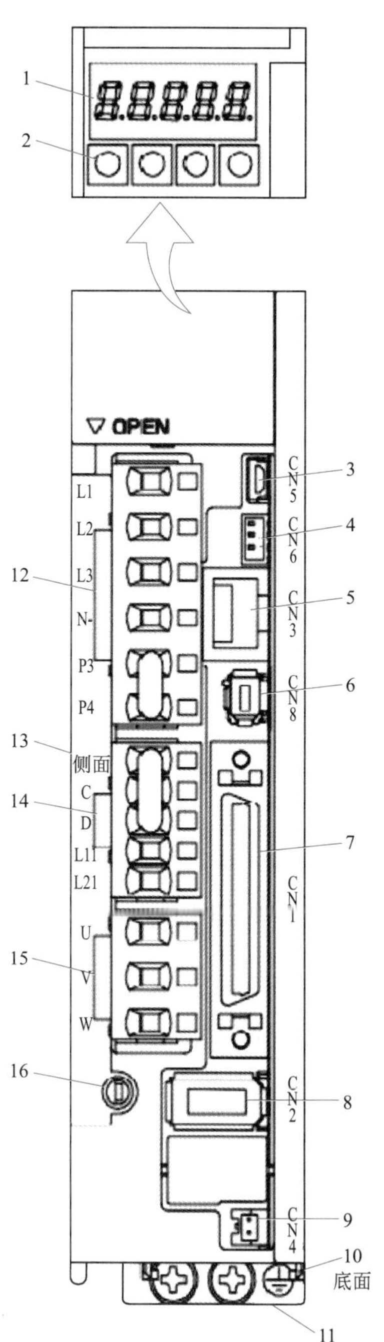


| 编号 | 名称 · 用途 |
|---|---|
| 1 | 显示部<br>在5位7段的LED中显示伺服的状态以及报警编号 |
| 2 | 操作部<br>进行状态显示、诊断、报警以及参数的操作。<br>MODE　UP　DOWN　SET<br>SET：设定数据<br>UP、DOWN：改变各模式下的显示数据<br>MODE：改变模式 |
| 3 | USB通信用接头(CN5)与个人计算机连接 |
| 4 | 模拟量监视接头(CN6)输出模拟量监视内容 |
| 5 | RS-422接头(CN3)与个人计算机连接 |
| 6 | STO输入信号接头(CN8)<br>连接MR-J3-D05安全逻辑模块和外部安全继电器 |
| 7 | 输入输出信号接头(CN1)连接数字输入输出信号 |
| 8 | 编码器接头(CN2)连接至伺服电机编码器 |
| 9 | 电池用接头(CN4)连接绝对位置数据保持用<br>电池 |
| 10 | 电池座放置绝对位置数据保持用电池 |
| 11 | 保护接地(PE)端子接地端子 |
| 12 | 主电路电源接头(CNP1)连接输入电源 |
| 13 | 铭牌 |
| 14 | 控制电路电源接头(CNP2)连接控制电路电源、<br>再生选件 |
| 15 | 伺服电机电源接头(CNP3)连接伺服电机 |
| 16 | 充电指示灯<br>主电路存在电荷时亮灯。亮灯时请勿进行电缆<br>的连接和更换等 |

图 3-4　MR-J4-10A 系列伺服驱动器面板结构说明示意图

MR-J4-10B 系列伺服驱动器面板结构说明示意图如图 3-5 所示。

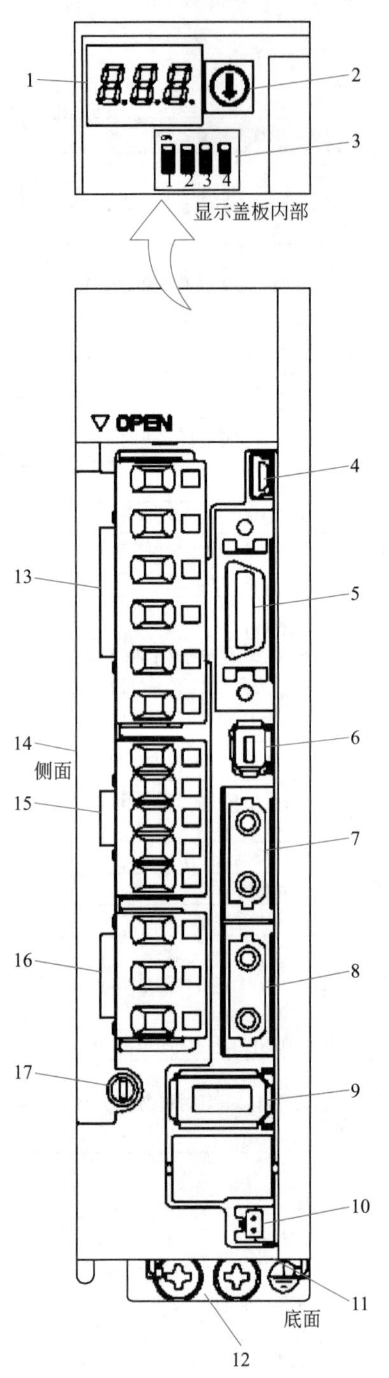


| 序号 | 名称和用途说明 |
|---|---|
| 1 | 显示部<br>通过3位7段LED，显示伺服的状态和报警编号 |
| 2 | 轴选择旋转式开关(SW1)<br>设定伺服放大器的轴编号 |
| 3 | 控制轴设定开关(SW2)<br>有试运行设定开关、控制轴无效设定开关、轴编号辅助设定开关 |
| 4 | USB通信用接头(CN5)<br>连接电脑 |
| 5 | 输入输出信号用接头(CN3)<br>连接数字输入输出信号 |
| 6 | STO输入信号用接头(CN8)<br>连接MR-J3-D05安全逻辑模块和外部安全继电器 |
| 7 | SSCNETⅢ电缆连接用接头(CN1A)<br>连接伺服系统控制器或前轴伺服放大器 |
| 8 | SSCNETⅢ电缆连接用接头(CN1B)<br>连接后轴伺服放大器或最终轴时盖上盖子 |
| 9 | 编码器接头(CN2)<br>连接伺服电机编码器 |
| 10 | 连接电池用接头(CN4)<br>绝对位置数据保存用电池或电池模块 |
| 11 | 电池座<br>收纳绝对位置数据保存用电池 |
| 12 | 保护接地(PE)端子<br>接地端子 |
| 13 | 主回路电源接头(CNP1)<br>连接输入电源 |
| 14 | 铭牌 |
| 15 | 控制回路电源接头(CNP2)<br>连接控制回路电源、再生选件 |
| 16 | 伺服电机电源接头(CNP3)<br>连接伺服电机 |
| 17 | 充电指示灯<br>主回路存在电荷时亮灯。亮灯时请勿进行电线的连接和更换等 |

图 3-5　MR-J4-10B 系列伺服驱动器面板结构说明示意图

三菱伺服驱动器系统的配套设备的组成（以 MR-J4-200A 为例）如图 3-6 所示。

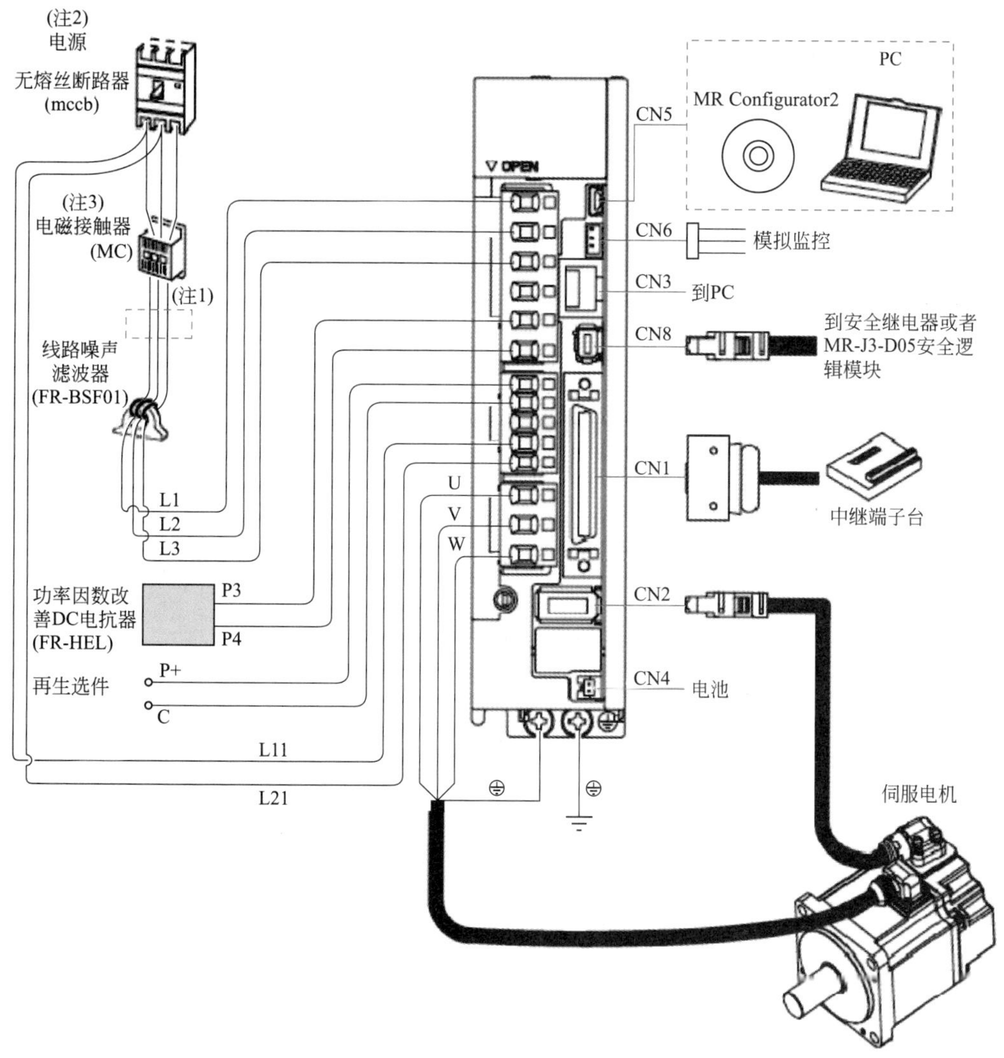


图 3-6　三菱 MR-J4-200A 伺服驱动器系统的配套设备的组成

接线注意事项：

❶ 使用功率因数改善 AC 电抗器。不使用功率因数改善 DC 电抗器时，请将 P3 和 P4 间进行短路连接。

❷ 单相 AC 200 ～ 240V 适用于 MR-J4-70A 以下。使用单相 AC 200 ～ 240V 电源时，电源连接 L1 和 L3，L2 不接线。

❸ 根据主电路的电压以及运行模式，有可能发生将强制停止减速转换为动力制动减速的情况。若不希望动力制动减速，请延迟电磁接触器的关闭时间。

❹ 支持 RS-422 通信功能。

# 第二节 三菱伺服系统的应用实例

## 一、三菱伺服系统电源回路的连接

三菱伺服系统配线需要确保当因为发生报警、伺服强制停止有效或控制器紧急停止有效等进行减速停止后，再切断主回路电源，关闭伺服 ON 信号。主回路电源的输入线请务必使用无熔丝的断路器（MCCB）。

1. 三菱 MR-J4-10A～MR-J4-350A 使用三相 AC 200～240V 电源（图 3-7）

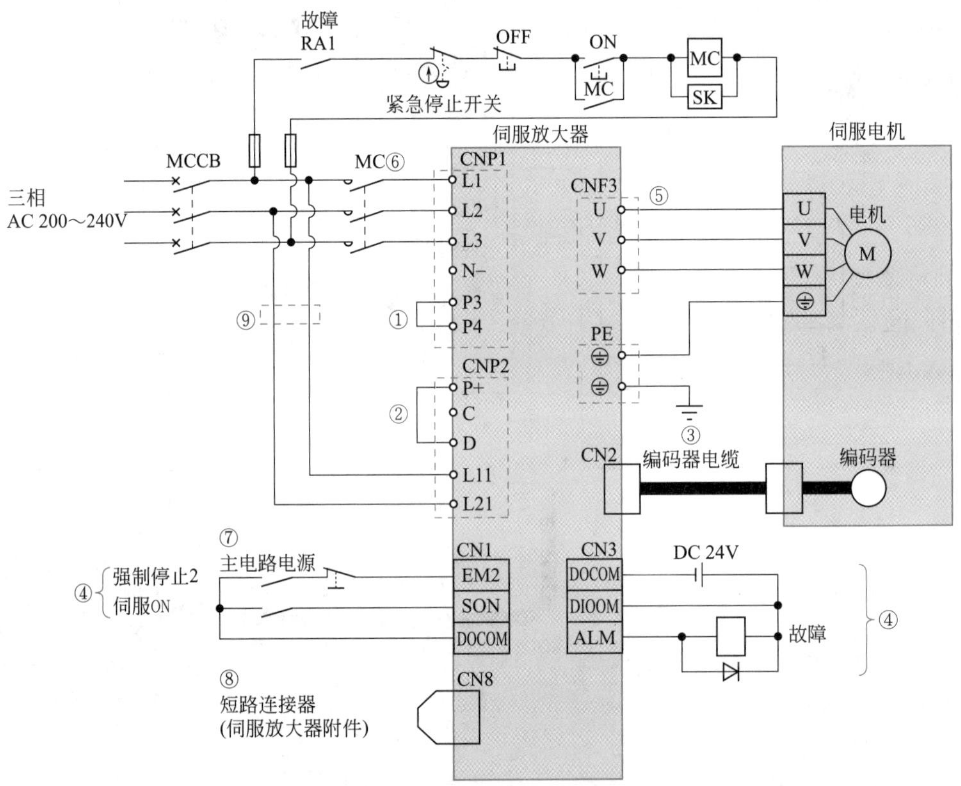


图 3-7　三菱 MR-J4-10A ～ MR-J4-350A 使用三相 AC 200 ～ 240V 电源时配线

① 必须连接P3和P4（出厂状态下已完成接线），请使用功率因数改善DC电抗器或者功率因数改善AC电抗器；
② 必须连接P+和D（出厂状态下已完成接线）；
③ 编码器电缆推荐使用三菱选件电缆；
④ 漏型输入输出接口的情况；
⑤ 伺服放大器电源线的连接请参考三菱伺服电机技术资料集；
⑥ 使用动作延迟时间（从操作线圈有电流流过到接点关闭为止的时间）在80ms以下的电磁接触器，根据主电路电压以及运行模式出现母线电压下降时，有可能发生将强制停止减速转换成动力制动装置减速的情况，若不希望动力制动减速，请延迟电磁接触器的关闭时间；
⑦ 为了防止伺服电机预期以外的再启动，在创建电路时，请设置成主电路电源OFF时EM2同时OFF；
⑧ 不使用STO功能时，请在伺服放大器上安装随机的短路连接器；
⑨ 在L11和L21上使用的电缆比L1、L2以及L3上使用的电缆更细时，请使用无熔丝断路器

2. 三菱 MR-J4-10A ～ MR-J4-350A 使用单相 AC 200 ～ 240V 电源（图 3-8）

三菱伺服系统在应用过程中如需要使用单相 AC 200 ～ 240V 电源，请将 AC 200 ～ 240V 电源连接接到 L1 以及 L3 上。这点 MR-J4 与 MR-J3 系列伺服放大器的连接处不一样。特别是将 MR-J3 换成更先进的 MR-J4 伺服系统时，注意不要弄错接线处。如图 3-8 所示。

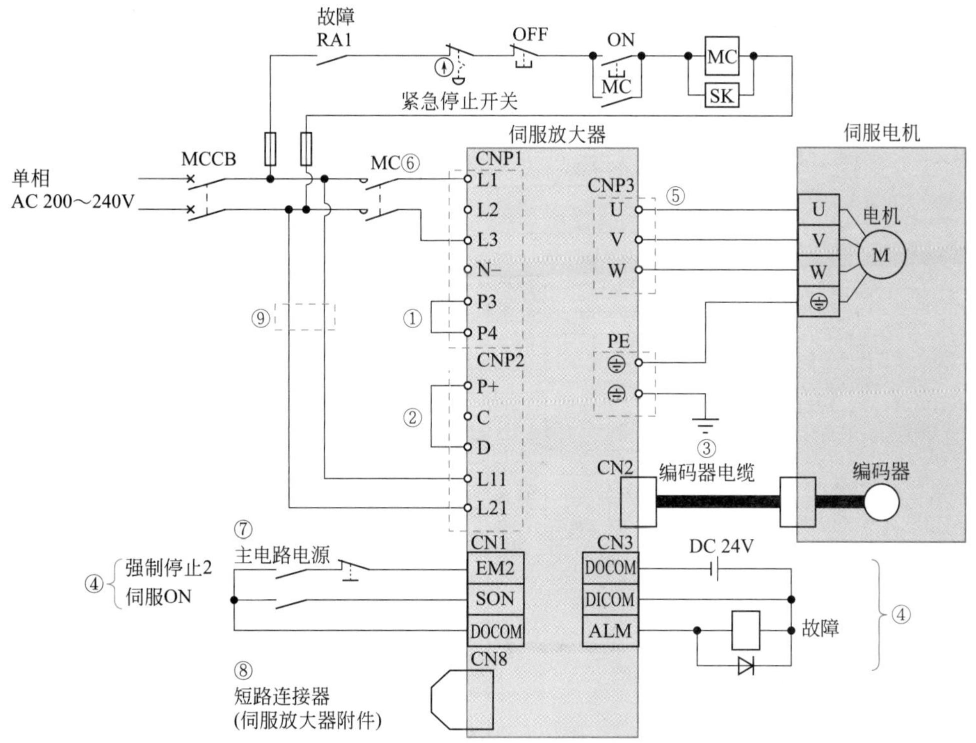


图 3-8　三菱 MR-J4-10A ～ MR-J4-350A 伺服系统在应用过程中使用单相 AC 200 ～ 240V 电源接线

① 必须连接P3和P4（出厂状态下已完成接线）；
② 必须连接P+和D（出厂状态下已完成接线）；
③ 编码器电缆推荐使用厂家选件电缆；
④ 漏型输入输出接口的情况；
⑤ 伺服放大器电源线的连接请参考厂家伺服电机技术资料集；
⑥ 请使用动作延迟时间（从操作线圈有电流流过到接点关闭为止的时间）在80ms以下的电磁接触器，根据主电路电压以及运行模式出现母线电压下降时，有可能发生将强制停止减速转换成动力制动装置减速的情况，若不希望动力制动减速，请延迟电磁接触器的关闭时间；
⑦ 为了防止伺服电机预期以外的再启动，在创建电路时，应设置成主电路电源OFF时EM2同时OFF；
⑧ 不使用STO功能时，在伺服放大器上安装随机的短路连接器；
⑨ 在L11和L21上使用的电缆比L1、L3上使用的电缆更细时，请使用无熔丝断路器

## 二、三菱MR-J4-A伺服系统位置控制模式输入输出信号的连接

位置控制模式接线如图 3-9 所示。

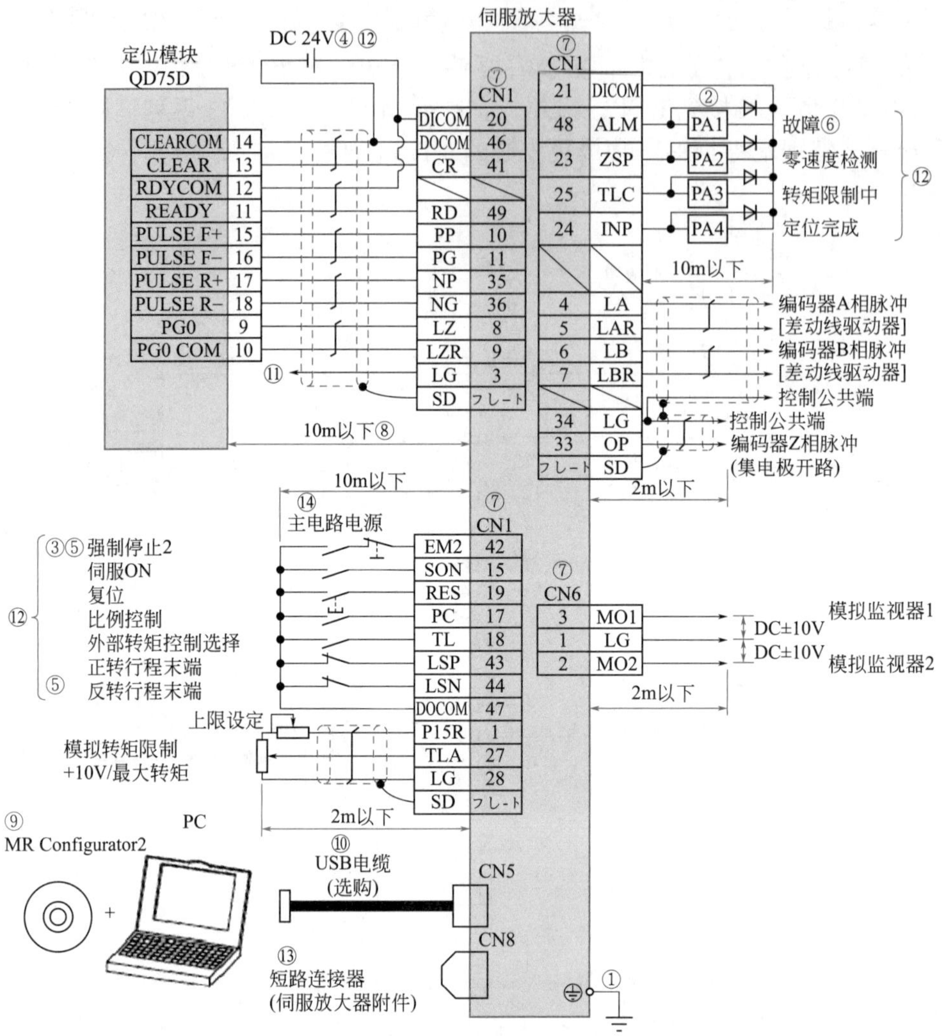

图 3-9 位置控制模式接线

① 为了防止触电，请务必将伺服放大器的保护接地（PE）端子（带记号的端子）连接到控制柜的保护接地（PE）上；
② 请正确连接二极管方向，连接错误，可能会出现伺服放大器发生故障不能输出信号，EM2（强制停止2）等的保护电路不能动作的情况；
③ 运行时，请务必将EM2（强制停止2）信号保持ON状态（B接点）；
④ 从外部提供接口用DC 24V ± 10% 500mA电源。500mA是使用全部输出信号时的值，通过减少输入输出点数能够降低电流容量；
⑤ 运行时请务必使EM2(强制停止2）、LSP（正转行程末端）以及LSN（反正行程末端）保持ON状态（B接点）；
⑥ ALM（故障）在没发生报警的正常情况下ON，OFF（报警发生）时，通过顺控程序停止可编程控制信号；
⑦ 同样名称的信号在伺服放大器内部是联通的；
⑧ 指令脉冲串输入采用差动驱动方式的情况，采用集电极开路输入方式时在2m以下；
⑨ 请使用SW1DNC-MRC2-E；
⑩ 使用CN3连接器的RS-422通信（计划应用）能够和个人电脑连接，但是，USB通信功能（CN5连接器）和RS-422通信功能（CN3连接器）是互斥的，不能同时使用；
⑪ QD75D不需要本连接，但是通过使用的定位模块，为了达到抗干扰能力，推荐将伺服放大器的LG和控制公共端间进行连接；
⑫ 漏型输入输出接口的情况；
⑬ 不使用STO功能时，请在伺服放大器上安装短路连接器附件；
⑭ 为了防止伺服电机出现预期以外的再启动，在创建电路时，应设置成主电路电源OFF时EM2同时OFF

## 三、三菱MR-J4-A伺服系统速度控制模式输入输出信号的连接

速度控制模式接线如图 3-10 所示。

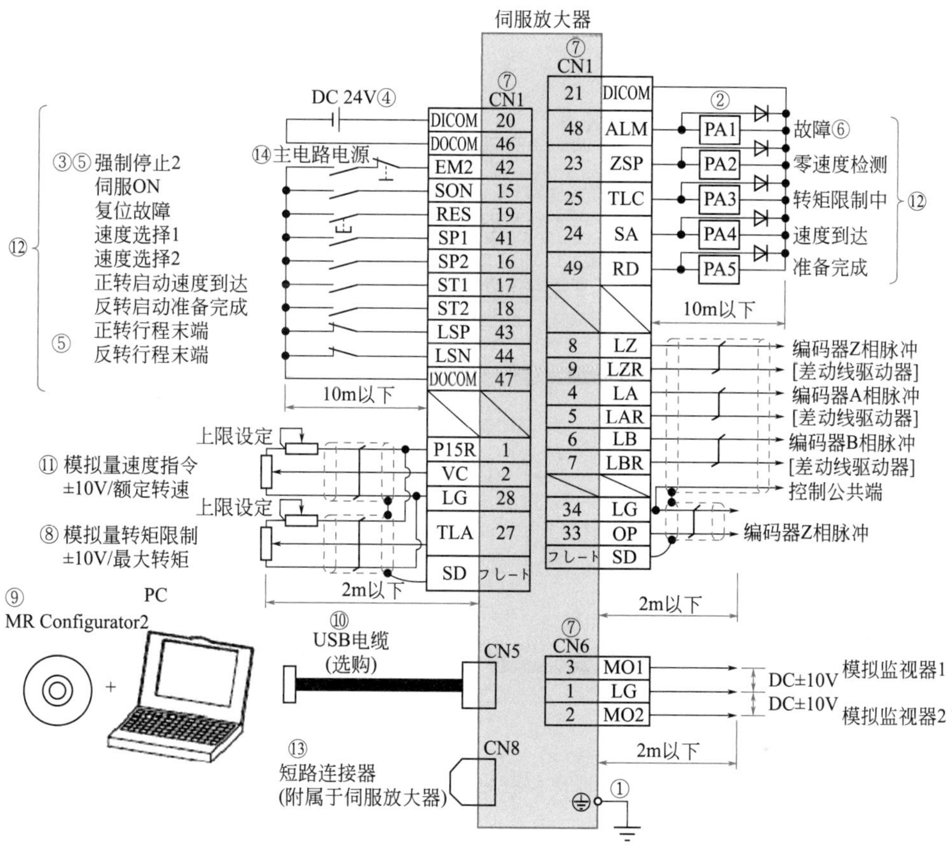


图 3-10　速度控制模式接线

①为了防止触电，请务必将伺服放大器的保护接地（PE）端子（带记号的端子）连接到控制柜的保护接地（PE）上；

② 请正确连接二极管方向，连接错误，可能会出现伺服放大器发生故障不能输出信号，EM2（强制停止2）等的保护电路不能动作的情况；

③ 运行时，请务必将EM2（强制停止2）信号保持ON状态（B接点）；

④ 请从外部供给接口用DC 24V ± 10% 500mA电源，500mA是使用全部输出信号时的值，通过减少输入输出点数能够降低电流容量；

⑤ 运行时请务必将EM2（强制停止2）、LSP（正转行程末端）以及LSN（反正行程末端）ON（B接点）；

⑥ ALM（故障）在未发生报警的正常情况下ON；

⑦ 同样名称的信号在伺服放大器内部是联通的；

⑧ 在[Pr.PD03]～[Pr.PD22]设置能够使用TL（外部转矩限制选择）时，即可使用TLA；

⑨ 请使用SW1DNC-MRC2-E；

⑩ 使用CN3连接器的RS-422通信（计划应用）能够和个人电脑连接，但是，USB通信功能（CN5连接器）和RS-422通信功能（CN3连接器）是互斥的，不能同时使用；

⑪ 输入负电压时，请使用外部电源；

⑫ 漏型输入输出接口的情况；

⑬ 不使用STO功能时，请在伺服放大器上安装附属的短路连接器；

⑭ 为了防止伺服电机出现预期以外的再启动，在创建电路时，应设置成主电路电源OFF时EM2同时OFF

## 四、三菱MR-J4-A伺服系统转矩控制模式输入输出信号的连接

转矩控制模式接线如图 3-11 所示。转矩控制模式时，EM2 会变成与 EM1 相同功能的信号。

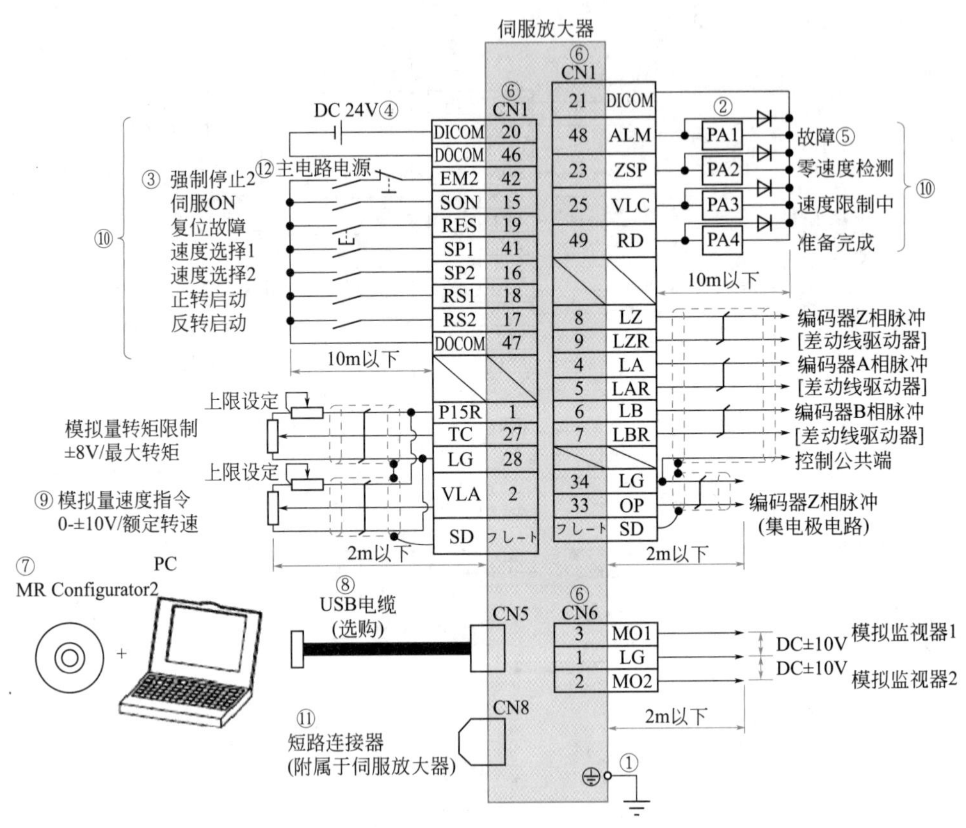


图 3-11　转矩控制模式接线

① 为了防止触电，请务必将伺服放大器的保护接地（PE）端子（带记号的端子）连接到控制柜的保护接地（PE）上；

② 正确连接二极管方向，连接错误，可能会出现伺服放大器发生故障不能输出信号，EM2（强制停止2）等的保护电路不能动作的情况；

③ 运行时，请务必将EM2（强制停止2）信号保持ON状态（B接点）；

④ 请从外部供给接口用的DC 24V ± 10% 500mA电源，500mA是使用全部输出信号时的值，通过减少输入输出点数能够降低电流容量；

⑤ ALM（故障）在没发生报警的正常情况下ON；

⑥ 同样名称的信号在伺服放大器内部是联通的；

⑦ 请使用SW1DNC-MRC2-J；

⑧ 使用CN3连接器的RS-422通信（计划应用）能够和个人电脑连接，但是，USB通信功能（CN5连接器）和RS-422通信功能（CN3连接器）是互斥的，不能同时使用；

⑨ 输入负电压时，请使用外部电源；

⑩ 漏型输入输出接口的情况；

⑪ 不使用STO功能时，在伺服放大器上安装附属的短路连接器；

⑫ 为了防止伺服电机出现预期以外的再启动，在创建电路时，应设置成主电路电源OFF时EM2同时OFF

## 五、三菱伺服系统MR-J4-A电源部分的接线

（1）电源部分信号的说明　如表 3-4 所示。

表3-4　电源部分信号的说明

<table>
<tr><th>名称</th><th>连接位置（用途）</th><th>内容</th></tr>
<tr><td>L1・L2・L3</td><td>主电路电源</td><td>请提供给 L1，L2 以及 L3 以下电源。使用单相 AC 200 ～ 240V 电源时，电源连接 L1 和 L3，L2 不接线<br>
<table>
<tr><td>伺服放大器<br>电源</td><td>MR-J4-10A ～ MR-J4-70A</td><td>MR-J4-100A ～ MR-J4-700A</td></tr>
<tr><td>三相 AC 200 ～ 240V, 50/60Hz</td><td colspan="2">L1・L2・L3</td></tr>
<tr><td>单相 AC 200 ～ 240V, 50/60Hz</td><td>L1・L3</td><td></td></tr>
</table></td></tr>
<tr><td>P3・P4</td><td>改善功率因数 DC 电抗器</td><td>不使用改善功率因数 DC 电抗器时，将 P3 和 P4 短接（出厂状态下已完成接线）。使用改善功率因数 DC 电抗器时，将 P3 和 P4 间的接线拆除，然后在 P3 和 P4 间连接改善功率因数 DC 电抗器</td></tr>
<tr><td>P+・C・D</td><td>再生选件</td><td>（1）MR-J4-500A 以下<br>使用伺服放大器内置再生电阻时，将 P+ 和 D 之间连接起来（出厂状态下已完成接线）。<br>使用再生选件时，请将 P+ 和 D 之间的接线拆除，在 P+ 和 D 之间连接再生选件。<br>（2）MR-J4-700A<br>MR-J4-700A 上没有 D。<br>使用伺服放大器内置再生电阻时，连接 P+ 和 C（出厂状态下已完成接线）。使用再生选件时，拆除连接 P+ 以及 C 的内置式再生电阻的接线后，将再生选件连接到 P+ 和 C 上</td></tr>
<tr><td>L11・L21</td><td>控制电路电源</td><td>对 L11 和 L21 供给以下电源<br>
<table>
<tr><td>伺服放大器<br>电源</td><td>MR-J4-10A ～ MR-J4-700A</td></tr>
<tr><td>单相 AC 200 ～ 240V</td><td>L11・L21</td></tr>
</table></td></tr>
<tr><td>U・V・W</td><td>伺服电机电源</td><td>连接至伺服电机电源端子（U・V・W）。通电中绝对不要开关伺服电机电源。否则可能会造成异常运行和故障</td></tr>
<tr><td>N-</td><td>再生转换制动模块</td><td>使用再生转换器以及制动单元时，将 P+ 和 N- 之间进行连接。<br>请勿连接到 MR-J4-350A 以下的伺服放大器</td></tr>
<tr><td>⏚</td><td>保护接地（PE）</td><td>连接到伺服电机的接地端子以及控制柜的保护接地（PE）上</td></tr>
</table>

（2）电源接通顺序

❶ 电源接线要求在主电路电源（三相：L1・L2・L3/ 单相：L1・L3）上使用电磁接触器。通过外部顺序控制将电路设置成发生报警时，从外部切断电磁接触器。

❷ 控制电路电源（L11・L21）应与主电路电源同时或者比主电源先接通。不接通主电路电源时会在显示部显示警告，但是一旦接通主电路电源，警告就会消失，设备正常动作。

❸ 伺服放大器能够在主电路电源接通后 2.5 ～ 3.5s 后接收到 SON（伺服 ON）信号。因此，接通主电路电源的同时使 SON（伺服 ON）开启，2.5 ～ 3.5s 后主电路变为 ON，然后大约 5ms 后 RD（准备完成）ON，处于一个可以运行的状态。

❹ RES（复位）ON 时，主电路被切断，伺服电机轴呈自由停车状态。

（3）CNP1、CNP2 以及 CNP3 的接线方法　CNP1、CNP2 以及 CNP3 的接线请使用附属的伺服放大器电源连接器，如图 3-12 所示。接线方法如图 3-13 所示。接线工具如图 3-13 插入，下压工具打开弹簧。维持工具下压状态，将已剥线的电缆插入电缆插入孔内。确认电缆插

入深度，防止绝缘皮被弹簧夹住。

取出工具，固定电缆。轻拉电缆，确认电缆是否被连接好。

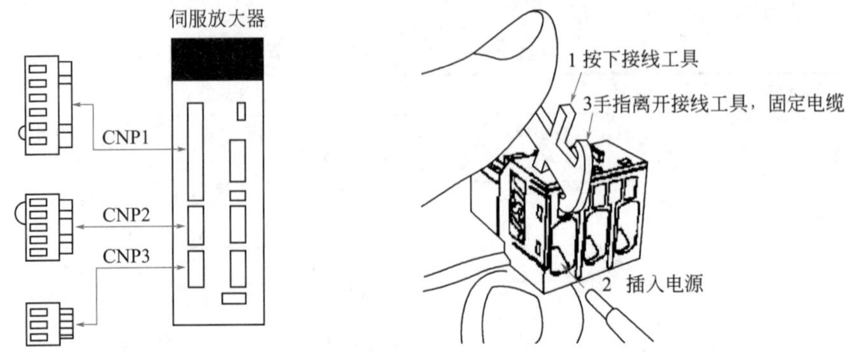


图 3-12　CNP1、CNP2 以及 CNP3 的连接器　　　　图 3-13　电缆的插入接线

## 六、三菱伺服系统MR-J4-A接头和信号端子详解

MR-J4-A 从电缆的接头接线部分看到的接头引脚排列图如图 3-14 所示。

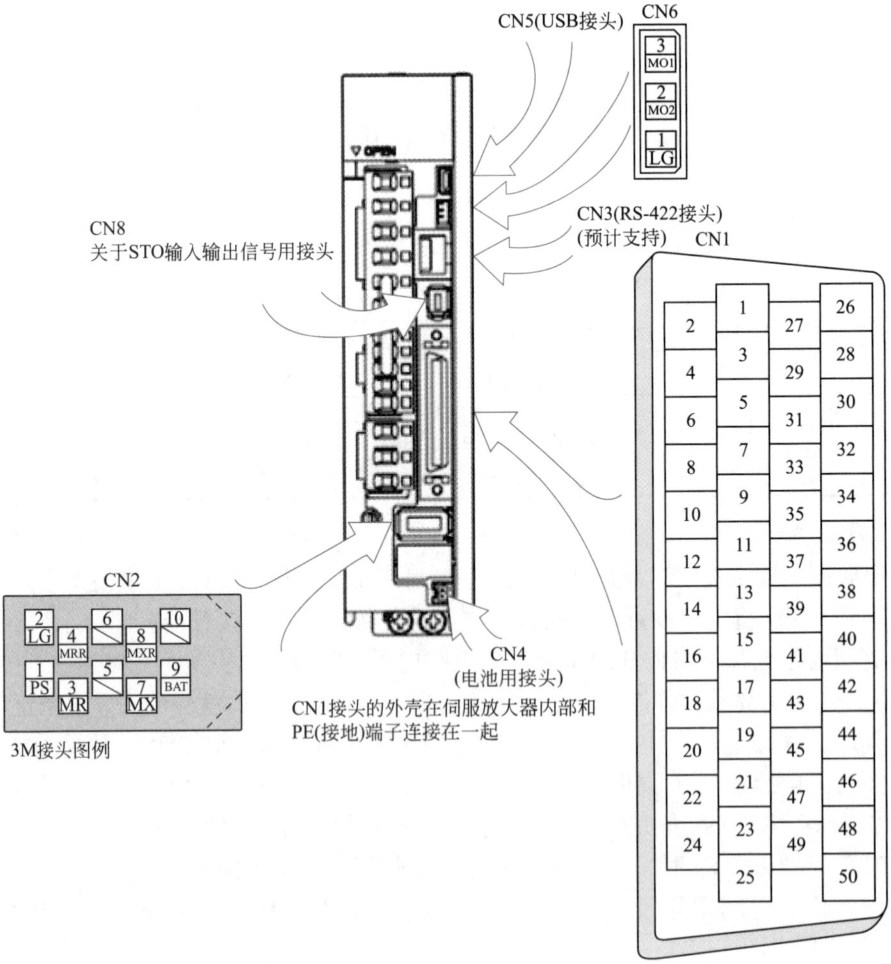

图 3-14　MR-J4-A 接头引脚排列图

**注意：** CN1 接头的引脚根据控制模式不同，其信号分配也不同。

信号（端子）的说明：输入输出接口（表中的 I/O 区分栏的记号），表中的控制模式的记号表述如下。P：位置控制模式；S：速度控制模式；T：转矩控制模式；O：出厂状态下可使用的信号；△：通过 [Pr.PA04]，[Pr.PD03] ～ [Pr.PD28] 设定能够使用的信号，接头引脚编号栏的引脚编号为初始状态下的值。

## 1. 输入输出信号

### （1）输入信号　如表 3-5 所示。

表3-5　输入信号

<table>
<tr><th rowspan="2">信号名称</th><th rowspan="2">缩写</th><th rowspan="2">连接器引脚编号</th><th rowspan="2">功能和用途</th><th rowspan="2">I/O分类</th><th colspan="3">控制模式</th></tr>
<tr><th>P</th><th>S</th><th>T</th></tr>
<tr><td>强制停止 2</td><td>EM2</td><td>CN1-42</td><td>EM2 关闭（与公共端开路），能够通过指令使伺服电机减速停止。<br>从强制停止状态打开 EM2（与公共端短路）时，能够解除强制停止状态。<br>[Pr.PA04] 的设定内容如下所示。<br><table><tr><th rowspan="2">[Pr.PA04] 的设定值</th><th rowspan="2">EM2/EM1 的选择</th><th colspan="2">减速方法</th></tr><tr><th>EM2 或者 EM1 为关闭</th><th>发生报警</th></tr><tr><td>0_ _ _</td><td>EM1</td><td>不进行强制停止减速关闭 MBR（电磁制动联锁）</td><td>不进行强制停止减速关闭 MBR（电磁制动联锁）</td></tr><tr><td>2_ _ _</td><td>EM2</td><td>强制停止减速后关闭 MBR（电磁制动联锁）</td><td>强制停止减速后关闭 MBR（电磁制动联锁）</td></tr></table>EM2 和 EM1 为互斥功能。<br>但是，在转矩控制模式时，EM2 和 EM1 变成相同功能的信号</td><td>DI-1</td><td>○</td><td>○</td><td>○</td></tr>
<tr><td>强制停止 1</td><td>EM1</td><td>（CN1-42）</td><td>使用 EM1 时，将 [Pr.PA04] 设定为“0_ _ _”后能够使用。<br>关闭 EM1（与公共端开路）后进入强制停止状态，切断主电路，动态制动器动作后使伺服电机减速停止。<br>从强制停止状态打开 EM1（与公共端短路）时，能够解除强制停止状态</td><td>DI-1</td><td>△</td><td>△</td><td>△</td></tr>
<tr><td>伺服开启</td><td>SON</td><td>CN1-15</td><td>SON 开启主电路中有电源进入，成为可以运行的状态。（伺服 ON 状态）<br>关闭时主电路被切断，伺服电机呈自由状态。<br>将 [Pr.PA01] 设定为“_ _ _4”后能够在内部变更自动 ON（常时 ON）</td><td>DI-1</td><td>○</td><td>○</td><td>○</td></tr>
<tr><td>复位</td><td>RES</td><td>CN1-19</td><td>将 RES 开启 50ms 以上时能够让报警复位。<br>也存在 RES（复位）没法解除的报警。<br>没有发生报警的状态下，开启 RES 时会切断主电路。将 [Pr.PD30] 设定为“_ _1_”，就不会切断主电路。<br>该功能不用于停止操作。在运行中请勿开启</td><td>DI-1</td><td>○</td><td>○</td><td>○</td></tr>
</table>

续表

<table>
<tr><th rowspan="2">信号名称</th><th rowspan="2">缩写</th><th rowspan="2">连接器引脚编号</th><th rowspan="2">功能和用途</th><th rowspan="2">I/O 分类</th><th colspan="3">控制模式</th></tr>
<tr><th>P</th><th>S</th><th>T</th></tr>
<tr><td>正转行程末端</td><td>LSP</td><td>CN1-43</td><td rowspan="2">运行时，请使 LSP 以及 LSN 为 ON。否则伺服将立即停止并保持伺服锁定状态。<br>将 [Pr.PD30] 设定为“_ _ _1”时，伺服将减速停止。<br><table><tr><th colspan="2">输入信号①</th><th colspan="2">运行</th></tr><tr><th>LSP</th><th>LSN</th><th>CCW 方向</th><th>CW 方向</th></tr><tr><td>1</td><td>1</td><td>○</td><td>○</td></tr><tr><td>0</td><td>1</td><td></td><td>○</td></tr><tr><td>1</td><td>0</td><td>○</td><td></td></tr><tr><td>0</td><td>0</td><td></td><td></td></tr></table>① 0：OFF；1：ON。<br>将 [Pr.PD01] 做如下设定时，能够在内部自动置 ON（常闭）。<br><table><tr><th rowspan="2">[Pr.PD01]</th><th colspan="2">状态</th></tr><tr><th>LSP</th><th>LSN</th></tr><tr><td>_ 4 _ _</td><td>自动 ON</td><td></td></tr><tr><td>_ 8 _ _</td><td></td><td>自动 ON</td></tr><tr><td>_ C _ _</td><td>自动 ON</td><td>自动 ON</td></tr></table>关闭 LSP 或者 LSN 时，发生 [AL.99 行程限警告]，WNG（警告）开启。使用 WNG 时，通过 [Pr.PD23] ～ [Pr.PD28] 的设定可以使用</td><td rowspan="2">DI-1</td><td rowspan="2">○</td><td rowspan="2">○</td><td rowspan="2"></td></tr>
<tr><td>反转行程末端</td><td>LSN</td><td>CN1-44</td></tr>
<tr><td>外部转矩限制选择</td><td>TL</td><td>CN1-18</td><td>TL 为 OFF 时，[Pr.PA11 正转转矩限制] 以及 [Pr.PA12 反转转矩限制] 变成有效，当 TL 为 ON 时，TLA（模拟量转矩限制）则有效</td><td>DI-1</td><td>○</td><td>△</td><td></td></tr>
<tr><td>内部转矩限制选择</td><td>TL1</td><td></td><td>通过 [Pr.PD03] ～ [Pr.PD22] 设置允许使用 TL1 时，就能够此信号选择 [Pr.PC35 内部转矩限制 2]</td><td>DI-1</td><td>△</td><td>△</td><td>△</td></tr>
<tr><td>正转启动</td><td>ST1</td><td>CN1-17</td><td rowspan="2">启动伺服电机。<br>旋转方向如下。<br><table><tr><th colspan="2">输入信号①</th><th rowspan="2">伺服电机启动方向</th></tr><tr><th>ST2</th><th>ST1</th></tr><tr><td>0</td><td>0</td><td>停止（伺服锁定）</td></tr><tr><td>0</td><td>1</td><td>CCW</td></tr><tr><td>1</td><td>0</td><td>CW</td></tr><tr><td>1</td><td>1</td><td>停止（伺服锁定）</td></tr></table>① 0：OFF；1：ON。<br>运行中 ST1 和 ST2 同时 ON 或者 OFF 时，根据 [Pr.PC02] 中的设定值减速停止后维持伺服锁定状态。<br>将 [Pr.PC23] 设定为“_ _ _1”后，在减速停止后不会伺服锁定</td><td rowspan="2">DI-1</td><td rowspan="2"></td><td rowspan="2">○</td><td rowspan="2"></td></tr>
<tr><td>反转选择</td><td>ST2</td><td>CN1-18</td></tr>
<tr><td>正转选择</td><td>RS1</td><td>CN1-18</td><td rowspan="2">选择伺服电机的转矩输出方向。<br>转矩输出方向如下。<br><table><tr><th colspan="2">输入信号①</th><th rowspan="2">转矩输出方向</th></tr><tr><th>RS2</th><th>RS1</th></tr><tr><td>0</td><td>0</td><td>停止</td></tr><tr><td>0</td><td>1</td><td>正转驱动 · 反转再生</td></tr><tr><td>1</td><td>0</td><td>（反转驱动 · 正转再生）</td></tr><tr><td>1</td><td>1</td><td>停止</td></tr></table>① 0：OFF；1：ON。</td><td rowspan="2">DI-1</td><td rowspan="2"></td><td rowspan="2"></td><td rowspan="2">○</td></tr>
<tr><td>反转选择</td><td>RS2</td><td>CN1-17</td></tr>
</table>

续表

<table>
<tr><th rowspan="2">信号名称</th><th rowspan="2">缩写</th><th rowspan="2">连接器引脚编号</th><th rowspan="2">功能和用途</th><th rowspan="2">I/O分类</th><th colspan="3">控制模式</th></tr>
<tr><th>P</th><th>S</th><th>T</th></tr>
<tr><td>速度选择 1</td><td>SP1</td><td>CN1-41</td><td rowspan="3">1. 速度控制模式时<br>运行时的速度指令选择。
<table>
<tr><th colspan="3">输入信号①</th><th rowspan="2">速度指令</th></tr>
<tr><th>SP3</th><th>SP2</th><th>SP1</th></tr>
<tr><td>0</td><td>0</td><td>0</td><td>VC（模拟量速度指令）</td></tr>
<tr><td>0</td><td>0</td><td>1</td><td>Pr.PC05 内部速度指令 1</td></tr>
<tr><td>0</td><td>1</td><td>0</td><td>Pr.PC06 内部速度指令 2</td></tr>
<tr><td>0</td><td>1</td><td>1</td><td>Pr.PC07 内部速度指令 3</td></tr>
<tr><td>1</td><td>0</td><td>0</td><td>Pr.PC08 内部速度指令 4</td></tr>
<tr><td>1</td><td>0</td><td>1</td><td>Pr.PC09 内部速度指令 5</td></tr>
<tr><td>1</td><td>1</td><td>0</td><td>Pr.PC10 内部速度指令 6</td></tr>
<tr><td>1</td><td>1</td><td>1</td><td>Pr.PC11 内部速度指令 7</td></tr>
</table>
① 0：OFF；1：ON。<br>2. 转矩控制模式时<br>运行时的速度限制选择。
<table>
<tr><th colspan="3">输入信号①</th><th rowspan="2">速度指令</th></tr>
<tr><th>SP3</th><th>SP2</th><th>SP1</th></tr>
<tr><td>0</td><td>0</td><td>0</td><td>VLA（模拟量速度制限）</td></tr>
<tr><td>0</td><td>0</td><td>1</td><td>Pr.PC05 内部速度限制 1</td></tr>
<tr><td>0</td><td>1</td><td>0</td><td>Pr.PC06 内部速度限制 2</td></tr>
<tr><td>0</td><td>1</td><td>1</td><td>Pr.PC07 内部速度限制 3</td></tr>
<tr><td>1</td><td>0</td><td>0</td><td>Pr.PC08 内部速度限制 4</td></tr>
<tr><td>1</td><td>0</td><td>1</td><td>Pr.PC09 内部速度限制 5</td></tr>
<tr><td>1</td><td>1</td><td>0</td><td>Pr.PC10 内部速度限制 6</td></tr>
<tr><td>1</td><td>1</td><td>1</td><td>Pr.PC11 内部速度限制 7</td></tr>
</table>
① 0：OFF；1：ON。</td><td>DI-1</td><td></td><td>○</td><td>○</td></tr>
<tr><td>速度选择 2</td><td>SP2</td><td>CN1-16</td><td>DI-1</td><td></td><td>○</td><td>○</td></tr>
<tr><td>速度选择 3</td><td>SP3</td><td></td><td>DI-1</td><td></td><td>△</td><td>△</td></tr>
<tr><td>比例控制</td><td>PC</td><td>CN1-17</td><td>PC 信号为 ON，速度放大器从比例积分形式切换为比例形式。<br>伺服电机在停止状态即使由于外部原因让其只是旋转 1 脉冲，也会产生转矩来补偿其位置偏差。定位完成（停止）后轴被机械锁住时，同时开启 PC（比例控制），就能够抑制想要补偿位置偏差的转矩输出。<br>长时间锁定时，请使 PC（比例控制）和 TL（外部转矩限制选择）同时为 ON，用 TLA（模拟量转矩限制）使转矩输出在额定转矩以下</td><td>DI-1</td><td>○</td><td>△</td><td></td></tr>
<tr><td>清空</td><td>CR</td><td>CN1-41</td><td>CR 为 ON，可以消除设备开启时偏差计数器中滞留脉冲。请将脉冲幅度设置在 10ms 以上。<br>通过 [Pr.PB03 位置指令加减速时间常数 ] 中设定的延迟量也被清除。<br>将 [Pr.PD32] 设定为“_ _ _1”，在 CR 为 ON 期间一直被清除</td><td>DI-1</td><td>○</td><td></td><td></td></tr>
</table>

续表

<table>
<tr><th rowspan="2">信号名称</th><th rowspan="2">缩写</th><th rowspan="2">连接器引脚编号</th><th rowspan="2">功能和用途</th><th rowspan="2">I/O分类</th><th colspan="3">控制模式</th></tr>
<tr><th>P</th><th>S</th><th>T</th></tr>
<tr><td>电子齿轮选择 1</td><td>CM1</td><td></td><td rowspan="2">通过 CM1 和 CM2 的组合，能够在 4 种电子齿轮的分子中的选择。<br>在绝对位置监测系统中不能使用 CM1 和 CM2。<table><tr><th colspan="2">输入信号[①]</th><th rowspan="2">电子齿轮分子</th></tr><tr><th>CM2</th><th>CM1</th></tr><tr><td>0</td><td>0</td><td>Pr.PA06</td></tr><tr><td>0</td><td>1</td><td>Pr.PC32</td></tr><tr><td>1</td><td>0</td><td>Pr.PC33</td></tr><tr><td>1</td><td>1</td><td>Pr.PC34</td></tr></table>① 0：OFF；1：ON。</td><td>DI-1</td><td>△</td><td></td><td></td></tr>
<tr><td>电子齿轮选择 2</td><td>CM2</td><td></td><td>DI-1</td><td>△</td><td></td><td></td></tr>
<tr><td>增益切换</td><td>CDP</td><td></td><td>COP 为 ON 时，负载惯量比和各增益值切换为 [Pr.PB29] ～ [Pr.PB36]，[Pr.PB56] ～ [Pr.PB60]。</td><td>DI-1</td><td>△</td><td>△</td><td>△</td></tr>
<tr><td>控制切换</td><td>LOP</td><td>CN1-45</td><td>位置 / 速度控制切换模式时用于控制模式的选择。<table><tr><th>LOP[①]</th><th>控制模式</th></tr><tr><td>0</td><td>位置</td></tr><tr><td>1</td><td>速度</td></tr></table>① 0：OFF；1：ON。<br>在速度 / 转矩控制切换模式时用于控制模式的选择。<table><tr><th>LOP[①]</th><th>控制模式</th></tr><tr><td>0</td><td>速度</td></tr><tr><td>1</td><td>转矩</td></tr></table>① 0：OFF；1：ON。<br>在转矩 / 位置控制切换模式时用于控制模式的选择。<table><tr><th>LOP[①]</th><th>控制模式</th></tr><tr><td>0</td><td>转矩</td></tr><tr><td>1</td><td>位置</td></tr></table>① 0：OFF；1：ON。</td><td>DI-1</td><td colspan="3">参考功能·用途栏</td></tr>
<tr><td>第 2 加减速选择</td><td>STAB2</td><td></td><td>能够选择速度控制模式以及转矩控制模式时的伺服电机加速减速时间常数。S 字加减速时间常数一直是恒定的。<table><tr><th>STAB2[①]</th><th>加减速时间常数</th></tr><tr><td rowspan="2">0</td><td>Pr.PC01 加速时间常数</td></tr><tr><td>Pr.PC02 减速时间常数</td></tr><tr><td rowspan="2">1</td><td>Pr.PC30 加速时间常数 2</td></tr><tr><td>Pr.PC31 减速时间常数 2</td></tr></table>① 0：OFF；1：ON。</td><td>DI-1</td><td></td><td>△</td><td>△</td></tr>
<tr><td>ABS 传送模式</td><td>ABSM</td><td>CN1-17</td><td>ABS 传输模式请求信号。<br>将 [Pr.PA03] 设定为“_ _ _1”，选择 DIO 绝对位置检测系统时，CN1-17 引脚变为 ABSM</td><td>DI-1</td><td>△</td><td></td><td></td></tr>
<tr><td>ABS 要求</td><td>ABSR</td><td>CN1-18</td><td>ABS 请求信号。<br>将 [Pr.PA03] 设定为“_ _ _1”，选择 DIO 绝对位置检测系统时，CN1-18 引脚变为 ABSM</td><td>DI-1</td><td>△</td><td></td><td></td></tr>
</table>

（2）输出信号　如表 3-6 所示。

表3-6　输出信号

| 信号名称 | 缩写 | 连接器引脚编号 | 功能和用途 | I/O 分类 | 控制模式 | | |
|---|---|---|---|---|---|---|---|
| | | | | | P | S | T |
| 故障 | ALM | CN1-48 | 发生报警时 ALM 变为 OFF。<br>不发生报警时，开启电源后 2.5 ～ 3.5s 后 ALM 变为 ON。<br>将［Pr.PD34］设定为“_ _1_”时，发生报警或者警告时，ALM 变为 OFF | DO-1 | ○ | ○ | ○ |
| 定位完毕 | RD | CN1-49 | 伺服放大器启动后进入等待运行状态时，RD 变为 ON | DO-1 | ○ | ○ | ○ |
| 定位完毕 | INP | CN1-22<br>CN1-24 | 滞留脉冲在设定的到位范围内时 INP 为 ON。到位范围能够通过［Pr.PA10］变更。到位范围设定较大时，低速旋转时可能常 ON。伺服 ON 后 INP 变为 ON | DO-1 | ○ | | |
| 速度达到 | SA | | 伺服电机转速接近设定速度时，SA 为 ON。设定速度在 20r/min 以下则常 ON。<br>SON（伺服开启）OFF 时或者 ST1（正转启动）和 ST2（反转启动）同时 OFF 时，即使通过外力使伺服电机的转速达到设定速度也不会变为 ON | DO-1 | | ○ | |
| 速度限制中 | VLC | CN1-25 | 通过转矩控制模式［Pr.PC05 内部速度控制 1］~［Pr.PC11 内部速度控制 7］或者 VLA（模拟量速度限制）达到限制速度时，VLC 为 ON。<br>在 SON（伺服开启）为 OFF 时变为 OFF | DO-1 | | | ○ |
| 转矩限制中 | TLC | | 输出转矩时，到达［Pr.PA11 正转转矩限制］，［Pr.PA12 反转转矩限制］或者 TLA（模拟量转矩限制）设定的转矩时 TLC 为 ON | DO-1 | ○ | ○ | |
| 零速度 | ZSP | CN1-23 | 伺服电机转速在零速度以下时，ZSP 为 ON。零速度能够通过［Pr.PC17］变更。 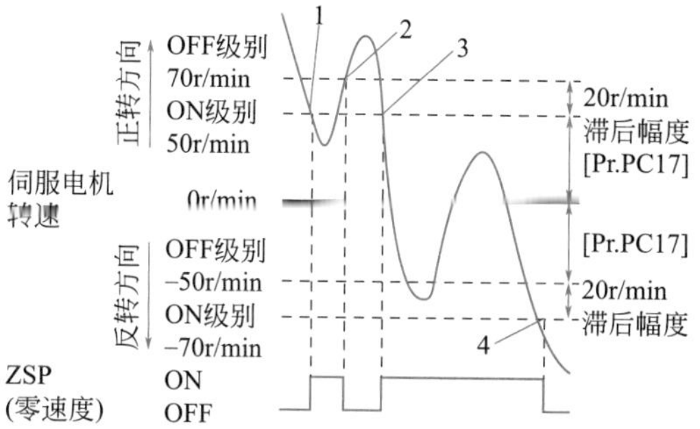<br>伺服电机的转速减速到 50r/min（点 1），ZSP 为 ON，当电机的转速再次上升至 70r/min（点 2）时 ZSP 变为 OFF。<br>再次减速至 50r/min（点 3）时，ZSP 为 ON，在到达 -70r/min（点 4）变为 OFF。伺服电机的转速达到 ON 级别 ZSP 为 ON，再次上升达到 OFF 级别位置的范围称为滞后幅度。伺服放大器的滞后幅度为 20r/min | DO-1 | ○ | ○ | ○ |
| 电磁制动连锁 | MBR | CN1-25 | 使用该信号时，请通过 [Pr.PC16] 设定电磁制动装置动作延迟时间。<br>伺服 OFF 或者发生报警时，MBR 关闭 | DO-1 | △ | △ | △ |
| 警告 | WNG | | 发生警告时，WNG 为 ON，不发生警告时，在电源开启后 2.5 ～ 3.5sWNG 变为 OFF | DO-1 | △ | △ | △ |

续表

| 信号名称 | 缩写 | 连接器引脚编号 | 功能和用途 | I/O分类 | 控制模式 P | S | T |
|---|---|---|---|---|---|---|---|
| 电池警告 | BWNG | | 发生[AL.92 电池断线警告]或者[AL.9F 电池警告]时，BWNG 变为 ON。没有发生电池警告时，在电源开启后 2.5 ～ 3.5sWNG 变为 OFF | DO-1 | △ | △ | △ |
| 报警代码 | ACD0 | （CN1-24） | 使用这些信号时，将[Pr.PD34]设定为“___1”。<br>发生报警时就会输出该信号。<br>没有发生报警时，输出各种通常信号。<br>将[Pr.PA03]设定为“___1”后，选择 DIO 的绝对位置检测系统的状态下，且在 CN1-22 针，CN1-23 针或者 CN1-24 针选择 MBR，DB 或者 ALM 的状态下，选择报警代码输出时，发生[AL.37 参数异常] | DI-1 | △ | △ | △ |
| | ACD1 | （CN1-23） | | | | | |
| | ACD2 | （CN1-22） | | | | | |
| 可变增益选择 | CDPS | | 增益切换中 CDPS 变为 ON | DI-1 | △ | △ | △ |
| 绝对位置丢失 | ABSV | | 绝对位置丢失时，ABSV 为 ON | DI-1 | △ | | |
| ABS 数据传输位0 | ABSB0 | （CN1-22） | 输出 ABS 数据传输位 bit0。将[Pr.PA03]设定为“___1”，选择 DIO 绝对位置检测系统时，CN1-22 针只在 ABS 传输过程中变为 ABSB0 | DI-1 | △ | | |
| ABS 数据传输位1 | ABSB1 | （CN1-23） | 输出 ABS 数据传输位 bit1。将[Pr.PA03]设定为“___1”，选择 DIO 绝对位置检测系统时，CN1-23 针只在 ABS 传输过程中变为 ABSB1 | DI-1 | △ | | |
| ABS 数据传输准备完毕 | ABST | （CN1-25） | 输出 ABS 发送数据准备完毕。将[Pr.PA03]设定为“___1”，选择 DIO 绝对位置检测系统时，CN1-25 针仅限于在 ABS 传输模式中变为 ABST | DI-1 | △ | | |
| Tough drive 中 | MTTR | | 通过[Pr.PA20]有效设定 Tough drive，在使瞬停 Tough drive 动作时 MTTR 为 ON | DI-1 | △ | △ | △ |

## 2. 输入信号（表 3-7）

表3-7 输入信号

| 信号名称 | 缩写 | 连接器引脚编号 | 功能和用途 | I/O分类 | 控制模式 P | S | T |
|---|---|---|---|---|---|---|---|
| 模拟量转矩限制 | TLA | CN1-27 | 速度控制模式中使用这个信号时，通过[Pr.PD23]~[Pr.PD28]使 TL（外部转矩限制选择）可以使用。<br>TLA 有效时，在伺服电机输出转矩全范围内限制转矩输出。请在 TLA 和 LG 间施加 DC 0 ～ +10V 电压。请在 TLA 端子上连接电源 +。+10V 时输出最大转矩 | 模拟输入 | ○ | △ | |
| 模拟量转矩指令 | TC | | 控制伺服电机可输出转矩的全范围内的转矩输出。请在 TC 和 LG 间施加 DC 0 ～ ±8V 电压。±8V 输出最大转矩。另外，输入 ±8V 时的对应转矩能够通过[Pr.PC13]更改 | 模拟输入 | | | ○ |
| 模拟量速度指令 | VC | CN1-2 | 请在 VC 和 LG 间施加 DC 0 ～ ±10V 电压。±10V 时对应通过[Pr.PC12]设定的转速 | 模拟输入 | | ○ | |
| 模拟量速度指令 | VLA | | 请在 VLA 和 LG 间施加 DC 0 ～ ±10V 电压。±10V 时对应通过[Pr.PC12]设定的转速 | 模拟输入 | | | ○ |

续表

| 信号名称 | 缩写 | 连接器引脚编号 | 功能和用途 | I/O分类 | 控制模式 | | |
|---|---|---|---|---|---|---|---|
| | | | | | P | S | T |
| 正转脉冲串<br>反转脉冲串 | PP<br>NP<br>PG<br>NG | CN1-10<br>CN1-35<br>CN1-11<br>CN1-36 | 输入指令脉冲串<br>•集电极开路输入方式时（最大输入频率 200kHz)<br>在 PP 和 DOCOM 之间输入正转脉冲串。<br>在 NP 和 DOCOM 之间输入反转脉冲串。<br>•差动输入方式时（最大输入频率 4MHz）<br>在 PG 和 PP 之间输入正转脉冲串。<br>在 NG 和 NP 之间输入反转脉冲串。<br>指令输入脉冲串形式、脉冲串逻辑以及指令输入脉冲串滤波器能够通过［Pr.PA13］进行变更 | DI-2 | ○ | | |

## 3. 输出信号（表 3-8）

表3-8　输出信号

| 信号名称 | 缩写 | 连接器引脚编号 | 功能和用途 | I/O分类 | 控制模式 | | |
|---|---|---|---|---|---|---|---|
| | | | | | P | S | T |
| 编码器 A 相脉冲（差动输出） | LA LAR | CN1-4 CN1-5 | 按照［Pr.PA15］设定的编码器每周输出脉冲个数以差动输出方式输出。伺服电机 CCW 方向旋转时，编码器 B 相脉冲比编码器 A 相脉冲相位滞后 π/2。<br>A 相脉冲以及 B 相脉冲的旋转方向和相位差之间的关系能够通过［Pr.PC19］变更 | DO-2 | ○ | ○ | ○ |
| 编码器 B 相脉冲（差动输出） | LB LBR | CN1-6 CN1-7 | | | | | |
| 编码器 Z 相脉冲（差动输出） | LZ LZR | CN1-8 CN1-9 | 编码器的零点信号以差动输出方式输出。伺服电机每旋转 1 周输出 1 个脉冲。到达零点位置时变为 ON（负逻辑）。<br>最小脉冲幅度约为 400μs。采用该脉冲进行原点复位时请将爬行速度控制在 100r/min 以下 | DO-2 | ○ | ○ | ○ |
| 编码器 Z 相脉冲（集电极开路输入） | OP | CN1-33 | 编码器的零点信号以集电极开路输出方式输出 | DO-2 | ○ | ○ | ○ |
| 模拟量监视 1 | MO1 | CN6-3 | ［Pr.PC14］设定的数据在 MO1 和 LG 间输出电压。分辨率：10 位左右 | 模拟输出 | ○ | ○ | ○ |
| 模拟量监视 2 | MO2 | CN6-2 | ［Pr.PC15］设定的数据在 MO2 和 LG 间输出电压。分辨率：10 位左右 | 模拟输出 | ○ | ○ | ○ |

## 4. 通信（表 3-9）

表3-9　通信

| 信号名称 | 缩写 | 连接器引脚编号 | 功能和用途 | I/O 分类 | 控制模式 | | |
|---|---|---|---|---|---|---|---|
| | | | | | P | S | T |
| RS-422 I/F | SDP<br>SDn<br>RDP<br>RDN | CN3-5<br>CN3-4<br>CN3-3<br>CN3-6 | RS-422 通信用端子 | | ○ | ○ | ○ |

5. 电源（表3-10）

表3-10 电源

| 信号名称 | 缩写 | 连接器引脚编号 | 功能和用途 | I/O分类 | 控制模式 P | S | T |
|---|---|---|---|---|---|---|---|
| 数字I/F用电源输入 | DICOM | CN1-20 CN1-21 | 请接入输入输出接口用DC 24V（DC 24V±10% 500mA）。电源容量根据使用的输入输出接口的点数不同而改变。漏型公共端连接外部DC 24V电源的+极。源型连接公共端连接在外部DC 24V电源的－极 | | ○ | ○ | ○ |
| 集电极开路电源输入 | OPC | CN1-12 | 以集电极开路方式输入脉冲串时，该端子连接外部DC 24V的+极 | | | | |
| 数字I/F公共端 | DOCOM | CN1-46 CN1-47 | 是伺服放大器的EM2等输入信号的公共端子。和LG是隔离的。<br>漏型公共端连接在DC 24V外部电源的－极。<br>源型连接公共端连接在DC 24V外部电源的+极 | | ○ | ○ | ○ |
| DC 15V电源输出 | P15R | CN1-1 | 在P15R和LG间输出DC 15V。作为TC·TLA·VC·VLA用的电源使用。允许电流30mA | | ○ | ○ | ○ |
| 控制共同 | LG | CN1-3<br>CN1-28<br>CN1-30<br>CN1-34<br>CN3-1<br>CN3-7<br>CN6-1 | 是TLA·TC·VC·VLA·OP·MO1·MO2·P15R的公共端。各引脚在内部是相通的 | | ○ | ○ | ○ |
| 屏蔽端 | SD | SD | 连接屏蔽线和外部导体 | | ○ | ○ | ○ |

## 七、MR-J4-A伺服驱动器位置控制模式信号功能详解

### 1. 位置控制模式

三菱伺服系统定位模块和伺服放大器的指令脉冲逻辑应根据以下内容设置。

❶ Q系列/L系列定位模块（如表3-11所示）。

表3-11 Q系列/L系列定位模块

| 信号的形式 | 指令脉冲的逻辑设定 | |
|---|---|---|
| | Q系列·L系列定位模块Pr.23的设定 | MR-J4-_A伺服放大器［Pr.PA13］的设定 |
| 集电极开路输出方式 | 正逻辑 | 正逻辑（_ _0_） |
| | 负逻辑 | 负逻辑（_ _1_） |
| 差动输出方式 | 正逻辑（注） | 负逻辑（_ _1_） |
| | 负逻辑（注） | 正逻辑（_ _0_） |

**注意：**使用Q系列以及L系列定位模块时，该逻辑是指N侧的波形。因此，请与伺服放大器的输入脉冲逻辑相反。

❷ F系列定位模块（如表3-12所示）。

表3-12　F系列定位模块

| 信号的方式 | 指令脉冲的逻辑设定 | |
|---|---|---|
| | F 系列定位模块（固定） | MR-J4-_A 伺服放大器［Pr.PA13］的设定值 |
| 集电极开路输出方式差动输出方式 | 负逻辑 | 负逻辑（_ _1_） |

（1）脉冲串输入

脉冲输入的波形选择：指令脉冲能够以 2 种形式输入，并能够选择正逻辑或者负逻辑。指令脉冲串的形式请通过［Pr.PA13］设定。

（2）连接和波形

❶ 集电极开路输入方式。请按图 3-15 连接。

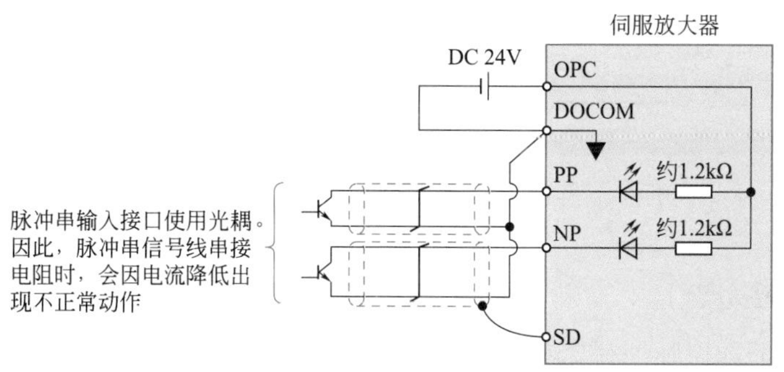


图 3-15　集电极开路输入方式

当将［Pr.PA13］设定为“0 0 1 0”后，把输入波形设定为负逻辑、正转脉冲串以及反转脉冲串的情况进行说明如图 3-16 所示。

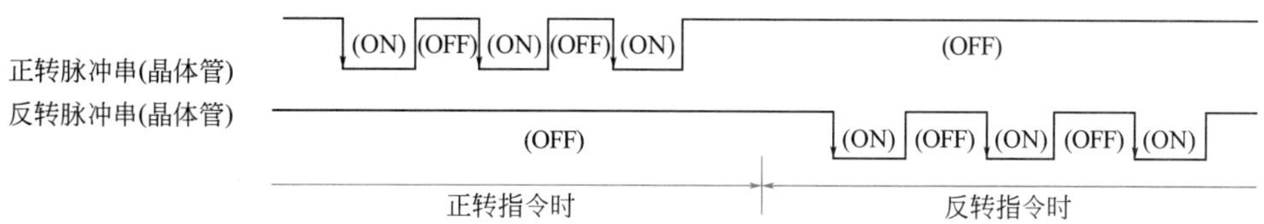


图 3-16　正转脉冲串以及反转脉冲串波形图

❷ 差动输入方式。请按图 3-17 连接。

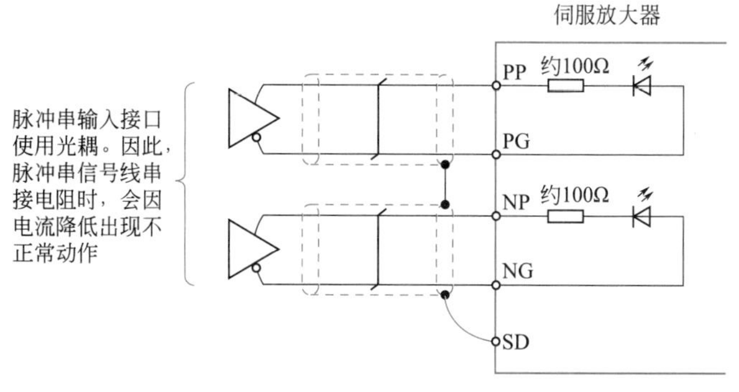


图 3-17　差动连接

当将［Pr.PA13］设定为“0 0 1 0”后，把输入波形设定为负逻辑，正转脉冲串以及反转脉冲串的情况进行说明如图 3-18 所示。PP、PG、NP 以及 NG 的波形是以 LG 为基准的波形。

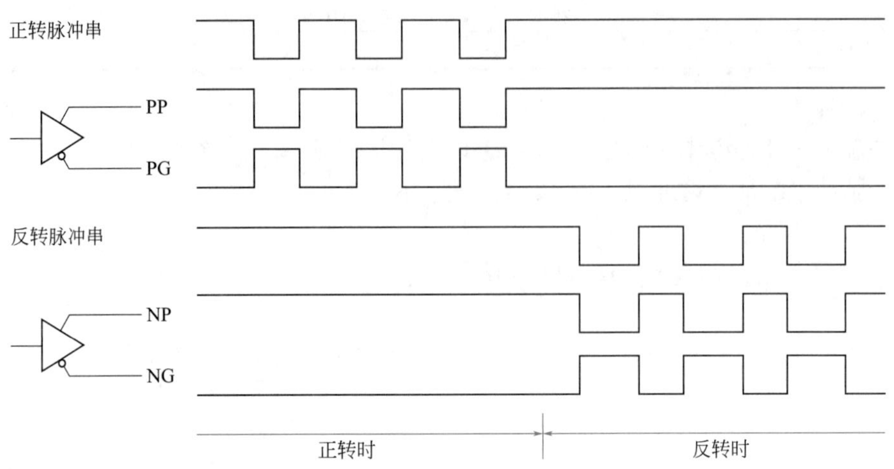


图 3-18 差动连接正转脉冲串以及反转脉冲串的波形情况

2. INP(定位完毕)

偏差计数器的滞留脉冲在设定的到位范围（[ Pr.PA10 ]）以下时，INP 为 ON。将到位范围设定为较大数值，低速运行时，可能会一直处于 ON 状态。如图 3-19 所示。

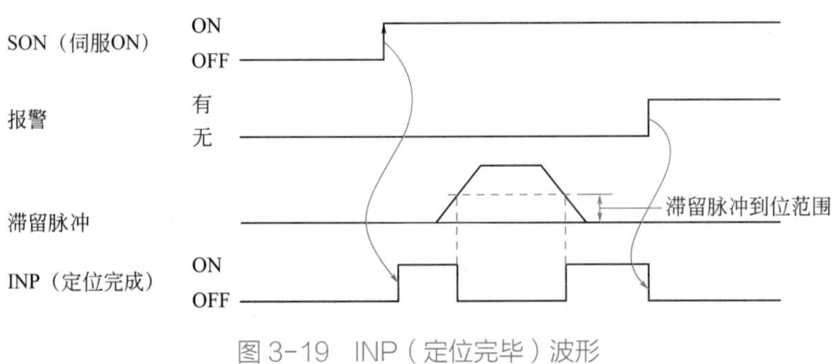


图 3-19 INP（定位完毕）波形

3. RD（准备完毕如图 3-20 所示）

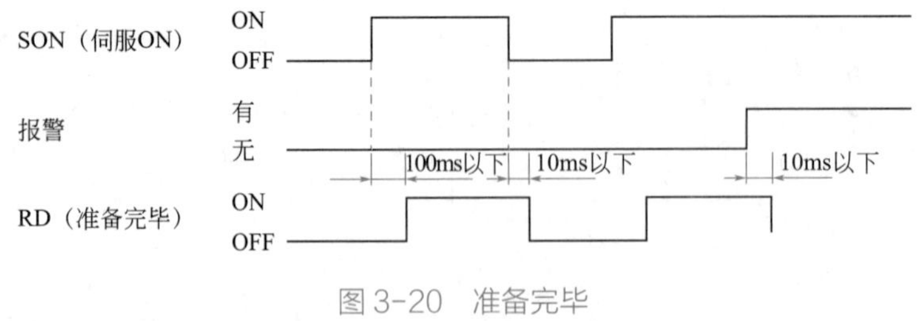


图 3-20 准备完毕

4. 电子齿轮的切换

通过 CM1 和 CM2 的组合，可以选择通过参数设定的 4 种不同的电子齿轮分子。使 CM1 和 CM2 为 ON 或者 OFF 的同时切换电子齿轮的分子。因此，切换过程中发生撞击时，请使用位置平滑（[ Pr.PB03 ]）进行缓和。如表 3-13 所示。

表3-13　电子齿轮的切换

| （注）输入方法 | | 电子齿轮分子 |
|---|---|---|
| CM2 | CM1 | |
| 0 | 0 | Pr.PA06 |
| 0 | 1 | Pr.PC32 |
| 1 | 0 | Pr.PC33 |
| 1 | 1 | Pr.PC34 |

注：0—OFF；1—ON。

### 5. 转矩限制

**提示：**在伺服锁定中解除转矩限制时，由于响应对指令位置的位置偏差量，伺服电机可能会突然旋转。

（1）转矩限制和转矩　设定[ Pr.PA11 正转转矩限制 ]以及[ Pr.PA12 反转转矩限制 ]时，运行中一直限制最大输出转矩。限制值与伺服电机的转矩关系如图 3-21 所示。

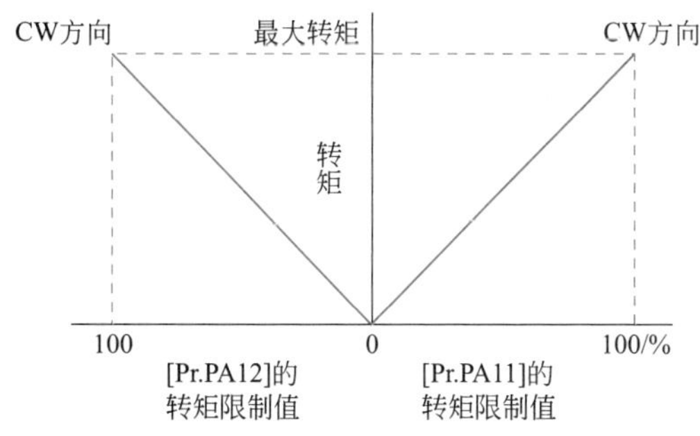


图 3-21　转矩限制值与伺服电机的转矩关系

TLA（模拟量转矩限制）的输入电源和伺服电机的转矩限制值的关系如图 3-22 所示。相对一定电压的转矩限制值根据产品不同约有 5% 的偏差。另外，电压在 0.05V 以下时，无法充分限制输出转矩，转矩可能产生变动，所以请在 0.05V 以上的电压下使用。

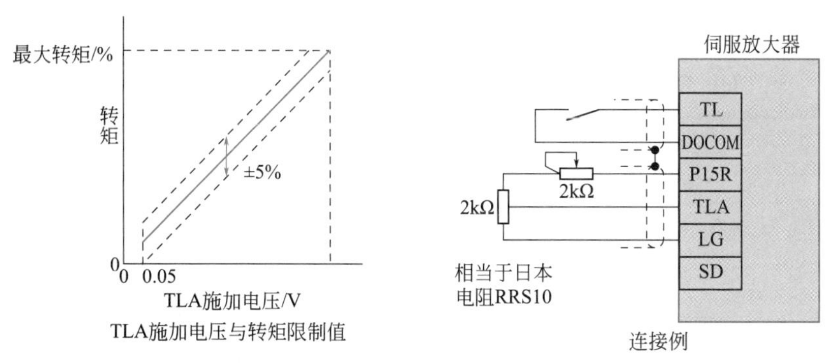


图 3-22　TLA 的输入电源和伺服电机的转矩限制值的关系

（2）转矩限制值的选择　使用 TL（外部转矩限制选择），通过 [ Pr.PA11 正转转矩限制 ]或[ Pr.PA12 反转转矩限制 ]和 TLA( 模拟量转矩限制 )进行转矩限制。如表 3-14 所示。

另外，设定［Pr.PD03］～［Pr.PD22］使 TL1（内部转矩限制选择）有效时，能够选择［Pr.PC35 内部转矩限制 2］。

但是，如果相比于 TL 以及 TL1 选择的限制值，［Pr.PA11］或者［Pr.PA12］中的设置值较小时，［Pr.PA11］或者［Pr.PA12］的值有效。

表3-14　转矩限制值的选择

| （注）输入信号 | | 限制值的状态 | 有效的转矩限制值 | |
|---|---|---|---|---|
| TL1 | TL | | CCW 驱动 · CW 再生 | CW 驱动 · CCW 再生 |
| 0 | 0 | | Pr.PA11 | Pr.PA12 |
| 0 | 1 | TLA ＞ Pr.PA11 Pr.PA12 | Pr.PA11 | Pr.PA12 |
| | | TLA ＜ Pr.PA11 Pr.PA12 | TLA | TLA |
| | 0 | Pr.PC35 ＞ Pr.PA11 Pr.PA12 | Pr.PA11 | Pr.PA12 |
| | | Pr.PC35 ＜ Pr.PA11 Pr.PA12 | Pr.PC35 | Pr.PC35 |
| 1 | 1 | TLA ＞ Pr.PC35 | Pr.PC35 | Pr.PC35 |
| | | TLA ＜ Pr.PC35 | TLA | TLA |

注：0—OFF；1—ON。

（3）TLC（转矩限制中）　伺服电机的转矩达到正转转矩限制、反转转矩限制或者模拟量转矩限制所设置的转矩时，TLC 变为 ON。

## 八、MR-J4-A伺服驱动器速度控制模式信号功能详解

### 1. 速度设定

（1）速度指令和转动速度　电机按照参数设定的转速或者按照 VC（模拟量速度指令）输入电压设定的转速运行。VC（模拟量速度指令）的输入电压和伺服电机转速的关系如图 3-23 所示。

初始设定中 ±10V 对应额定转速。另外，±10V 时对应的转速可以通过［Pr.PC12］进行变更。通过 ST1（正转启动）以及 ST2（反转启动）信号运行时的旋转方向如表 3-15 所示。

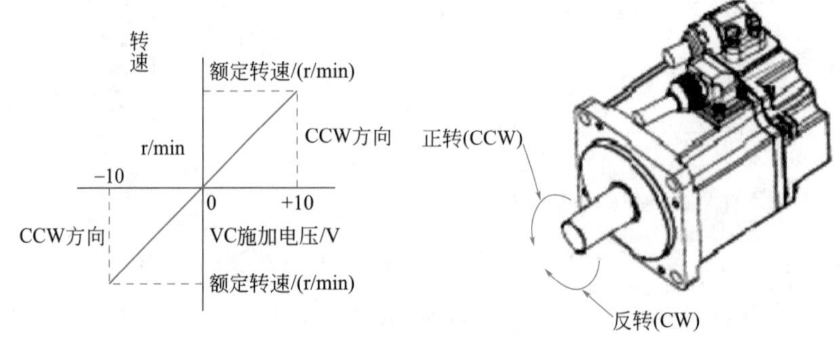


图 3-23　模拟量速度指令的输入电压和伺服电机转速的关系

表3-15　通过ST1(正转启动)以及ST2(反转启动)信号运行时的旋转方向

| (注)输入信号 | | 选择方向 | | | |
|---|---|---|---|---|---|
| ST2 | ST1 | VC(模拟量速度指令) | | | 内部速度指令 |
| | | +极性 | 0V | −极性 | |
| 0 | 0 | 停止(伺服锁定) | 停止(伺服锁定) | 停止(伺服锁定) | 停止(伺服锁定) |
| 0 | 1 | CCW | 停止(伺服不锁定) | CW | CCW |
| 1 | 0 | CW | | CCW | CW |
| 1 | 1 | 停止(伺服锁定) | 停止(伺服锁定) | 停止(伺服锁定) | 停止(伺服锁定) |

注：0—OFF；1—ON。

在伺服锁定中解除转矩限制时，由于相对于指令位置的位置偏差量，伺服电机可能会突然旋转。ST1(正转启动)以及ST2(反转启动)一般按图3-24所示进行连接。

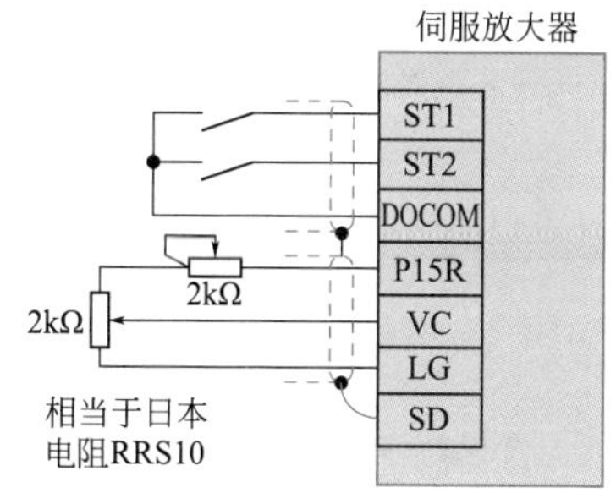


图3-24　漏型输入输出接口的情况

(2)SP1(速度选择1)，SP2(速度选择2)和速度指令值　使用SP1(速度选择1)和SP2(速度选择2)后，通过内部速度指令1～3的转速设定和VC(模拟量速度指令)的转速设定如表3-16所示进行选择。

表3-16　通过内部速度指令1～3的转速设定和VC(模拟量速度指令)的转速设定

| (注)输入信号 | | 速度的指令值 |
|---|---|---|
| SP2 | SP1 | |
| 0 | 0 | VC(模拟量速度指令) |
| 0 | 1 | Pr.PC05 内部速度指令 1 |
| 1 | 0 | Pr.PC06 内部速度指令 2 |
| 1 | 1 | Pr.PC07 内部速度指令 3 |

注：0—OFF；1—ON。

设定[Pr.PD03]～[Pr.PD22]使SP3(速度选择3)可以使用时，VC(模拟量速度指令)以及内部速度指令1～7的速度指令值可以进行如表3-17所示选择。

表3-17　VC以及内部速度指令1～7的速度指令值选择

| (注)输入信号 | | | 速度指令值 |
|---|---|---|---|
| SP3 | SP2 | SP1 | |
| 0 | 0 | 0 | VC(模拟量速度指令) |
| 0 | 0 | 1 | Pr.PC05 内部速度指令 1 |
| 0 | 1 | 0 | Pr.PC06 内部速度指令 2 |
| 0 | 1 | 1 | Pr.PC07 内部速度指令 3 |
| 1 | 0 | 0 | Pr.PC08 内部速度指令 4 |
| 1 | 0 | 1 | Pr.PC09 内部速度指令 5 |
| 1 | 1 | 0 | Pr.PC10 内部速度指令 6 |
| 1 | 1 | 1 | Pr.PC11 内部速度指令 7 |

注：0—OFF；1—ON。

在转动中能够切换速度。此时，按照［Pr.PC01］以及［Pr.PC02］的加减速时间常数进行加减速。使用内部速度指令时，不存在环境温度造成的速度变动。

2. SA（速度到达）

伺服电机的转速达到按照内部速度指令或者模拟量速度指令设定的转速附近时，SA 变为 ON。如图 3-25 所示。

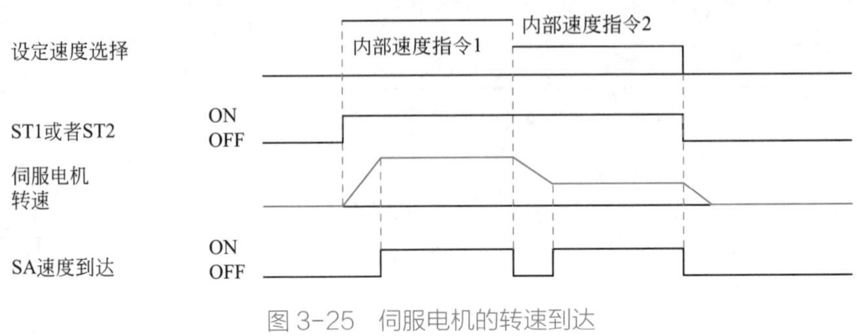


图 3-25　伺服电机的转速到达

3. 转矩限制

转矩限制与前述位置控制模式相同。

## 九、MR-J4-A伺服驱动器转矩控制模式信号功能详解

1. 转矩控制

（1）转矩指令和输出转矩　TC（模拟量转矩指令）的输入电压和伺服电机的转矩关系如图 3-26 所示。±8V 输出最大转矩。另外，输入 ±8V 时对应的输出转矩能够通过［Pr.PC13］变更。与输入电压相对应的输出转矩指令值根据产品不同会有约 5% 的偏差。

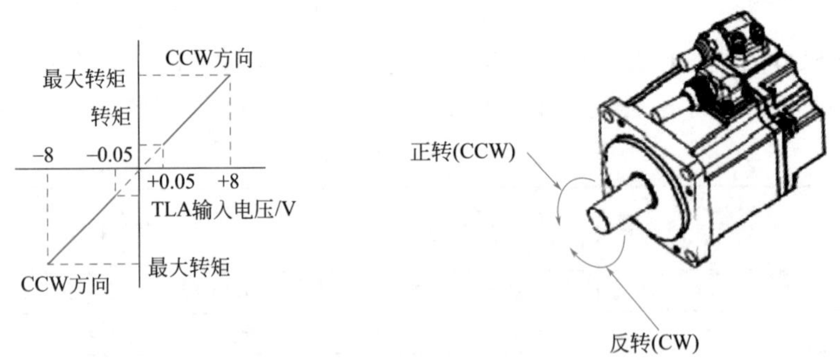


图 3-26　模拟量转矩指令的输入电压和伺服电机的转矩关系

另外，电压较低（−0.05 ～ 0.05V）实际速度接近限制值时，转矩可能会变动。此时请提高速度限制值。使用 TC（模拟量转矩指令）时的 RS1（正转选择）以及 RS2（反转选择）决定的转矩输出方向如表 3-18 所示。

表3-18　使用TC时的RS1以及RS2决定的转矩输出方向

| （注）输入信号 | | 转动方向 | | |
|---|---|---|---|---|
| | | TC（模拟量转矩指令） | | |
| RS2 | RS1 | +（正） | 0V | –（负） |
| 0 | 0 | 不输出转矩 | 不输出转矩 | 不输出转矩 |
| 0 | 1 | CCW（正转驱动 • 反转再生） | | CW（反转驱动 • 正转再生） |
| 1 | 0 | CW（反转驱动 • 正转再生） | | CCW（正转驱动 • 反转再生） |
| 1 | 1 | 不输出转矩 | | 不输出转矩 |

注：0—OFF；1—ON。

漏型输入输出接口的情况一般按图 3-27 接线。

（2）模拟量转矩指令补偿　通过［Pr.PC38］能够对 TC 端子的输入电压进行如图 3-28 所示 -9999 ～ 9999mV 的电压偏置补偿。

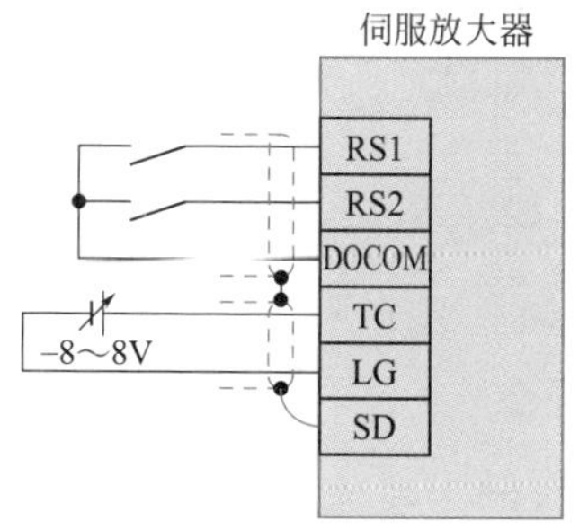


图 3-27　漏型输入输出接口接线

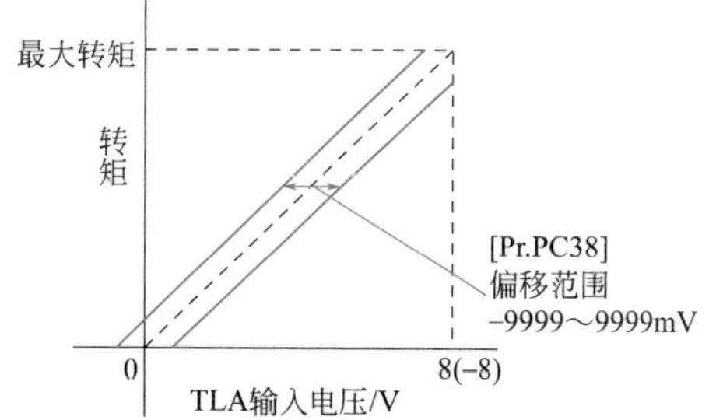


图 3-28　模拟量转矩指令补偿

## 2. 转矩限制

设定［Pr.PA11 正转转矩限制］以及［Pr.PA12 反转转矩限制］时，运行中会一直限制最大转矩。限制值和伺服电机的转矩关系与前述位置控制模式相同。但是，不能使用 TLA（模拟量转矩限制）。

## 3. 速度限制

（1）速度限制值和转动速度　速度限制值为按照［Pr.PC05 内部速度限制 1］～［Pr.PC11 内部速度限制 7］设定的转速或者按照 VLA（模拟量速度限制）输入电压设定的转速。VLA（模拟量速度限制）输入电压和伺服电机转速的关系如图 3-29 所示。

伺服电机转速达到速度限制值时，转矩控制可能变得不稳定。因此，请使设定值比希望的速度限制值大 100r/min 以上。

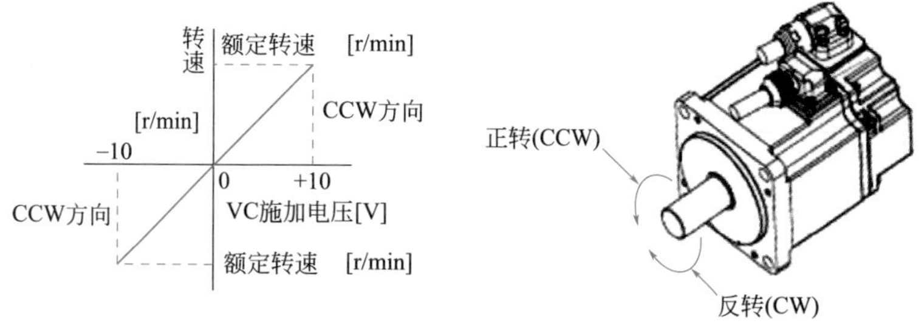


图 3-29　模拟量速度限制输入电压和伺服电机转速的关系

根据RS1（正转选择）以及RS2（反转选择）不同，限制方向也不同，如表3-19所示。漏型输入输出接口的情况一般请按图3-30接线。

表3-19 根据RS1以及RS2不同采用不同的限制方向

| （注）输入信号 | | 速度限制方向 | | |
|---|---|---|---|---|
| RS1 | RS2 | VLA（模拟量速度限制） | | 内部速度限制 |
| | | +（正） | -（负） | |
| 1 | 0 | CCW | CW | CCW |
| 0 | 1 | CW | CCW | CW |

注：0—OFF；1—ON。

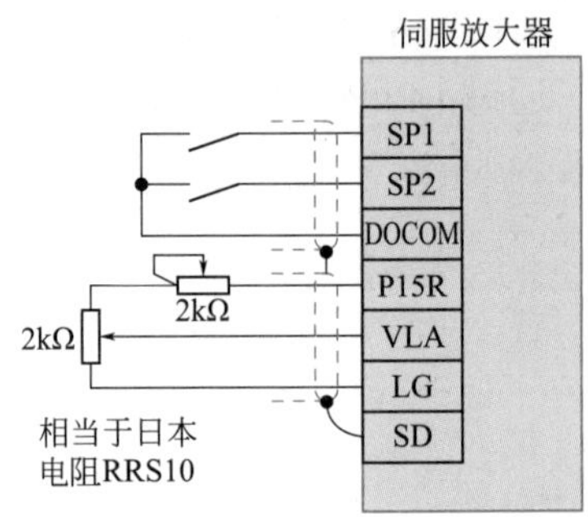


图3-30 漏型输入输出接口接线

（2）速度限制值的选择 使用SP1（速度选择1）、SP2（速度选择2）以及SP3（速度选择3），按照内部速度限制1～7的转速设定以及按照VLA（模拟量速度限制）的转速设定进行速度选择，如表3-20所示。

表3-20 速度限制值的选择

| （注）输入信号 | | | 速度限制 |
|---|---|---|---|
| SP3 | SP2 | SP1 | |
| 0 | 0 | 0 | VLA（模拟量速度限制） |
| 0 | 0 | 1 | Pr.PC05 内部速度限制1 |
| 0 | 1 | 0 | Pr.PC06 内部速度限制2 |
| 0 | 1 | 1 | Pr.PC07 内部速度限制3 |
| 1 | 0 | 0 | Pr.PC08 内部速度限制4 |
| 1 | 0 | 1 | Pr.PC09 内部速度限制5 |
| 1 | 1 | 0 | Pr.PC10 内部速度限制6 |
| 1 | 1 | 1 | Pr.PC11 内部速度限制7 |

注：0—OFF；1—ON。

根据内部速度限制1～7限制速度时，不会因为环境温度变化引起速度变化。

（3）VLC（速度限制中） 伺服电机的转速达到内部速度限制1～7或者模拟量速度限制中设定的限制转速时，VLC变为ON。

## 十、MR-J4-A伺服驱动器模式切换控制方式简单介绍

### 1. 位置 / 速度控制切换模式

进行位置 / 速度控制切换模式时，请将参数［Pr.PA01］设定为“_ _ _ 1”。该功能不能用于绝对位置检测系统。使用 LOP（控制切换）能够通过外部接点进行位置控制模式和速度控制模式的切换。LOP 和控制模式的关系如表 3-21 所示。

表3-21　LOP和控制模式的关系

| LOP① | 控制模式 |
| --- | --- |
| 0 | 位置控制模式 |
| 1 | 速度控制模式 |

① 0—OFF；1—ON。

控制模式的切换在零速度状态时进行。但是，为了保证安全，请在伺服电机停止后进行切换。从位置控制模式切换到速度控制模式时，滞留脉冲被清除。

在比零速更高的转速状态下切换 LOP 后，即使随后降到零速以下也不能进行控制模式切换。切换的时序图如图 3-31 所示。

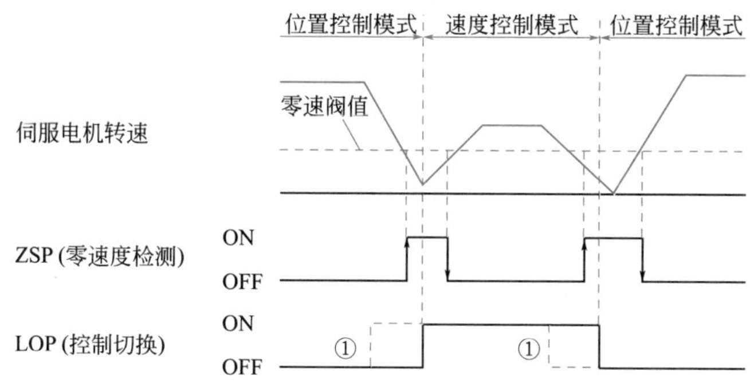


图 3-31　切换的时序图

① ZSP不为ON时，LOP不管是ON还是OFF都不能切换。之后，即使ZSP变为ON也不能切换。

### 2. 速度 / 转矩控制切换模式

使用速度 / 转矩控制切换模式时请将参数［Pr.PA01］设定为“_ _ _ 3”。

使用 LOP（控制切换），能够通过外部接点进行速度控制模式和转矩控制模式的切换。LOP 和控制模式的关系如表 3-22 所示。

表3-22　LOP和控制模式的关系

| LOP① | 控制模式 |
| --- | --- |
| 0 | 速度控制模式 |
| 1 | 转矩控制模式 |

① 0—OFF；1—ON。

不管何时都可以进行控制模式的切换。切换的时序图如图 3-32 所示。

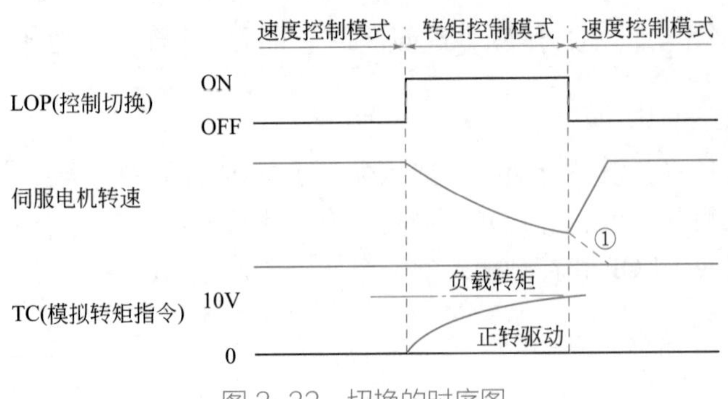

图 3-32　切换的时序图

① 切换至速度控制的同时，关闭ST1（正转启动）以及ST2（反转启动）时，按照减速时间常数停止。切换控制模式时，可能会发生冲击

### 3. 转矩 / 位置控制切换模式

使用转矩 / 位置控制切换模式时请将参数［Pr.PA01］设定为“_ _ _ 5”。

使用 LOP（控制切换），能够通过外部接点进行速度控制模式和转矩控制模式的切换。LOP 和控制模式的关系如表 3-23 所示。

表3-23　LOP和控制模式的关系

| LOP① | 控制模式 |
|---|---|
| 0 | 转矩控制模式 |
| 1 | 位置控制模式 |

① 0—OFF；1—ON。

控制模式的切换在零速度状态时进行。但是，为了保证安全，请在伺服电机停止后进行切换。从位置控制模式切换到转矩控制模式时，滞留脉冲被清除。

在比零速更高的转速状态下切换 LOP 后，即使随后降到零速以下也不能进行控制模式切换。切换的时序图如图 3-33 所示。

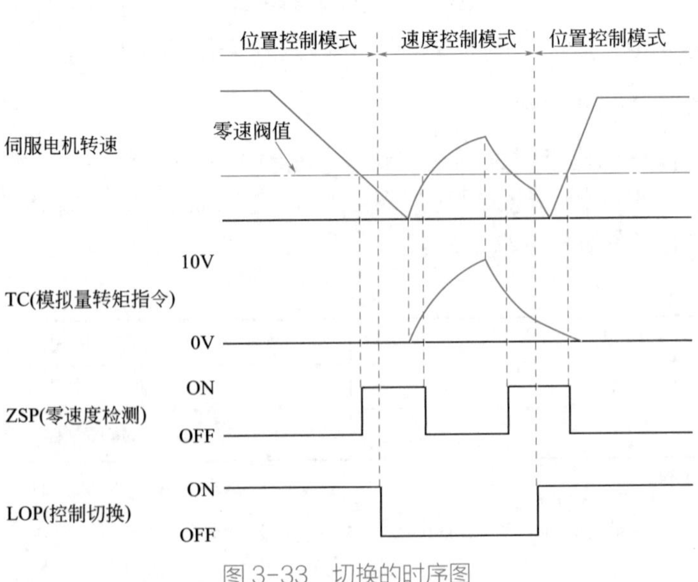

图 3-33　切换的时序图

## 十一、三菱MR-J4-A伺服系统接口部分与接线方法

### 1. 内部连接图（图 3-34）

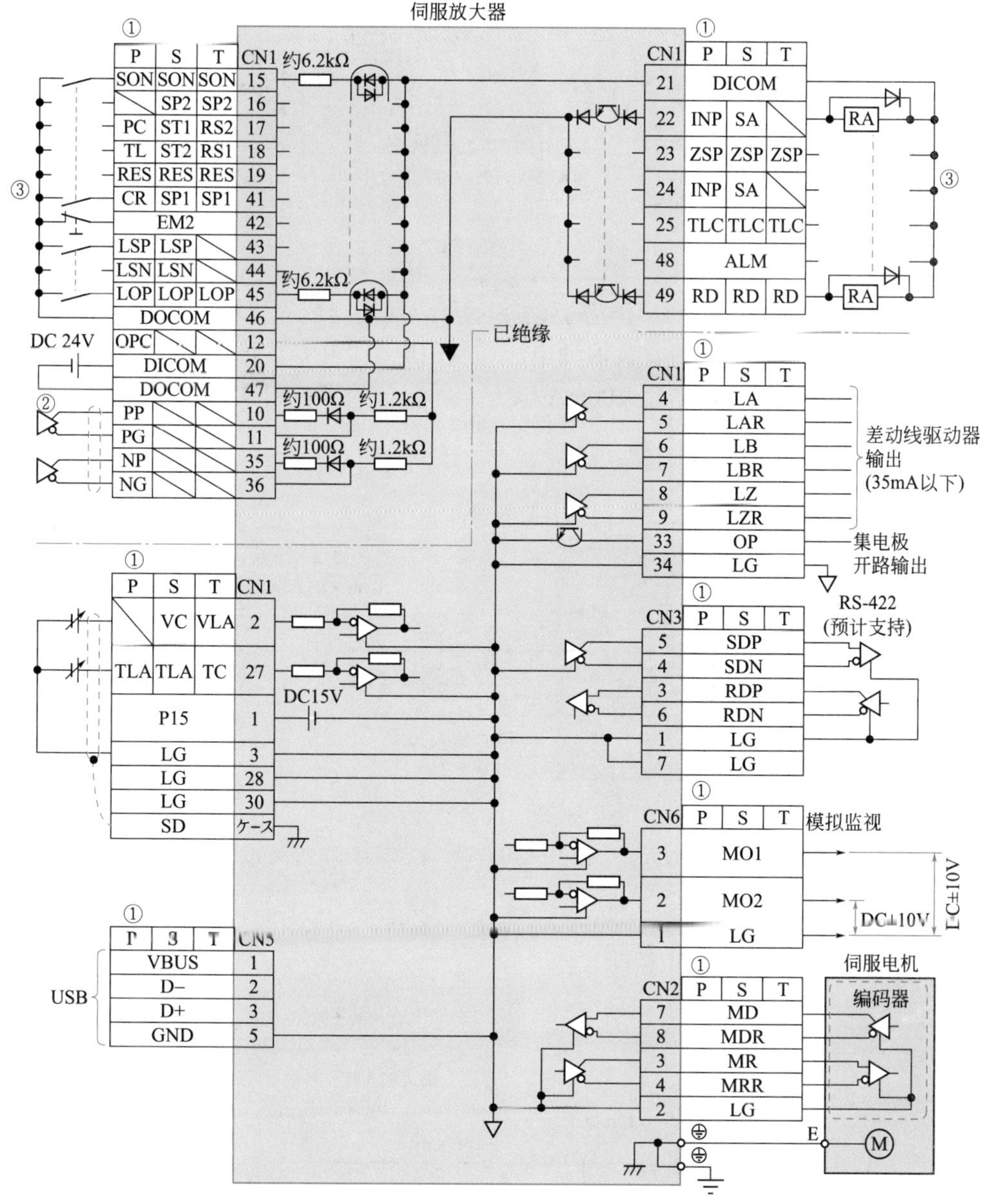


图 3-34　三菱 MR-J4-A 伺服放大器接口

①P：位置控制模式；S：速度控制模式；T：转矩控制模式；
②差动线驱动脉冲串输入的情况；
③漏型输入输出接口的情况

### 2. 接口的接线详细说明

接口各部分功能请参阅三菱伺服系统 MR-J4-A 接头和信号端子介绍图表。

（1）数字输入接口 DI-1　通过继电器或者集电极开路晶体管输入信号。图 3-35 为漏型输入。

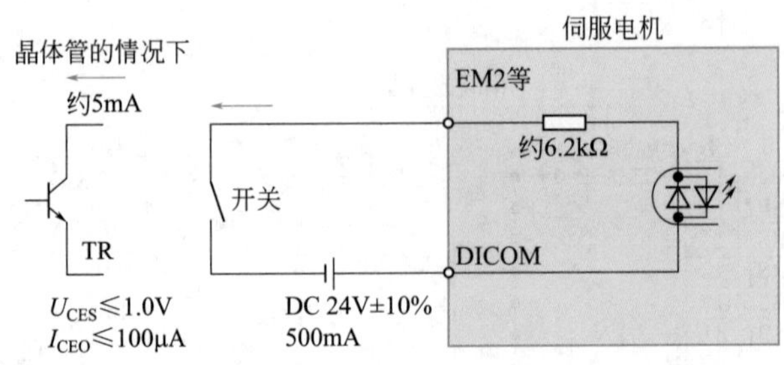


图 3-35　数字输入接口

（2）数字输出接口 DO-1　能够驱动指示灯、继电器或者光耦。感性负载时请安装二极管（VD），指示灯负载请安装浪涌电流抑制用电阻（R）。额定电流：40mA 以下，最大电流：50mA 以下，浪涌电流：100mA 以下，伺服放大器内部电压最大压降 2.6V；图 3-36 为漏型输出。

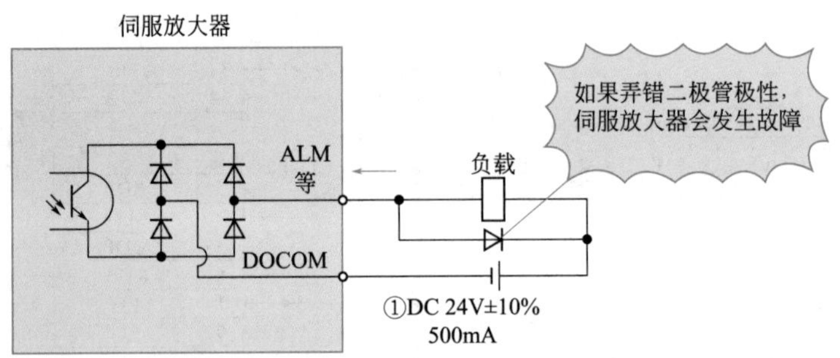


图 3-36　数字输出接口

① 当电压降（最大2.6V）过大影响继电器的动作时，请从外部提供较高电压源（最大26.4V）

（3）脉冲串输入接口 DI-2　使用差动输入方式或者集电极开路输入方式提供脉冲串信号。

❶ 差动输入方式如图 3-37 所示。

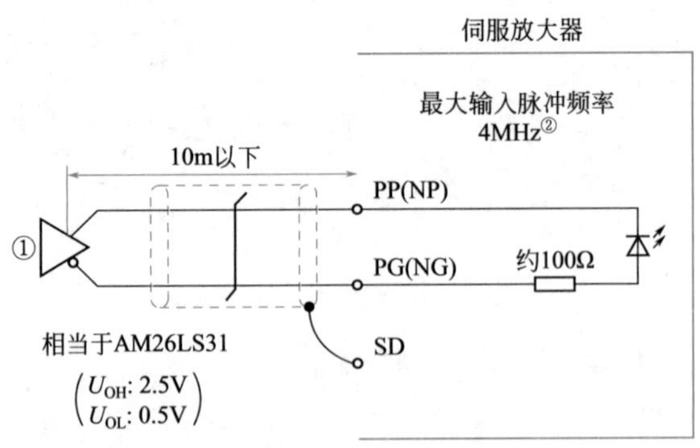


图 3-37　差动输入方式

① 脉冲串输入接口使用光耦，因此，在脉冲串信号线上串接电阻时，会因电流下降造成不能正常工作；
② 使用输入脉冲频率4MHz时，请将参数[Pr.PA13]设定为“_ 0 _ _”

❷ 集电极开路方式如图 3-38 所示。

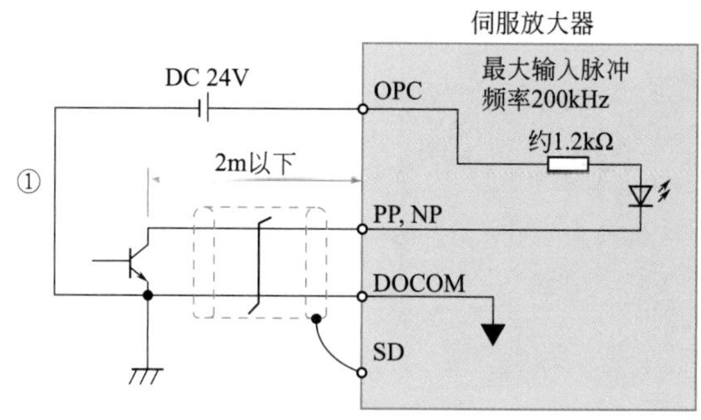

图 3-38　集电极开路方式接口

① 脉冲串输入接口使用光耦。因此，在脉冲串信号线上串接电阻时，会因电流下降造成不能正常工作

（4）编码器脉冲输出 DO-2

❶ 集电极开路方式如图 3-39 所示。接口最大输入电流 35mA。

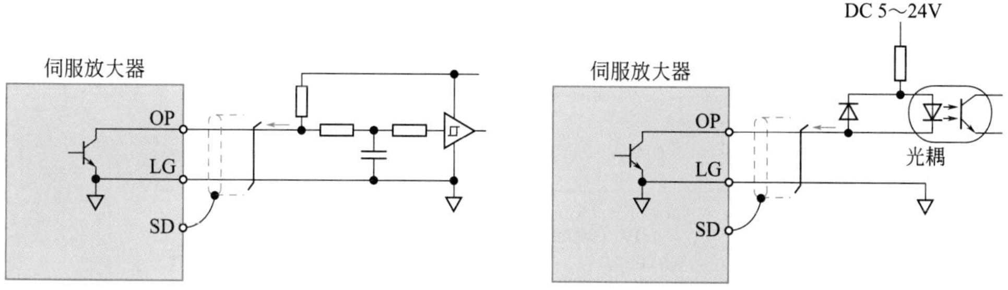

图 3-39　编码器脉冲输出集电极开路方式接口

❷ 差动输出方式如图 3-40 所示。接口最大输出电流 35mA。

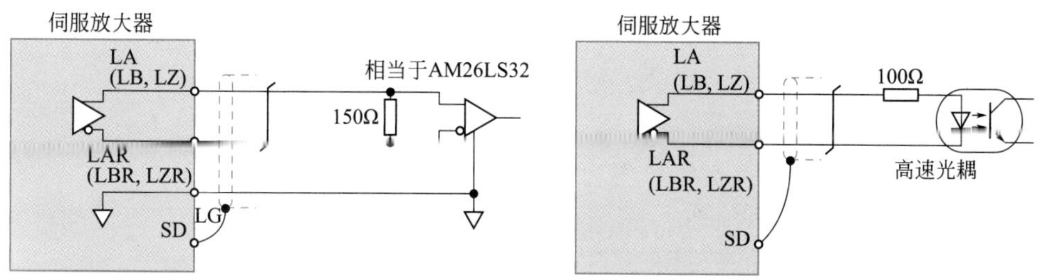

图 3-40　差动输出方式

（5）模拟量输入如图 3-41 所示。输入阻抗 10 ～ 12kΩ。

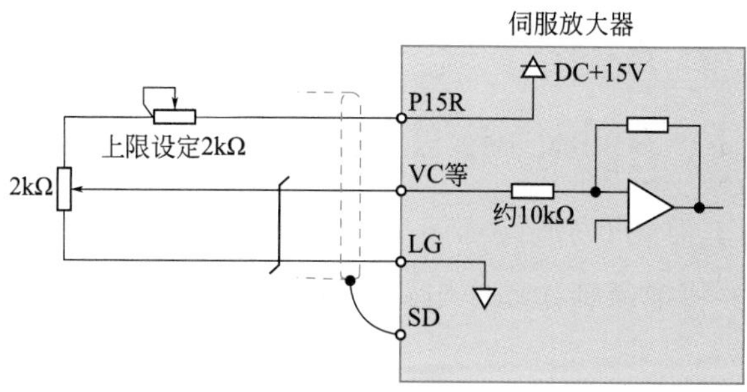

图 3-41　模拟量输入接口

（6）模拟量输出如图 3-42 所示。

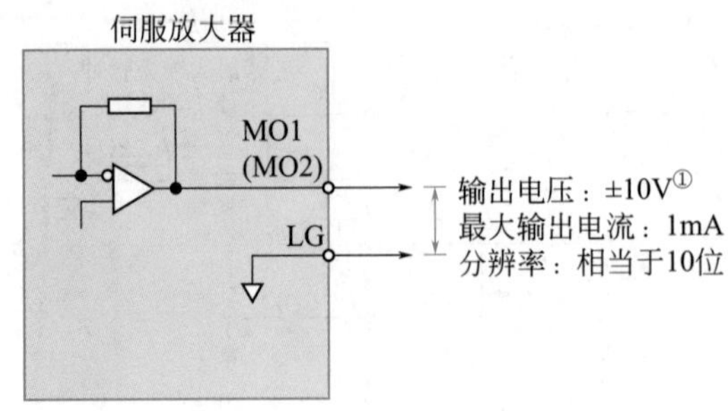


图 3-42 模拟量输出接口

① 输出电压根据监视内容不同而不同

（7）源型输入输出接口。此伺服放大器可以使用源型输入输出接口。此时，所有的 DI-1 输入信号、DO-1 输出信号都变成源型。请按照以下所示的接口进行接线。

❶ 数字输入接口 DI-1 如图 3-43 所示。

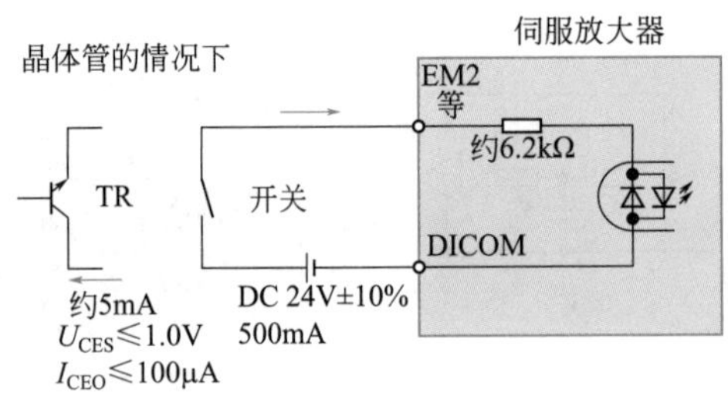


图 3-43　源型数字输入接口

❷ 数字输出接口 DO-1 如图 3-44 所示。伺服放大器内部最大电压降 2.6V。

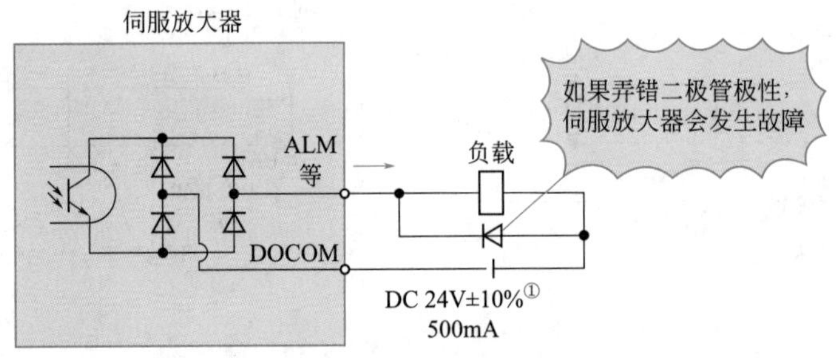


图 3-44　源型数字输出接口接线

① 当电压降（最大2.6V）过大影响继电器的动作时，请从外部提供较高电压源（最大26.4V）

## 十二、三菱MR-J4-A伺服系统使用带电磁制动器的伺服电机接线

### 1. 驱动电路接口连接图（如图 3-45 所示）

在电路设计中需要将电磁制动动作电路设计成与外部的非正常停止开关联动的串联回路。

通过关闭 ALM（故障）、MBR（电磁制动器联锁）断开或通过紧急停止开关断开电流。

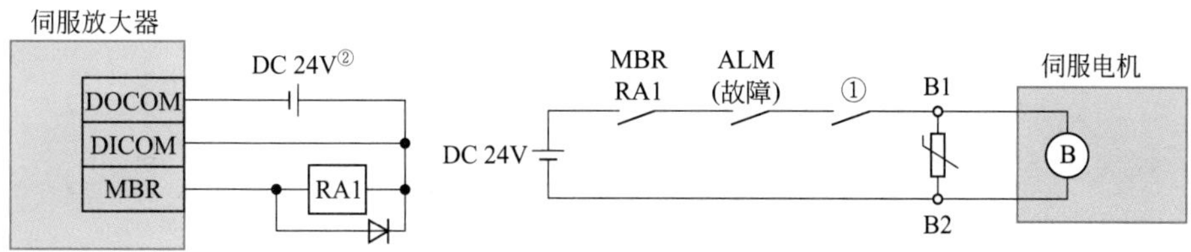


图 3-45　带电磁制动器的伺服电机与伺服放大器电路

① 请将电路设计成和急停开关连锁的串联回路用于断开电路。
② 电磁制动不要和输入输出接口共用DC 24V电源

使用带电磁制动器的伺服电机，请注意以下事项。

❶ 电源（DC 24V）OFF，制动器动作。电磁制动和输入输出接口不要共用的 DC 24V 电源。务必使用电磁制动专用的电源，否则可能会造成故障。

❷ RES（复位）为 ON 时主电路处于断开状态。使用垂直负载时请使用 MBR（电磁制动互锁）。

❸ 伺服电机停止后，需要关闭 SON（伺服 ON）信号。

2. 参数设定

❶ 设定参数［Pr.PD03］～［Pr.PD22］，使 MBR（电磁制动联锁）可用。

❷ 按照图 3-46 所示时序图，在参数［Pr.PC16 电磁制动 PLC 输出］中设定在伺服 OFF 时电磁制动动作到电路断开的延迟时间（$T_b$）。

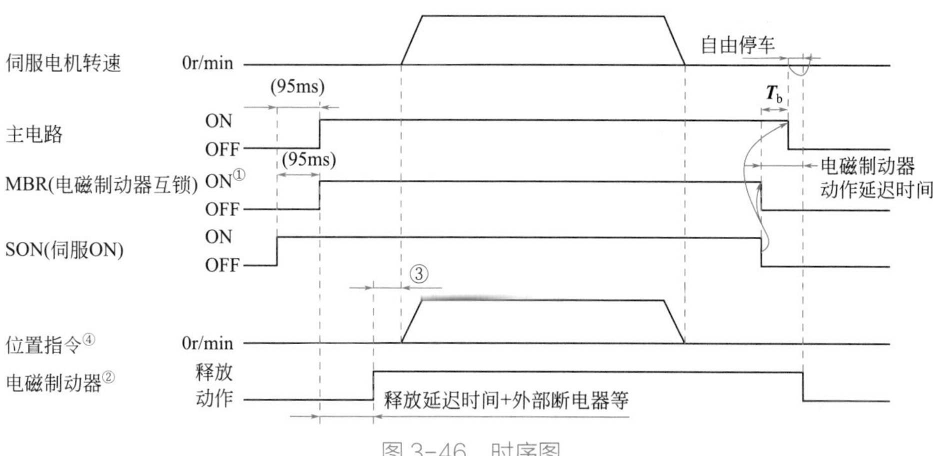


图 3-46　时序图

① ON：电磁制动无效的状态；OFF：电磁制动有效状态。
② 电磁制动器在电磁制动器释放延迟时间和外部电路的继电器等的动作时间之后被释放。
电磁制动器的释放延迟时间需要符合伺服电机技术资料集。
③ 释放电磁制动器后，请给出位置指令。
④ 位置控制模式的情况

## 十三、三菱MR-J4-A伺服系统接地

伺服放大器是通过控制功率晶体管的通断来给电机供电的。根据接线方式和地线的布线方法的不同，偶尔会因为伺服放大器晶体管通断产生的噪声而受到影响。为了防止这样的问题，应参照图 3-47 对其进行接地。

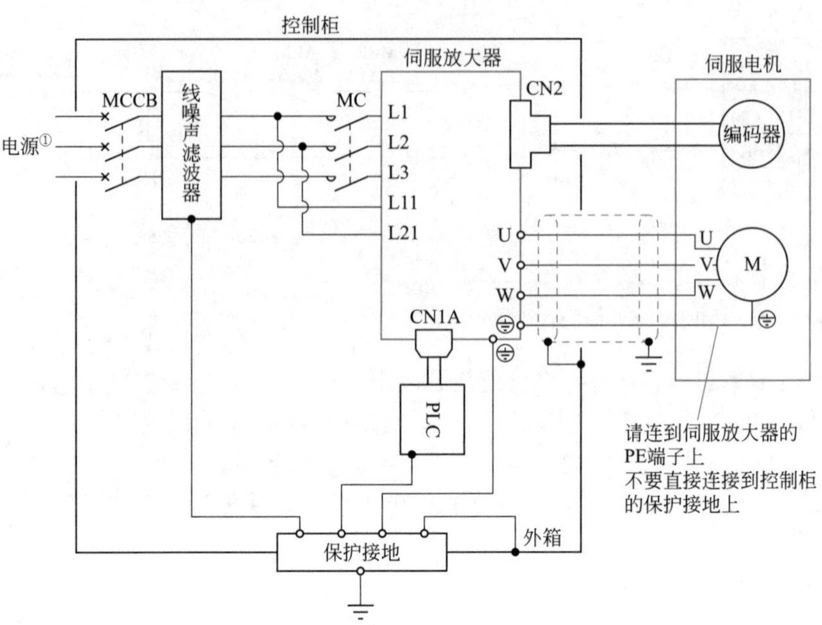


图 3-47　三菱 MR-J4-A 伺服系统接地

① 使用单相AC 200～240V电源时，连接L1和L3，不要接L2

# 第三节　三菱伺服系统的启动

## 一、初次接通电源时启动

### 1. 启动顺序

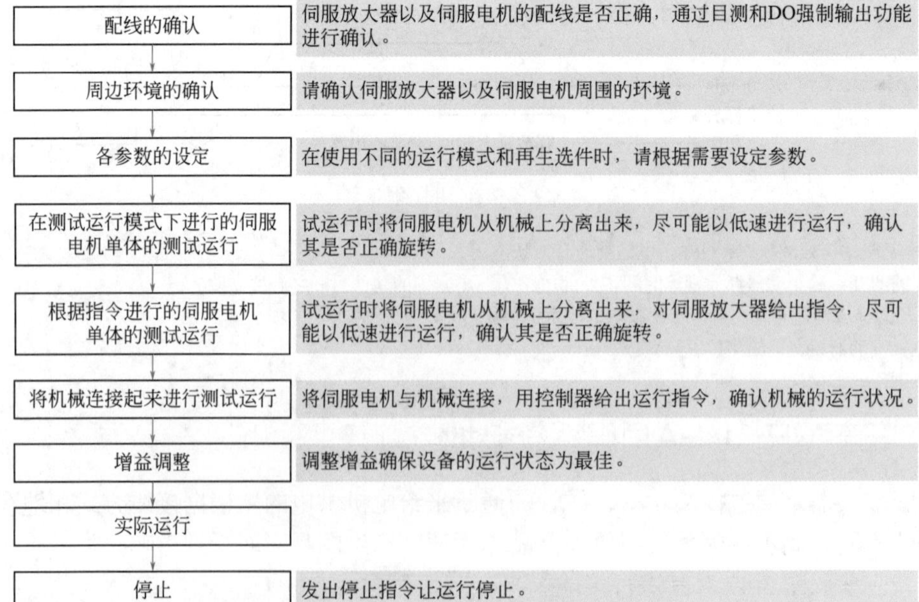

2. 接线检测

（1）电源系统的接线

❶ 在接通主电路以及控制电路电源之前，请确认以下事项。供电给伺服放大器的电源输入端子（L1 · L2 · L3 · L11 · L21）的电源需满足规定的规格。

❷ 伺服放大器中的输出端子和伺服电机的电源输入端子的相位（U·V·W）必须一致。如图 3-48 所示。

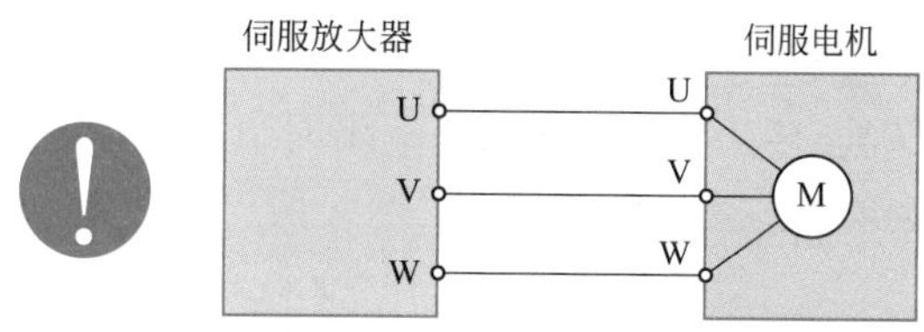


图 3-48　相位一致性检查

❸ 给伺服放大器供电的电源不要连接到电机动力端子（U · V · W）上，否则伺服放大器和伺服电机可能会发生故障，如图 3-49 所示。

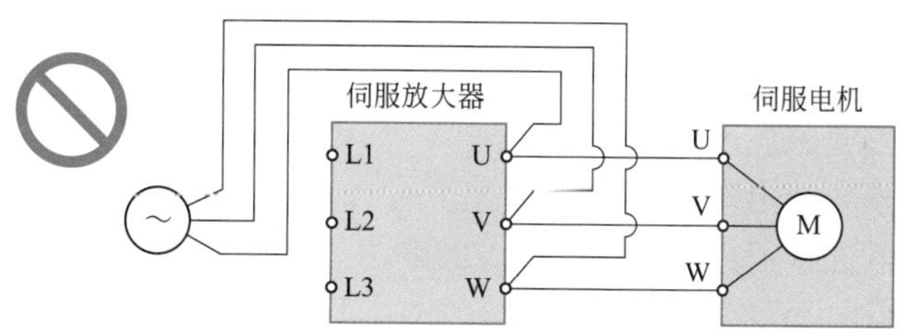


图 3-49　供电的电源不要连接到电机动力端子（U · V · W）

❹ 伺服电机的接地端子与伺服放大器的 PE 端子相连接。如图 3-50 所示。

❺ 使用选件和配套设备时：

a. 在 200V 级的 5kW 以下使用再生选件时：

• CNP2 连接器（3.5kW 以下）或者 TE3 端子台（5kW）的 P+ 端子和 D 端子间的短接线需拆掉。

• 再生选件的电源连接到 P+ 端子和 C 端子上。

• 电缆需使用双绞线。

b. 在 200V 级的 7kW 时使用再生选件时：

• P+ 端子和 C 端子相连的内置式再生电阻的短接线必须拆掉。

• 再生选件的电源连接到 P+ 端子和 C 端子上。

• 接线长在 5 ～ 10m 之间时，电缆应使用双绞线。

c. 在 7kW 使用制动单元和电源再生转换器时：

• P+ 端子和 C 端子相连的内置式再生电阻的短接线必须拆掉。

• 制动单元、电源再生转换器或者电源再生共直流母线转换器的电缆 P+ 端子和 N- 端子接通。

d. P3 和 P4 之间连接功率因素改善 DC 电抗器如图 3-51 所示。

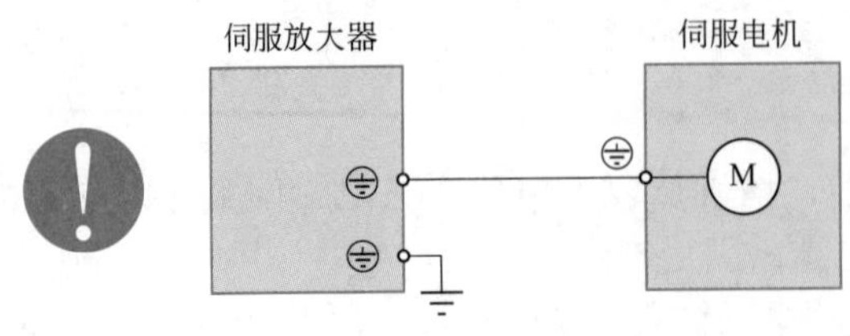

图 3-50　接地端子连接

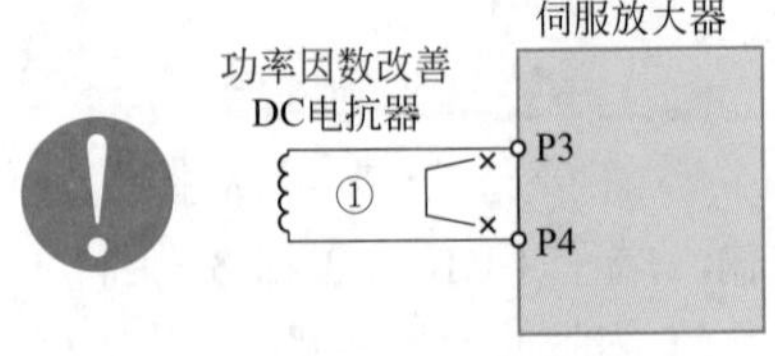

图 3-51　DC 电抗器接线

① 务必移开P3和P4之间的配线

（2）输入输出信号的接线

❶ 输入输出信号正确连接。使用 DO 强制输出时，能够强制开关 CN1 连接器的引脚 ON/OFF。使用该功能能够确认接线是否正确，这时请只接通控制电路电源。

❷ CN1 连接器的引脚上不要施加超过 DC 24V 的电压。

❸ 不要将 CN1 连接器的 SD 和 DOCOM 短接，如图 3-52 所示。

图 3-52　SD 和 DOCOM 禁止短接

3. 周围环境

（1）电缆的妥善处理

❶ 对接线电缆不要施加过大的力。

❷ 编码器电缆不要超出弯曲可承受范围。

❸ 对伺服电机的连接器部分不要施加过大的力。

（2）环境　环境中不要有可能造成信号线或电源线短路的电线头、金属屑等异物。

## 二、位置控制模式的启动

1. 电源的接通和切断方法

（1）电源的接通　接通电源时必须按照以下顺序进行。

❶ 关闭 SON（伺服开启）。

❷ 请确认没有指令脉冲串输入。

❸ 接通主电路电源和控制电路电源。

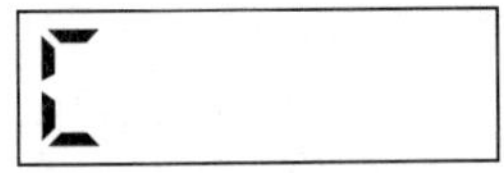
图 3-53　接通电源显示

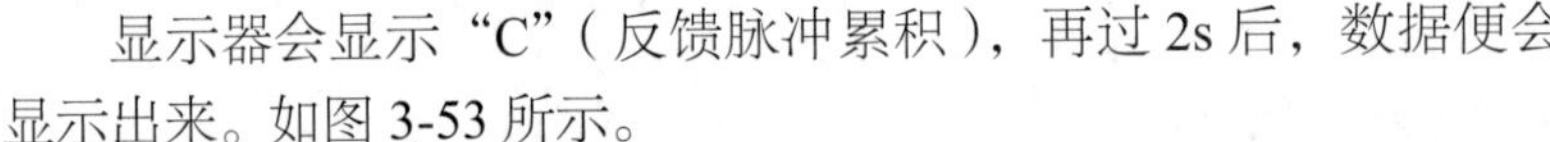

显示器会显示“C”（反馈脉冲累积），再过 2s 后，数据便会显示出来。如图 3-53 所示。

使用绝对位置检测系统，初次投入电源时，会出现【AL.25 绝对位置消失】报警，伺服不能开启，关闭电源，再开启时能够解除。

另外由于外力，伺服电机以 3000r/min 以上的速度转动的状态下，如果接通电源可能会发生位置偏移。必须在伺服电机停止时接通电源。

（2）电源的切断

❶ 确认没有指令脉冲串输入。

❷ 关闭 SON（伺服开启）。

❸ 切断主电路电源和控制电路电源。

## 2. 停止

出现如表 3-24 所示状态时，伺服放大器终止伺服电机的运行，并停止。

表3-24　停止状态

| 操作・指令 | 停止状态 |
| --- | --- |
| 关闭 SON（伺服开启） | 基本电路被切断，伺服电机处于惯性旋转状态 |
| 报警发生 | 让伺服电机减速停止，但是也有些报警能让动态制动器运行，伺服电机立即停止 |
| EM2（强制停止 2）OFF | 伺服电机减速停止发生 [AL.E6 伺服强制停止警告 ]。在转矩控制模式时，EM2 会与 EM1 功能相同 |
| STO（STO1，STO2）OFF | 基本电路被切断，动态制动器动作，伺服电机停止运行 |
| LSP（正转行程末端）OFF，或者 LSN（反转行程末端）OFF | 立刻停止并锁定。能够向相反方向运行 |

## 3. 试运行

进入正式运行前先进行试运行，确认机械是否正常动作。如图 3-54 所示。

## 4. 参数设定

位置控制模式时，主要设置基本设定参数 ([Pr.PA _ _ ]) 就可以使用伺服放大器。根据需要，请再设定其他参数。

## 5. 实际运行

通过试运行确认动作正常，各参数设定完成后，就可以进行实际运行。根据需要进行原点复位。

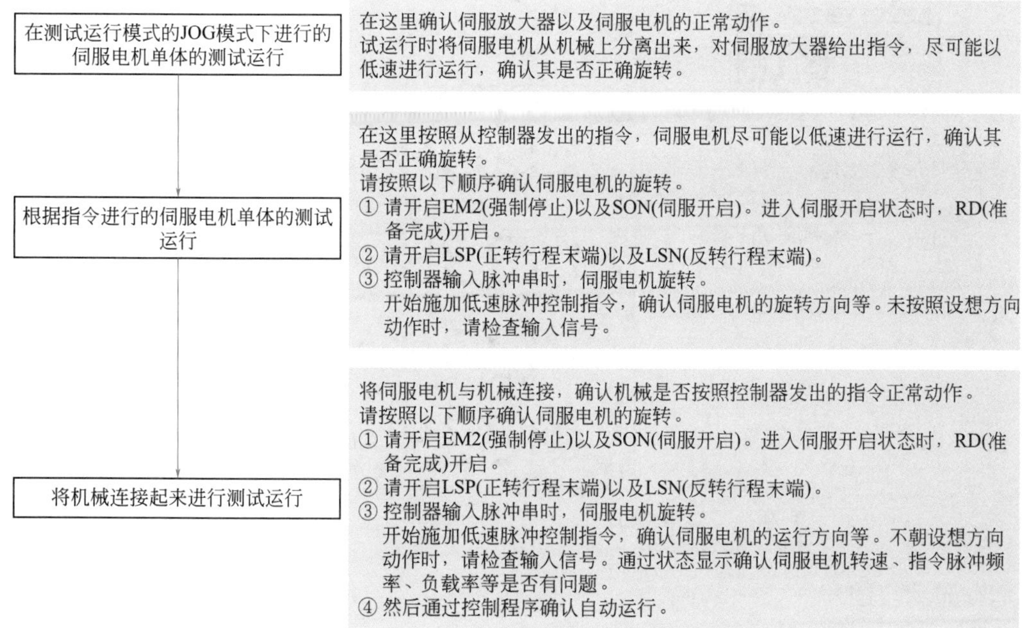


图 3-54　试运行模式框图

## 三、速度控制模式的启动

伺服使用速度控制模式时，需要变更 [Pr.PA01] 为速度控制模式。使用速度控制模式时，需要变更基本设定参数 ([Pr.PA _ _ ]) 和扩展设定参数 ([Pr.PC _ _ ]) 方可使用。对于速度控制模式的启动中电源的接通和切断方法，试运行、参数设定、实际运行等流程过程和位置控制模式的启动类似，为节约篇幅，具体操作可以参照三菱公司相关说明书。

## 四、转矩控制模式的启动

该伺服使用转矩控制模式时，需要变更 [Pr.PA01] 选择转矩控制模式。使用转矩控制模式时，只要变更基本设定参数 ([Pr.PA _ _ ]) 和扩展设定参数 ([Pr.PC _ _ ]) 即可使用。

对于转矩控制模式的启动中电源的接通和切断方法，试运行、参数设定、实际运行等流程过程和位置控制模式的启动类似，为节约篇幅具体操作可以参照三菱公司相关说明书。

## 五、MR-J4-A伺服放大器显示和操作

### 1. 伺服放大器显示部分和操作部分

MR-J4-A 伺服放大器通过显示器（5 位 7 段 LED 显示器）和操作部分（4 个按键）可进行伺服放大器的状态、报警、参数的设定等。

操作部分和显示内容如图 3-55 所示。

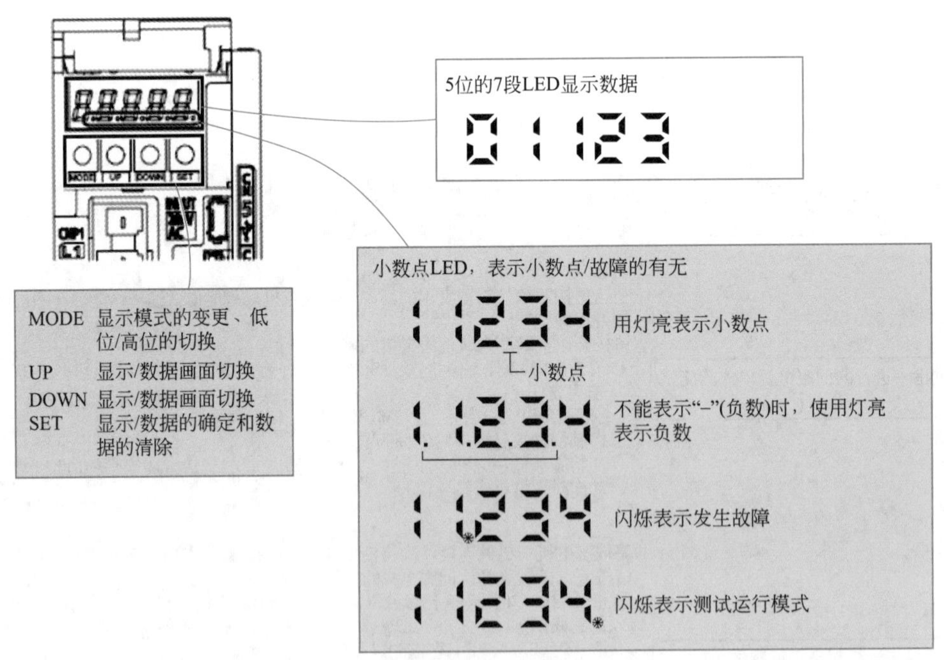


图 3-55　操作部分和显示内容

### 2. 显示流程

按一次“MODE”按键，就移动到如表 3-25 所示画面。为了能够进行读写增益滤波

器参数、扩展设定参数以及输入输出设定参数，将基本设定参数 [Pr.PA19 参数禁止写入 ] 设定为有效。

表3-25　显示流程

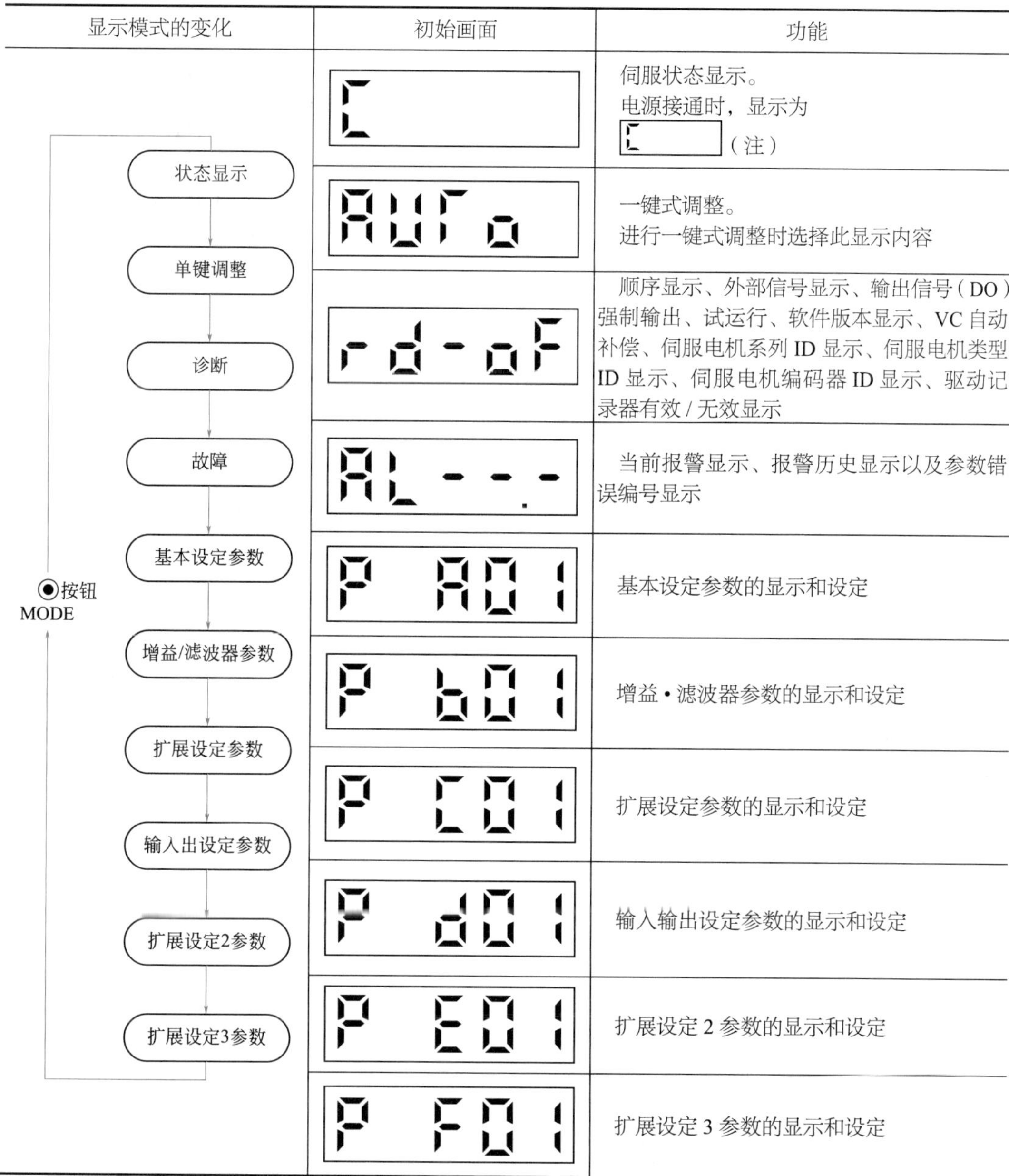

| 显示模式的变化 | 初始画面 | 功能 |
| --- | --- | --- |
| 状态显示 | C | 伺服状态显示。<br>电源接通时，显示为 C （注） |
| 单键调整 | AUTo | 一键式调整。<br>进行一键式调整时选择此显示内容 |
| 诊断 | rd-oF | 顺序显示、外部信号显示、输出信号（DO）强制输出、试运行、软件版本显示、VC 自动补偿、伺服电机系列 ID 显示、伺服电机类型 ID 显示、伺服电机编码器 ID 显示、驱动记录器有效 / 无效显示 |
| 故障 | AL--.- | 当前报警显示、报警历史显示以及参数错误编号显示 |
| 基本设定参数 | P A01 | 基本设定参数的显示和设定 |
| 增益/滤波器参数 | P b01 | 增益 • 滤波器参数的显示和设定 |
| 扩展设定参数 | P C01 | 扩展设定参数的显示和设定 |
| 输入出设定参数 | P d01 | 输入输出设定参数的显示和设定 |
| 扩展设定2参数 | P E01 | 扩展设定 2 参数的显示和设定 |
| 扩展设定3参数 | P F01 | 扩展设定 3 参数的显示和设定 |



注：通过 MR Configurator2 在伺服放大器上设定轴的名称时，显示轴名称后显示伺服放大器的状态。

### 3. 状态显示

运行中的伺服放大器的状态能够显示在 5 位 7 段 LED 显示器上，并能够通过“UP”和“DOWN”按键任意变更内容。选择后就会显示相应的符号，按了“SET”键后，显示其数据。但是只有投入电源时，由 [Pr.PC36] 选择的状态显示的标志显示 2s 后显示数据。

显示实例如表 3-26 所示。

表3-26 状态显示

| 项目 | 状态 | 显示方法 |
|---|---|---|
| | | 伺服放大器显示器 |
| 伺服电机转速 | 以 2500r/min 正转 | 2500 |
| | 以 3000r/min 反转 | -3000<br>反转时显示为"-" |
| 负载惯量比 | 7.00 倍 | 7.00 |
| ABS 计数器 | 11252r | 11252 |
| | -12566r | 1.2.5.6.6<br>亮灯<br>负数时，2、3、4 以及 5 位的小数点灯亮 |

### 4. 诊断模式

诊断模式显示内容如表 3-27 所示。

表3-27 诊断模式显示内容

| 名称 | 显示 | 内容 |
|---|---|---|
| 显示内容 | rd-oF | 准备未完成。<br>正在初始化或有报警发生 |
| | rd-on | 准备完成。<br>初始化完成后，伺服放大器处于可运行的状态 |
| 驱动记录器有效 / 无效显示 | d-on | 驱动记录器有效。<br>在该状态下，发生报警时驱动记录器动作记录报警发生时的状态 |
| | d-oF | 驱动记录器无效。<br>在以下状态时，驱动记录器不动作。<br>（1）使用 MR Configurator2 的趋势图功能。<br>（2）使用机械分析器功能时。<br>（3）将 [Pr.PF21] 设定为"-1"时 |

续表

| 名称 | | 显示 | 内容 |
|---|---|---|---|
| 外部输入输出信号显示 | | | 显示外部 I/O 信号的 ON/OFF 状态。各段上部对应输入信号，下部对应输出信号 |
| 输出信号（DO）强制输出 | | do-on | 能够强制 ON/OFF 数字输出信号 |
| 试运行模式 | JOG 运行 | TEST1 | 在外部控制器没有发出指令的状态下能够进行 JOG 运行 |
| | 定位运行 | TEST2 | 在外部控制器没有发出指令的状态下能够进行定位运行。<br>定位运行时需要 MR Configurator2 |
| | 无电机运行 | TEST3 | 在没有连接伺服电机时，可以模拟连接有伺服电机的情况，根据外部输入信号进行输出和状态显示 |
| | 机械分析器运行 | TEST4 | 只要连接伺服放大器，就能测定机械系统的共振频率。<br>运行机械分析器时，需要 MR Configurator2 |
| | 厂商调整用 | TEST5 | 厂商调整用 |
| 软件版本 low | | -A0 | 用于显示软件版本 |
| 软件版本 high | | - 100 | 用于显示软件系统编号 |

### 5. 参数模式

（1）参数模式的显示　使用“MODE”按键设置各参数模式时，按“UP”或者“DOWN”按键时，显示会移动如图 3-56 所示。

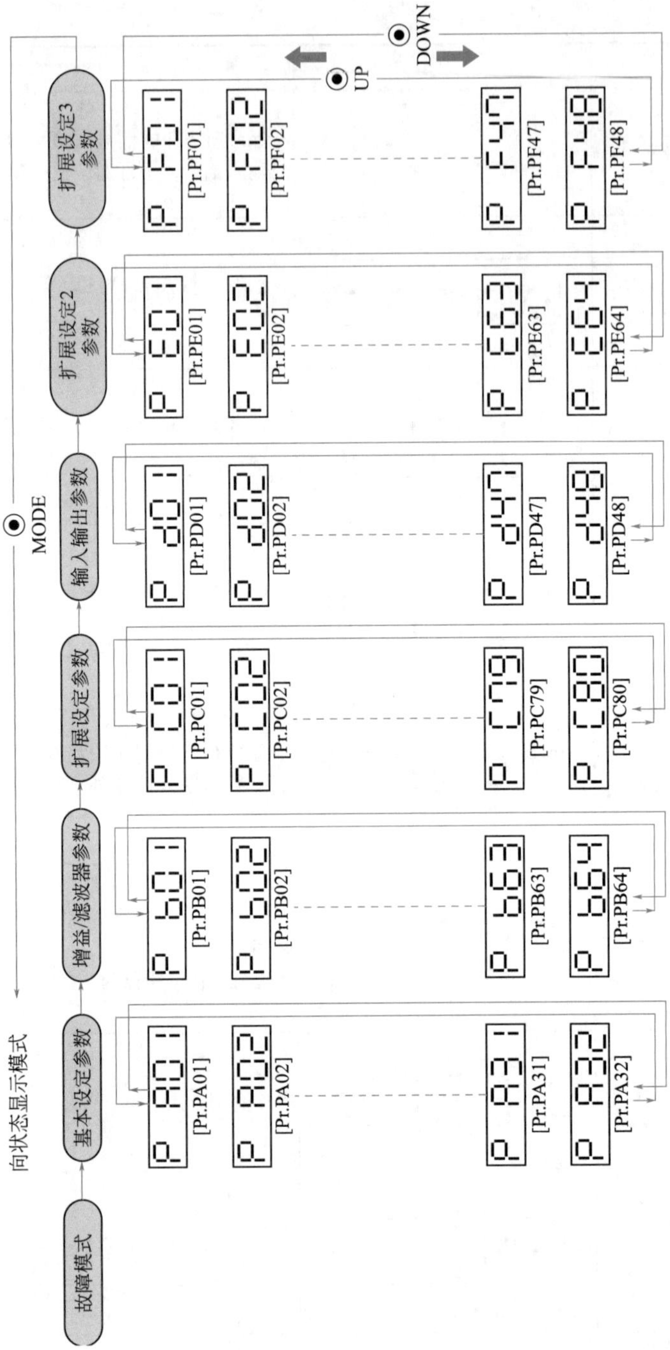

图 3-56　参数模式的显示

（2）操作方法　5 位以下的参数，比如用 [Pr.PA01 运行模式 ] 改变为速度模式时，表示出接通电源后的操作方法。按一下“MODE”按键进入基本设定参数画面（如图 3-57 所示）。

移动到下一个参数时，请按一下“UP”或者“DOWN”。改变参数 [Pr.PA01] 时，在改变设定值关闭电源后再接通时有效。

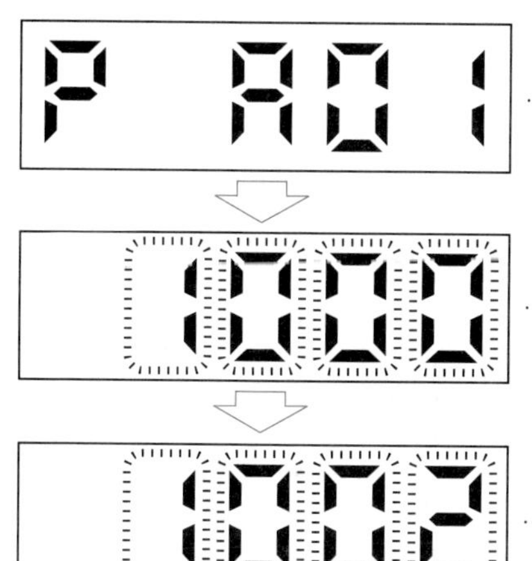


图 3-57　按键进入基本设定参数画面

### 6. 外部 I/O 信号显示

能够确认连接到伺服放大器的数字输入输出信号的 ON/OFF 状态。

对应引脚位置的 LED 指示灯亮时 ON, 灯灭时为 OFF。

（1）控制模式的各引脚信号名称和缩写　如表 3-28 所示。

表3-28　控制模式的各引脚信号名称和缩写

| 缩写 | 信号名 | 缩写 | 信号名 |
|---|---|---|---|
| SON | 伺服开启 | RES | 复位 |
| LSP | 正转行程末端 | EM2 | 强制停止 2 |
| LSN | 反转行程末端 | LOP | 控制切换 |
| CR | 清零 | TLC | 转矩限制中 |
| SP1 | 速度选择 1 | VLC | 速度限制中 |
| SP2 | 速度选择 2 | RD | 准备完成 |
| 可更改 PC. 模式的脚踏控制器开关设定 | 比例控制 | ZSP | 零速度检测 |
| ST1 | 正转启动 | INP | 定位完成 |
| ST2 | 反转启动 | SA | 速度达到 |
| RS1 | 正转选择 | ALM | 故障 |
| RS2 | 反转选择 | OP | 编码器 Z 相脉冲（集电极开路输入） |
| TL | 外部转矩限制选择 |  |  |

（2）初始状态的表示内容

❶ 位置控制模式如图 3-58 所示。

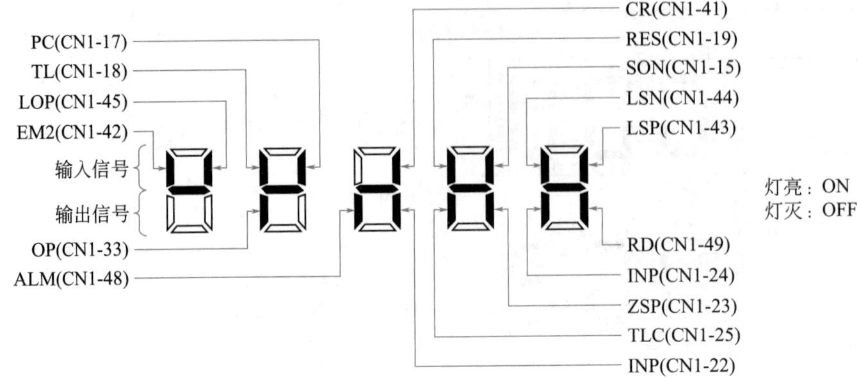


图 3-58　位置控制模式输入输出信号显示

❷ 速度控制模式如图 3-59 所示。

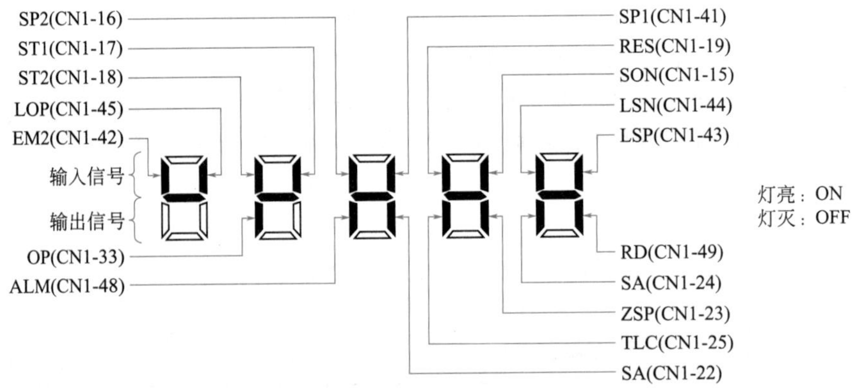


图 3-59　速度控制模式输入输出信号显示

❸ 转矩控制模式如图 3-60 所示。

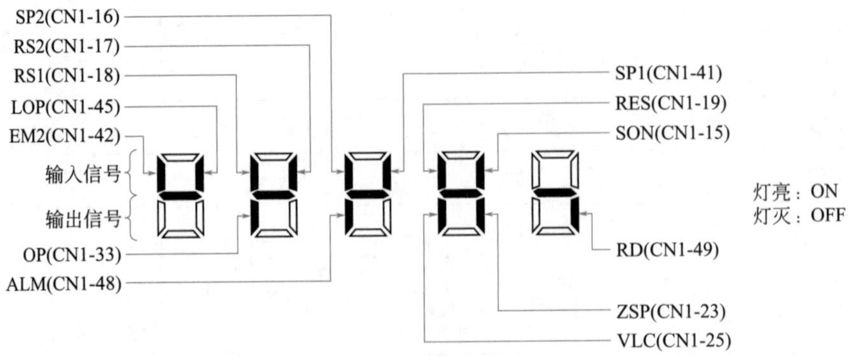


图 3-60　转矩控制模式输入输出信号显示

### 7. 输出信号 (DO) 强制输出

能够进行与实际伺服状态无关的信号强制 ON/OFF。可用于检查输出信号的接线。必须在伺服停止状态 [SON（伺服开启）OFF] 下使用。

> **注意：** 伺服电机用于垂直运动时，将 MBR（电磁制动器联锁装置）发信号给 CN1 接头引脚置 ON 时，电磁制动器将打开，负载可能会坠落。请在机械上做好防止坠落的保护措施。

### 8. 试运行模式

试运行模式在以 DIO 进行的绝对位置检测系统（将 [Pr.PA03] 设定为 "_ _ _ 1"）中不能使用。进行定位运行时需要 MR Configurator2。不关闭 SON（伺服开启）时不能执行试运行。

（1）模式切换　显示电源接通后的显示器画面。按照以下步骤选择 JOG 运行或者无电机运行。使用 "MODE" 按键显示诊断画面。如图 3-61 所示。

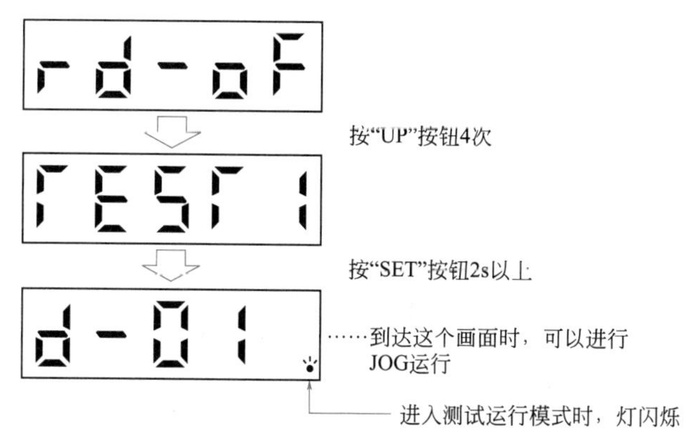


图 3-61　模式切换

（2）JOG 运行　控制器没有发出指令的状态下能够实行点动运行。

❶ 操作・运行　按 "UP" 和 "DOWN" 按键能够使伺服电机旋转。松开按键，伺服电机停止。使用 MR Configurator2 时，可以改变运行条件。运行的初始条件和设定范围如表 3-29 所示。按键的说明如表 3-30 所示。使用 MR Configurator2 进行 JOG 运行时，若运行中 USB 电缆发生脱离，伺服电机将减速停止。

表3-29　运行的初始条件和设定范围

| 项目 | 初期设定值 | 设置范围 |
| --- | --- | --- |
| 转速 /（r/min） | 200 | 0 ～瞬时允许转速 |
| 加减速时间常数 /ms | 1000 | 0 ～ 50000 |

表3-30　按键的说明

| 按键 | 内容 |
| --- | --- |
| "UP" 上 | 按下时往逆时针方向旋转。放开时停止 |
| "DOWN" 下 | 按下时往顺时针方向旋转。放开时停止 |

❷ 状态显示　在运行中能够确认伺服状态。在可以 JOG 运行状态下，按下“MODE”按键，进入状态显示画面。在该画面中，通过“UP”或者“DOWN”按键进行 JOG 运行。每按 1 次“MODE”按键，就会移到下一个状态显示画面，移动 1 周后又会回到 JOG 运行状态画面。

❸ JOG 运行的结束　通过断开电源，按“MODE”按键切换到下一个画面后按住“SET”按键 2s 以上结束 JOG 运行。

（3）无电机运行　在不连接伺服电机时，可以模拟连接有伺服电机的情况，根据外部输入信号进行输出和状态显示。能够用于对上位 PLC 等的程序做检查。

❶ 操作 · 运行　关闭 SON（伺服开启）后，选择无电机运行。之后，和通常运行一样通过外部输入进行操作。

❷ 无电机运行的开始　将 [Pr.PC60] 设定为“_ _ _ 1”后，关闭电源后再接通。之后，和通常运行一样通过外部输入进行操作。

❸ 无电机运行的结束　结束无电机运行模式时，将 [Pr.PC60] 设定为“_ _ _ 0”后，关闭电源。

（4）程序运行　不使用控制器能够进行有多种运行模式组合的定位运行。请在解除强制停止的状态下使用。其使用与伺服开启 / 伺服关闭或者控制器连接的有无无关。

通过 MR Configurator2 的程序运行画面进行操作。详细请参考 MR Configurator2 的使用说明书。

## 第四节　三菱伺服系统MR-Configurator2软件的安装及功能

为了方便读者下载学习，三菱伺服系统 MR-Configurator2 软件的安装与具体功能说明做成了电子版文件，可以扫描二维码阅读。

MR-Configurator2软件安装与功能详解

## 第五节　三菱伺服驱动系统增益调整

使用转矩控制模式时，不需要进行增益调整。当进行增益调整时，需要确认机械是否以伺服电机最大转矩进行运行。在超过最大转矩状态下运行时，可能会出现机械发生振动等预期以外的情况。另外，考虑到机械的个体差别，进行有裕量的调整，推荐将运行中的伺服电机的输出转矩设定在伺服电机最大转矩的 90% 以下。

# 一、系统增益调整的种类

## 1. 单个伺服放大器的调整

单个伺服放大器的调整方法如表 3-31 所示。增益调整请在一开始进行“自动调整模式 1”。调整不能满足要求时，按照“自动调整模式 2”“手动模式”的顺序进行调整。

表3-31　单个伺服放大器的调整方法

<table>
<tr><th>增益调整模式</th><th>［Pr.PA08］的设定</th><th>负载惯量比的推断</th><th>自动设定的参数</th><th>手动设定的参数</th></tr>
<tr><td>自动调整模式 1<br>（初始值）</td><td>0001</td><td>实时推断</td><td>GD2（［Pr.PB06］）<br>PG1（［Pr.PB07］）<br>PG2（［Pr.PB08］）<br>VG2（［Pr.PB09］）<br>VIC（［Pr.PB10］）</td><td>RSP（［Pr.PA09］）</td></tr>
<tr><td>自动调整模式 2</td><td>0002</td><td rowspan="2">［Pr.PB06］的固定值</td><td>PG1（［Pr.PB07］）<br>PG2（［Pr.PB08］）<br>VG2（［Pr.PB09］）<br>VIC（［Pr.PB10］）</td><td>GD2（［Pr.PB06］）<br>RSP（［Pr.PA09］）</td></tr>
<tr><td>手动模式</td><td>0003</td><td></td><td>GD2（［Pr.PB06］）<br>PG1（［Pr.PB07］）<br>PG2（［Pr.PB08］）<br>VG2（［Pr.PB09］）<br>VIC（［Pr.PB10］）</td></tr>
<tr><td>2 增益调整模式 1<br>（插补模式）</td><td>0000</td><td>实时推断</td><td>GD2（［Pr.PB06］）<br>PG2（［Pr.PB08］）<br>VG2（［Pr.PB09］）<br>VIC（［Pr.PB10］）</td><td>PG1（［Pr.PB07］）<br>RSP（［Pr.PA09］）</td></tr>
<tr><td>2 增益调整模式 2</td><td>0004</td><td>［Pr.PB06］的固定值</td><td>PG2（［Pr.PB08］）<br>VG2（［Pr.PB09］）<br>VIC（［Pr.PB10］）</td><td>GD2（［Pr.PB06］）<br>PG1（［Pr.PB07］）<br>RSP（［Pr.PA09］）</td></tr>
</table>

增益调整顺序和模式的使用如图 3-62 所示。

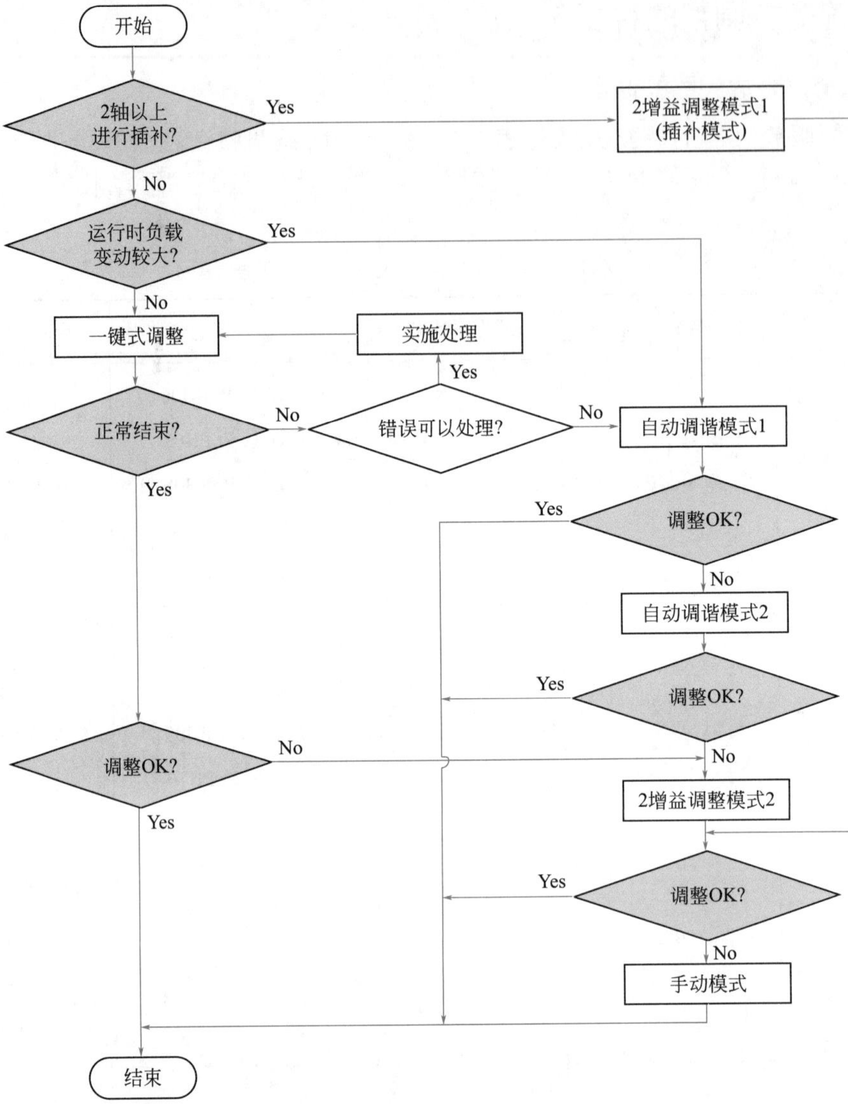

图 3-62　增益调整顺序和模式框图

### 2. 使用 MR Configurator2 调整

通过 MR Configurator2 软件能够对伺服放大器进行调整。如表 3-32 所示。

表3-32　使用MR Configurator2调整

| 功能 | 内容 | 调整内容 |
|---|---|---|
| 机械分析器 | 机械和伺服电机组合的状态下，通过从 PC 侧给予伺服随机的加振指令来测试机械的响应性，能够测出机械系统的特性 | 掌握机械共振的频率，能够决定机械共振抑制滤波器的陷波频率 |

## 二、一键式调整

通过使用 MR Configurator2 或者按钮的操作，能够进行一键式调整。在一键式调整中，以下参数自动调整，如表 3-33 所示。

表3-33　一键式调整

| 参数 | 缩写 | 名称 |
|---|---|---|
| PA08 | ATU | 自动调整模式 |
| PA09 | RSP | 自动调整响应性 |
| PB01 | FILT | 自适应校准模式（自适应滤波器Ⅱ） |
| PB02 | VRFT | 限制控制自动调整（高级限振控制Ⅱ） |
| PB03 | PST | 位置指令加减速时间常数（位置平滑） |
| PB06 | GD2 | 负载惯量比 |
| PB07 | PG1 | 模型控制增益 |
| PB08 | PG2 | 位置控制增益 |
| PB09 | VG2 | 速度控制增益 |
| PB10 | VIC | 速度积分补偿 |
| PB12 | OVA | 过冲量修正 |
| PB13 | NH1 | 机械共振抑制滤波器 1 |
| PB14 | NHQ1 | 陷波形状选择 1 |
| PB15 | NH2 | 机械共振抑制滤波器 2 |
| PB16 | NHQ2 | 陷波形状选择 2 |
| PB18 | LPF | 低通滤波器设置 |
| PB19 | VRF11 | 限制振动控制 1 振动频率设定 |
| PB20 | VRF12 | 限制振动控制 1 共振频率设定 |
| PB21 | VRF13 | 限制振动控制 1 振动频率减幅设定 |
| PB22 | VRF14 | 限制振动控制 1 共振频率减幅设定 |
| PB23 | VFBF | 低通滤波器选择 |
| PB47 | NHQ3 | 陷波形状选择 3 |
| PB48 | NH4 | 机械共振抑制滤波器 4 |
| PB49 | NHQ4 | 陷波形状选择 4 |
| PB51 | NHQ5 | 陷波形状选择 5 |
| PE41 | EOP3 | 功能选择 E-3 |

### 1. 一键式调整流程

使用 MR Configurator2 时按照以下顺序进行一键式调整，如图 3-63 所示。

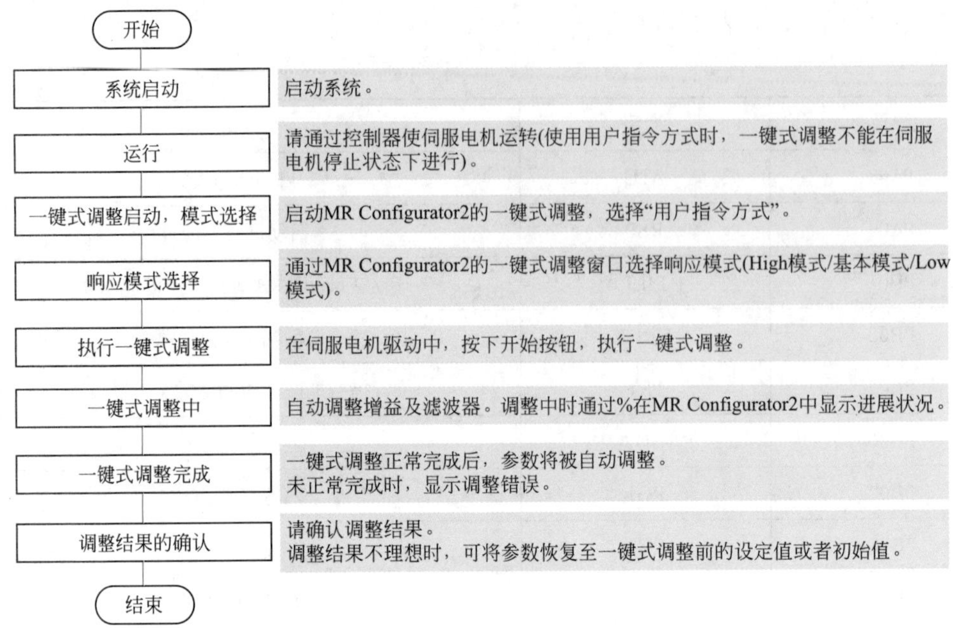


图 3-63　一键式调整流程

## 2. 一键式调整的显示变化及操作方法

（1）指令方式的选择　请通过 MR Configurator2 的一键式调整窗口，选择指令方式（用户指令和放大器指令）。如图 3-64 所示。

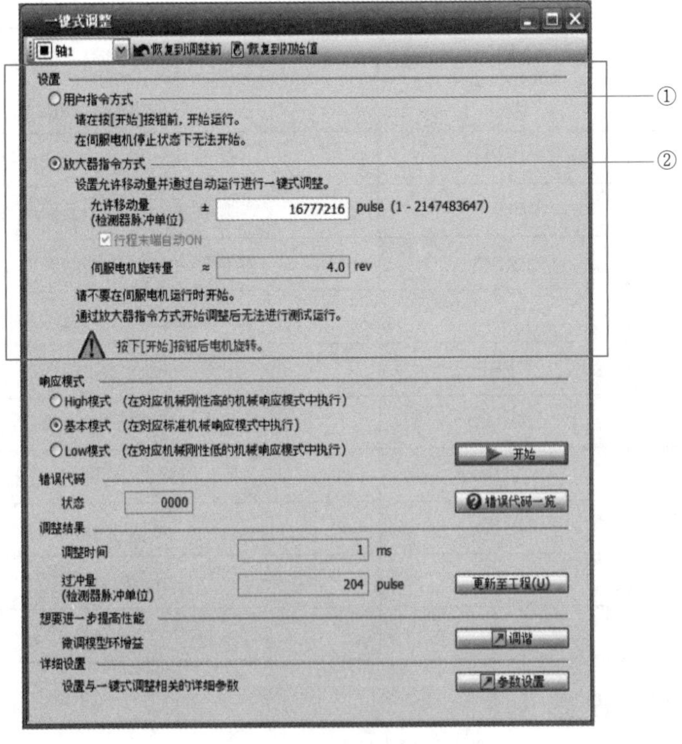


图 3-64　指令方式选择

❶ 用户指令方式。推荐输入满足以下条件的指令至伺服放大器。此外，若在伺服放大器中输入了未满足条件的指令状态下进行了一触式调整，会发生一键式调整错误。

❷ 放大器指令方式。请输入允许移动量。在全闭环控制模式时，请通过机械侧分辨率单位输入，在全闭环控制模式以外的控制模式时，请通过伺服电机侧分辨率单位输入。在放大器指令方式下，伺服电机在“当前值 ± 允许移动量”的范围内运行。请在可动部不会与机械发生冲突的范围内尽可能地输入较大值的允许移动量。如果允许移动量太小，可动部与机械发生冲突的可能性会降低，但负载惯量比的推断精度有可能会降低，可能导致无法获得正确的调整结果。

此外，执行放大器指令方式的一键式调整后，会在伺服放大器内部生成如下所示的最佳调整用指令，并开始调整。

（2）选择响应模式　请通过 MR Configurator2 的一键式调整画面，选择一键式调整的响应模式（3 种），如图 3-65 所示。

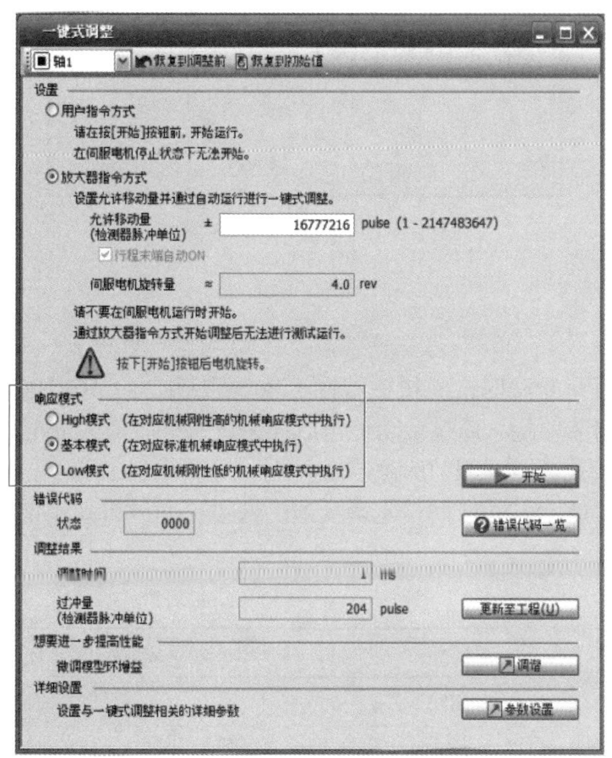


图 3-65　选择响应模式

（3）一键式调整的执行　通过选择响应模式，按下“开始”按钮，即开始进行一键式调整。伺服电机停止中，点击“开始”按钮后，错误代码的状态显示为“C002”或“C004”。

在伺服 OFF 状态下点击了放大器指令方式的一键式调整的“开始”时，会自动变为伺服 ON，并开始一键式调整。放大器指令方式的一键式调整中，伺服 ON 后会在放大器内部生成最佳调整用指令，使伺服电机往返运行，并进行一键式调整。此外，调整完成后及调整中止后会自动变为伺服 OFF。但是，从外部输入了伺服 ON 指令时，会变为伺服

ON 状态。

执行放大器指令方式的一键式调整后，将无法通过控制器的指令进行控制。要恢复为通过控制器指令控制时，需要再次接通电源。

（4）中止一键式调整　在一键式调整过程中，按下“中止”按钮，即中止一键式调整。中止一键式调整后，错误代码的状态显示为“C000”。一键式调整中止后，返回至一键式调整开始时的参数。此外，中止一键式调整后，再次执行一键式调整时，请先停止伺服电机。

（5）发生错误时　在调整过程中发生调整错误时，中止一键式调整。此时，错误代码的状态中会显示错误代码，请确认发生调整错误的原因。再次执行一键式调整时，请先停止伺服电机。

完成一键式调整后，调整参数被写入至伺服放大器，显示如图 3-66 所示窗口。

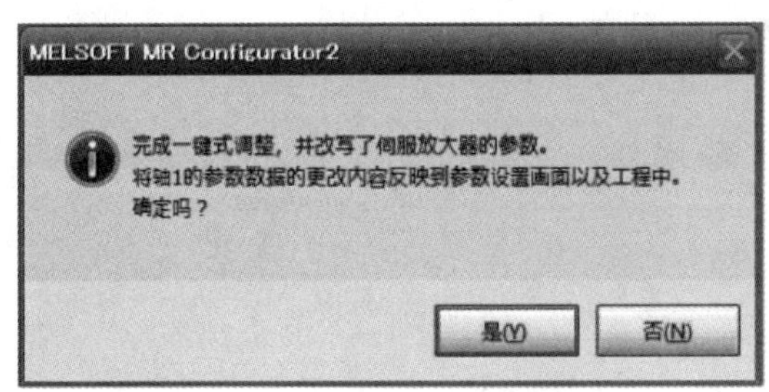


图 3-66　一键调整完成界面

## 三、自动调谐

伺服放大器内置有能实时推断机械特性（负载惯量比），并根据该值自动设定最合适的增益的实时自动调谐功能。通过该功能可以简单进行伺服放大器的增益调整。

（1）自动调谐模式 1　伺服放大器在出厂时设定为自动调谐模式 1。通过该模式不断地推断机械的负载惯量比，并自动设定最合适的增益。通过自动调谐模式 1 自动调整的参数如表 3-34 所示。

表3-34　通过自动调谐模式1自动调整的参数

| 参数 | 简称 | 名称 |
|---|---|---|
| PB06 | GD2 | 负载惯量比 |
| PB07 | PG1 | 模型控制增益 |
| PB08 | PG2 | 位置控制增益 |
| PB09 | VG2 | 速度控制增益 |
| PB10 | VIC | 速度积分补偿 |

（2）自动调谐模式 2　在自动调谐模式 1 无法正常进行增益调整时，使用自动调谐模式 2。由于该模式不进行负载惯量比的推断，因此请通过 [Pr. PB06] 设定正确的负载惯量比的值。

通过自动调谐模式 2 自动调整的参数如表 3-35 所示。

表3-35　通过自动调谐模式2自动调整的参数

| 参数 | 简称 | 名称 |
|---|---|---|
| PB07 | PG1 | 模型控制增益 |
| PB08 | PG2 | 位置控制增益 |
| PB09 | VG2 | 速度控制增益 |
| PB10 | VIC | 速度积分补偿 |

（3）通过自动调谐进行调整的步骤　出厂时自动调谐为有效，所以仅需运行伺服电机即可自动设定与机械匹配的最合适增益。根据需要，仅变更响应性设定的值即可完成调整。调整步骤如图 3-67 所示。

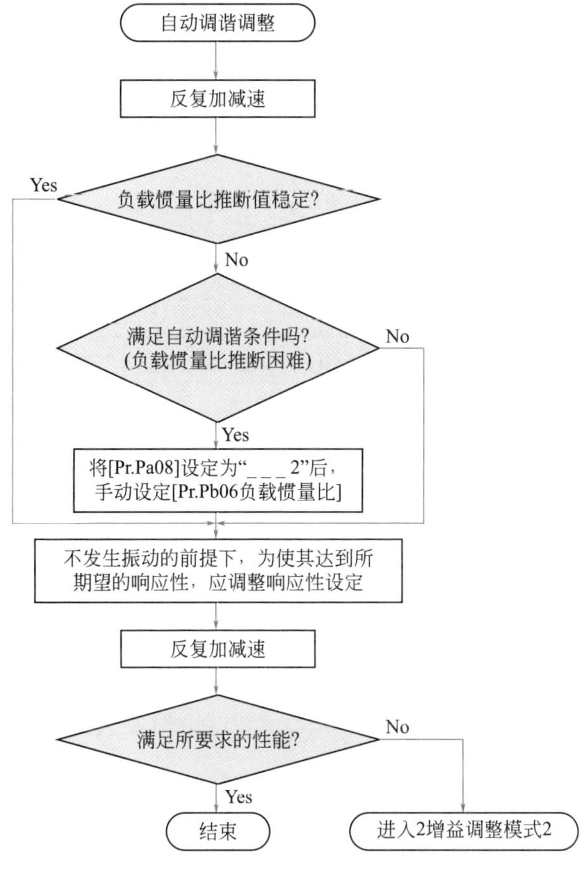


图 3-67　自动调谐进行调整的步骤

## 四、手动模式

通过自动调谐仍无法获得满意的调整效果时，可通过所有的增益进行手动调整。

### 1. 速度控制时参数调整

（1）参数　用于增益调整的参数如表 3-36 所示。

表3-36　用于增益调整的参数

| 参数 | 简称 | 名称 |
|---|---|---|
| PB06 | GD2 | 负载惯量比 |
| PB07 | PG1 | 模型控制增益 |
| PB09 | VG2 | 速度控制增益 |
| PB10 | VIC | 速度积分补偿 |

（2）调整步骤　如表3-37所示。

表3-37　调整步骤

| 步骤 | 操作 | 内容 |
|---|---|---|
| 1 | 使用自动调谐进行大致的调整 | |
| 2 | 将自动调谐变更为手动模式（[Pr.PA08]: _ _ _3） | |
| 3 | 请对负载惯量比设定推断值（通过自动调谐得到的推断值正确时不需要变更设定） | |
| 4 | 将模型控制增益调小。<br>将速度积分补偿调大 | |
| 5 | 在不发生振动和异常声音的范围内逐渐增大速度控制增益，如发生振动再稍微减小 | 增大速度控制增益 |
| 6 | 在不出现振动的范围内逐渐减小速度积分补偿，如发生振动再稍微增大 | 减小速度积分补偿的时间常数 |
| 7 | 逐渐增大模型控制增益，如发生超调再稍微减小 | 增大模型控制增益 |
| 8 | 因机械系统的共振等导致不能增大增益，得不到所期望的响应性时，通过自适应调谐模式和机械共振抑制滤波器抑制共振后，实施步骤3～7，可以提高响应性 | 抑制机械共振 |
| 9 | 边观察伺服电机的运行情况，边进行各增益的微调 | 微调 |

## 2. 位置控制时参数调整

（1）参数　用于增益调整的参数如表3-38所示。

表3-38　用于增益调整的参数

| 参数 | 简称 | 名称 |
|---|---|---|
| PB06 | GD2 | 负载惯量比 |
| PB07 | PG1 | 模型控制增益 |
| PB08 | PG2 | 位置控制增益 |
| PB09 | VG2 | 速度控制增益 |
| PB10 | VIC | 速度积分补偿 |

（2）调整步骤　如表3-39所示。

表3-39　调整步骤

| 步骤 | 操作 | 内容 |
|---|---|---|
| 1 | 使用自动调谐进行大致的调整 | |
| 2 | 将自动调谐变更为手动模式（[ Pr.PA08 ]: _ _ _3 ） | |
| 3 | 请对负载惯量比设定推断值（通过自动调谐得到的推断值正确时不需要变更设定） | |
| 4 | 将模型控制增益、位置控制增益调小。<br>将速度积分补偿调大 | |
| 5 | 在不发生振动和异常声音的范围内逐渐增大速度控制增益，如发生振动再稍微减小 | 增大速度控制增益 |
| 6 | 在不出现振动的范围内逐渐减小速度积分补偿，如发生振动再稍微增大 | 减小速度积分补偿的时间常数 |
| 7 | 逐渐增大位置控制增益，如发生振动再稍微减小 | 增大位置控制增益 |
| 8 | 逐渐增大模型控制增益，如发生超调再稍微减小 | 增大模型控制增益 |
| 9 | 因机械系统的共振等导致不能增大增益，得不到所期望的响应性时，通过自适应调谐模式和机械共振抑制滤波器抑制共振后，实施步骤 3 ～ 8，可以提高响应性 | 抑制机械共振 |
| 10 | 边观察调整特性和伺服电机的运行情况，边对各增益进行微调 | 微调 |

# 第六节　三菱伺服驱动系统STO功能

STO 功能是使伺服电机的电气能源供给能力无效的功能（俗称断电），但是不能切断伺服放大器和伺服电机之间的物理连接。因此，STO 功能不能消除触电的危险性。需要防止触电时，需要在伺服放大器的主电路电源（L1.L2.L3）上使用电磁接触器或无熔丝断路器。

## 一、STO功能方框图和信号连接器

（1）STO 功能方框图　如图 3-68 所示。

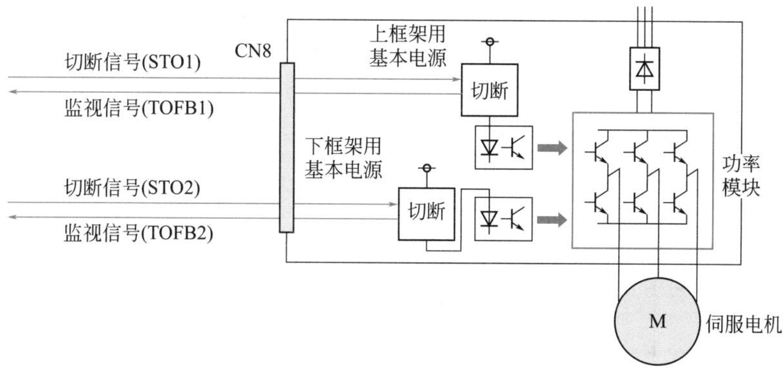


图 3-68　STO 功能方框图

（2）STO 输入输出信号连接器　STO 输入输出信号用的连接器（CN8）和信号排列如图 3-69 所示。

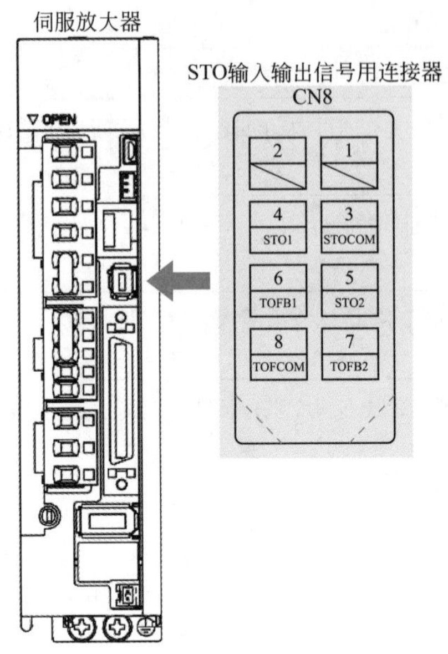


图 3-69　STO 输入输出信号连接器

## 二、STO信号（软元件）的说明

（1）输入输出软元件　如表 3-40 所示。

表3-40　输入输出软元件

| 信号名称 | 连接器引脚编号 | 内容 | I/O 分类 |
|---|---|---|---|
| STOCOM | CN8-3 | 用于 STO1 及 STO2 输入信号的公共端子 | DI-1 |
| STO1 | CN8-4 | 输入 STO1 的状态。<br>STO 状态（基本电路切断）：请将 STO1 和 STOCOM 之间设为开放状态。<br>STO 解除状态（驱动中）：请将 STO1 和 STOCOM 之间设为导通状态。<br>请务必在伺服 OFF 状态下伺服电机停止或将 EM2（强制停止 2）设为 OFF 并强制停止减速直到伺服电机停止之后将 STO1 设为 OFF | DI-1 |
| STO2 | CN8-5 | 输入 STO2 状态。<br>STO 状态（基本电路切断）：请将 STO2 和 STOCOM 之间设为开放状态。<br>STO 解除状态（驱动中）：请将 STO2 和 STOCOM 之间设为导通状态。<br>请务必在伺服 OFF 状态下伺服电机停止或将 EM2（强制停止 2）设为 OFF 并强制停止减速直到伺服电机停止之后将 STO2 设为 OFF | DI-1 |
| TOFCOM | CN8-8 | 用于 STO 状态监视输出信号的公共端子 | DO-1 |
| TOFB1 | CN8-6 | STO1 状态监视输出信号。<br>STO 状态（基本电路切断）：请将 TOFB1 和 TOFCOM 之间设为导通状态。<br>STO 解除状态（驱动中）：请将 TOFB1 和 TOFCOM 之间设为开放状态 | DO-1 |
| TOFB2 | CN8-7 | STO2 状态监视输出信号。<br>STO 状态（基本电路切断）：请将 TOFB2 和 TOFCOM 之间设为导通状态。<br>STO 解除状态（驱动中）：请将 TOFB2 和 TOFCOM 之间设为开放状态 | DO-1 |

（2）各信号及 STO 的状态　正常接通电源的情况下将 STO1 及 STO2 设为 ON（导通）或 OFF（开放）时的 TOFB 及 STO 的状态如表 3-41 所示。

表3-41　各信号及STO的状态

| 输入信号 | | 状态 | | |
|---|---|---|---|---|
| STO1 | STO2 | TOFB1 和 TOFCOM 之间（STO1 状态的监视） | TOFB2 和 TOFCOM 之间（STO2 状态的监视） | TOFB1 和 TOFB2 之间（伺服放大器的 STO 状态的监视） |
| OFF | OFF | ON STO 状态（基本电路切断） | ON STO 状态（基本电路切断） | ON STO 状态（基本电路切断） |
| OFF | ON | ON STO 状态（基本电路切断） | OFF STO 解除状态 | OFF STO 状态（基本电路切断） |
| ON | OFF | OFF STO 解除状态 | ON STO 状态（基本电路切断） | OFF STO 状态（基本电路切断） |
| ON | ON | OFF STO 解除状态 | OFF STO 解除状态 | OFF STO 解除状态 |

## 三、STO信号连接示例

（1）CN8 连接器连接示例　三菱伺服放大器 MR-J4-A 具备实现 STO 功能的连接器（CN8）。使用外部的安全继电器的同时使用该连接器，可以安全切断对伺服电机的电源供给，防止出现预料之外的再启动。使用的安全继电器应满足最合适的安全规格，并且目的是检测错误，所以需要带有强制导向触点或镜像触点。因此为了符合各种安全规格，可以使用 MR-J3-D05 安全逻辑模块代替使用的安全继电器。图 3-70 为源型接口的情况。

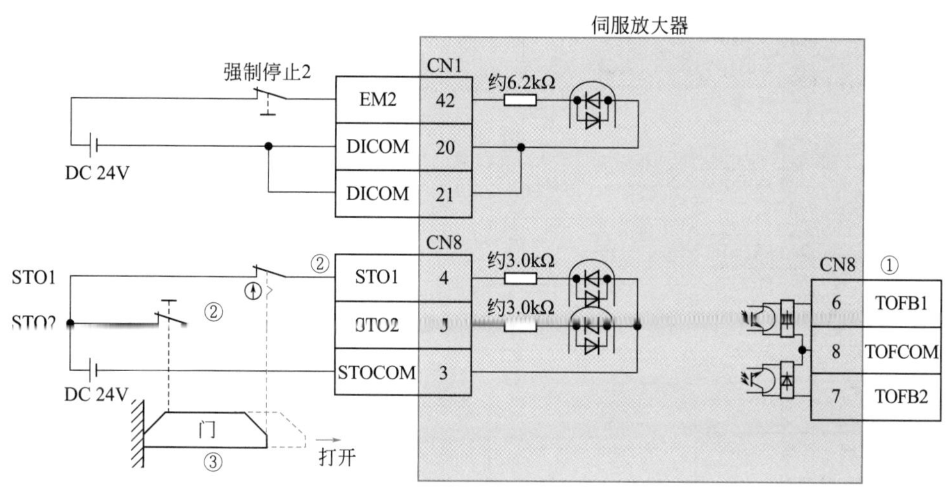


图 3-70　源型接口接线

① 通过使用TOFB，可以确认是否处于STO状态。安全等级由[Pr. PF18 STO诊断异常检测时间]的设定值及有无实施TOFB输出的STO输入诊断决定。

② 使用STO功能时，请同时将STO1及STO2设为OFF。此外，必须在伺服OFF状态下伺服电机停止或将EM2（强制停止2）设为OFF并强制停止减速，直到伺服电机停止后，将STO1及STO2设为OFF。

③ 设置成伺服电机停止后门打开的互锁电路

（2）使用 MR-J3-D05 安全逻辑模块时的外部输入输出信号连接示例

❶ 连接示例（如图 3-71 所示）。

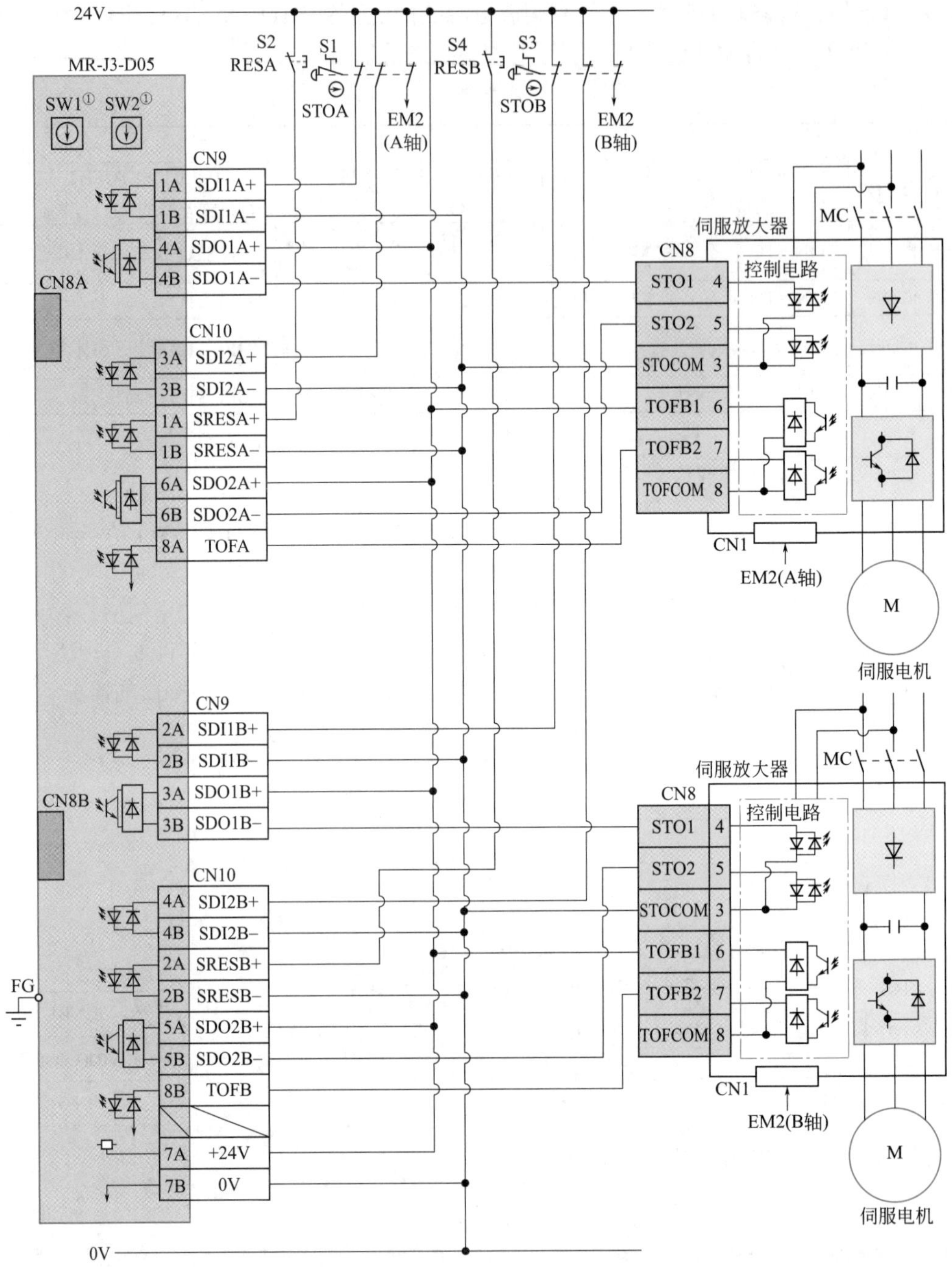

图 3-71　使用 MR-J3-D05 安全逻辑模块时实例接线

① 通过SW1、SW2设定STO输出的延迟时间。使用MR-J3-D05时，已将这些开关设置在距离前面板较远的内部以防止轻易变更

❷ 基本动作示例。STOA 的开关输入将输出至 MR-J3-D05 的 SDO1A 及 SDO2A 中，并输入至伺服放大器。STOB 的开关输入将输出至 MR-J3-D05 的 SDO1B 及 SDO2B 中，并输入至伺服放大器。如图 3-72 所示。

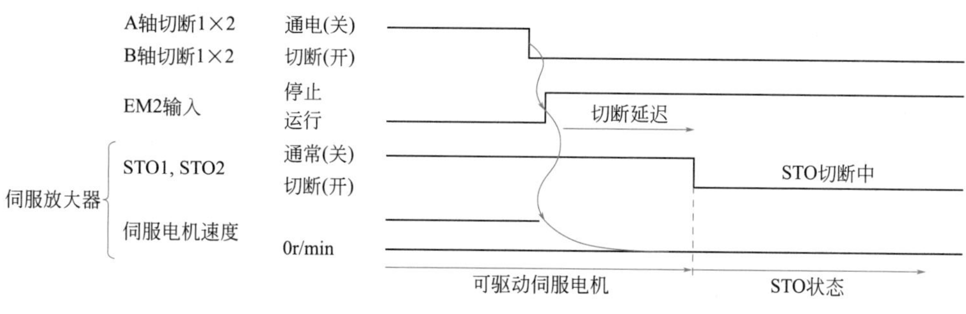


图 3-72　基本动作示例

（3）使用外部安全继电器时的外部输入输出信号连接示例　如图 3-73 所示。

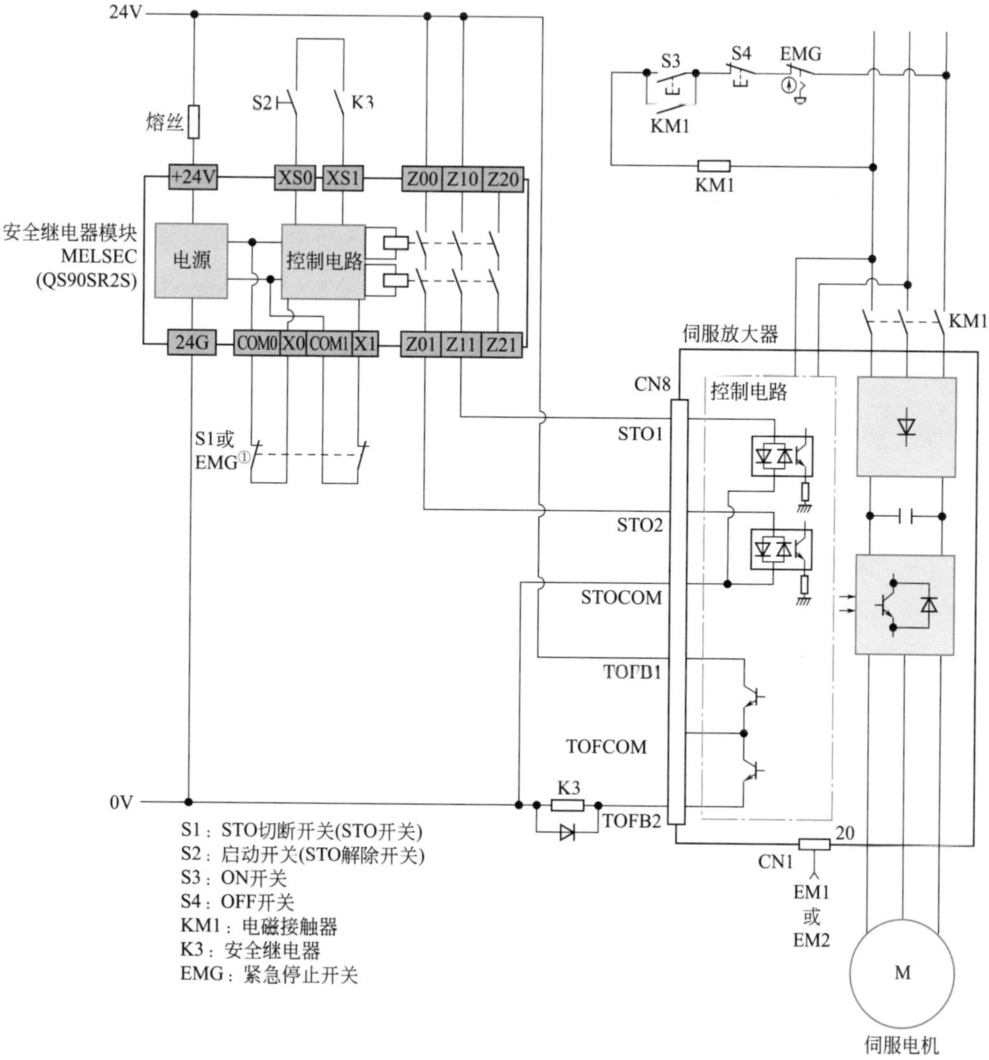

S1：STO切断开关(STO开关)
S2：启动开关(STO解除开关)
S3：ON开关
S4：OFF开关
KM1：电磁接触器
K3：安全继电器
EMG：紧急停止开关

图 3-73　使用外部安全继电器模块示例

① 为了通过伺服放大器的STO功能将切断设置为“紧急切断”，请将S1变更为EMG。此时的停止类别为“0”。在伺服电机旋转过程中切断STO，即发生[AL.63 STO时序异常]

## 四、接口电路的详细说明

### 1. 漏型输入输出接口

（1）数字输入接口 DI-1　光耦的阴极为输入端子的输入电路。请从漏（集电极开路）型的晶体管输出、继电器开关等发出信号。如图 3-74 所示。

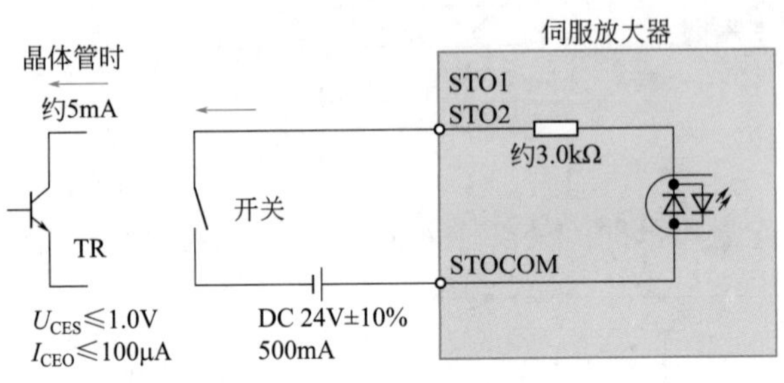


图 3-74　数字输入接口 DI-1

（2）数字输出接口 DO-1　它为输出晶体管的集电极输出端子的电路。输出晶体管变为 ON 时，集电极端子电流为流入型的输出。可以驱动指示灯、继电器或光耦合器。电感性负载时请设置二极管（VD），指示灯负载时请设置浪涌电流抑制用电阻（R）。（额定电流 40mA 以下、最大电流 50mA 以下、浪涌电流 100mA 以下）伺服放大器内部，电压最大下降 5.2V。

❶ 2 个 STO 状态通过各自的 TOFB 输出时如图 3-75 所示。

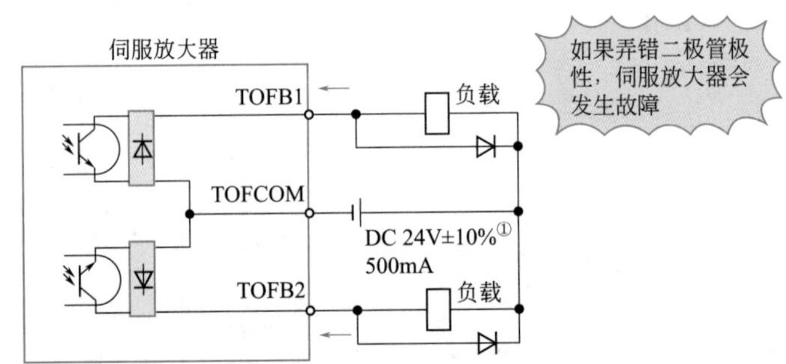


图 3-75　2 个 STO 状态通过各自的 TOFB 输出

① 电压下降（最大2.6V）阻碍继电器的动作时，请从外部输入高电压（最大26.4V）

❷ 2 个 STO 状态通过 1 个 TOFB 输出时如图 3-76 所示。

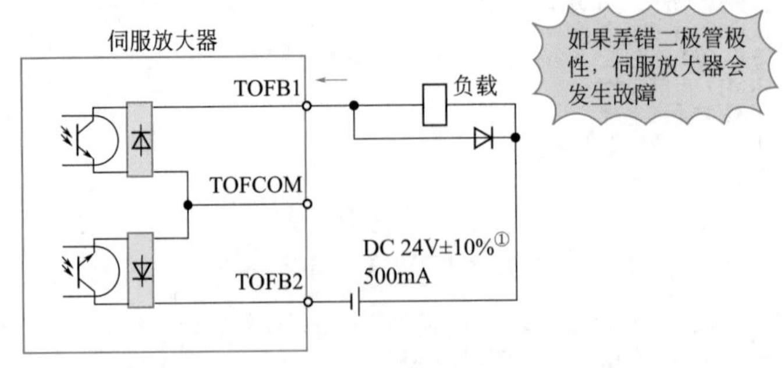


图 3-76　2 个 STO 状态通过 1 个 TOFB 输出

① 电压下降（最大5.2V）阻碍继电器的动作时，请从外部输入高电压（最大26.4V）

## 2. 源型输入输出接口

伺服放大器的输入输出接口可以使用源型接口。

（1）数字输入接口 DI-1　光耦的阳极为输入端子的输入电路。请从源（集电极开路）型的晶体管输出、继电器开关等发出信号。如图 3-77 所示。

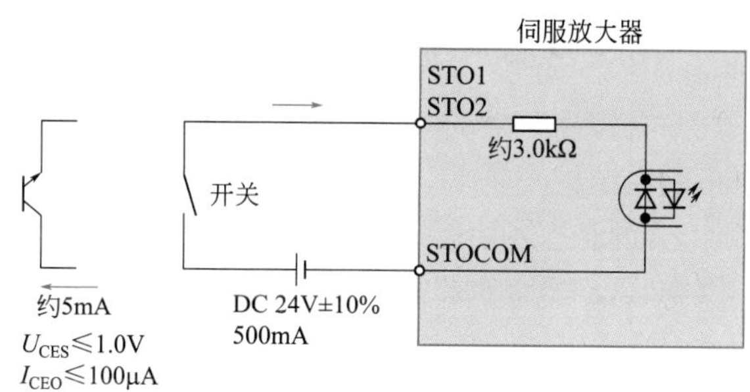


图 3-77　数字输入接口 DI-1

（2）数字输出接口 DO-1　它为输出晶体管的发射极输出端子的电路。输出晶体管变为 ON 时，为电流从输出端子流向负载的类型。在伺服放大器内部电压最大下降 5.2V。

❶ 2 个 STO 状态通过各自的 TOFB 输出时如图 3-78 所示。

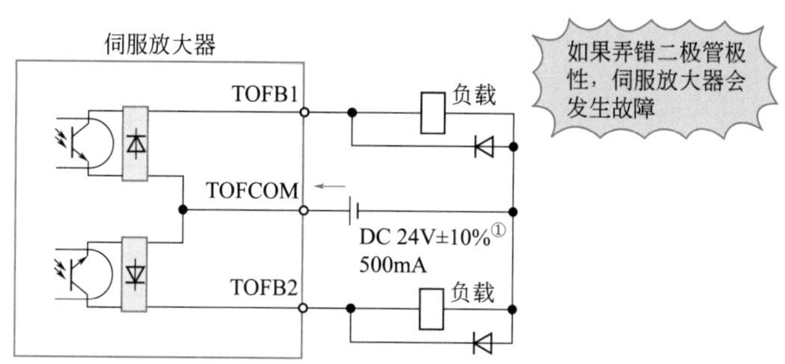


图 3-78　2 个 STO 状态通过各自的 TOFB 输出

① 电压下降（最大5.2V）阻碍继电器的动作时，请从外部输入高电压（最大26.4V）

❷ 2 个 STO 功能通过 1 个 TOFB 输出时如图 3-79 所示。

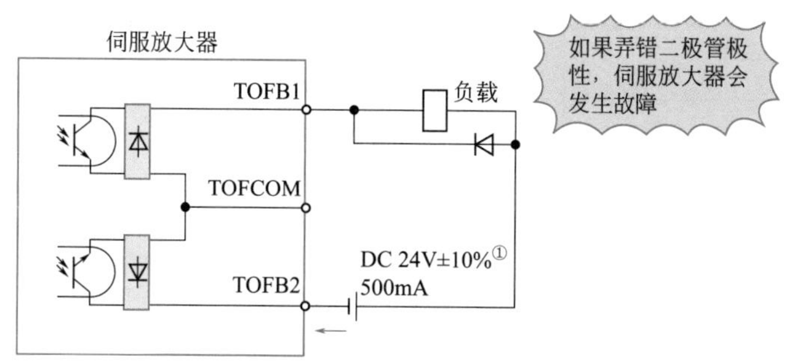


图 3-79　2 个 STO 功能通过 1 个 TOFB 输出时

① 电压下降（最大5.2V）阻碍继电器的动作时，请从外部输入高电压（最大26.4V）

# 第七节 伺服驱动系统使用线性伺服电机和直驱伺服电机的应用

## 一、伺服驱动系统中线性伺服电机的应用

在对精度、速度、效率有较高要求的半导体、液晶相关装置、贴装机等领域中，在驱动轴上使用线性伺服电机的系统越来越多。线性伺服系统与滚珠丝杠驱动系统相比，具有高速度及高加减速的特性，而且它没有滚珠丝杠驱动系统的滚珠丝杠磨损等的缺点，因此装置寿命更长。此外，因为其没有因齿隙或摩擦而引发响应误差的问题，故可以构建高精度的高端伺服驱动系统。

### 1. MR-J4-A 使用线性伺服电机接线示例

图 3-80 为 MR-J4-20A 中使用线性伺服电机的一个示例。线性伺服电机在其他的伺服放大器中使用时，除线性伺服电机及线性编码器的连接以外，其余都与旋转型伺服电机相同。

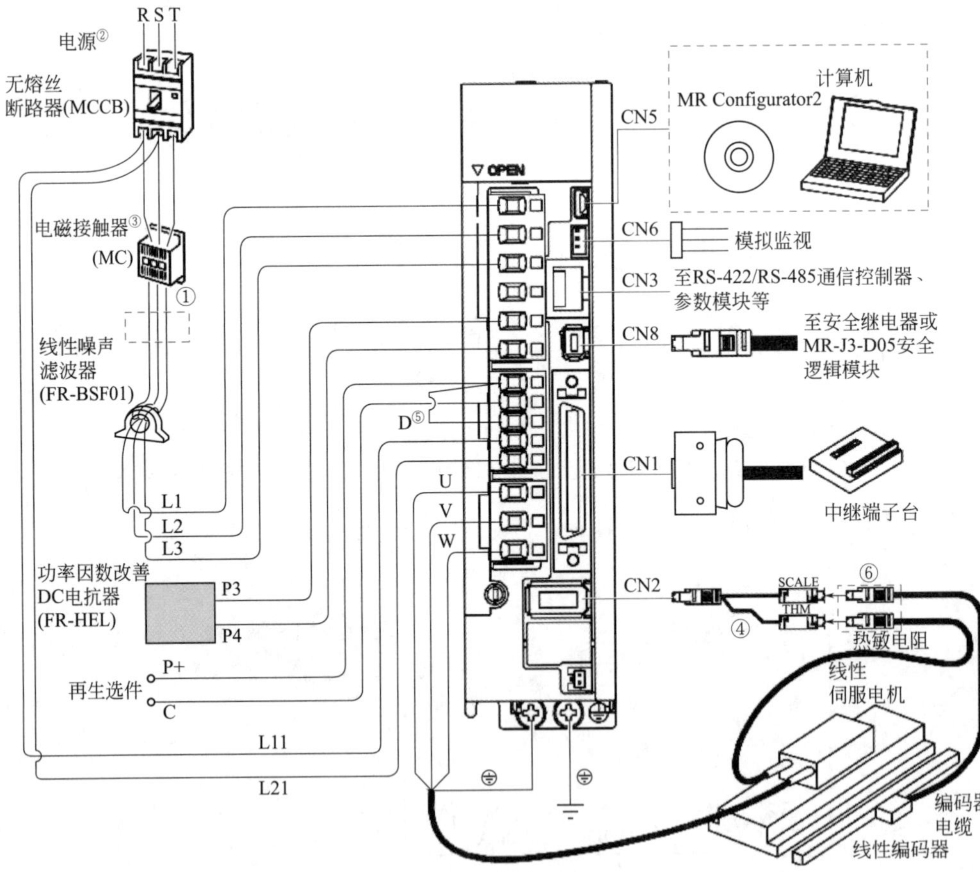

图 3-80 MR-J4-20A 中使用线性伺服电机

① 也可以使用功率因素改善AC电抗器。此时不可使用功率因数改善DC电抗器。
不使用功率因数改善DC电抗器时，请将P3和P4间进行短接。

② 单相AC 200～240V适用于MR-J4-70A以下。使用单相AC 200～240V电源时，请连接到L1和L3，不要在L2上连接任何东西。
③ 根据主电路电压及运行模式的不同，可能会造成母线电压下降，由强制停止减速中转换到动态制动减速。若不希望动态制动减速，请延迟电磁接触器的关闭时间。
④ 分支电缆请选用MR-J4THCBL03M（选件）。
⑤ 必须连接P+和D。
⑥ 请正确将热敏电阻连接到分支电缆的THM上，将编码器电缆连接到分支电缆的SCALE上。连接错误会发生报警

## 2. 使用线性伺服电机运行与功能

使用线性伺服电机时，将［Pr. PA01］设定为“_ _ 4 _”。

（1）启动　启动步骤如图 3-81 所示，启动线性伺服。

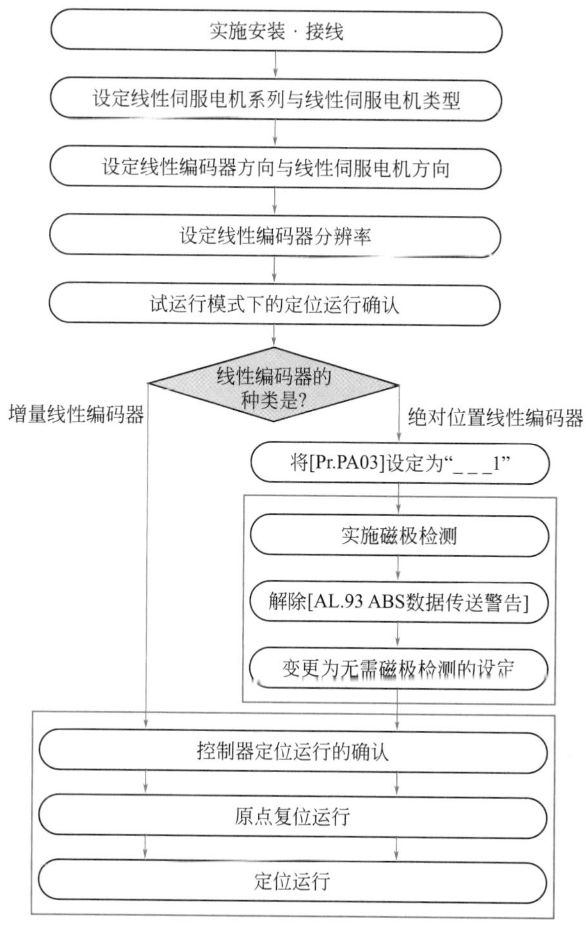


图 3-81　使用线性伺服电机时启动步骤

（2）线性伺服电机系列和线性伺服电机类型的设定　在［Pr. PA17 伺服电机系列设定］及［Pr. PA18 伺服电机类型设定］中，对使用的线性伺服电机的伺服电机系列及伺服电机类型进行设定。

（3）线性编码器方向与线性伺服电机方向的设定　使用［Pr. PC45］的第 1 位（编码器脉冲计数器极性选择）进行设定，使线性伺服电机的正方向和线性编码器反馈的增加方向一致。如图 3-82 所示。

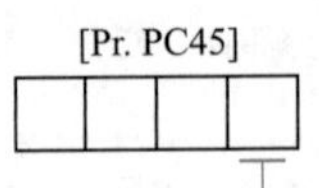


编码器脉冲计数器极性选择
0：以线性伺服电机正方向为线性编码器增加方向
1：以线性伺服电机正方向为线性编码器减少方向

图 3-82　编码器脉冲计数器极性选择

❶ 参数的设定方法

• 确认线性伺服电机的正方向。线性伺服电机的移动方向与指令之间的关系，由如表 3-42 所示的 [Pr.PA14] 的设定而定。

表3-42　确认线性伺服电机的正方向

| [Pr.PA14] 的设定值 | 线性伺服电机的移动方向 | |
|---|---|---|
| | 地址增加指令 | 地址减少指令 |
| 0 | 正方向 | 反方向 |
| 1 | 反方向 | 正方向 |

线性伺服电机的正方向及反方向如图 3-83 所示。

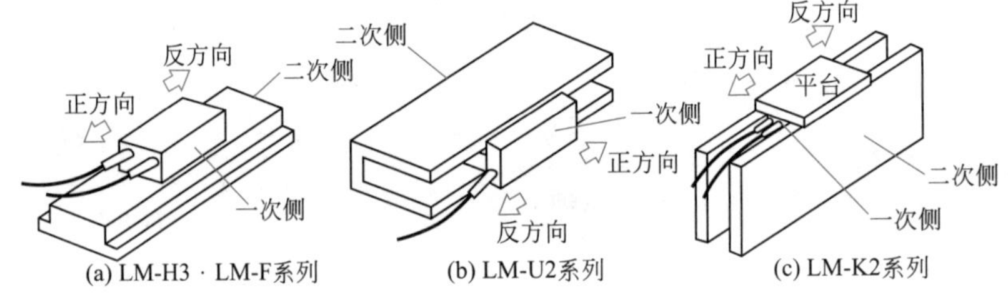


图 3-83　线性伺服电机的正方向及反方向

• 确认线性编码器的增加方向。

• 线性伺服电机的正方向和线性编码器的增加方向一致时，请将[Pr. PC45]设定为“_ _ _0”。线性伺服电机的正方向和线性编码器的增加方向不一致时，请将 [Pr. PC45] 设定为“_ _ _1”。

❷ 确认方法　请按照以下步骤，确认线性伺服电机的正方向和线性编码器的增加方向。

• 伺服 OFF 状态下，手动将线性伺服电机转到正方向。

• 使用 MR Configurator2，确认此时的电机速度（正・反）。

• [Pr. PC45] 的设定为“_ _ _ 0”且线性伺服电机的正方向和线性编码器的增加方向一致时，线性伺服电机向正方向运转，电机速度即变为正值。线性伺服电机的正方向和线性编码器的增加方向不一致时，电机速度变为负值。[Pr. PC45] 的设定为“_ _ _ 1”且线性伺服电机的正方向和线性编码器的增加方向一致时，线性伺服电机向正方向运转，电机速度即变为负值。

（4）线性编码器的分辨率设定　该参数在设定后，需要先切断一次电源再接通电源才会生效。请通过 [Pr. PL02 线性编码器分辨率设定 分子 ] 及 [Pr. PL03 线性编码器分辨率设定 分母 ] 设定对线性编码器分辨率的比值。

用以下公式所示对值进行设定。

$$\frac{\text{[Pr. PL02 线性编码器分辨率设定　分子]}}{\text{[Pr. PL03 线性编码器分辨率设定　分母]}} = \text{线性编码器的分辨率（μm）}$$

[Pr. PL02] 及 [Pr. PL03] 的设定值速查表如表 3-43 所示。

表3-43　[Pr. PL02]及[Pr. PL03]的设定值速查表

| | | 线性编码器分辨率 /μm | | | | | | | |
|---|---|---|---|---|---|---|---|---|---|
| | | 0.01 | 0.02 | 0.05 | 0.1 | 0.2 | 0.5 | 1.0 | 2.0 |
| 设定值 | [Pr.PL02] | 1 | 1 | 1 | 1 | 1 | 1 | 1 | 2 |
| | [Pr.PL03] | 100 | 50 | 20 | 10 | 5 | 2 | 1 | 1 |

## 3. 线性伺服电机运行前磁极检测

磁极检测需要将 [Pr. PE47 转矩偏置 ] 设定成 0（初始值）后再实施。在进行线性伺服电机的定位运行之前，请务必进行磁极检测。[Pr. PL01] 为初始值时，仅在电源接通后的第一次伺服 ON 时执行磁极检测。

以下为使用 MR Configurator2 实施的磁极检测的步骤。

（1）通过位置检测方式实施的磁极检测　如图 3-84 所示。

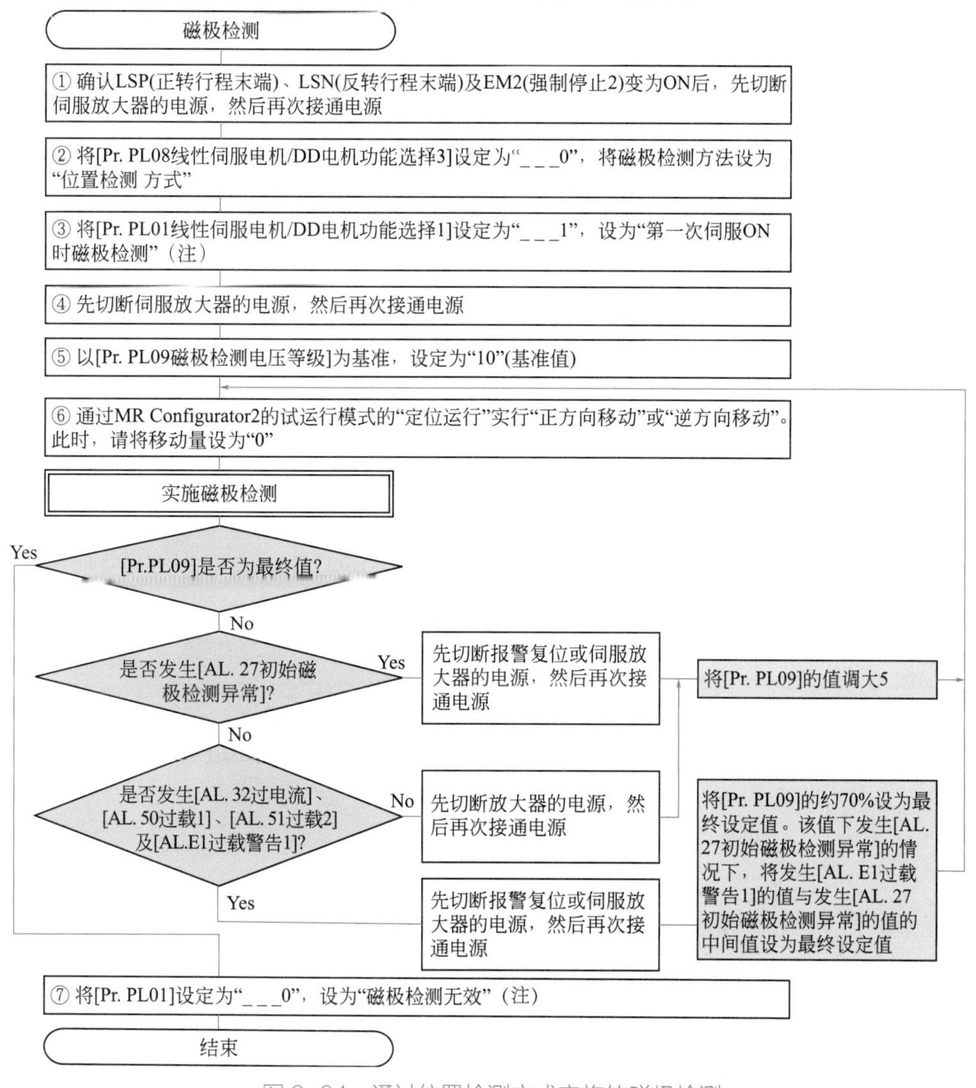


图 3-84　通过位置检测方式实施的磁极检测

注：增量系统时，无需设定[Pr. PL01]

（2）磁极检测时的运行

❶ 增量线性编码器时　使用增量线性编码器的情况下，每次接通电源都需要进行磁极检测。电源接通后，通过将SON（伺服ON）设为ON，即可自动实施磁极检测。因此，无须为了实施磁极检测而对参数（[Pr. PL01]的第1位）进行设定。时序图如图3-85所示。

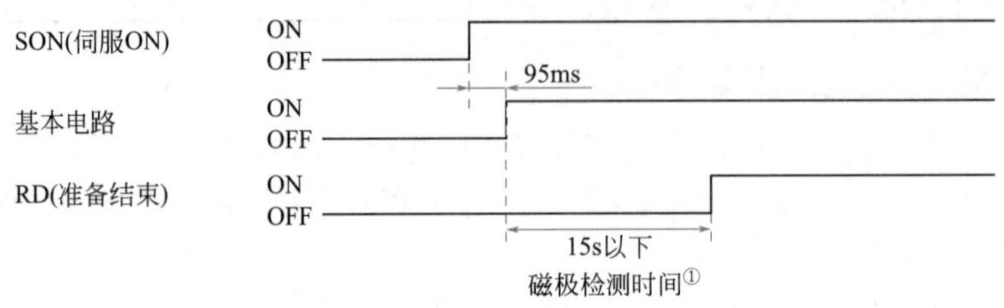


图3-85　时序图

① 磁极检测时间表示LSP（正转行程末端）及LSN（反转行程末端）为ON时的动作时间

• 线性伺服电机的动作[LSP（正转行程末端）及LSN（反转行程末端）为ON时]如图3-86所示。

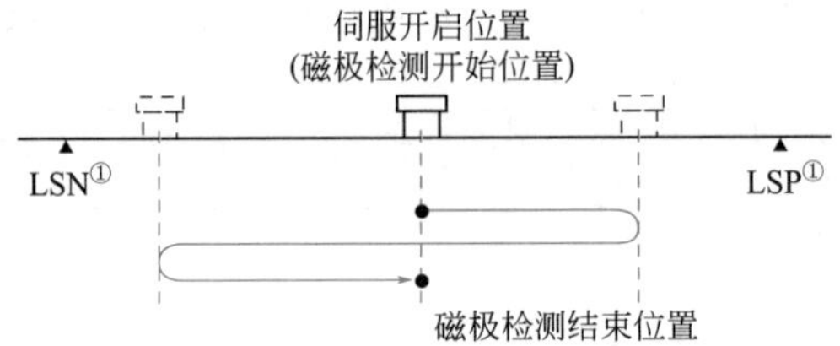


图3-86　LSP（正转行程末端）及LSN（反转行程末端）为ON时

① 磁极检测过程中，如LSP（正转行程末端）或LSN（反转行程末端）变为OFF，则将继续在相反方向上进行磁极检测。LSP及LSN同时OFF时，发生[AL.27初始磁极检测异常]

• 线性伺服电机的动作[LSP（正转行程末端）或LSN（反转行程末端）变为OFF时]伺服ON时，LSP或LSN变为OFF的情况下，按如图3-87所示执行磁极检测。

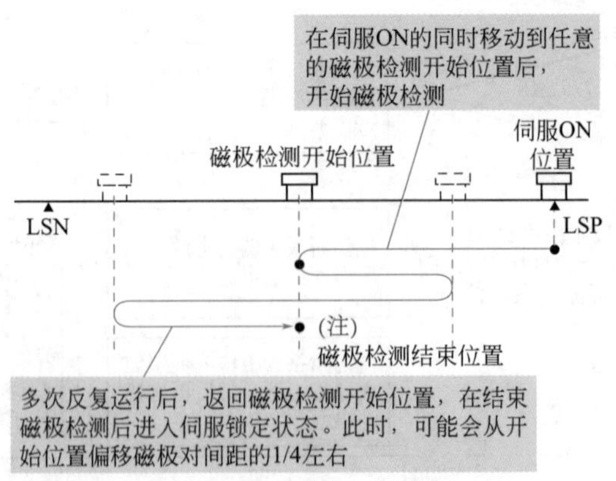


图3-87　LSP（正转行程末端）或LSN（反转行程末端）变为OFF时

❷ 绝对位置线性编码器时　按照如下步骤实施磁极检测。

• 请将[Pr. PL01 线性伺服电机/DD电机功能选择1]设定为“_ _ _ 1”（第一次伺服

ON 时 磁极检测 )。如图 3-88 所示。

图 3-88　Pr. PL01 线性伺服电机 /DD 电机功能选择 1

- 请执行磁极检测。
- 磁极检测正常结束后，请将 [Pr. PL01] 变更为"_ _ _0"( 磁极检测无效 )。

磁极检测后，通过 [Pr. PL01] 将磁极检测功能设为无效，则无须在每次接通电源时进行磁极检测。

### 4. 原点复位

❶ 根据线性编码器的分辨率，变更 [Pr. PL01] 的第 3 位的设定值。

❷ 增量线性编码器和绝对位置线性编码器的原点复位时的原点基准位置不同。

❸ 线性编码器的原点复位方向上需要 1 处线性编码器的原点 ( 参照标记 )。此外，请设定近点狗，使经过近点狗后减速至蠕变速度后，再经过原点 ( 参照标记 )。

如图 3-89 所示的例子中，为了切实实施原点复位，请在通过 JOG 运行移动至 LSN 之后 ( 移动到相反一侧的行程末端后 )，再实施原点复位。

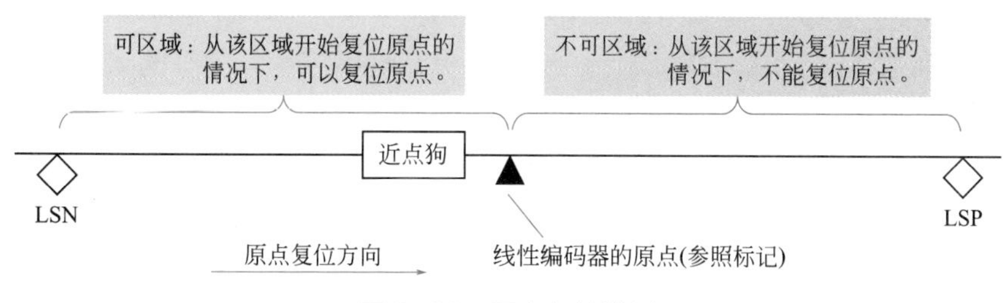


图 3-89　原点复位举例

❹ 线性编码器的分辨率或停止间隔 ( [Pr. PL01] 的第 3 位 ) 较大时，有可能会冲撞行程末端，极度危险。

### 5. 通过 MR Configurator2 进行的试运行模式

使用计算机和 MR Configurator2，即可在不连接控制器的情况下执行定位运行、输出信号 ( DO ) 强制输出及程序运行。

( 1 ) 定位运行　可以在控制器没有发出指令的状态下进行定位运行。请在解除强制停止的状态下使用。无论伺服 ON、伺服 OFF 或控制器有无连接，均可使用。

通过 MR Configurator2 的定位运行画面进行操作。

❶ 运行模式如表 3-44 所示。

表3-44　运行模式

| 项目 | 初始值 | 设定范围 |
| --- | --- | --- |
| 移动量 /pulse | 1048576 | 0 ～ 99999999 |
| 速度 / ( mm/s ) | 10 | 0 ～最大速度 |
| 加减速时间常数 /ms | 1000 | 0 ～ 50000 |

续表

| 项目 | 初始值 | 设定范围 |
|---|---|---|
| 反复类型 | 正方向移动→反方向移动 | 正方向移动→反方向移动<br>正方向移动→正方向移动<br>反方向移动→正方向移动<br>反方向移动→反方向移动 |
| 暂停时间 /s | 2.0 | 0.1 ～ 50.0 |
| 反复次数 / 次 | 1 | 1 ～ 9999 |

❷ 运行方法如表 3-45 所示。

表3-45　运行方法

| 运行 | 画面操作 |
|---|---|
| 正方向移动 | 单击“正方向移动”按钮 |
| 反方向移动 | 单击“反方向移动”按钮 |
| 暂停 | 单击“暂停”按钮 |
| 停止 | 单击“停止”按钮 |
| 强制停止 | 单击“强制停止”按钮 |

（2）输出信号（DO）强制输出　强制 ON/OFF 输出信号与伺服的状态无关。它用于检查输出信号的接线等。通过 MR Configurator2 的 DO 强制输出画面进行操作。

（3）程序运行　可以不使用控制器进行由多种运行模式组合的定位运行。请在解除强制停止的状态下使用。无论伺服 ON、伺服 OFF 或控制器有无连接，均可使用。通过 MR Configurator2 的程序运行画面进行操作。详细内容请参照 MR Configurator2 的使用说明书。

## 二、伺服驱动系统直驱电机的应用

### 1. 直驱电机的功能

对精度、效率有较高要求的半导体、液晶相关装置、贴装机等领域中，在驱动轴上使用直驱电机的系统越来越多。直驱伺服系统具有如下所示的优点。

❶ 直驱结构实现高刚性、高转矩、高分辨率编码器的高精度控制。

❷ 采用高分辨率编码器，可以实现高精度分度。

❸ 不配备减速机，因此不存在因摇动或齿隙而引起的损耗。此外，还可以缩短调整时间，高精度地实现高频率动作。

❹ 不配备减速机，因此不存在因减速机引起的老化。

### 2. 三菱伺服系统使用直驱电机外围设备的构成

图 3-90 是在 MR-J4-20A 中使用的一个示例。在其他的伺服放大器中使用时，除直驱电机的连接以外，其余都与旋转型伺服电机相同。

### 3. 三菱伺服系统使用直驱电机运行

❶ 使用直驱电机时，将 [Pr. PA01] 设定为“_ _ 6 _”。

❷ 关于试运行，为节约篇幅可以参阅前述线性伺服电机方法，或参考直驱电机运行手册。

❸ 直驱电机的 Z 相在接通电源后需要使其通过 1 次。如装置构成为直驱电机无法旋转 1 周以上时，则安装时须确保可使 Z 相通过。

4. 磁极检测时的运行

❶ 增量系统时。使用增量系统的情况下，每次接通电源都需要进行磁极检测。电源接通后，首次将 SON（伺服 ON）设为 ON 时，将自动实施磁极检测。因此，无须为了实施磁极检测而对参数（[Pr. PL01] 的第 1 位）进行设定。

• 时序图如图 3-91 所示。

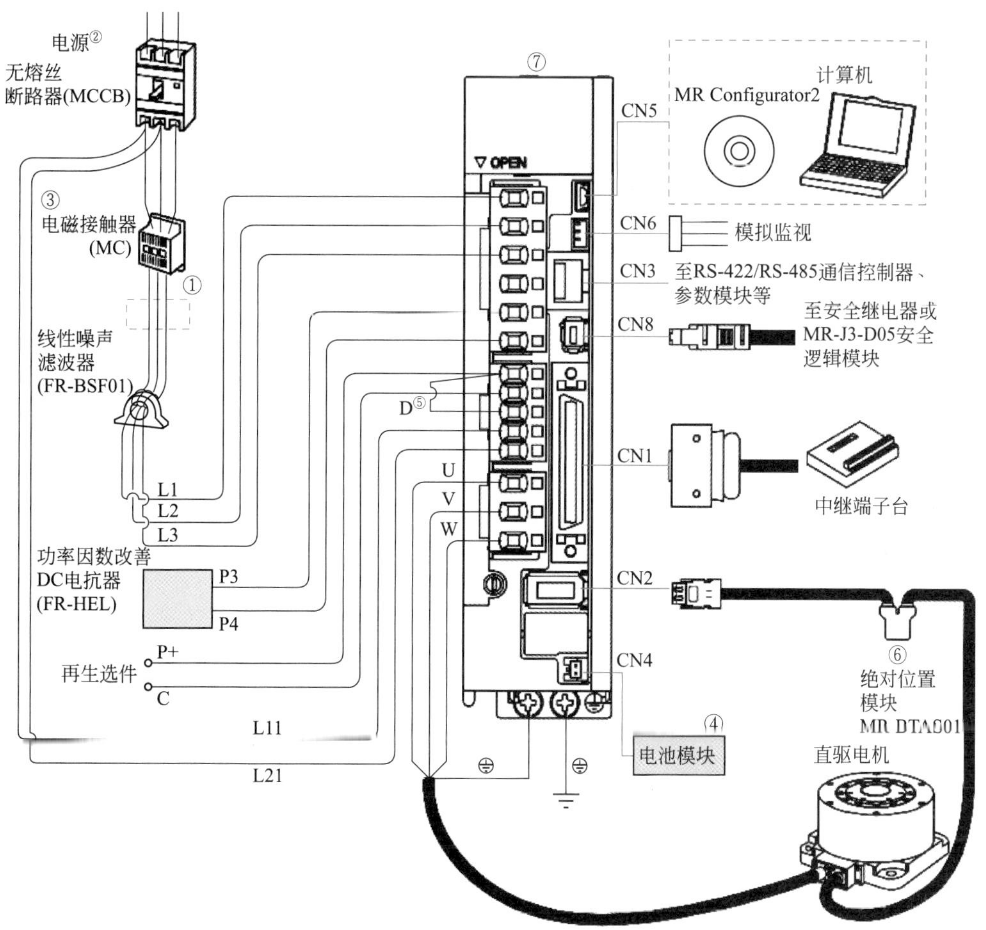


图 3-90　MR-J4-20A 伺服放大器中使用直驱电机示例

① 也可以使用功率因素改善AC电抗器。此时不可使用功率因数改善DC电抗器。不使用功率因数改善DC电抗器时，请将P3和P4间进行短接。

② 单相AC 200～240V适用于MR-J4-70A（-RJ）以下。使用单相AC 200～240V电源时，请连接到L1和L3，不要在L2上连接任何东西。

③ 根据主电路电压及运行模式的不同，可能会造成母线电压下降，由强制停止减速中转换到动态制动减速。若不希望动态制动减速，请延迟电磁接触器的关闭时间。

④ 电池模块在绝对位置检测系统中使用。

⑤ 请务必对P+和D之间进行连接。

⑥ 绝对位置模块在绝对位置检测系统中使用。

⑦ MR-J4-_A的情况。MR-J4-_A-RJ时，虽然搭载有CN2L连接器，但不能在直驱伺服系统中使用

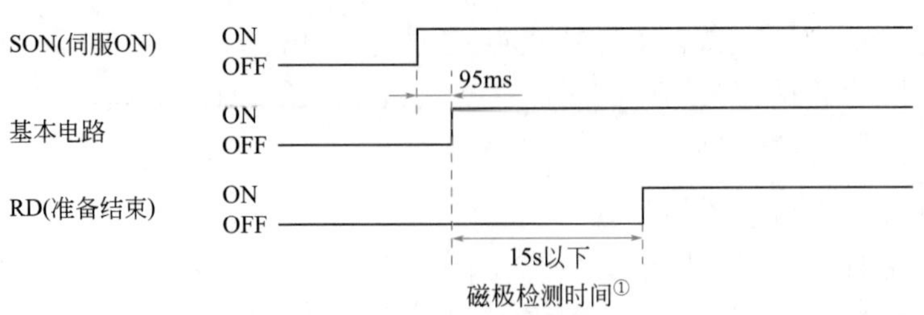

图 3-91　时序图

① 磁极检测时间表示LSP（正转行程末端）及LSN（反转行程末端）为ON时的动作时间

• 直驱电机的动作（LSP · LSN 为 ON 时）如图 3-92 所示。

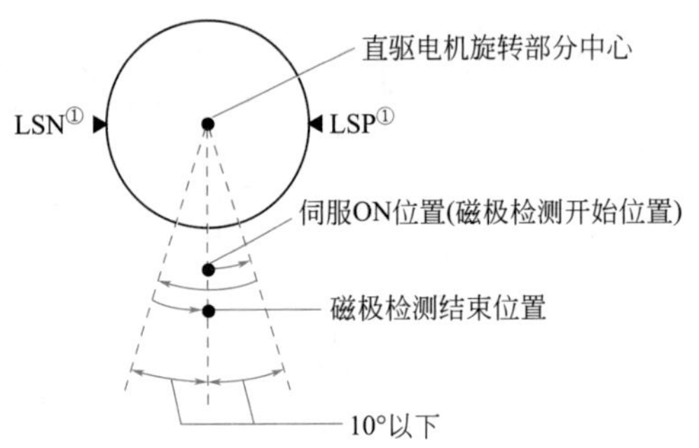

图 3-92　LSP · LSN 为 ON 时动作

① 磁极检测过程中，如果LSP或LSN变为OFF，则将继续在相反方向上进行磁极检测。LSP及LSN同时OFF时，会发生[AL.27初始磁极检测异常]

• 直驱电机的动作（LSP 或 LSN 变为 OFF 时）伺服 ON 时，LSP 或 LSN 变为 OFF 的情况下，按图 3-93 所示执行磁极检测。

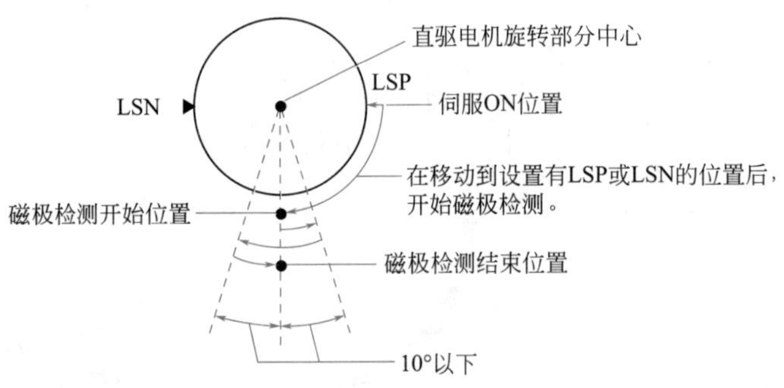

图 3-93　LSP 或 LSN 变为 OFF 时动作

❷ 绝对位置检测系统时。按照如下步骤实施磁极检测。

• 请将 [Pr. PL01 线性伺服电机 /DD 电机功能选择 1] 设定为“_ _ _ 1”（第一次伺服 ON 时磁极检测），如图 3-94 所示。

图 3-94　第一次伺服 ON 时磁极检测

• 请执行磁极检测。

• 磁极检测正常结束后，请将 [Pr. PL01] 变更为“_ _ _ 0”（磁极检测无效）。如图 3-95 所示。

• 磁极检测后，通过 JOG 运行使直驱电机的 Z 相通过，通过 [Pr. PL01] 使磁极检测功能无效后，则无须在每次接通电源时进行磁极检测。

• 磁极检测方法的设定。请使用 [Pr. PL08] 的第 1 位 ( 磁极检测方法的选择 )，设定磁极检测方法。如图 3-96 所示。

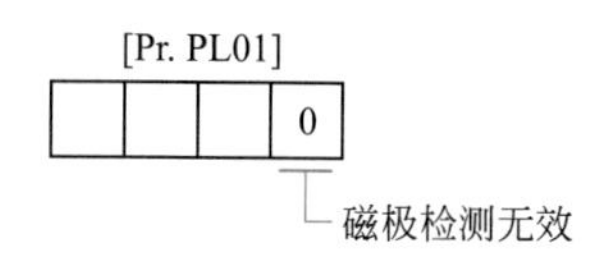


图 3-95　磁极检测正常结束后

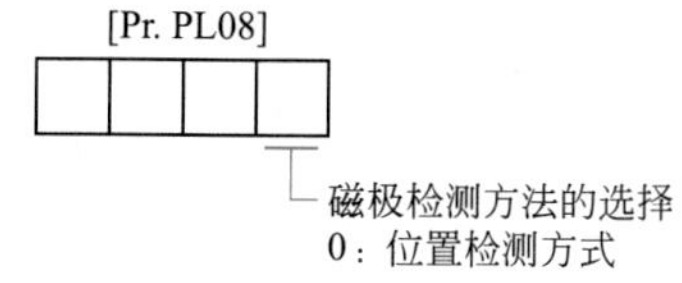


图 3-96　磁极检测方法

# 第四章 可编程控制器（PLC）及应用技术

## 第一节 认识PLC

### 一、PLC的工作原理

#### 1. PLC 的电路拓扑结构

可编程控制系统的等效电路可分为输入部分、内部控制电路和输出部分。如图 4-1 所示。

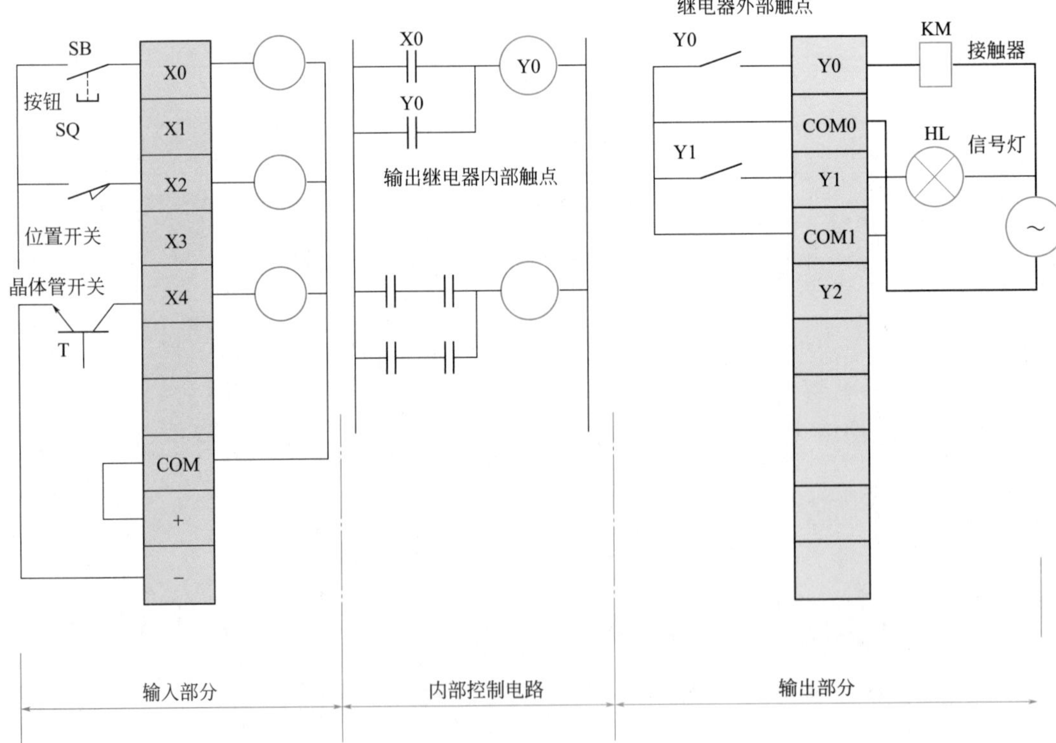


图 4-1　PLC 的等效电路

（1）输入部分　它由外部输入电路、PLC 输入接线端子和输入继电器组成。

外部输入信号经 PLC 输入接线端驱动输入继电器。一个输入端对应一个等效电路中的输入继电器，它可提供任意个动合和动断接点供 PLC 内部控制电路编程用。

电源可用 PLC 电源部件提供的直流 100V、48V、24V 电压，也可由独立的交流电源 220V 和 100V 供电。

（2）内部控制电路　它是由用户程序形成的，即用软件代替硬件电路。其作用是按程序规定的逻辑关系，对输入和输出信号的状态进行运算、处理和判断，然后得到相应的输出。

用户程序通常根据梯形图进行编制，梯形图类似于继电控制电气原理图，只是图中元件符号与继电器回路的元件符号不相同。图 4-2 给出了几个元件的对应图形符号。

| 文件名称 | 动合触点<br>常开触点 | 动断触点<br>常闭触点 | 线圈 |
|---|---|---|---|
| 继电器原理图符号 | | | |
| 梯形图符号 | | | |

图 4-2　PLC 元件对应图形符号

继电器控制线路中，继电器的接点可以是瞬时或延时动作；而 PLC 电路中的接点是瞬时动作的，延时由定时器实现。定时器的接点是延时动作，且延时时间远远大于继电器延时的时间范围，延时时间由编程设定。

（3）输出部分　它由与内部控制电路隔离的输出继电器的外部动合触点、输出接线端子和外部电路组成，用来驱动外部负载。

PLC 内部控制电路中有许多输出继电器，每个输出继电器除了有为内部控制电路提供编程使用的动合、动断接点外，还为输出电路提供一个动合触点与输出接线端相连。

外部电源提供驱动外部负载的电源。PLC 输出端子上有接输出电源用的公共端（COM）。

2. PLC 的特殊工作方式（如图 4-3 所示）

微机一般采用等待命令的工作方式，如常见的键盘扫描方式或 I/O 扫描方式，若有键按下或有 I/O 变化，则转入相应的子程序，若无则继续扫描等待。

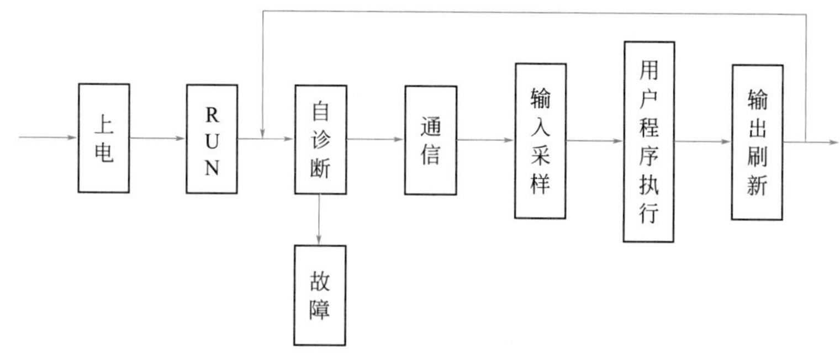


图 4-3　PLC 工作方式示意图

PLC 则采用循环扫描的工作方式。对每个程序，CPU 从第一条指令开始执行，按指令步序号作周期性的程序循环扫描，如果无跳转指令，则从第一条指令开始逐条执行用户程序，直至遇到结束符后又返回第一条指令，如此不断循环，每一循环称为一个扫描周期。

扫描周期的长短主要取决因素有三个：一是 CPU 执行指令的速度；二是执行每条指令占用的时间；三是程序中指令条数的多少。PLC 的一个扫描过程包含五个阶段。

（1）内部处理　检查 CPU 等内部硬件是否正常，对监视定时器复位，其他内部处理。

（2）通信服务　与其他智能装置（编程器、计算机）通信。如响应编程器键入的命令，更新编程器的显示内容。

（3）输入采样　以扫描方式按顺序采样输入端的状态，并存入输入映象寄存器中（输入寄存器被刷新）。

（4）程序执行　PLC 梯形图程序扫描原则：按照“先左后右、先上后下”的顺序逐句扫描，并将结果存入相应的寄存器。

（5）输出刷新　输出状态寄存器（Y）中的内容转存到输出锁存器输出，驱动外部负载。

PLC 采用循环扫描的工作方式，是区别于其他设备的最大特点之一，我们在学习和使用 PLC, 特别是阅读和编写 PLC 程序时应加强注意。

## 二、PLC的编程语言

软件有系统软件和应用软件之分，PLC 的系统软件由可编程控制器生产厂家固化在 ROM 中，一般的用户只能在应用软件上进行操作，即通过编程软件来编制用户程序。

PLC 的编程语言一般有如下五种表达方式，由国际电工委员会（IEC）1994 年 5 月在可编程控制器标准中推荐。

### 1. 梯形图（LAD）语言（如图 4-4 所示）

梯形图是一种以图形符号及图形符号在图中的相互关系表示控制关系的编程语言，它是从继电器控制电路图演变过来的。梯形图将继电器控制电路图进行简化，同时加进了许多功能强大、使用灵活的指令，将微机的特点结合进去，使编程更加容易，而实现的功能却大大超过传统继电器控制电路图，是目前最普通的一种 PLC 的编程语言。

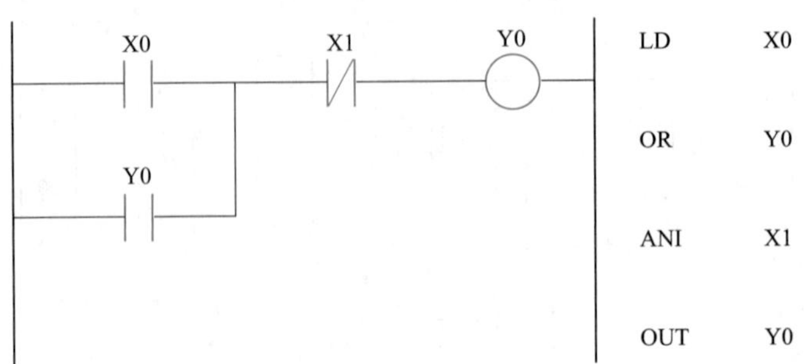


图 4-4　梯形图及其语句表

梯形图及符号的画法应按一定规则。

❶ 梯形图中只有常开和常闭两种触点。各种机型中常开触点（动合触点）和常闭触点（动断触点）的图形符号基本相同，但它们的元件编号不相同，随不同机种、不同位置（输入或输出）而不同。统一标记的触点可以反复使用，次数不限，这点与继电器控制电路中同一触点只能使用一次不同。因为在可编程控制器中每一触点的状态均存入可编程控制器内部的存储单元中，可以反复读写，故可以反复使用。

❷ 梯形图中输出继电器（输出变量）表示方法也不同，用圆圈或括弧表示，而且它们的编程元件编号也不同，不论哪种产品，输出继电器在程序中只能使用一次。

❸ 梯形图最左边是起始母线（左母线），每一逻辑行必须从左母线开始画。梯形图最右边还有结束母线（右母线），可以省略。

❹ 梯形图必须按照从左到右、从上到下顺序书写，因为 PLC 也按照该顺序执行程序。

❺ 梯形图中触点可以任意串联或并联，而输出继电器线圈可以并联但不可以串联。

### 2. 指令表（STL）语言

梯形图直观、简便，但要求用带 CRT 屏幕显示的图形编程器才能输入图形符号。小型 PLC 一般无法满足，而是采用经济便携的手持式编程器（指令编程器）将程序输入到可编程控制器中，这种编程方法使用指令语句（助记符语言），它类似于微机中的汇编语言。

语句是指令语句表编程语言的基本单元，每个控制功能由一个或多个语句组成的程序来执行。每条语句规定可编程控制器中 CPU 如何动作的指令，它是由操作码和操作数组成的。操作码用助记符表示要执行的功能，操作数表明操作的地址或一个预先设定的值。

### 3. 顺序功能图（SFC）语言

顺序功能图常用来编制顺序控制类程序。它包含步、动作、转换三个要素。顺序功能编程法可将一个复杂的控制过程分解为一些小的顺序控制要求连接组合成整体的控制程序。顺序功能图法体现了一种编程思想，在程序的编制中具有很重要的意义。在介绍步进梯形图指令时将详细介绍顺序功能图编程法。图 4-5 所示为顺序功能图。

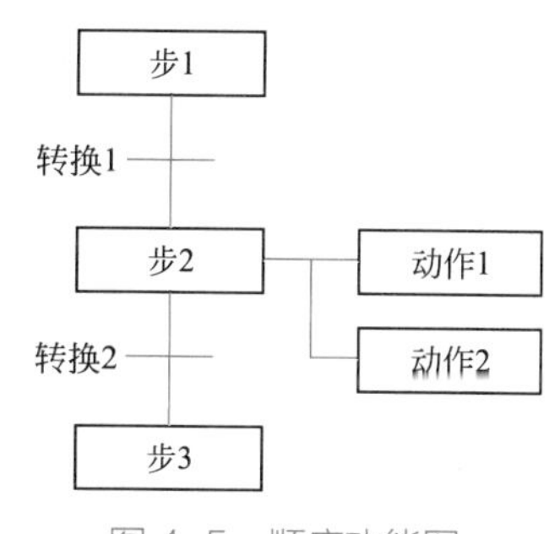


图 4-5　顺序功能图

### 4. 功能块图（FBD）语言

功能块图编程语言实际上是用逻辑功能符号组成的功能块来表达命令的图形语言，与数字电路中逻辑图一样，它极易表现条件与结果之间的逻辑功能。功能块图如图 4-6 所示。

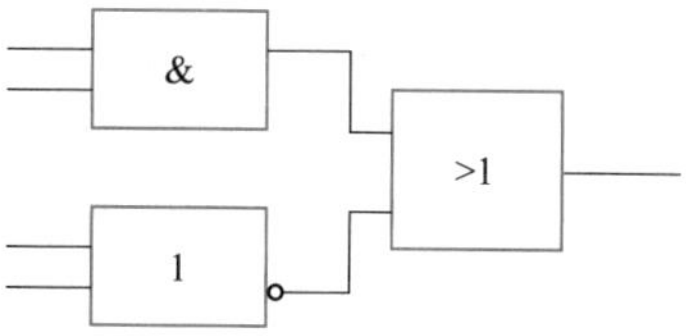

图 4-6　功能块图

由图 4-6 可见，这种编程方法是根据信息流将各种功能块加以组合，是一种逐步发展起来的新式的编程语言，正在受到各 PLC 厂家的重视。

### 5. 结构文本（ST）语言

PLC 飞速发展，许多高级功能用梯形图来表示会很不方便。为增强 PLC 的数字运算、数据处理、图表显示、报表打印等功能，方便用户使用，许多大中型 PLC 都配备了 PASCAL、BASIC、C 等高级编程语言。这种编程方式叫做结构文本。

结构文本与梯形图比较的两大优点：一是能实现复杂的数学运算，二是非常简洁和紧凑。用结构文本编制极复杂的数学运算程序只占一页纸，用来编制逻辑运算程序也很容易。

PLC 的编程语言是 PLC 应用软件的工具，它以 PLC 输入口、输出口、机内元件之间的逻辑及数量关系表达系统的控制要求，并存储在机内存储器中，即“存储逻辑”。生产厂家可提供其中几种编程语言供用户选择，并非所有可编程控制器都支持全部五种编程语言。

## 三、三菱PLC

以三菱 PLC 为例，典型的有两大类型：FX 系列和 Q 系列。

### 1. FX 系列 PLC

在 PLC 的正面，一般都有表示该 PLC 型号的铭牌，通过阅读该铭牌即可以获得该 PLC 的基本信息。FX 系列 PLC 的型号命名基本格式与含义如下。

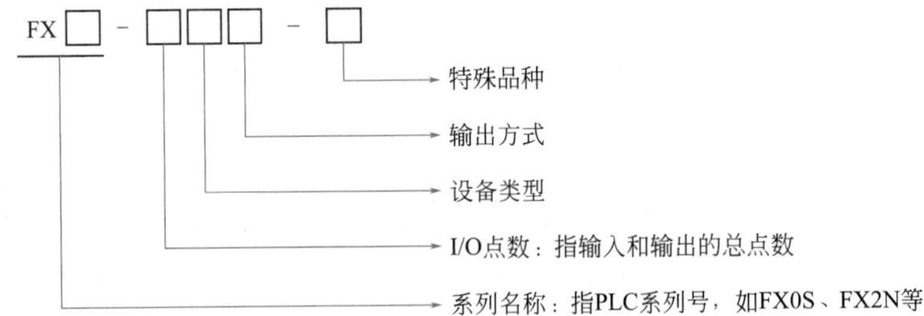


序列号：0、0S、0N、2、2C、1S、2N、2NC、3U、3UC 等。

I/O 总点数：10 ～ 256。

单元类型：M——基本单元；E——输入输出混合扩展单元及扩展模块；
EX——输入专用扩展模块；EY——输出专用扩展模块。

输出形式：R——继电器输出；T——晶体管输出；S——晶闸管输出。

特殊品种：D——DC 电源，DC 输入；A1——AC 电源，AC 输入；
H——大电流输出扩展模块（1A/ 点）；V——立式端子排的扩展模块；
C——接插口输入输出方式；F——输入滤波器 1ms 的扩展模块；
L——TTL 输入扩展模块；S——独立端子（无公共端）扩展模块。

若特殊品种一项无符号，说明通指 AC 电源、DC 输入、横排端子排；继电器输出为 2A/ 点；晶体管输出为 0.5A/ 点；晶闸管输出为 0.3A/ 点。

**【例 4-1】** FX2N-48MRD 含义为 FX2N 系列，输入输出总点数为 48 点，继电器输出，DC 电源，DC 输入的基本单元。

**【例 4-2】** FX-4EYSH 的含义为 FX 系列，输入点数为 0 点，输出 4 点，晶闸管输出，大电流输出扩展模块。

FX 还有一些特殊的功能模块，如模拟量输入输出模块、通信接口模块及外围设备等，使用时可以参照 FX 系列 PLC 产品手册。

### 2. Q 系列 PLC

Q 系列 PLC 是三菱公司从原 A 系列 PLC 基础上发展起来的中大型 PLC 模块化系列产品。按性能 Q 系列 PLC 的 CPU 可以分为基本型、高性能型、过程控制型、运动控制型、计算机型、冗余型等多种系列。

## 四、PLC的硬件

PLC 的组成基本同微机一样，由电源、中央处理器（CPU）、存储器、输入 / 输出接口及外围设备接口等构成。图 4-7 是其硬件系统的简化框图。

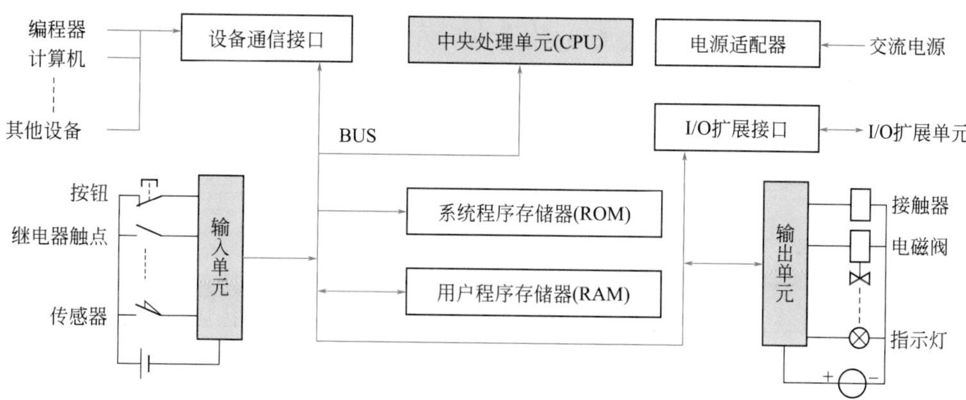


图 4-7 PLC 硬件系统的简化框图

### 1. 输入接口电路

按可接纳的外部信号电源的类型不同分为直流输入接口电路和交流输入接口电路。如图 4-8 所示。

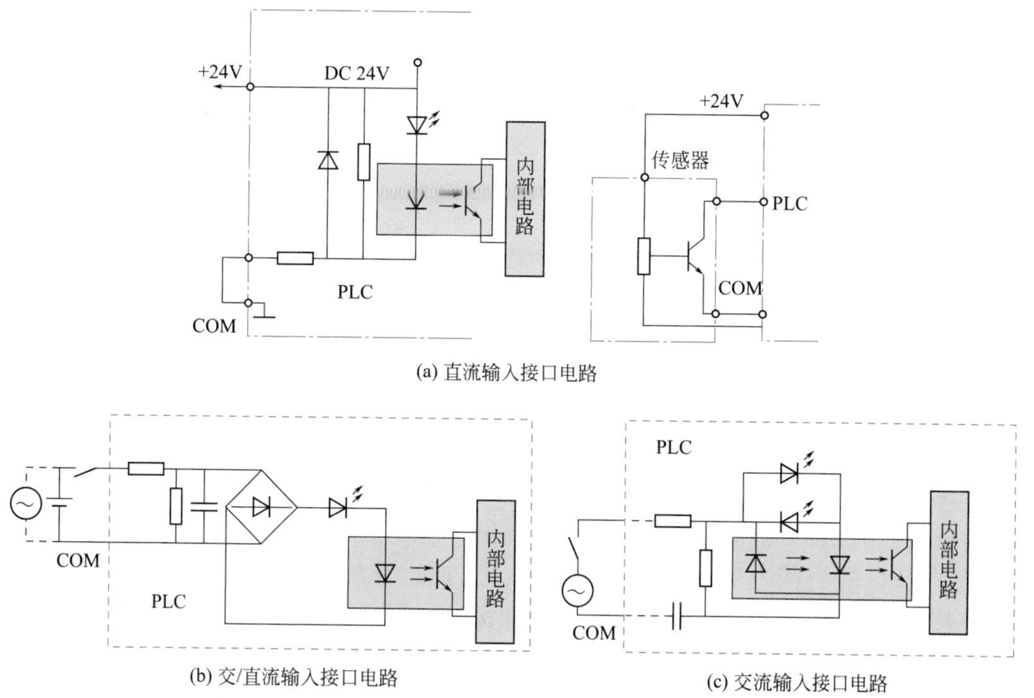


图 4-8 输入接口电路的形式

2. 输出接口电路

输出接口电路接收主机的输出信息，并进行功率放大和隔离，经过输出接线端子向现场的输出部分输出相应的控制信号。它一般由微电脑输出接口和隔离电路、功率放大电路组成。

（1）PLC 的三种输出形式

❶ 继电器（R）输出（电磁隔离）：用于交流、直流负载，但接通断开的频率低。

❷ 晶体管（T）输出（光电隔离）：用于直流负载，有较高的接通断开频率。

❸ 晶闸管（S）输出（光触发型进行电气隔离）：仅适用于交流负载。

第一种的最大触点容量为 2A，后两种分别为 0.5A 与 0.3A。

（2）输出端子两种接线方式　如图 4-9 所示。

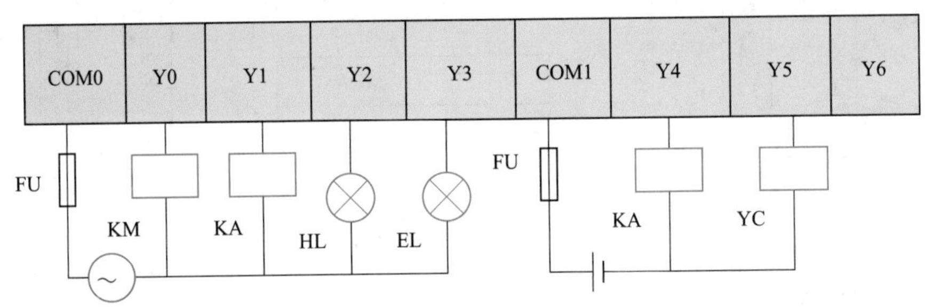


(a) 分隔输出的接线方式

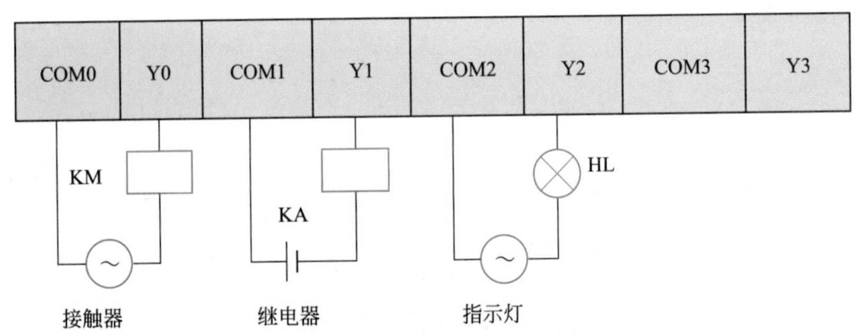


(b) 分组输出的接线方式

图 4-9　输出端子两种接线方式

❶ 分隔输出的接线方式：输出各自独立（无公共点）。

❷ 分组输出的接线方式：每 4 ～ 8 个输出点构成一组，共用一个公共点。

3. 编程器

编程器作为用户程序的编制、编辑、调试检查和监视等，还可以通过其键盘去调用和显示 PLC 的一些内部状态和系统参数。它通过通信端口与 CPU 联系，完成人机对话连接。编程器上有供编程用的各种功能键和显示灯以及编程、监控转换开关。编程器的键盘采用梯形图语言键符式命令语言助记符，也可以采用软件指定的功能键符，通过屏幕对话方式进行编程。编程器分为简易型和智能型两类。前者只能联机编程，而后者既可联机编程又可脱机编程。同时前者输入梯形图的语言键符，后者可以直接输入梯形图。

### 4. 外部设备

一般 PLC 都配有盒式录音机、打印机、EPROM 写入器、高分辨率屏幕彩色图形监控系统等外部设备。

### 5. 电源

根据 PLC 的设计特点，它对电源并无特别要求，可使用一般工业电源。电源一般为单相交流电源（AC 100 ～ 240V，50/60Hz），也有用直流 24V 供电的。对电源的稳定性要求不是太高，允许在额定电源电压值的 ±10% ～ 15% 范围波动。小型 PLC 的电源与 CPU 合为一体，中大型 PLC 用单独的电源模块。

## 五、FX系列PLC的编程软元件

FX 系列 PLC 的编程软元件框图如图 4-10 所示。

### 1. 输入继电器（X）

- 作用：用来接收外部输入的开关量信号。输入端通常外接常开触点或常闭触点。
- 编号：采用八进制，如 X000 ～ X007，X010 ～ X017，……。
- 说明：

① 输入继电器以八进制编号。FX2N 系列带扩展时最多有 184 点输入继电器（X0 ～ X267）。

② 输入继电器只能外部输入信号驱动，不能程序驱动。

③ 可以有无数的常开触点和常闭触点。

④ 输入信号（ON、OFF）至少要维持一个扫描周期。

### 2. 输出继电器（Y）

- 作用：程序运行的结果，驱动执行机构控制外部负载。
- 编号：Y000 ～ Y007，Y010 ～ Y017，……。
- 说明：

① 输出继电器以八进制编号。FX2N 系列 PLC 带扩展时最多 184 点输出继电器（Y0 ～ Y267）。

② 输出继电器可以程序驱动，也可以外部输入信号驱动。

③ 输出模块的硬件继电器只有一个常开触点，梯形图中输出继电器的常开触点和常闭触点可以多次使用。

### 3. 辅助继电器（M）

辅助继电器也叫中间继电器，用软件实现，是一种内部的状态标志，相当于继电控制系统中的中间继电器。

说明：

① 辅助继电器以十进制编号。

② 辅助继电器只能程序驱动，不能接收外部信号，也不能驱动外部负载。

③ 可以有无数的常开触点和常闭触点。

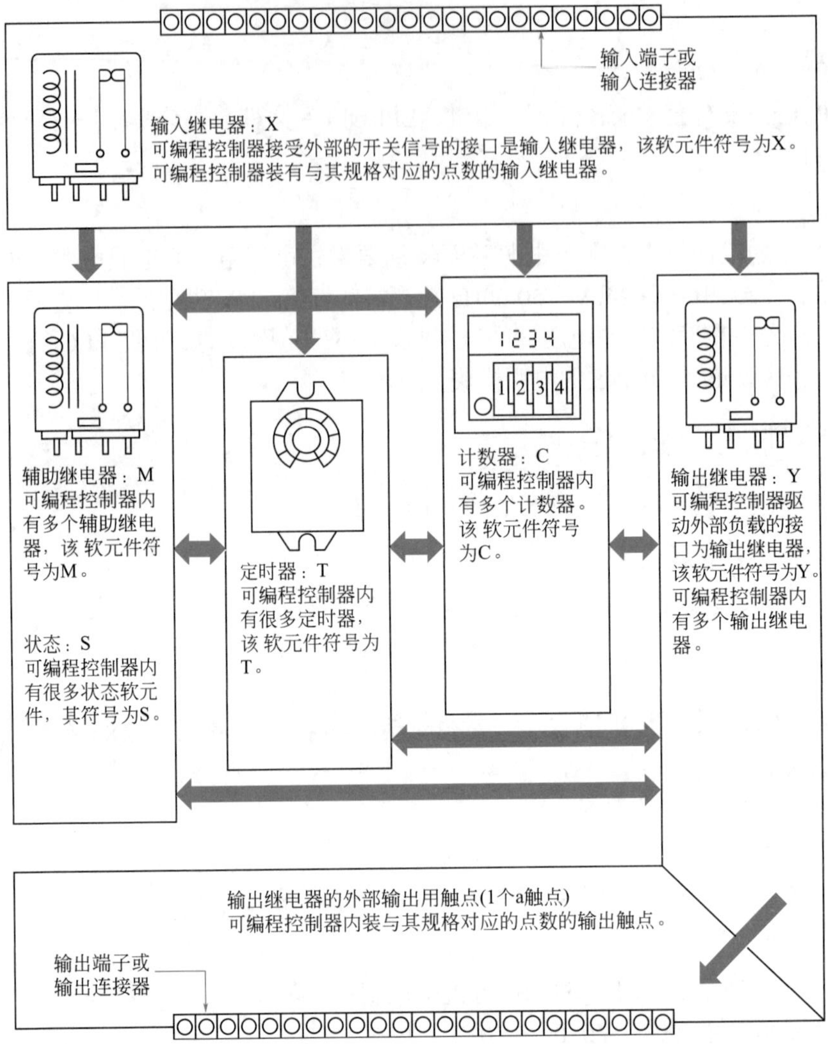

输入端子或
输入连接器

输入继电器：X
可编程控制器接受外部的开关信号的接口是输入继电器，该软元件符号为X。
可编程控制器装有与其规格对应的点数的输入继电器。

辅助继电器：M
可编程控制器内有多个辅助继电器，该软元件符号为M。

状态：S
可编程控制器内有很多状态软元件，其符号为S。

定时器：T
可编程控制器内有很多定时器，该软元件符号为T。

1234
1 2 3 4

计数器：C
可编程控制器内有多个计数器。该软元件符号为C。

输出继电器：Y
可编程控制器驱动外部负载的接口为输出继电器，该软元件符号为Y。可编程控制器内有多个输出继电器。

输出继电器的外部输出用触点(1个a触点)
可编程控制器内装与其规格对应的点数的输出触点。

输出端子或
输出连接器

图 4-10　FX 系列 PLC 的编程软元件框图

• 种类　辅助继电器又分为通用型、掉电保持型和特殊辅助继电器三种。

❶ 通用型辅助继电器：M0 ～ M499，共 500 个。

• 特点：通用辅助继电器和输出继电器一样，在 PLC 电源断开后，其状态将变为 OFF。当电源恢复后，除因程序使其变为 ON 外，否则它仍保持 OFF。

• 用途：逻辑运算的中间状态存储、信号类型的变换。

❷ 掉电保持型辅助继电器：M500 ～ M1023，共 524 个。

• 特点：在 PLC 电源断开后，保持用辅助继电器具有保持断电前瞬间状态的功能，并在恢复供电后继续断电前的状态。掉电保持由 PLC 机内电池支持。

❸ 特殊辅助继电器：M8000 ～ M8255，共 256 个。

• 特点：特殊辅助继电器是具有某项特定功能的辅助继电器。

• 分类：触点利用型和线圈驱动型。

• 触点利用型特殊辅助继电器：其线圈由 PLC 自动驱动，用户只可以利用其触点。

• 线圈驱动型特殊辅助继电器：由用户驱动线圈，PLC 将做出特定动作。

a. 运行监视继电器：如图 4-11 所示。

- M8000——当 PLC 处于 RUN 时，其线圈一直得电；
- M8001——当 PLC 处于 STOP 时，其线圈一直得电。

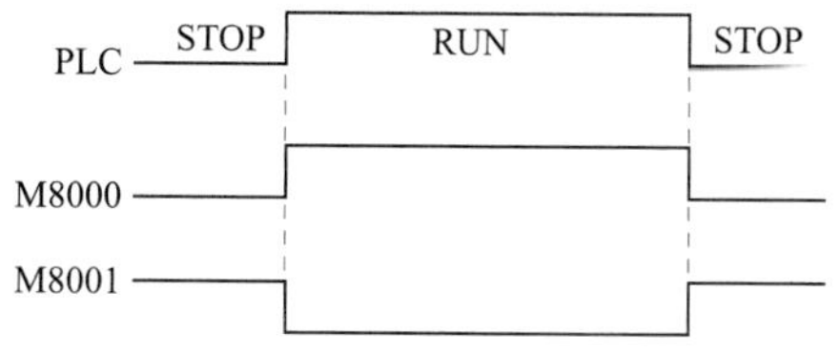

图 4-11　运行监视继电器的时序图

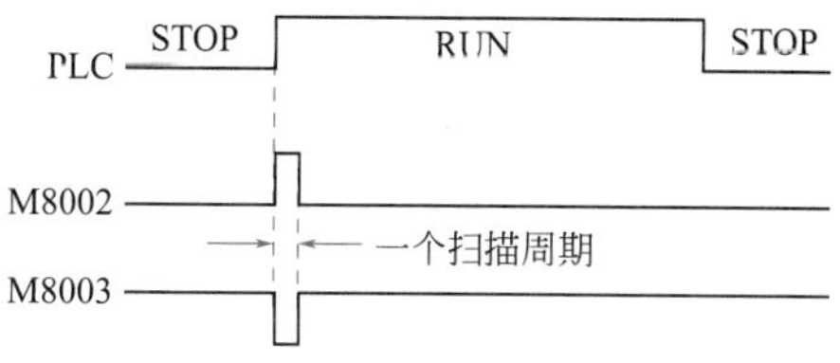

图 4-12　初始化继电器的时序图

b. 初始化继电器：如图 4-12 所示。

- M8002 —— 当 PLC 开始运行的第一个扫描周期其得电；
- M8003 —— 当 PLC 开始运行的第一个扫描周期其失电（对计数器、移位寄存器、状态寄存器等进行初始化）。

c. 出错指示继电器：

- M8004 —— 当 PLC 有错误时，其线圈得电；
- M8005 —— 当 PLC 锂电池电压下降至规定值时，其线圈得电；
- M8061 —— PLC 硬件出错，D8061（出错代码）；
- M8064 —— 参数出错，D8064；
- M8065 —— 语法出错，D8065；
- M8066 —— 电路出错，D8066；
- M8067 —— 运算出错，D8067；
- M8068 —— 当线圈得电，锁存错误运算结果。

d. 时钟继电器：如图 4-13 所示。

- M8011 —— 产生周期为 10ms 脉冲；
- M8012 —— 产生周期为 100ms 脉冲；
- M8013 —— 产生周期为 1s 脉冲；
- M8014 —— 产生周期为 1min 脉冲。

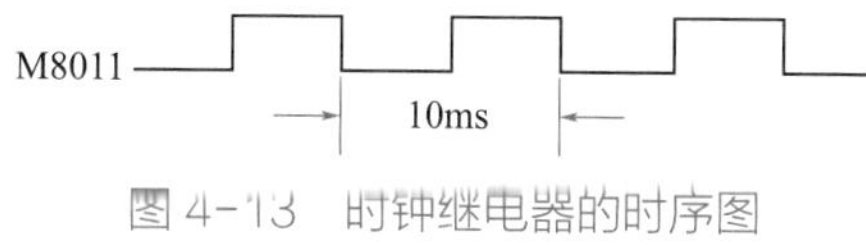

图 4-13　时钟继电器的时序图

e. 标志继电器：

- M8020 —— 零标志。当运算结果为 0 时，其线圈得电。
- M8021 —— 借位标志。减法运算的结果为负的最大值以下时，其线圈得电。
- M8022 —— 进位标志。加法运算或移位操作的结果发生进位时，其线圈得电。

f. 模式继电器：

- M8034 —— 禁止全部输出。当 M8034 线圈被接通时，PLC 的所有输出自动断开。
- M8039 —— 恒定扫描周期方式。当 M8039 线圈被接通时，PLC 以恒定的扫描方式运行，恒定扫描周期值由 D8039 决定。
- M8031——非保持型继电器、寄存器状态清除。
- M8032——保持型继电器、寄存器状态清除。
- M8033——RUN → STOP 时，输出保持 RUN 前状态。
- M8035——强制运行（RUN）监视。

- M8036——强制运行（RUN）。
- M8037——强制停止（STOP）。

### 4. 状态寄存器（S）

- 作用：用于编制顺序控制程序的状态标志。
- 分类。

❶ 初始状态 S0 ~ S9 （10 点）；❷ 回零 S10 ~ S19 （10 点）；
❸ 通用 S20 ~ S499 （480 点）；❹ 锁存 S500 ~ S899 （400 点）；
❺ 信号报警 S900 ~ S999 （100 点）。

**提示：**不使用步进指令时，状态寄存器也可当作辅助继电器使用。

### 5. 定时器（T）

（1）作用 相当于时间继电器。

（2）分类

❶ 普通定时器。输入断开或发生断电时，计数器和输出触点复位。如图 4-14 所示。

- 100ms 定时器：T0 ~ T199，共 200 个，定时范围 0.1 ~ 3276.7s。
- 10ms 定时器：T200 ~ T245，共 46 个，定时范围 0.01 ~ 327.67s。

❷ 积算定时器。输入断开或发生断电时，当前值保持，只有复位接通时，计数器和触点复位。

- 复位指令：RST，如 [RST T250]。
- 1ms 积算定时器：T246 ~ T249，共 4 个（中断动作），定时范围 0.001 ~ 32.767s。
- 100ms 积算定时器：T250 ~ 255，共 6 个，定时范围 0.1 ~ 3276.7s。

图 4-15 中普通定时器的定时为 $t = 0.1 \times 100 = 10$（s）。

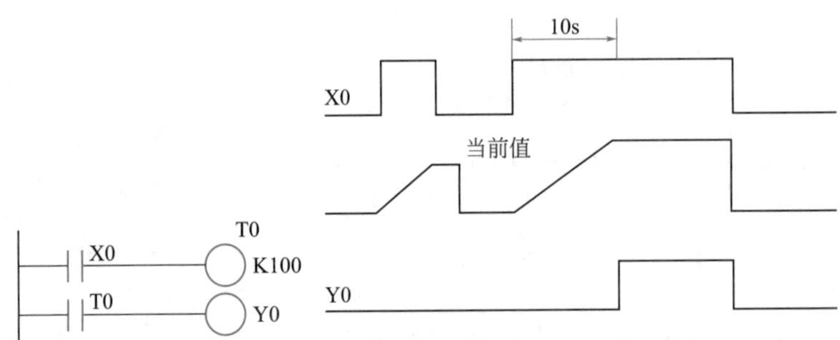


图 4-14 普通定时器的程序及其时序图

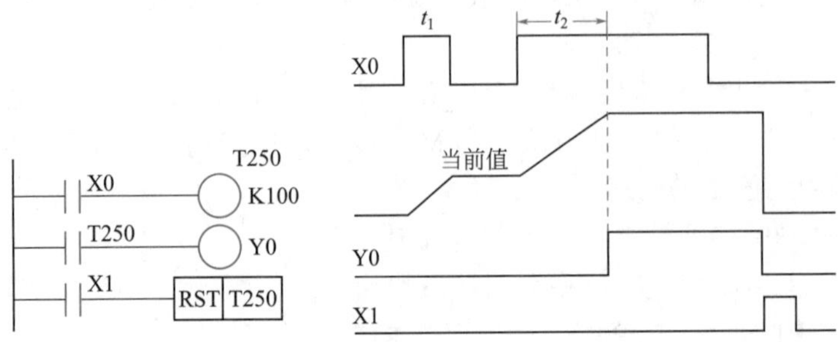


图 4-15 积算定时器的程序及其时序图

（3）工作原理　当定时器线圈得电时，定时器对相应的时钟脉冲（100ms、10ms、1ms）从0开始计数，当计数值等于设定值时，定时器的触点接通。

（4）组成　初值寄存器（16位）、当前值寄存器（16位）、输出状态的映像寄存器（1位），元件号T。

（5）定时器的设定值　可用常数$K$，也可用数据寄存器D中的参数。$K$的范围1～32767。

**提示：若定时器线圈中途断电，则定时器的计数值复位。**

6. 计数器（C）

（1）作用　对内部元件X、Y、M、T、C的信号进行计数（计数值达到设定值时计数动作）。

（2）分类

❶ 普通计数器（计数范围：K1～K32767）。

- 16位通用加法计数器：C0～C15，16位增计数器；
- 16位掉电保持计数器：C16～C31，16位增计数器。

❷ 双向计数器（计数范围：-2147483648～2147483647）。

- 32位通用双向计数器：C200～C219，共20个。
- 32位掉电保持计数器：C220～C234，共15个。

双向计数器的计数方向（增/减计数）由特殊辅助继电器M8200～M8234设定。当M82xx接通（置1）时，对应的计数器C2xx为减计数；当M82xx断开（置0）时为增计数。图4-16为计数器的程序及其时序图。

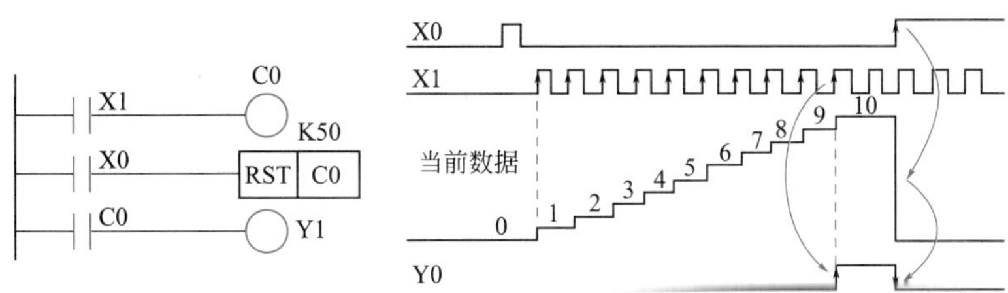


图4-16　计数器的程序及其时序图

❸ 高速计数器：C235～C254为32位增/减计数器。

采用中断方式对特定的输入进行计数（FX2N为X0～X5），与PLC的扫描周期无关。具有掉电保持功能。高速计数器设定值范围：-2147483648～+2147483647。

（3）工作原理　计数器从0开始计数，计数端每来一个脉冲当前值加1，当当前值（计数值）与设定值相等时，计数器触点动作。

（4）计数器的设定值　可用常数$K$，也可用数据寄存器D中的参数。计数值设定范围1～32767。32位通用双向计数器的设定值可直接用常数$K$或间接用数据寄存器D的内容。间接设定时，要用编号紧连在一起的两个数据寄存器。

**提示：RST端一接通，计数器立即复位。**

7. 数据寄存器（D）

它用来存储PLC进行输入输出处理、模拟量控制、位置量控制时的数据和参数。

数据寄存器为16位，最高位是符号位。32位数据可用两个数据寄存器存储。

（1）通用数据寄存器　D0～D127。通用数据寄存器在PLC由RUN→STOP时，其数据全部清零。如果将特殊继电器M8033置1，则PLC由RUN→STOP时，数据可以保持。

（2）保持数据寄存器　D128～D255。保持数据寄存器只要不被改写，原有数据就不会丢失，不论电源接通与否，PLC运行与否，都不会改变寄存器的内容。

（3）特殊数据寄存器　D8000～D8255。

（4）文件寄存器　D1000～D2499。

8. 变址寄存器（V、Z）

它是一种特殊用途的数据寄存器，相当于微机中的变址寄存器，用于改变元件编号（变址）。

V与Z都是16bit数据寄存器，V0～V7，Z0～Z7。V用于32位的PLC系统。

9. 指针（P、I）

（1）跳转用指针　P0～P63，共64点。

它作为一种标号，用来指定跳转指令或子程序调用指令等分支指令的跳转目标。

（2）中断用指针　I0～I8，共9点。它作为中断程序的入口地址标号，分为输入中断、定时器中断和计数器中断三种。

❶ 输入中断：I00□至I50□（上升沿中断为1，下降沿中断为0）共6个。

❷ 定时器中断：I6□□至I8□□（定时中断时间10～99ms）共3个。

❸ 计数器中断用：I010、I020、I030、I040、I050、I060共6个。

# 第二节 PLC的引入及各单元电路梯形图

## 一、PLC的引入——点动控制电路

点动控制电路如图4-17所示。

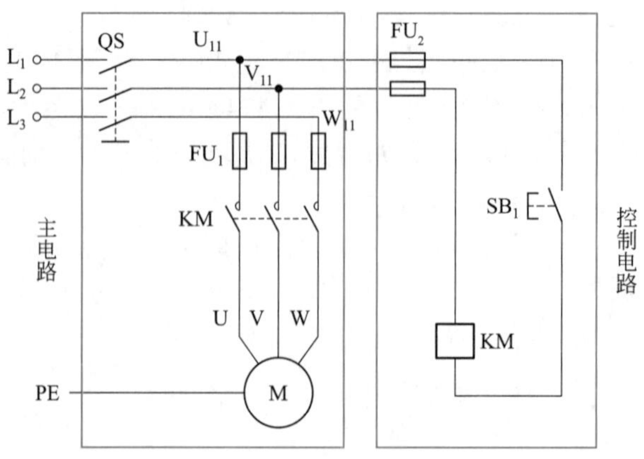


图4-17　点动控制电路

这是一个传统的控制电路，这个电路分为主电路和控制电路两部分。

❶ 主电路有 QS（断路器）、$FU_1$（熔断器）、KM（接触器主触点）、M（电动机）。

❷ 控制电路（也称为辅助电路）由 $FU_2$（熔断器）、$SB_1$（常开触点）、KM（接触器线圈）构成。

在电路工作时，我们按下按钮 $SB_1$，如图 4-18 所示，接触器线圈得电，衔铁吸合，带动三对主触点闭合，电动机接通三相电源启动正转，当我们把按钮放开后，接触器线圈断电，电动机断电停止转动，这种控制方式我们称之为点动控制。它主要用于设备的升降、定点移动控制以及生产设备的调试。在实际应用当中，若接触器控制电路体积相对较大，长时间的机械运动会导致按钮、接触器等元器件的可靠性降低，用到的触点也是有限的，如果我们要改变控制功能，那么电路还需要重新搭建，工作量比较大而且容易出错，针对这些不足，我们就引用 PLC 来实现。

PLC 的信号输入点 X 主要适用于按钮、开关、传感器等输入信号。PLC 的输出点 Y 用来向外部接触器、电磁阀、指示灯、报警装置等输出设备发送信号，中间有 CPU 和存储器，它们主要具有控制整个系统、协调系统内部各部分的工作，以及存储程序和数据的功能。如果想要改变控制功能，只需要修改内部程序即可，外部电路不需要我们去重新调整，以便于我们调试，硬件错误也少，PLC 内部程序中内部继电器的使用也不受限制。如图 4-19 所示。

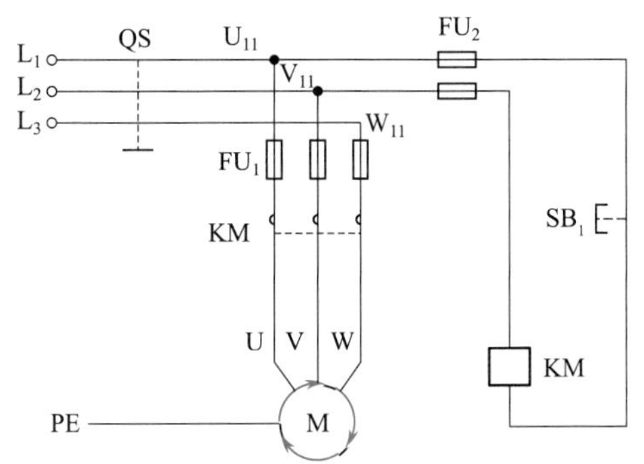

图 4-18　传统的控制电路开关按下图

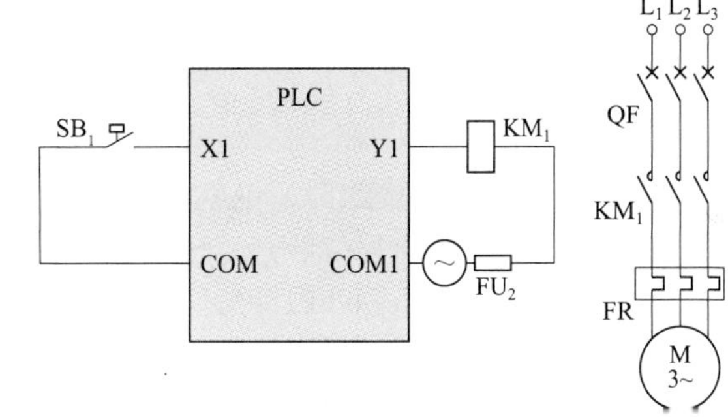


图 4-19　PLC 控制电动机的接线按钮未按下图

常开按钮 $SB_1$ 接到 PLC 的输入点 X1，当我们把 $SB_1$ 按钮按下输入回路就接通了，X1 就得到一个 IO 信号，X1 的 IO 信号送到 PLC 内部进行运算，就输出一个信号，输出的信号 Y1 将输出回路接通，$KM_1$ 线圈得电，对应的主电路中的 KM 主触点就吸合了。如图 4-20 所示。

PLC 内部控制运算的梯形图如图 4-21 所示。左边那根竖线是左母线，右边那根是右母线，右母线我们可画可不画，我们假想，左母线接电源的正极，右母线接电源的负极，输入继电器 X1 设置成常开触点的形式，串联输出线圈 Y1，当 X1 为 ON 状态时，就好比两条母线之间的回路接通了，我们可认为有个假想的电流流过该回路，线圈就得电导通了，右上角那个梯形图中对应的 Y1 触点（线圈）就会动作，主电路中的接触器 $KM_1$ 主触点吸合，电动机就正转工作。左边 $KM_1$ 主触点吸合，变成直线，同时变红了证明得电了，当我们松开按钮的时候，如图 4-22、图 4-23 所示。

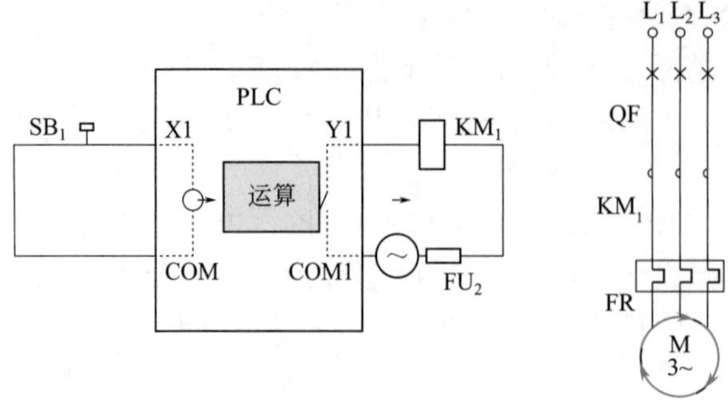


图 4-20　PLC 控制电动机的接线按钮按下图

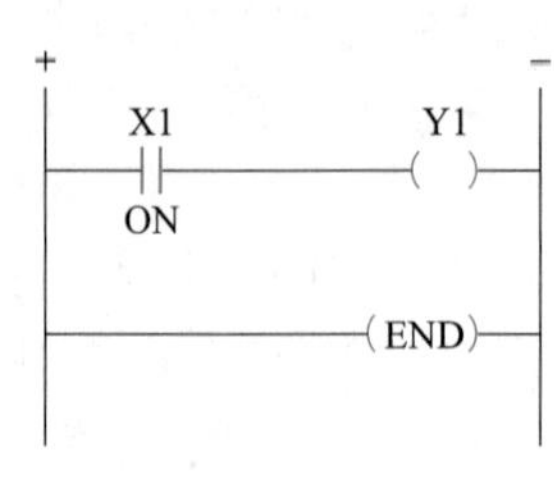


图 4-21　按钮按下 PLC 内部控制运算的梯形图

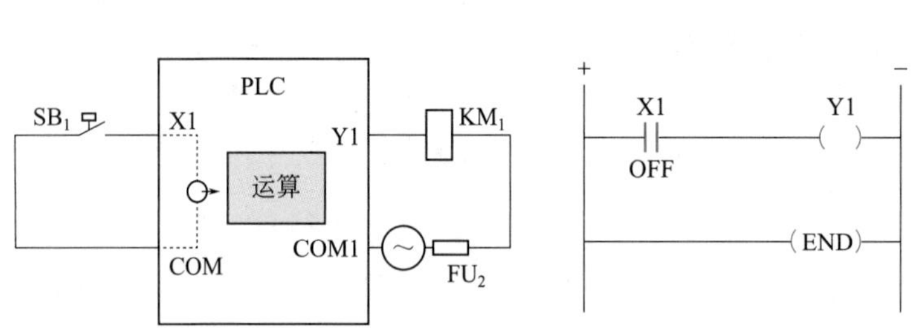


图 4-22　PLC 控制电动机的接线按钮松开图及其梯形图

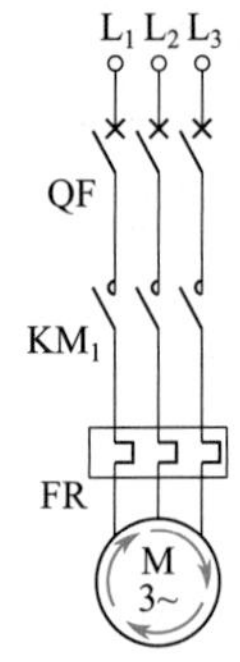


图 4-23　按钮松开电动机接线图

图 4-22 中，松开按钮时，也就是说 X1 处于 OFF 的时候，母线之间的回路开路，Y1 线圈就断电了，主触点复位断开，电动机就会失电停止工作。这样点动控制的设计就完成了，我们把设计的这个图叫做梯形图，这就是 PLC 内部的运算控制。最后借助 GX Developer 编程软件把设计好的梯形图写入 PLC 当中去。如图 4-24 所示。

连接好外部 X 和 Y 的供电电路，按下启动按钮 , 电动机启动，松开按钮电动机停止工作。

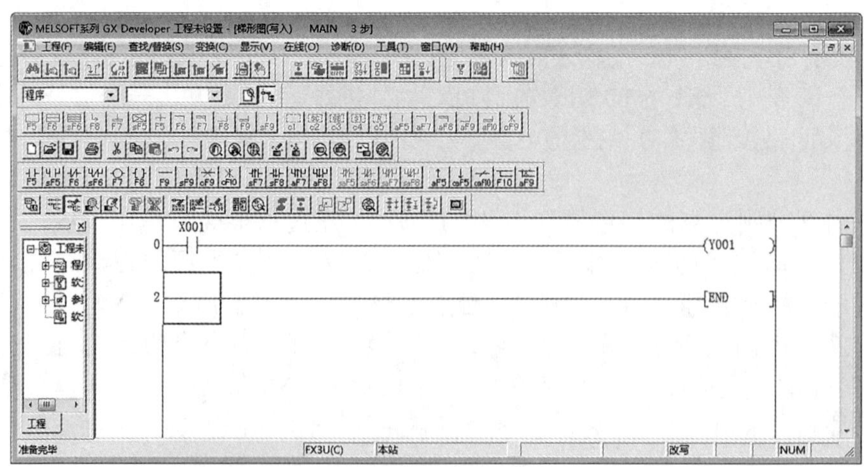


图 4-24　梯形图

## 二、PLC自保持（自锁）电路编程举例

在PLC控制程序设计过程中，经常要对脉冲输入信号或者是点动按钮输入信号进行保持，这时常采用自锁电路。自锁电路的基本形式如图4-25所示。将输入触点（X1）与输出线圈的动合触点（Y1）并联，这样一旦有输入信号（超过一个扫描周期），就能保持Y1有输出。要注意的是，自锁电路必须有解锁设计，一般在并联之后采用某一动断触点作为解锁条件，如图中的X0触点。

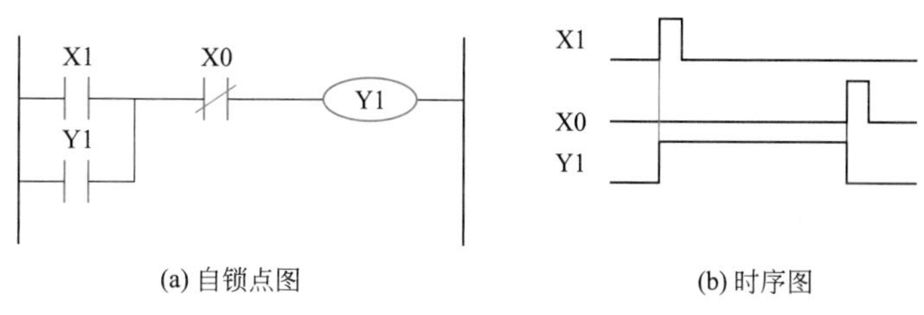


图4-25　自锁电路图

## 三、PLC优先（互锁）电路编程举例

优先电路是指两个输入信号中先到信号者取得优先权，后者无效的电路。例如在抢答器程序设计中的抢答优先，又如防止控制电动机的两个正、反转按钮同时按下的保护电路。图4-26所示为优先电路。图中，X0先接通，M10线圈接通，则Y0线圈有输出；同时由于M10的动断触点断开，X1输入再接通时，也无法使M11动作，Y1无输出。若X1先接通，情况相反。

但该电路存在一个问题：一旦X0或X1输入后，M10或M11被自锁和互锁的作用，使M10或M11永远接通。因此，该电路一般要在输出线圈前串联一个用于解锁的动断触点。

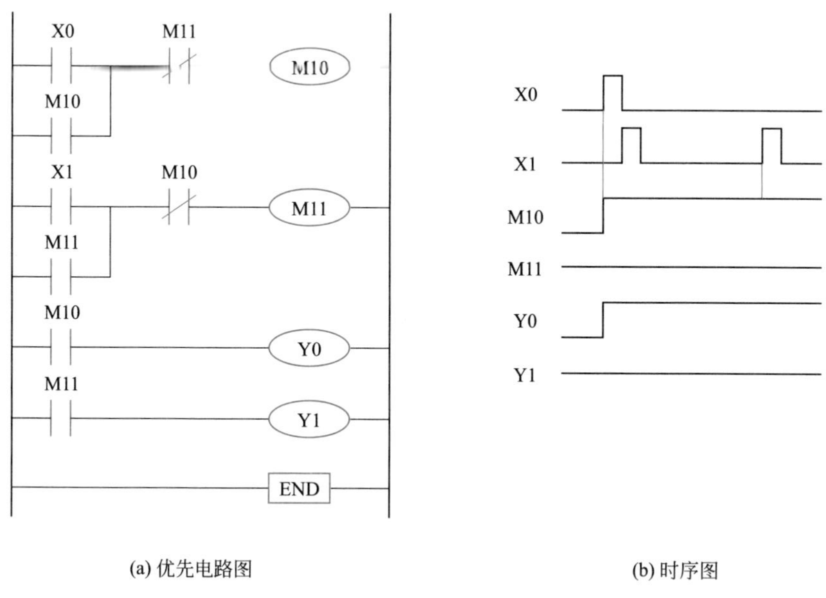


图4-26　优先电路分析图

### 1. 先动作优先电路 PLC 梯形图编程图解

在多个输入信号的线路中，以最先动作的信号优先。在最先输入的信号未除去之时，其他信号无法动作。其相关原理图及 PLC 梯形图见图 4-27、图 4-28。

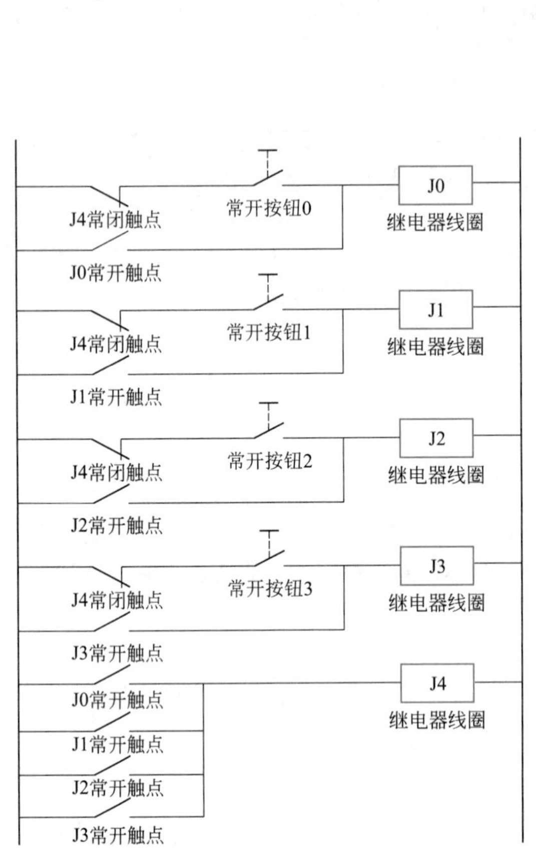


图 4-27　继电器原理图

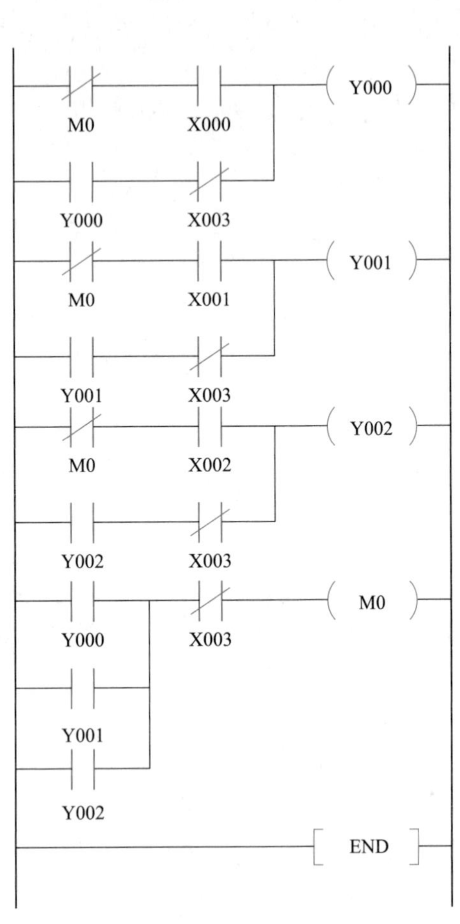


图 4-28　PLC 梯形图

（1）工作原理　常开按钮 0 ～ 3 不管哪一个按下时，其对应的继电器线圈都会得电，响应的常开触点闭合自锁，同时 J4 继电器也动作，断开其他 3 组的供电，只要最先得电的继电器不断电，其它继电器就无法动作。

（2）电路应用　此电路只要在电源输入端加一个复位开关，就可作抢答器用。

### 2. 后动作优先电路 PLC 梯形图编程图解

在多个输入信号的线路中，以最后动作的信号优先。前面动作所决定的状态自行解除。其相关原理图及 PLC 梯形图见图 4-29、图 4-30。

（1）工作原理　在电路通电的任何状态，按下常开按钮 0 ～ 3 时对应的继电器线圈得电，其相应的常闭触点断开，同时解除其他线圈的自锁（自保持）状态。

（2）电路应用　此电路可在电源输入端加一个复位常闭按钮可作程序选择、生产期顺序控制电路等。

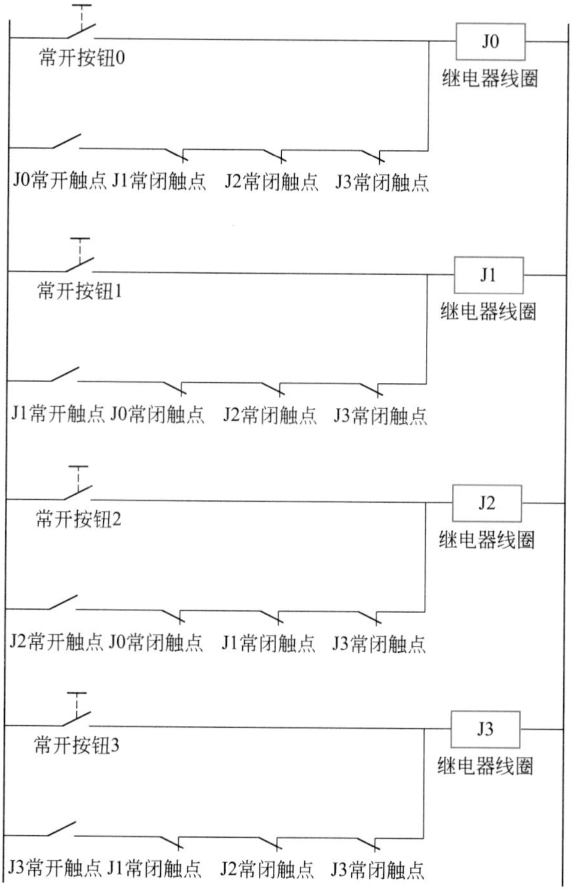

图 4-29　继电器原理图

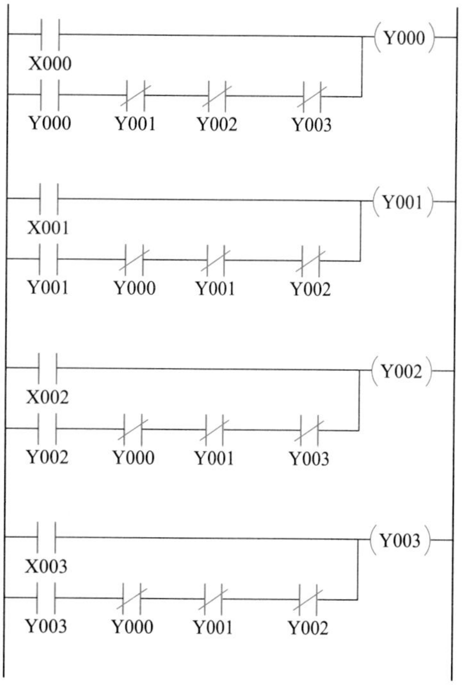

图 4-30　等效 PLC 梯形图

## 四、产生脉冲的PLC程序梯形图

### 1. 周期可调的脉冲信号发生器

如图 4-31 所示，采用定时器 T0 产生一个周期可调节的连续脉冲。当 X0 常开触点闭合后，第一次扫描到 T0 常闭触点时，它是闭合的，于是 T0 线圈得电，经过 1s 的延时，T0 常闭触点断开。T0 常闭触点断开后的下一个扫描周期中，当扫描到 T0 常闭触点时，因它已断开，使 T0 线圈失电，T0 常闭触点又随之恢复闭合。这样，在下一个扫描周期扫描到 T0 常闭触点时，又使 T0 线圈得电，重复以上动作，T0 的常开触点连续闭合、断开，就产生了脉宽为一个扫描周期、脉冲周期为 1s 的连续脉冲。改变 T0 的设定值，就可改变脉冲周期。

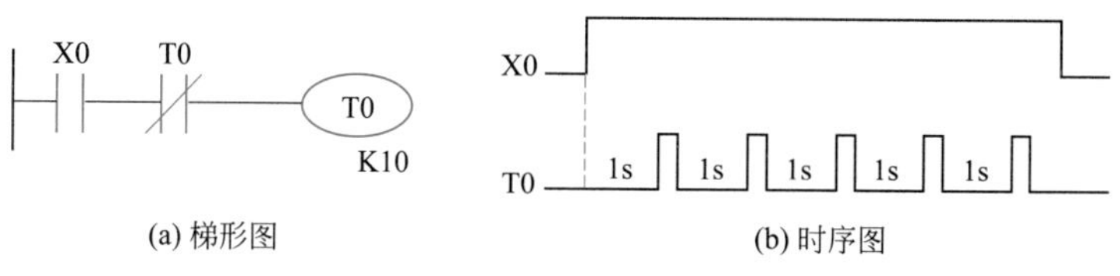


图 4-31　周期可调的脉冲信号发生器

### 2. 顺序脉冲发生器

如图 4-32（a）所示为用三个定时器产生一组顺序脉冲的梯形图程序，顺序脉冲时序图如图 4-32（b）所示。当 X4 接通，T40 开始延时，同时 Y31 通电，定时 10s 时间到，T40 常闭触点断开，Y31 断电。T40 常开触点闭合，T41 开始延时，同时 Y32 通电，当 T41 定时 15s 时间到，Y32 断电。T41 常开触点闭合，T42 开始延时，同时 Y33 通电，T42 定时 20s 时间到，Y33 断电。如果 X4 仍接通，重新开始产生顺序脉冲，直至 X4 断开。当 X4 断开时，所有的定时器全部断电，定时器触点复位，输出 Y31、Y32 及 Y33 全部断电。

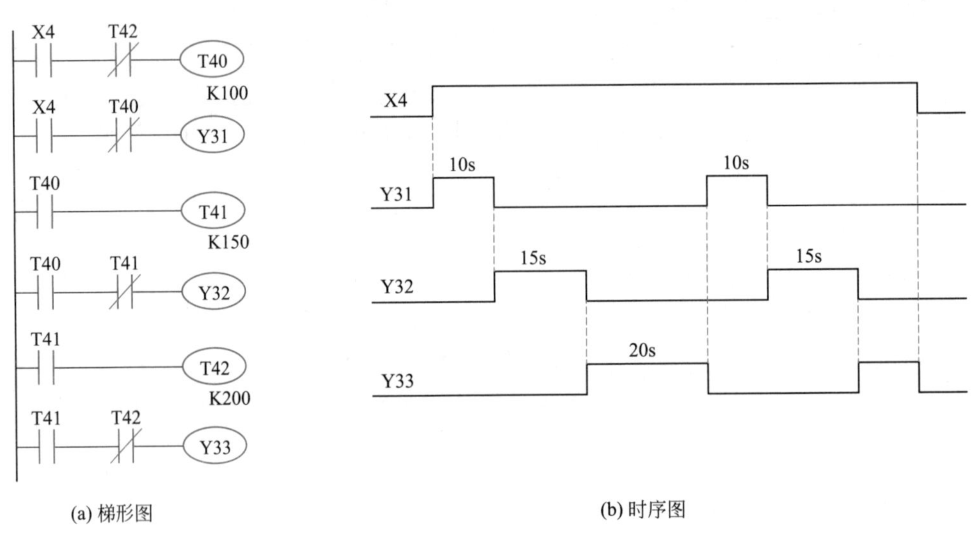


图 4-32 顺序脉冲发生器

## 五、单脉冲PLC程序梯形图

单脉冲程序如图 4-33 所示，从给定信号（X0）的上升沿开始产生一个脉宽一定的脉冲信号（Y1）。当 X0 接通时，M2 线圈得电并自锁，M2 常开触点闭合，使 T1 开始定时、Y1 线圈得电。定时时间 2s 到，T1 常闭触点断开，使 Y1 线圈断电。无论输入 X0 接通的时间长短怎样，输出 Y1 的脉宽都等于 T1 的定时时间 2s。

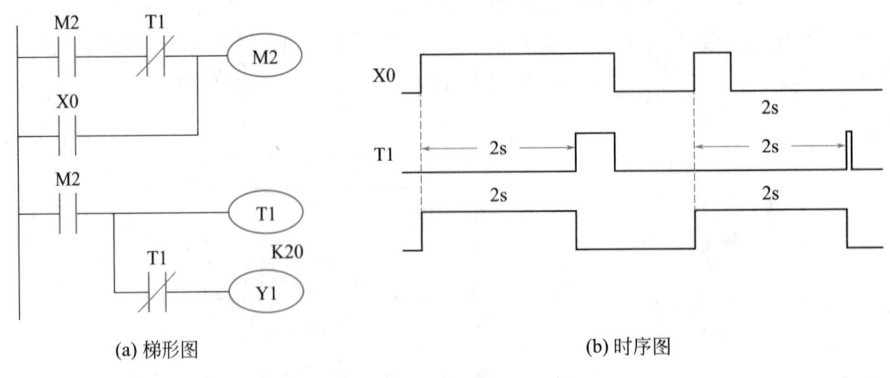


图 4-33 单脉冲程序

## 六、断电延时动作的PLC程序梯形图

大多数 PLC 的定时器均为接通延时定时器，即定时器线圈通电后开始延时，待定时时间到，定时器的常开触点闭合、常闭触点断开。在定时器线圈断电时，定时器的触点立刻复位。

如图 4-34 所示为断电延时动作的 PLC 程序梯形图和动作时序图。当 X13 接通时，M0 线圈接通并自锁，Y3 线圈通电，这时 T13 由于 X13 常闭触点断开而没有接通定时；当 X13 断开时，X13 的常闭触点恢复闭合，T13 线圈得电，开始定时。经过 10s 延时后，T13 常闭触点断开，使 M0 复位，Y3 线圈断电，从而实现从输入信号 X13 断开，经 10s 延时后，输出信号 Y3 才断开的延时功能。

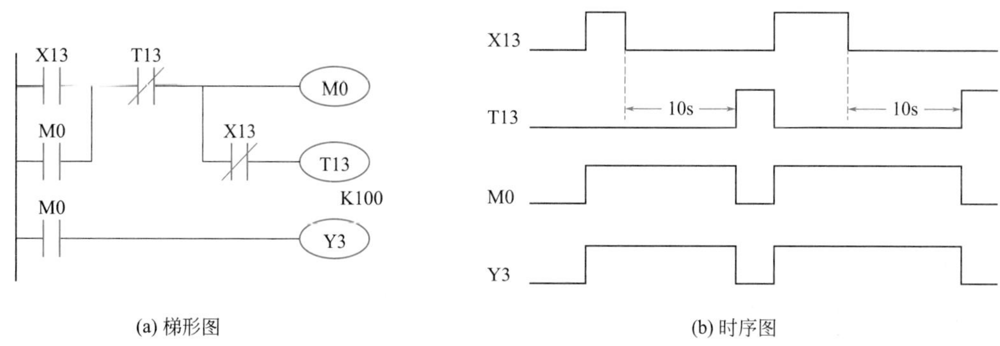


图 4-34　断电延时动作的 PLC 程序梯形图和动作时序图

## 七、分频PLC程序梯形图

在许多控制场合，需要对信号进行分频。下面以如图 4-35 所示的二分频程序为例来说明 PLC 是如何来实现分频的。

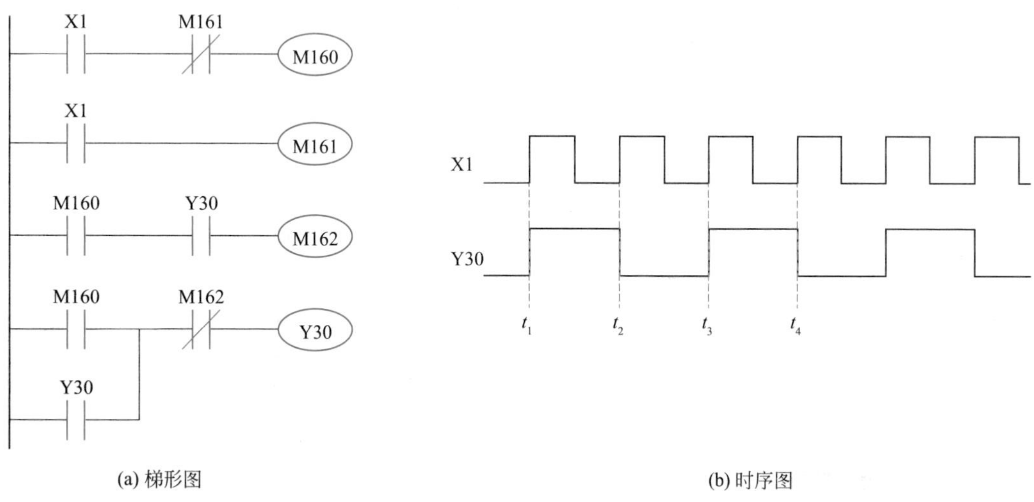


图 4-35　二分频程序

图 4-35 中，Y30 产生的脉冲信号是 X1 脉冲信号的二分频。图 4-35（a）中用了三个辅助继电器 M160、M161 和 M162。当输入 X1 在 $t_1$ 时刻接通（ON）时，M160 产生脉宽为一个扫描周期的单脉冲，Y30 线圈在此之前并未得电，其对应的常开触点处于断开状态，因此执行至第 3 行程序时，尽管 M160 得电，但 M162 仍不得电，M162 的常闭触点处于闭合状态。执行至第 4 行，Y30 得电（ON）并自锁。此后，多次循环扫描执行这部分程序，但由于 M160 仅接通一个扫描周期，因此 M162 不可能得电。由于 Y30 已接通，对应的常开触点闭合，因此为 M162 的得电做好了准备。

等到 $t_2$ 时刻，输入 X1 再次接通（ON），M160 上再次产生单脉冲。此时在执行第 3 行程序时，M162 条件满足得电，M162 对应的常闭触点断开。执行第 4 行程序时，Y30 线圈失电（OFF）。之后虽然 X1 继续存在，但由于 M160 是单脉冲信号，且多次扫描执行第 4 行程序，Y30 也不可能得电。在 $t_3$ 时刻，X1 第三次 ON，M160 上又产生单脉冲，输出 Y30 再次接通（ON）。$t_4$ 时刻，Y30 再次失电（OFF），循环往复。这样 Y30 正好是 X1 脉冲信号的二分频。由于每当出现 X1（控制信号）时就将 Y30 的状态翻转（ON/OFF），故这种逻辑关系也可用作触发器。

除了以上介绍的几种基本程序外，还有很多这样的程序，此处不再一一列举，它们都是组成较复杂的 PLC 应用程序的基本环节。

## 第三节 三菱FX系列PLC的编程软件及梯形图设计

GX Developer编程软件和GX Simulator仿真软件的应用

GX-Simulator软件的安装

梯形图设计

PLC 编程语言主要有两大类：一是采用字符表达方式的编程语言；二是采用图形符表达方式的编程语言。常见的 PLC 编程语言主要有：

❶ 梯形图语言：以图形方式表达触点和线圈以及特殊指令块的梯级。

❷ 语句表达语言：类似于汇编程序的助记符编程表达式。

❸ 逻辑图语言：类似于数字逻辑电路结构的编程语言，由与门、或门、非门、定时器、计数器、触发器等逻辑符号组成。

❹ 功能表图语言：又称状态转移图语言，它不仅仅是一种语言，更是一种组织控制程序的图形化方式，对于顺序控制系统特别适用。

❺ 高级语言：为了增强 PLC 的运算、数据处理及通信等功能，特别是大型 PLC，可采用高级语言，如 BASIC、C、PASCAL 语言等。

三菱 FX 系列 PLC 的编程语言主要有梯形图、顺序功能图及指令表。在步进指令编程中采用的顺序功能图的编程语言也称状态转移图，梯形图是 PLC 最主要的编程方式。

为了方便读者查阅学习，三菱系列 PLC 的梯形图设计方法、编程软件 GX Developer 和 GX Simulator 的安装与使用做成了电子版文件，读者可以扫二维码详细学习。

### 一、梯形图设计技巧实例

❶ 梯形图中的触点应画在水平线上，而不能画在垂直分支上，如图 4-36 所示，由于

X005 画在垂直分支上，这样很难判断与其他触点的关系，也很难判断 X005 与输出线圈 Y001 的控制方向，因此应根据从左至右，自上而下的原则。实际这样画好以后，变换是通不过的。

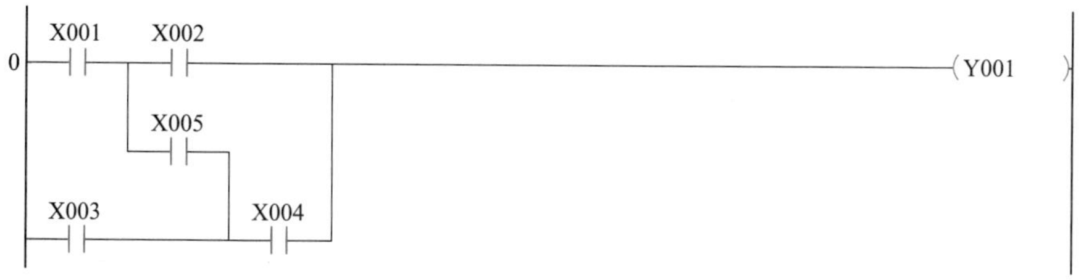

图 4-36　错误的梯形图

正确的画法如图 4-37 所示。

图 4-37　正确的梯形图

❷ 不包含触点的分支不应放在水平线上，如图 4-38 所示。

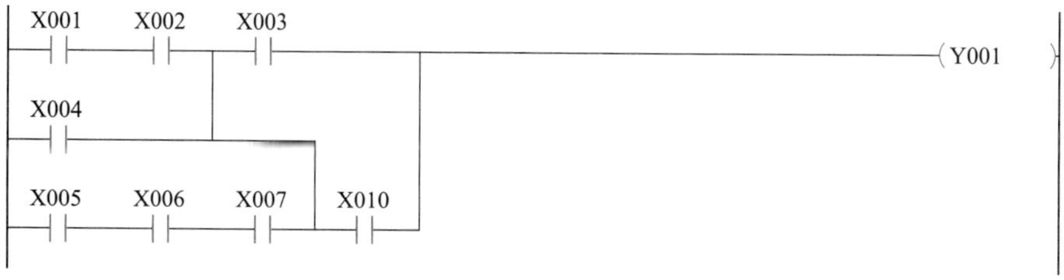

图 4-38　错误的梯形图

不包含触点的分支应放在垂直方向，这样便于看清触点的组和对输出线圈的控制路线，以免编程时出错，如图 4-39 所示。

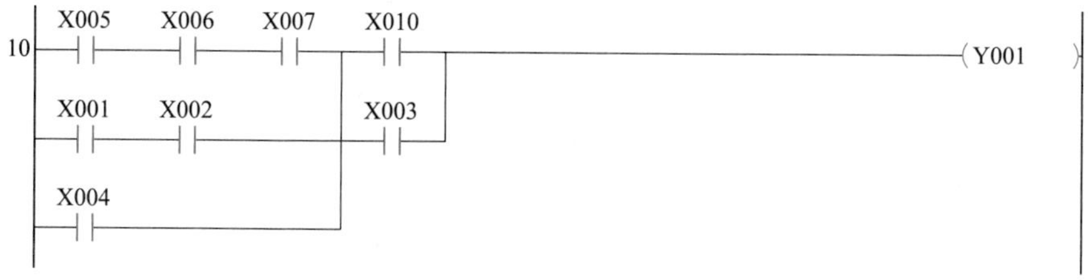

图 4-39　正确的梯形图

❸ 电路的串联，如图 4-40 所示。

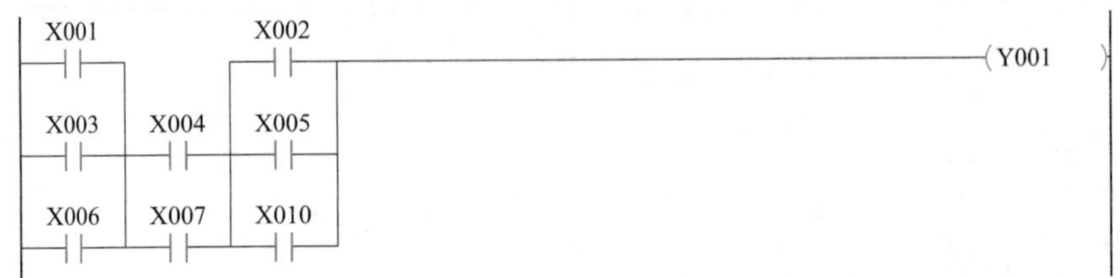


图 4-40　错误的梯形图

在有几个串联电路相并联时，需将触点最多的那条串联电路放在梯形图的最上面，在有几个并联电路串联时使用的指令较少，应将触点最多的那个并联放在梯形图的最左面，这样所编的程序比较明了，如图 4-41 所示。

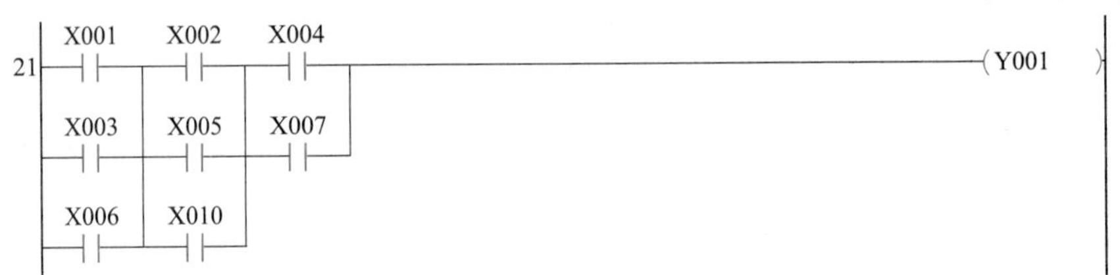


图 4-41　正确的梯形图

❹ 按梯形图编制程序时一定要按从左至右，自上而下的原则进行。
❺ 在画梯形图时，不能将触点画在线圈的右边，而只能画在线圈的左边。
❻ 梯形图画得合理，编程时可减少指令的使用。

## 二、三菱PLC指令控制表

表 4-1 为三菱 FX 系列 PLC 功能指令一览表。

表4-1　三菱FX系列PLC功能指令一览表

| 分类 | FNC NO. | 指令助记符 | 功能说明 | 对应不同型号的 PLC | | | | |
|---|---|---|---|---|---|---|---|---|
| | | | | FX0S | FX0N | FX1S | FX1N | FX2N FX2NC |
| 程序流程 | 00 | CJ | 条件跳转 | P | P | P | P | P |
| | 01 | CALL | 子程序调用 | Î | Î | P | P | P |
| | 02 | SRET | 子程序返回 | Î | Î | P | P | P |
| | 03 | IRET | 中断返回 | P | P | P | P | P |
| | 04 | EI | 开中断 | P | P | P | P | P |
| | 05 | DI | 关中断 | P | P | P | P | P |
| | 06 | FEND | 主程序结束 | P | P | P | P | P |
| | 07 | WDT | 监视定时器刷新 | P | P | P | P | P |
| | 08 | FOR | 循环的起点与次数 | P | P | P | P | P |
| | 09 | NEXT | 循环的终点 | P | P | P | P | P |

续表

| 分类 | FNC NO. | 指令助记符 | 功能说明 | 对应不同型号的 PLC | | | | |
|---|---|---|---|---|---|---|---|---|
| | | | | FX0S | FX0N | FX1S | FX1N | FX2N FX2NC |
| 传送与比较 | 10 | CMP | 比较 | P | P | P | P | P |
| | 11 | ZCP | 区间比较 | P | P | P | P | P |
| | 12 | MOV | 传送 | P | P | P | P | P |
| | 13 | SMOV | 位传送 | Î | Î | Î | Î | P |
| | 14 | CML | 取反传送 | Î | Î | Î | Î | P |
| | 15 | BMOV | 成批传送 | Î | P | P | P | P |
| | 16 | FMOV | 多点传送 | Î | Î | Î | Î | P |
| | 17 | XCH | 交换 | Î | Î | Î | Î | P |
| | 18 | BCD | 二进制转换成 BCD 码 | P | P | P | P | P |
| | 19 | BIN | BCD 码转换成二进制 | P | P | P | P | P |
| 算术与逻辑运算 | 20 | ADD | 二进制加法运算 | P | P | P | P | P |
| | 21 | SUB | 二进制减法运算 | P | P | P | P | P |
| | 22 | MUL | 二进制乘法运算 | P | P | P | P | P |
| | 23 | DIV | 二进制除法运算 | P | P | P | P | P |
| | 24 | INC | 二进制加 1 运算 | P | P | P | P | P |
| | 25 | DEC | 二进制减 1 运算 | P | P | P | P | P |
| | 26 | WAND | 字逻辑与 | P | P | P | P | P |
| | 27 | WOR | 字逻辑或 | P | P | P | P | P |
| | 28 | WXOR | 字逻辑异或 | P | P | P | P | P |
| | 29 | NEG | 求二进制补码 | Î | Î | Î | Î | P |
| 循环与移位 | 30 | ROR | 循环右移 | Î | Î | Î | Î | P |
| | 31 | ROL | 循环左移 | Î | Î | Î | Î | P |
| | 32 | RCR | 带进位右移 | Î | Î | Î | Î | P |
| | 33 | RCL | 带进位左移 | Î | Î | Î | Î | P |
| | 34 | SFTR | 位右移 | P | P | P | P | P |
| | 35 | SFTL | 位左移 | P | P | P | P | P |
| | 36 | WSFR | 字右移 | Î | Î | Î | Î | P |
| | 37 | WSFL | 字左移 | Î | Î | Î | Î | P |
| | 38 | SFWR | FIFO（先入先出）写入 | Î | Î | P | P | P |
| | 39 | SFRD | FIFO（先入先出）读出 | Î | Î | P | P | P |

续表

| 分类 | FNC NO. | 指令助记符 | 功能说明 | 对应不同型号的 PLC | | | | |
|---|---|---|---|---|---|---|---|---|
| | | | | FX0S | FX0N | FX1S | FX1N | FX2N<br>FX2NC |
| 数据处理 | 40 | ZRST | 区间复位 | P | P | P | P | P |
| | 41 | DECO | 解码 | P | P | P | P | P |
| | 42 | ENCO | 编码 | P | P | P | P | P |
| | 43 | SUM | 统计 ON 位数 | Ĭ | Ĭ | Ĭ | Ĭ | P |
| | 44 | BON | 查询位某状态 | Ĭ | Ĭ | Ĭ | Ĭ | P |
| | 45 | MEAN | 求平均值 | Ĭ | Ĭ | Ĭ | Ĭ | P |
| | 46 | ANS | 报警器置位 | Ĭ | Ĭ | Ĭ | Ĭ | P |
| | 47 | ANR | 报警器复位 | Ĭ | Ĭ | Ĭ | Ĭ | P |
| | 48 | SQR | 求平方根 | Ĭ | Ĭ | Ĭ | Ĭ | P |
| | 49 | FLT | 整数与浮点数转换 | Ĭ | Ĭ | Ĭ | Ĭ | P |
| 高速处理 | 50 | REF | 输入输出刷新 | P | P | P | P | P |
| | 51 | REFF | 输入滤波时间调整 | Ĭ | Ĭ | Ĭ | Ĭ | P |
| | 52 | MTR | 矩阵输入 | Ĭ | Ĭ | P | P | P |
| | 53 | HSCS | 比较置位（高速计数用） | Ĭ | P | P | P | P |
| | 54 | HSCR | 比较复位（高速计数用） | Ĭ | P | P | P | P |
| | 55 | HSZ | 区间比较（高速计数用） | Ĭ | Ĭ | Ĭ | Ĭ | P |
| | 56 | SPD | 脉冲密度 | Ĭ | Ĭ | P | P | P |
| | 57 | PLSY | 指定频率脉冲输出 | P | P | P | P | P |
| | 58 | PWM | 脉宽调制输出 | P | P | P | P | P |
| | 59 | PLSR | 带加减速脉冲输出 | Ĭ | Ĭ | P | P | P |
| 方便指令 | 60 | IST | 状态初始化 | P | P | P | P | P |
| | 61 | SER | 数据查找 | Ĭ | Ĭ | Ĭ | Ĭ | P |
| | 62 | ABSD | 凸轮控制（绝对式） | Ĭ | Ĭ | P | P | P |
| | 63 | INCD | 凸轮控制（增量式） | Ĭ | Ĭ | P | P | P |
| | 64 | TTMR | 示教定时器 | Ĭ | Ĭ | Ĭ | Ĭ | P |
| | 65 | STMR | 特殊定时器 | Ĭ | Ĭ | Ĭ | Ĭ | P |
| | 66 | ALT | 交替输出 | P | P | P | P | P |
| | 67 | RAMP | 斜波信号 | P | P | P | P | P |
| | 68 | ROTC | 旋转工作台控制 | Ĭ | Ĭ | Ĭ | Ĭ | P |
| | 69 | SORT | 列表数据排序 | Ĭ | Ĭ | Ĭ | Ĭ | P |

续表

| 分类 | FNC NO. | 指令助记符 | 功能说明 | 对应不同型号的PLC | | | | |
|---|---|---|---|---|---|---|---|---|
| | | | | FX0S | FX0N | FX1S | FX1N | FX2N<br>FX2NC |
| 外部I/O设备 | 70 | TKY | 10键输入 | Î | Î | Î | Î | P |
| | 71 | HKY | 16键输入 | Î | Î | Î | Î | P |
| | 72 | DSW | BCD数字开关输入 | Î | Î | P | P | P |
| | 73 | SEGD | 七段码译码 | Î | Î | Î | Î | P |
| | 74 | SEGL | 七段码分时显示 | Î | Î | P | P | P |
| | 75 | ARWS | 方向开关 | Î | Î | Î | Î | P |
| | 76 | ASC | ASCI码转换 | Î | Î | Î | Î | P |
| | 77 | PR | ASCI码打印输出 | Î | Î | Î | Î | P |
| | 78 | FROM | BFM读出 | Î | P | Î | P | P |
| | 79 | TO | BFM写入 | Î | P | Î | P | P |
| 外围设备 | 80 | RS | 串行数据传送 | Î | P | P | P | P |
| | 81 | PRUN | 八进制位传送（#） | Î | Î | P | P | P |
| | 82 | ASCI | 十六进制数转换成ASCI码 | Î | P | P | P | P |
| | 83 | HEX | ASCI码转换成十六进制数 | Î | P | P | P | P |
| | 84 | CCD | 校验 | Î | P | P | P | P |
| | 85 | VRRD | 电位器变量输入 | Î | Î | P | P | P |
| | 86 | VRSC | 电位器变量区间 | Î | Î | P | P | P |
| | 87 | — | — | | | | | |
| | 88 | PID | PID运算 | Î | Î | P | P | P |
| | 89 | — | — | | | | | |
| 浮点数 | 110 | ECMP | 二进制浮点数比较 | Î | Î | Î | Î | P |
| | 111 | EZCP | 二进制浮点数区间比较 | Î | Î | Î | Î | P |
| | 118 | EBCD | 二进制浮点数→十进制浮点数 | Î | Î | Î | Î | P |
| | 119 | EBIN | 十进制浮点数→二进制浮点数 | Î | Î | Î | Î | P |
| | 120 | EADD | 二进制浮点数加法 | Î | Î | Î | Î | P |
| | 121 | EUSB | 二进制浮点数减法 | Î | Î | Î | Î | P |
| | 122 | EMUL | 二进制浮点数乘法 | Î | Î | Î | Î | P |
| | 123 | EDIV | 二进制浮点数除法 | Î | Î | Î | Î | P |
| | 127 | ESQR | 二进制浮点数开平方 | Î | Î | Î | Î | P |
| | 129 | INT | 二进制浮点数→二进制整数 | Î | Î | Î | Î | P |

# 第四节 典型PLC控制编程实例

## 一、三相异步电动机星-三角启动控制

机床电动机的 Y/ △启动控制电路一般是控制三相异步电动机的 Y 启动、△运行来实现。图 4-42(a) 所示是三相异步电动机的 Y/△启动控制的主电路，将图 4-42 所示 Y/△启动的继电接触器控制电路改造为功能相同的 PLC 控制系统，具体步骤如下：

❶ 确定 I/O 信号数量，选择合适的输入 / 输出模块，并设计出 PLC 的 I/O 外部接线图。从图 4-42 和 PLC 的有关知识可知，PLC 的输入信号是 $SB_2$（启动按钮）和 $SB_1$（停止按钮）；输出信号是 $KM_1$ 线圈（共用）、$KM_3$ 线圈（星形接法）和 $KM_2$ 线圈（三角形接法），总共有 2 点输入、3 点输出，所以选择 FX2N 系列 PLC 的基本单元完全满足要求，其 PLC 的 I/O 外部接线图如图 4-42（b）所示。

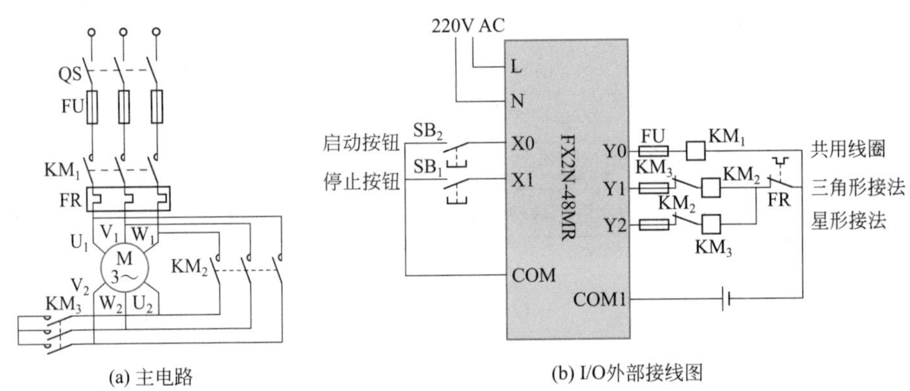


图 4-42　三相异步电动机 Y/ △启动接线图

❷ 梯形图的设计。根据三相异步电动机的 Y/ △降压启动工作原理，可以设计出对应的梯形图，如图 4-43 所示。为了防止电动机由 Y 形转换为△接法时发生相间短路，输出继电器 Y2（Y 形接法）和输出继电器 Y1（△形接法）的动断触点实现软件互锁，而且还在 PLC 输出电路使用接触器 $KM_2$、$KM_3$ 的动断触点进行硬件互锁。

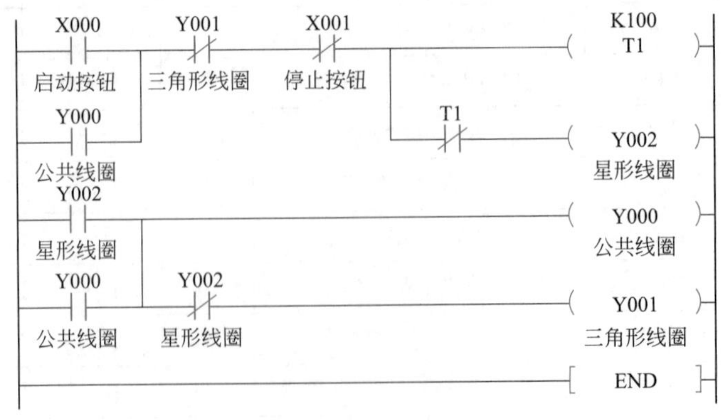


图 4-43　电动机的 Y/ △降压启动控制的梯形图

当按下启动按钮 $SB_2$ 时，输入继电器 X0 接通，X0 的动合触点闭合，输出继电器 Y2 接通，使接触器 $KM_2$（Y 形连接接触器）得电，接着 Y2 的动合触点闭合，使接触器 Y0 接通并自锁，接触器 $KM_1$（共用线圈）得电，电机接成 Y 形降压启动；同时定时器 T1 开始计时，10s 后 T1 的动断触点断开使 Y2 失电，故接触器 $KM_3$（Y 形连接接触器）也失复位，Y2 的动断触点（互锁用）恢复闭合解除互锁使 Y1 接通，接触器 $KM_2$（△形连接接触器）得电，电动机接成△形全压运行。

## 二、小车往返运行PLC控制

### 1. 控制要求

用三相异步电动机拖动一辆小车在 A ～ E 五点之间自动循环往返运行，小车五位行程控制的示意图如图 4-44 所示，小车初始在 A 点，按下启动按钮，小车依次前进到 B ～ E 点，并分别停止 2s 返回到 A 点停止。

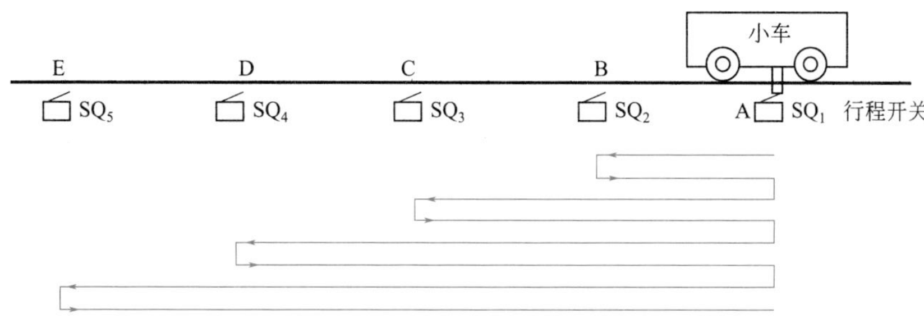


图 4-44　小车五位行程控制示意图

### 2. 控制方案设计与编程

（1）输入 / 输出元件及控制功能　表 4-2 介绍了实例中用到的输入 / 输出元件及控制功能。

表4-2　输入/输出元件及控制功能

| 项目 | PLC 软元件 | 元件文字符号 | 元件名称 | 控制功能 |
|---|---|---|---|---|
| 输入 | X000 | SB | 启动按钮 | 启动小车 |
| | X021 | $SQ_1$ | A 位接近行程开关 | A 位点位置 |
| | X022 | $SQ_2$ | B 位接近行程开关 | B 位点位置 |
| | X023 | $SQ_3$ | C 位接近行程开关 | C 位点位置 |
| | X024 | $SQ_4$ | D 位接近行程开关 | D 位点位置 |
| | X025 | $SQ_5$ | E 位接近行程开关 | E 位点位置 |
| 输出 | Y010 | $KM_1$ | 接触器 1 | 小车前进 |
| | Y012 | $KM_2$ | 接触器 2 | 小车后退 |

（2）电路设计　如图 4-45 所示为小车五位行程控制 PLC 接线图，其梯形图如图 4-46 所示。

小车往返运行
PLC控制

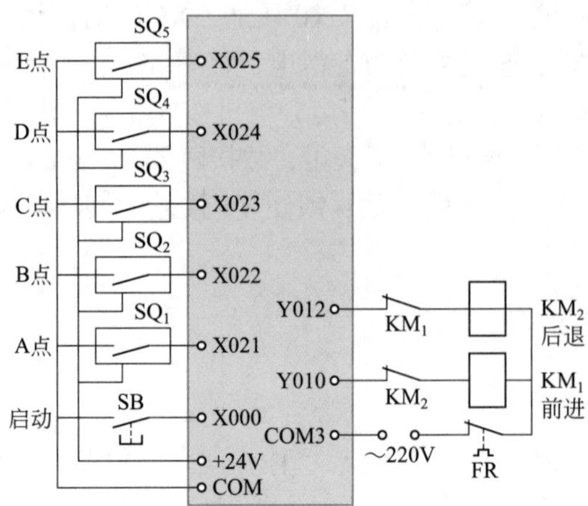


图 4-45　小车五位行程控制 PLC 接线图



图 4-46　小车五位行程控制梯形图

（3）控制原理　启动时按启动按钮 X000，Y010 得电自锁，小车前进，到达 B 点时，接近开关 X022 动作，M0 线圈经 X022 常开接点和 M1 常闭接点闭合并自锁，M0 常闭接点断开 Y010 线圈，小车停止，M1 置位，对 B 点记忆，定时器 T0 延时 2s，T0 常开接点闭合，Y012 线圈得电，小车后退。

小车后退到 A 点时，X021 常闭接点断开，M0 和 Y012 线圈失电，小车停止后退，Y010 线圈得电，小车前进。到达 B 点时，接近开关 X022 动作，但是 M1 常闭接点断开，M0 线圈不能得电，小车继续前进。到达 C 点时，接近开关 X023 动作，M0 线圈经 X023 常开接点和 M2 常闭接点闭合并自锁，M0 常闭接点断开 Y010 线圈，小车停止。M2 置位，对 C 点记忆，定时器 T0 延时 2s，T0 常开接点闭合，Y012 线圈得电，小车后退。

小车后退到 A 点时，之后的动作过程与上类似。

小车最后到达 E 点时，M1 ～ M4 均已置位，小车从 E 点后退到 A 点时，X021 常开接点闭合，先对 M1 ～ M4 复位，由于 M1 常开接点断开，X021 常开接点闭合不会使 Y000 线圈得电，小车停止。

## 三、电动机的启动停止控制

### 1. 控制要求

按启动按钮，启动第一台电动机之后，每隔 5s 再启动一台，按停止按钮时，先停下第三台电动机，之后每隔 5s 逆序停下第二台电动机和第一台电动机。

### 2. 控制方案设计与编程

（1）输入 / 输出元件及控制功能　表 4-3 介绍了实例中用到的输入 / 输出元件及控制功能。

表4-3　输入/输出元件及控制功能

| 项目 | PLC 软元件 | 元件文字符号 | 元件名称 | 控制功能 |
|---|---|---|---|---|
| 输入 | X000 | $SB_1$ | 启动按钮 | 启动控制 |
| | X001 | $SB_2$ | 停止按钮 | 停止控制 |
| 输出 | Y000 | $KM_1$ | 接触器 1 | 控制电动机 1 |
| | Y001 | $KM_2$ | 接触器 2 | 控制电动机 2 |
| | Y002 | $KM_3$ | 接触器 3 | 控制电动机 3 |

（2）电路设计　三台电动机顺序启动、逆序停止 PLC 接线图如图 4-47 所示，梯形图如图 4-48 所示。

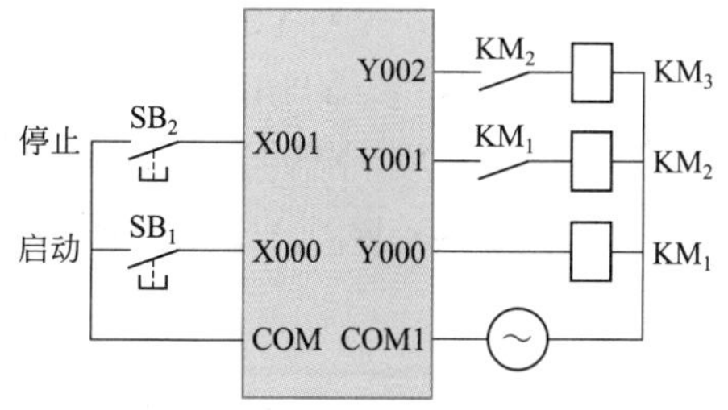

电动机的启停控制

图 4-47　三台电动机顺序启动、逆序停止 PLC 接线图

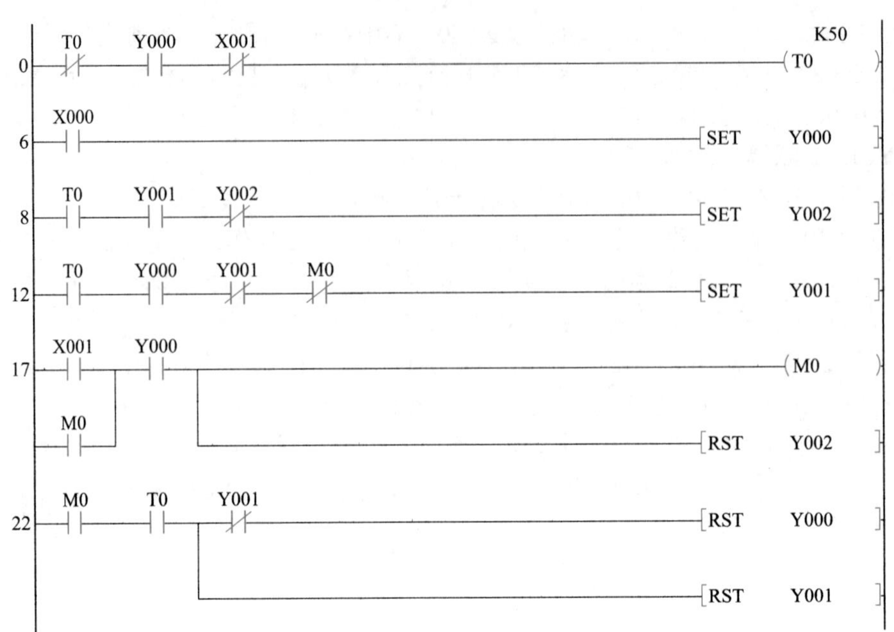


图 4-48　三台电动机顺序启动、逆序停止梯形图

时序图如图 4-49 所示。

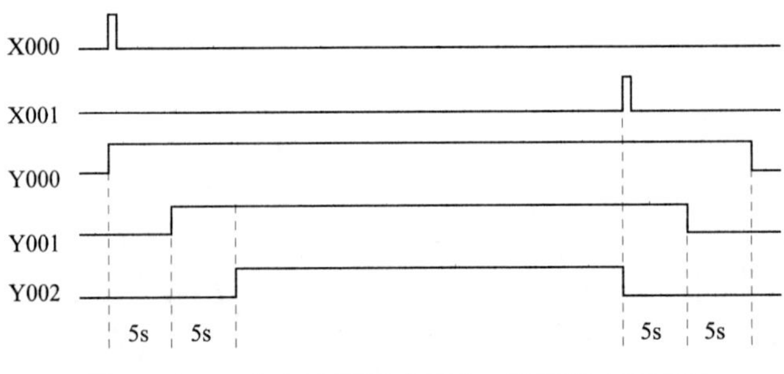


图 4-49　三台电动机顺序启动、逆序停止时序图

（3）控制原理　按下启动按钮 X000，则 Y000 置位，第一台电动机启动，定时器 T0 得电延时，5s 后 T0 接点首先使 Y001 置位，第二台电动机启动（Y002 线圈由于 Y001 接点未闭合而不能置位得电），Y001 得电后（下一个扫描周期欲接通 Y002 线圈，但 T0 接点已断开，所以 Y002 线圈不得电），同时 Y001 常闭接点断开 Y001 线圈，防止在停止过程再次置位，再过 5s，T0 接点又闭合一个扫描周期，使 Y002 线圈经 Y000、Y001 接点置位，第三台电动机启动，启动过程结束。

按下停止按钮 X001，M0 得电自锁，并先使 Y002 复位，停下第三台电动机，M0 接点闭合，为复位 Y001、Y000 做好准备，5s 后，Y001 复位，停下第二台电动机，Y001 常闭接点闭合，为 Y000 复位做好准备，再过 5s，Y000 复位，停下第一台电动机，同时 M0 失电，断开 Y000 ~ Y002 复位回路，T0 失电，断开 Y001、Y000 的置位回路，停止过程结束。

## 四、电动机的正反转控制

并励直流电动机是一款励磁绕组与转子绕组并联的电动机，励磁电流大小与转子绕组电压及励磁电路的电阻有关。

### 1. 控制要求

并励直流电动机正、反转控制电路原理图如图 4-50 所示。

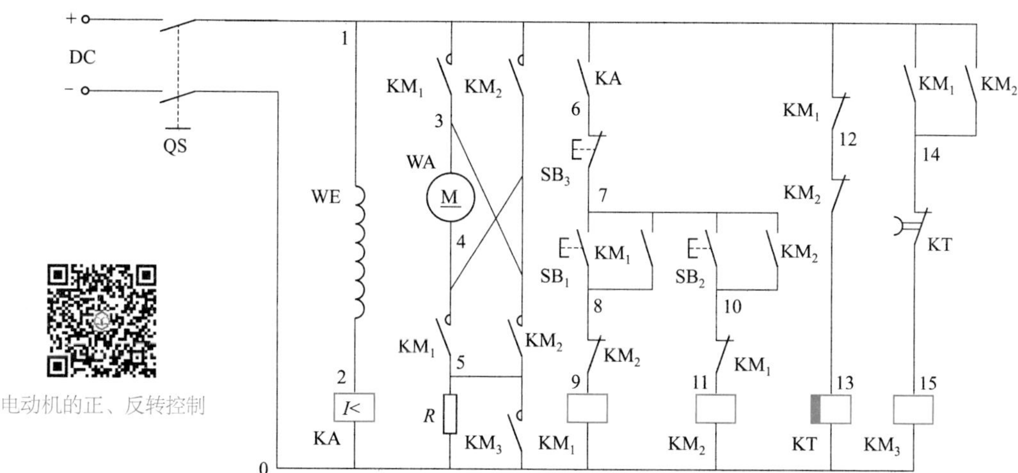


电动机的正、反转控制

图 4-50　并励直流电动机正、反转控制电路原理图

在图 4-50 中，合上电源总开关 QS，电流继电器 KA 通电闭合；当按下按钮 $SB_1$，接触器 $KM_1$ 闭合并自锁，并励直流电动机 M 串电阻正向启动，经过一定时间，接触器 $KM_3$ 通电闭合，并励直流电动机 M 短接电阻 $R$ 全速正向运行；当按下按钮 $SB_3$，并励直流电动机 M 停止运行。

并励直流电动机 M 的反转启动运行过程与正转启动运行过程相同。

### 2. PLC 接线与编程

（1）I/O 口分配表　并励直流电动机正、反转电路三菱 FX3U（C）系列 PLC 控制 I/O 口分配见表 4-4。

表4-4　并励直流电动机正、反转电路三菱FX3U（C）系列PLC控制I/O口分配

| 输入信号 | | | 输出信号 | | |
|---|---|---|---|---|---|
| 名称 | 代号 | 输入点编号 | 名称 | 代号 | 输出点编号 |
| 电流继电器欠流保护动合触点 | KA | X000 | 正转接触器 | $KM_1$ | Y001 |
| 停止按钮 | $SB_3$ | X001 | 反转接触器 | $KM_2$ | Y002 |
| 正转启动按钮 | $SB_1$ | X002 | 串电阻 $R$ 切除接触器 | $KM_3$ | Y003 |
| 反转启动按钮 | $SB_2$ | X003 | | | |

（2）接线图　并励直流电动机正、反转电路三菱 FX3U（C）系列 PLC 接线图如图 4-51 所示。

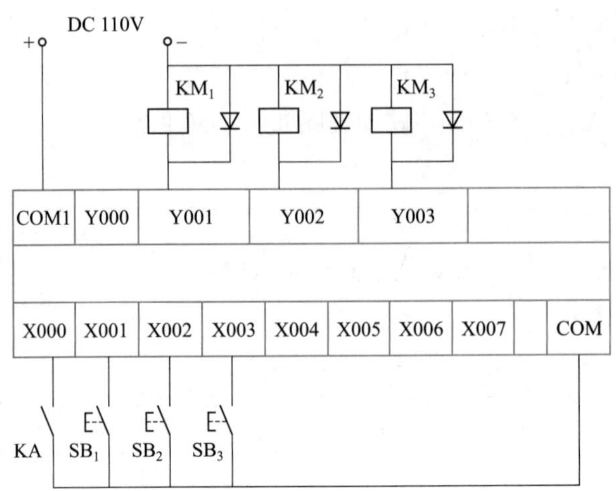


图 4-51　并励直流电动机正、反转电路三菱 FX3U(C) 系列 PLC 接线图

（3）梯形图　并励直流电动机正、反转电路三菱 FX3U（C）系列 PLC 梯形图如图 4-52 所示。



图 4-52　并励直流电动机正、反转电路三菱 FX3U(C) 系列 PLC 梯形图

## 五、三相异步电动机三速控制

### 1. 控制要求

三相异步电动机三速控制电路原理如图 4-53 所示，合上电源总开关 QS，当按下按钮 SB$_1$，三相异步电动机 M 绕组接成△形低速启动运转；当按下按钮 SB$_2$，三相异步电动机 M 绕组首先接成△形接法低速运转，经过预定时间 $T_1$ 接成 Y 形接法中速运转；当按下按钮 SB$_3$，三相异步电动机 M 绕组首先接成△形接法低速运转，经过预定时间 $T_1$ 接成 Y 形接法中速运转，然后又经过预定的时间 $T_2$ 接成 YY 接法高速度运转；当按下按钮 SB$_4$，电动机 M 停止运行。控制具备各种过载、短路和联锁保护。

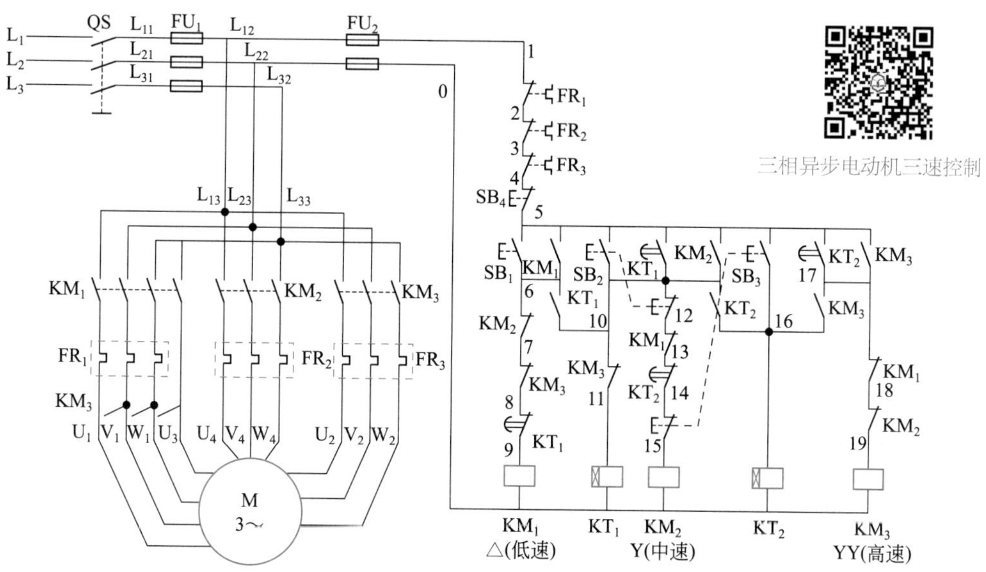

三相异步电动机三速控制

图 4-53　三相异步电动机三速控制电路原理图

## 2. PLC 接线与编程

（1）I/O 口分配表　三相异步电动机三速控制电路三菱 FX3U（C）系列 PLC 控制 I/O 口分配见表 4-5。

表4-5　三相异步电动机三速控制电路三菱FX3U（C）系列PLC控制I/O口分配

| 输入信号 | | | 输出信号 | | |
|---|---|---|---|---|---|
| 名称 | 代号 | 输入点编号 | 名称 | 代号 | 输出点编号 |
| 低速启动按钮 | $SB_1$ | X001 | 低速运行接触器 | $KM_1$ | Y000 |
| 中速启动按钮 | $SB_2$ | X002 | 中速运行接触器 | $KM_2$ | Y001 |
| 高速启动按钮 | $SB_3$ | X003 | 高速运行接触器 | $KM_3$ | Y002 |
| 停止按钮 | $SB_4$ | X004 | | | |

（2）接线图　三相异步电动机三速控制电路三菱 FX3U（C）系列 PLC 接线图如图 4-54 所示。

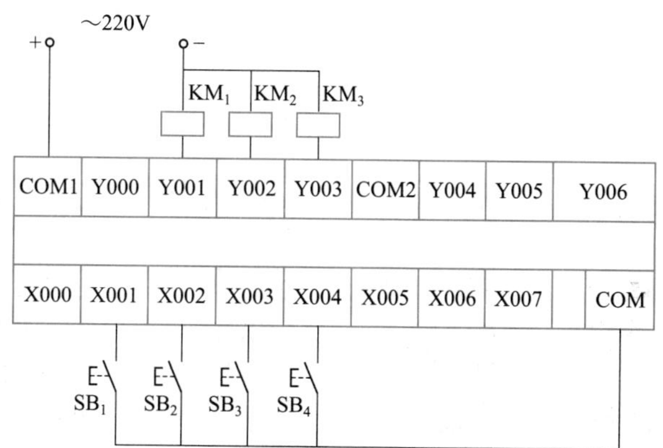

图 4-54　三相异步电动机三速控制电路三菱 FX3U(C) 系列 PLC 接线图

（3）梯形图　三相异步电动机三速控制电路三菱 FX3U（C）系列 PLC 梯形图如图 4-55 所示。

```
    X001
0 ──┤ ├──────────────────────────────[PLS   M0 ]
    X002
3 ──┤ ├──────────────────────────────[PLS   M1 ]
    X003
6 ──┤ ├──────────────────────────────[PLS   M2 ]
    M0        X004    T0
9 ──┤ ├──┬────┤/├─────┤/├────────────(Y000 )
    M1   │
  ──┤ ├──┤
    M2   │
  ──┤ ├──┤
    Y000 │
  ──┤ ├──┘
    M1        X004
16──┤ ├──┬────┤/├──┬─────────────────(M3 )
    M2   │         │                  K50
  ──┤ ├──┤         └─────────────────(T0 )
    M3   │
  ──┤ ├──┘
    T0        T1
24──┤ ├───────┤/├────────────────────(Y001 )
    M2        X004
27──┤ ├──┬────┤/├──┬─────────────────(M4 )
    M4   │         │    T0            K50
  ──┤ ├──┘         └────┤ ├──────────(T1 )
    T1
35──┤ ├──────────────────────────────(Y002 )

37───────────────────────────────────[END ]
```

图 4-55 三相异步电动机三速控制电路三菱 FX3U(C) 系列 PLC 控制梯形图

## 六、报警灯、抽水泵、搅拌机等PLC控制

报警灯PLC控制

霓虹灯PLC控制

广告灯PLC控制

汽车自动清洗机PLC控制

抽水泵PLC控制

搅拌机PLC控制

# 第五章 变频器控制技术及应用

## 第一节 通用变频器的工作原理

### 一、变频器基本结构

通用变频器的基本结构原理图如图 5-1 所示。由图可见，通用变频器由功率主电路和控制电路及操作显示三部分组成，主电路包括整流电路、直流中间电路、逆变电路及检测部分的传感器（图中未画出）。直流中间电路包括限流电路、滤波电路和制动电路，以及电源再生电路等。控制电路主要由主控制电路、信号检测电路、保护电路、控制电源和操作、显示接口电路等组成。

高性能矢量型通用变频器由于采用了矢量控制方式，在进行矢量控制时需要进行大量的运算，其运算电路中往往还有一个以数字信号处理器 DSP 为主的转矩计算用 CPU 及相应的磁通检测和调节电路。应注意不要通过低压断路器来控制变频器的运行和停止，而应采用控制面板上的控制键进行操作。符号 U、V、W 是通用变频器的输出端子，连接至电动机电源输入端，应根据电动机的转向要求连接，若转向不对可调换 U、V、W 中任意两相的接线。输出端不应接电容器和浪涌吸收器，变频器与电动机之间的连线不宜超过产品说明书的规定值。符号 RO、TO 是控制电源辅助输入端子。PI 和 P（+）是连接改善功率因数的直流电抗器连接端子，出厂时这两点连接有短路片，连接直流电抗器时应先将其拆除再连接。

P（+）和 DB 是外部制动电阻连接端。P（+）和 N（-）是外接功率晶体管控制的制动单元。其他为控制信号输入端。虽然变频器的种类很多，其结构各有所长，但大多数通用变频器都具有图 5-1 和图 5-2 所示给出的基本结构，它们的主要区别是控制软件、控制电路和检测电路实现的方法及控制算法等不同。

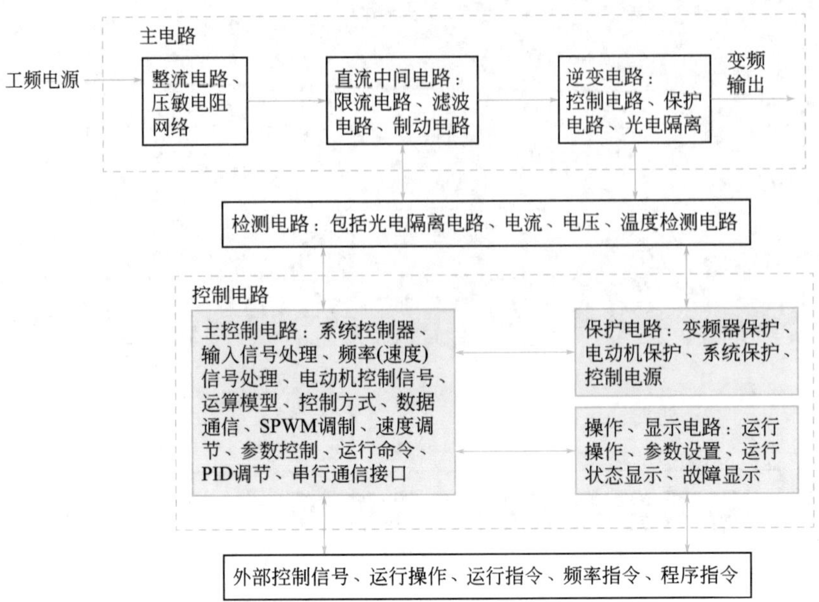


图5-1 通用变频器的基本结构原理图

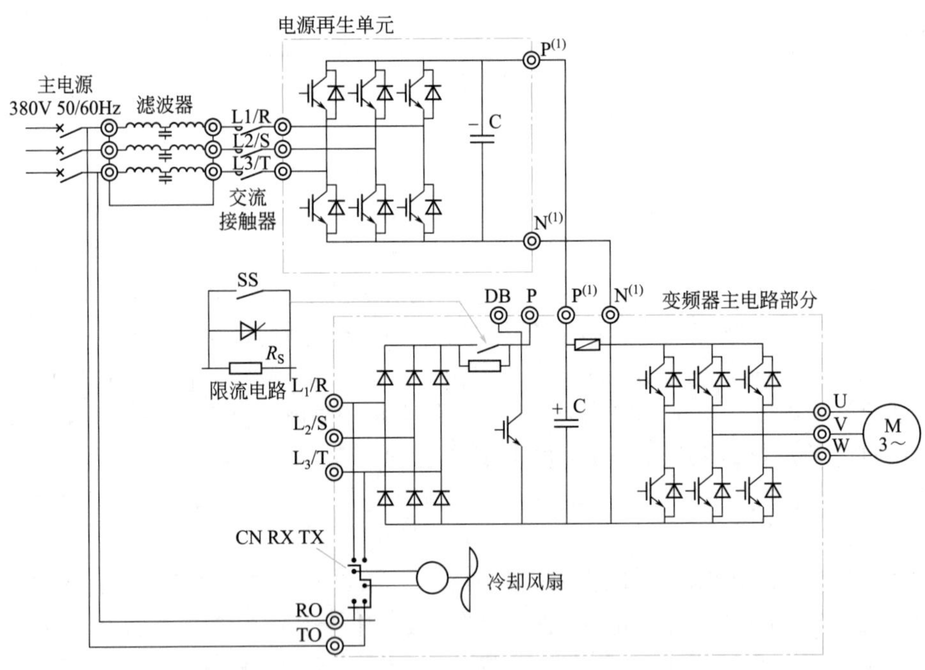


图5-2 通用变频器的主电路原理

## 二、通用变频器的控制原理及类型

### 1. 通用变频器的基本控制原理

众所周知，异步电动机定子磁场的旋转速度被称为异步电动机的同步转速。这是因为当转子的转速达到异步电动机的同步转速时其转子绕组将不再切割定子旋转磁场，因此转子绕组中不再产生感应电流，也不再产生转矩，所以异步电动机的转速总是小于其同步转速，而异步电动机也正是因此而得名。

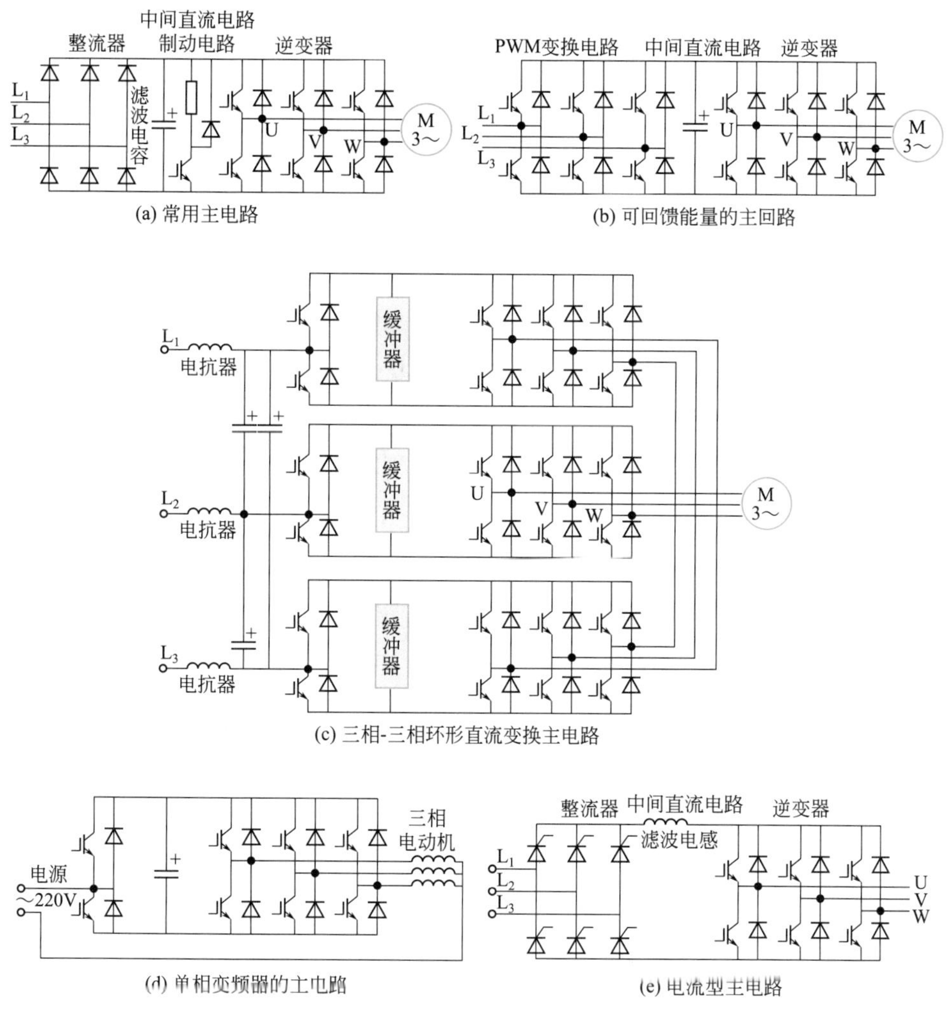

(a) 常用主电路　(b) 可回馈能量的主回路　(c) 三相-三相环形直流变换主电路　(d) 单相变频器的主电路　(e) 电流型主电路

图 5-3　通用变频器主电路的基本结构型式

电压型变频器的特点是将直流电压源转换为交流电源，在电压型变频器中，整流电路产生逆变器所需要的直流电压，并通过直流中间电路的电容进行滤波后输出。整流电路和直流中间电路起直流电压源的作用，而电压源输出的直流电压在逆变器中被转换为具有所需频率的交流电压。在电压型变频器中，由于能量回馈通路是直流中间电路的电容器，并使直流电压上升，因此需要设置专用直流单元控制电路，以利于能量回馈并防止换流元器件因电压过高而被破坏。有时还需要在电源侧设置交流电抗器抑制输入谐波电流的影响。从通用变频器主回路基本结构来看，大多数采用如图 5-3（a）所示的结构，即由二极管整流器、直流中间电路与 PWM 逆变器三部分组成。

采用这种电路的通用变频器的成本较低，易于普及应用，但存在再生能量回馈和输入电源产生谐波电流的问题，如果需要将制动时的再生能量回馈给电源，并降低输入谐波电流，则采用如图 5-3（b）所示的带 PWM 变换器的主电路，由于用 IGBT 代替二极管整流器组成三相桥式电路，因此，可让输入电流变成正弦波，同时，功率因数也可以保持为 1。

这种 PWM 变换控制变频器不仅可降低谐波电流，而且要将再生能量高效率地回馈给电源。富士公司最近采用一种三相 - 三相环形直流变换电路，如图 5-3（c）所示。三相 - 三相环形直流变换电路采用了直流缓冲器（RCD）和 C 缓冲器，使输入电流与输出电压可分开控制，不仅可以解决再生能量回馈和输入电源产生谐波电流的问题，而且可以提高输入电源的功率因数，减少直流部分的元件，实现轻量化。这种电路是以直流钳位式双向开关回路为基础的，因此可直接控制输入电源的电压、电流并可对输出电压进行控制。

另外，新型单相变频器的主电路如图 5-3（d）所示，该电路与原来的全控桥式 PWM 逆变器的功能相同，电源电流呈现正弦波，并可以进行电源再生回馈，具有高功率因数变换的优点。该电路将单相电源的一端接在变换器上下电桥的中点上，另一端接在被变频器驱动的三相异步电动机定子绕组的中点上，因此，是将单相电源电流当做三相异步电动机的零线电流提供给直流回路；其特点是可利用三相异步电动机上的漏抗代替开关用的电抗器，使电路实现低成本与小型化，这种电路也广泛适用于家用电器的变频电路。

电流型变频器的特点是将直流电流源转换为交流电源。其中整流电路给出直流电源，并通过直流中间电路的电抗器进行电流滤波后输出，整流电路和直流中间电路起电流源的作用，而电流源输出的直流电流在逆变器中被转换为具有所需频率的交流电源，并被分配给各输出相，然后提供给异步电动机。在电流型变频器中，异步电动机定子电压的控制是通过检测电压后对电流进行控制的方式实现的。对于电流型变频器来说，在异步电动机进行制动的过程中，可以通过将直流中间电路的电压反向的方式使整流电路变为逆变电路，并将负载的能量回馈给电源。由于在采用电流控制方式时可以将能量直接回馈给电源，而且在出现负载短路等情况时也容易处理，因此电流型控制方式多用于大容量变频器。

### 2. 通用变频器的类型

通用变频器根据其性能、控制方式和用途的不同，习惯上可分为通用型、矢量型、多功能高性能型和专用型等。通用型是通用变频器的基本类型，具有通用变频器的基本特征，可用于各种场合；专用型又分为风机、水泵、空调专用通用变频器（HVAC）、注塑机专用型、纺织机械专用机型等。随着通用变频器技术的发展，除专用型以外，其他类型间的差距会越来越小，专用型通用变频器会有较大发展。

**（1）风机、水泵、空调专用通用变频器** 风机、水泵、空调专用通用变频器是一种以节能为主要目的的通用变频器，多采用 $U/f$ 控制方式，与其他类型的通用变频器相比，主要在转矩控制性能方面是按降转矩负载特性设计的，零速时的启动转矩相比其他控制方式要小一些。几乎所有通用变频器生产厂商均生产这种机型。新型风机、水泵、空调专用通用变频器，除具备通用功能外，不同品牌、不同机型中还增加了一些新功能，如内置 PID 调节器功能、多台电动机循环启停功能、节能自寻优功能、防水锤效应功能、管路泄漏检测功能、管路阻塞检测功能、压力给定与反馈功能、惯量反馈功能、低频预警功能及节电模式选择功能等。应用时可根据实际需要选择具有上述不同功能的品牌、机型，在通用变频器中，这类变频器价格最低。特别需要说明的是，一些品牌的新型风机、水泵、空调专用通用变频器中采用了一些新的节能控制策略使新型节电模式节电效率大幅度提高，如台湾普传 P168F 系列风机、水泵、空调专用通用变频器，比以前产品的节电更好，以 380V/37kW 风机为例，30Hz 时的运行电流只有 8.5A，而使用一般的通用变频器运行电流为 25A，可见所称的新型节电模式的电流降低了不少，因而节电效率有大幅度提高。

（2）高性能矢量控制型通用变频器　高性能矢量控制型通用变频器采矢量控制方式或直接转矩控制方式，并充分考虑了通用变频器应用过程中可能出现的各种需要，特殊功能还可以选件的形式供选择，以满足应用需要，在系统软件和硬件方面都做了相应的功能设置，其中一个重要的功能特性是零速时的启动转矩和过载能力，通常启动转矩在 150% ～ 200% 范围内，甚至更高，过载能力可达 150% 以上，一般持续时间为 60s。这类通用变频器的特征是具有较硬的机械特性和动态性能，即通常说的挖土机性能。在使用通用变频器时，可以根据负载特性选择需要的功能，并对通用变频器的参数进行设定；有的品牌的新机型根据实际需要，将不同应用场合所需要的常用功能组合起来，以应用宏编码形式提供，用户不必对每项参数逐项设定，应用十分方便；如 ABB 系列通用变频器的应用宏、VACON CX 系列通用变频器的“五合一”应用等就充分体现了这一优点。也可以根据系统的需要选择一些选件以满足系统的特殊需要，高性能矢量控制型通用变频器广泛应用于各类机械装置，如机床、塑料机械、生产线、传送带、升降机械以及电动车辆等对调速系统和功能有较高要求的场合，性能价格比较高，市场价格略高于风机、水泵、空调专用通用变频器。

（3）单相变频器　单相变频器主要用于输入为单相交流电源的三相电流电动机的场合。所谓的单相通用变频器是单相进、三相出，是单相交流 220V 输入，三相交流 220 ～ 230V 输出，与三相通用变频器的工作原理相同，但电路结构不同，即单相交流电源→整流滤波变换成直流电源→经逆变器再变换为三相交流调压调频电源→驱动三相交流异步电动机。目前单相变频器大多是采用智能功率模块（IPM）结构，将整流电路，逆变电路，逻辑控制、驱动和保护或电源电路等集成在一个模块内，使整机的元器件数量和体积大幅度减小，使整机的智能化水平和可靠性进一步提高。

## 第二节　实用变频器应用与接线

### 一、标准变频器典型外部配电电路与控制面板

#### 1. 典型外围设备连接电路

典型外围设备和任意选件连接电路如图 5-4 所示。

以下为电路中各外围设备的功能说明。

（1）无熔丝断路器（MCCB）　用于快速切断变频器的故障电流，并防止变频器及其线路故障导致电源故障。

（2）电磁交流接触器（MC）　在变频器故障时切断主电源并防止掉电及故障后再启动。

（3）交流电抗器（ACL）　用于改善输入功率因数，降低高次谐波及抑制电源的浪涌电压。

变频器的安装

变频器的接线

电机变频控制线路与故障排查

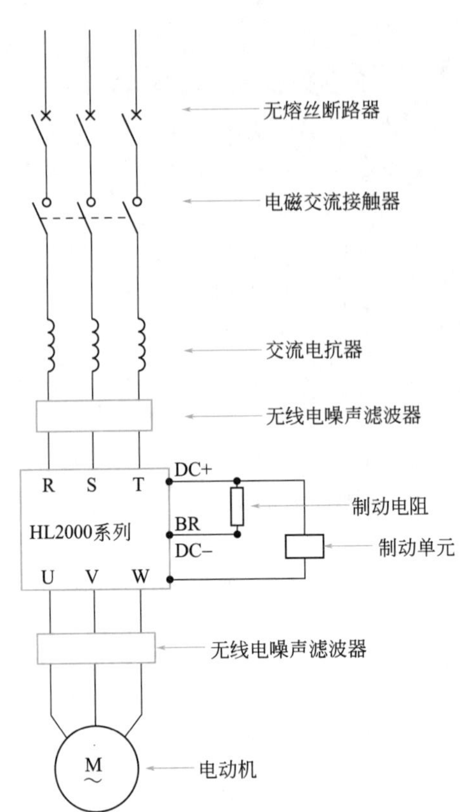


图 5-4 典型外围设备和任意选件连接电路

（4）无线电噪声滤波器（NF） 用于减少变频器产生的无线电干扰（电动机变频器间配线距离小于 20 m 时，建议连接在电源侧，配线距离大于 20 m 时，连接在输出侧）。

（5）制动单元（UB） 制动力矩不能满足要求时选用，适用于大惯量负载及频繁制动或快速停车的场合。

ACL、NF、UB 为任选件。常用规格的交流电压配备电感与制动电阻选配见表 5-1、表 5-2。

表5-1 交流电压配备电感选配表

| 电压/V | 功率/kW | 电流/A | 电感/mH | 电压/V | 功率/kW | 电流/A | 电感/mH |
|---|---|---|---|---|---|---|---|
| 380 | 1.5 | 4 | 4.8 | 380 | 22 | 46 | 0.42 |
| | 2.2 | 5.8 | 3.2 | | 30 | 60 | 0.32 |
| | 3.7 | 9 | 2.0 | | 37 | 75 | 0.26 |
| | 5.5 | 13 | 1.5 | | 45 | 90 | 0.21 |
| | 7.5 | 18 | 1.2 | | 55 | 128 | 0.18 |
| | 11 | 24 | 0.8 | | 75 | 165 | 0.13 |
| | 15 | 30 | 0.6 | | 90 | 195 | 0.11 |
| | 18.5 | 40 | 0.5 | | 110 | 220 | 0.09 |

表5-2　变频器制动电阻选配

| 电压 /V | 电动机功率 /kW | 电阻阻值 /Ω | 电阻功效 /mH | 电压 /V | 电动机功率 /kW | 电阻阻值 /Ω | 电阻功效 /mH |
|---|---|---|---|---|---|---|---|
| 380 | 1.5 | 400 | 0.25 | 380 | 22 | 30 | 4 |
| | 2.2 | 250 | 0.25 | | 30 | 20 | 6 |
| | 3.7 | 150 | 0.4 | | 37 | 16 | 9 |
| | 5.5 | 100 | 0.5 | | 45 | 13.6 | 9 |
| | 7.5 | 75 | 0.8 | | 55 | 10 | 12 |
| | 11 | 50 | 1 | | 75 | 13.6/2 | 18 |
| | 15 | 40 | 1.5 | | 90 | 20/3 | 18 |
| | 18.5 | 30 | 4 | | 110 | 20/3 | 18 |

（6）漏电保护器　由于变频器内部、电动机内部及输入 / 输出引线均存在对地静电容，又因 HL2000 系列变频器为低噪型，所用的载波较高，因此变频器的对地漏电较大，大容量机种更为明显，有时甚至会导致保护电路误动作。遇到上述问题时，除适当降低载波频率、缩短引线外还应安装漏电保护器。

**提示：**安装漏电保护器应注意以下几点。漏电保护器应设于变频器的输入侧，置于 MCCB 之后较为合适；漏电保护器的动作电流应大于该线路在工频电源下不使用变频器时（漏电流线路、无线电噪声滤波器、电动机等漏电流的总和）的 10 倍。不同变频器辅助功能、设置方式及更多接线方式需要查看使用说明书。

### 2. 控制面板

控制面板上包括显示和控制按键及调整旋钮等部件，不同品牌的变频器其面板按键布局不尽相同，但功能大同小异。控制面板如图 5-5 所示。

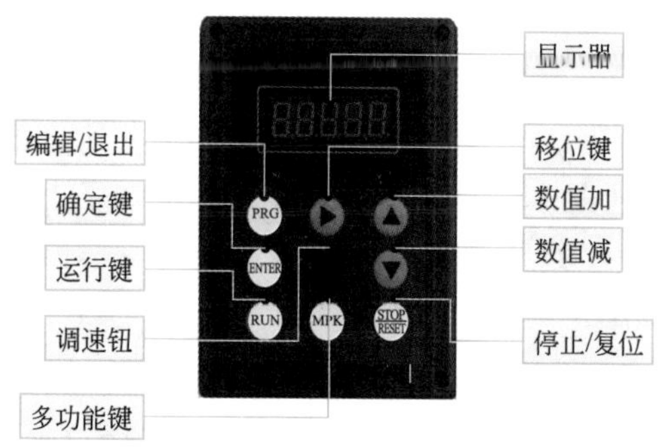


图 5-5　变频器控制面板

## 二、单相220V进单相220V输出变频器用于单相电动机启动运行控制电路

### 1. 电路工作原理

单相 220V 进单相 220V 输出电路原理图如图 5-6 所示。

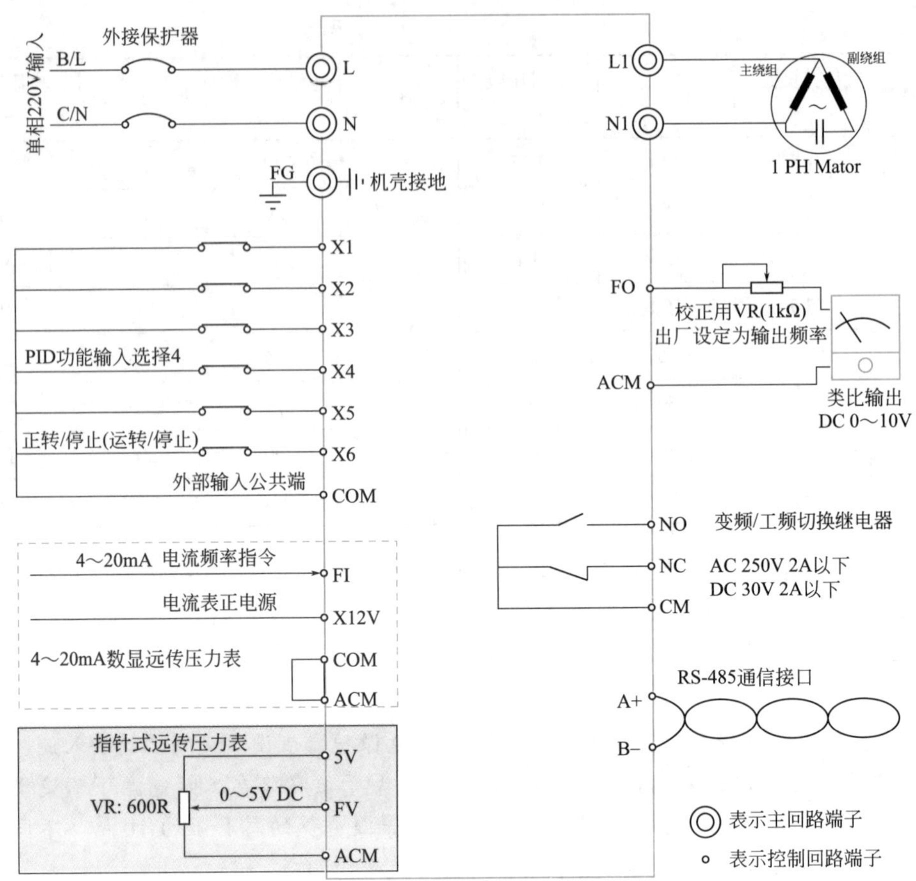


图 5-6　单相 220V 进单相 220V 输出电路原理图

由于电路直接输出 220V，因此输出端直接接 220V 电动机即可，电动机可以是电容运行电动机，也可以是电感启动电动机。

它的输入端为 220V 直接接至 L、N 两端，输出端输出为 220V，是由 L1、N1 端子输出的。当正常接线并正确设定工作项进入变频器的参数设定状态以后，电动机就可以按照正常工作项运行，对于外边的按钮开关、接点，某些功能是可以不接的，比如外部调整电位器，如果不需要远程控制，根本不需要在外部端子上接调整电位器，而是直接使用控制面板上的电位器。PID 功能如果外部没有压力、液位、温度调整和调速，只需要接电动机的正向运转就可以了，然后接调速电位器。

## 2. 接线组装

单相 220V 进单相 220V 输出变频器电路实际接线如图 5-7 所示。

## 3. 调试与检修

当它出现问题后，直接用万用表测量输入电压，推上空开应该有输出电压，按动相关按钮开关以后，变频器应该有输出电压，若参数设置正确，应该是变频器的故障，可以更换或检测变频器。

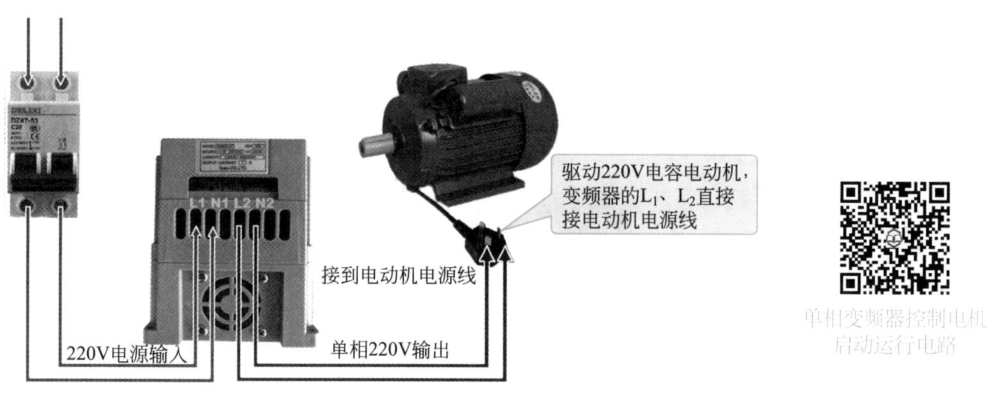


图 5-7　电路接线组装

## 三、单相220V进三相220V输出变频器用于单相220V电动机启动运行控制电路

### 1. 电路工作原理

电路图如图 5-8 所示。由于使用单相 220V 输入，输出的是三相 220V，所以正常情况下，接的电动机应该是一个三相电动机。注意应该是三相 220V 电动机。如果把单相 220V 输入转三相 220V 输出使用单相 220V 电动机的，只要把 220V 电动机接在输出端的 U、V、W 任意两相就可以，同样这些接线开关和一些选配端子是根据需要接上相应的，正转启动就可以了。可以是按钮开关，也可以是继电器进行控制，如果需要控制电动机的正反转启动，通过外配电路、正反转开关进行控制，电动机就可以实现正反转。如果需要调速，需要远程调速外接电位器，把电位器接到相应的端子就可以了。不需要远程电位器的，用面板上的电位器就可以了。

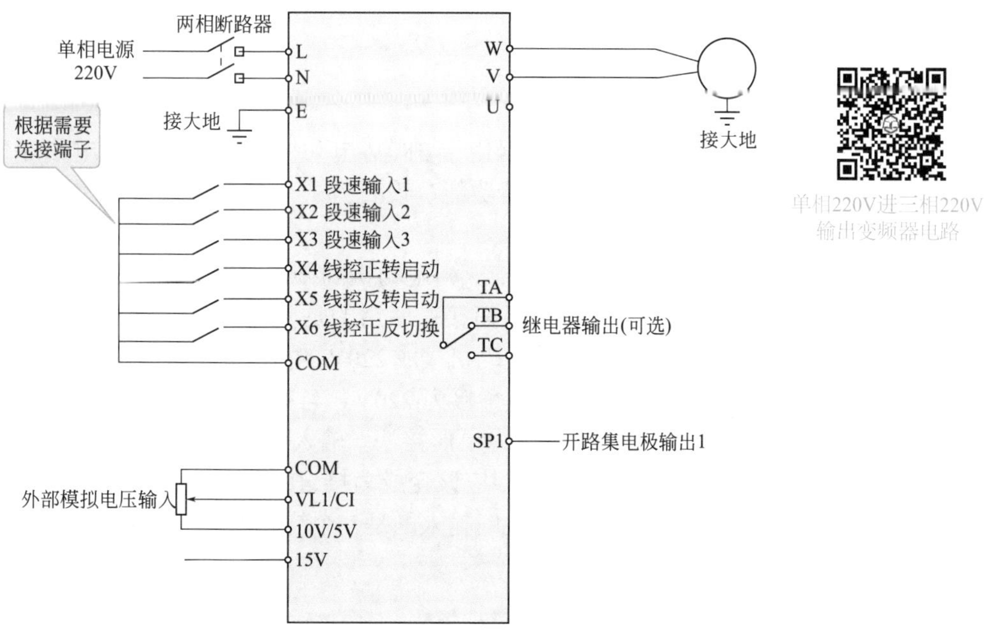


图 5-8　单相 220V 进三相 220V 输出变频器电路接线

### 2. 接线组装

单相 220V 进三相 220V 输出变频器电路实际接线如图 5-9 所示。

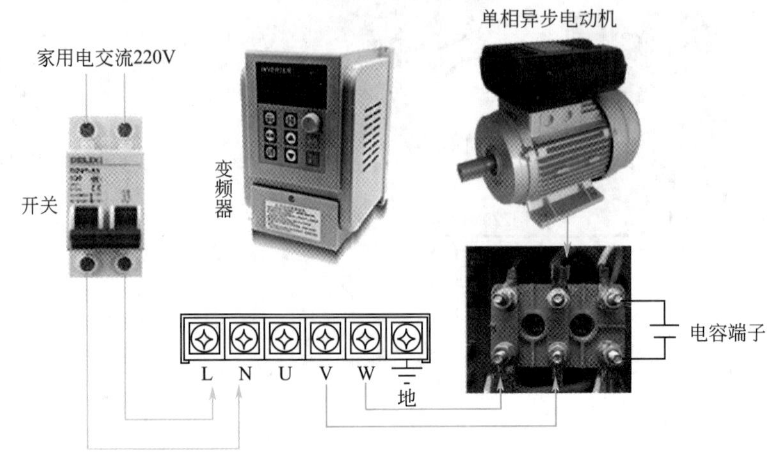


图 5-9　电路接线图

### 3. 调试与检修

当出现故障的时候，用万用表检测它的输入端，若有电压，按相应的按钮开关或相应的开关，然后输出端应该有电压，如果输出端没有电压，这些按钮开关和相应的开关正常情况下，应该是变频器毁坏，应更换。

如果输入端有电压，按动相应的按钮开关，开关输出端有电压，电动机仍然不能正常工作或不能调速，应该是电动机毁坏，应更换或维修电动机。

## 四、单相220V进三相220V输出变频器用于380V电动机启动运行控制电路

### 1. 电路工作原理

单相 220V 进三相 220V 输出变频器用于 380V 电动机启动运行控制电路原理图如图 5-10 所示（注意：不同变频器的辅助功能、设置方式及更多接线方式需要查看使用说明书）。

220V 进三相 220V 输出的变频器，接三相电动机的接线电路，所有的端子是根据需要来配定的，220V 电动机上一般标有星角接，使用的是 380V 和 220V 的标识。当使用 220V 进三相 220V 输出的时候，需要将电动机接成 220V 的接法，接成角接。一般情况下，小功率三相电动机使用星接就为 380V，角接为 220V。当 $U_1$、$V_1$、$W_1$ 接相线输入，$W_2$、$U_2$、$V_2$ 相接在一起形成中心点的时候，为星形接法。输入电压应该是两个绕组的电压之和，为 380V。如果要接入 220V 变频器，应该变成角接，$U_1$ 接 $W_2$、$V_1$ 接 $U_2$、$W_1$ 接 $V_2$，这样形成一个角接，内部组成三角形，此时输入的是一个绕组承受一相电压，这样承受的电压是 220V。

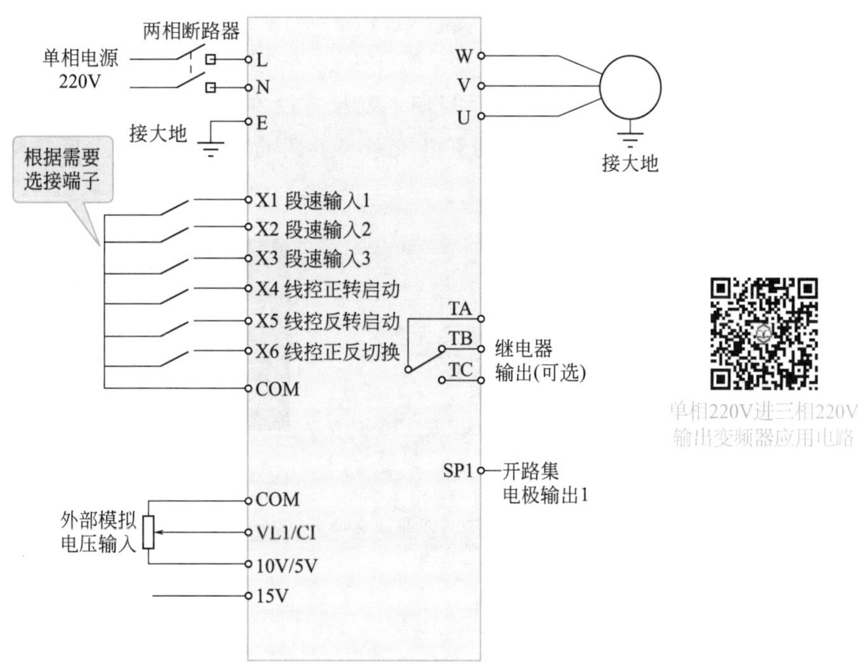


图 5-10　单相 220V 进三相 220V 输出变频器用于 380V 电动机启动运行控制电路原理图

## 2. 接线组装

单相 220V 进三相 220V 输出变频器用于 380V 电动机启动运行控制电路接线如图 5-11 所示。

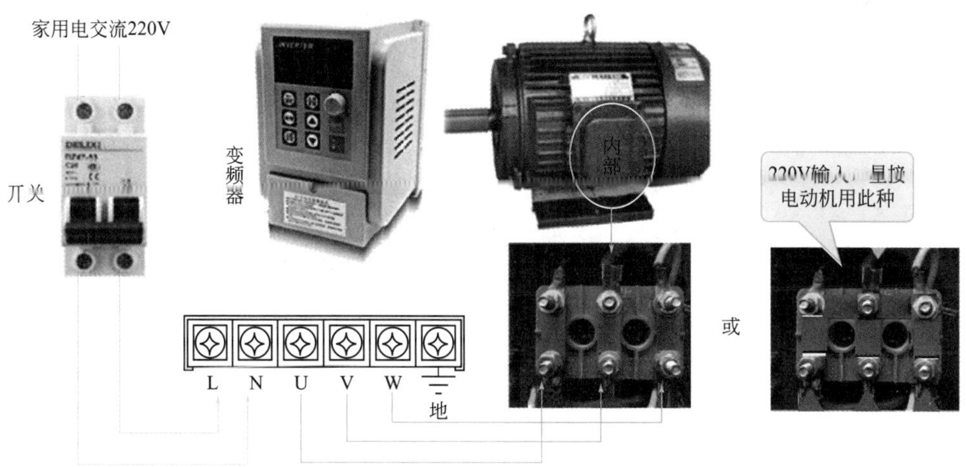


图 5-11　单相 220V 进三相 220V 输出变频器用于 380V 电动机启动运行控制电路接线

## 3. 调试与检修

一般情况下，单相输入三相输出的变频器所带电动机功率较小，如果电动机上直接标出 220V 输入，则电动机输入线直接接变频器输出端子即可，如单相输入三相 220V 输出，380V 星形接法需改 220V 三角形接法，否则电动机运行时无力，甚至带载时有停转现象。

知识拓展：电动机星形连接与三角形连接

电动机铭牌上会标有 Y/ △，说明电动机可以有两种接法，但工作电压不同。

（1）星形连接　它指所有的相具有一个共同的节点的连接。用符号“Y”表示，如图 5-12 所示。

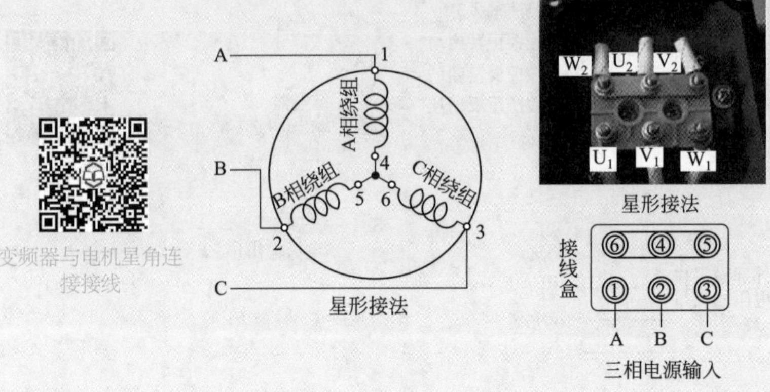


图 5-12　星形连接

（2）三角形连接　它指三相连接成一个三角形的连接，其各边的顺序即各相的顺序。三相异步电动机绕组的三角形连接用符号“△”表示，如图 5-13 所示。

（3）两种接法电压值　可以看出，三角形接法时线电压等于相电压，线电流等于相电流的约 1.73 倍；电动机星形接法时线电压等于相电压的约 1.73 倍，线电流等于相电流。

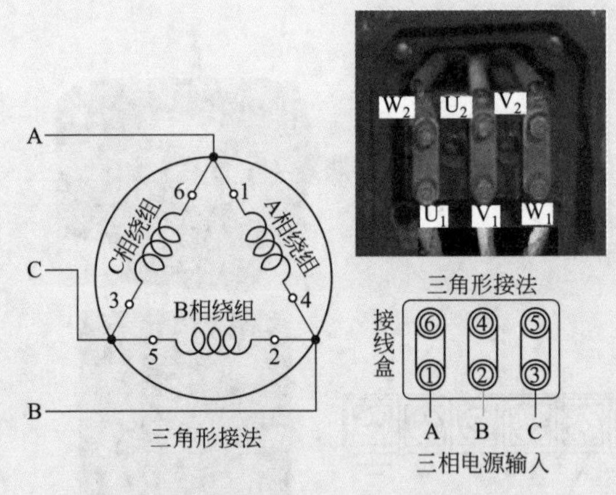


图 5-13　三角形连接

（4）两种接法比较

❶ 三角形接法：有助于提高电动机功率，但启动电流大，绕组承受电压大，增大了绝缘等级。

❷ 星形接法：有助于降低绕组承受电压，降低绝缘等级，降低启动电流，但电动机功率减小。

在我国，一般 3 ～ 4kW 以下较小电动机都规定接成星形，较大电动机都规定接成三角形。当较大功率电动机轻载启动时，可采用 Y- △降压启动（启动时接成星形，运行时换接成三角形），好处是启动电流可以降低到1/3。

**注意**：某些电动机接线盒内直接引出三根线，又没有铭牌时，说明其内部已经连接好，引出线是接电源输入线的，遇到此种电动机接变频器时一定要拆开电动机，看一下内部接线是Y还是△（一般引出线接一根线的接线头，内部有一节点接线为三根的为Y，引出线接两根线的接线头，内部无单独的一节点接线的为△），再接入变频器。

## 五、单相220V进三相380V输出变频器电动机启动运行控制电路

单相220V进三相380V输出变频器电动机启动运行控制电路接线图如图5-14所示（提示：不同变频器的辅助功能、设置方式及更多接线方式需要查看使用说明书）。

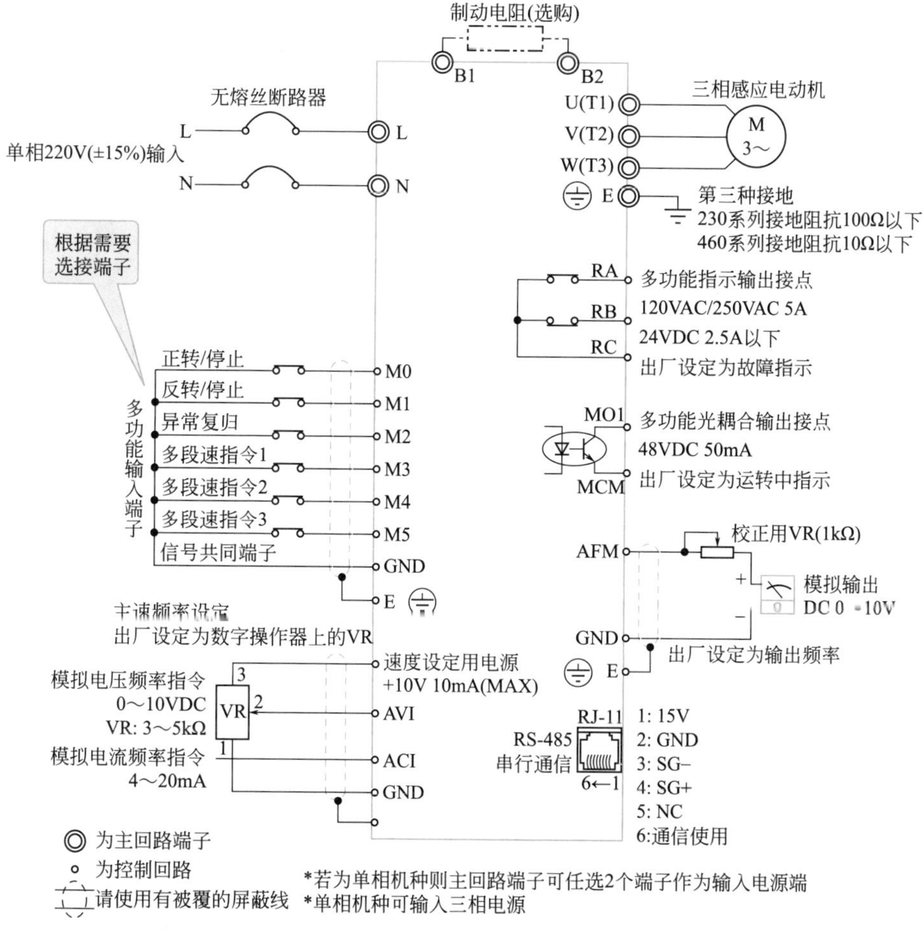


图5-14 电路原理图

输出是380V，因此可直接在输出端接电动机，对于电动机来说，单相变三相380V多为小型电动机，直接使用星形接法即可。

单相220V进三相380V输出变频器电动机启动运行控制电路实际接线图如图5-15所示。

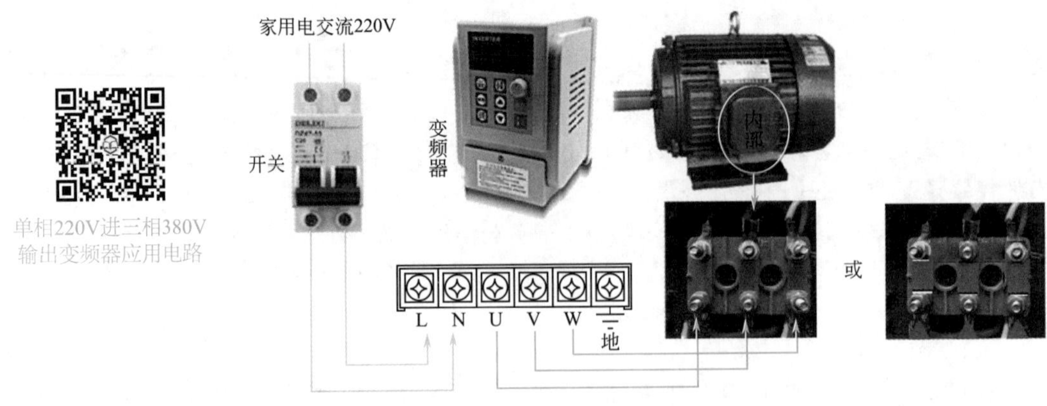


图 5-15　实际接线图

## 六、三相380V进380V输出变频器电动机启动控制电路

### 1. 电路工作原理

三相 380V 进 380V 输出变频器电动机启动控制电路原理图如图 5-16 所示（注意：不同变频器的辅助功能、设置方式及更多接线方式需要查看使用说明书）。

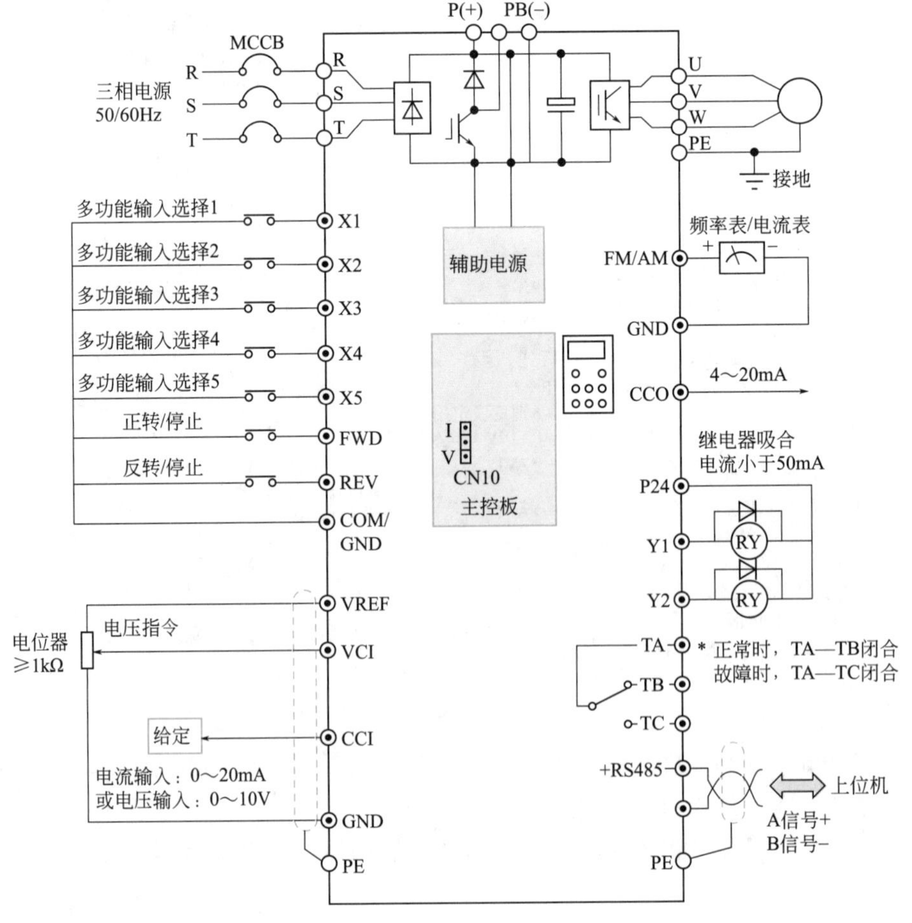


图 5-16　电路原理图

这是一套 380V 输入和 380V 输出的变频器电路，相对应的端子选择是根据所需要外加的开关完成的，如果电动机只需要正转启停，只需要一个开关就可以了，如果需要正反转启停，需要接两个端子、两个开关。需要远程调速时需要外接电位器，如果在面板上可以实现调速，就不需要接外接电位器。外配电路是根据功能接入的，一般情况下使用时，这些元器件可以不接，只要把电动机正确接入 U、V、W 就可以了。

主电路输入端子 R、S、T 接三相电的输入，U、V、W 三相电的输出接电动机，一般在设备中接制动电阻，需要制动电阻卸放掉电能，电动机就可以停转。

### 2. 接线组装

三相 380V 进 380V 输出变频器电动机启动控制电路实际组装接线图如图 5-17 所示。

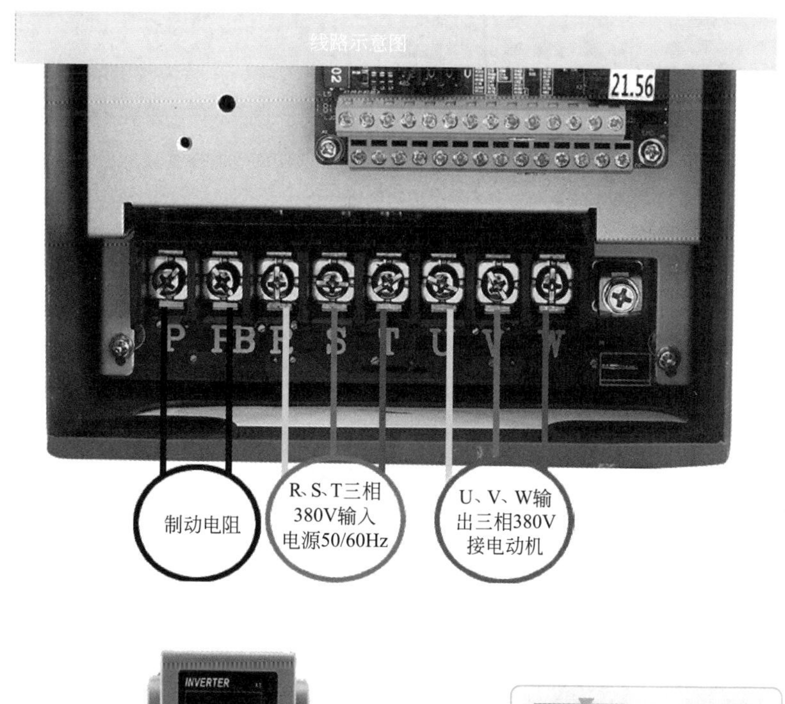


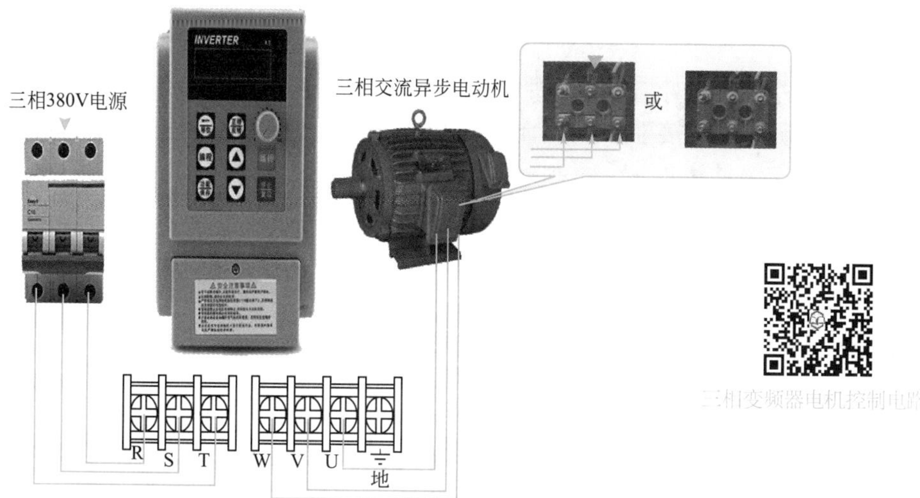


三相变频器电机控制电路

图 5-17 三相 380V 进 380V 输出变频器电动机启动控制电路实际组装接线图

### 3. 调试与检修

接好电路后，由三相电接入空开，接入变频器的接线端子，通过内部变频正确的参数设定，由输出端子输出接到电动机。当此电路不能工作时，应检查空开的下端是否有电，变频器的输入端、输出端是否有电，当检查输出端有电时，电动机不能按照正常设定运转，应该通过调整这些输出按钮开关进行测量，因为不按照正确的参数设定，这个端子可能没有对应功能控制输出，这是应该注意的。如果输出端子有输出，电动机不能正常旋转，说明电动机出现故障，应更换或维修电动机。如果变频器输入电压显示正常，通过正确的参数设定或不能设定的参数，输出端没有输出，说明变频器毁坏，应该更换或维修变频器。

## 七、带有自动制动功能的变频器电动机控制电路

### 1. 电路工作原理

带有自动制动功能的变频器电动机控制电路如图 5-18 所示。

（1）外部制动电阻连接端子 [P(+)、DB]　一般小功率（7.5kW 以下）变频器内置制动电阻，且连接于 P（+）、DB 端子上，如果内置制动电流容量不足或要提高制动力矩，则可外接制动电阻。连接时，先从 P（+）、DB 端子上卸下内置制动电阻的连接线，并对其线端进行绝缘，然后将外部制动电阻接到 P（+）、DB 端子上，如图 5-18 所示。

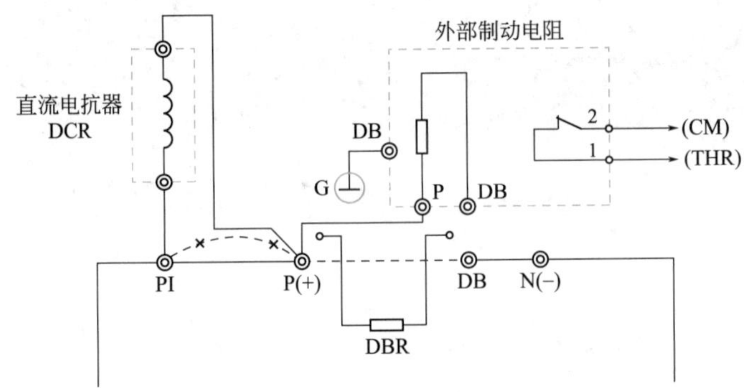

图 5-18　外部制动电阻的连接（7.5kW 以下）

（2）直流中间电路端子 [P（+）、N（−）]　对于功率大于 15kW 的变频器，除外接制动电阻 DB 外，还需对制动特性进行控制，以提高制动能力，方法是增设用功率晶体管控制的制动单元 BU 连接于 P（+）、N(−) 端子，如图 5-19 所示（图中 CM、THR 为驱动信号输入端）。

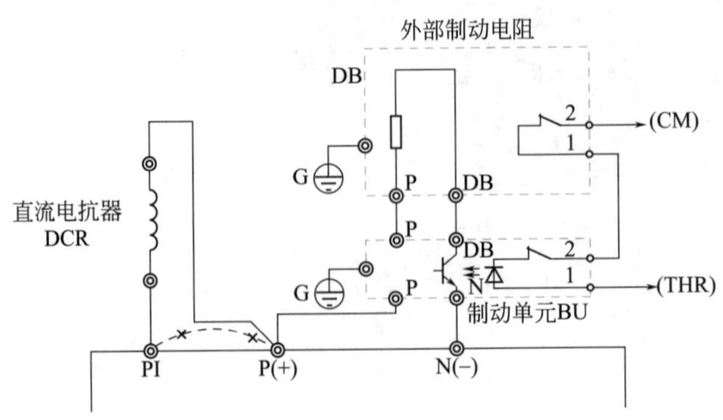

图 5-19　直流电抗器和制动单元连接图

### 2. 接线组装

带有自动制动功能的变频器电动机控制电路实际接线如图 5-20 所示。

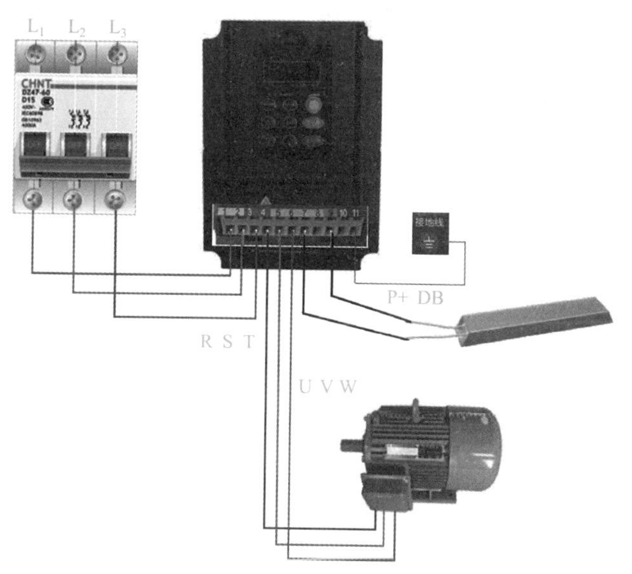


图 5-20 带有自动制动功能的变频器电动机控制电路实际接线

### 3. 调试与检修

如果电动机不能制动，大多是制动电阻毁坏，当电动机不能制动，在检修时，应先设定它的参数，看参数设定是否正确，只有电动机的参数设定正确，不能制动，才能说明制动电阻出现故障。如果检测以后制动电阻没有故障，多是变频器毁坏，应该更换或维修变频器。

## 八、用开关控制的变频器电动机正转控制电路

### 1. 电路工作原理

开关控制式正转控制电路如图 5-21 所示，它依靠手动操作变频器 STF 端子外接开关 SA，来对电动机进行正转控制。

电路工作原理说明如下：

❶ 启动准备。按动按钮开关 $SB_2$ →交流接触器 KM 线圈得电→ KM 常开辅助触点和主触点均闭合→ KM 常开辅助触点闭合锁定 KM 线圈得电（自锁），KM 主触点闭合为变频器接通主电源。

**提示：**使用启动准备电路及使用异常保护时，需拆除原机 RS 接线，将 R1/S1 与相线接通，供保护后查看数据报警用，如不需要则不用拆除跳线，使用漏电保安器或空开直接供电即可。

❷ 正转控制。按动变频器 STF 端子外接开关 SA，STF、SD 端子接通，相当于 STF 端子输入正转控制信号，变频器 U、V、W 端子输出正转电源电压，驱动电动机正向运转。调节端子 10、2、5 外接电位器 RP，变频器输出电源频率会发生改变，电动机转速也随之变化。

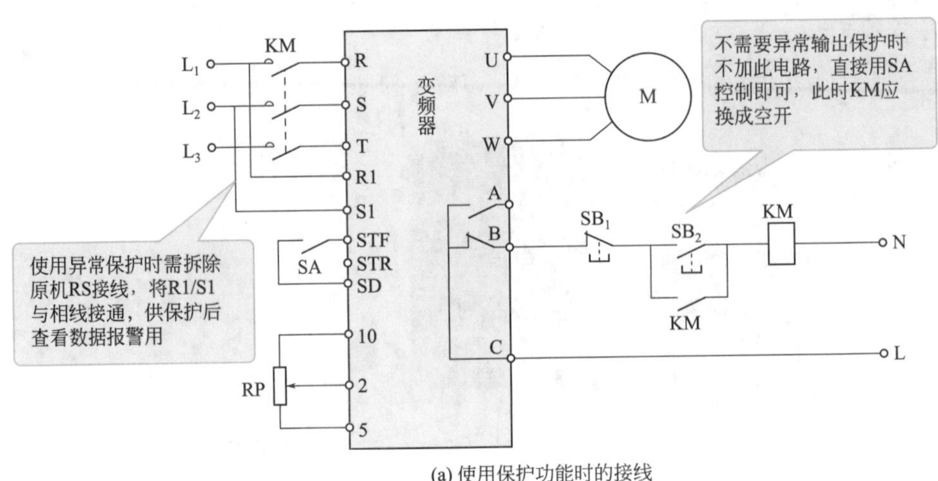

(a) 使用保护功能时的接线

启动按钮控制电机运行电路

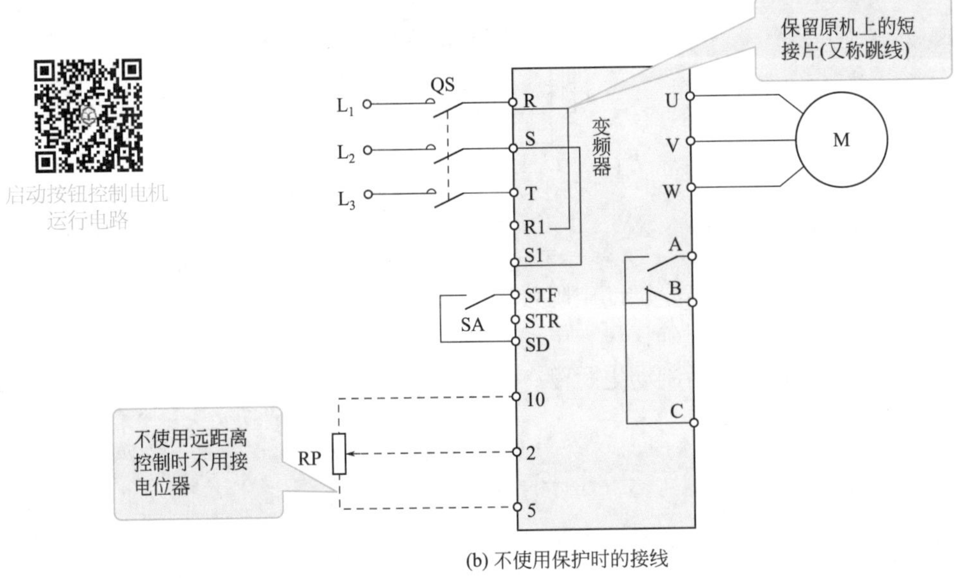

(b) 不使用保护时的接线

图 5-21　开关控制式正转控制电路

③ 变频器异常保护。若变频器运行期间出现异常或故障，变频器 B、C 端子间内部等效的常闭开关断开，交流接触器 KM 线圈失电，KM 主触点断开，切断变频器输入电源，对变频器进行保护。

④ 停转控制。在变频器正常工作时，将开关 SA 断开，STF、SD 端子断开，变频器停止输出电源，电动机停转。

若要切断变频器输入主电源，可按动按钮开关 $SB_1$，交流接触器 KM 线圈失电，KM 主触点断开，变频器输入电源被切断。

**提示：** R1/S1 为控制回路电源，一般内部用连接片与 R/S 端子相连接，不需要外接线，只有在需要变频器主回路断电（KM 断开）、变频器显示异常状态或实现其他特殊功能时，才将 R1/S1 连接片与 R/S 端子拆开，用引线接到输入电源端。

## 知识拓展：变频器跳闸保护电路

在注意事项中，提到只有在需要变频器主回路断电（KM 断开）、变频器显示异常状态或实现其他特殊功能时才将R1/S1连接片与R/S端子拆开，用引线接到输入电源端。实际在变频调速系统运行过程中，如果变频器或负载突然出现故障，可以利用外部电路实现报警。需要注意的是，报警的参数设定，需要参看使用说明书。

变频器跳闸保护是指在变频器工作出现异常时切断电源，保护变频器不被损坏。图5-22 所示是一种常见的变频器跳闸保护电路。变频器 A、B、C 端子为异常输出端，A、C 之间相当于一个常开开关，B、C 之间相当于一个常闭开关，在变频器工作出现异常时，A、C 接通，B、C 断开。

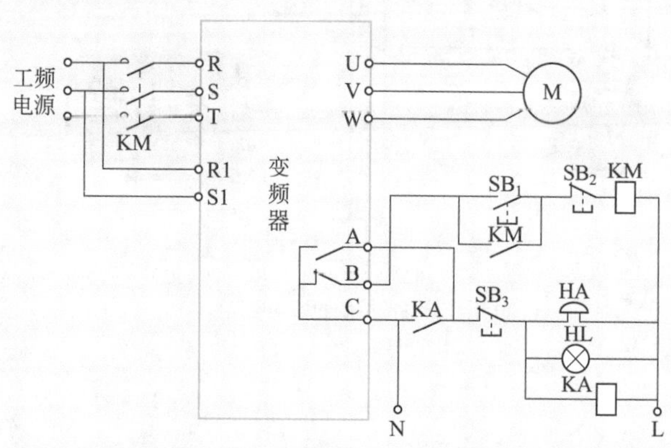


图 5-22　一种常见的变频器跳闸保护电路

电路工作过程说明如下：

① 供电控制　按动按钮开关 $SB_1$，交流接触器 KM 线圈得电，KM 主触点闭合，工频电源经 KM 主触点为变频器提供电源，同时 KM 常开辅助触点闭合，锁定 KM 线圈供电。按动按钮开关 $SB_2$，交流接触器 KM 线圈失电，KM 主触点断开，切断变频器电源。

② 异常跳闸保护　若变频器在运行过程中出现异常，A、C 之间闭合，B、C 之间断开。B、C 之间断开使交流接触器 KM 线圈失电，KM 主触点断开，切断变频器供电；A、C 之间闭合使继电器 KA 线圈得电，KA 触点闭合，振铃 HA 和报警灯 HL 得电，发出变频器工作异常声光报警。

按动按钮开关 $SB_3$，继电器 KA 线圈失电，KA 常开触点断开，HA、HL 失电，声光报警停止。

③ 电路故障检修　当此电路出现故障时，主要用万用表检查 $SB_1$、$SB_2$、KM 线圈及接点是否毁坏，检查 KA 线圈及其接点是否毁坏，只要外部线圈及接点没有毁坏，就不会跳闸，不能启动时，若参数设定正常，说明变频器毁坏。

### 2. 接线组装

用开关控制的变频器电动机正转控制电路如图 5-23 所示。

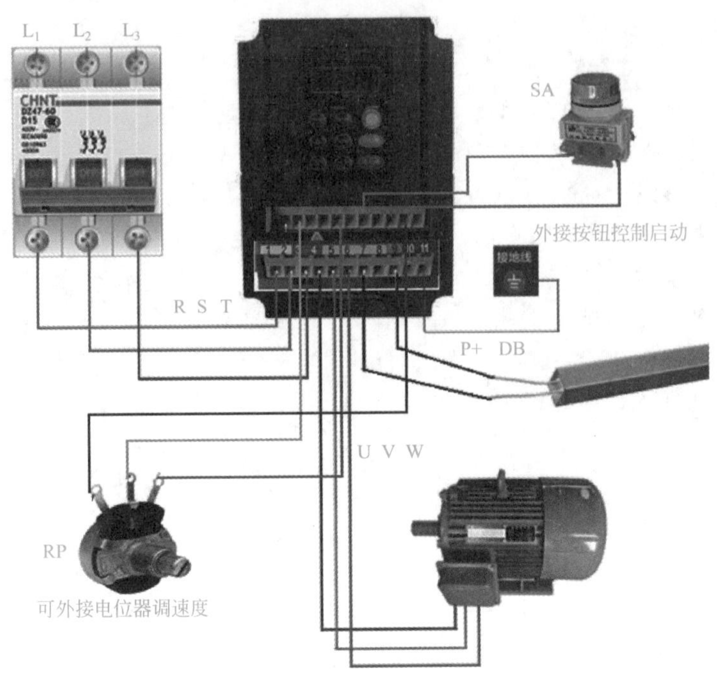


(a) 用开关直接控制的启动电路

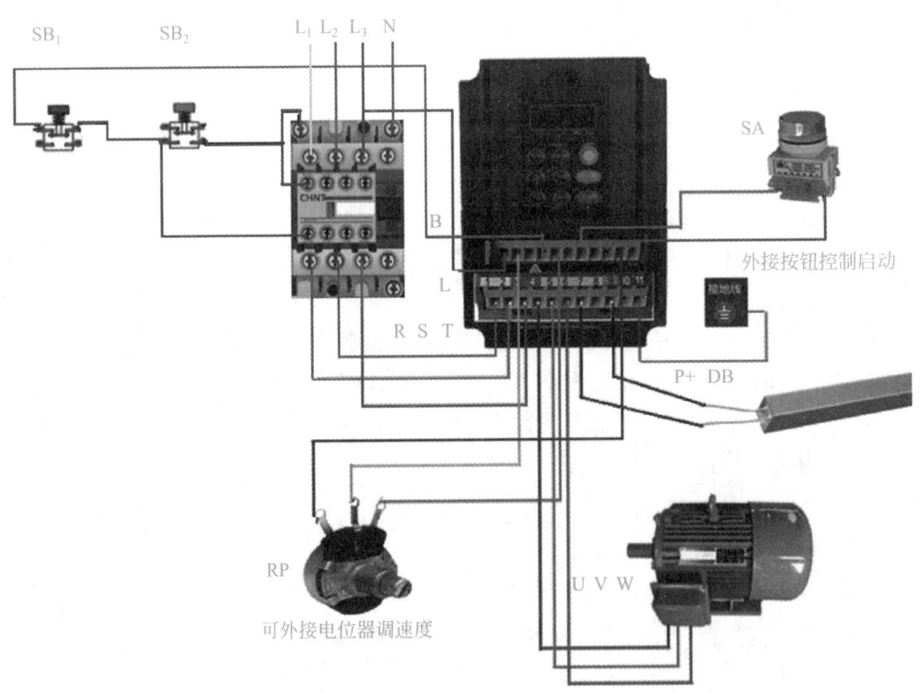


(b) 交流接触器上电控制的开关控制直接启动电路

图 5-23　变频器电动机正转控制电路

### 3. 调试与检修

用继电器控制电动机的启停控制电路，如果不需要准备上电功能，只是用按钮开关进行控制，可以把 R1、S1 用短接线接到 R、S 端点，然后使用空开就可以，空开电流进来直接接 R、S、T，输出端直接接电动机，可以用面板上的调整器，这样相当简单，在这个电路当中利用上电准备电路，然后给 R、S、T 接通电源，一旦按动 $SB_2$ 后，SM 接通，KM 自锁，变频器认为启动输出三相电压。这种电路检修时，直接检查 KM 及按钮开关 $SB_1$、$SB_2$ 是否毁坏，如果 $SB_1$、$SB_2$ 没有毁坏，SA 按钮开关也没有毁坏，不能驱动电动机旋转的原因是变频器毁坏，直接更换变频器即可。

## 九、用继电器控制的变频器电动机正转控制电路

### 1. 电路工作原理

继电器控制式正转控制电路如图 5-24 所示。

电路工作原理说明如下：

❶ 启动准备。按动按钮开关 $SB_2$ →交流接触器 KM 线圈得电→ KM 主触点和两个常开辅助触点均闭合→ KM 主触点闭合为变频器接主电源，一个 KM 常开辅助触点闭合锁定 KM 线圈得电，另一个 KM 常开辅助触点闭合为中间继电器 KA 线圈得电做准备。

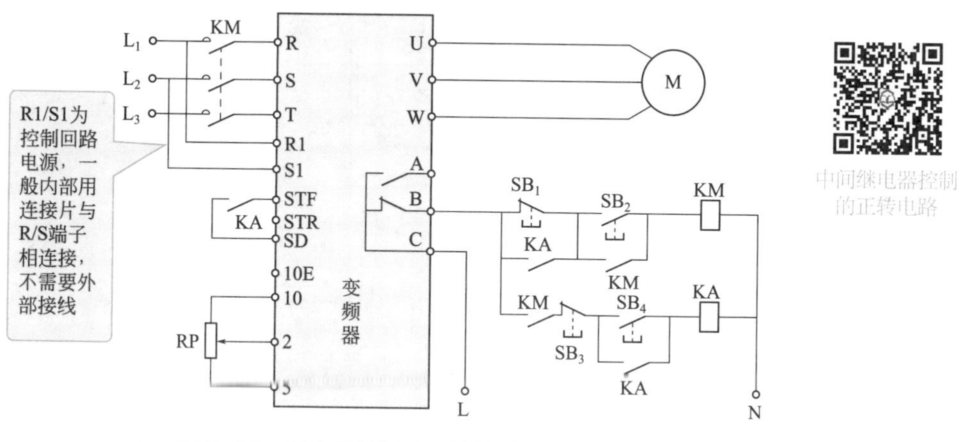


图 5-24　继电器控制式正转控制电路

❷ 正转控制。按动按钮开关 $SB_4$ →继电器 KA 线圈得电→ 3 个 KA 常开触点均闭合，一个常开触点闭合锁定 KA 线圈得电，一个常开触点闭合将按钮开关 $SB_1$ 短接，还有一个常开触点闭合将 STF、SD 端子接通，相当于 STF 端子输入正转控制信号，变频器 U、V、W 端子输出正转电源电压，驱动电动机正向运转。调节端子 10、2、5 外接电位器 RP，变频器输出电源频率会发生改变，电动机转速也随之变化。

❸ 变频器异常保护，若变频器运行期间出现异常或故障，变频器 B、C 端子间内部等效的常闭开关断开，交流接触器 KM 线圈失电，KM 主触点断开，切断变频器输入电源，对变频器进行保护，同时继电器 KA 线圈失电，3 个 KA 常开触点均断开。

❹ 停转控制。在变频器正常工作时，按动按钮开关 $SB_3$，KA 线圈失电，KA 的 3 个常开触点均断开，其中一个 KA 常开触点断开使 STF、SD 端子连接切断，变频器停止输出电源，电动机停转。

在变频器运行时，若要切断变频器输入主电源，需先对变频器进行停转控制，再按动按钮开关 $SB_1$，交流接触器 KM 线圈失电，KM 主触点断开，变频器输入电源被切断。如果没有对变频器进行停转控制，而直接去按 $SB_1$，是无法切断变频器输入主电源的，这是因为变频器正常工作时 KA 常开触点已将 $SB_1$ 短接，断开 $SB_1$ 无效，这样做可以防止在变频器工作时误操作 $SB_1$ 切断主电源。

### 2. 接线与组装

用继电器控制的变频器电动机正转控制电路如图 5-25 所示。

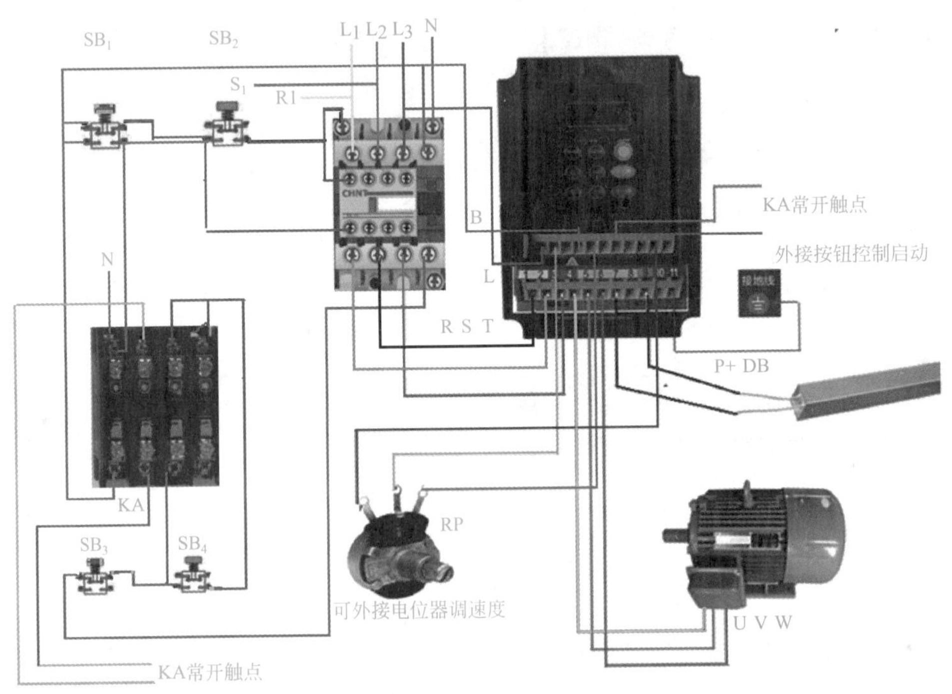


图 5-25　用继电器控制的变频器电动机正转控制电路

### 3. 调试与检修

当用继电器控制正转出现故障时，用万用表检测 $SB_1$、$SB_2$、$SB_4$、$SB_3$ 的好与坏，包括 KM、KA 线圈的好与坏。当这些元器件没有毁坏时，用电压表检测 R、S、T 是否有电压，如果有电压 U、V、W 没有输出，参数设定正常的情况下为变频器毁坏，如果 R、S、T 没有电压，说明输出电路有故障，查找输出电路或更换变频器；而当 U、V、W 有输出电压，电动机不运转时，说明电动机出现故障，应该维修或更换电动机。

## 十、用开关控制的变频器电动机正反转控制电路

### 1. 电路工作原理

开关控制式正反转控制电路如图 5-26 所示，它采用了一个三位开关 SA，SA 有“正转”“停止”和“反转”3 个位置。

电路工作原理说明如下：

❶ 启动准备。按动按钮开关 $SB_2$ →交流接触器 KM 线圈得电→ KM 常开辅助触点和主触点均闭合→ KM 常开辅助触点闭合锁定 KM 线圈得电（自锁），KM 主触点闭合为变频器接通主电源。

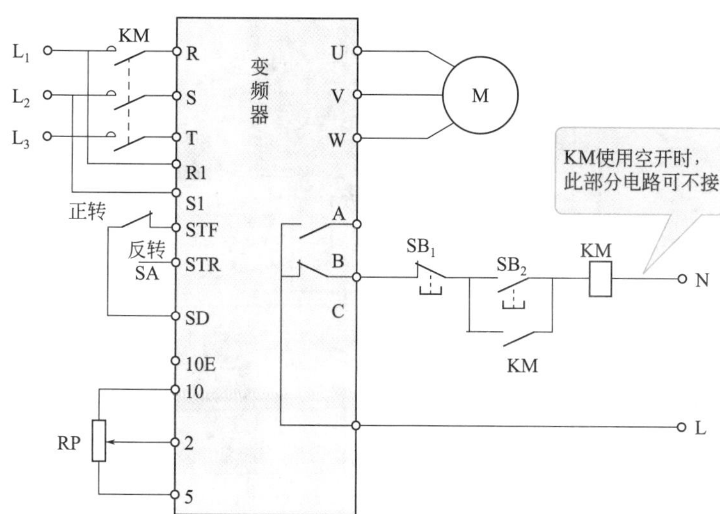

图 5-26　开关控制式正反转控制电路

❷ 正转控制。将开关 SA 拨至“正转”位置，STF、SD 端子接通，相当于 STF 端子输入正转控制信号，变频器 U、V、W 端子输出正转电源电压，驱动电动机正向运转。调节端子 10、2、5 外接电位器 RP，变频器输出电源频率会发生改变，电动机转速也随之变化。

❸ 停转控制。将开关 SA 拨至“停转”位置（悬空位置），STF、SD 端子连接切断，变频器停止输出电源，电动机停转。

❹ 反转控制。将开关 SA 拨至“反转”位置，STR、SD 端子接通，相当于 STR 端子输入反转控制信号，变频器 U、V、W 端子输出反转电源电压，驱动电动机反向运转。调节电位器 RP，变频器输出电源频率会发生改变，电动机转速也随之变化。

❺ 变频器异常保护。若变频器运行期间出现异常或故障，变频器 B、S 端子间内部等效的常闭开关断开，交流接触器 KM 线圈断开，切断变频器输入电源，对变频器进行保护。

若要切断变频器输入主电源，需先将开关 SA 拨至“停止”位置，让变频器停止工作，再按动按钮开关 $SB_1$，交流接触器 KM 线圈失电，KM 主触点断开，变频器输入电源被切断。该电路结构简单，缺点是在变频器正常工作时操作 $SB_1$ 可切断输入主电源，这样易损坏变频器。

## 2. 接线组装

用开关控制的变频器电动机正反转控制电路接线组装如图 5-27 所示。

## 3. 调试与检修

在检修时，先检测上电准备电路 KM 及其外围开关的好坏，如果均完好，可以检测上电输入端 R、S、T 端电压，再检测 U、V、W 输出端电压，如输入有电压，输出没有电压，参数设定正常，正反转开关良好，说明变频器有故障，可更换变频器。如果 U、V、W 有输出电压，电动机不能正常运转，说明电动机有故障，维修更换电动机。

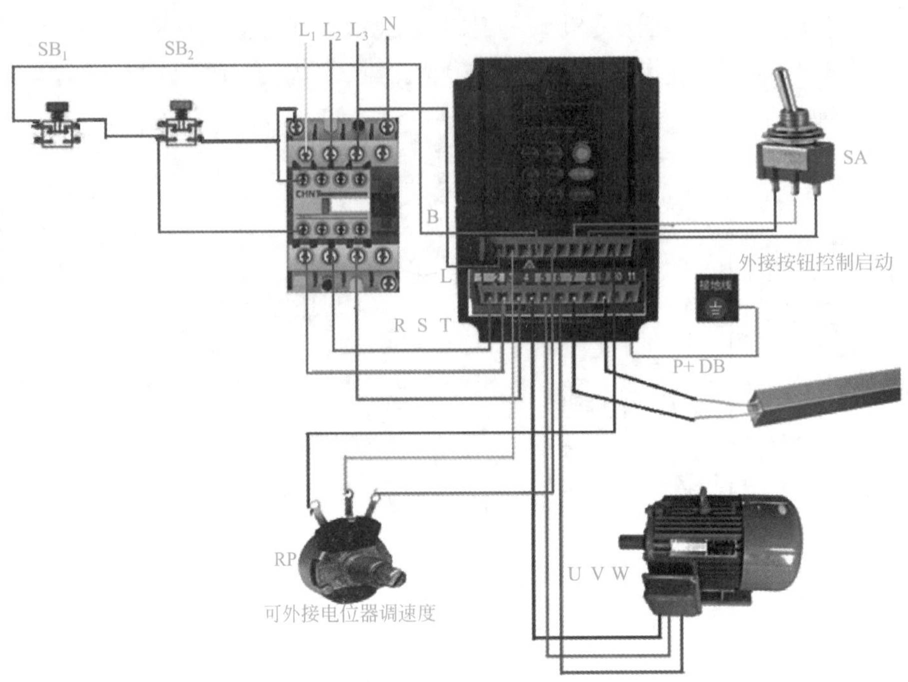


图 5-27　用开关控制的变频器电动机正反转控制电路接线组装

## 十一、用继电器控制变频器电动机正反转控制电路

### 1. 电路工作原理

继电器控制式正反转控制电路如图 5-28 所示，该电路采用 $KA_1$、$KA_2$ 继电器分别进行正转和反转控制。电路工作原理说明如下。

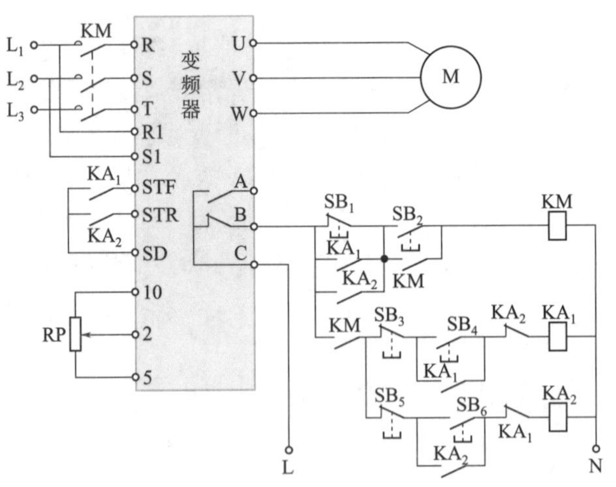


中间继电器控制变频器正反转控制电路

图 5-28　继电器控制式正反转控制电路

❶ 启动准备。按动按钮开关 $SB_2$→交流接触器 KM 线圈得电→ KM 主触点和 2 个常开辅助触点均闭合→ KM 主触点闭合为变频器接通主电源，一个 KM 常开辅助触点闭合锁定 KM 线圈得电，另一个 KM 常开辅助触点闭合为中间继电器 $KA_1$、$KA_2$ 线圈得电做准备。

❷ 正转控制。按动按钮开关 $SB_4$ →继电器 $KA_1$ 线圈得电→ $KA_1$ 的 1 个常开触点断开，3 个常开触点闭合→ $KA_1$ 的常闭触点断开使 $KA_2$ 线圈无法得电，$KA_1$ 的 3 个常开触点闭合分别锁定 $KA_1$ 线圈得电、短接按钮开关 $SB_1$ 和接通 STF、SD 端子→STF、SD 端子接通，相当于 STF 端子输入正转控制信号，变频器 U、V、W 端子输出正转电源电压，驱动电动机正向运转。调节端子 10、2、5 外接电位器 RP，变频器输出电源频率会发生改变，电动机转速也随之变化。

❸ 停转控制。按动按钮开关 $SB_3$ →继电器 $KA_1$ 线圈失电→ 3 个 KA 常开触点均断开，其中 1 个常开触点断开切断 STF、SD 端子的连接，变频器 U、V、W 端子停止输出电源电压，电动机停转。

❹ 反转控制。按动按钮开关 $SB_6$ →继电器 $KA_2$ 线圈得电→ $KA_2$ 的 1 个常闭触点断开，3 个常开触点闭合→ $KA_2$ 的常闭触点断开使 $KA_1$ 线圈无法得电，$KA_2$ 的 3 个常开触点闭合分别锁定 $KA_2$ 线圈得电、短接按钮开关 $SB_1$ 和接通 STR、SD 端子→STF、SD 端子接通，相当于 STR 端子输入反转控制信号，变频器 U、V、W 端子输出反转电源电压，驱动电动机反向运转。

❺ 变频器异常保护。若变频器运行期间出现异常或故障，变频器 B、C 端子间内部等效的常闭开关断开，交流接触器 KM 线圈失电，KM 主触点断开，切断变频器输入电源，对变频器进行保护。

若要切断变频器输入主电源，可在变频器停止工作时按动按钮开关 $SB_1$，交流接触器 KM 线圈失电，KM 主触点断开，变频器输入电源被切断。由于在变频器正常工作期间（正转或反转），$KA_1$ 或 $KA_2$ 常开触点闭合将 $SB_1$ 短接，断开 $SB_1$ 无效，这样做可以避免在变频器工作时切断主电源。

## 2. 接线组装

继电器控制式变频器正反转控制电路接线组装如图 5-29 所示。

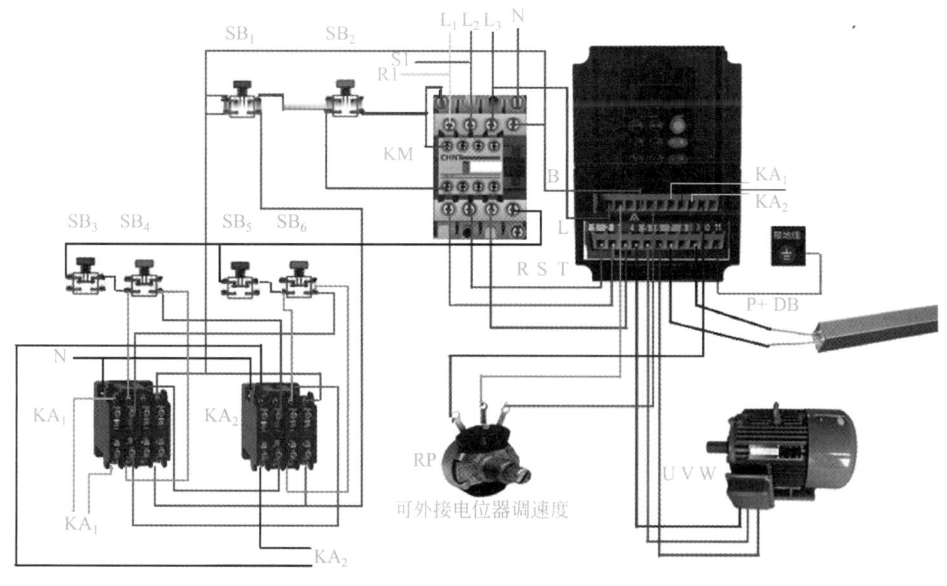


图 5-29　电路接线组装

### 3. 调试与检修

KM、$SB_1$、$SB_2$ 构成上电准备电路，$KA_1$、$KA_2$、$SB_4$、$SB_3$ 构成正转控制电路，$KA_2$、$KA_1$、$SB_5$、$SB_6$ 构成反转控制电路。如果电路出现故障，电动机不能上电，应检查 KM、$SB_2$、$SB_1$ 电路是否有毁坏的元件，如果毁坏则进行更换。如果上电正常，不能进行正反转，应检查 $KA_1$、$KA_2$、$SB_4$、$SB_6$、$SB_3$、$SB_5$ 电路是否有毁坏元件，如有毁坏应进行更换。如果上述元件均没有毁坏，变频器参数设定正常或参数无法设定的情况下，应该是变频器出现故障，应维修或更换变频器。

## 十二、工频与变频切换电路

### 1. 电路工作原理

实际在变频调速系统运行过程中，如果变频器或负载突然出现故障，若让负载停止工作可能会造成很大损失。为了解决这个问题，可给变频调速系统增设工频与变频切换功能，在变频器出现故障时自动将工频电源切换给电动机，以让系统继续工作。另外，某些电路中要求启动时用变频工作，而在正常工作时用工频工作，因此可以用工频与变频切换电路完成。还可以利用报警电路配合，在故障时输出报警信号。对于工作模式的参数设定，需要参看使用说明书。

图 5-30 所示是一个典型的工频与变频切换控制电路。该电路在工作前需要先对一些参数进行设置。

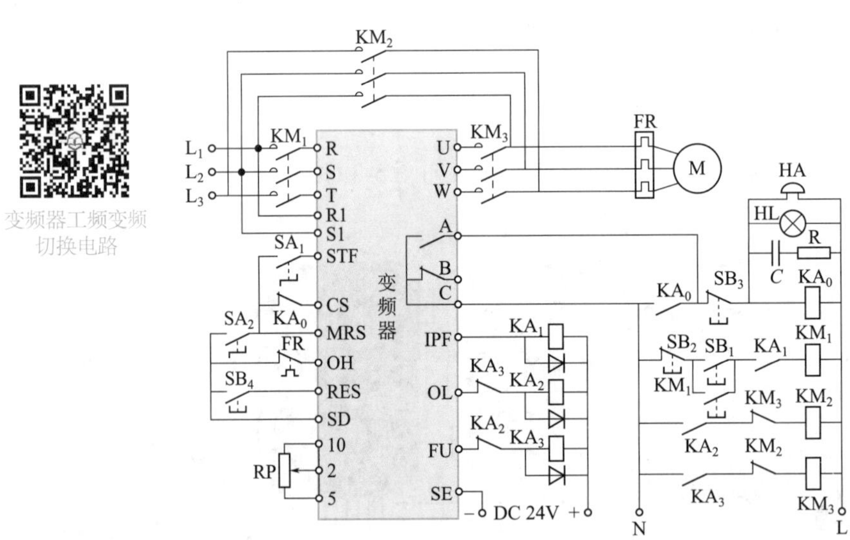


图 5-30　一个典型的工频与变频切换控制电路

电路的工作过程说明如下。

#### （1）变频运行控制

❶ 启动准备。将开关 $SA_3$ 闭合，接通 MRS 端子，允许进行工频变频切换。由于已设置 Pr.135=1 使切换有效，IPE、FU 端子输出低电平，中间继电器 $KA_1$、$KA_3$ 线圈得电。$KA_3$ 线圈得电→ $KA_3$ 常开触点闭合→交流接触器 $KM_3$ 线圈得电→ $KM_3$ 主触点闭合，$KM_3$ 常闭辅助触点断开→ $KM_3$ 主触点闭合将电动机与变频器端连接；$KM_3$ 常闭辅助触点断开

使 $KM_2$ 线圈无法得电，实现 $KM_2$、$KM_3$ 之间的互锁（$KM_2$、$KM_3$ 线圈不能同时得电），电动机无法由变频和工频同时供电。$KA_1$ 线圈得电→ $KA_1$ 常开触点闭合，为 $KM_1$ 线圈得电做准备→按动按钮开关 $SB_1$ → $KM_1$ 线圈得电→ $KM_1$ 主触点、常开辅助触点均闭合→ $KM_1$ 主触点闭合，为变频器供电；$KM_1$ 常开辅助触点闭合，锁定 $KM_1$ 线圈得电。

❷ 启动运行。将开关 $SA_1$ 闭合，STF 端子输入信号（STF 端子经 $SA_1$、$SA_2$ 与 SD 端子接通），变频器正转启动，调节电位器 RP 可以对电动机进行调速控制。

（2）变频—工频切换控制　当变频器运行中出现异常，异常输出端子 A、C 接通，中间继电器 $KA_0$ 线圈得电，$KA_0$ 常开触点闭合，振铃 HA 和报警灯 HL 得电，发出声光报警。与此同时，IPF、FU 端子变为高电平，OL 端子变为低电平，$KA_1$、$KA_3$ 线圈失电，$KA_2$ 线圈得电。$KA_1$、$KA_3$ 线圈失电→ $KA_1$、$KA_3$ 常开触点断开→ $KM_1$、$KM_3$ 线圈失电→ $KM_1$、$KM_3$ 主触点断开→变频器与电源、电动机断开。$KA_2$ 线圈得电→ $KA_2$ 常开触点闭合→ $KM_2$ 线圈得电→ $KM_2$ 主触点闭合→工频电源直接提供给电动机（注：$KA_1$、$KA_3$ 线圈失电与 $KA_2$ 线圈得电并不是同时进行的，有一定的切换时间，它与 Pr.136、Pr.137 设置有关）。

按动按钮开关 $SB_3$ 可以解除声光报警，按动按钮开关 $SB_4$，可以解除变频器的保护输出状态。若电动机在运行时出现过载，与电动机串联的热继电器 FR 发热元件动作，使 FR 常闭触点断开，切断 OH 端子输入，变频器停止输出，对电动机进行保护。

## 2. 接线组装

工频与变频切换电路接线组装如图 5-31 所示。

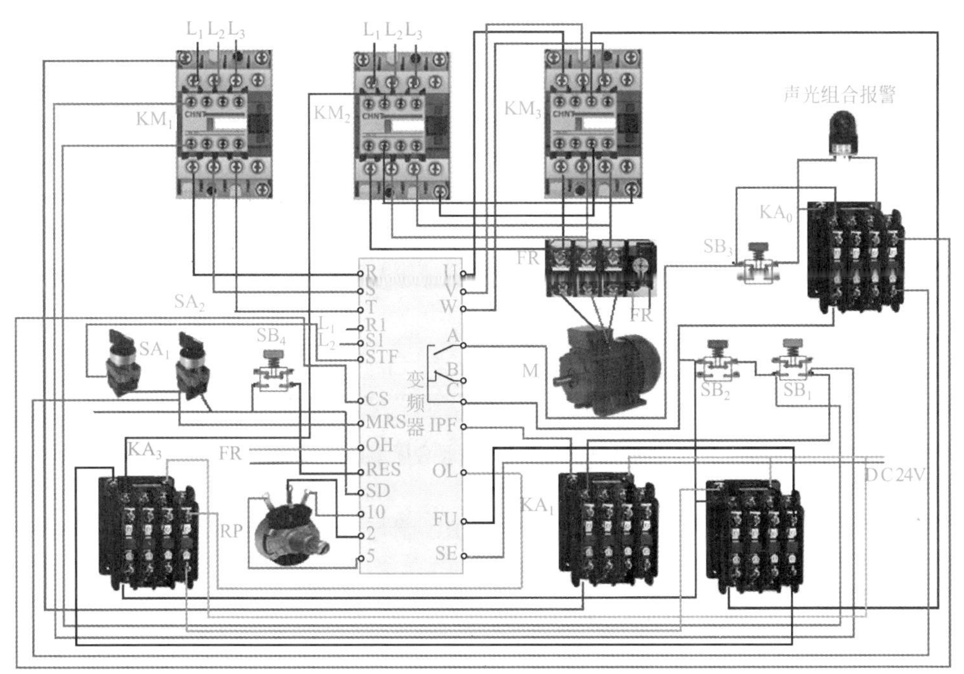


图 5-31　电路接线组装

## 3. 调试与检修

当变频器出现故障后，可以把变频切换到工频进行运转，在某些电路当中，需要在正常工作以后切换到工频运转，都可以用这些电路进行控制。当变频器出现故障以后，不能进行上电准备，主要检查 $KM_1$ 电路，$KM_1$、$KA_1$ 的触点，$SB_1$、$SB_2$ 都正常的情况下，变频器仍然不能够正常上电，应该是变频器出现故障。如果上电电路正常，不能够进行变频和工频切换，应该检查 $KM_2$、$KM_3$；不能实现报警时，应检查 $KA_0$ 报警器和报警灯及其开关 $SB_3$ 电路，当上述元件正常，仍不能够正常工作时，应代换变频器。

## 十三、用变频器对电动机实现多挡转速控制电路

### 1. 电路工作原理

变频器可以对电动机进行多挡转速驱动。在进行多挡转速控制时，需要对变频器有关参数进行设置，再操作相应端子外接开关。

（1）多挡转速控制端子　变频器的 RH、RM、RL 端子为多挡转速控制端子，RH 为高速挡，RM 为中速挡，RL 为低速挡。RH、RM、RL 这 3 个端子组合可以进行 7 挡转速控制。多挡转速控制如图 5-32 所示。

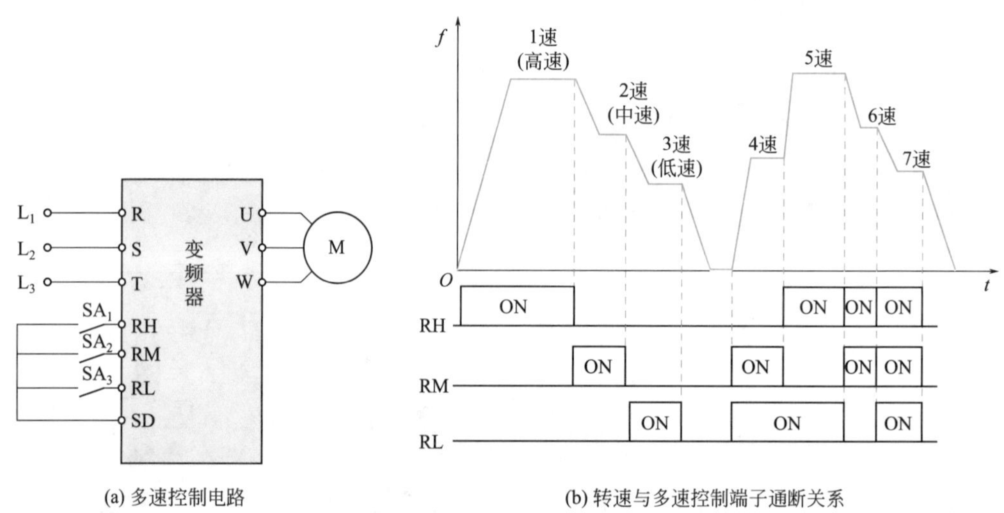


(a) 多速控制电路　　(b) 转速与多速控制端子通断关系

图 5-32　多挡转速控制

当开关 $KA_1$ 闭合时，RH 端与 SD 端接通，相当于给 RH 端输入高速运转指令信号，变频器马上输出很高的频率去驱动电动机，电动机迅速启动并高速运转（1 速）。

当开关 $SA_2$ 闭合时（$SA_1$ 需断开），RM 端与 SD 端接通，变频器输出频率降低，电动机由高速转为中速运转（2 速）。

当开关 $SA_3$ 闭合时（$SA_1$、$SA_2$ 需断开），RL 端与 SD 端接通，变频器输出频率进一步降低，电动机由中速转为低速运转（3 速）。

当 $SA_1$、$SA_2$、$SA_3$ 均断开时，变频器输出频率变为 0Hz，电动机由低速转为停转。

$SA_2$、$SA_3$ 闭合，电动机 4 速运转；$SA_1$、$SA_3$ 闭合，电动机 5 速运转；$SA_1$、$SA_2$ 闭合，电动机 6 速运转；$SA_1$、$SA_2$、$SA_3$ 闭合，电动机 7 速运转。

图 5-32（b）所示曲线中的斜线表示变频器输出频率由一种频率转变到另一种频率需经历一段时间，在此期间，电动机转速也由一种转速变化到另一种转速；水平线表示输出频率稳定，电动机转速稳定。对于多挡调速的参数设定，需要参看使用说明书。

（2）多挡转速控制电路　图 5-33 所示是一个典型的多挡转速控制电路，它由主电路和控制电路两部分组成。该电路采用了 $KA_0$ ～ $KA_3$ 共 4 个中间继电器，其常开触点接在变频器的多挡转速控制输入端，电路还用了 $SQ_1$ ～ $SQ_3$ 这 3 个行程开关来检测运动部件的位置并进行转速切换控制。此电路在运行前需要进行多挡控制参数的设置。

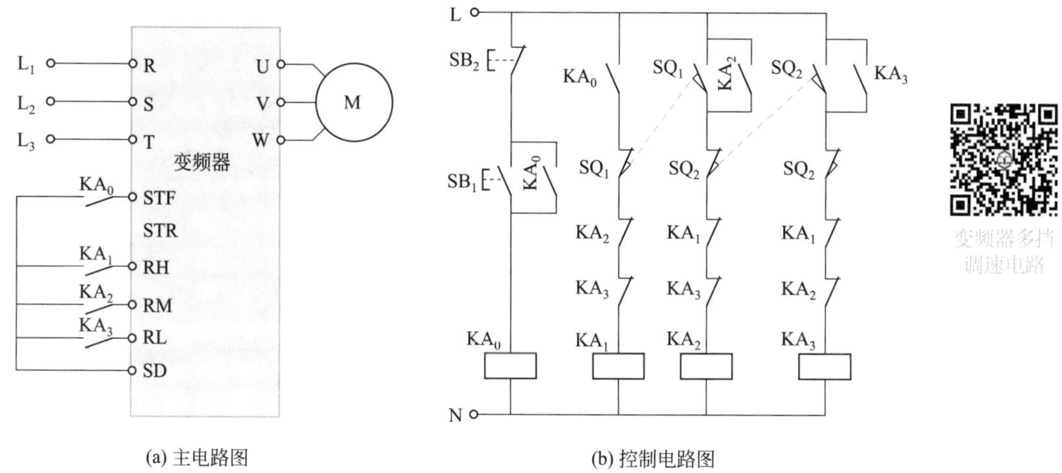


(a) 主电路图　　(b) 控制电路图

图 5-33　一个典型的多挡转速控制电路

工作过程说明如下：

❶ 启动并高速运转。按动启动按钮开关 $SB_1$ →中间继电器 $KA_0$ 线圈得电→ $KA_0$ 的 3 个常开触点均闭合，一个触点锁定 $KA_0$ 线圈得电，一个触点闭合使 STF 端与 SD 端接通（即 STF 端输入正转指令信号），还有一个触点闭合使 $KA_1$ 线圈得电→ $KA_1$ 两个常闭触点断开，一个常开触点闭合→ $KA_1$ 两个常闭触点断开使 $KA_2$、$KA_3$ 线圈无法得电，$KA_1$ 常开触点闭合将 RH 端与 SD 端接通（即 RH 端输入高速指令信号）→ STF、RH 端子外接触点均闭合，变频器输出很高的频率，驱动电动机高速运转。

❷ 高速转中速运转。高速运转的电动机带动运动部件运行到一定位置时，行程开关 $QS_1$ 动作→ $SQ_1$ 常闭触点断开，常开触点闭合→ $SQ_1$ 常闭触点断开使 $KA_1$ 线圈失电，RH 端子外接 $KA_1$ 触点断开，$SQ_1$ 常开触点闭合使继电器 $KA_2$ 线圈得电→ $KA_2$ 两个常闭触点断开，两个常开触点闭合→ $KA_2$ 两个常闭触点断开分别使 $KA_1$、$KA_3$ 线圈无法得电；$KA_2$ 两个常开触点闭合，一个触点闭合锁定 $KA_2$ 线圈得电，另一个触点闭合使 KM 端与 SD 端接通（即 RM 端输入中速指令信号）→变频器输出频率由高变低，电动机由高速转为中速运转。

❸ 中速转低速运转。中速运转的电动机带动运动部件运行到一定位置时，行程开关 $SQ_2$ 动作→ $SQ_2$ 常闭触点断开，常开触点闭合→ $SQ_2$ 常闭触点断开使 $KA_2$ 线圈失电，RM 端子外接 $KA_2$ 触点断开，$SQ_2$ 常开触点闭合使继电器 $KA_3$ 线圈得电→ $KA_3$ 两个常闭触点断开，两个常开触点闭合→ $KA_3$ 两个常闭触点断开分别使 $KA_1$、$KA_2$ 线圈无法得电；$KA_3$ 两个常开触点闭合，一个触点闭合锁定 $KA_3$ 线圈得电，另一个触点闭合使 RL 端与 SD 端接通（即 RL 端输入低速指令信号）→变频器输出频率进一步降低，电动机由中速转为低速运转。

❹ 低速转为停转。低速转的电动机带动运动部件运行到一定位置时，行程开关 $SQ_3$

动作→断电器 $KA_3$ 线圈失电→ RL 端与 SD 端之间的 $KA_3$ 常开触点断开→变频器输出频率降为 0Hz，电动机由低速转为停止。按动按钮开关 $SB_2$ → $KA_0$ 线圈失电→ STF 端子外接 $KA_0$ 常开触点断开，切断 STF 端子的输入。

### 2. 接线组装

变频器对电动机实现多挡转速控制电路接线组装如图 5-34 所示。

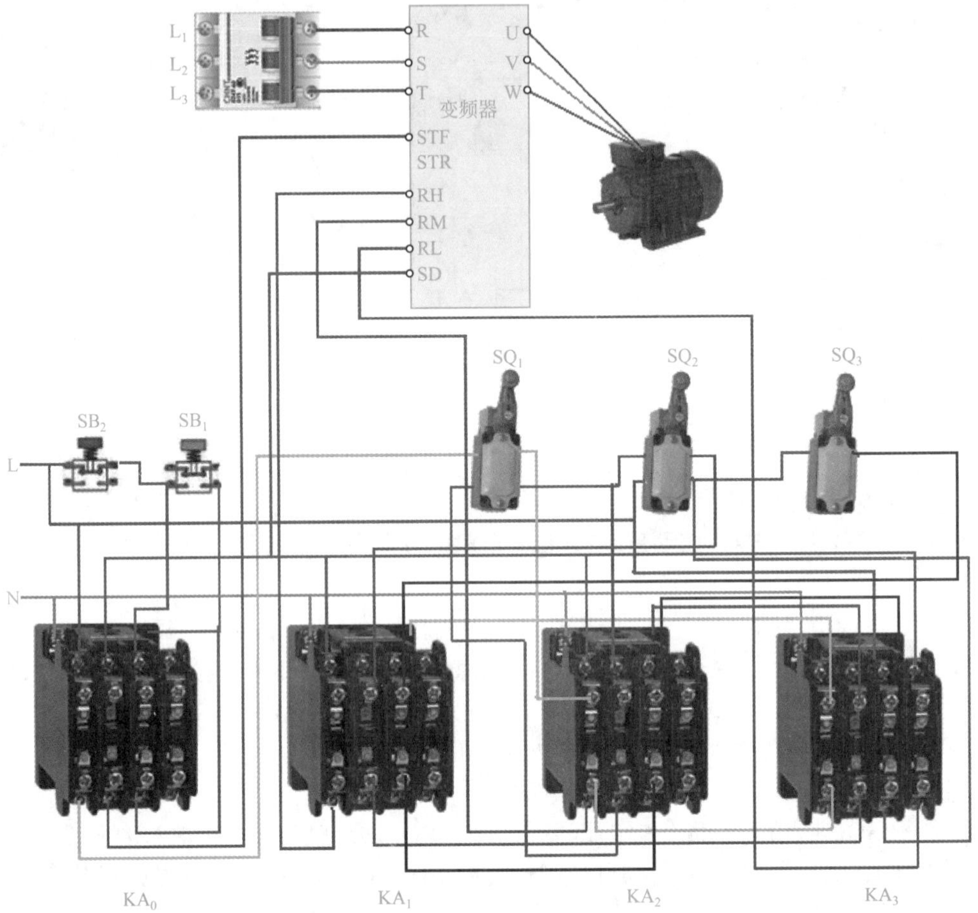

图 5-34　电路接线组装

### 3. 调试与检修

变频器上有多挡调速，在实际应用中是继电器进行控制的。在电路中利用了行程开关进行控制，若电路不能够实现到位多挡调速，应检查 $SQ_1$、$SQ_2$、$SQ_3$ 行程开关，如果毁坏应进行更换，如果外围元件完好，故障是变频器毁坏，应维修或更换变频器。

## 十四、变频器的PID控制电路

### 1. 电路工作原理

在工程实际中应用最为广泛的调节器控制规律为比例 - 积分 - 微分控制，简称 PID 控制，又称 PID 调节。实际中也有 PI 和 PD 控制。PID 控制器就是根据系统的误差，利用比例、积分、微分计算出控制量进行控制的。

（1）PID 控制原理　PID 控制是一种闭环控制。下面以图 5-35 所示的恒压供水系统来说明 PID 控制原理。

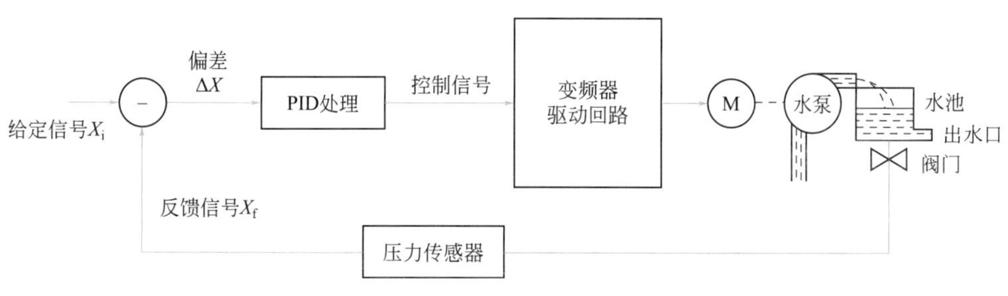


图 5-35　恒压供水系统

电动机驱动水泵将水抽入水池，水池中的水除了经出水口提供用水外，还经阀门送到压力传感器，传感器将水压大小转换成相应的电信号 $X_i$，$X_f$ 反馈到比较器与给定信号 $X_i$ 进行比较，得到偏差信号 $\Delta X$（$\Delta X=X_i-X_f$）。

若 $\Delta X>0$，表明水压小于给定值，偏差信号经 PID 处埋得到控制信号，控制变频器驱动回路，使之输出频率上升，电动机转速加快，水泵抽水量增多，水压增大。

若 $\Delta X<0$，表明水压大于给定值，偏差信号经 PID 处理得到控制信号，控制变频器驱动回路，使之输出频率下降，电动机转速变慢，水泵抽水量减少，水压下降。

若 $\Delta X=0$，表明水压等于给定值，偏差信号经 PID 处理得到控制信号，控制变频器驱动回路，使之频率不变，电动机转速不变，水泵抽水量不变，水压不变。

控制回路的滞后性会使水压值总与给定值有偏差。例如，当用水量增多、水压下降时，电路需要对有关信号进行处理，再控制电动机转速变快，提高水泵抽水量，从压力传感器检测到水压下降到控制电动机转速加快，提高抽水量，恢复水压需要一定时间，通过提高电动机转速恢复水压后，系统又要将电动机转速调回正常值，这也需要一定时间，在这段回调时间内水泵抽水量会偏多，导致水压又增大，又需进行反馈。这样的结果是水池水压会在给定值上下波动（振荡），即水压不稳定。

采用 PID 处理可以有效减小控制环路滞后和过调问题（无法彻底消除）。PID 包括 P 处理、I 处理和 D 处理。P（比例）处理是将偏差信号 $\Delta X$ 按比例放大，提高控制的灵敏度；I（积分）处理是对偏差信号进行积分处理，缓解 P 处理比例放大量过大引起的超调和振荡；D（微分）处理是对偏差信号进行微分处理，以提高控制的迅速性。对于 PID 的参数设定，需要参看使用说明书。

（2）典型控制电路　图 5-36 所示是一种典型的 PID 控制应用电路。在进行 PID 控制时，先要接好线路，然后设置 PID 控制参数，再设置端子功能参数，最后操作运行。

❶ PID 控制参数设置（不同变频器设置不同，以下设置仅供参考）。图 5-36 所示电路的 PID 控制参数设置见表 5-3。

❷ 端子功能参数设置（不同变频器设置不同，以下设置仅供参考）。PID 控制时需要通过设置有关参数定义某些端子功能。端子功能参数设置见表 5-4。

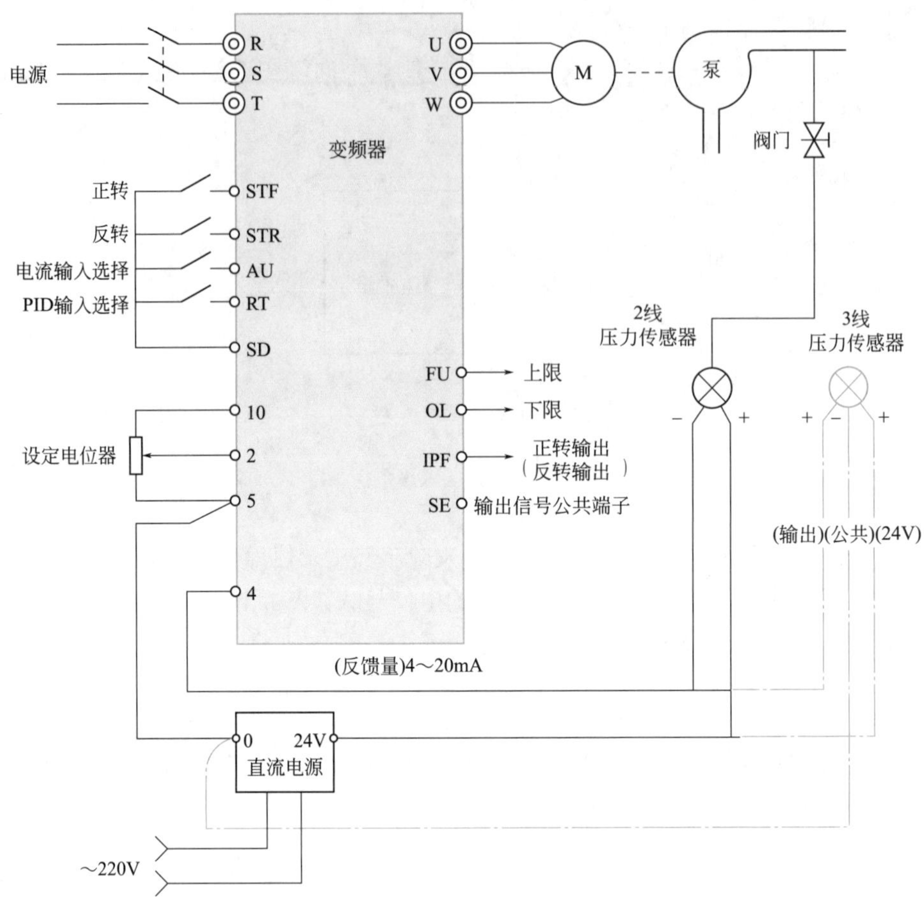


图 5-36　一种典型的 PID 控制应用电路

表5-3　PID控制参数设置

| 参数及设置值 | 说明 |
|---|---|
| Pr.128=20 | 将端子4设为PID控制的压力检测输入端 |
| Pr.129=30 | 将PID比例调节设为30% |
| Pr.130=10 | 将积分时间常数设为10s |
| Pr.131=100% | 设定上限值范围为100% |
| Pr.132=0 | 设定下限值范围为0 |
| Pr.133=50% | 设定PU操作时的PID控制设定值（外部操作时，设定值由2-5端子间的电压决定） |
| Pr.134=3s | 将积分时间常数设为3s |

表5-4　端子功能参数设置

| 参数及设置值 | 说明 |
|---|---|
| Pr.183=14 | 将RT端子设为PID控制端，用于启动PID控制 |
| Pr.192=16 | 设置IPF端子输出正反转信号 |
| Pr.193=14 | 设置OL端子输出下限信号 |
| Pr.194=15 | 设置FU端子输出上限信号 |

❸ 操作运行（不同变频器设置不同，以下设置仅供参考）：

a. 设置外部操作模式。设定 Pr.79=2，面板“EXT”指示灯亮，指示当前为外部操作模式。

b. 启动 PID 控制。将 AU 端子外接开关闭合，选择端子 4 电流输入有效，将 RT 端子外接开关闭合，启动 PID 控制；将 STF 端子外接开关闭合，启动电动机正转。

c. 改变给定值。调节设定电位器，2-5 端子间的电压变化，PID 控制的给定值随之变化，电动机转速会发生变化，例如给定值大，正向偏差（$\Delta X>0$）增大，相当于反馈值减小，PID 控制使电动机转速变快，水压增大，端子 4 的反馈值增大，偏差慢慢减小，当偏差接近 0 时，电动机转速保持稳定。

d. 改变反馈值。调节阀门，改变水压大小来调节端子 4 输入的电流（反馈值），PID 控制的反馈值变大，相当于给定值减小，PID 控制使电动机转速变慢，水压减小，端子 4 的反馈值减小，偏差慢慢减小，当偏差接近 0 时，电动机转速保持稳定。

e.PU 操作模式下的 PID 控制。设定 Pr.79=1，面板“PU”指示灯亮，指示当前为 PU 操作模式。按“FWD”或“REV”键，启动 PID 控制，运行在 Pr.133 设定值上，按“STOP”键停止 PID 运行。

## 2. 接线组装

变频器的 PID 控制应用电路接线组装如图 5-37 所示。

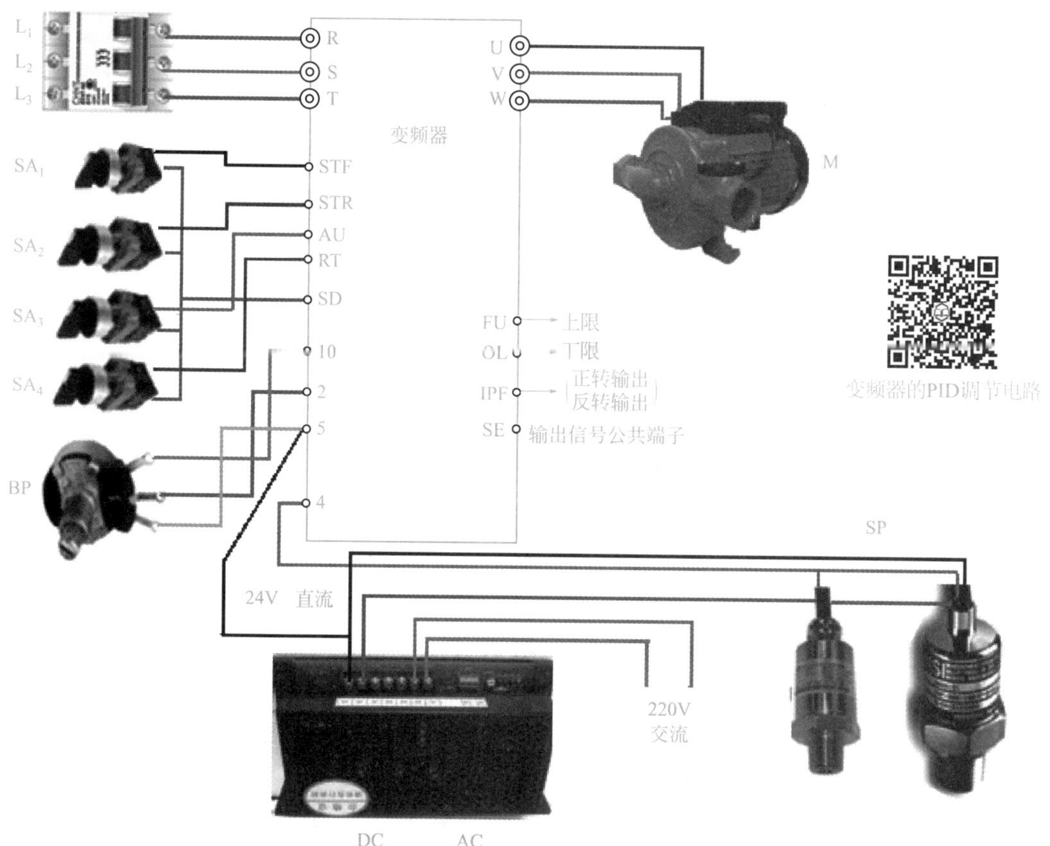


图 5-37　变频器的 PID 控制应用电路接线组装

### 3. 调试与检修

对于用 PID 调节的变频器控制电路，这些开关根据需要而设定，设有传感器进行反馈。若变频器能够正常输出，电动机能够运转，只是 PID 调节器失控，则是 PID 输入传感器出现故障，可以运用代换法进行检修。如果属于电子电路故障，可用万用表直接去测量检查元器件、直流电源部分是否输出了稳定电压；当电源部分输出了稳定电压以后，而反馈电路不能够正常反馈信号，说明是反馈电路出现问题，如用万用表测量反馈信号能够返回，仍不能进行 PID 调节，说明变频器内部电路出现问题，直接维修或更换变频器。

## 十五、变频器控制的一控多电路

### 1. 电路工作原理

以 1 控 3 为例，其主电路如图 5-38 所示，其中交流接触器 $1KM_2$、$2KM_2$、$3KM_2$ 分别用于将各台水泵电动机接至变频器，交流接触器 $1KM_3$、$2KM_3$、$3KM_3$ 分别用于将各台电动机直接接至工频电源。

变频器一控多电路

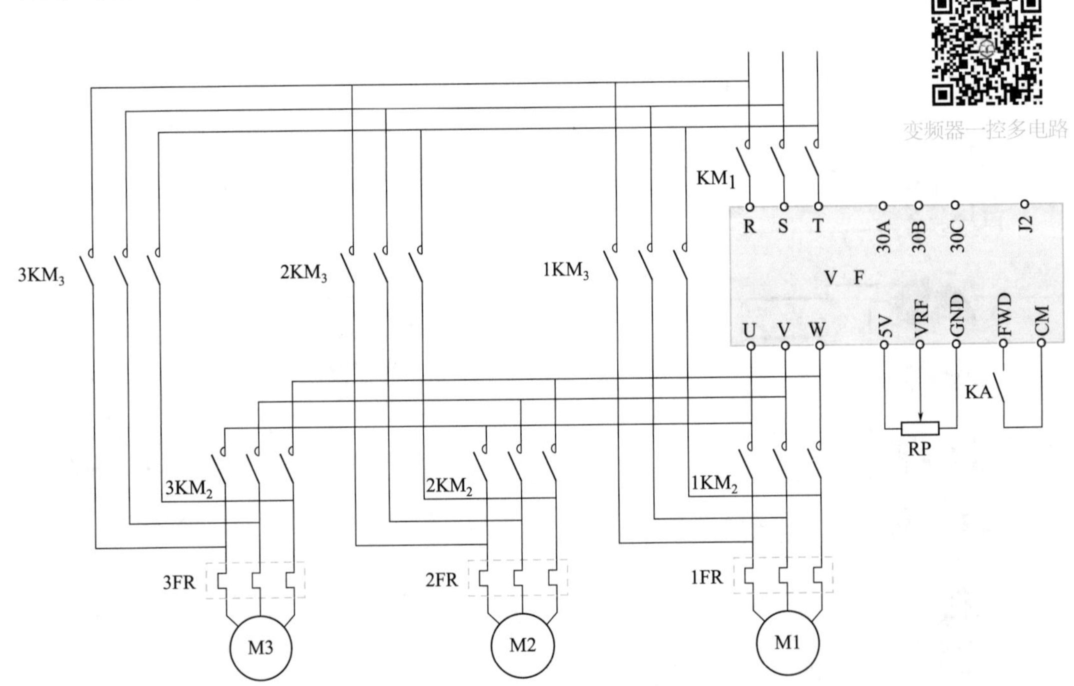


图 5-38　1 控 3 主电路

一般来说，在多台电动机系统中，应用 PLC 进行控制是十分灵活且方便的。但近年来，由于变频器在恒压供水领域的广泛应用，各变频器制造厂纷纷推出了具有内置“1 控 *X*”功能的新系列变频器，简化了控制系统，提高了可靠性和通用性。现以国产的森兰 B12S 系列变频器为例说明工作原理。

森兰 B12S 系列变频器在进行多台切换控制时，需要附加一块继电器扩展板，以便控制线圈电压为交流 220V 的交流接触器。具体接线方法如图 5-39 所示。

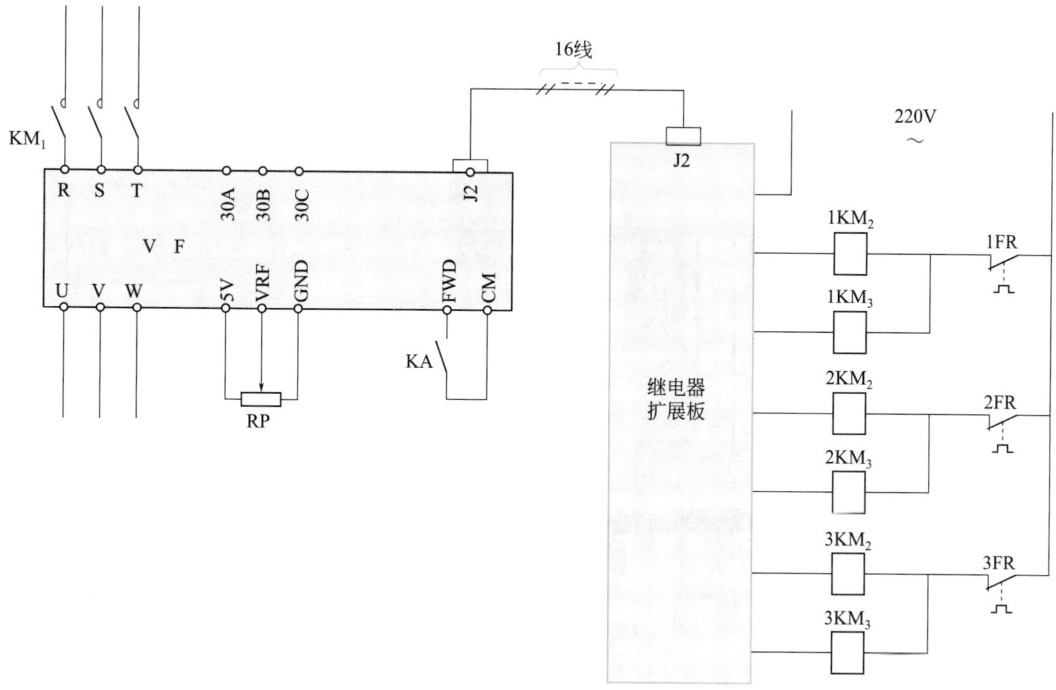


图 5-39　1 控多的扩展控制电路

在进行功能预置时，要设定如下功能（不同变频器设置不同，以下设置仅供参考）：

❶ 电动机台数（功能码：F53）。本例中，预置为“3”（1 控 3 模式）。

❷ 启动顺序（功能码：F54）。本例中，预置为“0”（1 号机首先启动）。

❸ 附属电动机（功能码：F55）。本例中，预置为“0”（无附属电动机）。

❹ 换机间隙时间（功能码：F56）。如前述，预置为 100ms。

❺ 切换频率上限（功能码：F57）。通常，以 48 ～ 50Hz 为宜。

❻ 切换频率下限（功能码：F58）。在多数情况下，以 30 ～ 50Hz 为宜。

只要预置准确，在运行过程中，就可以自动完成上述切换过程了。可见，采用了变频器内置的切换功能后，切换控制变得十分方便了。

## 2. 接线组装

变频器及扩展板部分接线如图 5-40 所示。

## 3. 调试与检修

电路用变频器控制，在启动时用变频器供电，正常运行后使用工频供电，也就是控制变频和工频切换的过程。在检修时，首先用万用表测量外边的转换交流接触器的线圈是否毁坏，转换交流接触器的接点是否毁坏，如果转换交流接触器的线圈、接点均没有毁坏，可以去检查继电器的扩展板，如果扩展板没有问题仍不能实现控制，说明是变频器出现故障，用代换变频器进行试验，确认变频器毁坏，应更换变频器。

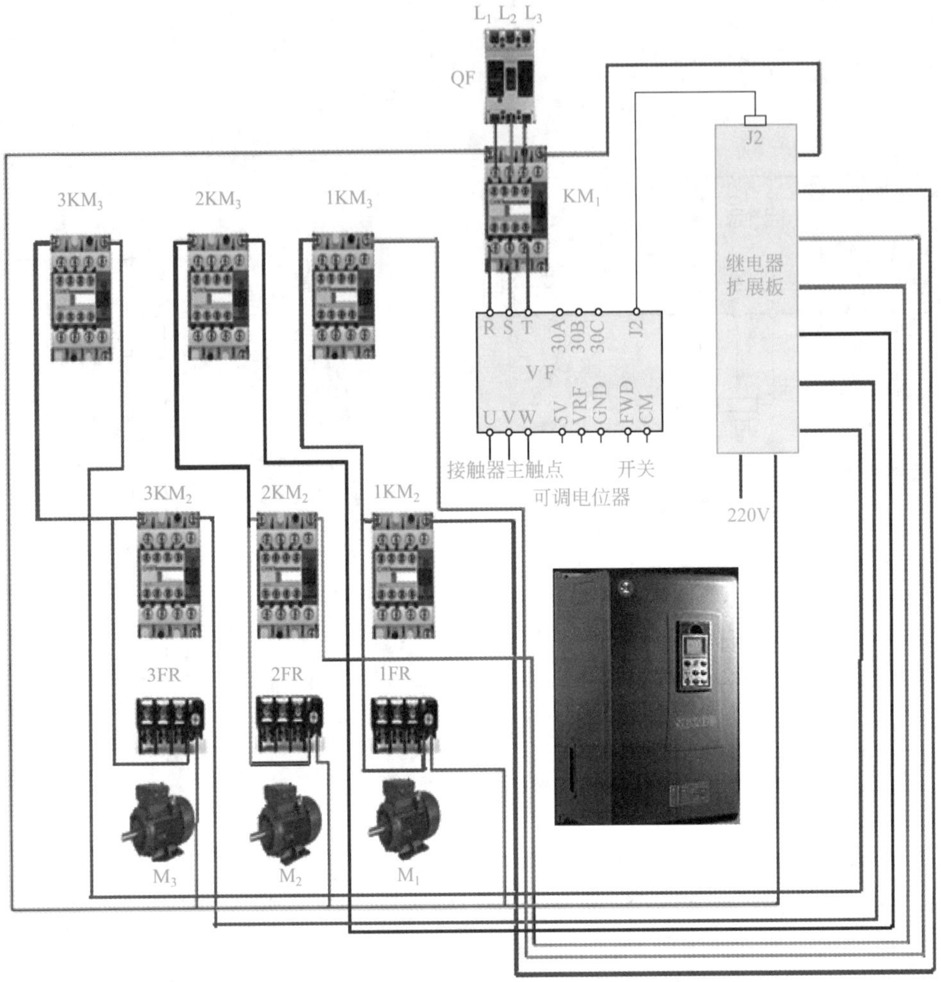

图 5-40　变频器及扩展板部分接线图

## 第三节　变频器应用系统设计

变频器应用系统在设计前，先要仔细地了解被驱动控制设备或系统整体配制、工作方式、工作环境、控制方式及客户具体要求是新系统设计还是旧系统设备改造等，变频控制系统（柜）要全面考虑到设计、工艺、制作制造、运输、包装等方面，保障变频控制系统（柜）的各个环节的质量。

### 一、负载类型

通常，在变频器的应用中常遇到的机械负载与电动机转矩特性有三种。

#### 1. 恒转矩负载

这种负载类型常见的如传送带、升降机、活塞机等。

对于变频器在恒转矩负载的应用系统设计应注意以下几点：

❶ 电动机最好选用变频器专用电动机。

❷ 电动机容量最好增大一号，以降低负载重转矩特性。

❸ 变频器建议选用恒转矩（重载）类型的，如使用泛用型变频器，则应增大变频器的容量；变频器的容量与电动机的容量关系应根据品牌确定，一般为 1.1 ～ 1.5 电动机的容量。

### 2. 平方转矩负载

这种负载类型常见的如风机、水泵等。一般地、风机、水泵采用变频节能，理论与实际证明节能在 40% ～ 50% 左右，此类应用占变频器应用 30% ～ 40%，对于变频器在平方转矩负载的应用系统设计应注意以下几点：

❶ 电动机通常选用普通的异步交流电动机，并根据环境需要，选电动机防护等级和方式。

❷ 变频器建议选用风机泵类型的，电动机与变频器容量关系一般为 1 ∶ 1 即可。

### 3. 恒功率负载

这种负载类型常见的如卷扬机、机床主轴等。该类负载一般在特定速度段内工作时，为恒转矩特性，当超过特定速度段工作时，为恒功率特性。恒功率机械转矩特性比较复杂，在此不多讲述。

## 二、需了解的技术要求

### 1. 电动机

❶ 电动机铭牌参数：额定功率、额定电压、额定电流、接法等。

❷ 电动机所驱动的负载特性类型及启动方式。

### 2. 工作制式

工作制式有长期、短期等。

### 3. 工作环境

工作环境．如现场的温度、防护等级、电磁辐射等级、防爆等级、配电具体参数。

### 4. 变频控制柜

❶ 安装位置到电动机位置实际距离（是重要的参数）。

❷ 变频柜拖动电动机的数量及方式。

❸ 变频系统与原工频系统的切换关系（是否与变频互为备用）。

❹ 变频—工频系统的控制方式：手动 / 自动、本地 / 远程及是否通信等。

❺ 信号隔离：强电回路与弱电回路的隔离，采集及控制信号的隔离。

❻ 工作场合的供电质量：如防雷、浪涌、电磁辐射等。

❼ 其他：传感变送器的选用参数及采样地点。

## 三、设计过程

### 1. 方案设计

根据所了解的技术要求设计方案，将初步方案与用方的技术人员沟通讨论修正，通过后备案。

2. 具体设计

(1) 变频控制系统的设计　原理图、主回路、控制回路的设计按有关电气规范要求进行。在安全的前提下，力求简单实用，以尽可能少的元件实现尽可能多的功能。

(2) 电气工艺设计　包括变频器选型、动力及控制线的线径、配线距离、接地配线及进出线的电缆管接头配置。

关于抗干扰布线：弱电电缆用带屏蔽电缆，避免与强电电缆并行，电缆用金属卡固定安装在底板上，屏蔽层做好接地，也可加装屏蔽金属环。

(3) PLC、触摸屏等硬件配置及软件设计　根据实际情况选用配置及设计。

(4) 变频器通信联方面的设计　根据实际情况选用配置及设计。

(5) 柜体平面布局等钣金工艺的设计　在保证所有元件的摆放、通风、布线都满足有关电气规范要求的前提下，力求精巧。柜体钣金工艺设计应注意以下几点：

❶ 使用环境

a. 温度：变频器环境温度为 -10 ～ 50℃，一定要考虑通风散热。

b. 湿度：可参照电气设备的使用要求。

c. 振动：可参照电气设备的使用要求。

d. 气体：如有无爆炸、腐蚀性气体等则应按防爆要求设计。

❷ 柜体承载重量：参照电控柜厂家的说明，如有超重等，则应另外加强。

❸ 运输方便性：搬运安全，加装吊装挂钩。

❹ 柜体的铭牌、制造商的标识等。

## 四、设备及元件的选用

### 1. 变频器的选用

大多数变频器容量可从三个角度表述：额定电流、可用电动机功率和额定容量。其中后两项在变频器出厂时就由厂家各自生产的标准电动机给出。选择变频器时，只有变频器的额定电流是一个反映半导体变频装置负载能力的关键量，负载电流不超过变频器额定电流是选择变频器容量的基本原则。需要着重指出的是，确定变频器容量前应仔细了解设备的工艺情况及电动机参数，例如，潜水电泵、绕线转子电动机的额定电流要大于普通笼型异步电动机额定电流，冶金工业常用的辊道用电动机不仅额定电流大很多，而且它允许短时处于堵转工作状态，且辊道传动大多是多电动机传动。应保证在无故障状态下负载总电流均不允许超过变频器的额定电流。

通常，变频器是根据负载类型及功率，电压、电流及控制方式等条件选用。变频器的控制方式代表着变频器的性能和水平，在工程应用中根据不同的负载功能及不同控制要求，合理选择变频器以达到资源的最佳配置，通用变频器的选择包括变频器的形式选择和容量选择两个方面，其总的原则是首先保证可靠地实现工艺要求，再尽可能节省资金。

(1) 根据负载的类型选择变频器

❶ 对于风机、泵类等平方转矩负载：在过载能力方面要求较低，负载的转矩与速度的平方成正比，所以低速运行时负载转矩较小，负载较轻（罗茨风机除外）；这类负载对转速精度没有什么要求，故选型时通常以价廉为主要原则，可以选择普通功能变频器，选

择风机泵类最为经济。

❷ 对于在转速精度及动态性能等方面要求一般不高的，具有恒转矩特性的负载，如挤压机、搅拌机、传送带、厂内运输电车、吊车的平移机构、吊车提升机构和提升机等，采用具有恒转矩控制功能的变频器是比较理想的，因为这种变频器低速转矩大，静态机械特性硬度大，不怕负载冲击，具有陡降特性。也有采用普通功能型变频器的例子，为了实现大调速比的转矩调速，常采用加大变频器容量的办法。对于要求精度高、动态性能好、响应快的生产机械（如造纸机械、轧钢机等），应采用矢量控制功能型通用变频器。

（2）根据控制要求选择变频器

❶ 对于有较高静态转速精度要求的机械，采用具有转矩控制功能的高功能型变频器。

❷ 对于要求响应快（响应快是指实际转速对于转速指令的变化跟踪得快）的系统设备，这类负载通常要求能从负载急剧变动及外界干扰等引起的过渡性速度变化中快速恢复。要求变频器主电路充分发挥加减速特性，故最好选用具有转差频率控制功能的变频器，要求响应快的典型负载有轧钢生产线设备、机床主轴、六角孔冲床等。

❸ 对于在低速时要求有较硬的机械特性，才能满足生产中对控制系统的动态、静态指标要求的这类负载，如果对动态、静态指标要求不高且控制系统采用开环控制的系统，可选用具有无速度反馈的矢量控制功能的变频器。

❹ 对于调整速度精度和动态性能指标都有较高要求，以及要求高精度同步运行等场合，可选用带速度反馈的矢量控制方式的变频器，如果控制系统采用闭环控制，可选用能够四象限运行、$U/f$ 控制方式、具有恒转矩功能型变频器，例如，轧钢、造纸、塑料薄膜加工生产线，这一类对动态性能要求较高的生产机械，宜采用矢量控制的高性能变频器。

❺ 对于要求控制系统具有良好的动态、静态性能（动态、静态指标要求较高）的系统和设备，例如，电力机车、交流伺服系统、电梯、起重机等领域，可选用具有直接转矩控制功能的专用变频器。

在变频器的实际应用中，由于被控对象的具体情况千差万别，性能指标要求各不相同，变频器的选择及配置远不如上述所列几种，要做到熟练应用还应在工程实践中认真探索。

### 2. 电气设备的选用

（1）变压器　如根据变频器的要求及相关的电力规范选配。

（2）熔断器　如需要应选速熔类，选择为 2.5 ～ 4 倍额定变频器电流，最好用断路器。

（3）空开（断路器）　一般在 1.2 ～ 1.5 倍的变频器额定电流来选择。

（4）接触器　一般 1.2 ～ 1.5 倍的变频器额定电流或电动机功率来选择。

（5）防雷浪涌器　对于雷暴多发区以及交流电源尖峰浪涌多发场合最好选用，可保护变频系统免遭意外破坏。

（6）电抗器

❶ 电抗器的作用是抑制变频器输入输出电流中高次谐波成分带来的不良影响，而滤波器的作用是抑制由变频器带来的无线电电波干扰，即电波噪声。一般由变频器厂商提供参数，多大功率变频器配多大电抗器，有的变频器内置电抗器。

❷ 对于电动机与变频器距离近的变频器，其输出端可不装电抗器，对于变频器的高次谐波远小于有关规范要求，且与变频器处同一配电系统中没有对高次谐波要求很高的设

备的情况下，变频器的输入端可不装电抗器。

（7）输入输出滤波器　一般应根据频率进行配置。

（8）制动电阻　计算较复杂，应在变频器柜制造商指导下配置。

电路控制回路设计，按电气工程师知识及变频器要求设计。

## 五、信号隔离问题

❶ 与变频器处同一配电系统（特别是 4 线制）的 PLC、仪表、传感变送器等弱电信号最好采取信号隔离，以免控制系统信号混乱，影响整个系统的正常工作。

❷ 与变频器处同一配电系统（特别是罩线制）的 PLC 常规控制系统接口，一定加装浪涌吸收器，控制电源最好采用隔离变压器，进行电气隔离。

# 第四节　变频器的维护与检修

变频器的维护和保养

通用变频器长期运行中，由于温度、湿度、灰尘、振动等使用环境的影响，内部零部件会发生变化或老化，为了确保通用变频器的正常运行，必须进行维护保养，维护保养和可分为日常维护和定期维护，定期维护检查周期一般为 1 年，维护保养项目与定期检查的标以及常见故障检修方法可以扫描二维码学习。

# 第六章 触摸屏及应用

触摸屏作为一种人机交互装置，由于具有坚固耐用、反应速度快、节省空间、易于交流等许多优点得到日益广泛的应用。按照触摸屏的工作原理和传输信息的介质，触摸屏可以分为四种：电阻式、电容感应式、红外线式以及表面声波式。当前工控领域应用的触摸屏有很多品牌，如三菱、西门子、昆仑通态、Wincc 等，本章以三菱、昆仑通态为例介绍。为了方便读者选择性、针对性学习，这部分内容做成了电子版，读者可以扫描二维码下载学习。

## 第一节 触摸屏及其软件基础

一、常见触摸屏

二、认识 MCGS 嵌入版组态软件

三、MCGS 嵌入版组态软件的安装

四、触摸屏、PLC 和计算机的连接

五、MCGS 嵌入版组态软件在触摸屏上的应用

第一节 触摸屏及其软件基础

## 第二节 触摸屏应用实例

一、触摸屏与 PLC 控制电动机正 / 反转组态应用

二、触摸屏与 PLC 控制电动机的变频运行

三、人机界面控制步进电动机三相六拍运行

四、人机界面控制指示灯循环移位

五、人机界面控制指示灯循环左移和右移

第二节 触摸屏应用实例

# 第七章 PLC、变频器、触摸屏、伺服控制综合应用实例

## 一、PLC与变频器组合实现电动机正反转控制

### 1. 电路工作原理

PLC 与变频器连接构成的电动机正、反转控制电路如图 7-1 所示。

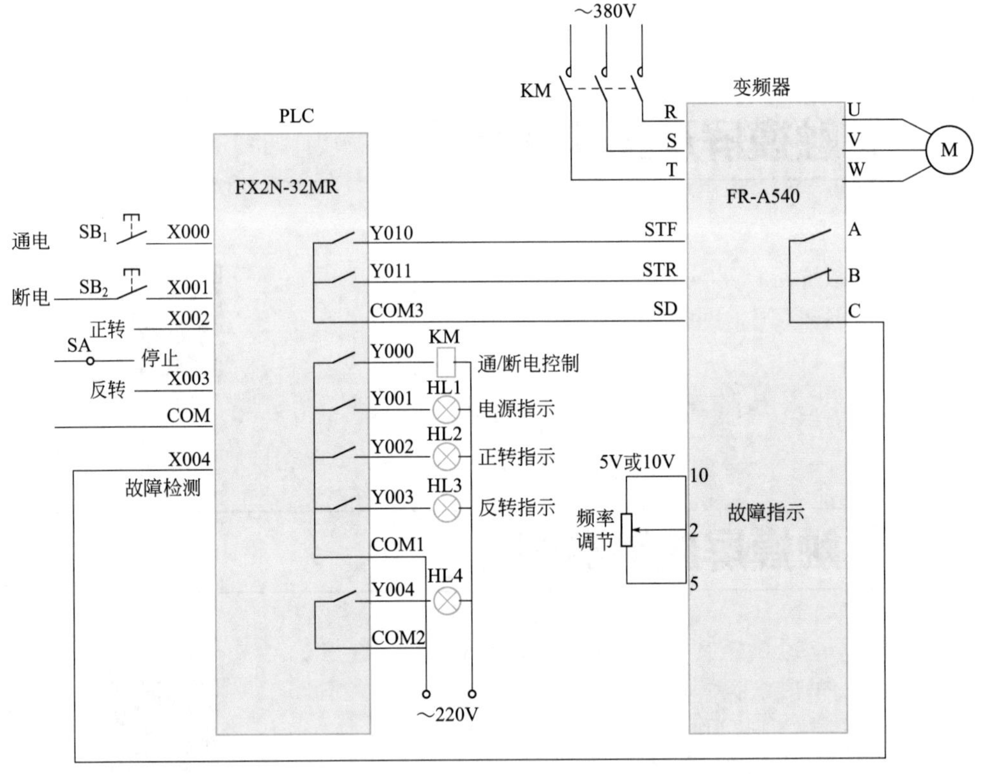


图 7-1　PLC 与变频器连接构成的电动机正、反转控制电路

### 2. 参数设置（不同变频器设置不同，以下设置仅供参考）

在用 PLC 连接变频器进行电动机正、反转控制时，需要对变频器进行有关参数设置，具体见表 7-1。

表7-1　变频器的有关参数及设置值

| 参数名称 | 参数号 | 设置值 |
|---|---|---|
| 加速时间 | Pr.7 | 5s |
| 减速时间 | Pr.8 | 3s |
| 加、减速基准频率 | Pr.20 | 50Hz |
| 基底频率 | Pr.3 | 50Hz |
| 上限频率 | Pr.1 | 50Hz |
| 下限频率 | Pr.2 | 0Hz |
| 运行模式 | Pr.79 | 2 |

### 3. 编写程序（变频器不同程序有所不同，以下程序仅供参考）

变频器有关参数设置好后，还要给 PLC 编写控制程序。电动机正、反转控制的 PLC 程序如图 7-2 所示。

下面说明 PLC 与变频器实现电动机正、反转控制的工作原理。

❶ 通电控制。当按下通电按钮 $SB_1$ 时，PLC 的 X000 端子输入为 ON，它使程序中的 [0]X000 常开触点闭合，“SET Y000”指令执行，线圈 Y000 被置 1，Y000 端子内部的硬触点闭合，接触器 KM 线圈得电，KM 主触点闭合，将 380V 的三相交源送到变频器的 R、S、T 端，Y000 线圈置 1 还会使 [7]Y000 常开触点闭合，Y001 线圈得电，Y001 端子内部的硬触点闭合，$HL_1$ 指示灯通电点亮，指示 PLC 作出通电控制。

❷ 正转控制。当三挡开关 SA 置于“正转”位置时，PLC 的 X002 端子输入为 ON，它使程序中的 [9]X002 常开触点闭合，Y010、Y002 线圈均得电，Y010 线圈得电使 Y010 端子内部硬触点闭合，将变频器的 STF、SD 端子接通，即 STF 端子为 ON，变频器输出电源使电动机正转，Y002 线圈得电后使 Y002 端子内部硬触点闭合，$HL_2$ 指示灯通电点亮，指示 PLC 作出正转控制。

❸ 反转控制。将三挡开关 SA 置于“反转”位置时，PLC 的 X003 端子输入为 ON，它使程序中的 [12]X003 常开触点闭合，Y011、Y003 线圈均得电。Y011 线圈得电使 Y011 端子内部硬触点闭合，将变频器的 STR、SD 端了接通，即 STR 端子输入为 ON，变频器输出电源使电动机反转，Y003 线圈得电后使 Y003 端子内部硬触点闭合，$HL_3$ 灯通电点亮，指示 PLC 作出反转控制。

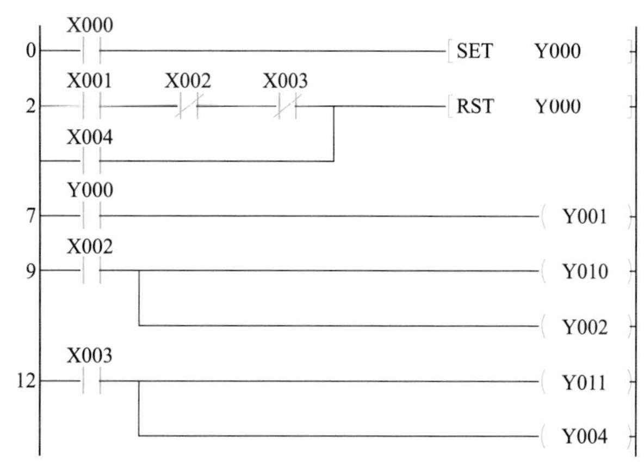

图 7-2　电动机正、反转控制的 PLC 程序

❹ 停转控制。在电动机处于正转或反转时，若将 SA 开关置于“停止”位置，X002 或 X003 端子输入为 OFF，程序中的 X002 或 X003 常开触点断开，Y010、Y022 或 Y011、Y003 线圈失电，Y010、Y002 或 Y011、Y003 端子内部硬触点断开，变频器的 STF 或 STR 端子输入为 OFF，变频器停止输出电源，电动机停转，同时 $HL_2$ 或 $HL_3$ 指示灯熄灭。

❺ 断电控制。当 SA 置于“停止”

位置使电动机停转时，若按下断电按钮 $SB_2$，PLC 的 X001 端子输入为 ON，它使程序中的 [2]X001 常开触点闭合，执行 “RST Y000” 指令，Y000 线圈被复位失电，Y000 端子内部的硬触点断开，接触器 KM 线圈失电，KM 主触点断开，切断变频器的输入电源，Y000 线圈失电还会使 [7]Y000 常开触点断开，Y001 线圈失电，Y001 端子内部的硬触点断开，$HL_1$ 灯熄灭。如果 SA 处于 “正转” 或 “反转” 位置，[2]X002 或 X003 常闭触点断开，无法执行 “RST Y000” 指令，即电动机在正转或反转时，操作 $SB_2$ 按钮是不能断开变频器输入电源的。

⑥ 故障保护。如果变频器内部保护功能动作，A、C 端子间的内部触点闭合，PLC 的 X004 端子输入为 ON，程序中的 X004 常开触点闭合，执行 “RST Y000” 指令，Y000 端子内部的硬触点断开，接触器 KM 线圈失电，KM 主触点断开，切断变频器的输入电源，保护变频器。

### 4. 接线组装

❶ 电路原理图如图 7-3 所示。

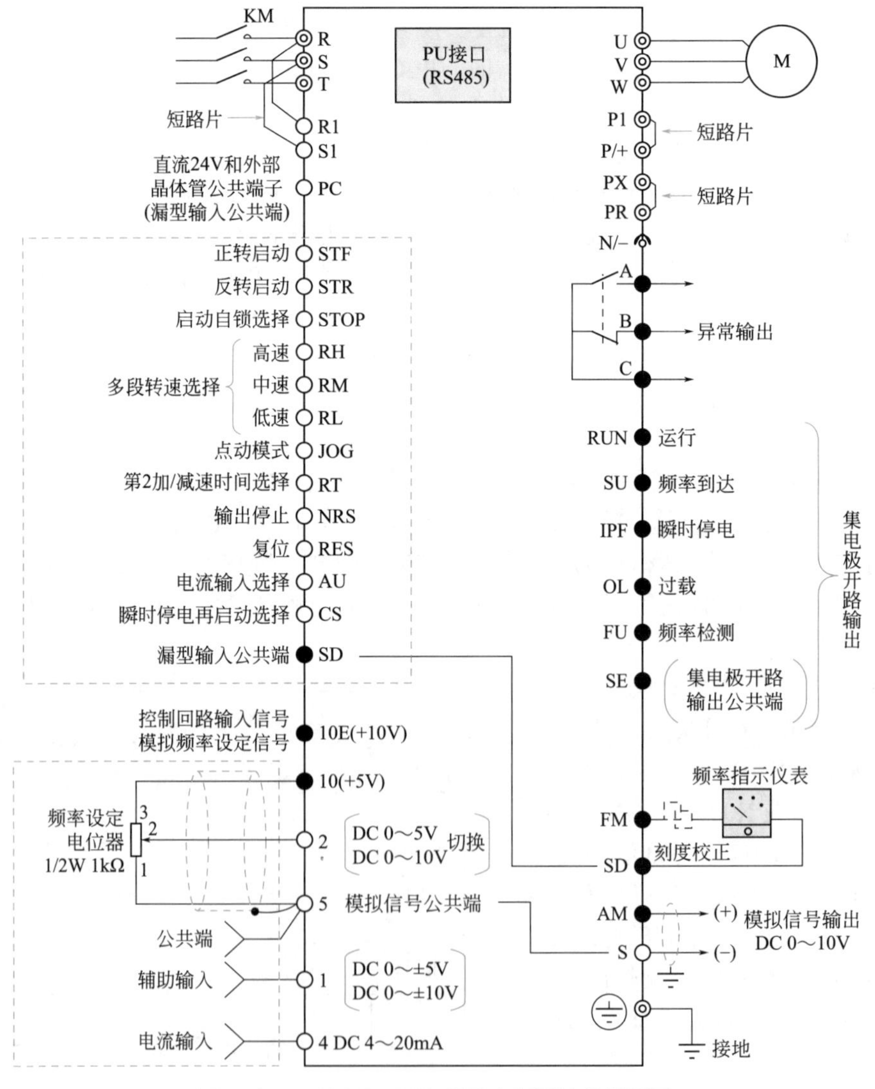


图 7-3　三菱 FR-540 系列变频器接线端子图

❷ 实际接线图如图 7-4 所示。

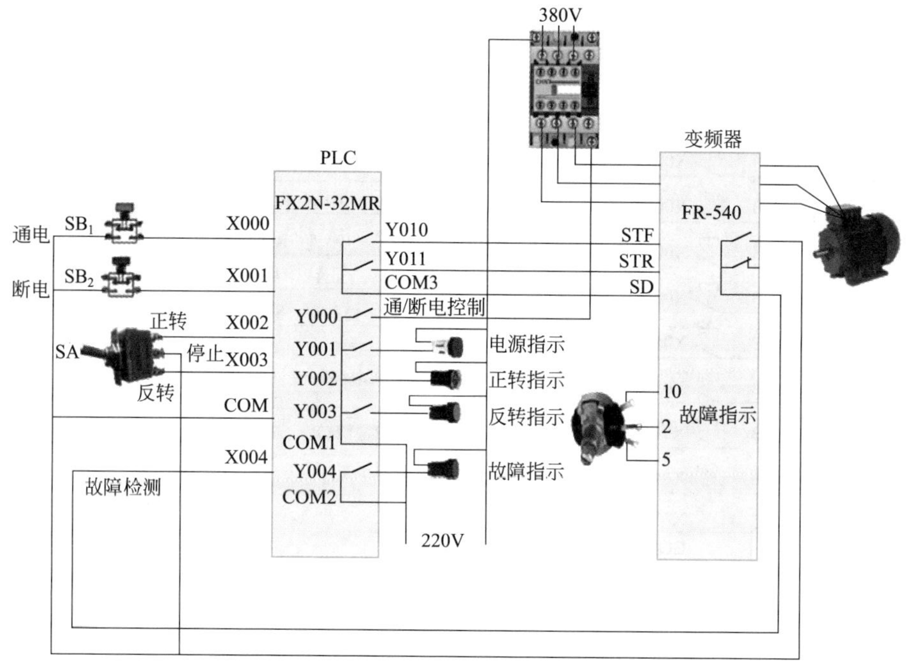


图 7-4　实际接线图

## 5. 调试与检修

当 PLC 控制的变频器正反转电路出现故障时，可以采用电压跟踪法进行检修，首先确认输入电路电压是否正常，检查变频器的输入点电压是否正常，检查 PLC 的输出点电压是否正常，最后检查 PLC 到变频器控制端电压是否正常。检查外围元器件是否正常，如外围元器件正常，故障应该是变频器或 PLC，可以代换法进行更换，也就是先代换一个变频器，如果能正常工作，说明是变频器故障，如果不能正常工作，说明是 PLC 的故障，这时检查 PLC 的程序、供电是否出现问题，如果 PLC 的程序、供电没有问题，应该是 PLC 的自身出现故障，一般 PLC 的程序可以用 PLC 编程器直接对 PLC 进行编程试验。

**注意：** 普通电工一般是直接使用 PLC，对编程不理解时不要改变其程序，以免发生其他故障或损坏 PLC。

# 二、PLC与变频器组合实现多挡转速控制

## 1. 电路工作原理

变频器可以连续调速，也可以分挡调速，FR-A540 变频器有 RH（高速）、RM（中速）和 RL（低速）三个控制端子，通过这三个端子的组合输入，可以实现七挡转速控制。

## 2. 控制电路图

PLC 与变频器连接实现多挡转速控制的电路如图 7-5 所示。

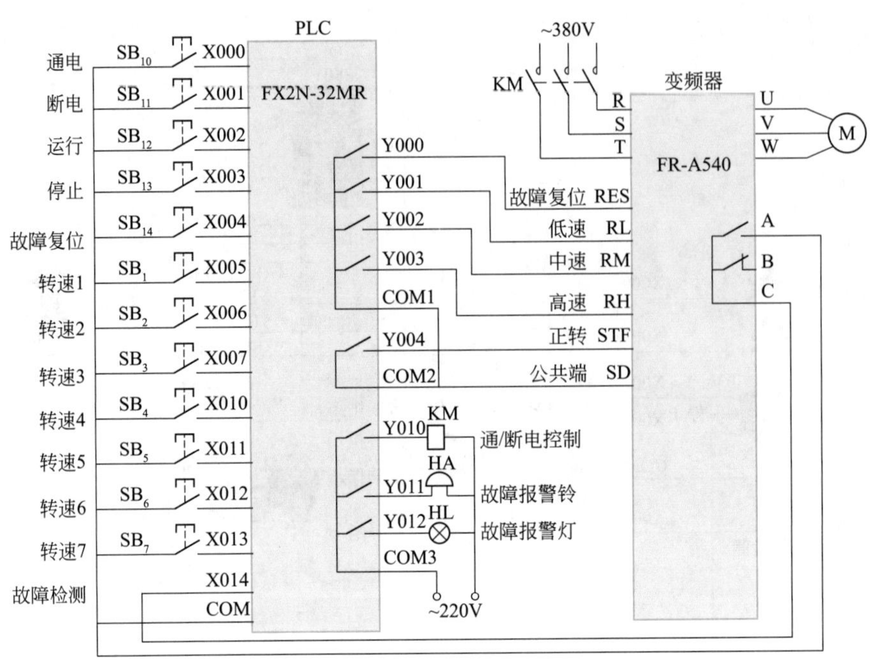


图7-5 PLC与变频器连接实现多挡转速控制的电路

### 3. 参数设置（变频器不同设置有所不同，以下设置仅供参考）

在用PLC对变频器进行多挡转速控制时，需要对变频器进行有关参数设置，参数可分为基本运行参数和多挡转速参数，具体见表7-2。

表7-2 变频器的有关参数及设置值

| 分类 | 参数名称 | 参数号 | 设定值 |
|---|---|---|---|
| 基本运行参数 | 转矩提升 | Pr.0 | 5% |
| | 上限频率 | Pr.1 | 50Hz |
| | 下限频率 | Pr.2 | 5Hz |
| | 基底频率 | Pr.3 | 50Hz |
| | 加速时间 | Pr.7 | 5s |
| | 减速时间 | Pr.8 | 4s |
| | 加、减速基准频率 | Pr.20 | 50Hz |
| | 操作模式 | Pr.79 | 2 |
| 多挡转速参数 | 转速1（RH为ON时） | Pr.4 | 15Hz |
| | 转速2（RM为ON时） | Pr.5 | 20Hz |
| | 转速3（RL为ON时） | Pr.6 | 50Hz |
| | 转速4（RM、RL均为ON时） | Pr.24 | 40Hz |
| | 转速5（RH、RL均为ON时L） | Pr.25 | 30Hz |
| | 转速6（RH、RM均为ON时） | Pr.26 | 25Hz |
| | 转速7（RH、RM、RL均为ON时） | Pr.27 | 10Hz |

4. 编写程序（变频器不同程序有所不同，以下程序仅供参考）

多挡转速控制的PLC程序如图7-6所示。

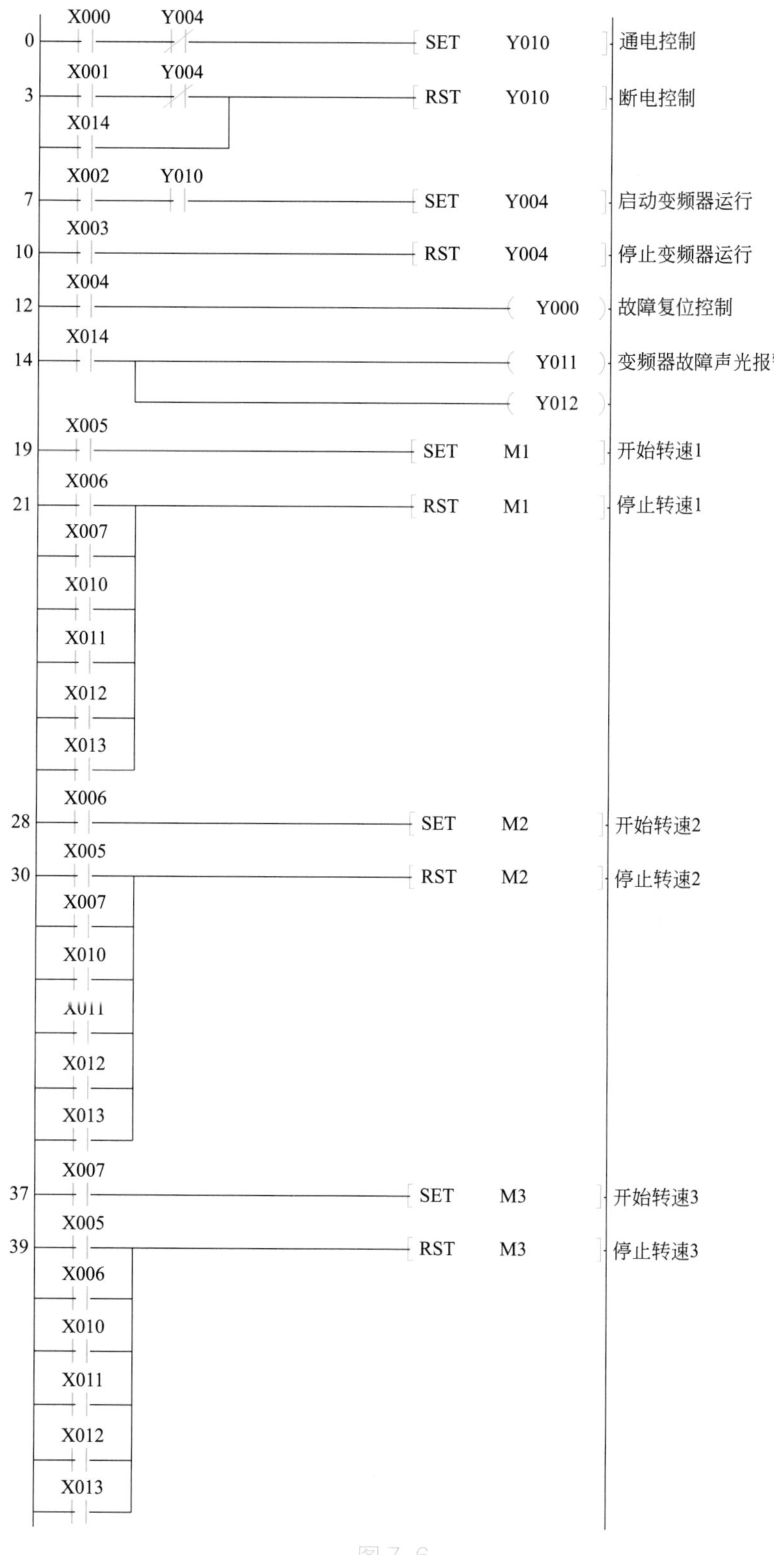


图7-6

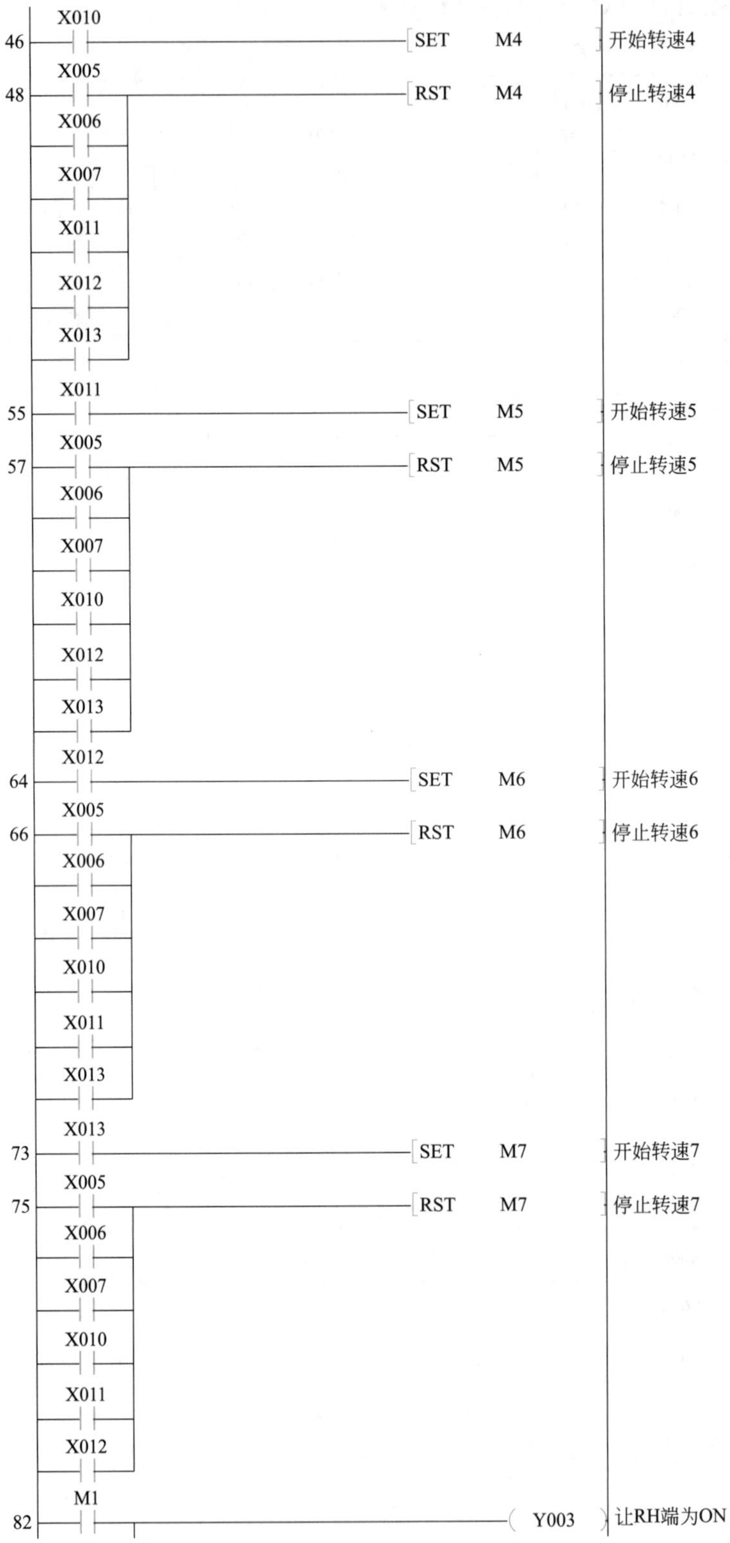

| 步号 | 触点 | 指令 | 注释 |
| --- | --- | --- | --- |
| 46 | X010 | [SET M4] | 开始转速4 |
| 48 | X005, X006, X007, X011, X012, X013 | [RST M4] | 停止转速4 |
| 55 | X011 | [SET M5] | 开始转速5 |
| 57 | X005, X006, X007, X010, X012, X013 | [RST M5] | 停止转速5 |
| 64 | X012 | [SET M6] | 开始转速6 |
| 66 | X005, X006, X007, X010, X011, X013 | [RST M6] | 停止转速6 |
| 73 | X013 | [SET M7] | 开始转速7 |
| 75 | X005, X006, X007, X010, X011, X012 | [RST M7] | 停止转速7 |
| 82 | M1 | (Y003) | 让RH端为ON |

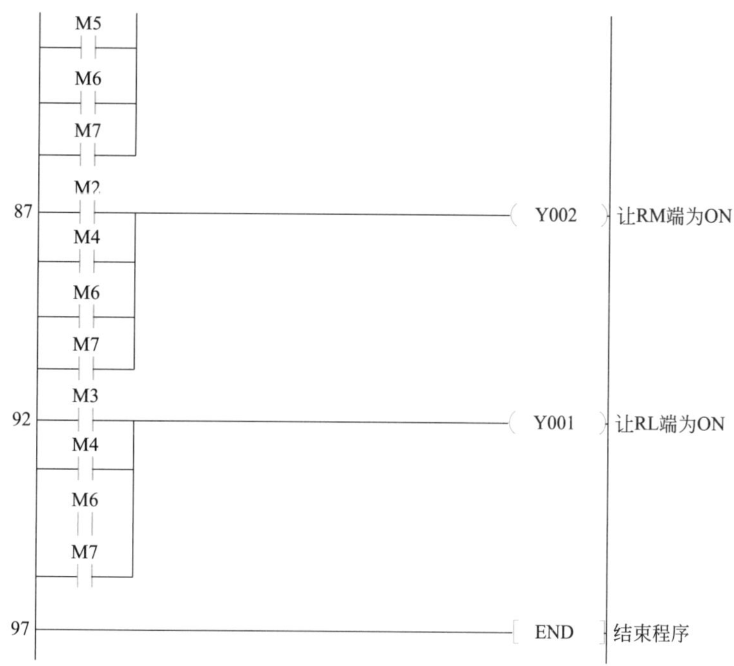


图 7-6　多挡转速控制的 PLC 程序

5. 程序详解

下面说明 PLC 与变频器实现多挡转速控制的工作原理。

（1）通电控制　当按下通电按钮 $SB_{10}$ 时，PLC 的 X000 端子输入为 ON，它使程序中的 [0]X000 常开触点闭合，“SET Y010”指令执行，线圈 Y010 被置 1，Y010 端子内部的硬触点闭合，接触器 KM 线圈得电，KM 主触点闭合，将 380V 的三相交流电送到变频器的 R、S、T 端。

（2）断电控制　当按下断电按钮 $SB_{11}$ 时，PLC 的 X001 端子输入为 ON，它使程序中 [3]X001 常开触点闭合，“RST Y010”指令执行，线圈 Y010 被复位失电，Y010 端子内部的硬触点断开，接触器 KM 线圈失电，KM 主触点断开，切断变频器 R、S、T 端的输入电源。

（3）启动变频器运行　当按下运行按钮 $SB_{12}$ 时，PLC 的 X002 端子输入为 ON，它使程序中的 [7]X002 常开触点闭合，由于 Y010 线圈已得电，它使 Y010 常开触点处于闭合状态，“SET Y004”指令执行，Y004 线圈被置 1 而得电，Y004 端子内部硬触点闭合，将变频器的 SEF、SD 端子接通，即 STF 端子输入为 ON，变频器输出电源启动电动机正向运转。

（4）停止变频器运行　当按下停止按钮 $SB_{13}$ 时，PLC 的 X003 端子输入为 ON，它使程序中的 [10]X003 常开触点闭合，“RST Y004”指令执行，Y004 线圈被复位而失电，Y004 端子内部硬触点断开，将变频器的 STF、SD 端子断开，即 STF 端子输入为 OFF，变频器停止输出电源，电动机停转。

（5）故障报警及复位　当变频器内部出现异常而导致保护电路动作时，A、C 端子间的内部触点闭合，PLC 的 X004 端子输入 ON，程序中的 [14]X014 常开触点闭合，Y011、

Y012 线圈得电，Y011、Y012 端子内部硬触点闭合，报警铃和报警灯均得电而发出声光报警，同时 [3]X014 常开触点闭合，“RST Y010”指令执行，线圈 Y010 被复位失电，Y010 端子内部的硬触点断开，接触器 KM 线圈失电，KM 主触点断开，切断变频器 R、S、T 端的输入电源。变频器故障排除后，当按下故障按钮 $SB_{14}$ 时，PLC 的 X004 端子输入为 ON，它使程序中的 [12]X004 常开触点闭合，Y000 线圈得电，变频器的 RES 端输入为 ON，解除保护电路的保护状态。

（6）转速 1 控制　变频器启动运行后，按下按钮 $SB_1$（转速 1），PLC 的 X005 端子输入为 ON，它使程序中的 [19]X005 常开触点闭合，“SET N1”指令执行，线圈 M1 被置 1，[82]M1 常开触点闭合，Y003 线圈得电，Y003 端子内部的硬触点闭合，变频器的 RH 端输入为 ON，让变频器输出转速 1 设定频率的电源驱动电动机运转。按下 $SB_2$ ~ $SB_7$ 的某个按钮，会使 X006 ~ X013 中的某个常开触点闭合，“RST M1”指令执行，线圈 M1 被复位失电，[82]M1 常开触点断开，Y003 线圈失电，Y003 端子内部的硬触点断开，变频器的 RH 端输入为 OFF，停止按转速 1 运行。

（7）转速 4 控制　按下按钮 $SB_4$（转速 4），PLC 的 X010 端子输入为 ON，它使程序中的 [46]X010 常开触点闭合，“SET M4”指令执行，线圈 M4 被置 1，[87]、[92]M4 常开触点均闭合，Y002、Y001 线圈均得电，Y002、Y001 端子内部的硬触点均闭合，变频器的 RM、RL 端输入均为 ON，让变频器输出转速 4 设定频率的电源驱动电动机运转。按下 $SB_1$ ~ $SB_3$ 或 $SB_5$ ~ $SB_7$ 中的某个按钮，会使 Y005 ~ Y007 或 Y011 ~ Y013 中的某个常开触点闭合，“RST M4”指令执行，线圈 M4 被复位失电，[87]、[92]M4 常开触点均断开，Y002、Y001 线圈失电，Y002、Y001 端子内部的硬触点均断开，变频器的 RM、RL 端输入均为 OFF，停止按钮转速 4 运行。

其他转速控制与上述转速控制过程类似，这里不再叙述。RH、RM、RL 端输入状态与对应的速度关系如图 7-7 所示。

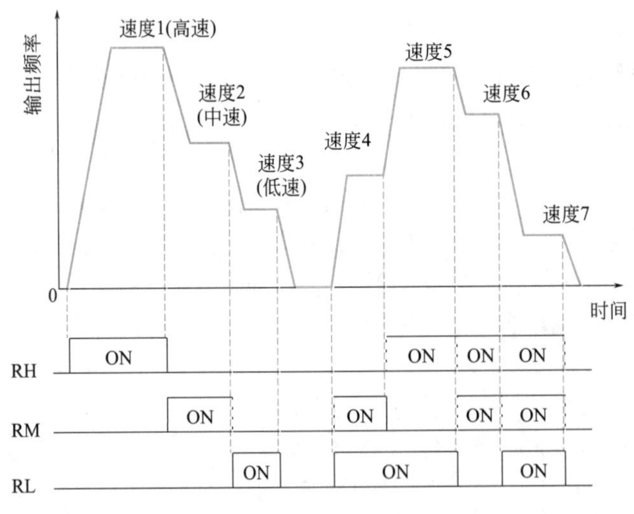


图 7-7　RH、RM、RL 端输入状态与对应的速度关系

6. 接线组装（图 7-8）

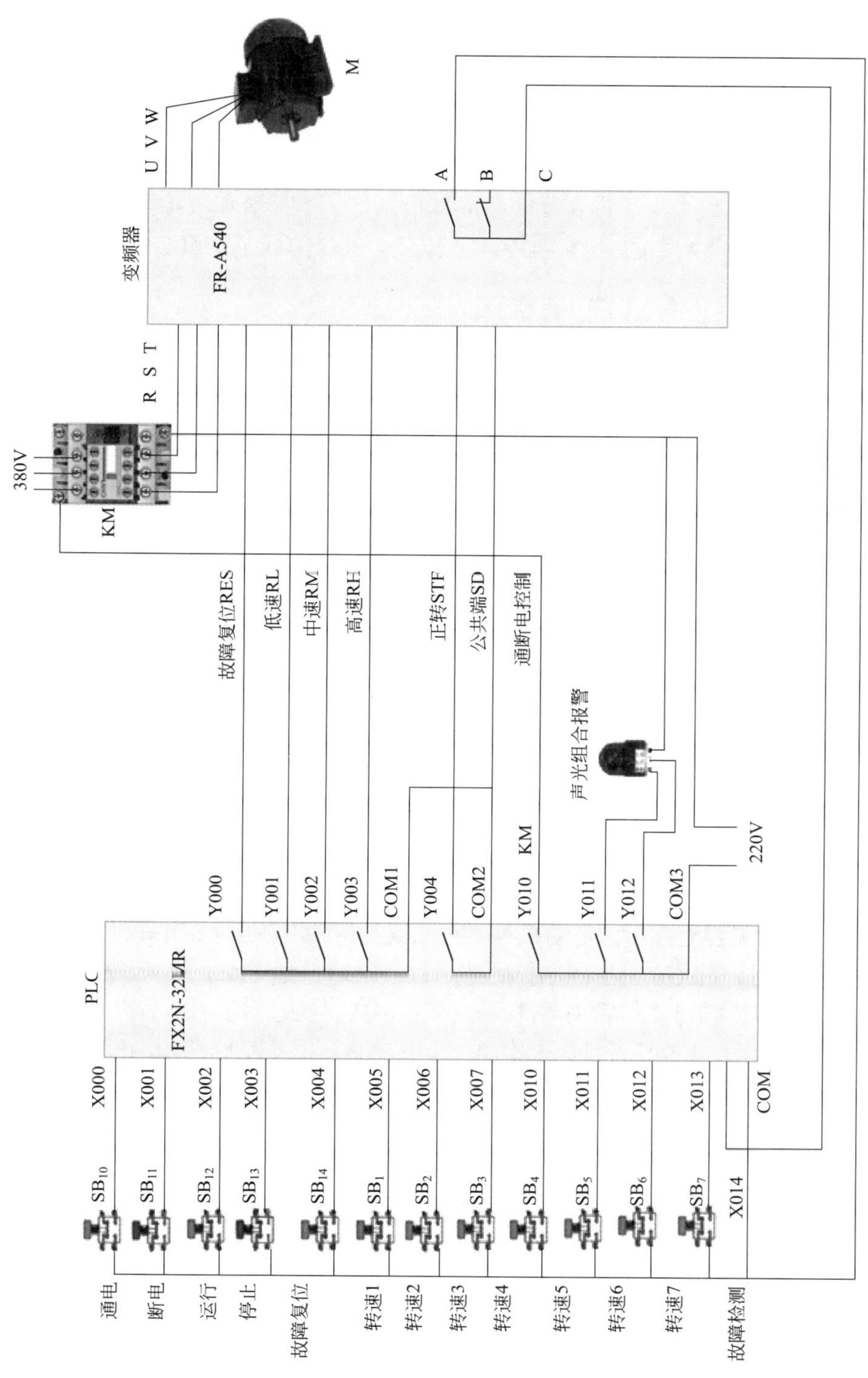


图 7-8　电路接线组装

### 7. 调试与检修

在这个电路当中，PLC 通过外接开关，实现电动机的多挡速旋转，出现故障后，直接用万用表去检查外部的控制开关是否毁坏，连接线是否有断路的故障，如果外部器件包括接触器毁坏应直接更换。如果 PLC 的程序没有问题，应该是变频器出现故障。如果 PLC 没有办法输入程序的话，故障应该是 PLC 毁坏，更换 PLC 并重新输入程序。变频器毁坏后，可以更换或维修变频器。

另外在 PLC 电路当中还设有报警和故障指示灯，当报警和故障指示灯出现故障时，只要检查外围的电铃及指示灯没有毁坏，应去查找 PLC 的程序或 PLC 是否毁坏。

## 三、家用洗衣机的PLC控制系统

全自动洗衣机就是将洗衣的全过程（浸泡—洗涤—漂洗—脱水）预先设定好 *N* 个程序，洗衣时选择其中一个程序，打开水龙头和启动洗衣机开关后洗衣的全过程就会自动完成。洗衣完成时由蜂鸣器发出响声。

### 1. 要求

首先按下洗衣机总电源开关按钮 $QA_1$，通过按钮 $QA_2$ 选择洗涤时间，第一次按下 $QA_2$ 时，洗衣机进行轻柔洗涤，时间为 5min，指示灯 $HL_2$ 点亮；第二次按下 $QA_2$，进行内衣模式洗涤，时间为 10min，指示灯 $HL_3$ 点亮；第三次按下 $QA_2$ 时，进行外衣模式洗涤，时间为 15min，指示灯 $HL_4$ 点亮；第四次按下 $QA_2$ 时，进行强力洗涤，时间为 20min，指示灯 $HL_5$ 点亮。

开始洗涤时，按下启动按钮 $QA_3$ 后，打开进水电磁阀 $SOL_1$ 开始进水，同时，将进水指示灯 $HL_1$ 点亮。

当洗衣机中的水位上升到水位上限时，将关闭进水电磁阀，同时，进水指示灯 $HL_1$ 熄灭。另外，洗衣机的电动机 $M_1$ 进行搅拌洗涤。洗涤的方式按照电动机正转 6s—停止 2s—电动机反转 6s—停止 2s 的顺序循环进行。

当到达预设洗涤时间后，电动机 $M_1$ 停止，打开排水电磁阀 $SOL_2$，开始排水，同时，指示灯 $HL_6$ 点亮。当洗衣机里的水位到达水位下限后，延时 5s，等待洗涤的衣服中存储的水继续依靠重力排出，然后关闭排水电磁阀，$HL_6$ 熄灭。延时 2s 后，将再次打开进水电磁阀，$HL_1$ 指示灯点亮，开始第二次漂洗，漂洗的方式是按照电动机正转 6s—停止 2s—电动机反转 6s—停止 2s 的顺序循环进行，漂洗的时间为 5min。然后重复上面所述的排水过程，再进行第二次的漂洗。

甩干过程的实施是在第二次漂洗排空水后进行的，甩干时打开排水电磁阀，同时点亮指示灯 $HL_6$，启动甩干电动机 $M_2$，5min 后结束甩干操作，关闭排水电磁阀 $HL_6$，然后，启动蜂鸣器 HA 进行洗衣结束的提示响声，蜂鸣器的运行时间为 10s，达到 10s 后，还没有按下停止按钮，则程序自动停止蜂鸣器的运行。

### 2. 电气原理图

交流 220V 的电源连接到空气开关 $Q_1$ 的输入侧，洗衣机的电源总开关 $QA_1$ 连接到 PLC 的输入端子 X0 上，电气接线原理图如图 7-9 所示。

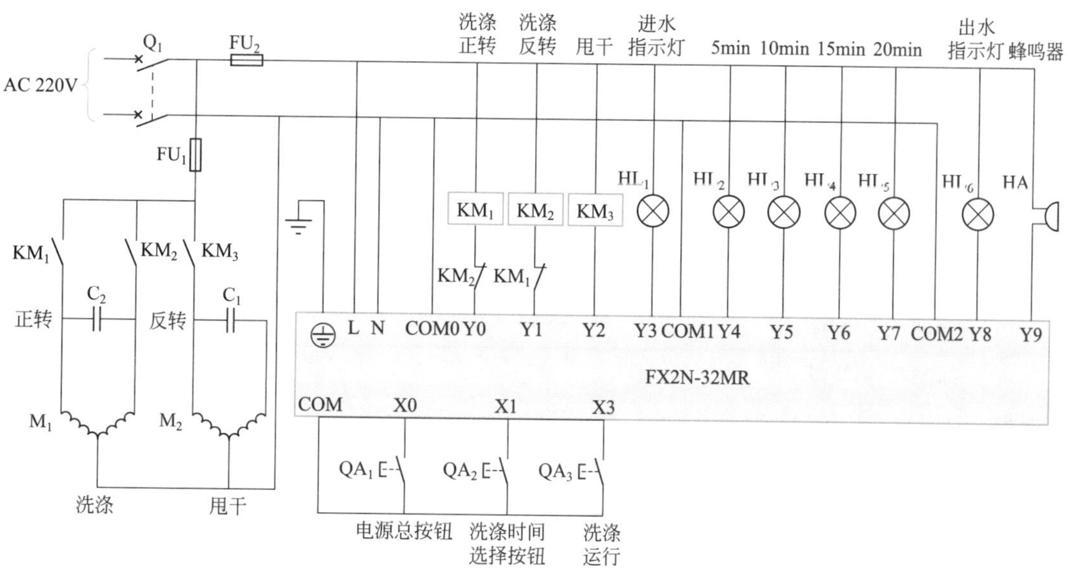


图 7-9 电气接线原理图

### 3. 程序编写

首先，双击打开 GX Developer 软件，然后单击“创建新工程”，在弹出的对话框中选择程序类型为梯形图类型，如图 7-10 所示。

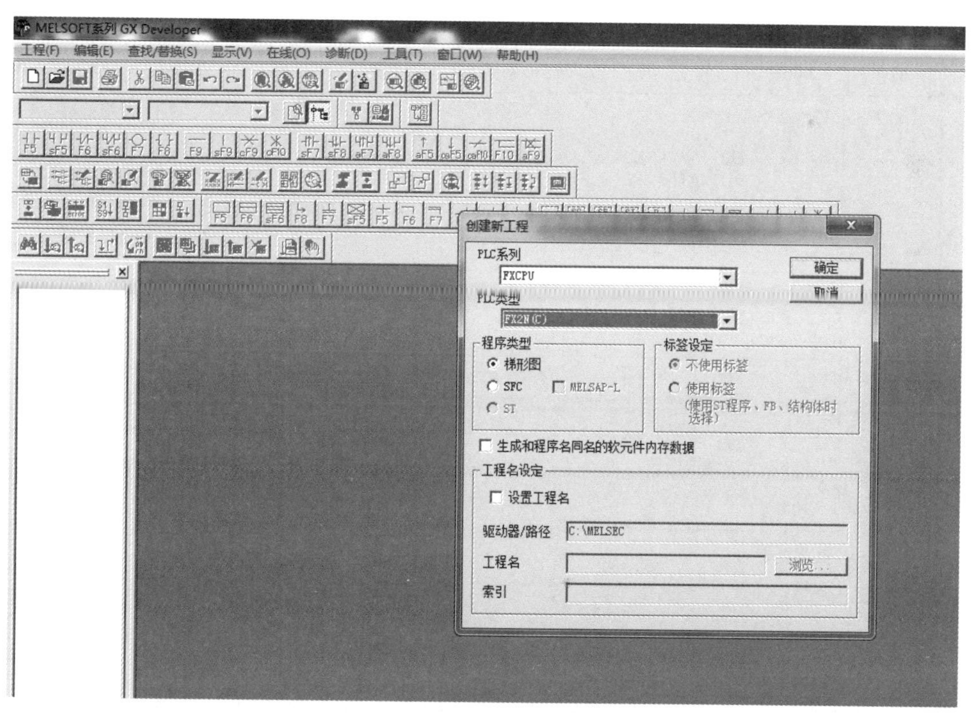


图 7-10 选择程序类型为梯形图

在第 1 段程序中的第一个扫描周期使用 ZRST 指令对 S0 ～ S33 进行初始化清零操作，将 S0 ～ S33 都置位为 0，此操作完成后将 S0 状态位置 1。

在第12步开始的程序中，当电源按钮被按下则置位S20，进行洗涤时间的选择。程序编程如图7-11所示。

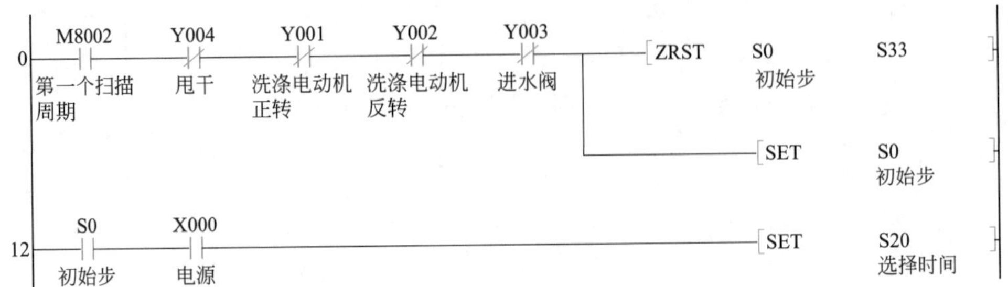


图7-11　程序1～15步图

从第16步开始，程序通过检查X001的按钮按下的次数，来增加D0中的数值，每按一次加1，当D0的数值大于3时，设置D0的值为0，这样就实现了D0字元件中0～3数值的限定。

当字D0=0时，将9000送到D1，洗涤时间为9000×0.1/60=15（min）；

当字D0=1时，将12000送到D1，洗涤时间为12000×0.1/60=20（min）；

当字D0=2时，将15000送到D1，洗涤时间为15000×0.1/60=25（min）；

当字D0=3时，将18000送到D1，洗涤时间为18000×0.1/60=30（min）。

程序如图7-12所示，在用户按下X02按钮时，进入衣服洗涤阶段。

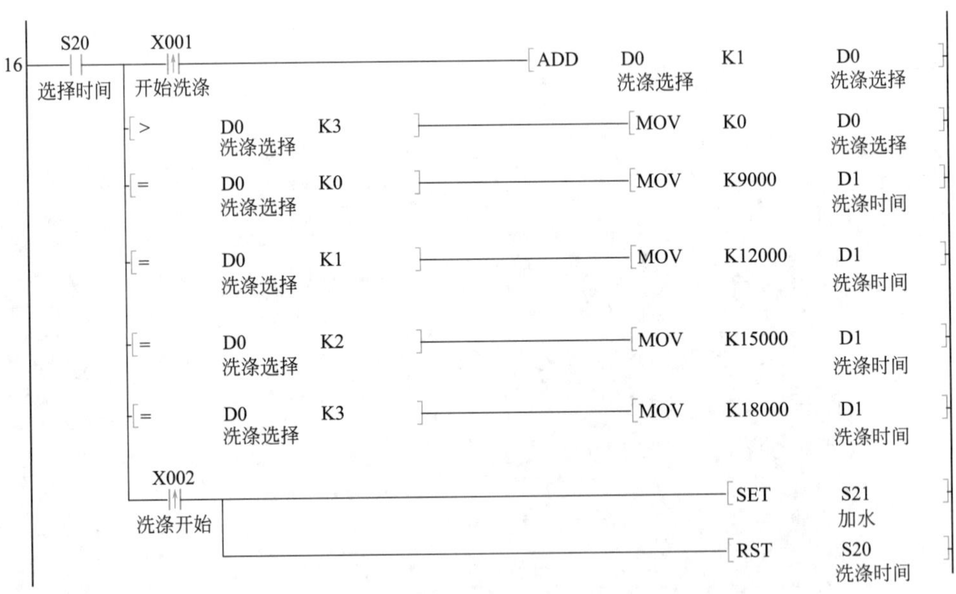


图7-12　选择洗涤时间图

进入衣服洗涤阶段后先打开进水阀门，将洗涤用水加入到高水位。当水位达到后进入衣服的正式洗涤阶段，程序如图7-13所示。

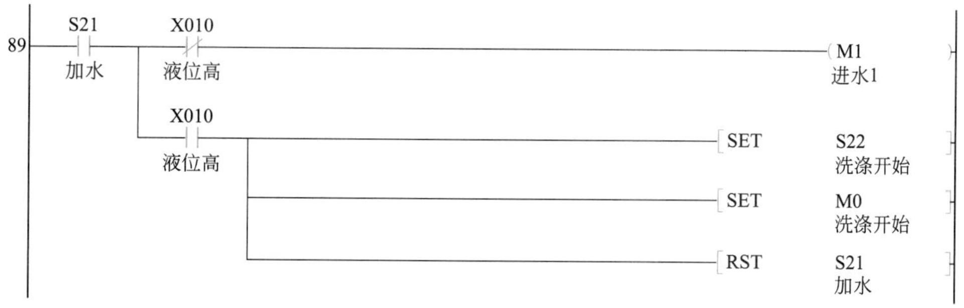
89
S21
加水
X010
液位高
M1
进水1
X010
液位高
SET
S22
洗涤开始
SET
M0
洗涤开始
RST
S21
加水

图 7-13　放水阶段

水位达到要求后，开始正转洗涤，持续时间为 6s，完成后切换到等待时间。注意程序中的互锁，正转运行的前提是洗涤电动机反转不能运行，为防止多处对正转线圈操作造成资源冲突，所以在此处使用 M3 辅助控制元件代替。详细的执行逻辑在程序的最后部分。程序如图 7-14 所示。

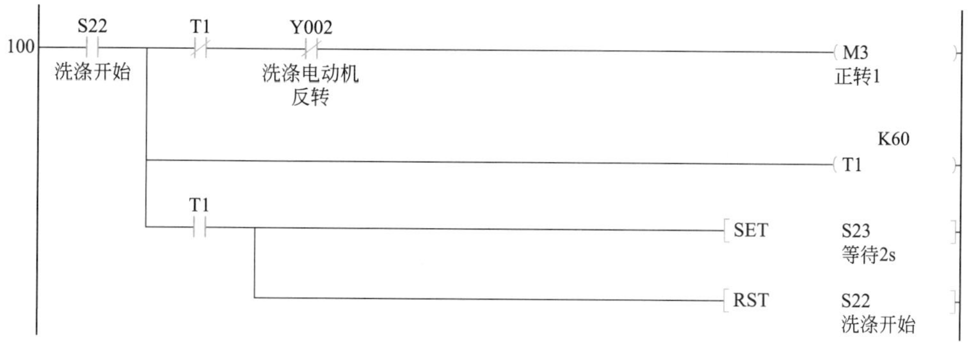
100
S22
洗涤开始
T1
Y002
洗涤电动机
反转
M3
正转1
K60
T1
T1
SET
S23
等待2s
RST
S22
洗涤开始

图 7-14　洗涤中的 6s 正转洗涤

程序首先使用加上完毕水位到的 M0 辅助单元启动洗涤总时间的计时，然后完成洗涤动作逻辑要求的 2s 等待时间，编程如图 7-15 所示。

* 使用T5对洗涤时间进行计时
114
M0
洗涤开始
D1
T5
118
S23
等待2s
K20
T2
T2
SET
S24
反向洗涤
RST
S23
等待2s

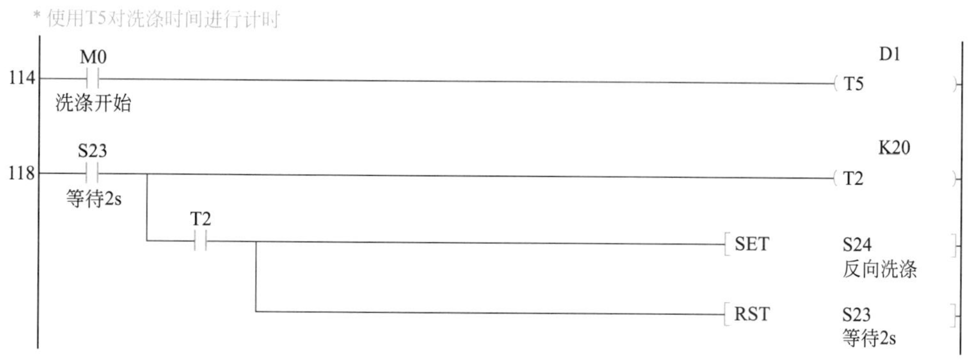

图 7-15　洗涤时间程序和洗涤等待程序

反转 6s 与 S22 部分相似，程序如图 7-16 所示。

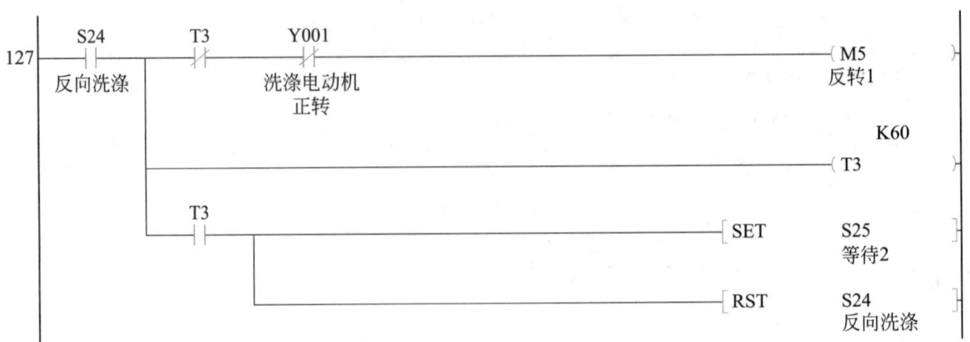


图 7-16　反转工作 6s 的程序图

等待 2s 的编程与 S23 相似，但加入洗涤总时间 T5 是否到达的判断，如果有到达，程序在等待时间 2s 到达后跳转到 S22 进行正转洗涤，如果洗涤的总时间到达则进行下一步 S26 出水程序，程序的编写如图 7-17 所示。

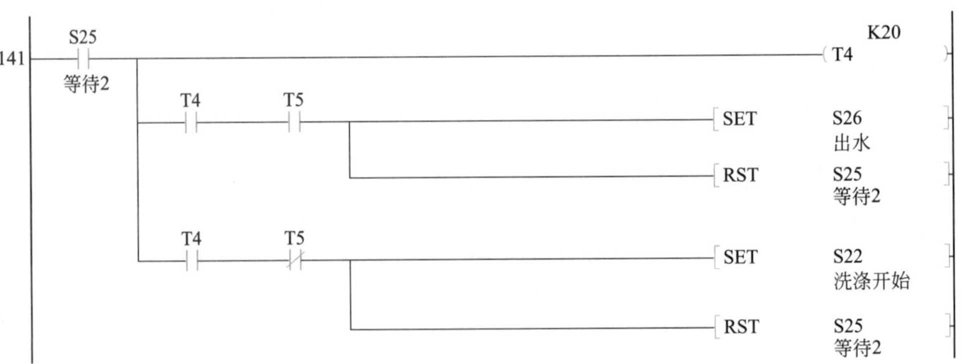


图 7-17　洗涤总时间的判断以及等待时间 2s 的程序图

洗衣完成后进行漂洗，先打开出水阀放水，到水位低限时停止出水阀，并使用水位低限的上升沿对漂洗次数进行计数，并将计数值放到 D2 的字元件中，漂洗的程序如图 7-18 所示。

* 开始漂洗 放水 第三次放水甩干

159
S26
出水
X004
水低限位
M9
出水1
X004
水低限位
ADD D2 K1 D2
X004
水低限位
SET
S27
进水
RST
S26
出水

图 7-18　漂洗的程序

放水完成后，执行进水的程序，直到水位达到高水位进入正反转漂洗，程序如图 7-19 所示。

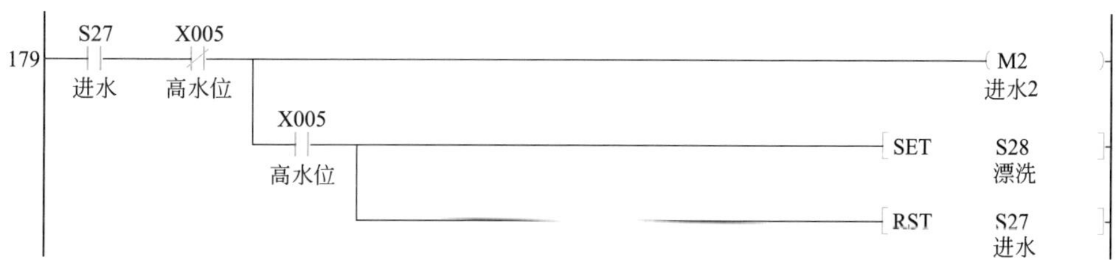


图 7-19 进水的程序

漂洗时先反转 6s，等待 2s 再正转 6s，等待 2s。反转漂洗，并等待 2s 程序，程序如图 7-20 所示。

图 7-20 等待 2s 程序的程序实现图

正转漂洗程序与反转相类似。在漂洗 6s 后进入等待程序，程序如图 7-21 所示。

187
S28
漂洗
K60
T6
T6
Y001
洗涤电动机
正转
M6
反转2
T6
SET
S29
等待2s
RST
S28
漂洗

图 7-21 正转漂洗程序的程序图

等待 2s 后，系统程序会判断漂洗是否完成，如完成则进行甩干程序，如没有完成则跳转到 S27 的放水程序，程序如图 7-22 所示。

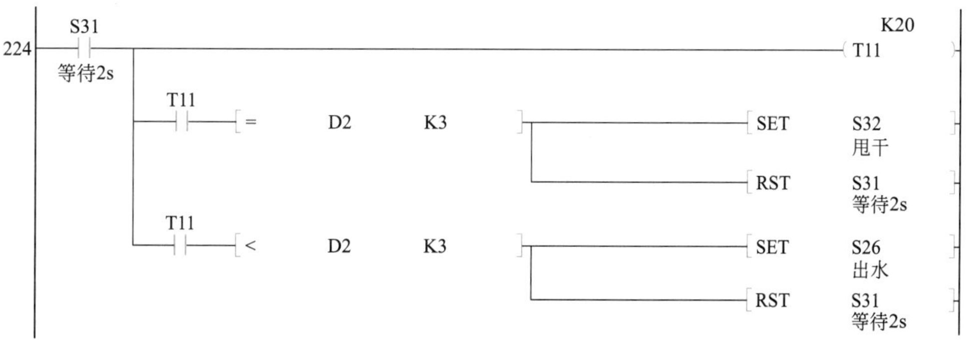


图 7-22 漂洗正转等待程序的图示

在甩干的开始阶段，先将水放干，当水位到达低限时开始甩干，时间30s，程序如图7-23所示。

```
* 开始甩干
      S32       T12      Y001       Y002
250 ──┤├──┬───┤/├─────┤/├───────┤/├──┬──────────────────────( M10      )
      甩干  │          洗涤电动机  洗涤电动机 │                          出水2
          │          正转       反转     │   X004
          │                              └──┤├───────────────( Y004     )
          │                                水低限位                   甩干
          │   X004                                                  K300
          ├───┤├───────────────────────────────────────────( T12      )
          │  水低限位
          │   T12
          └───┤├──┬──────────────────────────────────[ SET    S33    ]
                  │
                  └──────────────────────────────────[ RST    S32    ]
                                                                甩干
```

图7-23 甩干的程序图示

甩干后打开蜂鸣器报警，可按X6按钮复位蜂鸣器，如不按复位按钮，在10s后PLC会自动复位蜂鸣器，同时将程序跳转到S20步处，并复位M0、S33，同时将字元件清零，程序如图7-24所示。

```
      S33
269 ──┤↑├────────────────────────────────────────[ SET    Y011   ]
                                                         蜂鸣器
      S33                                                        K100
272 ──┤├──┬──────────────────────────────────────────( T13      )
          │   T13
          ├───┤↑├──┬─────────────────────────────[ RET    Y011   ]
          │        │                                     蜂鸣器
          │  X006  │
          └───┤├───┼─────────────────────────────[ RST    S33    ]
       蜂鸣器报警   │
       复位        ├─────────────────────────────[ SET    S20    ]
                   │                                     选择时间
                   ├─────────────────────────────[ RST    M0     ]
                   │                                     洗涤开始
                   └─────────────────────────[ MOV    K0     D2     ]
```

图7-24 复位蜂鸣器

逻辑输出的编程，前面讲解程序时就说明了辅助位元件的作用是避免在程序中多处使用，例如Y003放水阀的程序，导致资源冲突。这里先完成这些逻辑输出的编程，程序如图7-25所示。

全自动洗衣机按照上述的程序编制运行，就能够完成洗涤、漂洗和甩干了。

图 7-25 逻辑输出的编程

## 四、多段速度恒压PLC控制供水系统

### 1. 控制要求

❶ 共有 3 台水泵，按设计要求 2 台运行，1 台备用，运行与备用每 10 天轮换 1 次；

❷ 用水高峰 1 台工频运行，1 台变频高速运行，用水低谷时，1 台变频低速运行；

❸ 变频的升速与降速由供水压力上限触点与下限触点控制；

❹ 工频水泵投入的条件是在水压下限且变频水泵处于最高速，工频水泵切除的条件是在水压上限且工频水泵处于最低速运行时；

❺ 变频器设 7 段速度控制水泵调速（实际应用为无级调速，此处是变频器的多段速度练习）。

- 第一速 15Hz 变频器 PH 为 ON ；
- 第二速 20Hz 变频器 PM 为 ON ；
- 第三速 25Hz 变频器 PL 为 ON ；
- 第四速 30Hz 变频器 PM RL 为 ON ；
- 第五速 35Hz 变频器 PH RL 为 ON ；
- 第六速 40Hz 变频器 PH PM 为 ON ；
- 第七速 45Hz 变频器 PH RM RL 为 ON。

### 2. I/O 分配

#### （1）输入信号

X0——启动按钮；

X1——水压上限触点；

X2——水压下限触点；

X3——停止按钮。

#### （2）输出信号

Y1——1 号水泵变频接触器； Y10——STF 变频正转触点；

Y2——1 号水泵工频接触器；

Y3——2 号水泵变频接触器；

Y4——2 号水泵工频接触器；

Y5——3 号水泵变频接触器；

Y6——3 号水泵工频接触器；

Y11——RH 变频器 1 速触点；

Y12——RM 变频器 2 速触点；

Y13——RL 变频器 3 速触点；

Y14——MRS 变频器输出停止 MRS 触点。

### 3. 变频器参数设定

Pr1=50Hz； Pr4=15Hz； Pr5=20Hz；

Pr6=25Hz； Pr9=50Hz； Pr24=30Hz；

Pr25=35Hz； Pr26=40Hz； Pr27=45Hz；

Pr78=1 正转（防止逆转）； Pr79=3。

### 4. 参考程序

参考程序如图 7-26 所示。

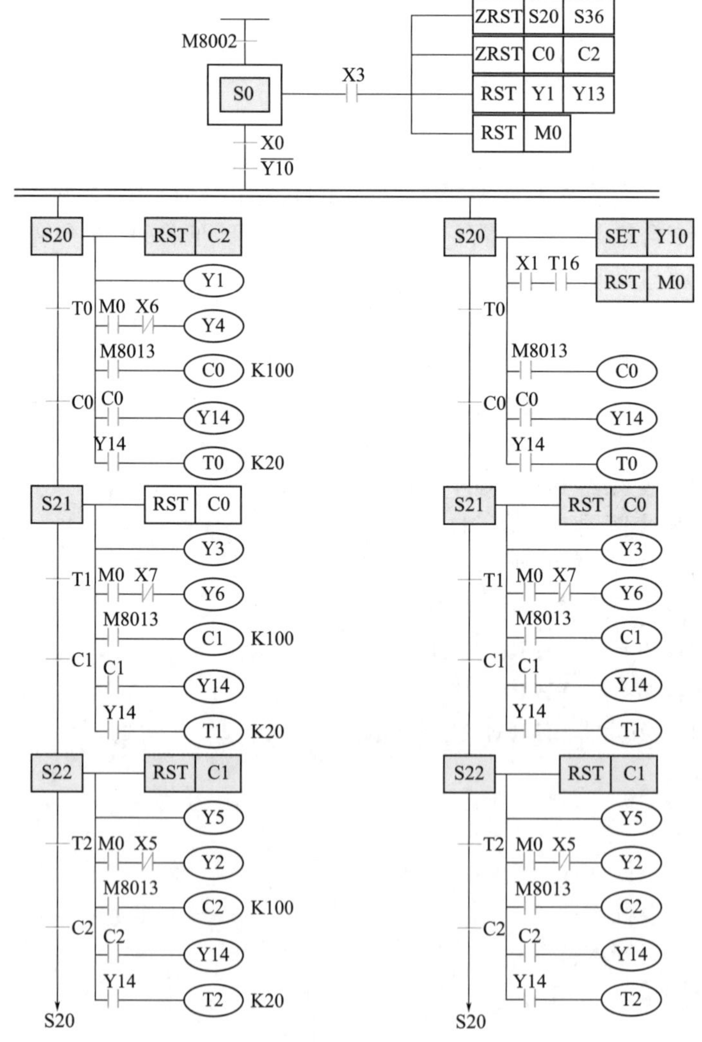


图 7-26 恒压供水控制程序（多段速度练习）

## 五、PLC/变频器PID控制的恒压供水系统

### 1. 控制要求

变频恒压供水控制方案设计框图如图 7-27 所示。

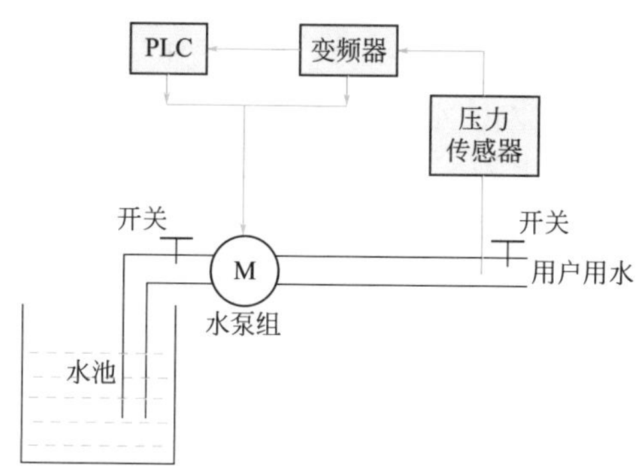


图 7-27 变频恒压供水系统方案图

### 2. 恒压供水系统的构成

整个系统由三台水泵、一台变频调速器、一台 PLC 和一个压力传感器及若干辅助部件构成。如图 7-28 所示。

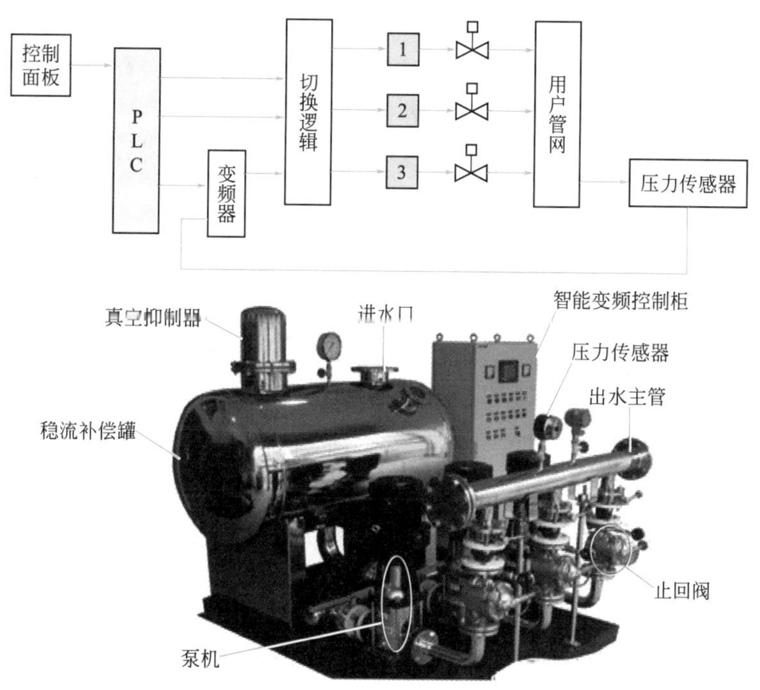


图 7-28 恒压供水系统的构成

三台水泵中每台泵的出水管均装有手动阀，以供维修和调节水量之用，三台泵协调工作以满足供水需要；变频供水系统中检测管路压力的压力传感器，一般采用电阻式传感器（反馈 0 ～ 5V 电压信号）或压力变送器（反馈 4 ～ 20mA 电流）；变频器是供水系统的核心，

通过改变电动机的频率实现电动机的无级调速、无波动稳压的效果和各项功能。

从原理框图我们可以看出，变频调速恒压供水系统由执行机构、信号检测、控制系统、人机界面以及报警装置等部分组成。

（1）执行机构　执行机构由一组水泵组成，它们用于将水供入用户管网，图 7-28 中的 3 个水泵分为 2 种类型：

❶ 调速泵：是由变频调速器控制、可以进行变频调整的水泵，用以根据用水量的变化改变电动机的转速，以维持管网的水压恒定。

❷ 恒速泵：水泵运行只在工频状态，速度恒定。它们用于在用水量增大而调速泵的最大供水能力不足时，对供水量进行定量的补充。

（2）信号检测　在系统控制过程中，需要检测的信号包括自来水出水水压信号和报警信号。

❶ 水压信号：它反映的是用户管网的水压值，它是恒压供水控制的主要反馈信号。

❷ 报警信号：它反映系统是否正常运行，水泵电动机是否过载，变频器是否有异常。该信号为开关量信号。

（3）控制系统　供水控制系统一般安装在供水控制柜中，包括供水控制器（PLC 系统）、变频器和电控设备三个部分。

❶ 供水控制器：它是整个变频恒压供水控制系统的核心。供水控制器直接对系统中的工况、压力、报警信号进行采集，对来自人机接口和通信接口的数据信息进行分析、实施控制算法，得出对执行机构的控制方案，通过变频调速器和接触器对执行机构（即水泵）进行控制。

❷ 变频器：它是对水泵进行转速控制的单元。变频器跟踪供水控制器送来的控制信号改变调速泵的运行频率，完成对调速泵的转速控制。

❸ 电控设备：它由一组接触器、保护继电器、转换开关等电气元件组成，用于在供水控制器的控制下完成对水泵的切换、手 / 自动切换等。

（4）人机界面　人机界面是人与机器进行信息交流的场所。通过人机界面，使用者可以更改设定压力，修改一些系统设定以满足不同工艺的需求，同时使用者也可以从人机界面上得知系统的一些运行情况及设备的工作状态。人机界面还可以对系统的运行过程进行监视，对报警进行显示。

（5）通信接口　通信接口是本系统的一个重要组成部分，通过该接口，系统可以和组态软件以及其他的工业监控系统进行数据交换，同时通过通信接口，还可以将现代先进的网络技术应用到本系统中来，例如可以对系统进行远程的诊断和维护等。

（6）报警装置　作为一个控制系统，报警是必不可少的重要组成部分。由于本系统能适用于不同的供水领域，因此为了保证系统安全、可靠、平稳地运行，防止因电动机过载、变频器报警、电网过大波动、供水水源中断、出水超压、泵站内溢水等造成的故障，因此系统必须对各种报警量进行监测，由 PLC 判断报警类别，进行显示和保护动作控制，以免造成不必要的损失。

### 3. 工作原理设计

合上空气开关，供水系统投入运行。将手动、自动开关打到自动上，系统进入全自动运行状态，PLC 中程序首先接通 $KM_6$，并启动变频器。如图 7-29 所示。根据压力设定值

（根据管网压力要求设定）与压力实际值（来自压力传感器）的偏差进行 PID 调节，并输出频率给定信号给变频器。变频器根据频率给定信号及预先设定好的加速时间控制水泵的转速以保证水压保持在压力设定值的上、下限范围之内，实现恒压控制。同时变频器在运行频率到达上限时，会将频率到达信号送给 PLC，PLC 则根据管网压力的上、下限信号和变频器的运行频率是否到达上限的信号，由程序判断是否要启动第 2 台泵（或第 3 台泵）。若变频器运行频率达到频率上限值，并保持一段时间，则 PLC 会将当前变频运行泵切换为工频运行，并迅速启动下 1 台泵变频运行。此时 PID 会继续通过由远端压力表送来的检测信号进行分析、计算、判断，进一步控制变频器的运行频率，使管压保持在压力设定值的上、下限偏差范围之内。

增泵工作过程：假定增泵顺序为 1、2、3 泵。开始时，1 泵电动机在 PLC 控制下先投入调速运行，其运行速度由变频器调节。当供水压力小于压力预置值时变频器输出频率升高，水泵转速上升，反之下降。当变频器的输出频率达到上限，并稳定运行后，如果供水压力仍没达到预置值，则需进入增泵过程。在 PLC 的逻辑控制下将 1 泵电动机与变频器连接的电磁开关断开，1 泵电动机切换到工频运行，同时变频器与 2 泵电动机连接，控制 2 泵投入调速运行。如果还没到达设定值，则继续按照以上步骤将 2 泵切换到工频运行，控制 3 泵投入变频运行。

减泵工作过程：假定减泵顺序依次为 3、2、1 泵。当供水压力大于预置值时，变频器输出频率降低，水泵速度下降，当变频器的输出频率达到下限，并稳定运行一段时间后，把变频器控制的水泵停机，如果供水压力仍大于预置值，则将下一台水泵由工频运行切换到变频器调速运行，并继续减泵工作过程。如果在晚间用水不多，当最后一台正在运行的主泵处于低速运行时，如果供水压力仍大于设定值，则停机并启动辅泵投入调速运行，从而达到节能效果。

### 4. 电路设计

**（1）主电路设计** 主电路接线图如图 7-29 所示。

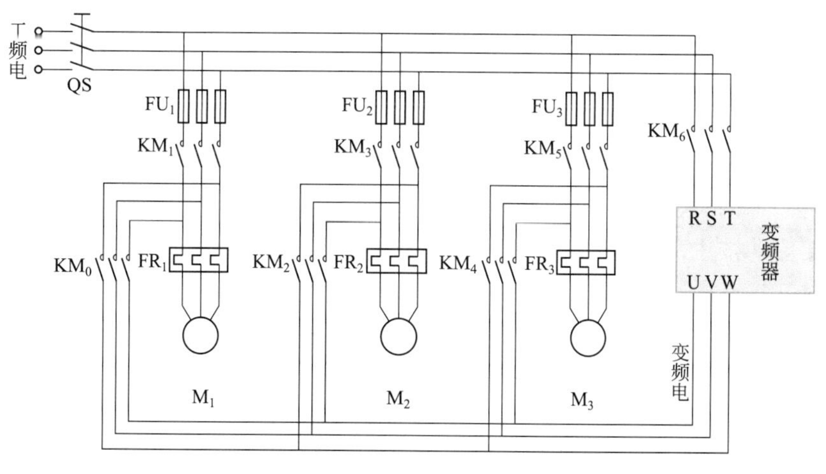


图 7-29 PLC 控制变频器恒压供水系统主电路

注：FU、FR用作电路保护器件，设计时要考虑到

主电路分别为电动机 $M_1$、$M_2$、$M_3$ 工频运行时接通电源的控制接触器 $KM_1$、$KM_3$、$KM_5$，另外 $KM_0$、$KM_2$、$KM_4$ 分别为电动机 $M_1$、$M_2$、$M_3$ 变频运行时接通电源的控制接触器。

热继电器 (FR) 是利用电流的热效应原理工作的保护电路，它在电路中用作电动机的过载保护。

熔断器（FU）是电路中的一种简单的短路保护装置。使用中，由于电流超过允许值产生的热量使串接于主电路中的熔体熔化而切断电路，防止电气设备短路和严重过载。

（2）PLC 的选型和接线　水泵 $M_1$、$M_2$、$M_3$ 可变频运行，也可工频运行，需 PLC 的 6 个输出点，变频器的运行与关断由 PLC 的 1 个输出点控制，变频器使电动机正转需 1 个输出信号控制，报警器的控制需要 1 个输出点，输出点数量一共 9 个。控制启动和停止需要 2 个输入点，变频器极限频率的检测信号占用 PLC 2 个输入点，系统自动 / 手动启动需 1 个输入点，手动控制电动机的工频 / 变频运行需 6 个输入点，控制系统停止运行需 1 个输入点，检测电动机是否过载需 3 个输入点，共需 15 个输入点。系统所需的输入 / 输出点数量共为 24 个点。本系统选用 FX0S-30MR-D12 型 PLC。接线如图 7-30 所示。

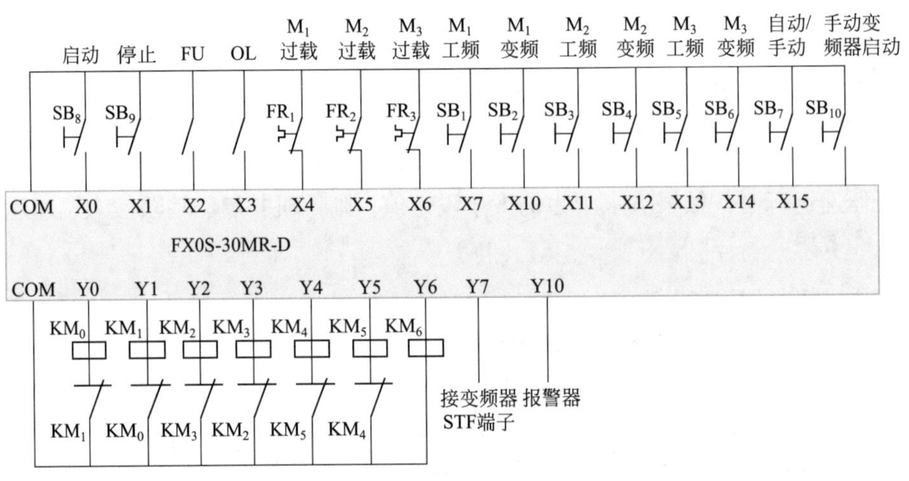


图 7-30　PLC 的接线

Y0 接 $KM_0$ 控制 $M_1$ 的变频运行，Y1 接 $KM_1$ 控制 $M_1$ 的工频运行；Y2 接 $KM_2$ 控制，Y0、Y2、Y4 接 $KM_1$、$KM_3$、$KM_5$ 工频运行，Y1、Y3、Y5 接变频运行 $KM_0$、$KM_2$、$KM_4$，X0 接启动按钮，X1 接停止按钮，X2 接变频器的 FU 接口，X3 接变频器的 OL 接口，X4 接 $M_1$ 的热继电器，X5 接 $M_2$ 的热继电器，X6 接 $M_3$ 的热继电器。

为了防止出现某台电动机既接工频电又接变频电，因此设计了电气互锁。在同时控制 $M_1$ 电动机的两个接触器 $KM_1$、$KM_0$ 线圈中分别串入了对方的常闭触点形成电气互锁。频率检测的上 / 下限信号分别通过 OL 和 FU 输出至 PLC 的 X2 与 X3 输入端作为 PLC 增泵减泵控制信号。

（3）变频器的选型和接线

❶ 根据设计的要求，本系统选用三菱 FR-A500 变频器，如图 7-31 所示。

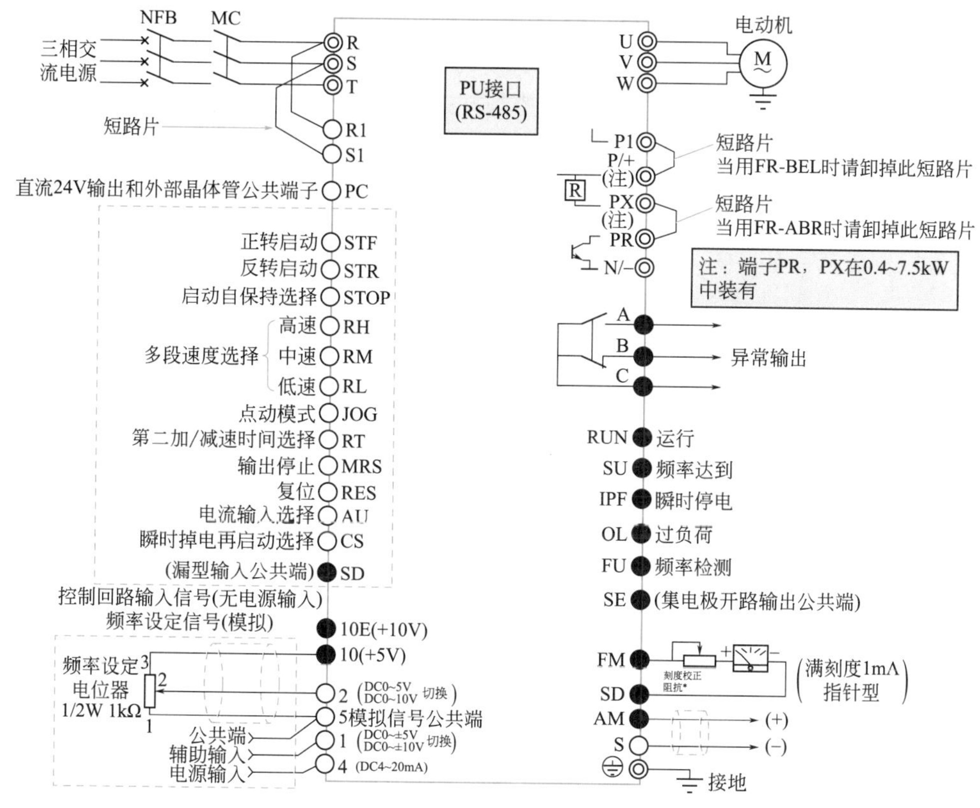

图 7-31　FR-A500 的引脚说明

❷ 变频器的接线。引脚 STF 接 PLC 的 Y7 引脚，控制电动机的正转。X2 接变频器的 FU 接口，X3 接变频器的 OL 接口。频率检测的上 / 下限信号分别通过 OL 和 FU 输出至 PLC 的 X2 与 X3 输入端作为 PLC 增泵减泵控制信号。如图 7-32 所示。

## 5.PID 调节器原理

PID 是比例、积分、微分的简称，PID 控制主要是控制器的参数整定。在应用中仅用 P 动作控制，不能完全消除偏差。为了消除残留偏差，一般采用增加 I 动作的 PI 控制。用 PI 控制时，能消除由改变目标值和经常的外来扰动等引起的偏差。但是，I 动作过强时，对快速变化偏差响应迟缓。对有积分元件的负载系统可以单独使用 P 动作控制。

对于 PD 控制，发生偏差时，很快产生比单独 D 动作还要大的操作量，以此来抑制偏差的增加。偏差小时，P 动作的作用减小。控制对象含有积分元件的负载场合，仅 P 动作控制，有时由于此积分元件的作用，系统发生振荡。在该场合，为使 P 动作的振荡衰减和系统稳定，可用 PD 控制。换言之，该种控制方式适用于过程本身没有制动作用的负载。

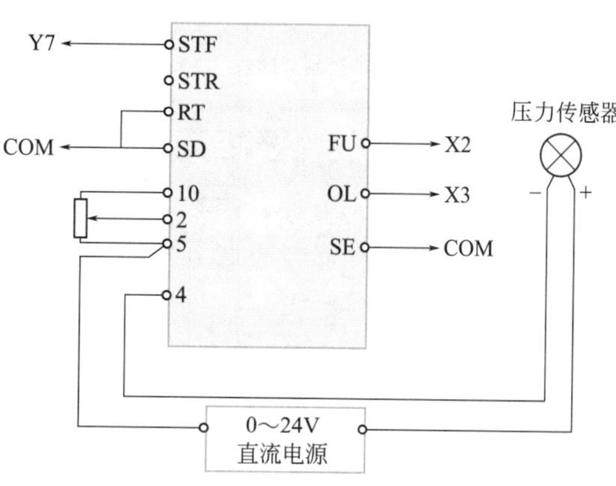

图 7-32　变频器接线图

利用 I 动作消除偏差作用和用 D 动作抑制振荡作用，在结合 P 动作就构成了 PID 控制，本系统就是采用了这种方式。采用 PID 控制较其他组合控制效果要好，基本上能获得无偏差、精度高和系统稳定的控制过程。这种控制方式用于从产生偏差到出现响应需要一定时间的负载系统（即实时性要求不高，工业上的过程控制系统一般都是此类系统，本系统也比较适合 PID 调节），效果比较好，如图 7-33 所示。

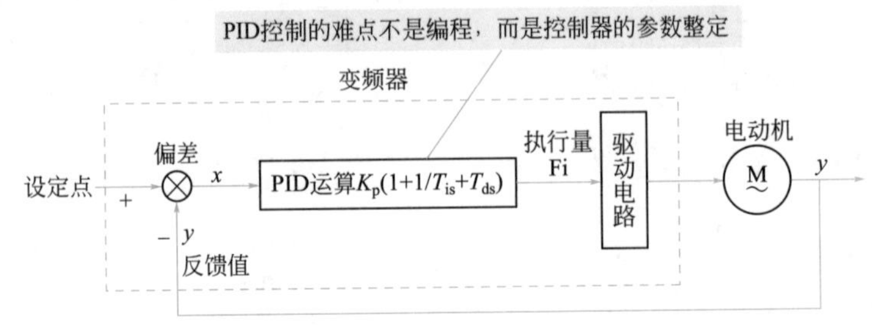


图 7-33　PID 控制框图

通过对被控制对象的传感器等检测控制量（反馈量），将其与目标值（温度、流量、压力等设定值）进行比较。若有偏差，则通过此功能的控制动作使偏差为零。也就是使反馈量与目标值相一致的一种通用控制方式。它适用于流量控制、压力控制、温度控制等过程量的控制。在恒压供水中常见的 PID 控制器的控制形式主要有两种：

（1）硬件型　即通用 PID 控制器，在使用时只需要进行线路的连接和 P、I、D 参数及目标值的设定。

（2）软件型　使用离散形式的 PID 控制算法在可编程控制器（或单片机）上做 PID 控制器。

此次设计使用硬件型控制形式。

根据设计的要求，本系统的 PID 调节器内置于变频器中。如图 7-34 所示。

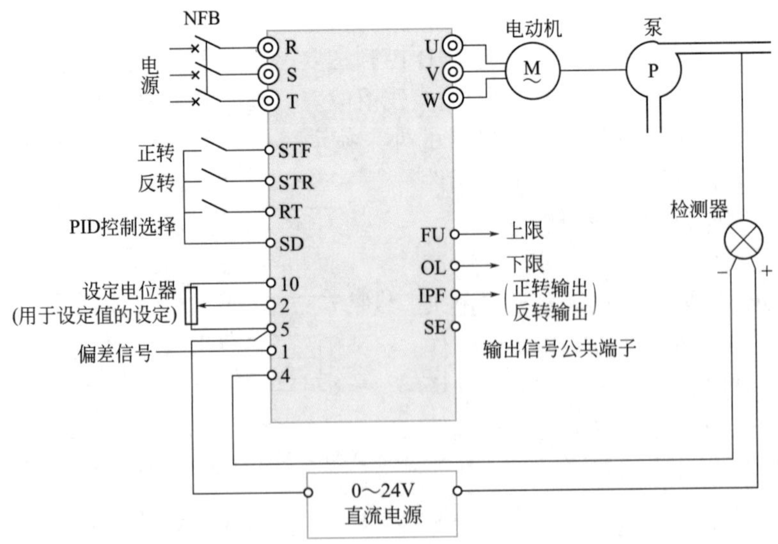


图 7-34　PID 控制接线图

### 6. 压力传感器的接线图

压力传感器使用 MKS-1 型绝对压力传感器。该传感器采用硅压阻效应原理实现压力测量的力－电转换。传感器由敏感芯体和信号调理电路组成，当压力作用于传感器时，敏感芯体内硅片上的惠斯登电桥的输出电压发生变化，信号调理电路将输出的电压信号作放大处理，同时进行温度补偿、非线性补偿，使传感器的电性能满足技术指标的要求。

该传感器的量程为 0 ～ 2.5MPa，工作温度为 5 ～ 60℃，供电电源为 28±3V（DC）。如图 7-35 所示。

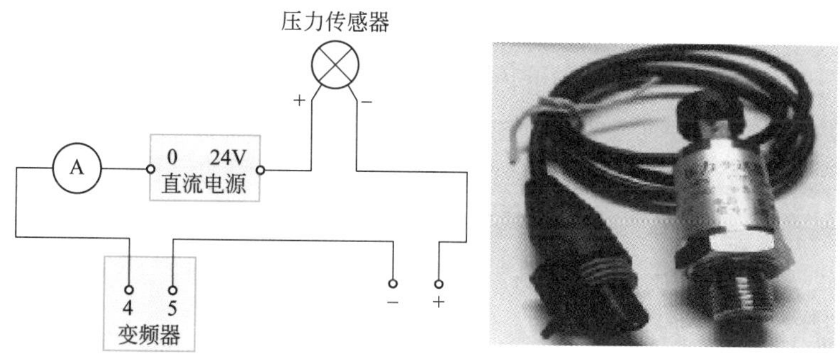


图 7-35　压力传感器的接线图和实物

### 7. 软件设计

PLC 在系统中的作用是控制交流接触器组进行工频 - 变频的切换和水泵工作数量的调整。工作流程如图 7-36 所示。

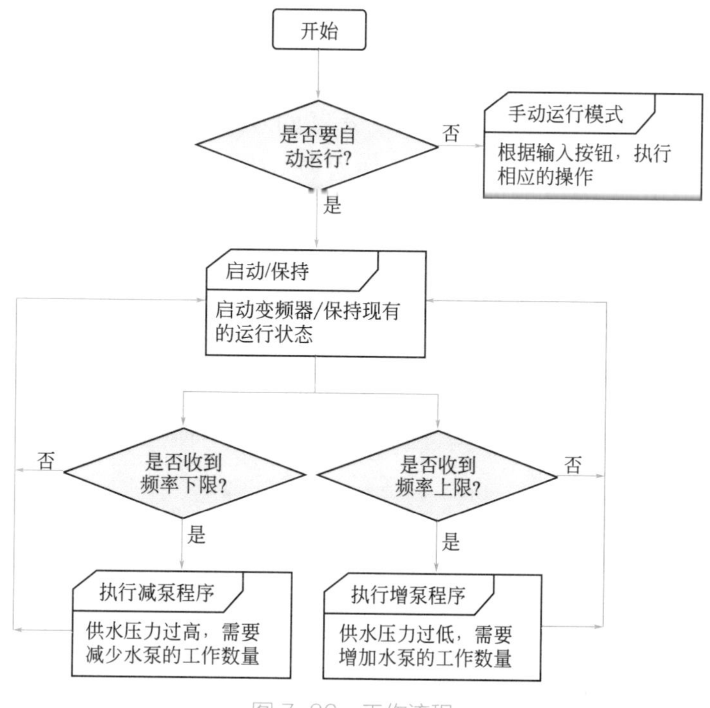


图 7-36　工作流程

系统启动之后，检测是自动运行模式还是手动运行模式。如果是手动运行模式则进行手动操作，人们根据自己的需要操作相应的按钮，系统根据按钮执行相应操作。如果是自动运行模式，则系统根据程序及相关的输入信号执行相应的操作。

手动模式主要是解决系统出错或器件出错问题。在自动运行模式中，如果PLC接到频率上限信号，则执行增泵程序，增加水泵的工作数量。如果PLC接到频率下限信号，则执行减泵程序，减少水泵的工作数量。没接到信号就保持现有的运行状态。

（1）手动运行　当按下$SB_7$按钮时，用手动方式。按下$SB_{10}$手动启动变频器。当系统压力不够需要增加泵时，按下$SB_n$（$n$=1,3,5）按钮，此时切断电动机变频，同时启动电动机工频运行，再启动下一台电动机。为了变频向工频切换时保护变频器免于受到工频电压的反向冲击，在切换时，用时间继电器作了时间延迟，当压力过大时，可以手动按下$SB_n$（$n$=2,4,6）按钮，切断工频运行的电动机，同时启动电动机变频运行。可根据需要，按不同电动机对应的启停按钮，可以依次实现手动启动和手动停止三台水泵。该方式仅供自动故障时使用。

（2）自动运行　由PLC分别控制某台电动机工频和变频继电器，在条件成立时，进行增泵升压和减泵降压控制。

- 升压控制：系统工作时，每台水泵处于三种状态之一，即工频电网拖动状态、变频器拖动调速状态和停止状态。系统开始工作时，供水管道内水压力为零，在控制系统作用下，变频器开始运行，第一台水泵$M_1$启动且转速逐渐升高，当输出压力达到设定值，其供水量与用水量相平衡时，转速才稳定到某一定值，这期间$M_1$处在调速运行状态。当用水量增加水压减小时，通过压力闭环调节水泵按设定速率加速到另一个稳定转速；反之用水量减少水压增加时，水泵按设定的速率减速到新的稳定转速。当用水量继续增加，变频器输出频率增加至工频时，水压仍低于设定值，由PLC控制切换至工频电网后恒速运行；同时，使第二台水泵$M_2$投入变频器并变速运行，系统恢复对水压的闭环调节，直到水压达到设定值为止。如果用水量继续增加，每当加速运行的变频器输出频率达到工频时，将继续发生如上转换，并有新的水泵投入并联运行。当最后一台水泵$M_3$投入运行，变频器输出频率达到工频，压力仍未达到设定值时，控制系统就会发出故障报警。
- 降压控制：当用水量下降水压升高，变频器输出频率降至启动频率时，水压仍高于设定值，系统将工频运行时间最长的一台水泵关掉，恢复对水压的闭环调节，使压力重新达到设定值。当用水量继续下降，每当减速运行的变频器输出频率降至启动频率时，将继续发生如上转换，直到剩下最后一台变频泵运行为止。

## 六、通过RS-485通信实现单台电动机的变频运行

### 1. 控制要求

❶ 利用变频器的指令代码表进行PLC与变频器的通信。

❷ 使用PLC输入信号，控制变频器正转、反转、停止。

❸ 使用PLC输入信号，控制变频器运行频率。

❹ 使用PLC读取变频器的运行频率。

❺ 使用触摸屏，通过PLC的RS-485总线实现上述功能。

## 2.I/O 分配表（如表 7-3 所示）

表7-3 I/O分配表

| 输入端 | | 输出端 | |
|---|---|---|---|
| 启动 | X000 | 正转运行指示 | Y000 |
| 停止 | X001 | 反转运行指示 | Y001 |
| | | 停止运行指示 | Y002 |

## 3. 工作流程图（如图 7-37 所示）

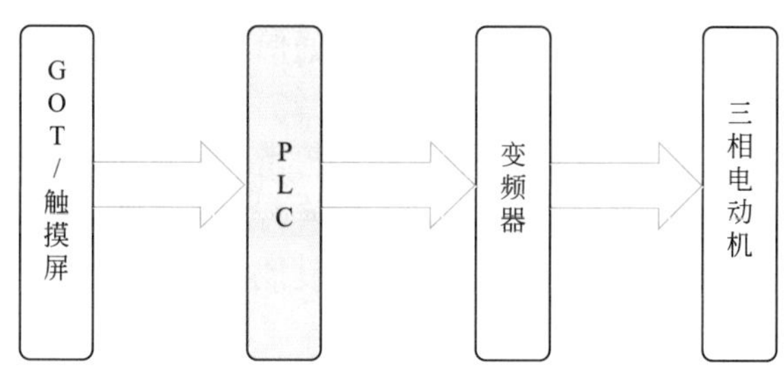


图 7-37 工作流程图

## 4. 硬件接线图（如图 7-38 和图 7-39 所示）

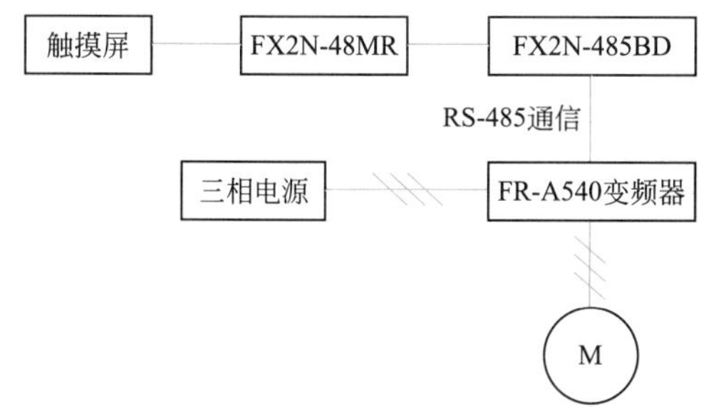


图 7-38 系统接线原理图

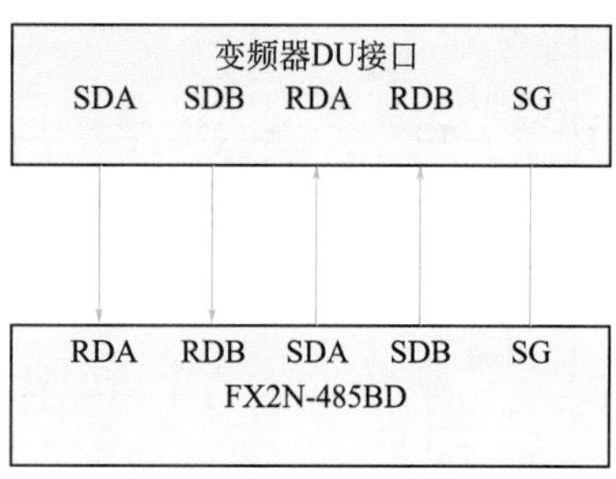


图 7-39 RS-485 通信板的接线图

## 5. 触摸屏控制图（如图 7-40 所示）

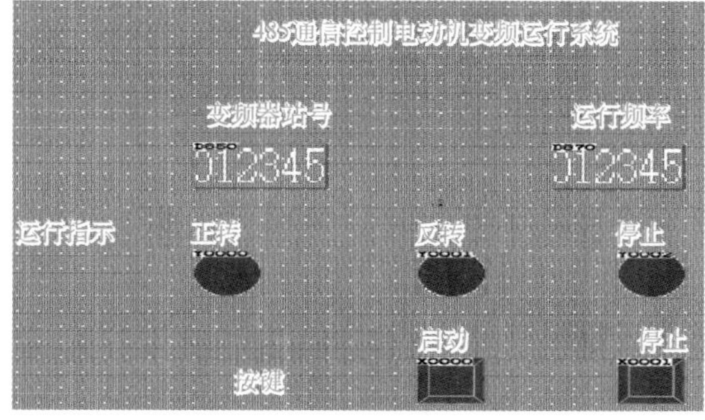


图 7-40 触摸屏控制图

### 6. 变频器参数设置步骤

#### （1）通信格式设置

❶ 设数据长度为 8 位，即 D8120 的 b0=1。

❷ 奇偶性设为偶数，即 D8120 的 b1=1，b2=1。

❸ 停止位设为 2 位，即 D8120 的 b3=1。

❹ 通信速率设为 19200，即 D8120 的 b4=b7=1，b5=b6=0。

❺ D1820 的其他均设置为 0。

因此通信格式设为 D1820=9FH。

#### （2）变频器参数设置

- 操作模式选择（PU 运行）Pr.79=1。
- 站号设定 Pr.117=0。
- 通信速率 Pr.118=192。
- 数据长度及停止位长 Pr.119=1。
- 奇偶性设定 Pr.120=2。
- 通信再试次数 Pr.121=1。
- 通信校验时间间隔 Pr.122=9999。
- 等待时间设定 Pr.123=10。
- 换行有无选择 Pr.124=0。
- 其他参数按出厂值设置。

### 7. 程序设计（如图 7-41 所示）

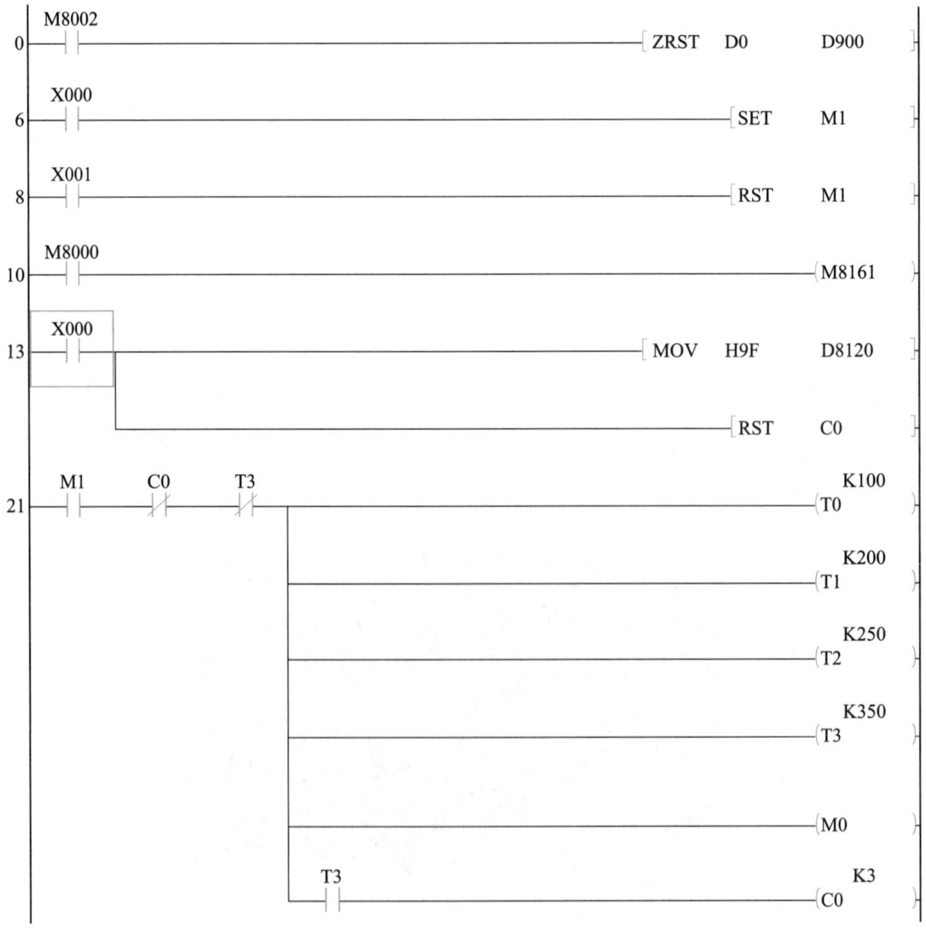

```
0   M8002 ─┤ ├─────────────── [ZRST D0 D900]
6   X000  ─┤ ├─────────────── [SET M1]
8   X001  ─┤ ├─────────────── [RST M1]
10  M8000 ─┤ ├─────────────── (M8161)
13  X000  ─┤ ├──┬──────────── [MOV H9F D8120]
                └──────────── [RST C0]
21  M1 ─┤ ├─ C0 ─┤/├─ T3 ─┤/├─┬─ (T0 K100)
                              ├─ (T1 K200)
                              ├─ (T2 K250)
                              ├─ (T3 K350)
                              ├─ (M0)
                              └─ T3 ─┤ ├─ (C0 K3)
```

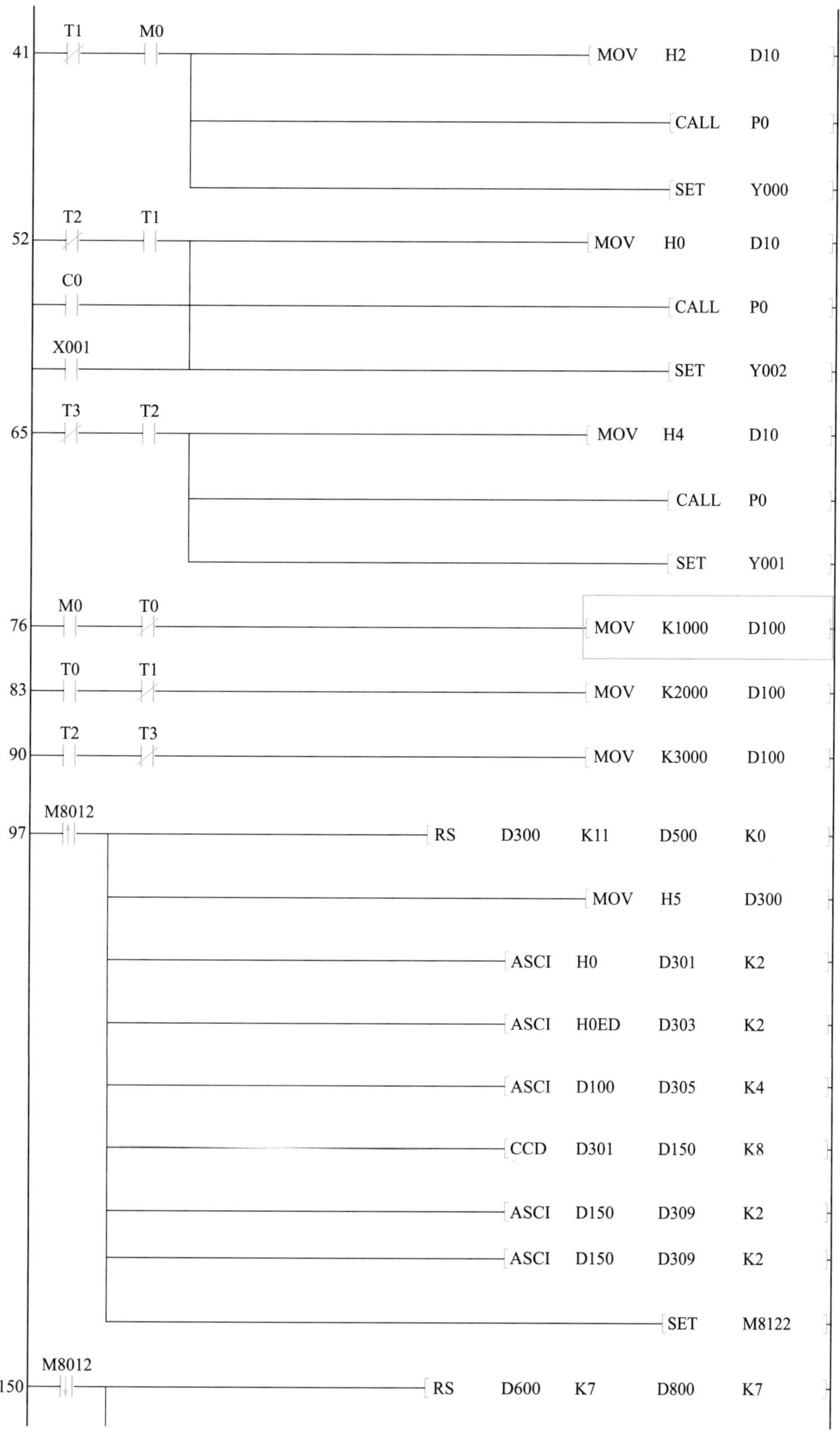
41
T1
M0
MOV H2 D10
CALL P0
SET Y000
52
T2
T1
MOV H0 D10
C0
CALL P0
X001
SET Y002
65
T3
T2
MOV H4 D10
CALL P0
SET Y001
76
M0
T0
MOV K1000 D100
83
T0
T1
MOV K2000 D100
90
T2
T3
MOV K3000 D100
97
M8012
RS D300 K11 D500 K0
MOV H5 D300
ASCI H0 D301 K2
ASCI H0ED D303 K2
ASCI D100 D305 K4
CCD D301 D150 K8
ASCI D150 D309 K2
ASCI D150 D309 K2
SET M8122
150
M8012
RS D600 K7 D800 K7

图 7-41

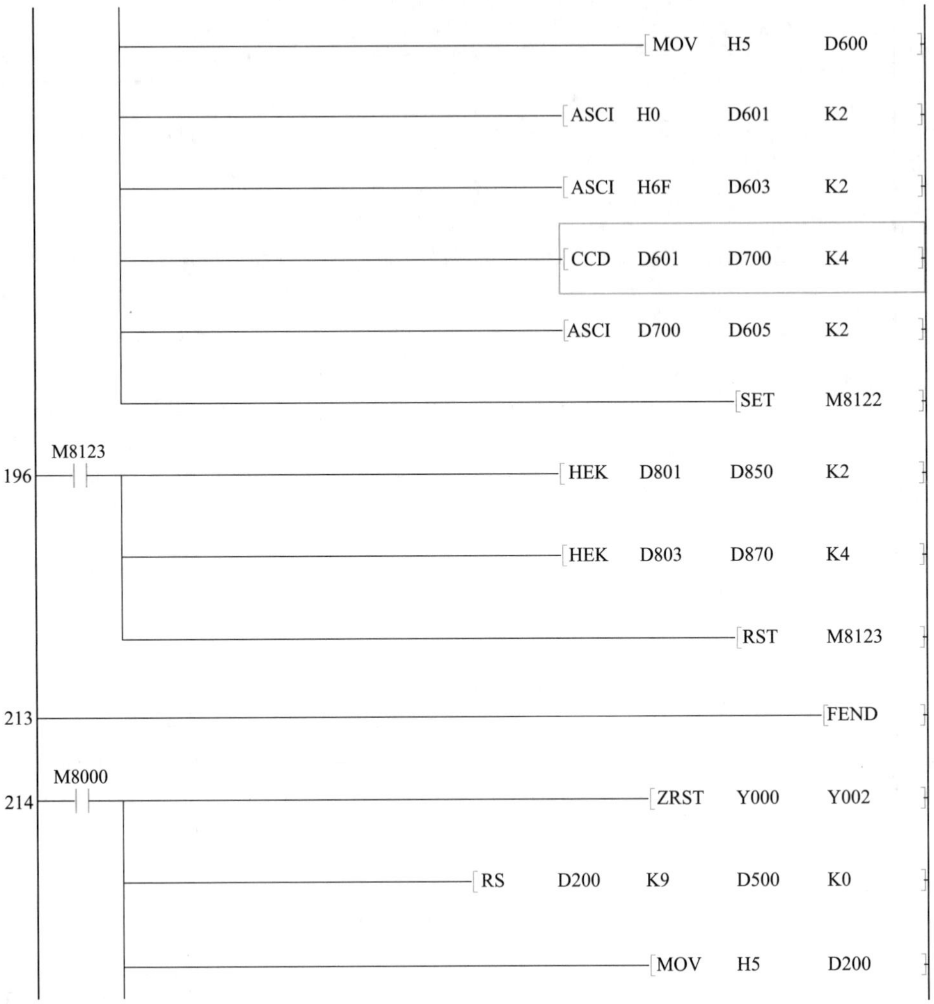

MOV H5 D600
ASCI H0 D601 K2
ASCI H6F D603 K2
CCD D601 D700 K4
ASCI D700 D605 K2
SET M8122
196 M8123
HEK D801 D850 K2
HEK D803 D870 K4
RST M8123
213
FEND
214 M8000
ZRST Y000 Y002
RS D200 K9 D500 K0
MOV H5 D200

图 7-41　程序设计

## 七、PLC与变频器的RS-485通信控制

### 1. 控制要求

利用变频器的数据代码表进行以下通信操作，各部分连接如图 7-42 所示。

PC
F940GOT
FX2N-64MR
FX2N-485-BD
通信电缆
RS-485
PC-F940GOT
传送电缆：FX-232CAB-1
F940GOT-FX2N-64MR
连接电缆：FX-50DU-CAB0
FR-A540变频器
M1

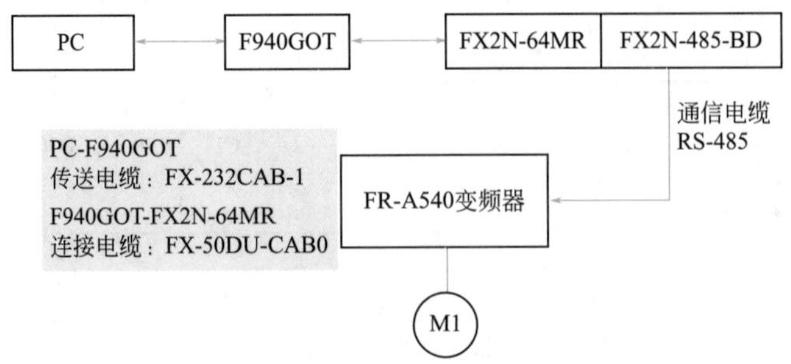

图 7-42　PLC 与变频器的 RS-485 通信控制连接图

❶ 使用 PLC，通过 RS-485 总线，控制变频器正转、反转、停止。

❷ 使用 PLC，通过 RS-485 总线，在运行中直接修改变频器运行频率，例如，10Hz、20Hz、30Hz、40Hz、50Hz 或根据考评员要求修改。

❸ 能用触摸屏画面进行以上的控制和操作。

❹ 三菱 FR-A540 变频器数据代码表（部分），如表 7-4 所示。

表7-4　三菱FR-A540变频器数据代码表

| 操作指令 | 指令代码 | 数据内容 |
|---|---|---|
| 正转 | HFA | H02 |
| 反转 | HFA | H04 |
| 停止 | HFA | H00 |
| 运行频率写入 | HED | H0000 ～ H2EE0 |

注：频率数据内容 H0000 ～ H2EE0 为 0 ～ 120.00Hz，最小单位为 0.01Hz。

## 2. 接线分析与参数设定

❶ FX2N-485-BD 与 FR-A540 变频器的通信接线见图 7-43。

图 7-43　FX2N-485-BD 与 FR-A540 变频器的通信接线图

❷ 变频器与通信有关的参数设定（见表 7-5）。

表7-5　变频器与通信有关的参数设定

| PU 接口 | 通信参数 | 设定值 | 备注 |
|---|---|---|---|
| Pr.117 | 变频器站号 | 0 | 0 站变频器 |
| Pr.118 | 通信速度 | 192 | 通信波特率为 19.2kbps |
| Pr.119 | 停止位长度 | 1 | 停止位为 2 位 |
| Pr.120 | 奇偶校验是 / 否 | 2 | 偶校验 |
| Pr.121 | 通信重试次数 | 9999 | 通信再试次数 |
| Pr.122 | 通信检查时间间隔 | 9999 | |
| Pr.123 | 等待时间设置 | 20 | 变频器设定 |
| Pr.124 | CR.LF 是 / 否选择 | 0 | 无 CR，无 LF |
| Pr.79 | 操作模式 | 1 | 计算机通信模式 |

设定变频器参前请将变频器进行初始化操作，变频器其他参数自行设定。

❸ PLC 通信格式 D8120=H009F 设定，其设定如表 7-6 所示。

表7-6　PLC通信格式D8120=H009F设定

| B15 | B14 | B13 | B12 | B11 | B10 | B9 | B8 | B7 | B6 | B5 | B4 | B3 | B2 | B1 | B0 |
|---|---|---|---|---|---|---|---|---|---|---|---|---|---|---|---|
| 0 | 0 | 0 | 0 | 0 | 0 | 0 | 0 | 1 | 0 | 0 | 1 | 1 | 1 | 1 | 1 |
| 使用 RS 指令 | | | 保留 | 发送和接收 | 保留 | 无起始位无停止位 | | 波待率为 19.2kbps | | | | 2 位停止位 | 偶数 | | 8 位数据 |

④ PLC 命令数据码。其数据码如表 7-7 所示。

表7-7　PLC命令数据码

| 名称 | 正转 H02 数据 ASCII 码 | 反转 H04 数据 ASCII 码 | 停止 H00 数据 ASCII 码 |
|---|---|---|---|
| 变频器操作命令代码 | H30 | H30 | H30 |
| | H32 | H34 | H30 |
| 变频器校验数据代码 | H34 | H34 | H34 |
| | H39 | H42 | H37 |

⑤ 变频器运行频率 5 ～ 50Hz 数据的 ASCII 码表。其数据的 ASCII 码如表 7-8 所示。

表7-8　变频器运行频率5～50Hz数据的ASCII码表

| | 10Hz | 20Hz | 30Hz | 40Hz | 50Hz |
|---|---|---|---|---|---|
| 变频器运行频率ASCII 码 | H30 | H30 | H30 | H30 | H31 |
| | H33 | H37 | H42 | H46 | H33 |
| | H45 | H44 | H42 | H41 | H38 |
| | H38 | H30 | H38 | H30 | H38 |

## 3. 程序设计（见图 7-44）

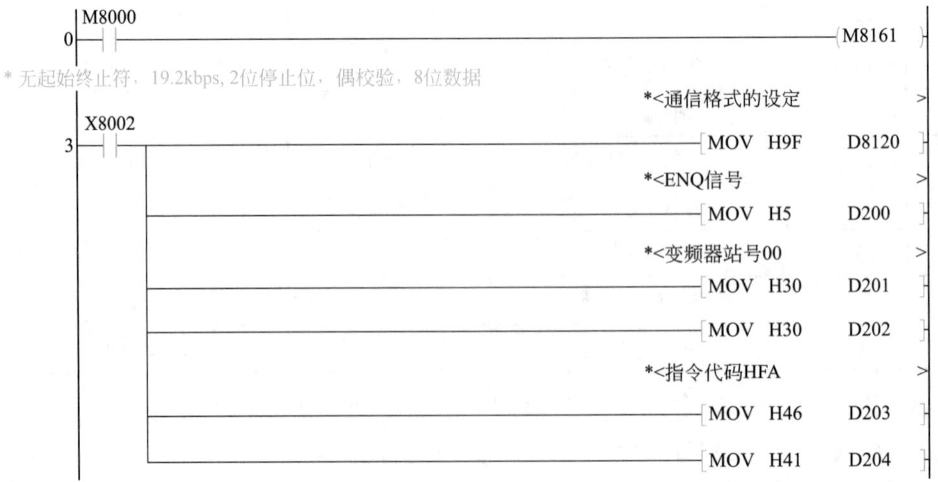

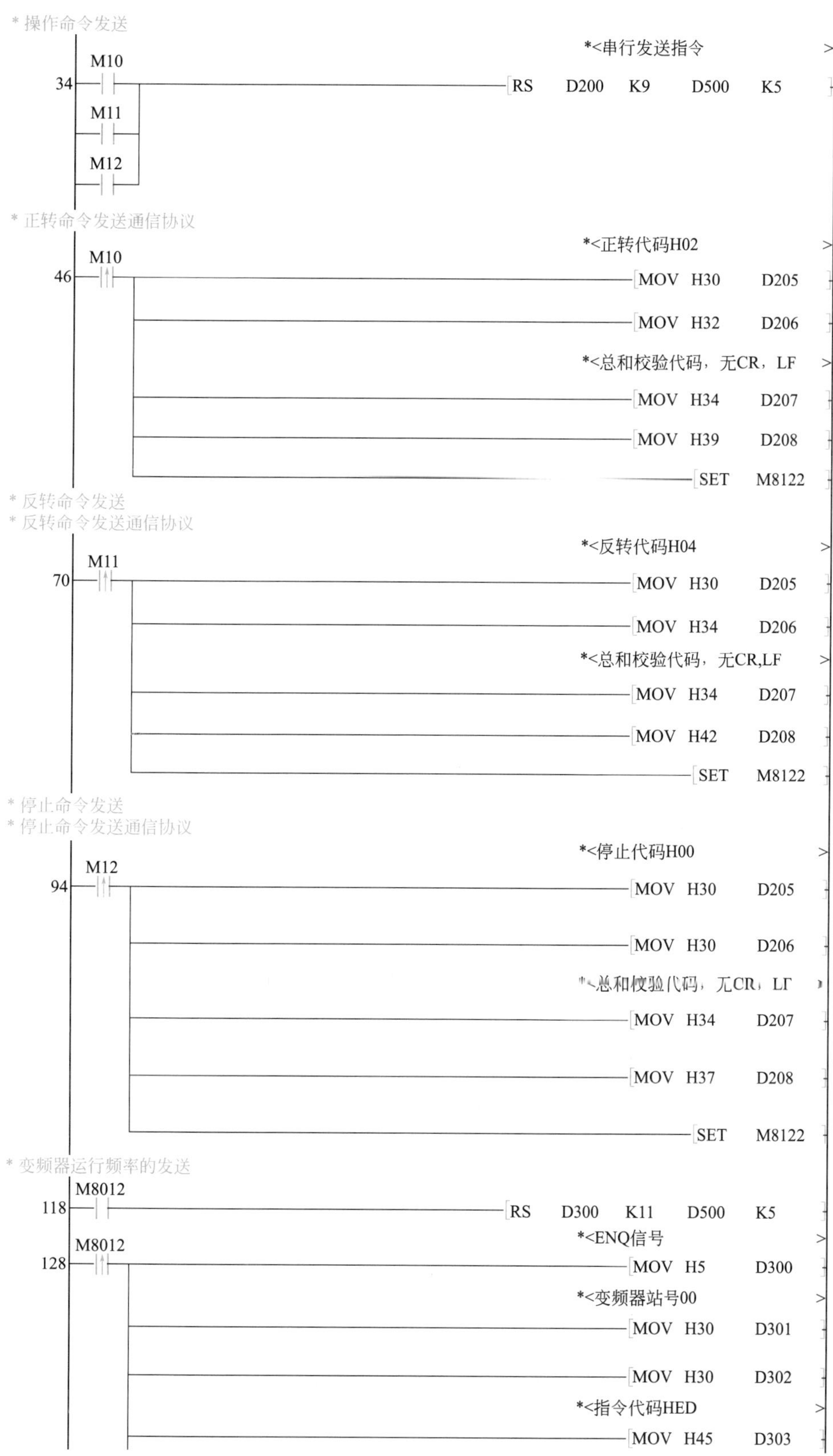
* 操作命令发送
*<串行发送指令
34 M10 M11 M12
RS D200 K9 D500 K5
* 正转命令发送通信协议
*<正转代码H02
46 M10
MOV H30 D205
MOV H32 D206
*<总和校验代码，无CR，LF
MOV H34 D207
MOV H39 D208
SET M8122
* 反转命令发送
* 反转命令发送通信协议
*<反转代码H04
70 M11
MOV H30 D205
MOV H34 D206
*<总和校验代码，无CR,LF
MOV H34 D207
MOV H42 D208
SET M8122
* 停止命令发送
* 停止命令发送通信协议
*<停止代码H00
94 M12
MOV H30 D205
MOV H30 D206
*<总和校验代码，无CR，LF
MOV H34 D207
MOV H37 D208
SET M8122
* 变频器运行频率的发送
118 M8012
RS D300 K11 D500 K5
*<ENQ信号
128 M8012
MOV H5 D300
*<变频器站号00
MOV H30 D301
MOV H30 D302
*<指令代码HED
MOV H45 D303

图 7-44

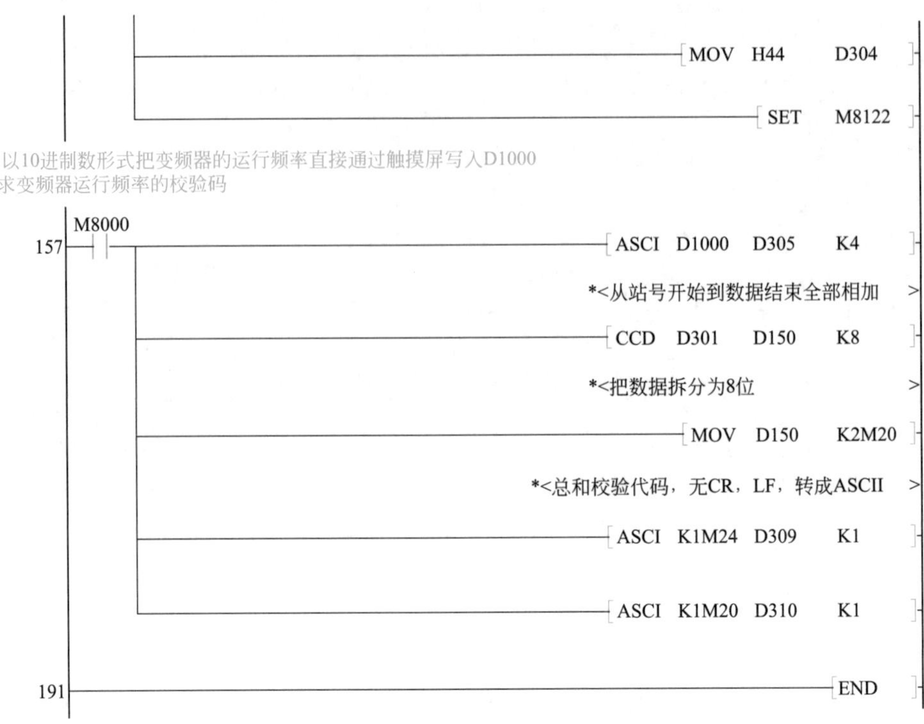


图 7-44　PLC 与变频器通信控制参考梯形图

### 4. 触摸屏通信信号画面制作

PLC 与变频器的 RS-485 通信控制触摸画面如图 7-45 所示。

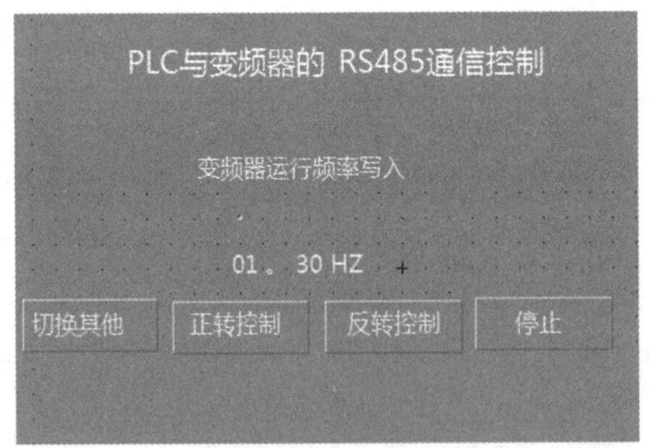


图 7-45　PLC 与变频器的 RS-485 通信控制触摸画面

## 八、步进电动机控制

（1）控制要求　步进电动机在一定转速下，每按动加速按钮，电动机的转速逐渐增大，按动减速按钮，电动机的转速逐减低。

（2）程序编写　设计的梯形图程序如图 7-46 所示。

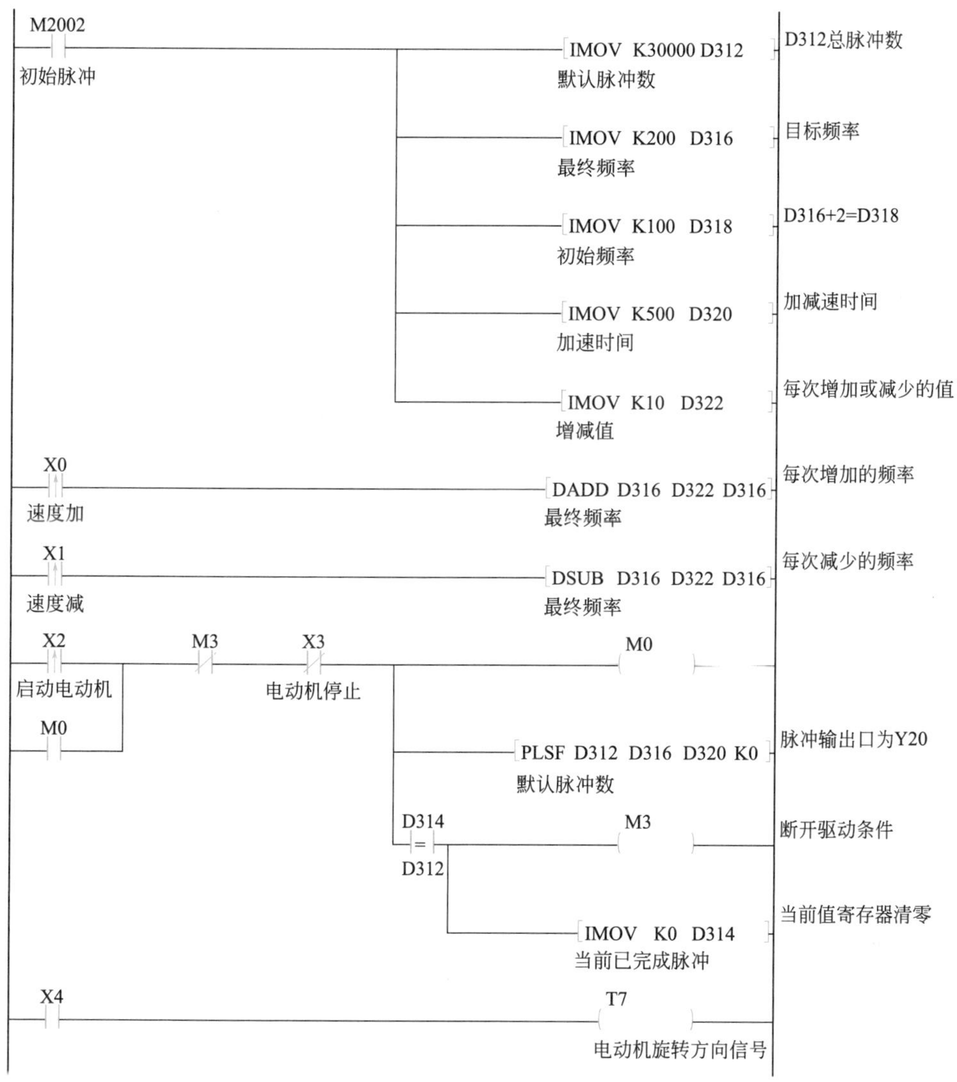

图 7-46 设计的梯形图程序

当上电的时候M2002开机脉冲接通一个扫描周期，将默认设定脉冲数值传入D312存储器中，默认最终200Hz脉冲频率值传入D316，初始脉冲频率100Hz传入D318，默认加速时间0.5s传入D320，默认加速幅度值10传入D322。当X2接通则M0接通并自保持，这时驱动PLSF指令，Y20口按照默认设定值输出脉冲驱动步进电动机运转，当输出脉冲数存储器D314内数据与设定值D312内数据相等时，比较支路接通M3同时接通，M3接通则M0断开，同时D314被清零，PLCF指令失电，Y20口停止脉冲输出，X4为控制电动机旋转方向的输入信号，当X4接通则Y7接通，当X4断开则Y7断开，Y7接通与断开时电动机将改变旋转方向。

当电动机运转时，X0每接通一次则D316的值就增大D322内存的值，D316的值增大，电动机的运转频率增大，电动机的运转速度随之增大。同理当X1每接通一次则D316的值就减小D322内存的值，D316的值减小，电动机的运转频率减小，电动机的速度随之减小。

**提示：** 电动机的频率不要调得过高或者过低，过高过低都会导致电动机不转。

## 九、PLC控制步进电动机正反转及速度

### 1. 控制要求

对定时器进行不同的时间定时控制其速度。通过定时器定时通、断电使步进电动机实现正反转。

本节以五相十拍步进电动机用西门子 S7-200PLC 来进行举例。

### 2. 五相十拍步进电动机的控制要求

❶ 五相步进电动机有五个绕组：A、B、C、D、E，控制五相十拍电动机的时序图如图 7-47 所示。

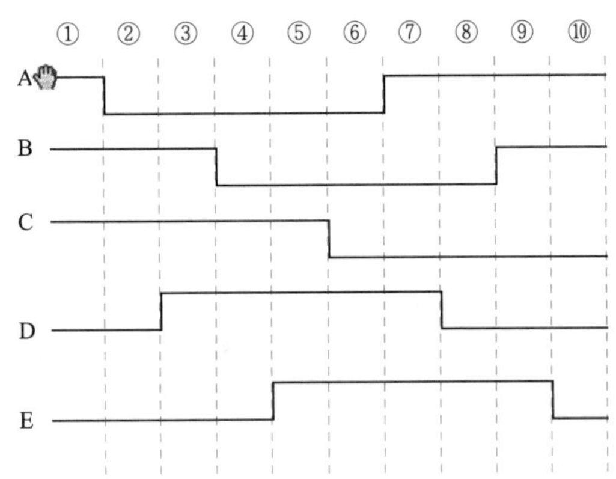


(a) 五相十拍步进电动机正转时序图

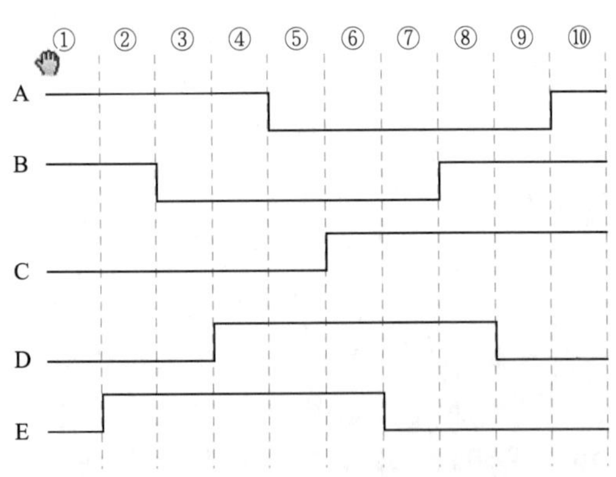


(b) 五相十拍步进电动机反转时序图

图 7-47　控制五相十拍电动机的时序图

❷ 用五个开关控制步进电动机工作：

1 号开关控制其运行（启 / 停）；

2 号开关控制其低速运行（转过一个步距角需 0.5s）；

3 号开关控制其中速运行（转过一个步距角需 0.1s）；

4 号开关控制其低速运行（转过一个步距角需 0.03s）；

5 号开关控制其转向（ON 为正转，OFF 为反转）。

### 3. PLC 外部接线图

PLC 外部接线图的输入输出设备、负载电源的类型等设计就结合系统的控制要求来设定。其控制接线图如图 7-48 所示。

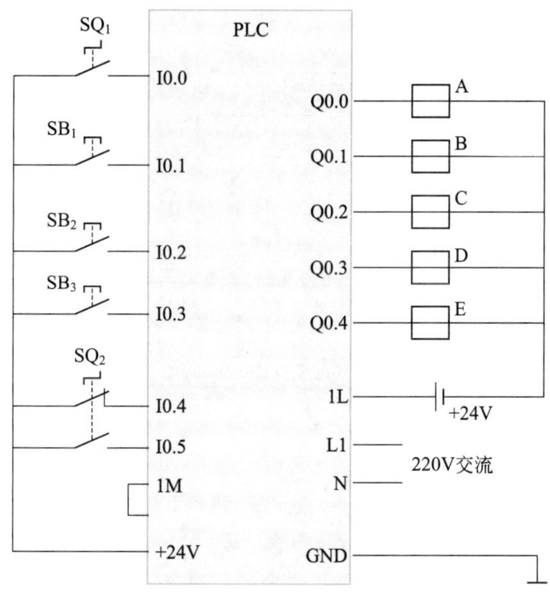


图 7-48　控制接线图

### 4. I/O 地址分配

根据 PLC 外部接线图可以写出各电气元件符号、功能说明表及 I/O 地址分配表，如表 7-9 所示。

表7-9　I/O地址分配表

| 控制信号 | 元件符号 | 功能描述 | 地址编码 |
|---|---|---|---|
| 输入型号 | $SQ_1$ | 启停开关 | I0.0 |
| | $SB_1$ | 0.5s 低速运行开关 | I0.1 |
| | $SB_2$ | 0.1s 中速运行开关 | I0.2 |
| | $SB_3$ | 0.03s 高速运行开关 | I0.3 |
| | $SQ_2$（ON） | 正向运行控制 | I0.5 |
| | $SQ_2$（OFF） | 反向运行控制 | I0.4 |
| 输出信号 | A | 电动机绕组 | Q0.0 |
| | B | 电动机绕组 | Q0.1 |
| | C | 电动机绕组 | Q0.2 |
| | D | 电动机绕组 | Q0.3 |
| | E | 电动机绕组 | Q0.4 |

## 5. 五相十拍步进电动机的拍数实现梯形图（如图 7-49 所示）

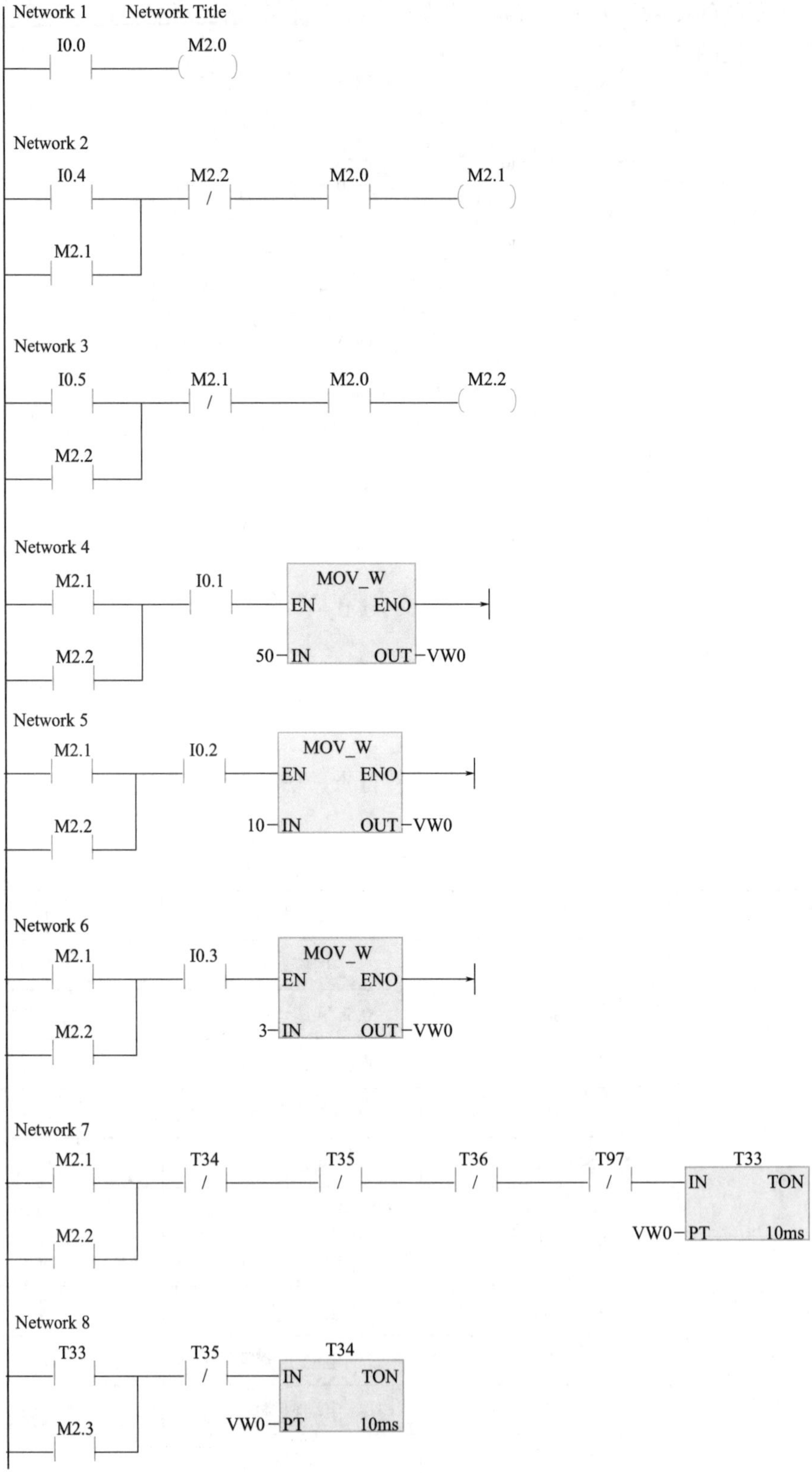

Network 1 Network Title

I0.0 M2.0

Network 2

I0.4 M2.2 / M2.0 M2.1

M2.1

Network 3

I0.5 M2.1 / M2.0 M2.2

M2.2

Network 4

M2.1 I0.1 MOV_W EN ENO

M2.2 50-IN OUT-VW0

Network 5

M2.1 I0.2 MOV_W EN ENO

M2.2 10-IN OUT-VW0

Network 6

M2.1 I0.3 MOV_W EN ENO

M2.2 3-IN OUT-VW0

Network 7

M2.1 T34 / T35 / T36 / T97 / T33 IN TON

M2.2 VW0-PT 10ms

Network 8

T33 T35 / T34 IN TON

M2.3 VW0-PT 10ms

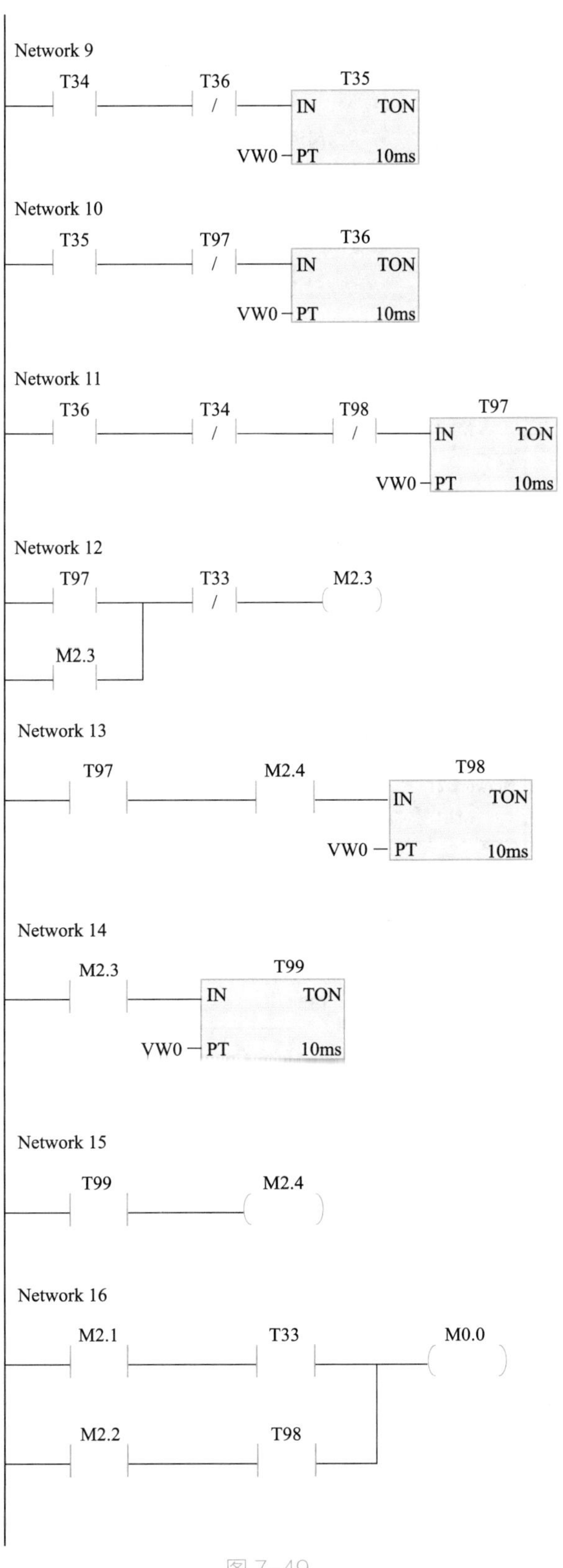
Network 9
T34
T36
T35
IN
TON
VW0
PT
10ms
Network 10
T35
T97
T36
IN
TON
VW0
PT
10ms
Network 11
T36
T34
T98
T97
IN
TON
VW0
PT
10ms
Network 12
T97
T33
M2.3
M2.3
Network 13
T97
M2.4
T98
IN
TON
VW0
PT
10ms
Network 14
M2.3
T99
IN
TON
VW0
PT
10ms
Network 15
T99
M2.4
Network 16
M2.1
T33
M0.0
M2.2
T98

图 7-49

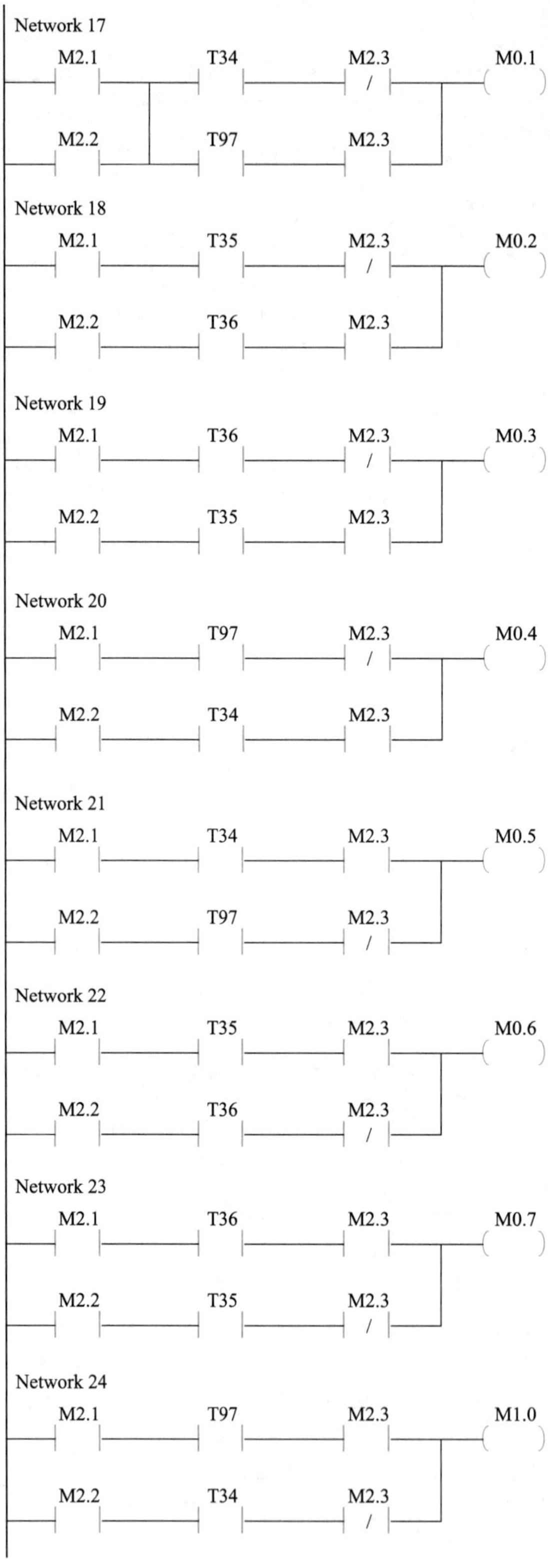

Network 17

M2.1　T34　M2.3 (/)　M0.1

M2.2　T97　M2.3

Network 18

M2.1　T35　M2.3 (/)　M0.2

M2.2　T36　M2.3

Network 19

M2.1　T36　M2.3 (/)　M0.3

M2.2　T35　M2.3

Network 20

M2.1　T97　M2.3 (/)　M0.4

M2.2　T34　M2.3

Network 21

M2.1　T34　M2.3　M0.5

M2.2　T97　M2.3 (/)

Network 22

M2.1　T35　M2.3　M0.6

M2.2　T36　M2.3 (/)

Network 23

M2.1　T36　M2.3　M0.7

M2.2　T35　M2.3 (/)

Network 24

M2.1　T97　M2.3　M1.0

M2.2　T34　M2.3 (/)

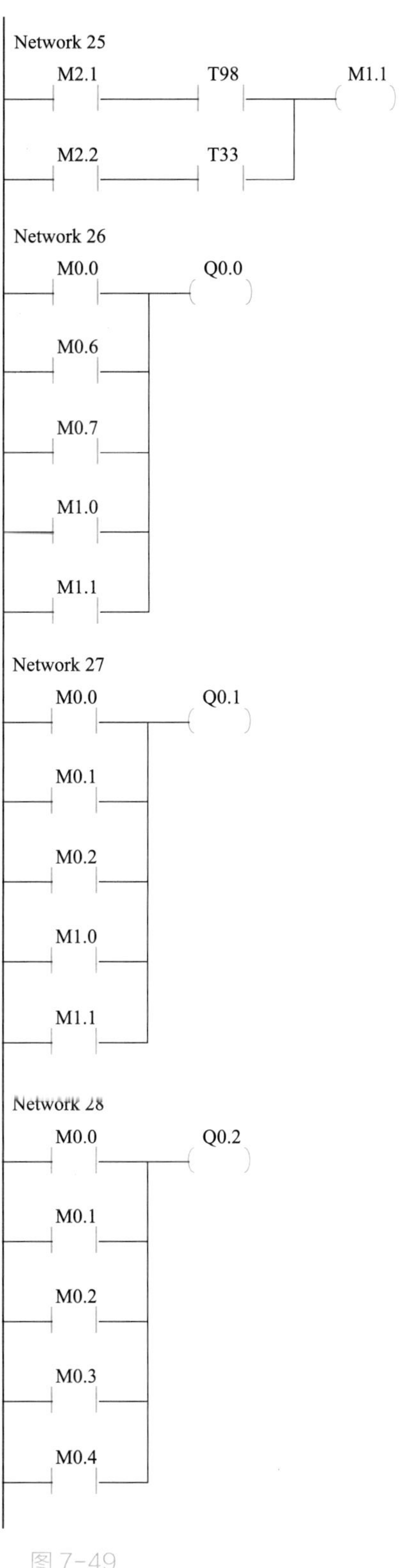
Network 25
M2.1
T98
M1.1
M2.2
T33
Network 26
M0.0
Q0.0
M0.6
M0.7
M1.0
M1.1
Network 27
M0.0
Q0.1
M0.1
M0.2
M1.0
M1.1
Network 28
M0.0
Q0.2
M0.1
M0.2
M0.3
M0.4

图 7-49

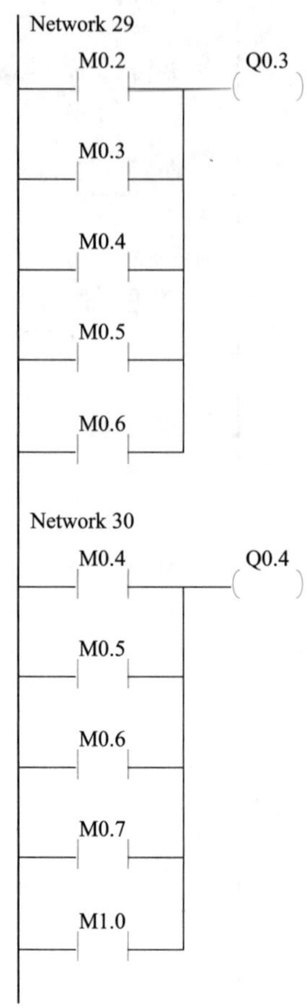


图 7-49　五相十拍步进电动机的拍数实现梯形图

## 参考文献


[1] 张伯龙 . 电气控制入门及应用 . 北京：化学工业出版社，2020.

[2] 宋宁 . 变频器应用与维修实战精讲 . 北京：中国电力出版社，2017.

[3] 曹祥 . 电动机原理维修与控制电路 . 北京：电子工业出版社，2010.

[4] 杨扬 . 电动机维修技术 . 北京：国防工业出版社，2012.

[5] 王永华 . 现代电气控制及 PLC 应用技术 . 北京：北京航空航天大学出版社，2006.

[6] 靳哲，徐桂岩 . 可编程序控制器原理及应用 . 北京：北京师范大学出版社，2008.

[7] 机械工业技师考评培训教材编审委员会 . 维修电工技师培训教材 . 北京：机械工业出版社，2002.

[8] 崔坚 . 西门子工业网络通信指南：上册 . 北京：机械工业出版社，2005.

[9] 崔坚 . 西门子工业网络通信指南：下册 . 北京：机械工业出版社，2005.

[10] 胡学林 . 可编程控制器教程：提高篇 . 北京：电子工业出版社，2005.

# 二维码目录